世界科普大师的经典力作

趣味科学

〔苏〕别莱利曼　著

罗子倪　译

中国华侨出版社

·北京·

图书在版编目（CIP）数据

趣味科学／（苏）别莱利曼著；罗子倪译 .—北京：中国华侨出版社，2014.3
（2024.1 重印）
ISBN 978-7-5113-4481-6

Ⅰ.①趣… Ⅱ.①别… ②罗… Ⅲ.①自然科学—普及读物 Ⅳ. ① N49

中国版本图书馆 CIP 数据核字（2014）第 042118 号

趣味科学

著　　者：［苏］别莱利曼
译　　者：罗子倪
责任编辑：黄振华
封面设计：冬　凡
图文制作：北京东方视点数据技术有限公司
经　　销：新华书店
开　　本：720mm×1020mm　1/16 开　印张：28　字数：716 千字
印　　刷：三河市万龙印装有限公司
版　　次：2014 年 3 月第 1 版
印　　次：2024 年 1 月第 4 次印刷
书　　号：ISBN 978-7-5113-4481-6
定　　价：78.00 元

中国华侨出版社　北京市朝阳区西坝河东里 77 号楼底商 5 号　邮编：100028
发 行 部：（010）88893001　　　传　　真：（010）62707370
网　　址：www.oveaschin.com　　E－m a i l：oveaschin@sina.com

如果发现印装质量问题，影响阅读，请与印刷厂联系调换。

前　言

　　《趣味科学》是苏联科普大师别莱利曼部分经典科普作品的精选集，包括《趣味物理学》《趣味物理学（续编）》《趣味力学》《趣味几何学》《趣味天文学》等几部作品。

　　雅科夫·伊西达洛维奇·别莱利曼（1882—1942）是趣味科学的奠基人，被誉为"数学的歌手、物理学的乐师、天文学的诗人、宇航学的司仪"，月球背面的一座环形山便以他的名字命名。他一生致力于趣味科学的教育及写作，作品颇丰，许多作品被翻译成多种语言，销售量超过 2000 万册，在许多国家出版发行，拥有大量的读者，深受全世界读者的喜爱。

　　《趣味物理学》是作者的第一本科普著作，发表于 1913 年，该书一经问世便掀起了狂热的阅读热潮，并多次再版，进而被许多国家引进出版。直到 20 世纪 50 年代，中国才引进出版，一直以来深受读者喜爱。《趣味物理学》到 1986 年已出到第 22 版。书中介绍了物理学的基本知识，如速度、运动、重力和压力、介质的阻力、永动机、液体和气体的性质、热的现象、光线的反射和折射、声音和听觉等，作者不是要"教会"读者多少新知识，而是要帮助读者"认识他所知道的事物"，也就是说，本书能够帮助读者对其在物理学方面已掌握的基本知识有更深入的了解，并且能够活学活用。为了提高读者的阅读兴趣，作者从许多知名作家如儒勒·凡尔纳、威尔斯、马克·吐温等人的科幻小说中寻找说理及论证的材料，其中描写的种种以幻想为基础的实验不仅对读者富有吸引力，而且在讲授知识的过程中能够起到相当重要的例证作用。

　　《趣味物理学》的成功，成就了《趣味物理学（续编）》，这本书与其说是介绍一些新知识，不如说是激发读者对已知的物理学简单知识的新奇感，培养读者用物理学观点进行思考、广泛应用既有知识的习惯。因此书中把对有效实验的介绍放在次要位置，而把物理学中的一些难题、有趣的课题、有教益的怪题、费解的问题和奇异的物理现象等放在首要位置。总的说来，《趣味物理学（续编）》在取材上比第一本更适合较有基础的读者，两本书内容互补，各种水平的读者可随意先读其中一本。

　　虽然别莱利曼已经写了两本趣味物理书籍，但因为许多人对物理入门阶段的概念知之甚少，于是他又写了《趣味力学》一书。力学，是关于运动和力的学说，是广义物理学的一个典型分支学科，主要研究能量和力以及它们与固体、液体及气体的平衡、变形或运动的关系。

　　《趣味几何学》旨在培养读者对数学的兴趣，不仅为爱好数学的人而写，也是为那些还没有发现数学的趣味和美的读者而写。许多读者曾在学校里学过几何学，但并不习惯去注意在我们周围各种事物常见的几何关系，不会把学到的几何学知识应用到实际生活中去，不知道如何在生活中遇到困难的时候应用学过的几何学知识。作者把几何学从学校教室里引到广袤的户外去，无论是在树林里、原野上，还是在河边、路上，都可以利用课本里学过的几何学知识，解决实际的问题。

《趣味天文学》介绍了"关于天的学说"中基本的内容，作者希望本书能帮助读者澄清一些基本的天文学现象。书中对于一些天文现象和材料的研究方式同学校的教程有着本质的不同。日常生活中很多人们半懂不懂的天文现象，在这本书里被用一种不同寻常、充满辩证观点的方式给予重新阐述，引领读者轻松走进天文学的大门，从而激起读者的兴趣。

别莱利曼将文学语言与科学语言完美地结合，将生活实际和科学理论巧妙地联系，能把一个问题、一个原理叙述得简洁生动、妙趣横生，而又十分准确。避免枯燥的说教，而能与读者分享一些神奇的故事、有趣的问题、各种奇谈怪论，共同探讨其中的科学知识，使人忘记是在读书、学习，而更像在听一个个新奇迷人的故事。

本书翻译在忠实于原版的基础上，语言上更贴近中国读者的阅读习惯，并且配置大量直观的图片，图文呼应，讲解精当，让读者在轻松阅读的同时感受到科学的无穷魅力。

目 录

趣味物理学

✦ 趣味物理学（续编）✦

✹ 趣味几何学 ✹

✦ 趣味力学 ✦

趣味天文学

趣味物理学

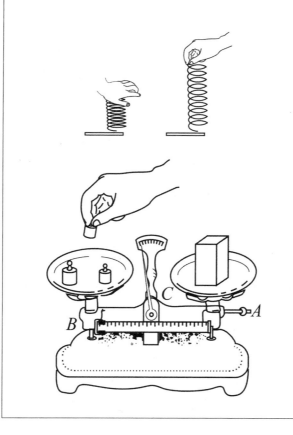

❀ 第一章 ❀
速度和运动

1.1 我们能跑多快

什么是世界上行动最慢的动物？当人们心中浮现出这样的疑问时也会自己给出答案，不是乌龟就是蜗牛。在我们熟知的谚语中这两种动物以行动迟缓闻名，然而人的行动速度又如何呢？

速度快的田径运动员跑完 1500 米，大约需要 3 分 30 秒，这么看来身体素质好、经受过长期训练的田径运动员大概每秒钟可以跑 7 米，普通人步行根本达不到这个速度，步行者的一般速度大概是每秒 1.5 米。然而，这两种速度根本没有可比性，步行胜在能够持续更长的时间，运动员只能在短时间内维持这样的高速。与普通人的一般步行速度和运动员的高速相比，步兵行军的速度居中，但它不仅能维持较长的时间，还远高于常人，一般步兵跑步行军的速度大概在每秒 2 米，换而言之他们每小时能够行进 7000 多米。

行动迟缓的蜗牛，它的爬行速度大概是每秒钟 1.5 毫米，也就是每小时 5.4 米，和常人步行速度一比较，可以说人们对它的评价真的恰如其分，人步行的速度是它的 1000 倍。另一个慢吞吞的典型是乌龟，也快不了多少，大概每小时 70 米。和这两种动物一比，人类的步行速度应该算是很快了，然而如果换一个参照物，将人的行动速度和人类生活中常见的自然界其他动物的运动速度一比，人类要逊色得多。

人们虽然能轻而易举地超过大多数平原河流的水流速，也可能努力接近缓缓的春风的风速，然而比起苍蝇、野兔或者人的好朋友狗，人类为了获胜只能借助各种工具了。要想和每秒钟飞 5 米的苍蝇打成平手，人至少要踏上滑雪板。更别提天空中的雄鹰和田野中的野兔了，就算人骑上马也不见得能赛过它们。然而，人类发明创造的各种交通工具给我们提供了获胜的可能，当我们坐上飞机，我们的行动速度可以和老鹰一较高下。

人类制作的各种交通工具正在不停地刷新着速度记录表的新纪录，人们不断地调整着更快的目标，当年苏联建造的装有水下翼的客轮，使得人们能够在水中达到 60～70 千米/小时的速度。在陆地上，在某些路段上，客运列车能达到 100 千米/小时，轿车则能接近 170 千米/小时。在空中，人的行动速度能够更快，普通民航飞机的平均速度能达到大约 800 千米/小时，人们甚至发明出飞行速度能够超越声速的飞机，即 330 米/秒，1200 千米/时，甚至有些装有强大喷气式发动机的小型飞机能达到每小时 2000 千米。

这样的速度实在是难以想象，但这并不是人类制造的交通工具能达到的速度极限，在接近稠密大气层边缘飞行的人造卫星正以每秒钟 8000 米的速度环绕着地球，而人们设计出的宇航飞行器，在飞往太阳系的各大行星时，速度能够甚至超过第二宇宙速度，以在地球表面每秒钟 11.2 千米的初始速度前进。

如果想要了解一下其他动物或交通工具的速度，不妨看一看下面的速度对照表：

米/秒	千米/小时
蜗牛………………0.0015	0.0054
乌龟………………0.02	0.07
鱼…………………1	3.6
步行的人…………1.4	5
骑兵慢步…………1.7	6
骑兵快步…………3.5	12.6
普通自行车………4.4	16
苍蝇………………5	18
滑雪的人…………5	18
骑兵袭步…………8.5	30
水翼船……………16	58
狮子………………16	58
野兔………………18	65
老虎………………22	80
鹰…………………24	86
猎狗………………25	90
火车………………28	100
小型轿车…………56	200
竞赛汽车（纪录）……174	633
民用客机…………250	900
空气中的声速………330	1200
轻型喷气式飞机………550	2000
地球公转…………30000	108000

1.2　我们追得上时间吗

马克·吐温的《傻瓜出国记》中提到，人们在从纽约到亚速尔群岛航程中发现在每天晚上同一个时间，月亮会从天空中同一个位置缓缓升起，这样奇特的现象对于人们而言一直是一个谜团。直到今天随着科技的发展，人们终于了解了产生这种现象的原因。当人们运行的速度同月球运行的速度相同，也就是说当人们以每小时跨越20′经度的速度向东行进时，你就能在每天同一时刻同一位置见到月亮，仿佛时间没变过一样。

也就是说人们通过自己的力量是可以追上月亮的。月球绕着地球运动的速度指地球自转速度的 1/29（这里的速度指的是角速度），所以当一艘普通货轮在中纬度地区沿着纬线行驶时，只要速度能达到 25～30 千米/小时，就能够追上月亮。

人不仅能追上月亮，还能追上时间。假设一个人在上午 8 点的时候从符拉迪沃斯托克起飞，那这个人能不能在同一天的 8 点抵达莫斯科呢？这个问题看似荒谬，实际上却是可行的。在符拉迪沃斯托克所在的时区同莫斯科所在的时区之间有 9 个小时的时差，换而言之，只要飞行时间在 9 小时以内，人们就能做到上面的假设。从符拉迪沃斯托克到莫斯科飞行距离为 9000 千米，也就是说只要飞机能达到每小时 1000 千米的速度就能做到。

人不仅能追上时间，还能够"追上太阳"。所谓"追上太阳"更准确地说应该是追上地球，也就是说在地球自转的时候，如果地球表面的一个点运动的速度同地球自转移动的距离相等时，太阳就是静止不变的。所以当一个飞机在北极高纬度地区如新地岛（北纬 77°），按照正确的方向行驶并保持在大概 450 千米/时的速度飞行，太阳对于这架飞机上的乘客而言就可能是静止在空中的，也就是说人们仿佛追上了太阳。

1.3 "眨眼之间"我们可以做什么

千分之一秒对于你我而言究竟是怎样的一个概念，也许一眨眼睛千分之一秒就过去了。然而这样微不足道的时间却随着科技发展渐渐开始影响着我们的生活。

曾经我们以为一分钟很短暂，不值得计量。对于古代人而言，日晷、沙漏、漏刻根本没有分钟这个刻度（下页图 1 和图 2），人们甚至最初仅仅是根据太阳的高度或者太阳照在物体上影子的长短来判断时间（下页图 3）。到了 18 世纪初，人们的计时工具钟表上出现了分针，又过了将近一个世纪，人们有了秒的概念。随着时间的推移，人们能测量的最小时段的值也越来越小。不过平常人还是需要一些数字才能直观地感受到短暂时间的威力。

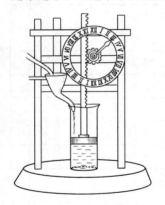

图 1　古人使用的漏刻。

图 2　旧式怀表。

图 3　根据太阳的高低（左）和影子的长短（右）来判断时间。

区别于人类，生活在人们身边的昆虫它们能感知到的时间要短得多。蚊子在一秒钟之内它的翅膀能够上下扇动 500～600 次，对于它们而言，或许千分之一秒就是举起或者垂落一次翅膀的时间。然而对于人来说，千分之一秒是火车移动 3 厘米、声音传播 33 厘米等这些无法直接感知的事情。

对于人来说千分之一秒和一眨眼一样，都是无法直接感受到的时间单位。眨眼已经是人体能做出的动作极快的动作之一，然而事实上如果用千分之一秒做衡量单位，眨眼是一个进行得相当缓慢的事情。这一点却很少有人知道，在经过数次的精确测量后，人们终于发现"眨眼"这个动作完成需要的时间大概是 0.4 秒，然而人自身是感觉不到视野受到遮蔽的，所以认为很快。0.4 秒也就是 400 个千分之一秒，当你垂下眼睑时，你已经花费了大概 75～90 个千分之一秒，垂落后的眼睑大概静止 130～170 个千分之一秒，才能再次抬起，再次抬起的过程大概又将花费大约 170 个千分之一秒。这样漫长的过程却不为人知的主要原因是人类的神经系统无法感应到这一切，所以很多人都在想如果能够发明出一种东西使人们的神经系统能够捕捉到千分之一秒甚至更短的时间内发生的事情，是不是对于我们而言这个世界就会大不相同。

在小说《最新加速剂》中，英国作家威尔斯用丰富的想象力向我们展示了能感知转瞬即逝现象之后人类眼中的世界。当人们的感觉器官能够敏感地捕捉千分之一秒甚至更短的时间发生的事情时，世界将变得大不相同。书中的主人公在服用一种称之为加速剂的神奇药水后，被风吹起的窗帘在主人公的眼中像是冻在了空中一样，一角微微卷起一动不动。从空中坠落的玻璃杯也不会一下子跌在地上，而是停在空中缓缓地下落。

虽然千分之一秒已经是一个很短的时间单位了，然而并不是人们能测量的最小时段的极限。早在 20 世纪初，人们运用现代技术手段就能够测量到 1/10000 秒，而现在在实验室中，物理学家能够测量出 1/100000000000 秒，相信在不久的未来这个数据还会被刷新。

1.4　时间放大镜

《最新加速剂》的作者威尔斯在创作这个小说的时候，他一定想象不到他小说中创作的一些情景时至今日会在电影银幕上展现。也许你曾经在电影中看到过那些慢镜头拍摄的情景，或者时间的停滞，这样的画面不是跟威尔斯小说中提到的服用加速剂后的情景一样吗？这样的情景能够出现在屏幕上要归功于一种叫作"时间放大镜"的装置。

"时间放大镜"，顾名思义，就是以放慢的速度展示通常极快的许多现象，让人们更细致地看清这些稍纵即逝的现象是怎样发生的。它实际上是摄影机的一种，通常我们拍摄电影的普通摄影机每秒钟只能拍摄 24 张照片，这同人眼能识别的速度相一致。也就是说当一秒钟快速播放 24 张照片时，在人们眼中展现的情景同现实生活中人看到的几近相同。这种叫作"时间放大镜"的摄影机拍摄速度要高许多，所以当这样拍摄下来的景物以一秒钟 24 个镜头的普通速度播放时，原来一样的动作需要播放更多镜头，动作就会被拉长，看上去像是时间变慢一样。如果借助一些更复杂的类似装置提高拍摄速度，人们几乎可以再现威尔斯在小说《最新加速剂》中想象的场景。

1.5　什么时候我们绕太阳运行得更快——白天还是夜间

曾经在巴黎报纸上有一则广告，说是只要公众愿意提供 25 个生丁（生丁是法国辅币名称，过去法国货币的一法郎等于 100 生丁），就能得到一个不花钱旅行而且不会感到疲倦的方法。这个广告一时之间在人们中流传开来，许多好奇的人向发布广告的人寄去了 25 个生丁，希望能够掌握这个秘密。可是这些付过钱的人只收到一封让人气愤的回信，上面写着"请您静静地躺在床上，然后尽情欣赏窗外的美景，记住我们所在的地球无时无刻不在旋转，在巴黎所在的维度上，您每昼夜都行走了 25000 千米，请享受您的旅行吧！"

后来发布这则广告的人因此被人控告欺诈，最后还交了一大笔的罚款。据说在交钱的时候，想出这个鬼点子的人，还郑重其事地重复伽利略那句名言："地球无论何时都在转动。"

即便这个人被判有罪，但是他所说的的确是事实。地球每时每刻都在自转当中，这个事实已经被大家认同并且接受。除了自转，地球还在以某种速度绕着太阳进行公转运动。这样就有了白天和夜间的交替。我们所在的地球究竟是在白天运行得快还是夜间呢？

这个问题很难回答，毕竟地球并不是同时处在白天或者夜间，总是一面在白天一面在夜间。如果单单这么看，这个问题连提的必要都没有，因为白天和夜间的地球都是整个地球的一部分，速度应该是一样快的。然而事实并非如此，众所周知，地球的公转运动和自转运动是同时进行的，也就是说当这两种运动叠加在一起时，白天所在的半球和夜间所在的半球的速度并不相同。

如果你很难想明白，请看一下图4。在子夜时分地球的公转速度要加上自转速度，正午时分则刚好相反。这样一来，我们在太阳系里运行时，子夜时分要比正午时分的速度快。因此在地球赤道上的点来说，每秒钟要运行约0.5千米，这样一来子夜时分要比正午时分快大约1千米/秒，学过几何的人可以轻松地算出，在北纬60°的列宁格勒即今天的圣彼得堡，这个差数会减少一半，也就是说生活中列宁格勒的人每秒钟在太阳系中运行的时间不过比正午时快0.5秒。

也就是说当你居住的地方位于白半球时，你在太阳系中运行的速度要远远比同纬度地球居住在夜半球的人慢。

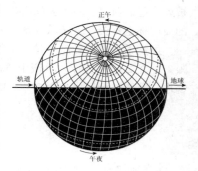

图4 地球夜半球上的人比昼半球上的人绕太阳运动得更快。

1.6 车轮转动之谜

有时候我们会忽然看到自行车轮胎上沾到一张纸条什么的，然后在看到当纸条位于滚动的车轮上方时我们还能看清它的运动轨迹，然而一旦随着车轮转动它变成位于车轮上部时，往往还没看清它怎么动它就又跑到车轮下方了。再看下滚动着的车轮上部和下部的辐条，竟然也是这样。轮胎下部的辐条一根一根清晰可见，然而轮胎上部的却连成一片影子，无法看清。这究竟是为什么呢？难道车轮上部要比车轮下部移动的快？

事实确实如此，产生这种现象的原因是由于对于滚动中的轮胎来说，它上面的每一个点都在做两种运动，一个是围绕着车轴旋转的动作，另一个是同车轴一起向前移动。这两个运动同时进行，从而出现了两种运动的合成。运动合成的结果对于车轮上下两个部分的作用各不相同。对于车轮上部来说，由于两种运动的运动方向相同，所以车轮绕着车轴旋转的速度要加上车轮前进的速度。

而对于车轮下部来说，旋转运动的

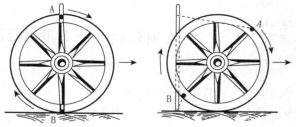

图5 证明车轮的上半部比下半部运行得快，试比较右图上的A点和B点与固定的棍子之间的距离。

方向同前进运动的方向相反，所以车轮下部运动的速度是两者的差。车轮上部运动的速度要大于车轮下部运动的速度。

如果仅从原理上你还是不能很好地理解，那么不妨用一个小实验来验证（见图5）。在一辆静止不动的车的车轮旁的地上插一根棍子，让棍子正对着车轴并垂直地面。对照着棍子用粉笔或者木炭标示出轮圈的最高点 A 和最低点 B，然后缓慢让车向右方滚动一下，让车轴离开棍子大约 20 到 30 厘米，观察移动过程中做好的记号。你就能够清楚地看到上面的标记 A 要比下面的标记 B 移动的多得多。

1.7　车轮哪部分移动得最慢

既然转动的车轮上并非所有的点都是按照同样的速度移动，那么究竟哪一点在车轮滚动过程中移动的最慢呢？答案不难得出，滚动的车轮上有一些点是接触地面的，当这些点接触地面时它们是完全不动的，速度为零，所以这些接触地面的点就是车轮上移动最慢的点。

这个规律只对向前滚动着的车轮有效，而不适用于在固定轴上转动的轮子。因为固定轴轮子上的各点都在以同样的速度运动着，比如飞轮，无论是轮圈上部还是下部每一个点的运动速度都是相同的。

1.8　这不是玩笑话

在一列从甲地开往乙地的列车上有一个点或者一些点对于静止不动的路基来说是朝着相反方向——即从乙地到甲地——运动呢？这个问题值得人们认真思考。也许在某些时刻列车的车轮上会有这样的点存在，但是它究竟在那个位置呢？

我们用一个小实验来寻找这些在列车行驶过程中向后退的点。首先我们用蜡把一根火柴固定在一个比较小的圆形物体上，比如硬币或者纽扣等，使这根火柴沿着圆形物体的半径，并且留有一部分超出圆形物体的边缘并将突出来的部分视作点 F、E、D。然后，我们再将这个不大的圆形物体抵在直尺上的点 C（见图 6）让它开始从左向右滚动，然后观察点 F 的运动轨迹。经过仔细观察你就会看到F、E、D 等点并不是向前运动的而是向后运动的。距离圆形物体边缘越远，向后移动的现象就越明显。（图中 D 点移动到 G 点处。）

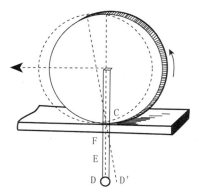

图 6　当硬币向左移动时，火柴露出硬币外面的部分 F、E、D 各点向反方向移动。

在实验中，火柴探出来的部分同火车轮缘的各点相同，所以我们不难发现在列车从甲地向乙地的行驶过程中，对于路基来说，火车轮缘的各点是做反向运动的。尽管这一事实有悖于常理，却真实发生，图 7、图 8 清楚地解释了产生这种现象的原因。

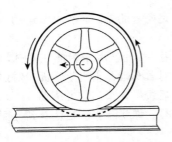

图 7　当火车轮向左移动
时，轮缘下部向右，即反
方向移动。

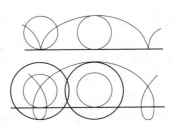

图 8　上图是滚动车轮上的
每一点画出的曲线，下图
是火车轮凸出部分上的各
点所画的曲线。

1.9　帆船从何处驶来

假设你站在岸上，湖面出现了一艘划艇，图 9 中的箭头 a 表示了划艇的运动方向和速度。这时横向驶过来一艘帆船，箭头 b 表示帆船的方向和速度。对于你来说，那艘帆船是从哪里驶过来的？

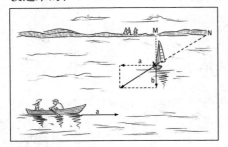

图 9　帆船沿着与划艇航向垂直的方向行驶（箭头 a 和 b 表示速度），划艇上的人看到帆船是从哪个方向来的呢？

划艇上的人看到帆船不是横向而是从斜向朝他们驶过来的，即帆船的出发点不是 M 点而是 N 点。

只要你稍加思考，就能脱口而出是岸边的 M 点。然而对于划船上的人来说，帆船并不是从 M 处驶来的而是从较远的 N 点驶来（图 9）。因为对于划艇上的人来说，帆船的运动方向同自己所在的船的航向并不是一个直角，而且对于他们来说由于感受不到自身的运动，所以他们眼中周围的事物是在以他们行驶的速度向相反的方向运动。所以在他们看来，帆船不仅是沿着箭头 b 的方向移动，还沿着虚箭头 a 的方向移动。帆船实际的运动和在划船上的人的感觉到的运动方向构成了一个以 a 和 b 为邻边的平行四边形，并且让划艇上的人认为它应该是沿着这个平行四边形的对角线运动的，从而把帆船的起点看作 N 点。

在生活中还存在着其他的视觉误差，比如当我们在地球运行时看到的各个星体发出的光线后判断遇到的星体位置时，常常就犯划船上的人同样的错误，认为星体在地球运行的方向上向前移动，然而事实上地球运行的速度远远要小于光速，甚至大概是光速的万分之一。正是这样的差距让我们误以为星体接近于静止。但是通过天文仪器观测的话，人们能够清楚地看到这种位移，这样的现象被称之为光行差。

如果你对这种现象十分感兴趣，不妨在划船问题的既定条件下再试着回答下列问题：

（1）在帆船上的乘客看来，划艇在朝什么方向前进？

（2）在帆船上的乘客看来，划艇在划向什么地方？

在回答这两个问题时，你需要在 a 线上画出速度的平行四边形，这个平行四边形的对角线就是帆船上的乘客眼中划船的运动轨迹，对于帆船的乘客而言，划艇正在慢慢斜向上靠岸。

❋ 第二章 ❋

重力和重量　杠杆　压力

2.1　请站起来

假如我说如果你按照我的要求坐在椅子上你不可能再站起来，你会不会认为我在白日做梦。可是如果你试着按照图 10 中的那个人的坐法试一试，你很快就会发现我说的并不是什么戏言。

当你坐在椅子上让躯干保持竖直且不改变双脚的位置，也不向前弯曲躯干的话，你会发现你根本无法站起来。要想知道个中缘由，要从物体的平衡说起。所有的物体包括人体，当物体立着时，它由重心做出的垂直线只要不超过该物体的底面就不会发生倾斜。比萨斜塔和博洛尼亚斜塔以及阿尔汉格尔斯克的"倾斜的钟楼"至今没有倒塌都是因为这个缘故。因为它们重心所作垂直线并没有大于其底面坐落的巨大范围内，当然这也同它牢牢的地基有关。而反之，如果物体重心所作的垂直线超过物体的底面，那么它就必然倒下（图 11）。

图 10　用这样的姿势坐在椅子上，为什么站不起来？

就像这些建筑一样，人在站着的时候，从他身体重心作出的垂直线要一直在他双脚的范围内才能保持平衡，稳稳地站在地面（图 12）。这也就是为什么走钢丝和金鸡独立都是很难做到的事情的原因。同理，当人坐着的时候，他的重心位于他体内靠近脊柱的位置，从这个位置引发的重心线是经过地面垂直于人双脚后方的。所以在他想站起来的时候，要通过身体前倾或者移动双脚的位置来做重心的交换。这也就是为什么一旦他按照图中的姿势坐下时，很难再站起来。

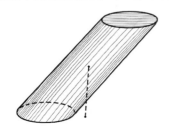

图 11　从圆柱体重心所作的垂直线超过了物体底面，所以它必然倒下。

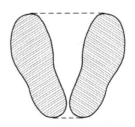

图 12　人站立时，人的重心所做的垂直线在两脚外缘所形成的小面积里通过。

平衡就是这样神奇的一件事。为了保持平衡感，人们的身体也会不由自主地塑造一些优美的姿态。例如当人们在顶起重物时，为了维持平衡，头部和身体要保持竖直，否则最微小的倾斜也会让你变得东摇西晃，狼狈不堪。相反的是，有时候保持平衡也会让人的姿态变得格外难看。不知道你是否观察过那些长时间生活在海上颠簸的甲板上的船员，他们一旦到达岸上就会显得格外突出，总是大大叉开双脚，占据尽可能大的面积。他们的步态是这样的奇怪，主要是由于在海上漂泊时为了能够在颠簸的甲板上获得重心保持平衡的缘故。

2.2　你真的熟悉走与跑吗

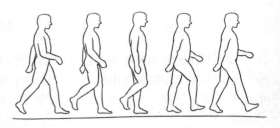

图 13　人步行时的连贯动作

说完坐，让我们再说说我们生活中同样熟悉的两个姿势——走和跑。这两个动作如果要是数上一数，估计一个人的一生中要做成千上万次，甚至根本数不出来。然而即便我们使用得再熟练，我们也并不是很熟悉人体究竟是怎样完成这两个动作的，这两种运动方式之间除了速度不同外还有着怎样的差异？

生理学家是这样描述人的行走过程，首先他先用一只脚站立，然后轻轻地抬起脚跟并且身体前倾，只要他站立的重心垂直线超过支撑的底面，即将要倾倒时悬空的那只脚向前踏进落到了地面上，使得中心的垂直线再次进入双脚支撑面的范围之内重新获得平衡，然后再循环往复，直到走到你想要到达的地方。行走也就是一个人不停地向前倾倒，然后及时由原来在后面的一只脚提供支持防止跌倒的过程。

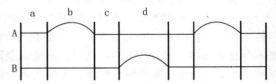

图 14　人步行时的双脚示意图：上面的 A 线表示一只脚的动作，下面的 B 线表示另一只脚的动作。直线表示脚接触地面的时间，曲线表示脚离开地面的时间。从图上我们知道，在 a 时间段里，双脚接触地面；在 b 时间段里，A 脚在空中，B 脚接触地面；在 c 时间段里，双脚同时接触地面。步行的速度越快，a、c 两段时间越短。（请与图 15 的跑步示意图做比较）。

对于奔跑来说，更确切地讲它应该是一种双脚交替的跳跃动作组成。跑的时候由于腿部肌肉收缩的运动，身体会有一瞬间被弹到空中完全离开地面，然后再由另一只脚着陆。在人腾空的那一瞬间就要快速向前迈进另一只脚，不然只是原地跳跃而已。

让我们再回过头看看步行时人体肌肉的运动过程，当踏出第一步后，你的一只脚仅仅刚接触地面，另一只则重重地踏在地面上。只要步幅不小，刚接触地面的那只脚的脚跟应该是微微抬起的，只有这样才能使身体前

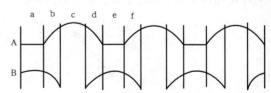

图 15　跑步时的双脚示意图（请与图 14 比较）。从图上可以看出跑步时，有时 b、d、f 双脚腾空，这是步行与跑步的区别所在。

倾。同时踏在地面的那只脚应该显示脚跟着地，随后渐渐变成脚掌，当这只脚掌着地时，接触地面的脚应该已经完全腾空了。同时着地的时候原本膝盖有些弯曲的这只脚会因为股三头

肌的收缩而垂直于地面，使得人体能够移动，而原本支撑地面的脚也变成仅仅用脚趾支撑，然后离地。这样复杂的交替过程并不是像人们想象中的不消耗一点儿能量，而是即便在水平的路面上行走也要做功，不过消耗的能量远没有同等距离的高处时为了身体升高而消耗的那么多。一般一个步行者在水平路面上行走所消耗的能量，大约是他在攀登过程中走同等距离的路消耗能量的 1/15。

2.3 应该怎样安全跳下行驶着的车

我们常常看到电影中有一些惊险刺激的跳车场面，然而究竟怎样才能跳下行驶中的汽车安全地落在地面上，这其中发生了怎样的事情呢？

通常听到这样的疑问，人的第一反应是应该顺着行驶的方向向前跳，然而很快，人们就会意识到由于惯性的作用，正确的方法应该是逆着行驶的方向向后跳才对。惯性定律虽然在这个过程中发挥了极大的作用，更主要的是因为当你从车厢内跳出时你拥有了车辆的速度，向前跳是顺着车行驶的方向，你还会有一个向前冲的力加速这个运动，从而人更容易跌倒。如果是逆着车行驶的方向，人跳出时的冲力会抵消或者由于惯性保持向前的力，从而静止在地面上。

但是无论是朝哪个方向人都有跌倒的可能。因为当你腾空时，两只脚是停止的运动，然而人的上半身依然保持着运动，这一运动的速度向前跳要比向后跳还大。因此到了万不得已的时刻非要跳车，请大家还是顺着行驶的方向朝前跳。因为在朝前跳落时，人们会习惯性地伸出脚来防止跌倒，而向后跳跃，双脚无法做类似行走一样的补救措施，危险性会提高很多。

甚至你也可以学着那些经验丰富的电车售票员或者铁路查票员，他们通常会选择面朝着行驶的方向向后跳，做到双重保险。这样的结论同人体的力学是分不开的，因此无生命的东西并不适用。当你要从车上丢行李时，还是要将行李向后丢才好保持物体的完整。

2.4 徒手抓子弹

人能不能徒手抓住子弹呢？在一些电影或者书籍中，故事的主人公似乎轻而易举地就抓住了敌人的子弹。这样的事情在我们看来如同天方夜谭，却在第一次世界大战中确确实实地发生了。当时一位法国飞行员驾驶着飞机在 2000 米的高空飞行，他突然发现自己脸庞周围有一个东西在飞，最初他以为是昆虫，就随手将其抓在手里，仔细一看却发现手中握住的竟是一枚德国人射出的子弹。

这并不是敏豪生男爵（德国小说《吹牛大王历险记》中的主人公）的无稽之谈，在现实中是可能发生的。

首先因为子弹虽然初速度大概能达到 800～900 米/秒，然而随着飞行中遇到的空气阻力，它的速度会渐渐减慢，最后当冲力接近停止时，它的速度不过是 40 米/秒。飞机能轻而易举地达到这样的速度。一旦飞机达到这个速度，对于飞行员而言子弹就像是静止在空中的一样，即便子弹由于同空气摩擦产生大量的热，但是要知道飞行员在飞行时是会戴手套的。即便是抓住烫手的子弹，也不过是手到擒来之事。

2.5　水果炮弹

武器并不见得一定要是刀枪剑戟或者手枪炮弹之类的，一旦物体在抛掷时达到某种速度，就算扔出去的是西瓜、苹果，也能产生一定的杀伤力。在1924年的汽车赛中，许多赛车手都被沿途农民丢出去的西瓜、甜瓜和苹果等礼物误伤。原来当车本身的速度加上丢过来的西瓜、苹果的速度，这些东西就一下子变成了伤人利器（图16）。砸向120千米/小时飞驰汽车的4千克重的西瓜和10克重的子弹，

图16　向疾速行驶的汽车投掷过去的西瓜，会变成一颗"炮弹"。

在这一瞬间是拥有一样的运动能的。但是由于物体形状和硬度等原因，西瓜的穿透作用不能与特制的子弹相提并论。

这种情况一旦搬到大气高层（平流层）中，事情就变得大不一样。当飞机以3000千米/小时的速度飞行时，哪怕是无意中丢出的物品，也能使一架即便是非迎面而来的飞机遭殃。这些出现在超高速飞机上的物体，对于天上的飞机来说能构成致命的威胁。因为这两种情况的相对速度是相同的，所以一旦发生撞击破坏性后果也是相同的。

与之相反的是，如果子弹或者物体是跟随在同样速度的飞机的后面，即便两者相碰也没有什么杀伤力。在1935年，一个火车司机就是因了解这样的原理避免了一场铁路灾难。在南方铁路局负责的叶利尼科夫—奥利尚卡区间，在鲍尔晓夫驾驶的列车前行驶的另一列火车由于蒸汽不足停了下来，那位列车的司机为了按时到达前方车站补充燃料，就先带着几节车厢向前方驶去，而他丢下的36节车厢，由于没有阻滑木顺着斜坡以大概15千米/时的速度向鲍尔晓夫驾驶的列车迎面而来。这位机智的司机发现了这个险情后，灵机一动停住了自己的列车然后让自己的列车以相似的速度向后滑行，成功地避免了两车相撞的危险，成功地渡过了难关。

这一原理不仅仅在关键时刻救人一命，也在生活的细节中得以体现。我们都知道在行驶的列车上写字是很困难的一件事，由于车厢不停地震动，写出的字不是歪歪扭扭就是断断续续的。后来人们根据同样的原理设计出了一种装置，使人们能够在行驶的火车上流畅地书写。

这个装置看起来如图17，就是将执笔的手系在木板A上，木板A能在板条B的凹口处移动，而将板条B固定在车厢小桌的木框横槽里移动。让人们书写时铺在木板上的纸与拿笔的手同时受到震动，这样一来笔尖和纸是同时震动就相对静止。有了这个装置，你就能够流畅地书写了，不过这个装置并不是完美无缺的，由于头和手受到的震动不同步，人的视线会在纸上跳来跳去，不是十分便利。

图17　可以在行驶的火车上方便写字的装置。

2.6　跳来跳去的体重值

磅秤在人们的日常生活中随处可见，可是同样的磅秤测量时，人的体重忽上忽下总是不固定。哪一个值才是人的真正的体重呢？

其实磅秤数值的变化同站着上面的人乱动是有关的，当你弯腰时，由于上半身弯曲肌肉同时牵动了下半身，减轻了对支点的压力，所以数值会变小。反之，一旦你站直了肌肉的力量又会向上下两个不同的方向推动，下半身对磅秤的压力变大，读数会明显增加。所以只有在你一动不动地稳稳站在磅秤上时，才是你最准确的体重。

有些磅秤由于太过敏感使得即使不做弯腰这样的大动作，而只是挥挥手臂也会使读数改变。因为我们所测量的体重实际上指的是对支点的压力。当人举起手臂时，与肩膀连接的肌肉会把整个人向下压，磅秤承受的压力就会增加，而当人举起的手臂停在空中时，由于肌肉的反向位移，使得体重也就是对支点的压力减轻了。

所以磅秤上的数字总是不断变化的，不需要再为上下浮动的读数担心了。

2.7　物体在哪儿更重些

我们都知道物体的重量同地球引力是分不开的，物体受到的引力随着物体与地面的距离增加而减少。既然如此，那么放在哪的物体更重一些？

当我们将 1000 克的砝码拿到 6400 千米的高空上测量时，弹簧秤上的数值显示的只有 250 克。因为当砝码距离地面的高度达到 6400 千米时，它处于一个相当于离地心两个地球半径的地方，它所受到的引力会减少到原来的 1/4。当砝码的高度上升到 12800 千米处，引力就会减少到原有的 1/9，那弹簧秤显示的数值应该是 111 克。

由此，我们会产生一个念头，当物体越靠近地心时，它的重量就会越大。事实证明这种想法是不对的。虽然根据万有引力定律，地球对外在的物体都有引力，然而地球的引力因子并不是仅仅位于物体的一个面，而是均匀分布在物体的各个面。看图 18，你会明白，位于地心附近的砝码上下两面都受到地心引力的作用，两个引力作用由于方向不同而相互抵消了，从而成为没有重量的物体。

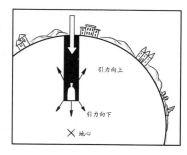

综上，我们能够得出一个结论，在测量物体重量时真正起作用的是半径等于地心到物体所在地距离的球体引力。也就是说，只有当物体放在地面上时，它的重量才最大。

图 18　随着物体向地球内部的深入，重力会减弱。

2.8　物体落下时的重量

相信你听说过"失重"这个概念，这个概念同落体的重量有关。最直观的体验就是坐电梯。让我们步入电梯，让电梯下行时，我们会有一种飘起来的感觉，完全感受不到自己的体重，可很快就恢复正常。在你感受不到自己体重的时候，你体会到的就是失重的感觉。其实并不是你的体重变轻了，而是在电梯启动的时候你脚下的电梯板已经具备一个下降的速度，而你自身还不具备这个速度。在那一瞬间，你对于电梯地板几乎没有任何压力，所以你感到体重变轻了，自己浮在空中。可很快你也开始下降，对地板产生了压力，恢复了自己的体重，那种失去重量的感觉也就消失了。

如果我的描述依然不是很直观，那么我们就用一个小实验来证明。将一个砝码挂到弹簧秤的秤钩上，为了便于观察秤和砝码一起运动时数值的变化，我们在秤的缺口处放上一小块软木，观察软木的位置变化。

现在将挂好砝码的弹簧秤向下迅速移动。你会发现读数显示的并不是砝码的重量而是要远远小于砝码的重量值。如果你让这个秤做自由落体运动，并且你有方法能够在秤落到地面之前观察读数的变化，你会发现在坠落时，砝码是没有重量的，指针一直停留在零这个位置上。

你也可以用另一个方法来证明。就是找来一个天平，在天平的一个托盘上放一把我们常用的夹坚果的钳子，放置的方法如图 19（把它的一个柄放在天平的托盘，另一个柄用细线系在天平的横梁钩上），然后在另一边的托盘上放置重物，使天平达到平衡。在之后点燃一根火柴，用火柴烧断细线使前面提到的那个钳柄完全落入盘中。这样一来你会看到在钳柄落下的那一瞬间，它所在的盘子会上升。

这两个实验都说明一个问题，在坠落的过程中再重的物体也会变得完全没有重量。我们所说的"重量"是指物体牵拉悬挂点或者压迫支撑点的力。而坠落过程中，坠落的物体不会对秤上的弹簧产生任何拉力，所以它不会有任何重量。

力学的奠基人伽利略早在 17 世纪就意识到这样的状况，他曾经说过："假如我们和我们肩上的重物同时下降时，重物还怎么能压迫我们让我们感到沉重呢？"

2.9 《从地球到月球》

著名科幻作家儒勒·凡尔纳因为他的一系列科幻作品吸引了世人的关注，在他小说中的一些设想在今天得以实现。然而在小说《从地球到月球》中提出的向月球发射一个载人特大号炮弹式车厢的构想究竟能不能实现呢？虽然小说中凡尔纳已经提出了自己的解决方案，但这个方案仍然备受质疑。

首先我们应该探讨一下向月球发射一枚炮弹让它永远不落回地球，是否具有理论上的可行性。我们都知道由于万有引力的关系，水平射出的炮弹的飞行路线会发生弯曲，迟早会落到地面上。尽管地球是个球体，它的表面是一个曲平面，然而炮弹飞行路线的弯曲度要远远大于地面的曲率，假设我们能够使炮弹的路线的曲率变得和地球表面相同，那么这枚炮弹只会沿着地球的圆周同心曲线飞行，并且由于万有引力的作用无法摆脱这个曲线。从而变成像人造卫星一样的东西。

那是不是有可能使炮弹的飞行路线曲率小于地球表面的曲率呢？首先它必须具备同样的速度。图 20 是地球一部分的剖面图，假设我们在山上的 A 点放置一门大炮，在不存在万有引力的情况下，炮弹水平射出 1 秒它就可以到达目的地 B 点。然而事实上，一秒钟后它仅仅能到达低于 B 点 5 米的 C 点处。如果我们假设我们的炮弹下落 5 米后恰好是它应该到达的高度，也就是说在没有引力的情况下到达的地方。

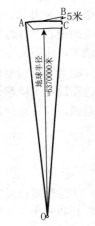

图 20　计算永远不会落回地球的炮弹的速度。

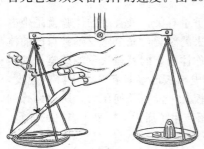

图 19　证明落体不会失重的原因。

那我们先算出 AB 线段的长度，得出炮弹在一秒钟水平方向要走过的路程，从而求出为了实现我们的目的炮弹需要的初速度。在三角形 AOB 中，AB 的长度很容易就得出了，OA 为地球的半径约 6370000 米，OC＝OA，BC＝5 米，所以 OB＝6370005 米，根据勾股定理，得

（AB)^2＝(6370005)^2－(6370000)^2

经过计算，我们得知，AB 大约等于 8 千米。

所以，即使在有万有引力的情况下，如果没有影响快速运动的炮弹的空气，只要炮弹是以 8 千米/秒的速度射出，它就会像地球的卫星一样围绕着地球运转。

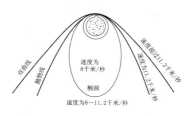

当大炮射出的炮弹速度大于这个值的时候，它将围绕地球做椭圆运动。根据天体力学，从炮口飞出的炮弹初速度越大，椭圆就越长，经计算当初速度达到 11.2 千米/秒时，炮弹就能够永远地离开地球飞到宇宙中去（见图 21）。

图 21　以 8 千米/秒以上的速度射出去的炮弹的命运。

所以在理论上来说，如果大气不阻碍炮弹运动，只要炮弹达到足够大的速度，它就能够飞到月球上去。因为现实中大气阻碍运动，形成这种高速度是一种极大的困难。

2.10　儒勒·凡尔纳笔下的月球旅行

在凡尔纳的《从地球到月球》一书中的诸多描述，有些地方的描述是完全正确并且符合科学道理的。其中有情节是乘客抛出狗的尸体并发现狗的尸体同炮弹一起继续飞驰，凡尔纳的描写完全正确，并且解释也很合乎道理。

大家都知道，在真空的环境中，物体都以相同的速度坠落就是地球引力。然而在太空中，当人们脱离地球引力的范围时，炮弹和狗的尸体具有同样的加速度，所以它们在旅途的各个点上始终都应该在同一个速度上，所以当人们将狗的尸体从炮弹中抛出去后，狗的尸体应该一直跟随着炮弹不会落后。

然而，凡尔纳的小说却有一个很大的漏洞，也许你也会惊讶自己竟然没有想到。那就是一旦炮弹车厢飞跃引力相等的点之后，炮弹车厢中的所有物体都应该失去了重量。在炮弹内部的所有物体也应该悬浮在空中，没有任何固定的地方。因为对于乘客和炮弹内部的所有物体来说，他们都具备炮弹本身所有的速度。凡尔纳在书中描绘到，乘客们一直费力思考自己是否已经踏上了星际航行的路线上，因为车厢内的一切没有发生任何变化。

他认为在只处于重力作用下自由飞行的炮弹中，物体将继续挤压它们的支撑点。事实上，物体和支撑点都在宇宙中间时，由于所有物体都处在同一个加速度上，它们彼此之间不会发生挤压。一旦乘客们到达空中，乘客们就没有任何重量，能够在炮弹内部自由自在地飘来飘去，车厢内的所有物体也失去重力，漂浮起来。

凡尔纳的小说里是个虚构的世界，即便他的一些设想没有什么科学依据，但还存在着各种各样被忽略的漏洞，比如在炮弹的车厢内各种物体应该保持着原有的姿态，水也不会从倾斜的瓶子中流出来，从手中掉出来的东西还悬着空中。然而正因为这些不可思议的现象，吸引了无数读者不断探索着未知的世界。

2.11　在不准确的天平上进行准确的称重

究竟什么是准确称重的关键，天平还是砝码，还是两者同等重要？实际上只要手中有准确的砝码，即便天平不准确也能够进行准确的称重。人们不仅能利用准确的砝码在不准确的天平上称重，还有不止一种方法能做到。

其中有一种叫作"恒载法"，它是由化学家门捷列夫发明的。尤其是在需要连续称出几个物体重量时，这个方法显得格外有效。首先在天平的一个托盘上放上某个重物，不管你放什么，只要你放置的物品比你想要称的东西重就行。然后在天平的另一个盘中放上能使天平平衡的砝码。最后在装有砝码的盘子中放入要称的东西，然后从盘中减少砝码，使天平维持刚才的平衡。这样一来，从盘子中取出的砝码就是要称的东西的重量。

第二种方法叫作"博尔达法"，这种方法是以发明这种方法的学者的名字命名的。这种方法又叫作代替称重法。首先把要称的东西放在天平的一个托盘中，然后在另一个托盘上倒些沙子或者铁砂，直到天平平衡。然后取出要称的东西，在盘中放入砝码，直到天平再次平衡。显而易见，你要称的物品重量轻而易举地知道了。

另外还有一个方法，甚至不需要用到天平，只需要有一个托盘的弹簧秤。操作的方法也类似前两种，只需要准确的砝码而已。首先先把要称的物体放在弹簧秤的盘子中，记住指针所刻的刻度，然后拿开东西，在盘中添加砝码直到指针指到刚才的刻度为止。此时盘中砝码的重量就是它所代替的东西的重量。

2.12　我们的实际力量

你一只手最多能端起多重的力量？10千克？20千克？你是不是认为这就是你这只手臂所具有的力量了呢？其实人类的潜力是难以想象的，你真正能提起的重物要远远超过这个数量。

不知道你是否理解你手臂的构造，在图22中你能直观地看到所谓的二头肌是怎样作用的。人的手臂是一个小的杠杆，杠杆的支点是前臂骨，二头肌就固定在这个支点的附近，而重物的力却是作用在这个人体杠杆的另一端。从你手中提的重物到支点，也就是从前臂骨到肘关节的距离大概是从肌肉末端到支点距离的8倍。如果你学过杠杆，你就知道其实当重物为10千克时，肌肉需要用8倍的力量去端它。既然肌肉能够达到的力量是手的力量的8倍，那么实际肌肉可以直接提起的力量应该是80千克。

相信这时候你就能够自豪地说，其实我也是个大力士。也许你会抱怨人体手臂的构造不合理，可人有所失就必有所得。在力学古老的"黄金规则"中，当在力量上有所失时，在位移上必然有所得。我们的手的移动速度是支配手的肌肉移动速度的8倍。这样的现象不仅仅在人的身上有所体现，还能够在动物的身上看到。这其实就是大自然物竞天择的结果。四肢灵活敏捷在战斗中要远比力量重要。

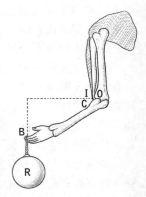

图22　人体的前臂骨（C）属于第二类杠杆。二头肌作用在I点；杠杆的支点位于关节上的O点；克服重物R的作用点在B点。BO的距离大约是IO的8倍。

2.13　为什么针能轻易刺进别的物体

　　为什么在力气相同的情况下针能够穿透厚厚的绒布和纸板，而同样是头尖尖的钝钉子却做不到。这个问题涉及一个词——压强。

　　压强指的是力和力作用的面积。当用针穿透绒布和纸板时，同样的力量作用在针尖上，在第二种情况下，同样的力作用在比针尖大的面积上，针尖的压强就要比钉子的压强大得多。

　　所以在人们考虑力的作用时，既要考虑力的大小，又要考虑受力面积。就像别人告诉你一个人赚 1000 卢布时，你要关心的不应该是这个数额的大小，而是这个数额究竟是月薪还是年薪。同样的力作用在 1 平方厘米的地方跟作用在 0.01 平方毫米上效果一定不同。就像是同样重量的 20 个齿的耙要比 60 个齿的耙耙地要深一样。

　　人们对压强的运用体现在生活的各个细节。人们喜欢用快刀、利刀来切东西，也是因为受力面积小，比较省力就能轻松地切开很难切的东西。对压强的运用除了受力面积小的应用，还有扩大受力面积的应用。比如滑雪的时候，人们发明滑雪板在松软的雪地上滑行，就是利用这个原理。当人踩在雪板上时，他的体重会均匀地分布在滑雪板上。如果滑雪板的底面积是人鞋底面积的 20 倍，那么对于松软的雪面来说，我们直接踩雪的压强是踩上滑雪板后的20 倍。

　　人们在陷入沼泽或者经过薄冰时尽量采取爬行姿态也是为了将自己的体重分布在较大的面积上。坦克和履带拖拉机也是运用这个原理。大的支撑面能够使它们在松软的土地上顺利行驶。出于同样的理由，人们为在沼泽干活的马设计了特制的鞋子，增大马蹄的受力面积，避免马陷入沼泽之中。

2.14　为什么睡在柔软的床上觉得舒服

　　同样是小木凳，但是比起粗糙的木凳来说，木制光滑的椅子要舒服得多。因为普通小木凳的面是平的，人们的身体只有很小的一部分与之接触，而木制的椅子椅面是凹形的，人坐上去的时候躯干的重量分散在较大的接触面上，由于压力分布得均匀，所以人们觉得舒服。

　　如果用数据来描述这个差别会更加形象，一个成年人的身体表面积大约为 2 平方米，也就是 20000 平方厘米。当我们躺在床上时，身体与床接触的面积大约是身体总表面积的 1/4。也就是大约 0.5 平方米。对于一个中等身材的人来说，假设他的体重为 60 千克，那么平均下来每平方厘米的接触面上才平均 12 克。而当我们躺在平面的板子上，身体与平面的接触面积大约为 100 万平方厘米，每一平方厘米承受的压力是躺在柔软的床上的 10 倍，差别立刻就能被人体觉察。

　　所以其实人感觉到舒服的关键不一定是要足够柔软，而是在于均匀分配压力，让身体和接触面充分接触。一旦压力分摊到很大的面积上，就算是睡在再硬的地方也不会觉得难受。请想象一下，假如你躺在很软的泥地上，你的身体很快就陷入泥里，当你起身时地面上已经有一个和你身材完全符合的凹陷。然后将泥地变干，但是仍然保留你身体的凹陷。直到泥地变得像石头一样硬的模子时，你躺进去也会觉得十分舒服，好像躺在柔软的地上一样。

在罗蒙诺索夫的诗中有这样一段描述：

仰躺在棱尖角锐的石头上，
对硬邦邦的棱角浑然不觉，
具有神力的大海兽觉得，
身下不过是柔软的稀泥。

此时的你就如同传说中的大海兽一样，舒舒服服地躺在硬邦邦的石头上。

❋ 第三章 ❋

介质的阻力

3.1　空气对子弹的阻力有多大

你一刻也离不开且看不见摸不到的就是空气。空气阻碍子弹的飞行,人人都知道这个事实。然而这看不见摸不到的空气究竟对快速飞行的子弹有多大的阻力呢?

左面的小弧线表示子弹在空气里飞行的实际路线,大弧线表示子弹在真空里飞行的路线。

从图 23 我们能看出来,空气大得惊人的阻碍作用。图中那个较大的弧线是假定没有空气阻力时子弹飞行的路线,当子弹离开枪管时,它拥有 620 米/秒的初速度并沿着 45°角的方向画出一条高达 10 千米的巨大弧线,仅子弹的飞行距离就能达到 40 千米。图中那道较小的弧线,是现

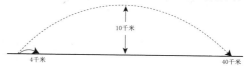

图 23　子弹在真空里和在空气里的飞行对比图。

实生活中子弹飞行的轨迹。这两条弧线简直有天壤之别,如果没有空气的阻挡,在 10 千米的高空上自动步枪能够在天空中轻松地泼洒弹雨,甚至能够击毙 40 千米外的敌人。可实际上它的飞行轨迹仅为 4 千米,空气的阻力大大减弱了子弹的威力。

3.2　远程射击的起源

在第一次世界大战尾声,1918 年的时候,德军司令部下令炮击位于前线 110 千米外的法国首都。在当时,这一次攻击突破了英法空军对德军空袭的压制。

这样的攻击方式在当时是闻所未闻的,谁能相信一般射程大概不过 20 千米的大炮竟然能够在如此遥远的距离上炮击。然而事实上发射炮弹的大炮的射击和创造源于德国炮兵的偶然发现。在一次射击中,他们用大口径的大炮以较大的仰角射击时,意外地发现射程变成了 40 千米,要远远大于已知射程 20 千米。几次试验后都得到相似度效果。图

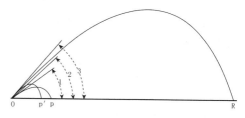

图 24　超远程炮弹的飞行距离随着大炮射角的改变而改变:射角为 1 时,炮弹落在 p 处;射角为 2 时,炮弹落在 p′处;射角为 3 时,射程会加大很多倍,因为炮弹已经钻到空气稀薄的平流层里了。

24 描述的就是发射仰角的改变对炮弹飞行路线的影响。我们不难看出当以极大的初速度和仰角发射炮弹时,炮弹会直接到达空气稀薄的大气层,在那里空气的阻力要小得多。自然也能

够飞行相当远的一部分距离。

这一次意外发现成了德军用来轰击巴黎的远程大炮（图25）的设计基础。那门远程大炮是由一根长 34 米、粗 1 米的巨型钢制炮筒为主体的。炮筒的末端壁厚达 40 厘米，炮身重 750 吨，就连炮弹也是特制的，用来发射的炮弹重 120千克，长 1 米，粗 21 厘米，需要填装火药将近 150 千克。在发射的时候，炮弹能够产生 5000 个大气压，使得其具备近2000 米/秒的初速度，当发射仰角为 52° 角时，炮弹的运行轨迹是一个巨大的弧线。从炮弹发射到它抵达巴黎全程 115 千米，用时 3.5 分钟，其中有将近 2 分钟的路程炮弹是在平流层飞行的。

图 25 德军远程大炮的外观。

这门大炮堪称当时的奇迹，它的发明和出现奠定了现代远程炮技术的基础。我们都知道子弹的初速度越大，空气的阻力就越大，然而这个阻力并不是单纯的正比例增加，而是以速度的二次方甚至更高次方成比例增加的。

3.3　风筝为什么能飞上天

到了春天，天空中有各色各样千奇百怪的风筝，不知道在放风筝的时候你会不会奇怪为什么当人向前牵拉风筝时，它会腾空而起，飞到风中。如果你弄明白风筝升空的秘密，你也就知道为什么飞机能飞，蒲公英的种子能在空中飞舞，飞旋镖能做奇怪的运动的部分原因。因为上述现象的本质是一样的。

风筝腾空而起，起到最关键作用的就是空气的阻力，这也是飞机腾空飞行的前提条件。如图 26 所示，如果以 MN 线为风筝的断面，当人们放风筝拉那个风筝线时，风筝会因为它尾部较重而在倾斜的情况下运动。假设风筝运动是由右向左的，我们用a 来表示风筝平面和水平线中间的夹角，也就是风筝平面的倾斜角。此时此刻作用在风筝上的有空气施加的阻碍风筝运动的压力如箭头 OC 所示。因为空气的压力一直是垂直于地面的，所以

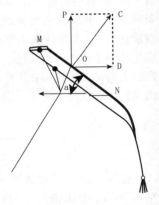

图 26　作用在风筝上的力。

OC 和 MN 成直角。压力 OC 根据力的原理可以分解为所谓的力的平行四边形，从而得到 OC分解的两个力 OD 和 OP。其中 OD 阻碍风筝原有的运动速度，OP 则使风筝向上减轻了风筝的重量。当 OP 的力量足够大超过风筝的重量时，风筝就会升起来。这就是为什么我们向前牵拉风筝，会让风筝飞更高的原因。

飞机腾空的道理也类似，只不过手的牵拉力变成了螺旋桨或者喷气式发动机的推进力。在这里我们仅作简要的介绍，在后面的章节中会给大家详细讲解飞机是如何升空的。

3.4　活的滑翔机

很多人认为飞机的构造应该是模仿在空中自由翱翔的鸟儿，然而事实上飞机的构造是模

仿鼯鼠、猫猴或者飞鱼。这三种动物都具备飞膜，不过他们的飞膜并不是用来飞翔的，而是用来做远距离的跳跃。这个动作在飞行员看来就是"滑翔下降"。

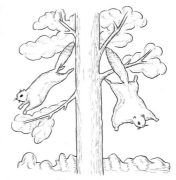

图27展示了鼯鼠是如何利用它的飞膜滑翔的。如图所示，在它们身上，OP不能够抵消它们自身的重量，只能减轻它的重量，使它们能够从高处向远处跳，寻找更适合自己的生存空间（见图27）。在亚洲有一种个头儿很大的鼯鼠——袋鼯，它的大小和猫咪差不多。当它站在树冠上想到达另一个树的树枝上时，它会打开它的飞膜，然后腾空而起，甚至能够飞过大约50米的距离。有一种产生于菲律宾群岛等地的猫猴甚至能跳70米远。

图27　鼯鼠能够从高处跳到20～30米以外的距离。

3.5　植物的滑翔

除了人类的滑翔伞运用了风的技术，克尔纳·冯·马里拉温的名著《植物的生活》记录了许多利用滑翔来传播果实和种子的植物。例如蒲公英、松树、柏树、槭树、桦树等等伞形科植物。

对于这些植物来说，飞行的重要性并不是为了扩散传播，而是为了给自己的种子找到一个安身之处。在晴朗无风的日子，这些植物会凭借着垂直上升的气流上升到高空，然后在太阳落山后缓缓地降落，利用水平流动的气团将种子带往世界各地，如图28和图29。

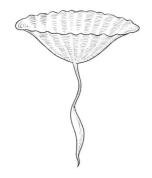

图28　婆罗门参的果实。

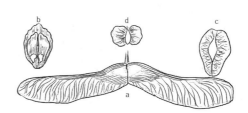

图29　会飞的植物种子：a，槭树种；b，松树种；c，榆树种；d，白桦种。

有些植物的降落伞或者翅膀是在飞行中和种子相连的，大翅蓟的种子就是这样，平时它在空中平稳地漂浮着，一遇到障碍，种子就会脱离降落伞，落到地面上生根发芽。甚至有些植物的"滑翔机"比人造的还要完善，它能够带着比自身重量重很多的物体升空，还能自动保持稳定。即便是遇到障碍，也不会失去平衡骤然落地，依旧还是缓慢地落下来。

3.6　运动员延迟跳伞

跳伞运动员从十几千米的高空中坠落，却不立即拉开跳伞究竟是为什么呢？难道不是说打开伞后，人们的下降速度会减少很多，从而能够安全着陆吗？然而实际上通常他们在跳出飞机达到空中后要延迟一段时间，直到下落相当大的距离才会打开伞环徐徐落下。

　　大多数人都认为在开伞前，那些跳伞运动员就像是从高空丢下的石头一样，然而由于空气的阻力使得跳伞运动员下降的速度由最初的加速运动变为匀速运动。用力学示意图和计算能够大致画出延迟开伞的伞图。当跳伞运动员从机舱内跳出时，他的加速下落只发生在最初的 12 秒或者更短的时间内，这个时间同跳伞运动员的体重有关系，体重轻的人需要的时间更短。在这短短十几秒内，运动员下降了 400～500 米，速度大约能达到 50 米/秒，直到他开伞前都维持着这个速度。

　　而不是像人们想当然以为的，在高空坠落速度是一直叠加的，直到降落时速度依然很大。从天空中滴落的雨滴下落的过程也与跳伞运动员类似，不过雨滴的质量较轻，它从空中滴落维持加速的时间只能维持到一秒钟左右，甚至更短的时间。雨滴的最后速度只能达到 2～7 米/秒，这个速度的差别也由雨滴的大小决定。

3.7　飞旋镖

　　飞旋镖是原始人智慧的结晶，其复杂奇特的空中轨迹让学者们惊叹不已。他简直是原始人在技术上最完美的杰作。飞行镖一向被看作澳洲土著特有的武器，基本上每一个澳洲土著都是丢掷飞行镖的好手，然而事实上，除了澳大利亚，在印度各地、古埃及和努比亚都能发现它存在的证据。只不过其中最有特色的要数澳洲的飞旋镖。只有澳洲的飞旋镖能够在空中画出诸多奥妙的曲线，并且一旦击不中目标就会飞回投掷者的脚下（图 30）。

图 30　原始人隐蔽在遮蔽物后，使用飞旋镖射杀猎物。

　　投掷飞旋镖的重点在于最初的一掷、飞旋镖的旋转和空气的阻力。投掷飞旋镖的好手澳洲土著似乎具有一种本能，能够将这三点很好地结合起来，他们能够通过改变飞旋镖的倾斜角、抛掷力度和方向来达成既定的效果。

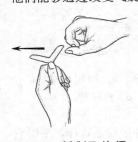

图 31　纸制飞旋镖及其使用方法。

　　这看起来像是上天送给这个民族的珍宝，然而实际上只要你肯练习你也能学会如何抛掷飞旋镖。如果你想在室内练习，那就用纸做一个飞行镖。飞旋镖的制作十分简单。首先先把明信片剪成图 31 所画的形状。每翼的大小尺寸为：长约 5 厘米，宽约 1 厘米。用左手大拇指的指甲按紧纸镖，用右手在朝前方稍微偏上一些的方向，用力弹它的一翼的末端。一般情况下，纸镖会在空中沿着曲线平稳地飞行 5 米左右；有时曲线会十分复杂。假如纸镖在前进途中不碰到什么障碍物，它就会落回你的脚下。

　　如果能够把纸镖做成最合理的尺寸，再加上多次的练习，你一定能让你的纸飞镖在空中划出几道复杂的曲线后，回到起飞的点。

❋ 第四章 ❋
转不动的"永动机"

4.1   怎样区分熟蛋和生蛋

怎样在不打破蛋壳的前提下区分生鸡蛋和熟鸡蛋呢？

关键就在于，利用它们内部结构的不同来解决我们的难题。不难想象，熟蛋是没有间隙的整体，而生蛋里却都是液态物质。由于物理学中的惯性，生蛋中的蛋白和蛋黄在旋转时会像"刹车"一样延缓蛋壳的运动。

我们将鸡蛋放在平台上，用两个手指旋转它们（如图 32）。这时，没有"刹车"的熟蛋会比装了"刹车"的生蛋速度快，且持续时间长。与生蛋有些费劲儿的旋转相比，熟蛋的轮廓会连成一片，呈扁白的椭圆形，甚至尖端直立起来。

图 32　像这样旋转鸡蛋。

而且，停止旋转时它们的现象也是不同的。如果是旋转中的熟蛋，只要被手指碰一下它就会立即停止转动，生蛋在手指的作用下停转片刻，而手指离开后会缓冲一下。这依然是惯性的作用，只是惯性是为延缓蛋壳对原本运动状态的改变，因此原本有"刹车"的生蛋这次却犹如装了"发动机"。

还有其他一些辨别方法，但原理是相通的。例如，分别用橡皮圈将鸡蛋的子午线裹紧，用两根同样的细线悬挂起来（如图33）。然后将两个鸡蛋旋转相同的圈数，之后放开，就会发现二者不同的现象。熟蛋会由于惯性作用反复向不同的方向旋转，且逐渐旋转圈数减少，而生蛋虽然也会有改变旋转方向的现象，但圈数比熟蛋少得多——自然是其中的液态物质起到了很强的制动作用，使生蛋不能持久地运动下去。

图 33　把熟蛋和生蛋悬挂起来，旋转它们来辨别。

4.2   无处不在的"开心转盘"

生活中人们所说的离心力，其实往往是对惯性的错误认识。就拿常见的雨伞来说，下雨天旋转雨伞，会从边缘飞出水花；将伞尖支在地上然后旋转雨伞，扔进去一个纸团就会飞出来，这些都是惯性的体现而非所谓的离心力，因为离心力是一种沿着圆周运动半径的力，而以上的现象都是沿着圆周轨迹的切线方向。

"开心转盘"是人们根据旋转运动的这种效应，制造出的一种别出心裁的娱乐设施，可以带人们领略惯性的威力（图34）。人们在转盘上找好自己的位置，并以各种姿势将自己与转盘固定在一起，以防转起来后被甩掉。然而事实证明无论怎样固定，当旋转达到一定速度时，人们都很难稳稳地坐着，通通被惯性拉离圆心，而且这种拉力随着半径的增加越来越大，直至完全被抛下转盘。

图34　"开心转盘"旋转时把人甩出去。

事实上，地球也像一个"开心转盘"一样，不过它是个巨大的球体。地球当然不会把我们抛下去，因为它给我们的引力是足以克服惯性的，但它会在一定程度上减轻我们的体重。在旋转速度最快的赤道上，由于惯性原因物体的重力会减少原重力的 1/300，再加上其他原因，每个物体的重力一般都会减少原重力的 1/200。因此，成年人在赤道上称体重，会比在南北极轻 300 克左右。

4.3　墨水漩涡与大气旋流

要得到一个墨水漩涡，首先我们需要制作一个陀螺。拿一张光滑的白色硬纸板，把它剪成圆形，将一根削尖的火柴棍儿穿过去，陀螺便做好了（如图35）。想必大家都知道怎样让它旋转——没有什么技术性的要求，只要用两个手指捻一下火柴棍儿，然后把陀螺迅速用力地丢在平滑的平面上即可。

图35　墨水滴在圆纸片旋转时流散的图形。

利用陀螺，我们就可以很容易地看到墨水漩涡的现象。首先在我们做好的陀螺上的不同地方滴几滴墨水，在它晾干之前开始旋转陀螺。陀螺停下来后，观察一下纸片上墨水的状态和变化：每一滴墨水都会画出一条螺旋状的曲线。这些曲线合在一起的形状，就像一个漩涡一样。

为什么曲线的形状会像漩涡呢？这种形状又说明了什么问题？

曲线其实就是墨水流动的轨迹，"开心转盘"上的人们就像每滴墨水一样，被惯性作用抛到了圆盘的边缘。在墨水滴被"抛"的时候，它会自然流向纸片上圆周速率比它自身大的地方。此时圆纸片在墨水滴的下方，随着相对运动的进行，纸片走在墨水滴的前面，便会出现以下现象：

看上去似乎是墨水滴落后于圆纸片运动，因而沿着所在的径线滞后了。同时纸片在做圆周运动，墨迹就会弯曲，也就形成了我们所看到的曲线运动的轨迹。从地球大气运动的角度来看，也会有同样的现象。在大气的高气压区是会有气流流出的，而低气压区会有气流流入，习惯上前者被称为"反气旋"，后者则被称为"气旋"。事实上墨水漩涡的形成，便是解释巨大空气旋流的现实模型。

4.4　让植物不再向上长

当物体做速度较大的圆周运动时，惯性作用可能非常大，甚至超出重力作用的范围。有人就做过如下实验来证明这一点——一个普通的轮子，在旋转时向外的惯性力量有多大。生物学告诉我们，植物生长的方向是有一定规律的，即朝着与重力相反的方向生长，也就是人们通常所说的"向上生长"。有趣的是，一百多年前，英国一位植物学家奈特做过这样的尝试，把种子放在一个旋转的轮子上，让它自然生长，就会有奇异的现象出现：

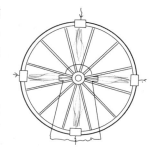

幼苗生长方向完全发生了变化，根会顺着轮子的半径向外扎，而茎则在同一直线上沿反方向生长（图36）。植物就像是被轮子欺骗了一样，因为它不再是主要受重力的影响来决定向上的生长方向，而是主要受另一个力的影响。这个力的产生便是由于惯性，而施力方向是沿着半径向外，在幼苗看来，这个力远大于重力，似乎才是它们眼中的"重力"。因此从幼苗的角度看，它确实是沿着自己以为的重力方向生长，但在我们人看来，它以为的重力并不是真

图36 种在旋转车轮上的豆种，它的茎伸向轴轮，而根向外长。

正的重力，而是惯性产生的力。幼苗的根开始朝里扎，茎开始朝外长，对幼苗产生极大影响的，是人为创造的，作用超过了自然重力的"重力"，因此像幼苗被欺骗了，改变了正常的生长方向。

4.5 完美的"永动机"

提到"永动机"，人们似乎都会觉得这个词并不难理解，字面上看就是永远运动的机器，但是深层探讨时，就会发现并不是每个人都清楚"永动机"的真正含义。事实上在物理范畴，"永动机"是人们研究时间相当长的一个命题，它作为想象中的一种特殊机械，意味着可以自行运转且日夜不息，此外，人们还幻想它能做功，也就是"空手套白狼"的效果。为了研究出这样完美的机器，人们进行了无数次的尝试，15世纪以后的好几百年里，制造永动机的实验都从未停止过，但奇怪的是再聪明的科学家也无法制造出这样的机器，包括著名科学家达·芬奇和意大利机械师斯特尔。后来，随着物理学的发展，人们逐渐意识到这些尝试都是徒劳，1775年，法国科学院甚至宣布"本科学院以后不再审查有关永动机的一切设计"。最终，德国著名物理学家和生理学家亥姆霍兹（H. Helmholtz，1821~1894）从永动机不可能实现的这个事实入手，研究发现了能量转化和守恒原理。人们更加坚信永动机是不能被制造出来的。

图37是停留在图纸上的自动机械。这是最早出现在人们视线里的永动机的设计方案之一，直至今日，还是有一批幻想家存在，虽然他们从未成功过，却依然试图改变一些细节，绞尽脑汁制造永动机。当时的图纸显示，设计者在转轮的边缘安装了一些活动短杆，并在它们顶端附着一些重物。设计者希望达到的效果是，无论转轮处在什么位置，从它的局部来看，右半侧的重物距中心的距离都会比左半侧的远，因此理论上讲，右半侧总是比左半侧重，似乎这样，转轮就会转动起来了。如果这个理论成立，完美的"永动机"就已经被创造出来了，它会无休止地转下去，而且不必外界施加任何力。但实验的结果却不如理论这么完美，现实中转轮并不会这样听设计者的话，相反，

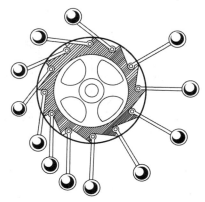

图37 中世纪时设想的永动轮。

它几乎不会旋转。为什么会出现这样不一致的结果呢？

　　经分析，原因是：看似右半侧的重物总是离中心比较远，但是设计者忽略的一个因素是重物的数量问题。右半侧重物的数量总是比左半侧少的，事实上这正是远离圆心的后果，便出现了不可避免的结果。请看图37：右半侧重物的数量是4件，而左半侧却多达8件。结果，从整体来看，转轮是平衡的，事实上，从受力和力矩的角度分析，轮子只可能因为惯性而旋转起来，即使如此也会有空气阻力或摩擦，因此所谓的"永动机"最终还是会停在原来所达到的平衡的位置。

　　而在此之后，很长一段时间的中世纪，人们都没有意识到，在发明"永动机"（拉丁文为perpetuummobile）上花费的大量时间和劳动都是没有结果的。当时人们甚至觉得，拥有这种永动机比从廉价金属中提炼黄金更富有诱惑力。

　　普希金在最早的戏剧作品《骑士时代的几个场景》中，就曾经通过别尔托尔德的形象描写了这样一位幻想家。

　　马丁问什么是perpetuummobile，别尔托尔德回答："那就是永恒的运动。只要得到了永恒的运动，人类的创造就不会再有止境。"在他看来，提炼黄金当然是很诱人的事，却可能又有趣又实惠地发现，可要是得到perpetuummobile，是远远超过这个的成就。

　　人们设计出了上百种"永动机"，但是一台也没能实现完美的永动幻想。在这些失败的尝试中，我们可以观察出，就像我们前面举的例子中那样，发明家都忽略了某种因素，而恰恰是这种因素，会使其计划全部落空。还有人设计了一种"永动机"——一只装有很重的滚珠的轮子（图38）。发明家的设想是，滚珠在轮子的一侧总要更接近边缘，轮子利用滚珠自身的重量就会旋转起来。但是现实中，这个轮子显然是转不起来的。原因与图37中的轮子一样。

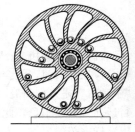

图38　装有滚珠的"永动机"。

　　关于永动机，还有一个可笑的事情发生。在美国的一座城市，一家咖啡店想到了一个关于完美的"永动机"的主意来招徕顾客，他们制造了一个硕大的轮子（图39）。虽然人们视觉上会认为，轮子转动的原因是在空隙里滚动的沉重的圆球，可实际上竟然是被巧妙地隐藏起来的另外一台机械。当然，那些被堂而皇之挂在钟表店橱窗里，其他徒有虚名的"永动机"也都是这类货色，无一例外是在暗地里可笑地用电动机带动的。

　　经过众多设计和实验，人们已经证明并相信了，之前所有的幻想和尝试都是不切实际的，因为根本不可能制造出完美的永动机，自身永不止息地运动，同时还可以做功。逐渐地，人们放弃了制造这种机器的想法，将制造热情转向其他的机器上面了。

图39　加利福尼亚洛杉矶市为了做广告建造的假想的"永动机"。

　　还曾有一个具有广告性质的"永动机"曾给我添了不少烦恼。我有一些工人学员，被橱窗里看似完美的"永动机"蒙蔽了眼睛，以为这恰是我平时举出的能量定律和"永动机"不存在的例子的强有力反驳。他们甚至开始对我的观点表示不屑。在他们眼里，看到的就是事实，轮子被圆球的滚动带动着转动，这仿佛就是想象中的"永动机"，眼见为实，远比我的道理有说服力多了。他们当然不肯相信，那有名无实的机械奇迹竟然是利用电流驱动的。在当时，假日城市电网是不供电的，我想正好利用这个机会，拆穿"永动机"的真实面目。在我的建议下，学员们半信半疑地在假日去看望了他们的"永动机"，却无比失望地回来了。

问到他们关于永动机的事时，他们一脸的羞赧，因为他们根本没有看见永动机，它并没有被展示在橱窗里。

从此他们再也没有对能量守恒这个理论产生过怀疑，因为所有的"永动机"在停电的时候也都只能逃离人们的目光。

4.6　耍脾气的"永动机"

在俄国，也有很多"永动机"的忠实爱好者，他们自学成才，钻研了这完美机器很久。甚至不只是科学家，很多其他各行各业的人都十分爱好这种探索。西伯利亚有个农民叫亚历山大·谢格洛夫，正如 19 世纪下半叶俄国最杰出的讽刺作家谢德林的小说《现代牧歌》中所描写的"小市民普列津托夫"一样。谢德林描写的这位俄国农民大概 35 岁，身材属于瘦削型，面色比较苍白，眼睛很大，让人感到他的若有所思，长发是披到颈后的发髻。他住在自己宽敞的木房里，同时也是他的研究室。整个房间的一半都是他那只大飞轮，连进屋都是一项困难的工程。他的轮子不是实心的，中间有辐条。轮圈像是用薄木板钉成的空荡荡的大箱子。就在这空腔里藏有机关，那是发明家的秘密所在。当然，这秘密也没有那么高明，好像就是若干袋装满沙土的袋子，起平衡作用。一根辐条上插着一根棍子，固定轮子在静止不动的状态。

在小说中还有一段作者与这位农民关于完美机器的对话描写，当主人公兴致勃勃地表示想要看看这庞然大物时，农民很是欣喜和骄傲，便领着他们绕轮子走了一圈。主人公前前后后看了一下，觉得它不过就是只轮子而已。有趣的对话发生在这个时候，主人公问农夫它真的转吗，农夫的回答很含糊，说貌似应该能转。但似乎它在耍脾气，接着说得给永动机点儿推动力。

他双手使劲抓住轮圈，摇动了好几下，之后松开手让轮子转起来了。起初轮子转得相当快，也很均匀，听得见轮圈里面沙袋一会儿撞到隔板上，一会儿又从隔板上掉下去；然后轮子转得越来越慢，发出咯咯吱吱的声音，最后轮子又纹丝不动了。"其实是点小故障。"发明家十分窘迫地解释道。接着他使出吃奶的力气，把轮子猛推了一下。当然，第二次还是那么回事儿。

主人公问这位农夫有没有考虑摩擦力的因素，他很是不屑："当然是考虑到了的……摩擦力有什么？这可不是因为摩擦力，而是……有时候这机器好像一下子取悦我，一下子又突然……耍花招，闹脾气，然后就不会转了！它要是用上等木材做的，一定不会这样顽劣的！但我用的都是些边边角角的材料。"

在这位发明家的眼里，似乎是因为一些小脾气和用料的原因才导致这机器无法正常运作的。但事实上是这样吗？所谓的"小故障"究竟是微不足道还是罪魁祸首呢？如果所有的"永动机"都要靠"给点儿推动力"才能转几下，那怎么可能是完美机器。在制造"永动机"之前，发明家是否想清楚了其中的原理和思想？恐怕是个值得怀疑的问题。时至今日，我们终于知道能量守恒规律了，但对于当时的人来说，这还是个未曾触及的领域。

4.7　神奇的蓄能器

库尔斯克有一位发明家叫乌菲姆采夫，曾经建立一座风力发电站，与以往传统的风力发电站不同，这种新型发电站装了一种蓄能器，它的造价十分低廉，呈飞轮形，利用惯性转动实现发电。他的这一举动，差点让人们再次陷入了对永动机的憧憬和幻想之中。但事实上，所谓"乌菲姆采夫机械能蓄能器"只会告诉我们这样的道理，仅从表象来评论"永恒运动"，而不深入地挖掘其中物理原理的错误，一定会误入歧途。

这位发明家成功制造出了自己设计的蓄能器的模型是在 1920 年，大致是这样的构造：在抽出空气的机箱里放一个圆盘，一个在装着滚珠轴承的竖轴上旋转的圆盘。根据推测，转数达到每分钟 2 万转圆盘可以在 15 个昼夜期间持续不停地旋转！如果是一位不求甚解的观察者的话，就只会看到这样的现象——这种圆盘似乎是不需要外部能量输入的，但它确实在不止息地转动，于是走入了"永动机"的迷潭，以为真的创造出了这等完美的机器。

4.8　"永动机"的意外收获

"永动机"作为很多人不会有任何结果的追求，也致使无数人在这个过程中失去了很多。俄国农民是它的忠实追求者，还有一些收入并不丰厚的人也把自己全部的工资和储蓄花在这个不可能实现的梦想上，因此往往不仅毫无收获，而且甚至造成倾家荡产的后果。在目标错误的前提下，很多人成了人类通往"永动机"这个不可能到达的目的地的牺牲品。其中有一个"永动机"的追求者，已经到了食不果腹、衣不蔽体的地步了，说他坚持梦想也好，执迷不悟也罢，他却还是在不断地借钱，请求捐款，好让他去再尝试一把"永动机"，还信誓旦旦地说："这次一定会成功让它转起来的。"事实上让他贫困的不是他的一些顽劣的缺点，恰是他坚持不懈的优点，只可惜他并没有真正理解物理，没有真正独立思考能量的生成与转换，从最开始就找错了方向。这难道不是一种可悲吗？

选择一个正确的方向，无论是对于做一件事或是一个人的一生而言，都是无比重要的。一个人如果不是在原地打转，就一定有所前进，如果是错误的方向，那结局会不堪设想，反之如果是朝向正确的方向，就会收到很好的结果。

历史上关于这一点有很多证实。在 16 世纪末 17 世纪初，荷兰有一位叫斯泰芬的学者，他并没有被后人大肆吹捧，但他所做的探索和成就都是不可忽略的。除了发现斜面这个独特物理模型的一些力学规律之外，他还发明了小数，并最早将指数运用于代数，同时发现了流体静力学定律（后来这一定律又被帕斯卡重新发现），他理应得到高得多的声誉的，这些发明都得到了后人很好的继承和运用，为数学、物理学的发展奠定了很重要的基础。

斯泰芬探索斜面上力的平衡定律时，并不是按照常规方法，常规运用力的平行四边形法则，而只是通过开动大脑，借助了我们复制的这张图（图 40）。他奇思妙想，将一条奇特的链条搭在一个三棱体上，这个链条就奇特在它是由 14 个同样的球串成的。大家可以推测一下，链条会出现什么情况呢？

问题的关键就在悬垂在下面的部分和在斜面上的部分会不会保持平衡。如果可以，那一切都说得通，即右侧的两个球和左侧的四个球能互相平衡，但如果不能的话，由于没有达到平衡的稳定状态，链条一定会自动寻求平衡稳定的状态，即下滑运动，而且由于每次虽然都有小球滑下来的，但与之相连的小球又会补充到它原来的位置，这样是永远也无法达到平衡的。在我们日常生活的观察中会知道，链条如果是搭在三棱体上，那么它是不会自动滑落的，不产生运动的状态一定是平衡态，即处于右侧的两个球是奇迹般地与左侧的四个与它重量差别很大的球达到了平衡状态。为什么四个球的拉力竟然和两个球相同呢？

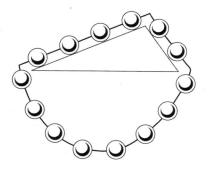

图40　"不足为奇的奇迹"。

通过对这个问题的思考，斯泰芬得出了自己的结论。这个现象在当时看来是很让人惊诧的，但斯泰芬考虑了另一个角度，因此得出的是另一种不同于当时大多人的结论。他的思路大概是这样，由于链条是均匀的，长度和它的质量就是成正比的物理量，运用这个将两种参数联系起来的方法，他终于得到了如下结论：在这个实验装置里，只要左右两侧悬挂的物品的质量与左右两侧斜面的长度成正比，此时两侧便可以达到一种平衡的状态。

有一种比较特殊的情况，就是斜面侧面是呈直角三角形，即短斜面作为直角边一端是一个竖直的平面，这时还可以推导出另一个十分常用的力学定理：放置在斜面上的物体，如果可以保持不下滑，一定是因为有一个沿斜面向上的力的支撑，这个力与重力形成一个矢量三角形，恰好与斜面侧面的三角形是相似的，即该支持力与重力的比，等于斜面的高度和斜面长度的比。

这一条力学定律的发现，同其他定律一样，也通过了科学家缜密的思考和细心的推导。在生活中细心观察的科学家们出于对事物的运动的好奇，往往醉心于做各种各样有趣的实验，探究力、热、声、电、光等等自然界神奇的现象，还饱含着为人类过上更幸福便捷生活的期望，但是，无数先例告诉我们，任何付出和努力，都是在兴趣的引导下，在客观的思考后帮助人们摘取胜利果实的，相反没有以上条件，难免渐渐失去动力或误入歧途。

4.9　还有两种"永动机"

图41显示的是绕在轮子上的链条。从表象来看，整个链条处于一种受力情况不变的状态，无论在什么位置，右侧的那半边链条总是会长于左边。似乎看起来右侧一半是比较重的，因此会受力而不停地下落，从而带动机械不停运作。真的会这样吗？

恐怕不是的。如果我们真正理解了受力平衡的理论，就会很容易地发现，即使是有几个不同的力从不同的角度牵引链条，较重的一侧也会自动和轻的那部分形成一种平衡，而非带动其他部分运动。简易地来理解就是，虽然右侧是比左侧重一些，但由于右侧链条是弯曲的，左侧则是垂直的，受力方向不一样的情况下，我们是无法单从大小的角度来观察力的作用的。就以上理论分析已知，这种"永动机"也是不可能实现的。

同样有发明家在19世纪60年代的巴黎博览会上展示出自以为十分聪明的发明，这个发明与其他关于"永动机"的发明并无太大差异，只是大轮子不再是直接悬挂重物，而是里面放了一些可以滚动的球。发明家们断言这机器在运动时是不可能被阻止的，从原理上看来它几乎毫无缺陷。机

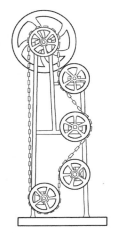

图41　这是永动机吗？

器在一直转动，参观者们用手扶住它试图让它停下来，然而手一离开机器又会恢复转动。事情的真相是，轮子的动力恰好是来自这些源源不断地阻止它转动的手，他们向后推轮子的同时，也拉紧了轮子上附的机械弹簧，是这弹簧的弹力作用使轮子可以不停地转下去，而非什么永恒的动力。

4.10　彼得大帝与他热爱的"永动机"

彼得大帝也是"永动机"的狂热爱好者。他在位期间有批 1715～1722 年的书信被保存了下来，后人翻阅过后发现其内容与购买"永动机"有关。当时德国有个叫奥菲列乌斯的博士扬言发明了"永动机"，同时他也由于这个"自动轮"而名声大噪，当时他已经和沙皇商量好，将这完美的机器卖给他。彼得大帝当时手下有一位官员，是管理藏书的，叫舒马赫尔，就被派往西方国家收集一些珍品以供沙皇珍藏。这位官员与发明家谈判后，发明家提出了条件——费用是 100000 耶菲莫克（德国银币），少一分都不行，而且一手交钱，一手交货。官员问到这机器到底能否永动，发明家信誓旦旦地表示，它是绝对完美的，如果有人对它表示任何怀疑或指责的话，那一定是出于嫉妒。全世界都应对这台伟大的机器表示敬意和憧憬。

彼得大帝十分希望能在 1725 年 1 月的时候亲自前往德国，去考察一下那传说中的机器，可惜去世之前他也没有达成这个心愿。

那么，这个德国的神奇博士究竟是谁呢？历史上他真正发明过这种完美的机器吗？经过一番调查，我们终于得到了一些关于这位博士的资料。

贝斯莱尔才是这位发明家的原名，奥菲列乌斯只是他虚构的名字。1680 年，他在德国出生，一生曾经涉足神学、医学、绘画，后来对"永动机"十分感兴趣，就开始了这项发明。他的机器似乎比别人更胜一筹，因此他是那个时代最有名气的发明家之一。他也靠着这种名气获得了很多钱财，晚年过着富足而安逸的日子。

图 42 就显示了他引以为傲的完美机器的示意图。这项发明是源于 1714 年，视觉上给人的感觉是，这个大轮子好像不仅可以轻而易举地旋转起来，不依靠外力，而且还可以不费吹灰之力将重物提起来，也就是完成做功。

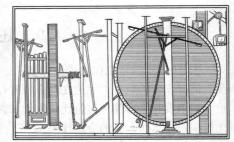

图 42　彼得大帝一生也没买到的奥菲列乌斯的"可以自己转动的轮子"。

依靠这台看似神奇的机器，这位博士辗转于各大展览会场，带着他的发明招摇过市，不仅为了炫耀，更试图寻找一些靠山。后来他的名声远扬，在德国已经十分著名了。这时波兰国王对永动机的极大兴趣让他成为博士的一个庇护者，这个靠山是十分稳固的。之后，德国黑森卡塞尔州的一个侯爵也表示对他的机器很感兴趣。结识这些有地位的人之后，甚至有免费的城堡提供给博士，用以存放和检验这台完美机器。

一个神奇的日子到来了，那是在 1717 年的 11 月 12 日，博士的"永动机"终于在侯爵的城堡里的一个单独的房间内被启动，之后这个房间就被上好锁，贴上封条，还有士兵把守，戒备无比森严。侯爵下令 14 天之内谁都不准进入那个房间妨碍机器的运行或进行任何形式的参观，直到 26 日的时候，侯爵揭开了封条，和随从一起走进房间，惊讶地看到了依然正在转动的机器。而且，轮子的速度并未减缓，保持在 14 天前的良好状态。侯爵让人们把机器停下来，仔细地看了看有什么神奇之处，但并无大的发现，接着他又启动了机器，这次将期限定为40天，依然用封条封住房间，让士兵严加把守，40天后，再来看这机器，竟然依然在不停地转动！

侯爵还是不放心，再次做了同样的实验，将期限调得更长，长达两个月。让人目瞪口呆的是，两个月后机器依然在日夜不停地转动！

侯爵终于彻底相信了这位博士的神奇发明，以为自己真的拥有了世上独一无二的永动机。博士也因此获得了含金量很高的，由侯爵亲自下发的官方证书。证书是这样写的：他创造了神奇的永动机，每分钟50转，可以把16千克的重物提升1.5米的高度，也可以带动锻铁用风箱和砂轮机。带着这张证书，博士可谓是走遍欧洲都不怕，处处受人尊敬。之后他如果愿意将机器以不低于100000卢布的价钱卖给彼得大帝，那么他就会不仅拥有名誉，更不愁没有钱财了。

此时，创造出举世瞩目的永动机一事已经风靡全欧洲，彼得大帝自然也知晓了这样一名神奇的博士。彼得大帝对器械的精巧感兴趣是当时出了名的，凡是民间有创造出什么有趣而新颖的机器，彼得大帝都会让自己的官员帮自己收集起来，放入宫中收藏。当彼得大帝得知永动机已经被创造出来时，他还在国外，于是派遣外交官奥斯捷尔曼去找到关于这个机器的详细图纸和报告，研究一下这个传说中的机器。彼得大帝甚至有一个想法，将博士请到俄国来，作为一名卓越的发明家帮助俄国的一些科技发展。当时还有一位著名的哲学家叫赫里斯季安·沃尔夫（罗蒙诺索夫的老师），彼得大帝也与他谈论了博士，问这位智者关于博士的看法。博士的名声已经十分远扬了，不仅各国人士特别是热爱科学和发明的人都对他表示崇敬，更有一些才华横溢的诗人为他作诗，赞扬他和他神奇的机器。名利过于丰厚，也有很多人对他创造出没有人可以造的永动机表示了深深的怀疑。毕竟当时的实验只是在侯爵的家里，并没有什么证据证明其真实性。即使有人公开指责，或是悬赏1000马克（德国曾使用的货币，1马克＝4.6533元人民币）给揭穿谎言的人，大家还是很难展开关于这个骗局的调查。

但是纸毕竟是包不住火的，享受了极大的荣誉和奖励之后，博士没有科学道理的永动机最终还是被偶然地揭穿了。在一次博士与知内情的妻子和女仆的一次争吵中，有人得知了真相，并将其昭告天下。从此人们才了解了这个神奇博士的"神奇"之处。我们在一本当时以揭露为目的所写的小册子里发现了一幅插图，现一并复制在这里（图43）。根据揭发者的看法，"永动机"的奥秘只不过是一个巧妙隐藏着的人在拉绳子，那根绳子瞒过了观察者的眼睛，拴在立柱里面的轮轴的一个零件上。其实真相无比简单，就是永动机源源不断的动力竟然是来自人力，隐藏的博士的弟弟和女仆在暗处偷偷拉着绳子，让这永动机堂而皇之地转着。

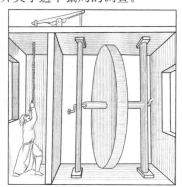

图43　奥菲列乌斯"自己转动的轮子"的秘密（根据古画绘制）。

博士的骗局已经被揭穿了，他本人却始终不肯承认自己的急功近利和欺骗世人。死前他依然恨着自己的妻子和女仆，声称她们是诬陷，自己的机器并不是在坑蒙拐骗。然而人们都已经很明白事情的始末，被欺骗的人再也不愿意相信他的话。他还曾抱怨人们的不仁慈和不道德，似乎反倒是全世界欺骗了他似的。另外，他所提到的全世界无处不在的令人发指的恶人，似乎又是另有所指。

在彼得大帝如此"惜才"的时代，那些企图依靠华而不实的永动机创造无边的荣誉和财富的人，忘记了追求物理规律本身，而变得利欲熏心，开始每天思考怎样通过旁门左道，迅速发家致富，名利双收。

✳ 第五章 ✳
液体和气体的特性

5.1　哪把壶能装的水多

　　面对粗细相同高矮不一的两把壶，该如何判断它们哪一个能装更多的水呢？图 44 上有两把这样的壶，每当人们在这两把壶中做出选择时，总会不由自主地将手指指向那把高壶，并信誓旦旦地说自己说的就是正确答案。

　　但是，让你实际用水装满这两个壶的时候，你就会发现，其实两把壶能装的水是一样多的。为什么高壶高出那么多空间却只能和矮的壶装一样的水呢？仔细观察你会发现，在我们向高壶注水时，一旦水达到了壶嘴的位置，即便再倒水，水只会溢出来，壶里的水不会增加一分。正是因为高壶和矮壶壶嘴的位置一样，所以它们盛的水才一样多。

图 44　哪一把壶装的水更多？

　　道理十分容易理解，就像是连通器一样，壶体和壶嘴的液体应该保持在同一水平高度，即便壶嘴里的液体要比壶体的液体少得多也轻得多。只要壶嘴不够高，你是无论如何也无法灌满一壶水的，只要水位达到了壶嘴的高度，再多的水只会溢出来。很多人可能说，那么就让把壶嘴设计得高一点，可是只要壶嘴稍稍高于壶体上沿，壶稍微倾斜时水无法流出来。

5.2　缺乏常识的古人

　　古罗马的供水设施在当时堪称奇迹之一，这些牢固的建筑设施有些甚至到现在还得以沿用。不过当时指导和建设这些工程的罗马工程设计师的知识只能让人唏嘘。从慕尼黑的德意志博物馆保存的设计图中，我们可以清楚地看到古罗马的设计师对于物理学的应用实在是让人不敢恭维。

　　根据一幅慕尼黑的德意志博物馆的图，我们得知罗马的供水系统中的供水管全是高高地架在空中的，建在高耸入云的石柱上。这样做的原因说来也可笑，当时的工程师担心这些被用很长的管道连接起来的蓄水池，水面没办法维持在同一个水平面上。一旦把供水管建在地面，在一些地段水无法向上流，所以他们采取这样的笨办法，把供水管道都修得高高的，让它们在所有的线路上都保持着一个均匀的斜度，在一些地方甚至为了维持这个斜度要让水绕行，或者修建很高的拱形支架。如果他们对于连通器规律认识得再全面具体些，也许就不会做这样费力不讨好的事情了。

就拿罗马那个叫阿克克瓦·马尔齐亚的管道来说，这个管道长 100 千米，然而事实上如果依照连通器的原理，直接连接两端只需要修建 50 千米的工程就够了。

5.3　液体的压力也可以向上

液体的压力究竟是朝着哪个方向的？这个问题许多人也许都认为液体的压力是向下的，不仅仅是朝着容器的底部，朝着容器的侧壁，也就是说液体的压力是向下的。可是许多人却不知道，液体的压力也是向上的。也许有人会立刻反驳，认为液体的压力怎么可能向上。如果你不信，不妨做个小实验，让事实说明一切。

普通的煤油灯灯罩就能够证明，如图 45 所示，用厚纸板剪一个大小能够完全盖住灯罩的小口，然后用纸片盖住灯罩的小口。将纸片和灯罩都浸入水中。最初为了使得纸片不脱落，需要用手指托住，或者也可以在纸片的中间穿一根线，拉住绳子固定。等到灯罩沉入水中达到一定的深度的时候，你会发现，即便你松开手指或者绳子，纸片还是稳稳地固定在瓶口。这个实验就证明了，液体的压力也有向上的。只有下面的液体向上施压托住纸片，它才会附在瓶口。

图 45　证明液体从下至上施加压力的实验。

这个向上的液体压力同其他方向的力一样，也是可以测量的。让你小心地往灯罩内注水时，当灯罩的水面接近容器的水面时，纸片就会脱落，也就是说在此时灯罩内的水给予纸片的压力同容器的水向上的压力相等，从而能够算出究竟纸片下面的水向上的液压是多少。这就是液体对于各种浸入液体中的物体的压力规律。正是因为如此，才会发生阿基米德定律中所说的在液体中"失去"重量的现象。

如果你能再找来几个形状不同但开口相同的玻璃灯罩，你就能够通过下面的试验来验证液体压力的另一个定律。就是液体对容器底部的压力仅仅取决于容器的底面积和液面高度，同容器的形状无关。试验方法同验证液体压力向上的方法类似，就是把不同的灯罩按照同样的深度浸入在水里。为了试验更加精确，需要

图 46　证明液体对容器底部的压力仅仅取决于底部面积的大小和液面的高度。

浸入水前在灯罩的统一高度处贴上纸条。这样能够更直观的观测到试验结果。当几个灯罩的水达到同一高度时，纸片就会脱落（如图 46）。也就是说，只要水柱的底面积和高度相同，压力也就相同。请特别注意，这里的高度并不是长度，而是指垂直于水面的高度。即便水柱是倾斜的，它对于底部的压力也会同高度较短垂直于水面的水柱对于底部的压力一样。

5.4　天平会倾向哪一边

在天平的一个托盘中放一只装满水的桶，在天平另一端的托盘里放完全相同的桶，也盛满了水，不过桶中漂着一块木头，就像图 47 一样，你觉得天平的两端哪边的桶更重一些？

当我询问其他人这个问题时，有些人认为漂着木头的桶比较重，另一些人则认为全是水的比较重。可实际上，天平并没有倾向任意一方，两边的重量是相等的。

无论桶里面有没有木头，或者说水的重量比木头重多少，实际上，尽管第二只桶比第一只桶里面少了一些体积，但根据浮力定律，各种漂浮物浸入液体中排出去的液体的重量同浸入液体中的物体重量一样，所以天平才会一直维系平衡。

图47　两只相同的桶都装满水，其中一只桶里漂着一块木头，哪只桶更重？

那么如果我们换一种情形，事情是不是还是一样的呢？假设我们现在天平的一端托盘上放一只装着水的烧杯，再在烧杯的旁边放一个砝码，在天平另一端的托盘内放上砝码，使得天平维持平衡。如果这时候我把烧杯旁的砝码丢进烧杯里，天平还能继续维持平衡吗？

也许有许多人会认为天平不会维持平衡了，因为常识告诉我们当一个物体浸入液体里它会比在液体外的时候轻。然而事实上，虽然砝码丢进了烧杯中，但砝码排开了同样体积的水，使得水面上升，水对于烧杯底部的压强也增加了。烧杯的底部承受的这个原本不存在的附加力，恰好与砝码减少的重量相等。

5.5　液体有没有固定形状

我们常常认为液体没有任何固定的形状，它可以任由你装进各种容器中变成各种各样的形状。当你把液体倒进容器里，容器是什么形状，它就变成什么形状。但是当你把它倒在平面上，它只会薄薄的散在平面上。其实并不是液体没有自己固有的形状，而是一直作用于液体的重力妨碍液体呈现它的本来面目。

通过阿基米德定律得知，当一个液体被注入另一种比重与其相同的液体时，它会失去重量。"失去"重量，不受地球重力作用的液体，在此时此刻会呈现出它最天然的形状，也就是球状。

如果你不相信，我们能够运用生活中常见的东西来做这个实验验证一下。首先准备好水、酒精和橄榄油。我们都知道油要轻于水，所以当将橄榄油倒在水里时，它会浮在水面上。然而酒精能使橄榄油沉在酒精里，这个事情相信没有多少人知道。为了能够达到实验的要求，我们用水和酒精混合制成一种混合液，使橄榄油注入其中时不会沉底，也不会浮起。当你做好这种混合液后，找一个透明的杯子，在杯子里倒上适量的混合液，然后拿注油器在这种混合液内注入少许的橄榄油，很快你就能看到一种奇怪的现象，也就像前文我们提到的一样。在混合液中，橄榄油聚成了一个很大的圆形油滴，一动不动地悬在那里，既不会上浮也不会下沉，就像图48画的一样。

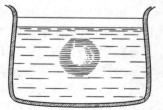

图48　普拉托实验：橄榄油在稀释酒精里聚成一个圆球，既不沉下也不浮起。

在做这个实验时，你一定要耐心仔细，否则你将看不到这样的奇景，只是看到几个较小的球状油滴悬在杯中，虽然这样也验证了阿基米德定律上所说的，然而却不利于实验的进一步进行。

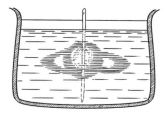

图49 如果用一根木条穿过圆球的中心，旋转油滴，就会有一个油环分裂出来。

当你看到悬空的巨大圆形油滴时，你找一根长木条或者金属丝，让它穿过橄榄油圆球并加以转动，很快你会发现圆球会随着长木条或者金属丝的转动而转动。球体也在旋转的影响下变成扁圆形，然后渐渐变成一个圆环（如图49）。如果你希望能够更直观地看到这种变化，可以在长木条或者金属丝上装上一个用油浸过的被剪成圆形的硬纸片，当然纸片不要过大。

随着旋转继续，圆环会渐渐分散成几个部分，这些新生产的不规则的碎块会随着时间的推移变成新的球状油滴，新的球状油滴会围绕着中间的球体继续旋转。

这个实验是由比利时物理学家普拉托发现的。上面是这个实验的标准做法，然而实际上这个实验还有另一种方式。另一种做法不仅操作简单，而且实验的效果也不会打折。

先找一个小玻璃杯用水冲洗干净，然后在小玻璃杯中倒上橄榄油。然后把小玻璃杯放到一个比它大的玻璃杯里，在大玻璃杯里倒入酒精，让装了橄榄油的小杯完全浸入酒精里。再找来一个小勺，顺着大杯的杯壁倒入水，一直到小杯子里面的橄榄油表面开始凸起并从小杯中升起为止。在注水的时候，你能看到橄榄油一点一点地凸起，渐渐地变大，直到变成一个相当大的球形悬在被稀释的酒精中，如图50。

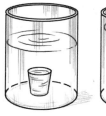

图50 简化的普拉托实验。

如果你找不到酒精，也可以用苯胺来代替，这种液体在常温下比水重，当温度达到75℃～85℃时要轻于水。我们可以把水加热，让苯胺变成在水里悬浮的球形。也可以用水和盐以一定的比例制成盐溶液，这样在常温下，滴状的苯胺就能悬浮在盐溶液里。

5.6 圆形霰弹

通过上一节的内容，我们已经了解任何液体其实最天然的形状是球形的。当液体不承受任何重力作用时，我们就能看到它呈现出本来的面目。不知道你还记不记得前几节提到的落体失重问题，如果忽略空气的阻力，那么你是否联想到从天而落的雨水。坠落中的雨水在忽略空气阻碍时，从天而落确实是球形的。

作为一种武器的霰弹在制作时就运用了液体在不受重力作用时是球形的原理。霰弹实质上是呈滴状的铅水凝固而成的，在制作时，工厂让铅水从高空落入冷水中，凝结成球状物。通常在工厂会有一个像图51一样的"霰弹铸造塔"，高约45米，并在高台处设有带熔炉的铸造间，地面上装有水槽。在制造的时候，工人们让铅水在高空中落入地面的水槽，铸造霰弹的雏形，再进行深加工。

这样铸造的霰弹又称之为"高塔法"霰弹。还有一种霰弹，每一个铅球的直径都在6毫米以上称之为榴霰弹，是将金属丝截成小块再磨圆制成的。在利用"高塔法"铸造霰弹时，水槽并不是用来冷却的，而是为了避免霰弹落地时受到撞击导致球形变形用的。因为滴状的霰弹，早在下落的过程中就

图51 制作霰弹的高塔。

已经冷却成形了。

5.7 "无底"的高脚杯

斟满水的高脚杯还能装得下大头针吗？也许只能装个一枚两枚吧，当你面对这样的疑问估计你也会和我一样有同样的想法。可是，事实真的是这样吗？让我们找来一个高脚杯和大头针，试一试究竟斟满水的高脚杯能容纳几个大头针。

当然在测试时，你不可以像以往一样直接丢大头针进去，而应该小心谨慎地轻轻放进去，否则你怎么能确定水不是由于大头针的撞击才溢出来的？现在让我们拿起一枚大头针，先把针尖轻轻地插进水里，然后慢慢松手，一定要小心不要用力推送，避免水面的震动会溅出水来。

边丢大头针进去，边数数，看着大头针静静地沉入杯底。就这样 1 枚，2 枚，3 枚……甚至上百枚水面依然没有任何变化（图 52）。既然水面没有变化就证明我们还可以往里面放大头针，那就让我们继续，200 枚，300 枚，400枚，即便是 400 枚大头针放进了高脚杯，也没有水溢出来。不过水面已经有了变化，原本水平的水面开始微微凸起高出杯口。那究竟还能不能装更多的大头针呢？如果你想继续的话，你不妨试一试，其实你至少能装进去 1000 枚大头针。

图 52　往盛满水的高脚杯里放大头针。

事情的奥秘就在于凸起的水面。玻璃杯由于人的经常使用很容易蹭上油渍。只要杯口有一点儿油渍，水就很难浸湿玻璃，正因如此那些被大头针挤出来的水就形成了凸起的水膜。这样的凸起看起来并不大，但是如果拿大头针的体积和凸起的水的体积一比，你就会知道数字的巨大。

让我们简单计算一下，大头针大约长 25 毫米，粗半毫米。运用圆柱体体积公式计算 $\pi R^2 h/4$，它大约是 5 立方毫米，再加上大头针的头部，一个大头针的总体积大约为 5.5 立方毫米。再让我们计算一下凸起水面的体积，杯子的直径为 9 厘米，也就是 90 毫米，我们假设凸起的厚度为 1 毫米，那么它的体积大约为 6400 立方毫米。换而言之，也就是凸起的水的体积大约是一枚大头针体积的 1200 倍，也就是说，如果我们一直放下去，可以放 1000 多枚大头针，即便大头针充满了整个杯子，水也不会洒出来。

5.8 无孔不入的煤油

在《三人同舟》这部中篇小说中，英国幽默作家杰罗姆写道：

当我们去陆地的时候，我们将小舟系在桥头，到城里走走，但可恶的煤油味与我们如影随形，似乎满城都被煤油浸透了……我觉得煤油简直是无孔不入。当我们把煤油放在船头时，它会从船头跑到船尾，它一路经过的所有东西都被染上了煤油味。它穿过船板，滴入水中，污染了空气、天空、人体和所有的环境。风吹来的煤油味儿时而来自北方，时而又来自南方，一会儿自西而东，一会儿自东而西，在空中飘散。不管它是来自空旷干燥的沙漠，还是来自冰雪寒冷的北极，它总是不断侵袭着我们。每天的傍晚，因为这种煤油味，晚霞的魅力被破坏殆尽，那月亮的清辉也变得朦胧了。

也许作者的描述有些夸张，但是他说的确实是事实。如果你曾经跟煤油打交道，你就知道当你将煤油灯里灌满煤油后，擦干外壁，不到一个小时你就会发现外壁又湿了。并不是谁打翻了煤油灯再恢复原状，而是你没有将灯口拧紧。只要灯口有缝隙，煤油就会顺着玻璃往外渗，跑到煤油灯的外壁。

煤油的这种特性叫作弥漫性。所以用煤油或者石油做燃料的轮船一直不受旅客的喜爱，因为在这样的船上，如果没有采取特殊措施，就会发生《三人同舟》中的那一幕，这两种液体会从人无法发觉的空隙弥漫出来，不仅仅顺着油箱的金属面绵延挥发得无所不在。即便人们想尽办法希望能够改变这种办法，也只是无疾而终。最后这些用煤油和石油做燃料的轮船最后只能用来运输煤油或石油，除此之外，再不宜运送其他的物体。

虽然说煤油能够透过金属和玻璃有些夸张，然而它却真的能够顺着金属或者玻璃的外壁蔓延开来，让人头痛不已不知该如何是好。

5.9　浮在水面的硬币

有没有硬币能够浮在水面？如果有人这样问你，你可能会说"别傻了，又不是童话故事"，可是其实现实世界中也有这样能够浮在水面不沉下去的硬币。如果你不相信，让我们开始动手实验吧，让奇迹在你眼前发生。

首先我们先从较小的物体试起，让我们拿几根钢针，先找一个玻璃杯在里面装上适量的水，然后将一小块卷烟纸放在水面上，接着轻轻地放一根完全干燥的针在纸上。现在让我们移开卷烟纸，用大头针或者另一根针按压纸的边缘，直到它被水浸湿沉入水底。我们就会看见那根没做过任何处理的钢针浮在水面上了（图53）。

上图为2毫米粗的针的示意图和水面凹下的实际形状。

下图为用卷烟纸让针浮起来的方法。

甚至你还可以拿一块磁铁靠近杯子操纵浮在水面的银针，想象它是一个小潜水艇上下左右的移动。如果你相信自己，觉得操作得当，你也可以直接用手指捏着针的中部，在距离水面很近的地方松开，让针平稳地落在水面。

多做几次实验，当你能够让针漂浮在水面并掌握一定的技巧后，你可以试试看能不能让比较轻的纽扣浮在水面。接着再试试其他金属的小物件，如果你都成功了，那么开始尝试下硬币吧！试着把一戈比硬币丢在水面让它漂浮（戈比，俄国辅币名，100戈比等于1卢布）。

图53　浮在水面的针。

使这些物体浮在水面的不是别的而是人分泌的油脂。我们用手触碰后，这些物体甚至金属会在表面形成一层油膜。就像是前面提到的装不满的高脚杯一样。如果你仔细观察在水面漂浮的针，你会发现在针的周围有一个能够看得清的凹陷，这就是水的表面为了恢复平面施加力的结果。针因为水的表面想要恢复原状，使得针受到一个向上的力，再加上针或者其他物体收到的来自液体的浮力，使得针能够浮在水面。

如果你不相信，其实你还可以把针涂上油，然后放水面看看它会不会下沉。

5.10　能盛水的筛子

筛子是用来漏水的，然而当你将筛子处理一下你就可以用它来盛水了。这样看似反常的事情真的可以通过实验做到。要完成这个不能完成的事情一点都不难，你只需要找一个金属丝做的筛子，再找来融化的石蜡。

先把直径大约 15 厘米，筛子眼大约 1 毫米的金属丝筛子泡在融化的石蜡中，然后再取出来。你会看到筛子眼上有肉眼勉强可见的薄薄的一层石蜡，但是筛子眼并没有被石蜡填满，依然可以让大头针通过。用这样的筛子再小心地盛水试一下，你会发现水不会从筛子眼漏出去。

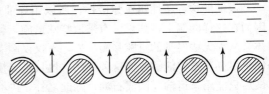

图 54　为什么水不会从用石蜡处理过的筛子里漏出？

如图 54，浸过石蜡的筛子在筛子眼处会形成一种向下凸起的薄膜，使得水无法通过。这层薄膜正是由于水无法浸湿石蜡，水的表面为了维持自己的原状形成的。你再把筛子轻轻地放在水面，会发现浸过石蜡的筛子不仅不下沉还会飘在水面。

利用这个原理，我们还可以给木桶和船只涂上树脂让其能够不漏水，或者给所有我们想要不渗水的物件上覆盖上一层油漆或者油类物质，对于不想渗水的织物像是布之类的用橡胶处理一下。这样的事情很常见却不被人注意，然而筛子盛水却显得特别反常。

5.11　泡沫的应用

我们做过实验让钢针和铜币都浮在水面，这样的实验原理在人们的生活中也得以应用。采矿冶金工业为了能够"富集"矿石，就运用了这种方法来选取矿石。

"富集"矿石就是为了增加矿石中有价值的成分含量，采取的方法称之为"浮选法"。这种方法最具成效远胜于其他方法。

在用浮选法挑选矿石时，先将已经经过精细粉碎的矿石放在有水和油性物质的池子中。有形物质能够在矿物颗粒表面形成一种水无法浸湿的包膜。然后搅拌这样的混合物，让空气与搅拌物充分搅匀，在搅拌的过程中会形成许多极小的气泡——泡沫。包着薄薄的油膜的有用矿物颗粒与气泡的外面接触，附着并且悬浮在气泡上（图 55）。而没被油性物质包裹的矿石颗粒不会附在气泡上而是留在液体里。在经过多次搅拌后，有用的矿石颗粒都会进入到液体表面的泡沫中。接着将液体表面的泡沫捞取进行进一步的提纯，获取所谓的"精矿石"。

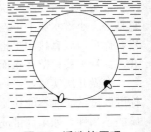

图 55　浮选的原理。

精矿石由于经过浮选法的提纯，使得其矿物含量是原始矿石的 10 倍左右，大大提高了采矿冶金业的产量。

现在的浮选技术已经先进到只要能够找到适当的搅拌用的液体，就可以对任何矿物进行分离。浮选法本身的产生最初是源自人们在生活中的观察。在 19 世纪末一位叫作凯里·艾弗森的美国女教师在清洗装过黄铜矿的油污口袋时，注意到黄铜矿石的颗粒随着肥皂泡沫一起漂浮起来，这就是浮选法的前身。

5.12　"永动机"究竟是否存在

人们一直在探索是否有一种装置不需要消耗能量就能日复一日周而复始地工作，尽管这只是一厢情愿的想法，可是好奇心驱使着创造发明各种想象中的永动机。

事实证明，永动机只是人类想象的产物，它并不能够在现实的条件下创造出来。意大利力学家斯特拉达发明了一种利用水力的"永动机"。这台机器设计于 1575 年，是已知的最早关于永动机完整的构想。从图 56 中我们能够窥见这位科学家的思维脉络。他先设置一个阿基米德螺旋引水机，让这个机器在旋转的过程中把水提升到上面的水箱中，然后被提升上来的水会顺着箱子的排水槽流下去冲击水轮，这样可以使水轮转动起来带动磨石，再借助一系列的齿轮带动阿基米德螺旋引水机工作将水送到下方的水箱里。

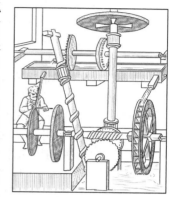

图 56　古人设计的转动磨刀石用的水力"永动机"。

事实证明这样的机器根本无法运作。后来人们经过了理论上推理论证后设计出了"真正的"永动机。它的设计如图 57 一样。在容器中放上油或者水，然后放置一根油绳连接上面的一个容器，然后在那里被油绳吸上去的油又被另一批油绳吸得更高；在最上面的容器有一个排油用的斜槽，吸上去的油会顺着斜槽滴落到轮子的叶片上使得轮子旋转。也就是说只要油不停地循环往复地上上下下，轮子就会永远地旋转下去。

一旦这个理论的产物付诸实践，很快就能发现其不可行性。油不仅不会被吸到上面的容器里，更不会顺着油绳上弯曲的部分流动。绳子的毛细作用既让液体顺着绳子向上转移，油保持其不被滴落，而且当油量达到一

图 57　不能实现的旋转装置。

定程度后，本来理论上会到上面容器的油会滴回原来盛油的器皿中。

事实证明上面的种种猜想只是一种理论上的假说，在现实生活中是行不通的。其实如果真的想设计永动机不用考虑那么多，找来一些绳子、滑轮和砝码就能快速制作简易的"永动机"。你在滑轮上搭一根绳子，在绳子的两端系上同等重量的砝码，这样当一个砝码下落时，另一个砝码就会被提起；第二个砝码下落时，第一个又升到高处。"永动机"就这样做好了。

5.13　蕴藏着知识的肥皂泡

我小的时候最喜欢吹肥皂泡，看着五颜六色的肥皂泡在风中随风起舞，我总是情不自禁地追赶并试图打破它。你会吹肥皂泡吗？答案一定是肯定的，然而你能吹出那些又大又好看的肥皂泡吗？这个就难以确定了。

事实证明，如何吹出又大又漂亮的肥皂泡是需要练习的。小小的肥皂泡也有大智慧。对于科学家而言，一个肥皂泡里蕴含着的物理知识犹如大海一样穷无尽。曾经英国的科学家

凯尔芬勋爵就说道："请您吹个肥皂泡并且看着它，您可以终生研究它，不断从中汲取物理知识。"

看着五光十色的肥皂泡，其中肥皂泡反射出的颜色就是物理学家用来测量光波长度的小助手，它让光波波长的测量变得可行。甚至薄薄的肥皂泡壁也有着你难以想象的奥秘，那就是表面张力和分子之间力的相互作用规律——也就是内聚力。内聚力是物质构成形态的根本，没有内聚力，世界上至今都只能存在细小的尘埃而已。

除了这些严肃的值得深思的问题，肥皂泡还能带给我们各种欢乐。在《肥皂泡》一书中英国物理学家博伊斯设计了许多关于肥皂泡的小实验，帮助人们掌握吹肥皂泡的要领。

首先准备实验器材，毕竟巧妇难为无米之炊。我们需要准备用来吹肥皂泡的溶液，还需要吹的物件。在准备溶液时，书中建议选用纯橄榄油或扁核桃油制作的肥皂来做原料。这两种肥皂制作出来的溶液很适合吹那些又大又美丽的肥皂泡。

肥皂液制作的要点是适宜的浓度，制作方法也十分简单。你只需切下一小块肥皂把它放在干净的冷水中，等待肥皂融化，你就会得到肥皂液。在选取水时最好使用干净的雨水和冷水，如果没有的话就用晾凉的白开水。最好在准备好的肥皂液中加入适当比例的甘油，这样吹出的肥皂泡能够保持长时间不破。最后，用找好的物件吹肥皂泡来检验肥皂液的浓度是否合适。选择吹肥皂泡的工具时建议找一根细的陶瓷管或者长约十厘米的麦秆儿，找到了之后还要稍作处理，才能用来吹泡泡。陶瓷管要在管的末端里外都抹上肥皂，麦秸则要记得将底端劈成十字形状。

下面让我们用吹泡泡来检验肥皂液的浓度吧。先用小勺撇开肥皂液表面的泡沫，把细管直上直下地插进去再取出来，让细管的末端有一层薄薄地肥皂液膜，紧接着缓缓地向着管子里吹气。由于吹进去的空气来自我们的肺里，温度较高，质量要轻于空气，所以吹好的肥皂泡会向上飘。

判断肥皂溶液是否浓度适合主要根据肥皂泡的大小，如果肥皂泡大概能达到直径 10 厘米，那么就不用再增加肥皂了，除此之外，真正合格的肥皂泡溶液，当你用手指蘸上肥皂液插进肥皂泡时，肥皂泡是不会破碎的。

准备好实验用具，在挑选一个光线充足的实验场所我们就可以开始进行实验了。在这里我简要说明四个有趣易操作的小实验。

第一个实验教会我们制作一个罩在花朵上的肥皂泡，试验成功的话你会发现花朵像是被罩在彩虹色的玻璃里一样（图58）。先找来一个盘子，倒上肥皂溶液让溶液平铺在盘子上，溶液的厚度为 2～3 毫米，也就是说大约能够铺满整个盘子。把准备放在肥皂泡里的花朵摆放在盘子的正中间，大小以能被玻璃漏斗扣住为准。然后我们开始制作彩虹色的"玻璃罩"，把漏斗扣在盘子上，缓缓提起漏斗，对着漏斗下部的细管缓缓地吹气，渐渐你会发现盘子上出现一个大的肥皂泡，依照个人喜好决定肥皂泡的大小，然后缓缓地倾斜漏斗，让肥皂泡完全露出来。就这样你看到在不断变化着色彩的肥皂泡里面藏着一朵娇艳的花。

第二个实验同第一个原理相近，先找来一个人体雕

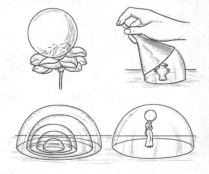

图 58　肥皂泡实验：罩在花朵上的肥皂泡；罩在花瓶上的肥皂泡；多层泡中泡；罩在大肥皂泡里的顶在石像上的小肥皂泡。

像，然后在雕像的头上滴一两滴肥皂液，在头顶先吹一个大的肥皂泡，然后再用吹肥皂泡的细管蘸好肥皂液插进大泡里面吹一些较小的泡泡。做好这一切，你会发现那个雕塑仿佛戴上一顶桂冠，那桂冠随着阳光照射不断变换着颜色。

图 59　怎样制作圆柱形肥皂泡?

最后两个实验略有难度，第一个是多层泡中泡（图 58），区别于一个大肥皂泡里面有几个小肥皂泡，而是像俄罗斯套娃一样在大肥皂泡里吹一个较小的，然后再在后吹好的肥皂泡里再吹一个更小的，就这样依次吹下去。在做这个实验时，我们要借助第一个实验中的大漏斗来吹最外面的泡泡，然后如第二个实验一样先处理下用来吹泡泡的物件，再小心地穿过第一个肥皂泡的薄壁进入中心位置吹第二个肥皂泡。

最后一个实验是把球形肥皂泡变成圆柱体，具体做法如图 59 所示。我们需要新的道具才能做这个实验，就是直径大小相等的金属环。我们先吹一个肥皂泡，然后把肥皂泡放在其中一个球形泡泡上，然后用肥皂溶液浸泡剩下的环。之后，用已经浸泡过的金属环接触肥皂泡，然后轻轻向上提拉，使得肥皂泡变成圆柱体为止。有些人不擅于把握两个金属环中间的距离，使得本来应该变成圆柱体的肥皂泡一分为二变成两个完全不同的肥皂泡。

图 60　肥皂泡薄膜将空气排出。

这几个实验有趣吧？看起来不起眼的肥皂泡力量却不小，肥皂泡的薄膜失重处于表面的张力作用，并且挤压着泡泡中的空气。当你用肥皂泡朝向燃烧着的蜡烛时，你能看到火焰明显偏向一方（图 60）。

而且如果把肥皂泡从暖和的房间拿到寒冷的房间，你能很直观地看到泡泡的体积变小。如果反过来，把它从寒冷的房间拿到暖和的房间，你能看到泡泡膨胀起来。这种现象是由于肥皂泡内部空气的热胀冷缩造成的。假设在零下 15℃ 的房间里，肥皂泡的体积是 1000 立方厘米，那么当它转移到零上 15℃ 的房间中，它的体积会增加大约 110 立方厘米。

除此之外，其实真正的肥皂泡并不是易碎的，如果处理得当，你可以保存它数年之久。英国研究液化空气方面著名的物理学家杜瓦就曾经将几个肥皂泡保留了一个多月，美国的劳伦斯更是将肥皂泡沫保存了数年之久。所以转瞬即逝并不是肥皂泡的代号。

5.14　什么东西最薄最细

我们总是说像头发丝一样细，或者比纸还薄。这只是一种比喻，然而在人能够接触的事物中最薄的要数肥皂泡的膜。也许你不相信，肥皂膜的厚度只有头发丝和纸的 1/5000 粗细。

如果把一个人的头发放大 200 倍，你能够看到大约 1 厘米粗细的头发，而将肥皂膜的剖面放大 100 倍，你什么也看不见。只有当你把肥皂膜的剖面再扩大 200 倍，才能看到像一条细线似的肥皂膜剖面。如果把头发放大到同样的倍数（即 40000 倍），将会超过 2 米粗。从图 61，你能鲜明地看出它们之间的差异。

5.15 不沾水也能从水中取物

在一个平底的大盘子中放上一枚硬币，然后再倒入一些水，让水淹没硬币。现在请你用手将硬币取出，但是手指不能沾到水。你能做到吗？

其实只要你准备一个玻璃杯和一张点燃的纸就能快速地解决问题。首先将一张纸点燃，然后将其放在玻璃杯里，将杯子快速倒扣在盘子中的硬币附近。等待纸上的火熄灭，你会发现盘子的水都进入到杯子里，硬币却一动不动地待在原地。再等一会，只要硬币上的水也干了，你就可以徒手拿起硬币了。

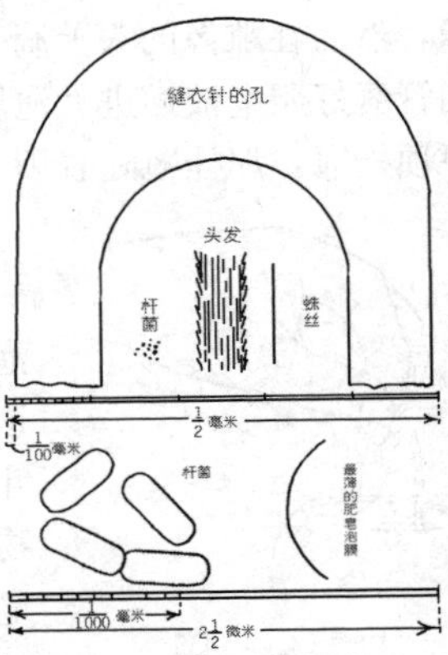

为什么水就像是被谁指挥了一样乖乖地跑进杯子里？其实那个指挥的人使大气压，即燃烧的纸加热了杯子里的空气，使得压力产生变化，一部分空气排了出去。随着火的熄灭，杯子里的空气变冷，使得压强再次改变，原本被排出去的那一部分空气的位置被从杯外赶进来的水填满。

对于这个古老实验还有一种错误的解释，是说杯子里燃烧的纸同时燃烧了杯子里的氧气，因此杯子里的气体数量减少。当然这种解释是不正确的，因为吸水的根本不在于纸燃烧消耗的那部分氧气，而在于空气受热密度改变。如果不用纸，也可以用插入软木塞的火柴或者酒精棉球代替（图62）。甚至也可以只用烧开的水涮一涮杯子。

当你采用酒精棉球时，燃烧氧气的说法就不攻自破。因为燃烧时间更长的酒精棉球，会使杯子里的水面几乎上升到杯子一半的高度。按照我们对空气的了解，空气中只有约20%是氧气，尽管燃烧掉氧气会产生新的气体二氧化碳和水蒸气，二氧化碳溶于水，而蒸汽多少能够取代氧气的一部分位置。仅凭这样也无法解释上升至杯子1/2高度的杯子里的水。

图61 上图：把针孔、头发、杆菌和蛛丝放大200倍。下图：把杆菌和肥皂膜放大40000倍。

图62 怎样把盘里的水收到倒扣的玻璃杯里？

5.16 人是如何喝水的

人们生活中许多常见的现象背后都存在着神秘的科学道理。就像人们喝水一样，不知道你有没有思考过为什么水会流进我们的嘴里。

其实在"喝"这个简单的作用中，真正起到作用的不是和容器接触的嘴，而是肺。在我们喝水时，我们的胸腔扩大，肺部扩张，使得口腔内的空气变得稀薄。由于空气的大气压作用，水会自动进入到压力较小的空间，就这样水流进了我们嘴里。

其实这个道理同液体的连通器的情况相同。当我们把连通器的一根管子的空气变稀薄，管内的液体就会在大气压的作用下上升。反之，如果我们喝水的时候用嘴唇衔紧瓶口，无论怎样用力也无法成功地喝到水。因为这么做之后，嘴里的空气与水面的空气压强相等。

5.17　　漏斗的发展

在最初漏斗的外壁只是光滑的杯壁，后来人们渐渐发现在使用漏斗往瓶子里灌液体的时候，总要时不时地提一下漏斗，否则液体会停留在漏斗里不流下去。

这是由于瓶中的空气找不到出口，用自己的压力顶住漏斗里面的液体不让它流下来。起初虽然会有少量液体顺着杯壁流下来，然而瓶中受到挤压的空气会因此变得具有更大的弹性，这个弹性足以同漏斗中的气体重量抗衡。只要稍微提一下漏斗，为瓶子中的液体找到向外的通道，液体就能顺利地流下来。

所以现在我们见到的漏斗在渐渐变细的部分有几道纵向凸起，使得漏斗不至于有阻塞瓶颈，让液体能够一直顺畅的流下去。

5.18　　1 吨木头和 1 吨铁哪个沉

有一个脑筋急转弯，说的是一吨的木头和一吨的铁那个更重？有时候，人们直接回答一吨的铁更重，那等待他的只有哄堂大笑。如果他回答一吨的木头比一吨的铁重，估计笑声更大。在某个层面来说，无论笑声多大，严格来讲一吨木头确实比一吨铁更重。

听到这个答案，很多人可能会惊讶地合不拢嘴，然而这确实是事实。

我们熟知的阿基米德浮力定理在气体中也同样适用，所以在测量时，空气中的每个物体都会排开与他同体积的空气的重量。木头和铁在空气中自然会失去这么一部分的重量，所以即便测量是相等的一吨木头和铁，它们的真实重量绝不是一样的。

在去掉空气浮力的作用的情况下，一吨木头的实际重量应该是其自身加上一吨木头体积相同的空气重量，一吨铁的重量也是如此计算。然而，一吨木头的体积约是一吨铁所占体积的 15 倍，这样一来一吨木头的实际重量就要大于一顿铁的实际重量。严格来说，在空气中 1 吨木头的实际重量要大于 1 吨铁的重量。

一吨铁的体积大概是 0.125 立方米，一吨木头的体积大约为 2 立方米，那么它们各自排开的空气重量差为 2.5 千克，也就是实际上 1 吨木头比 1 吨铁重 2.5 千克。所以当你再次回答这个脑筋急转弯时，不妨说出实际上的答案，顺便给那些哄堂大笑的人科普一下。

5.19　　失去重量的人

人们总是向往着高空，希望自己能够轻一些更轻一些，最好能够摆脱重力，任凭心中所想的飞在空中。可是人们却忽略人们之所以能够在地面上行走，恰恰是因为它们重于空气。

人们对于变轻和飞翔的幻想在多部文学作品中都有所体现。在威尔斯的科幻小说中：

一个胖得出奇的人在服用主人公的神奇的药方后，失去了自己的重量。在友人看望这个胖子时，他发现打开门看见了乱七八糟杂乱的东西，满地狼藉像招了贼一样。屋子的主人却不见踪影不知道躲到哪里去了。

直到派克拉弗特发出声响，这位友人才发现胖子像黏在天花板的气球一样待在靠门的角落处，他的脸流露出恐惧和气愤的情绪。

"万一哪里出了差池您派克拉弗特就会掉下来摔断脖子的，你快小心些。"我说。

"我正期盼能掉下来呢。"他说。

"您都这把年纪了，怎么还有心思恶作剧。可不得了了，您是怎么支撑住的啊？"尚且不明状况的我问道。可话刚说出口我就发现了这根本不是什么恶作剧，飘在天花板上并不是他的本意，他的行动也恰好证明了我的猜测。

他拖着他肥硕的身躯努力离开天花板，沿着墙向我爬来。他好容易抓住一幅钉在墙上的版画框架，很快就发现那东西根本吃不住劲儿，只听砰的一声，他就这样直直地朝天花板撞去。"这药，实在是太灵了，我几乎没有重量了！"派克拉弗特边喘着气说话，边小心谨慎地尝试着从壁炉回归地面。

听了他的话我才恍然大悟，怪不得他这副模样原来是不知道又吃了什么药。"我说，朋友，你要知道你需要的可不是什么灵丹妙药，您需要的是减肥。来来别白费劲儿了，让我帮您一把。"说罢，我像是拖着风筝一样，将他从空中拉了下来。

刚接触地面的派克拉弗特滑稽地在屋里深一脚浅一脚地挪动，根本无法站稳，每一步都迈的异常艰辛，就像是正刮着台风一样。

"桌子，您，假如您能把我塞到桌子底下……"不等他说完，我就把这位不幸的朋友塞到了桌子下面，他为终于摆脱了无法站稳的窘境而庆幸，可实际上，那张桌子根本解决不了问题，整张桌子都跟着摇晃起来。

看到他这副模样，我不由得开玩笑说："嘿，显然你可不能脑袋一热就走出这屋子啊！保不准您就像那氢气球一样升到高空中，甚至到达外太空。"

图 63 "我在这儿，老兄！"派克拉弗特说。

听了我的话，派克拉弗特哭笑不得，"我的朋友，别开玩笑了，这，这让我怎么睡觉怎么吃饭啊？"

我灵机一动，帮他在床屉的铁丝网上固定了一个褥垫，然后把他需要用的东西用带子绑在上面，再把被子和床单的两边都钉上扣子，这样一来他想睡觉的时候就可以把自己扣在里面。

至于吃东西，我更是想到了妙招，把吃的都放在书柜顶上，这样派克拉弗特就能从容用餐了。为了帮助他适应新生活，我们想到了各种各样的妙招，甚至鼓捣出应有尽有的装置方便他生活。

最后，我终于想到了最好的办法，就是给他的衣服加个铅衬，这样一来派克拉弗特就能够四处走动了。甚至帮他凑齐了铅底的箱子、鞋子等等，他还能出国旅行呢！是不是真的当人摆脱重力后，就真的能够轻如鸿毛飘在空中。如托里切利所说的，我们"生活在空气海洋的底部"。当人们失去体重变得比空气还轻时，当然会浮到空气海洋的表面，然而，威尔斯的描写却不会成真，因为就算派克拉弗特肥胖得排开的重量很轻，但是只要他穿的衣服和衣服口袋里的东西重量大于他排开的空气的重量，他就不会飞到天花板去。

一个人的体重大概等同于同体积的水，假设一个人为 60 千克，那么他的体积大概等于同体积的水，而空气的密度大概是水密度的 1/770，也就是说，比同我们身体相同体积的空气重 80 千克。所以我们假设身体肥胖的派克拉弗特大概重 100 千克。无论如何他都不能排开相当于 130 克的空气。他身上的穿戴肯定超过 130 克，所以这个服用了不知名药剂的胖子虽然处于一个相当不稳定的状态下，也不会浮在天花板上，而是留在地面上。只有当他脱光所有的衣服才会浮在天花板上。穿着衣服的他无论如何不会浮起来。

因此，穿上衣服的他就算浮起来最后也稳稳地落在地面。真的难以想象当人真的飘在空中会变成怎样，也许会像大文豪普希金写的那样："不管你信不信，我突然像羽毛一样飘起来了。"最后人类沦为大气气流的俘虏，随着气流飘到难以想象的地方。

5.20　不用上弦的时钟

之前我们提到过永动机，并且已经阐明了永动机根本不会存在。然而今天我们要谈一谈"全自动"的原动机。也就是说不需要我们做任何事情，这种机器都能无限期地工作下去，它工作需要的能量来自它所处的环境。

在日常生活中我们见到过气压计，无论是水银气压计还是金属气压计，它的指数变化来自大气气压的变化。水银气压计的水银柱随着大气压的变化上升下降，而金属气压计的指针会随着气压的上升下降左右摆动，这就是一种原动机。

在 18 世纪，一位发明家发明了一种利用气压计的运动为钟表机械上弦的物体，他制造出了能够自动上弦的时钟。这项发明赢得了英国力学家和天文学家弗格森的高度评价。在弗格森看来，"这个时钟在制作的想法和工艺上都是我曾经见过最巧妙的机械。仅仅凭借着专门设计的气压计水银柱的升降就能够带动机械不停地走动。不要认为它会停止，即便是你拿掉气压计，由于水银柱上升下降积蓄的力量也足够维持这座时钟走动整整一年。这实在是太巧妙的设计了。"

不过令人遗憾的是这项伟大的发明并没有得到很好的保护，直到今天我们只能根据保留下来的设计图来还原这个神奇的时钟。

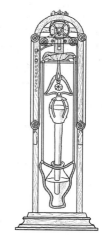

图 64　18 世纪"永动"的时钟。

根据结构设计图不难看出提供动力的是一个被特别设计的大尺寸的水银气压计。它由可以移动的玻璃罐和瓶口向下倒置的烧瓶组成，这两个器皿中总共装着重量 150 千克左右的水银。这两个器皿还构成了一个巧妙的杠杆结构，使得大烧瓶和玻璃罐会随着气压的变化做着相反的运动。也就是说当气压上升时，玻璃罐上升则大烧瓶下降。如果气压不变，杠杆会静止不动，连接着大烧瓶和玻璃罐的齿轮也会静止不变。而使时钟走动的摆锤只能通过以前积累下的能量走动。这种既依靠机械运动积累能量推动摆锤上升，又利用摆锤的升降推动急切运动的做法实属不易，然而其中还有一个不能忽略的问题，就是钟锤上升和下降的时间并不是相等的，这需要加上一个特殊的装置，才能改善。

最后经过人们的努力使得钟锤能够进行规律的周期性升降运动，整个机械的设计精巧性也显而易见。原动机不同于永动机，它运动的能量来自外界而不是像永动机所说都来自机械的自身。这个巨大分别，也就是这样的全自动原动机能够在现实中实实在在被创造出来的原因。然而比起汲取外部能量生下来的燃料或者能源费用来说，制造这样一台全自动的原动机的造价更为昂贵。倘若能够降低建设成本，也许它真的可以普及开来。

在后面的篇章中，我们能够了解其他类型的"全自动"的原动机，并且会通过实际举例来论证这样的机械为什么通常不会在工业生产中得到应用。

🕭 第六章 🕭

热现象

6.1　什么季节铁路更长

　　什么季节的铁路更长？面对这个问题很多人都能回答出来，夏天铁轨最长，因为热胀冷缩现象。当然这个答案是有前提条件的，就是不考虑钢轨和钢轨之间的缝隙长度，单单计算钢轨的长度。

　　在这个前提下，夏季的十月铁路（指的是从莫斯科到圣彼得堡之间的铁路）要比冬季长300米左右。钢轨会随着温度上升而延长，这是金属的延展性。通过测量当温度上升 1℃ 时，铁轨会延长自身长度的 1/100000。这样一来，在温度高达 30℃ 甚至 40℃ 的夏季和温度低至零下 25℃ 左右的严冬，铁轨的长度都会发生改变。而其中变化值的范围可以通过计算冬夏两个季节的温差得出。也就是说当温差为 55℃ 时，总长 640 千米的铁路会相差将近 300 米。

　　不过这里发生变化的并不是铁路的长度，而是铁轨的长度和。两者不能等同，我们都知道铺就铁路的铁轨不是紧密连接在一起的，在钢轨的结合处留有空隙，设计时设计师们就考虑到了钢轨受热变长，所以预先留出空间。但是事实上，单单计算钢轨的部分，十月铁路确实在夏天要比冬天长 300 米。

6.2　无法逮捕的窃贼

　　每一年严冬都有人偷盗几百米价格昂贵的电话线和电报线，奇怪的是人们明明知道窃贼是谁却无法惩罚他，因为这个小偷到温度上升时就会把偷走的电线还回来。相信你一定猜到了，这个小偷就是严寒。电线和铁轨一样也会热胀冷缩，铜电线因为温度而变化的程度是钢的 1.5 倍，所以变化更为明显。

　　在圣彼得堡（原列宁格勒）到莫斯科的通信线路大概每年冬天都会被严寒盗走差不多500 米的电线，不过电线变短并没有带来通信故障。但是当这样的热胀冷缩发生在电车铁轨或者桥梁上后果就会变得非常严重。

　　上一节我们已经了解到铁轨在冬天和夏天长度不同，而且铁轨在铺就的时候就已经预留了缝隙。但是电车的钢轨与火车不同，电车的钢轨是嵌在地内的，温度波动并不是很大，所以在铺设的时候没有预留空隙，而且采用的是完全固定的方法。通常情况下不会发生钢轨弯曲外翻的现象，但是当天气变得极度酷热时，还是会发生弯曲，这样的钢轨不仅无法通车，还可能酿成事故和故障。

　　铁路的铁轨在斜坡的位置也容易发生类似现象，主要因为列车在斜坡行驶的时候很容易带动铁轨和铺在下面的枕木一同移动，使得预留的缝隙消失，钢轨和钢轨紧密地连接起来。

一旦这样的现象发生在桥梁上，后果不堪设想。1927 年 12 月由于法国遭遇罕见的严寒，使得巴黎市中心的塞纳河大桥严重损坏，大桥的铁质骨架因为受到严寒收缩使得铺在桥面的方砖凸起并碎裂，桥面禁止通行。

6.3　什么时候埃菲尔铁塔最高

在了解了金属会热胀冷缩后，当有人询问你埃菲尔铁塔有多高时，你在回答前还应该追问一下是夏天还是冬天？

埃菲尔铁塔是一座钢筋结构的塔，所以它必然也会发生热胀冷缩现象。这个高大的庞然大物不可能在任何时候都维持着同样的高度，所以说铁塔的高度应该是有变化的。我们得知的 300 米，是在常温下测量的结果。

我们已经得知温度每上升 1℃，长 300 米的钢筋就会增长 3 毫米。换而言之也就是周围的环境温度每上升 1℃，它就会长高 3 毫米。巴黎的夏天受到太阳照射时温度大概能够达到 40℃，阴雨天气它的温度可能会下降到 10℃，等到了冬天大概能够跌到 0℃。巴黎铁塔对于温度波动的敏感程度，甚至比空气更敏感，所以它的高度几乎每时每刻都在进行微弱的变化。但总的来说它高度伸缩的幅度不会超过 3×40＝120 毫米，也就是 12 厘米左右。

正因为如此，埃菲尔铁塔高度测量上有很大的难题，所以在测量时我们要借助一种特殊的钢丝，这是由一种特种镍钢制成的钢丝，这种优质合金几乎不会随着温度的波动而发生长度变化，因此这种合金又被称作"因瓦合金"，"因瓦"在拉丁文中是不变的意思。

当你在参观埃菲尔铁塔时可以挑一个天朗气清的好天气，最好是在炎炎夏日，因为这样你能花一样的价钱攀爬更高的高度。

6.4　从茶杯说到水位计

不知你有没有遇到过向玻璃杯倒入滚烫的热水时，玻璃杯突然发生炸裂的状况发生。这样的意外事故让我们措手不及，很有可能因此被爆炸的玻璃划伤。究竟是什么原因导致玻璃杯炸裂？

玻璃杯在接触到热水时，并不是一下子整个杯壁都接触到热水，而是一部分由内及外地依次变热。当滚烫的热水倒入玻璃杯中时，玻璃杯的内壁因为受热膨胀，而外壁还没有感受到水的温度，外壁没有及时产生膨胀现象，因而承担了来自内壁的巨大压力，当这个压力达到一定程度时，玻璃杯就发生了炸裂现象。所以总的来说，玻璃杯发生炸裂现象是由于玻璃的不均匀膨胀导致的。

所以在选购玻璃杯时，我们要选择那些杯壁和杯底都很薄的。因为厚玻璃杯要比薄玻璃杯更容易炸。原因很简单，就是薄壁受热比较快，玻璃内壁和外壁很容易达到温度平衡，同时膨胀，不会因为受热不均、膨胀不均而发生炸裂。厚的玻璃杯更容易发生意外，因为玻璃厚的话，对于热的传递比较缓慢。

而且在选择薄玻璃器皿时一定要记得杯底也应该薄，因为在注入热水时，最先受热的就是杯底，杯底厚的话，无论杯子的侧壁多薄杯子还会炸裂。只要你观察过炸裂的杯子总结一下你就会发现，容易炸裂的不仅有厚的玻璃杯还有那种带着一圈较厚底脚的玻璃杯或者瓷碗。

玻璃杯的炸裂不仅仅发生在倒入热水时，当原本温度很高的杯子快速降温时也会发生炸裂现象。产生这种现象的原因不再是因为玻璃受热膨胀不均，而是因为玻璃遇冷收缩不均产生的。这是由于外层玻璃杯快速冷却而发生收缩给还没有冷却收缩的内壁施以巨大的压力导致杯子破裂的。所以不要把装着热果酱的玻璃罐直接放到冰箱里或者冷水里。

如果你不想更换已经购买的漂亮玻璃杯，你也有妙招能避免杯子炸裂。就是在倒热水之前在杯子里放上一把茶匙，最好是银制的茶匙。茶匙能够有效地传导热并缓解受热不均的现象。我们都知道滚烫的热水能够使杯子炸裂，温水虽然温度也很高，但是却不会发生炸裂现象。那是因为温水不会造成受热上的明显差距，在杯子里放上茶匙之后，滚烫的热水在把玻璃加热之前，会先传导一部分热量给金属茶匙，从而接触到不良导体玻璃的水的温度就变低了，热水变成温水也就不会损坏杯子。这时候继续倒热水也不会有危险，因为杯子已经变热了。

而在所有的金属中，银质物品的导热性更好，吸收热量的速度也更快，所以才说银质汤匙更有效。如果你无法判断茶匙的质地，就把它放在茶杯里，其他金属制成的汤匙是不会烫手的。

因为玻璃器皿存在着受热或者遇冷不均的问题，所以学习化学的人使用的器皿常常是由很薄的玻璃制成的。就算直接把化学实验使用的器皿直接放在酒精灯上加热也不用担心其破裂。如果资金充足，其实最理想的器皿应该是由石英制成的。石英是一种很少遇热发生膨胀的材质，它的膨胀系数大概也就是玻璃的 1/15 到 1/20，所以石英制成的厚器皿，无论你如何加热都不会破裂。甚至你将烧得已经微微发红的石英器皿直接丢入冰水里也不用担心，因为石英还具备良好的导热性。

但是石英器皿的造价还是比较高的。为了避免玻璃管破裂，在日常应用中我们还是比较青睐价格低廉的玻璃。蒸汽锅炉中用来观察水面高度的水位计通常是由玻璃制成的，不过水位计的制作吸取了玻璃受热炸裂的教训，用不同品种的玻璃制作的双层水位计能够有效地预防玻璃内壁受到炽热的蒸汽和沸水而炸裂。

6.5　洗浴之后难穿靴是由于热胀冷缩吗

是不是所有的事物都会受热膨胀遇冷收缩？在契科夫的小说《顿河退休军士的部队中》其中有一个角色发出了这样的感慨："为什么冬天的时候昼短夜长，而夏天却恰好相反呢？难道这也是由于热胀冷缩的原理？冬天昼长是因为那些看得见和看不见的都遇冷收缩，而夜长则是因为点亮的灯火使得这些东西再一次受热膨胀？"

这种念头让人忍不住发笑，可是谁知道其实人们自己也创造出不少荒诞不经的理论来。不知道你有没有听说洗过热水澡后很难穿靴子是因为"脚受热后体积变大"的说法。这个说法简直就是误解物体受热膨胀，遇冷收缩的典型。

首先，人的体温在洗澡时几乎是不升高的。人的肌体有能够抵御外界环境产生的热影响，维持自身的温度。在浴室一个人的体温最多能够上升 2℃，这还得是在俄式浴室浴床上。当人体体温上升 1~2℃ 时，人体体积的变化也是十分有限的，因为人体无论是骨骼还是肌肉，膨胀系数最多能达到万分之几。受热后人的脚掌宽窄和小腿的粗细最多能够增加 0.01 厘米，也就是大概一根头发的粗细，人在穿靴子的时候根本不能觉察。因为缝制靴子的精密度达不到 0.01 厘米。

那么为什么人在洗澡之后靴子变得难穿呢？问题不在于受热膨胀上，而要从其他地方去找，也许是因为洗澡后皮肤的光滑度，湿润程度发生变化等等，所以这些事情跟受热膨胀是毫无关联的。

6.6　祭司们的把戏

我们总认为冥冥之中自有神灵，也时常能够听到神明"显灵"的消息。古希腊力学家亚历山大城的海伦为我们留下了两种神灵"显灵"的招数揭秘。他通过文字描述了当年埃及祭司是怎样运用物理学知识欺骗人们，为他们灌输"神灵显灵"的观念的。

第一套就是自动开启的庙门，它的奥秘在于图65中那个中空的金属祭台，开启庙门的机械就藏在祭台下面的地洞。人们在祭拜神明的时候，先点燃架设在庙宇外面的祭台上的火把，祭台中的空气因此受热膨胀增加了对藏在地下容器里水的压力，水因此顺着管子流出流进桶里。装满水的水桶变沉之后下沉启动机械，从而打开庙门（图66）。此时此刻站在庙门口的观众，只会看到当祭祀一点燃祭台上的火，寺庙的大门就依照祭祀的祈祷打开了大门，仿佛神灵听到了祭祀的祈祷后应声开门一样。

图 65　祭司们"显灵"的把戏：庙门打开是由于祭坛上的火的作用。

第二套骗人的"显灵术"主要应用在祈祷者供奉过于微薄的时候，每当这时祭司们就会要花样，找借口让祈祷者多捐献一些供奉（图67）。当祭台上的火点燃时，空气膨胀会把油从下面的储油桶压入事先藏在祭司塑像内的管子里。所以油就会自动流入火中，让火燃烧得更加旺盛。一旦祭司认定供奉的人给的供奉太少，他们找机会悄悄地拔掉储油罐盖子上的塞子，让祭坛上的火苗变得微弱，说是神灵不满祈祷者的供奉，再索要更多的财物。

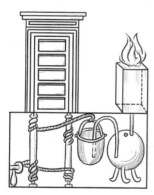

图 66　庙宇大门的构造。当祭坛里的火烧起来时会使门自动打开。

图 67　第二套"显灵术"：油自动流到祭台上的火中。

6.7　自动上弦的时钟

我们之前提到过运用大气气压变化而自动上弦的时钟，下面我们来说一说运用热膨胀原理自动上弦的时钟。这是一种新类型的"自动"原动机。从它的设计图，我们能摸索到它自动上弦的奥秘。

图 68 展示的就是这样一座时钟的机械设计图。依靠热膨胀原理自动上弦的时钟，其主要组成部分就是传动杆 Z_1 和 Z_2，这两个传动杆是由一种膨胀系数很大的特殊合金做成的。传动杆 Z_1 支在齿轮 X 上，一旦 Z_1 受热，它将会延长并使齿轮微微转动，Z_2 勾在齿轮 Y 上。当 Z_2 遇冷收缩时，它会随带动齿轮 Y 旋转。两个齿轮固定在 W 轴上并且向着同一个方向旋转，在 W 轴旋转时会带动装有勺斗的齿轮旋转，勺斗因此可以舀取下面长槽中的水银将它送到上面的长槽里。水银通过上面的长槽流向左侧带有勺斗的轮子，当勺斗装满时左侧的齿轮也开始转动。这样一来就会带动绕在轮 K_1 和 K_2 的链条 KK，K_1 轮和左侧的齿轮固定在轴 W_2 上，链条 KK 的运动使得用来上发条的 K_2 运动，从而上紧了时钟的发条。

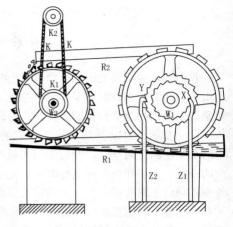

图 68　自动上弦的时钟。

也许你会好奇从左侧轮子的勺斗里流出的水银最后会去向何处，答案其实很简单，它会顺着那条倾斜的长槽流回右侧的轮子，从而周而复始地重复利用。

整个时钟的动力依靠的是传动杆 Z_1 和 Z_2 来运转，获得动力的必要条件只是气温的变化。理论上来说只要机械不磨损，时钟就会永远走下去，那么这样一台时钟是不是可以称之为"永动机"呢？答案自然是否定的，因为它不会凭空创造能量，它之所以能够走动是因为传动杆热胀冷缩做的功，尽管它不需要人为地补充能量，但是不可否认它的能量来源是太阳能。

图 69 和图 70 也是一种能够自动上弦的时钟，它和上文介绍的利用热胀冷缩原理上弦的钟结构相似。不过在这里起主要作用的是甘油。它依靠甘油受热膨胀而提高重锤，再依靠重锤下落的能量带动时钟的机械。因为甘油这种液体在 −30℃ 时才会凝固，而在 290℃ 时才会沸腾，所以这样创造出来的不用上弦的钟适合摆在大多数城市的广场和其他开阔地带。谁也不用去触碰它，它就会在那里忠于自己的岗位走动着。

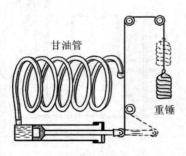

图 69　另一种自动上弦的时钟的构造。

图 70　自动上弦的时钟。底座上安有蛇形管，里面有甘油。

那么，这样一台"全自动"的原动机是否经济呢？如果你用数字计算，你会发现和你想象的完全相反。为一座普通的时钟上弦让其走一昼夜需要大约 1/7 千克米的功，换算后也就是每秒钟大约 1/60 万千克米。因为 1 马力等于 75 千克米/秒，所以说一座时钟的功力只要 1/4500 万马力。也就是说即便我们将第一种时钟的热胀冷缩的造价和第二种时钟的装置价值只算1戈比，那么花费在类似这样的原动机上几乎一马力要花费将近50万卢布。所以这么一看，使用"全自动"的原动机确实有些过于昂贵了。

6.8   香烟的学问

不知道你有没有注意到香烟其实是两端冒烟的，然而从烟嘴出来的烟向下沉，而从另一端出来的烟却向上飘。如图71上显示的一样。

为什么同样的烟却一个向上飘一个向下沉呢？原来香烟点燃后，点燃的一方上方有因为空气燃烧而产生的上升的气流，它带出了烟的微粒，然而烟嘴冒出的空气和烟已经冷却了，再加上烟的微粒要比空气沉，所以烟嘴一端的烟会沉下来。

图 71   为什么香烟一端冒的烟朝上升，而另一端向下落？

6.9   沸水中不会融化的冰

沸水里冰会不会融化呢？也许会有很多人认为提出这样问题的人有些傻，然而有些冰真的不会在沸水中融化。

让我们做一小实验，取来一个试管，装满水然后再在试管里放上一小块冰。用铅弹或者铜块等物品压住冰不让它浮起来，下面让我们把试管放在酒精灯上加热，不过我们让酒精的火焰对准试管的上方如图72。很快你会发现水沸腾了水面冒出一团团的蒸汽，然而冰的体积并没有改变，冰一点儿也没有融化。

这样的奇迹之所以发生主要是试管下部的水根本没有沸腾，依然是冷水。所以并不是在沸水中的冰不融化，而是在沸水下的冰块没有融化。因为水受热之后会膨胀变轻，停留在上部。温水的循环流动都是在试管的上部进行的。只有通过热的传导使试管下层的水也受热才会发生冰块融化的现象，然而水的导热性很差，所以试管底部的水不会发生任何变化，冰也就不会融化。

图 72   试管上面的水沸腾，而下面的冰却不化。

6.10   如何用冰冷却

如何让东西变得更凉，我们应该把东西放在冰的上面还是放在冰的下面呢？

遇到这个问题，我们不仅想到当我们加热物体时，我们总是把要加热的东西放在火的上面，让其变热。因为火会使得物体周围的空气变热，变热后的空气质量变轻会从四面八方上升，从而从各个方向各个角度加热容器。

在我们要冷冻某个物体时是不是也应该采取同样的做法呢？答案是否定的。如果我们想让上面的东西快速变冷，应该把它放在冰的下面而不是上面。因为冰块上方的空气遇冷之后质量变重会下沉，很快冰块的上部会被周围的暖空气代替，温度并没有下降。所以当我们想要冷却食物或者饮料时，应该把它放在冰块的下面。

如果详细地解释一下，用把水变冷来作例子。如果我们想要容器的水变冷，当我们把盛水的容器放在冰的上面时，变冷的只有紧挨着冰的那一层水，其余的部分由于没有被冷空气包围，温度不会发生改变。反之当我们把冰块放在容器盖子上面时，一方面，容器里的水上层变冷后会迅速下降，下层温暖的水会上升，直到容器里所有的水都变冷；另一方面，冰块周围的空气冷却下降，从四面八方包裹着容器，使得容器里的水快速降温。

6.11　紧闭的窗户会透风

为什么冬天当我们把屋子里窗户关得严严实实，也不会感觉到屋子里变闷，甚至会认为窗户好像透风一样。

屋子里的空气并不是静止不动的，有一只看不见的手推动着气流带动着空气到处走，形成无声的循环。这只看不见的手其实就是温度，也就是说当空气受热之后，由于质量变轻而飘在上面，而这些空气冷却变重后会缓缓落下到达地面。尤其是在冬天，这种状况会更加明显，暖气或者炉子附近的空气加热后会排挤周围的冷空气向上飘直到天花板，而当空气到达窗户边或者温度较低的墙壁处时，会因冷却而变得沉重，重新流向地板。

如果你能找到一个氢气球，在气球的下面拴上一个重物使它恰好停留在空中自己漂浮。这个气球的飘动就能使我们发现室内循环的气流。你把它带到烧得很暖和的炉子附近，你会发现气球像是在服从谁的命令一样，从炉子到天花板再到窗户，从窗户下降到地板然后慢慢地又回到炉子旁边。

正是这样周而复始循环着的气流让我们感觉到屋子不闷，仿佛开着窗户透气一般。

6.12　无风却转动的风车

风车是很简单易做的一种玩具。让我们找来一张薄薄的卷烟纸然后把它剪成一个长方形。然后我们沿着横竖两条中线各对折一下再展开，然后在两条线交叉的点上扎上一根针，让纸片的重心恰好由针尖支撑。

当纸片处于平衡的位置时，只要它感受到一点儿气流的变化，就会开始转动。神奇的是即便你不用嘴吹它，只要小心地将手靠近做好的纸风车，你就会看到它开始旋转，速度会越来越快（图73）。只要你一把手拿开，纸片就立刻停止转动。

这种神奇的现象曾经引发人们的热议，这个现象让神秘主义的信徒找到理由，让人们相信自身具有某种超自然的力量。其实事情再简单不过，人的体温高于周围的空气，当人的手靠近风车时，被人

图73　为什么纸片转起来了？

的体温加热的空气向上升起，吹动纸片随着气流转动。留心观察的人能够发现风车在转动的时候恰好着手腕到手心再到手指的方向。因为手指末端的温度要低于手心，所以手心附近形成的上升气流较强，对纸片产生了较大的冲击。

6.13　皮袄能带给人温暖吗

一到冬天我们就会里三层外三层的穿衣服，想要让自己变得更暖和一些。然而真正御寒的并不是厚厚的皮袄。如果你不相信，你可以找来一个温度计，记下它的指数，然后把它放进皮袄里，过几分钟取出来再观察它的指数。这时候你会惊讶地发现指数一点都没有改变。

所以皮袄并不会给人带来温暖并不是一句玩笑话，在事实面前不容许人表示怀疑。甚至你可以猜想皮袄会不会反而让物体变冷。

让我们找来两个装有冰的小瓶子，把其中的一个先裹在皮袄里再放在室内，另一个直接放在室内。等到裸露在空气中的瓶子里的冰融化再打开皮袄，观察瓶子里冰的变化。你会发现冰几乎没化，还保持着原来的大小。这足以证明皮袄不会给冰带来温暖，反而能够推迟冰的融化。

这些结论都有事实做依据所以很难推翻。如果"给人温暖"指的是提供热量，那么皮袄确实无法给人体提供温暖。灯、炉子、暖气之所以能给人带来温暖是因为它本身就是热源。皮袄不可能提供热量，但是它能够防止热量流失。人体本身就是一个恒温的热源，所以我们会觉得穿皮袄比不穿皮袄要暖和得多。而用来做实验的温度计，自身不能产生热量，所以它的指数也不会随着被裹进皮袄而改变。反倒是冰块，由于被皮袄阻挡了热量在更长的时间内都不会融化。所以确切地来说，是我们给皮袄温暖，而不是皮袄带给人温暖，皮袄只起到一个保暖的作用，它阻挡了人体自身产生的热量流失，让人感觉到温暖。

在严冬时节覆盖着地面上厚厚的雪起到和皮袄一样的作用，使大地能够保持一定的温度。雪和其他粉状物是导热性能很差的热导体，它覆盖了土壤阻止热量从土壤中流失，所以插在被雪覆盖的土壤里的温度计要比插在没被雪覆盖的地面的温度高。

6.14　地下是什么季节

我们正在过炎热的夏天，那么地下三四米以下的地方究竟是在过什么季节呢？中国的延安以窑洞闻名，据说居住在窑洞里会感到冬暖夏凉，是不是因为地下的季节跟地面上不一样，人们才会有这样的感觉呢？

首先我们能够肯定的是地上和地下不是同一个季节，因为土壤并不是热的良导体，所以地面的冷热很难影响到地下几米的位置。比如圣彼得堡（过去的列宁格勒），俄罗斯的寒冬是举世闻名的，如果地下几米的温度和地表温度相同，那么那些埋在地下两三米的自来水管就会全部结冰，事实上并没有发生这样的事情。

为了验证地表同地下是不是过着同一个季节，科学家曾经在斯卢茨克做实验，实验的结果表明地下三米的位置和地上的季节是不同的。地下三米处一年温度最高的时候比地表温度最高的时候晚 76 天，而最冷的日子则要推迟 108 天。也就是说当俄罗斯位于夏天最热的时候，要再过 76 天，地下三米处的人能够感受到同样的温度。而且实验的结果还验证了随着深度的加深，温度的变化会越来越迟缓和微弱。当达到某一深度时温度不会发生任何变化，温度会维系在当地的年平均温度上，甚至过了若干个世纪，这个温度也不会发生任何改变。

利用土地不容易导热的特性，在巴黎天文台深 28 米的地窖里，保留着当年拉瓦锡放置的一支温度计，150 年过去了，温度计的读数没有发生丝毫的变化，一直维持在 11.7℃。

一系列的实验结果说明，我们立身的土地和地下并不是同一个季节。仅以地下三米为例，当我们已经开始过寒冷的冬天时，地下三米的地方正在过降温缓和的秋季；当我们步入炎炎烈日的夏天，可能地下三米的严寒还没消失。所以每当我们提到在地下居住的动植物例如蝉、金龟子等，一定要记得它们身体生存的环境和我们是不同的。

6.15　纸能不能做锅

图 74　在纸锅里煮鸡蛋。

仔细看图 74 中那个用来煮鸡蛋的锅，你会发现其实那是一个纸做的帽子。纸做的锅居然没有点燃，而且还可以煮鸡蛋，这听起来一点都不合乎常理。然而图 74 中，确实使用纸做的锅来煮鸡蛋的。

事实证明如果你掌握了方式方法，用纸做的锅来煮东西也是可行的。让我们找来一张结实的牛皮纸，把它叠成一个锅的形状，然后固定在铁丝上做个试验你就会发现纸做的锅不仅能烧水还一点儿都不会烧坏。

其实纸也能做锅的原因十分简单。因为水在敞口的容器只能加热到沸点也就是我们知道的 100℃，其被加热的水还有很大的热容量能够吸收纸上多余的热量，这样一来即使纸接触火焰，也不会超过 100℃，达不到燃烧的温度用。所以即便火苗舔到纸锅，纸锅也不会烧掉。

其实只要能够从纸上吸收掉多余的热量保证纸的温度不达到燃点，其他物品也可以避免纸不点燃。

图 75　烧不着的纸条。

比如你用扑克牌叠成的纸盒来融化铅块，只要你能够保证火苗正好烧在铅块所在的位置，扑克牌就不会点燃。因为纸的温度虽然高于铅的熔点 335℃，但是融化的铅也是热的良导体，能够吸收纸上多余的热量。

图 75、图 76 的实验也是验证这一点，这两个实验都说明金属具备良好的导热性，所以那个紧紧缠绕在钥匙上的线才不会燃烧，而缠在铜棒上的纸即便被熏黑也不会燃烧，除非铜棒已经被烧得赤红，无法再继续吸收热。

图 76　烧不着的棉线。

现实生活中很多现象都是由于这个原因。比如你忘记灌水直接把壶放在炉子上烧，你会发现壶开焊了，也是这个原因。因为离开了能够帮助吸收热量的水，焊过的位置熔点低，很快因为达到熔点而被熔化。除此之外因为这个特性，在老式马克沁重机枪上，水常常被用来防止武器熔化。

6.16　什么样的冰更滑

刚刚打完蜡的地板比没打过蜡的更容易让人滑倒，看着光滑的地面不免让我们想起冰面。是不是平整的冰面要比那些坑坑洼洼凹凸不平的光面更光滑呢？按理来说，光滑的冰面更好走，能够滑行得更快。可是日常生活中，我们往往能发现在那些粗糙不平的冰面上，爬犁更容易行走，而且速度要比在光滑的冰面上快得多。这到底是为什么呢？

原因十分简单，是因为冰的滑度取决于冰的融化点在压强加大的时候会大大地降低，也就是说冰的滑度跟平整程度没有关系，更关键的是在物体对冰面的压强。

当我们乘雪橇或者穿着冰鞋时，身体的重量依靠冰刀的兵刃和雪橇的管子与地面接触，形成很大的压强。再加上冰会在压强变大的时候降低自身的融化点，也就是说即便没有达到它的融化点 0℃，只要压强达到一定程度，冰也会发生融化现象。

假设冰的温度是 -3℃，冰刀的压强使得冰的融化点降低到这个温度或者这个温度以下，使得和冰刀接触的这部分冰融化，冰刀和冰中间就会出现一层薄薄的水①。人穿着冰刀滑行到哪里，哪里就会融化，从而减少了摩擦力能够滑得更省力。

在所有的物体中，只有冰具备这一特性，怪不得苏联的物理学家要称冰为"自然界中唯一滑体"。

那么为什么粗糙的冰要比平整的冰更滑呢？我们都知道当物体作用在较小的面积时，它的压强更大。所以当冰的表面凹凸不平时，冰刀的接触面积会变得更小，所以冰就会变得更滑。

下面再来说说冰的另外一个特性，冰的融化点会在极大的压强下降低。我们在日常生活中多次无意中利用到冰的这一特点，比如我们打雪仗时会用手攥紧一团团的雪，让其变成雪团，堆雪人的时候会在雪地上滚雪球。都是降低冰的融化点从而让越来越多的雪冻到了一起。还有就是在冬天我们会奇怪地发现，原本在人行道上未被及时清理的积雪会在行人的践踏后渐渐变成密实的冰块。

6.17　冰锥是怎样形成的

每到冬天，屋子的房檐上总会挂着大大小小的各种各样的冰锥，它们晶莹剔透锋利异常，甚至被吹落下来还可能使路上的行人受伤。这些冰锥究竟是怎么形成的呢？

要想形成冰锥并不是一件简单的事情，它要同时具备两个条件，第一个就是融雪的温度，第二个就是结冰的温度。也许你会认为这是十分容易达成的，毕竟分界值为 0℃，只要高于它，雪就会融化；低于它，雪就会结冰，然而实际上并不像我们想象的那么容易。

冰锥的形成也是个水滴石穿一样漫长的事情，在晴朗的冬季，温度十分低，阳光普照着万物。虽然阳光的温度还不能使地面上所有的雪都融化，然而在房顶朝阳的斜坡上，阳光几乎直角照射着屋顶的雪。（光线的作用与这一夹角的正弦成正比：如图 77 所示，因为 $\sin60°$ 是 $\sin20°$ 的 2.5 倍，所以屋顶上接触阳光多的雪获得的热量是地面上同样面积的雪获得热量的 2.5 倍），所以阳光对于屋顶的雪的照明和加热作用就更大，屋檐上的雪就能够融化，顺着斜坡流下来，一滴一滴地悬挂在房檐。未接触阳光的房檐温度较低，这些滴下来

---

① 要想使冰的融化点减低 1℃，只需要 130 千克/厘米²，这个结果是通过计算得出的。这个压强也是滑冰者或者乘坐雪橇的人很容易能够达到的。因为对于不光滑的地面，紧贴在冰面的并不是雪橇的滑铁或者冰刀兵刃的全部表面积，而是其中的一小部分，所以这些接触部分很容易就达到这样的压强值，使得冰的融点降低（在笔者列举的例子中，假定冰融化时冰和水都承受着同样的压强，且冰融化时形成的水也处于大气压之下，所以降低冰点需要达到的压强值并不大。——编者注）。

的水因此变成了冰，随着水滴的陆续留下，渐渐变成了冰冻的小鼓包儿。随着时间的推移，这些鼓包就慢慢变成了冰锥。

其实地球上气候带和季节的差别与阳光照射角度的变化也有很大的关系。冬天和夏天的太阳与我们的距离是大致一样的，甚至太阳距离两极和赤道的距离也大致相等，仅仅因为阳光和地面的倾斜角度不同，就使得赤道的温度要远远高于两极，而夏天的倾角更大就造成了冬夏明显的温差。

图 77 倾斜的屋顶比水平面屋顶被太阳光晒得更热。

✦ 第七章 ✦

光　线

7.1　影子的应用

还记得童年时有一个很好玩的游戏叫作踩影子，每当我们走在太阳下，身后就会拖着或长或短的影子，那么影子究竟能不能被踩住呢？

其实，我们都知道只要我们一动，身后的影子就会跟着移动，影子根本不能被踩住或者被捉住。可是其实在很早以前我们就已经学会利用影子了。当代的照相技术能够帮我们留下自己或者亲人美丽的倩影，然而生活中 18 世纪的人们只能聘请画家才能留下自己的照片，由于聘请画家实在是价格昂贵，所以有一种叫作"侧影像"的画法十分流行。侧影像就是捕捉人们的侧影并且将影子固定下来的。如果说照相利用的是光，而 18 世纪的人们利用的就是"无光"，也就是影子。

图 78 是侧影像的绘制过程。人们先把头侧转过去，显示出本人的轮廓特征，然后用铅笔把显示出的轮廓描在纸上，涂好墨，最后再剪下来贴在白纸上。如果你想要各种尺寸的侧影像，你还能够利用缩放机来缩放尺寸。

这样绘制而成的侧影像仅仅凭借简单的轮廓就能表现原型的特征，渐渐引起了画家的注意。后来这样的手法被用在大型场面和风景画的绘制，形成了一个独特的画派。

侧影像还有一个好玩的故事，法语"西卢埃特"是侧影像这个名字的来源，它本来是 18 世纪中叶法国财政大臣艾蒂安·德·西卢埃特的姓，人们为纪念他指责同

图 78　古代绘制侧影的方法。

时代的人挥霍无度花费太多在绘画和画像上，就把价格低廉的侧影像称之为"西卢埃特式"（la Snhoueue）的画像。

7.2　鸡蛋里小鸡的奥秘

有一种戏剧叫作影子戏，它看起来像是变魔术一样。这样的戏法表演起来一点都不难，只要你能准备好足够的道具而且能利用影子的特性，你就能为自己的伙伴表演一下。

首先要准备一张油浸纸当屏幕，把它嵌在硬纸板的方洞上，然后在屏幕的后面放置两盏灯。当观众坐在屏幕前时，亮起其中的一盏，在亮起的灯和屏幕之间用铁丝固定一块椭圆形

纸板，这时候屏幕上会出现一个鸡蛋形的阴影。然后告诉你的可是你要打开 X 光机，让他们看看阴影里的小鸡，随即你打开另一盏没打开的灯，一眨眼的工夫，鸡蛋形黑影好像被 X 光照亮了，我们十分清晰地在黑影中间部分看见了小鸡的侧影（图 79）。

是不是很简单，其实这个戏法的奥秘在于，在点燃另一盏灯的时候，在光线经过的途中放置一个用纸板剪好的小鸡轮廓。这样一来椭圆形的黑影有一部分被后点燃的灯照亮，从而显示出来小鸡的模样。而坐在屏幕另一端的观众，完全不知道你在背后做的手脚。对于不熟悉物理学和解剖学的他们，也许真的会以为你在用 X 光透视鸡蛋呢。

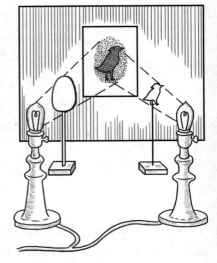

图 79　影子戏里的"X 光照片"。

7.3　如何获得漫画式的照片

我们都知道照相机是由机身和镜头组成的，可是谁又知道其实照相机是可以没有镜头的，没有镜头的照相机也可以用来拍照。只不过这样一来照出来的照片会像是漫画一样发生有趣的变形。

图 80　用缝隙式暗箱拍摄的滑稽的照片。

不用镜头照相，照出来的照片发生变形主要是由于暗箱的结构。暗箱通常是"缝隙式"结构的，也就是说在暗箱中用两道互相交叉的缝隙代替圆孔，这两道缝隙是由装在暗箱前部的两块板子造成的。在一块板上挖一道横向缝隙，另一块板上则有一道纵向缝隙。假如这两块板子紧紧地贴在一起，那么得到的图像就不会发生变形也不会失真，可是倘若它们隔开一段距离就会发生图 80 和图 81 的变形现象。

图 82 展示了光经过这两道缝隙时的情形。图形 D 是一个十字形，十字中的竖线的光线先通过第一道缝隙 C，这时候图像还没有发生变形，紧接着它经过缝隙 B，竖线光线也不会改变走向。所以事实证明，图像变形与缝隙 B 和 C 没有关系，而是跟竖线与它在毛玻璃 A 上形成的影响比例有关，也就是说和毛玻璃 A 到缝隙 C 或者 B 的距离有关。

图 81　用缝隙式暗箱拍摄的被拉长的漫画式照片。

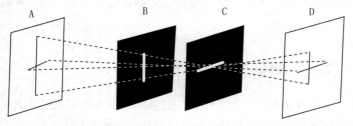

图 82　用缝隙式暗箱拍摄处变形的图像的原理示意图。

我们再来看横线光线，这个光线先到达缝隙 C，不受任何阻碍的通过，紧接着通过缝隙 B，所以横线与毛玻璃 A 到第二块板上的缝隙 B 的距离和它在毛玻璃 A 上形成的影像的比例有关。

总的来说，当两道缝隙并列时，前面的缝隙对竖线有所影响，后面的缝隙对横线有所影响，再加上前面的缝隙距离毛玻璃比较远，所以影像的竖向长度比横向长度投放在毛玻璃 A 上的比例更大，影像就变得像被纵向拉长了一样。

在调整位置后，你还可以得到横向拉长的影响。而将两道缝隙斜置时，你会得到完全扭曲的影响。

由于这样奇怪的现象，也为这种暗箱找到了用武之地。扭曲的影响具有独特的艺术效果，所以这种暗箱被用来拍摄漫画式照片，和制作各种各样的建筑装饰以及地毯、壁纸的图案。

7.4　我们看到日出的时候太阳升起了吗

海上日出十分壮丽，但是我们看日出的时间就是真正太阳升起的时间么？我们都知道光的速度虽然非常快，但是它也不是瞬间就能传送过来的。它需要一定的时间才能从光源到达观察者的眼睛里。

也就是说当我们 5 点钟去看日出的时候，太阳应该在 5 点之前就已经升起来了。根据计算光从太阳走到地球要花 8 分钟，也就是说如果光能够瞬间被传送，那我们在 4 点 52 分时就能看到日出。但只这个答案并非精准，因为日出之时地球把表面的某一部分转到已经照亮的空间罢了，所以即便光能够瞬时传送，你依然只能在 5 点看到日出。

可是如果你用望远镜观察日珥，也就是太阳边缘的凸起时，事情就变得不一样了。只要光能够瞬时传送，你就能够提早 8 分钟看到日出。

原因是这一过程减少了光的折射现象。减少的时间由于观测地点的纬度、温度和其他条件决定。可能是 2 分钟，也可能是几昼夜，甚至会更久。于是，这就发生了一个有趣的现象，就是假使光能够瞬时传送，我们看到日出的时间反而要比非瞬时传送时要晚。

产生这样反常的原因是"大气折射"，折射迫使光线在空气中的道路发生曲折，也就是太阳还没在地平线上出现时，我们就能够看到日出。而假使光的速度无限快，折射现象就不可能发生，所以我们反而看到日出的时间会变晚。具体究竟是怎么回事，请在《您了解物理学吗》一书中寻找答案吧。

第八章
光的折射和反射

8.1　能够看穿墙壁的机器

就算是玩具也可能蕴藏着不知名的物理学原理。19 世纪 90 年代有一种在孩子们中风靡的玩具，叫作"X 光机"。第一次拿到它，让我十分费解，就这么一个小管子居然能够让人看透不透明的东西？这简直是太难以置信了。

图 83　玩具"X 光机"。

然而这个管子真的能够帮助人看透不透明的东西，甚至是连真正的 X 光机都无能为力的刀片，它也能够隔着把周围的东西看得清楚。后来当我把它拆开来，看清了这种简易的"X 光机"结构（图 83），才一目了然。原来它里面有四面镜子，成 45°的镜子把光线几番反射，于是就能绕过不透明的物体，看到周围的情况。

利用光线的反射能够观察到周围的情况，这样的原理在军事上得到了广泛的运用。潜望镜就是利用这种原理制造的仪器。利用潜望镜既不必把自己暴露在敌人的火力下，又能够观察到敌人的情况，达到监视敌人的目的。

潜望镜的模样如图 84，它采用光学玻璃来扩大视野，但是由于玻璃会吸收一部分浸入潜望镜里的光，所见的物体的清晰度大打折扣，而且潜望镜的高度也受到限制。20 米已经是潜望镜的观测极限了，再高的潜望镜也只能看到模糊的影像和极小的视野。

我们知道的潜水艇制造起来要比陆地上的潜望镜复杂得多，潜水镜就是靠这种潜望镜来观察被攻击的船只。虽然应用了同样的原理，但是潜水艇的潜望镜光线首先要经过潜望镜露出水面的镜面（或棱镜）反射，然后再沿着镜管到达下端，最后才被观察者看到。

图 84　潜望镜。

8.2　会说话的人头

魔术总是神奇的，有时候魔术师会在台上，给观众们看一张空无一物的桌子，无论桌子上面还是下面都是空的。

然后这个魔术师会再请助手拿来一个关着的箱子，告诉大家说里面有一个没有躯体的人头，能够说话。然后他把箱子放在桌子上，正对着观众打开箱子，观众们会突然看到一颗会说话的人头呈现在公众面前。

其至在各地的博物馆或者陈列馆有这样的巡回展览，展出的都是这些看似非常神奇的魔术，不知情的人看见后会大呼惊奇。有时候你会看到一张桌子，桌子的盘子里有一颗人头。这个人头会眨眼，会说话，会吃东西，尽管你无法走到桌前，但是你也能够肯定桌子下面什么都没有。

真的有被"砍下"后会说话的人头？想来你也不会相信，那么这个人究竟是怎么做到让人只看到他的头的呢。你可以在看到这一幕的时候，悄悄丢一个纸团，这时候一切都会真相大白。原本空无一物的桌子下面，其实在四周每两条腿中间有一面镜子（图85），如果你再环顾四周，你会发现屋子为了配合镜子不被发现是空荡荡的，四壁没有任何差别，就连地板也是单一颜色。

镜子

图85 "被砍下的头"的奥秘。

其实在荧幕中许多魔术也运用镜子来做道具，通过视觉上的错觉让我们信以为真。之前提到的魔术，相信大家已经能够揭秘了，那个箱子其实是一个没底空箱子，而桌面上有一块可以折叠的板子。一旦魔术师把没有底的空箱子放在桌子上，坐在桌子下面镜子后面的人就会把头伸出来。其实这种魔术还能设计成其他的方式，不过我就不在这一一指出其中的奥秘，还是留给读者自己去破解吧！

8.3　灯放在哪里合适

很多日用品我们天天接触，但却不知道其正确的使用方法。前面我们已经说过如何运用冰来冷却物体，下面让我们看一看照镜子时灯应该放在哪里。

很多人喜欢在照镜子的时候把灯放在身后，即便他本来的意愿是想清楚地看看自己的像，可是实际上一旦他这么做就只会照亮自己的映像。其实灯放在身前更合适，这样才能够照亮自己，一旦本体距离光源较近，镜子里的映像也会变得亮一些。

8.4　镜子能看到吗

一看到这个标题，很多人都会说诧异，难道我们每天照镜子的时候没看见镜子么？可是你有没有想到第二节那个人头魔术，不正是因为人们没有看见镜子本身，才会被自己的视觉所欺骗。

那些坚持说能看到镜子的人，其实看到的并不是镜子本身，他看到了镜框，镜子边缘，甚至是镜子中的映像。其实只要镜子不脏，人们就看不见它本身。因为镜子是一个反射面，它与能够向各个方向散射光线的散射面不同，反射面的本身是看不到的。我们平时称反射面为抛光面，而散射面就是毛面。

镜子自身是看不见的这一特性使得它成为特技、戏法幻觉魔术必不可少的道具之一。

8.5   镜子里的是你自己吗

照镜子照镜子，镜子里的当然是自己，这是大多数人的想法。是的，镜子里的映像能够反映出我们的特点和细节，甚至可以称得上是最精确的复制品。然而镜子中的那个人，真的是你么？

站在镜子前，仔细看看你和镜子中的人，你的右脸有一颗痣，镜子里的人右脸确实是干净的。你的头发向右梳，镜子里的人却是向左梳头发的。你带着一块怀表，镜子里的那个人也有一块，可是看看镜子里那个人的表盘，你能认出那是你的表么？甚至就连表上表针的运动轨迹也是和常规相反的。

想到这里你可能会有些毛骨悚然，那么镜子里的究竟是谁？这个看似是你"孪生兄弟"的人，是一个具有生理缺陷的人，他是个左撇子，无论吃饭、刷牙洗脸、写字，他都用左手，即便你跟他握手，他也只会伸出左手。在阅读的时候，你根本无法判断他在看什么，他是否认字，是否会写字。因为你根本无法从他潦草的字迹中辨识他写了什么。

仔细想一想，镜子里的人根本就是一个陌生的人，如果你是通过外貌来认定那是你，其实你也错了。因为大多数人并不是完全对称的，也就是说右侧的一半与左侧的一半并不完全相同，而镜子中的那个人把你左右的特征互换了，所以说他是个陌生人也不足为奇。

8.6   镜中画

如果你还坚持认为镜子中的映像和原物是一模一样的，你不妨跟着我做下面这个实验。

请你找来一面镜子立在桌子上，然后在镜子前面铺好纸张。现在你试着在纸上随意画一些简单的图形，画的时候注意观察镜子中你握笔的手是怎样运动的。经过这样的观察你就能够意识到，其实镜子中的映像和原物的差别很大。

看上去如此简单的事情会变得复杂甚至无法完成，因为镜子中的映像破坏了长久以来形成的视觉和运动感觉的协调关系，当你往右画线时，却发现镜子中的人在向左移动，一下子你就变得不知如何下笔了。

如果我们把难度加深，看着镜子中握笔的手画一些复杂图案。等你缓过神来看纸张时，就会发现自己画的东西居然变成了可笑滑稽的乱涂乱画，毫无章法可言。

如果你能找来吸墨纸，把纸垫在上面写字，然后把吸墨纸拿起来，你甚至会认不清自己刚刚写的内容。这时候再找来一面镜子，把复写纸靠近镜子，你突然发现熟悉的字迹又出现在你的眼前。因为镜子能够把吸墨纸反转的字体恢复正常。

8.7   走捷径的光

光在同一种介质中沿直线传播，也就是说它会在传播时选择一条最短的路线，即便是那种不能够直接到达并需要中途经过镜面反射时，它的特性也会帮助光线选择一条用时最短的路线。

这一点早在公元2世纪的时候就被居住在亚历山大城的希腊力学家和数学家海伦指出。

让我们看一下图 86，上面绘制的是光线从蜡烛到眼睛的路线。我们用 A 来表示光源，MN 表示镜面，折线 ABC 表示光源 A 到眼睛 C 的路线，并且做一条直线 KB 垂直于 MN。

学习过光学定律的人知道，入射角 1 等于反射角 2，从 A 到 C 经过 MN 反射的所有可能路线中 ABC 是用时最短的。为了验证这一观点，我们把 ABC 同任意一个路线进行比较。以 ADC 为例（图 87）。

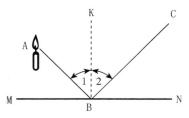

图 86　反射角 2 等于反射角 1。

从 A 点出发做 AE 垂直于 MN 且与 CB 的延长线交与点 F，连接 D 和 F 点。由于 ABE 和 EFB 都是直角三角形，且角 EFB 等于角 EAB，三角形 ABE 和三角形 BEF 共用直角边 BE，所以三角形 ABE 全等于三角形 EBF，从而推断出 AE＝EF。

因为 AE＝EF，直角三角形 ED 为另一直角边，所以直角三角形 AED 全等于直角三角形 EDF，所以 AD＝DF。因为 AD＝DF，DC＝DC，所以 ADC 的长度＝CDF 的长度。通过比较我们能够得出结论 CBF 要比 CDF 短，也就是说 ABC 比 ADC 要短。换而言之，只要入射角等于反射角，那么无论 D 点在哪里，那么就一定能够证明出同样的结论。

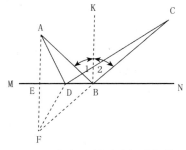

图 87　光在反射时选择最短的路线。

也就是说光一直在光源和镜子还有眼睛之间选择最短也是最快的路线行走。

8.8　如何使乌鸦啄米的路线最短

图 88 是一个示意图，在院子的地面上撒落着米粒，院子旁的树上落着一只乌鸦，乌鸦想要啄一颗米粒然后落在栅栏上，那么它在哪里啄米粒飞行的路线最短。

在解这道题的时候，我们不妨想一想上一节的内容。也就是说只有乌鸦飞行的路线中，角 1 等于角 2（图 88），才能使乌鸦的飞行距离同光线一样，都是最短的路线。

在类似的寻找最短路线的题目中，也应该参考此题的解法，让其效仿光线找到答案。

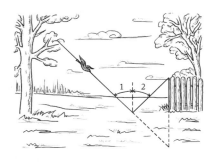

图 88　乌鸦的飞行路线及最短路线的答案。

8.9　赋予新角色的万花筒

一提到万花筒，所有的人都觉得熟悉，这不就是小时候那个让众人欣喜的玩具么？它除了玩具还能有什么用？

让我们想一想我们都从万花筒里看到了怎样的图案。在这个小小的可以转动的直筒中，通过五颜六色的碎玻璃片经镜子的反射，变成丰富多彩变化多端的图案出现在我们面前。这个万花筒是由英国人发明的。据说早在 17 世纪它就存在并在人们之间流行，后来人们开始用各色宝石来代替玻璃片子和珠子，这样经过改造的万花筒很快就从英国传到法国，继而传到世界各地。

当万花筒传到俄国时，它在俄国受到热烈欢迎。寓言作家阿·伊兹梅洛夫在《善良人》杂志（1818 年 7 月）上，是这样描述万花筒的：

我看了万花筒的广告，找来神奇的玩意儿。

我往里一望，

是什么在眼前发出灿烂的光芒，

是什么奇形发生，仿佛闪耀的星星，

原来是蓝宝石，红宝石，黄宝石，

祖母绿，金刚钻，紫水晶，

还有那大珍珠和珍珠母，

这哪里是什么万花筒，

分明是个大宝库。

动动手指，

眼前又出新景色。

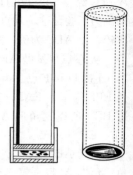

图 89　万花筒。

这首诗由于受到体裁的限定，不能很好地描述出人们在万花筒中看到的奇观，然而它却道出了万花筒的神奇之处，只要你手动一动，眼前就会出现新的图案组合。那么，我们能够从万花筒中看到多少种图案呢？

假设我们在里面放了 20 块五颜六色的碎玻璃，然后每分钟转动 10 次来让这些碎玻璃片形成新的图案，我们要花费多少时间才能看全所有的图案呢？即便不知道解法，只要你试一试，你就会发现，根本没有什么重复图案出现，似乎这件事情没有尽头。其实经过计算，想把这些图案转出来至少就要花上 500 亿万年，更别提一一细看了。

正因为如此，万花筒引起了从事装饰工作的美术师们的兴趣，随着各种各样的玩具涌现出来，万花筒渐渐从一个玩具变成了一个辅助设计的工具，很多由它瞬间创造出了的图案都妙不可言，美得让人折服于它无穷尽的智慧。随着科技的进步，能够拍摄万花筒中图案的仪器使得这些图案在让人惊叹之余渐渐地融入壁纸的花纹、织物的纹饰上，给大家的生活创造了美的享受。就这样昔日的玩具被赋予了新的意义。

8.10　幻景宫和海市蜃楼宫

我们总是看到万花筒中的美丽图案不能自已，那么如果我们能够进入到万花筒又会见到怎样的奇观呢？1900 年的巴黎世界博览会上，工作人员就建造了这样一个房间，让人们感受一下进入万花筒的世界。这个建筑就是所谓的"幻景宫"，整个房间有一个六角形的大厅，大厅的墙壁全部由高度抛光的镜子做成，而且在大厅的每个墙角都安装了与天花板雕塑融为一体的柱式和檐形的建筑装饰。如果你置身其中，你会感觉自己像进入了一个不会转动的巨大万花筒之中。

一旦人们走进去，就会发现自己淹没在人群中，而且还是被一群酷似自己的人包围。而且整个建筑像是一个望不到头由无数大厅组成的庞大建筑，每一个大厅都装修的一模一样。其实这跟那竖着的六面镜子墙壁有关。

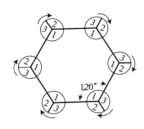

图 91 "海市蜃楼馆"的示意图。

如图 90 所示，其实那些有水平阴影线的大厅是一次反射的结果，有竖直阴影线的是第二次反射的结果。有斜阴影线的是第三次反射的结果等等，就这样原本的一个大厅，由一个变成 6 个，12 个，直到最后 12 次反射全部完成，能够看到 468 个大厅。大厅的多少同镜子的抛光程度和大厅中镜子摆放的平行程度有关。

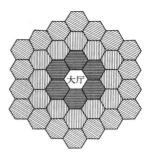

图 90 中央大厅经 3 次反射就有了 36 个大厅。

其实只要你稍微了解光的反射规律，你就知道这类奇迹其实一点儿不难做到。

除了幻景宫，在那届世博会上还有一个人们惊异的场馆，"海市蜃楼馆"。它也是运用光学原理为参观者创造了无数美景。

这座宫殿的设计者不仅考虑到光的反射，还通过特殊的方法增添了景象的瞬间变换。原来，如图 91 所示，他们从离每个棱角都不远的地方把镜子制作的墙壁切开，角状镜面能够围绕着轴转动，而且还能够产生角 1、角 2 和角 3 的轮换方式。如图 92 所示，在各个角摆放不同的景致，这样一来只要暗藏的机械一启动，墙角一变，整个大厅就换了一番模样。

整个场馆的奥秘就建立在光线反射这样一个简单的原理上，我们不得不佩服建造者无穷的智慧。

图 92 "海市蜃楼馆"的奥秘。

8.11　光的折射现象

在光线的传播过程中，不仅会发生光的反射现象，还会发生光的折射现象。折射现象的根本在于光线从一种介质进入到另一种介质。然而为什么会发生这样的改变一直引发人的思考，难道这一切是因为大自然在闹脾气？

当然这种说法是说不通的。我们先来做一个实验，看看实验能不能够给我们带来些头绪。我们在家里的桌面一半的位置铺好桌布，像图 93 那样，使得桌面微微倾斜，然后找来固定安放在同一个轴上的一对小轮子。如果你找不到，你可以在玩具上拆下来一个。让这对小轮子从桌面上滚下去。你会发现如果轮子滚动的方向同桌布的边缘是一个直角，轮子滚下去的路线不会发生任何改变，可是一旦轮子下滑的方向与桌布的边缘有斜度，轮子下滑的路线就会发生改变。

这个实验说明两个问题：第一个是随着介质的改变，运动速度会发生变化。第二个就是垂直于不同介质分界面的物体运动速度不变。如果你把这对轮子想象成光线，你就知道为什么光线会发生折射了。如果你还是无法理解，那请允许我引用 19 世纪著名天文学家和物理学家约翰·赫歇尔在这个问题上的叙述。

借助你们的想象力，假设我们眼前有一队士兵正在行军，在他们眼前不远处以一条笔直的界限为界，路由平坦易走变得坑坑洼洼凹凸不平。所以一旦队伍踏上凹凸不平的路面，行军速度会迅速变慢。假设队伍的前进方向与两种地面之间的界限有一个夹角，那么当士兵一个个走过边界到达凹凸不平的陆续面上时，他的速度就会变慢。同一排的士兵并不是同时踏上新路面的，所以有些人会因此落后于还走在好路面上的人。所以士兵们如果能够保持队伍

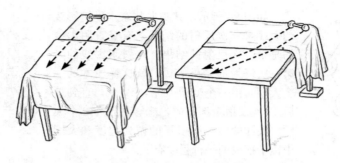

图 93　解释光的折射现象的实验。

的完整，让队伍的纵队不落后于其他部分，就要求每一个士兵的前进缝隙都要跟新的正面呈直角。只有这样，士兵在跨越界限后所走的路首先与新的正面垂直，其次有时减速的路程和原本平坦的路程之比等于新速度与原速度的比。

也就是说，折射现象是取决于新介质和旧介质之间光线运行的差。差别越大，折射的程度就越大。除此之外，光的传播还有许多让人深思的特点。比如，光在反射时会选择走最短的路线，而在折射时却选择走曲折的路线。

8.12　什么时候走长路比走短路还快

为什么在光的传播过程中，在遇到折射时光线会选择曲折的路线，难道这样光线能够更快的到达目的地么？其实由于不同部分的运动速度不同，走曲折的路线反而能够更快地到达目的地。

假设在两个火车站之间有一个距离其中一个站比较近的村子，村名应该如何快速到达那个比较远的车站呢？他们会选择骑马直接过去，还是先骑马去最近的车站然后再乘火车过去呢。村民们一定会选择先骑马再乘火车的坐法，因为火车的速度要比马的速度快很多，即便他们骑马走过了很多路程，但是却能够更快的到达目的地。

另一个例子能够更直观的说明这个问题。说一名骑兵要把情报从 A 点送到 C 点的帐篷中，路经一块沙地和草地，如图 94，把沙地和草地之间的界限设为直线 EF，已知马在沙地跑的速度是在草地跑的速度的一半，请问骑兵应该选择怎样的路线才能够在最短的时间内到达帐篷。

图 94　骑兵的题目：求从 A 到 C 的最快的路线。

从图中我们不难看出，A 点到 C 点之间的最短距离是 AC，沿着 AC 走是否合理呢？要知道虽然路程短，但是在沙地的部分速度很慢，不符合最短时间到达的要求。怎样才能节约时间，那自然是在速度较快的草地上行驶大段距离，然后减少在沙地上行走的路程。也就是说骑兵的路线应该在两种地面的界线处发生偏折，让草地的路线与界限的垂线的夹角大于沙地上的路线与界线的垂线的夹角。

我们从几何学方面着手，看一下究竟直线 AC 是最快的路线，还是走折线 AEC（图 95）要更快些。

如 94 所示，沙地宽 2 千米，草地宽 3 千米，BC 距离为 7 千米。我们不难运用勾股定理求出 AC（图 111）的长为 $\sqrt{5^2+7^2}=8.60$ 千米。然后我们分别计算在草地上走的路程和在沙地上走的路程是多少。经计算可以得出 AN（沙地上的路程）为 3.44 千米，又因为在沙地上的速度只是草地上的速度的一半。我们将路统一为草地。也就是说跑 3.44 千米的沙地所用的时间相当于跑 6.88 千米的草地，也就是说，沿直线 AC 跑 8.6 千米的时间相当于在草地上跑 12.04 米。

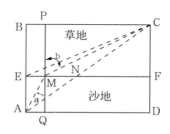

图 95　骑兵题目的答案：最快的路线是折线 AMC。

我们再依照同样的方法把路程 AEC，转换为草地，AE＝2 千米，相当于草地的 4 千米，而 EC＝$\sqrt{3^2+7^2}$＝7.61 千米，AEC 的全程为 11.61 千米。

这样一来比跑直线 AC 少跑了将近 0.5 千米。虽然我们已经得出 AEC 要比 AC 用的时间少得多，然而我们却并没有找到用时最短的路。

所以在计算最短的路径时，我们需要借助三角学原理，让草地上的速度和沙地上的速度比等于三角正弦和角 b 的及角 a 的正弦比，也就是说，需要找一个方向让 sinB＝2sinA. 也就是说，sinb/sina＝2。通过计算在这样的情况下 AM＝4.47，MC＝6.71 也就是说全长为 11.18 千米，远远小于直线距离 12.04 千米。

光线从一个介质到另一个介质会发生折射现象，正是为了需找用时最短的路径。在传播过程中，折射角正弦与入射角正弦之比（图 96）等于光在新介质中的速度与在原介质中的速度之比。这样一来光用时最短。另一方面，在这个比值也相当于光在这两种介质中的折射率。

总的来说光在传播过程中总是沿着最快路径传播的。这也就是物理学家所说的"最快到达的原理"（费马原理）。

当介质不均匀时，介质的折射能力会逐渐改变，然而光线最快到达的原理依然适用。以大气层为例，由于气体密度不同，会发生光线在大气层中折曲的现象，也就是天文学家称之为"大气折射"的现象。

声音和一切波状运动都遵循费马定理，也就是最快到达原理。这一原理除了适用于光现象，还具备普遍性。

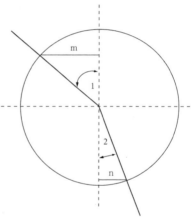

图 96　线段 m 和半径之比即角 1 的正弦；线段 n 与半径之比就是角 2 的正弦。

也许列举了这么多例子，你还是无法很好地理解光线是如何折射的，那么我移用当代物理学家薛定谔的解释。他用简单易懂的例子生动地描述了光线在密度渐变的介质中的传播过程。他说："假设有一个行进中的队伍，为了保持队形不变，让每一个士兵都手持着连接起来的长杆。如果指导员发出口令让全体跑步行进！一旦路面性质发生变化，使得队伍的右翼会先加速，然后队伍的左翼才会加速。这样一来队伍就会自行转弯，而队伍所走的路线就是这种情况下用时最短的道路。如果你仔细观察就能发现在每一个士兵都尽力奔跑的时候，这条曲线比走过的直线要省时得多。"

8.13　用水取火

罗蒙诺索夫早就在他的诗歌《话说玻璃的用处》中这样写道：

用玻璃盗取太阳火，
我们效仿普罗米修斯自得其乐。
骂那些卑劣无耻人编造的笨拙谎言，
借天火本就天经地义。

这首诗说的是利用凸透镜点烟的事情。我们都知道经过磨制的玻璃也就是凸透镜可以用来取火，然而其实利用平面玻璃也能够制作取火用的放大镜。最初这个想法是在凡尔纳的小说《神秘岛》中描绘的。

他能够写出这样的情节要归功于他对于物理定律扎实的知识以及渊博的学识。在文中他写道：故事中的工程师利用手表卸下来的玻璃在中间灌满了水然后用泥粘住玻璃边缘制作出了放大镜。然后利用放大镜来取火。

单纯的两片玻璃不可能做到会聚光，因为玻璃的表面是平行的，光线即便是通过两层这样的玻璃也不会发生折射产生聚焦现象。为了让光线聚到一起，就必须在玻璃与玻璃之间增加能够让空气折射的透明物质。其中水就是很好的选择。

其实即便是不用平面的玻璃，就算是装有水的玻璃瓶子，也可以拿来做取火用的透镜，而且你再把水倒出来会发现水没有发生任何变化。

玻璃的这种特性不仅能够帮助我们取火，在有些时候还会导致悲剧的发生。曾经有人在开着窗户的凉台上放着装有水的玻璃瓶，在阳光的照射下，汇聚出的光斑点燃了易燃的窗帘，最后引发了火灾。

不过不得不说水做的透镜没有玻璃做的透镜引燃效果好。首先光线在水中的折射要比玻璃中的小，其次水吸收了对加热物体有益的红外线。

8.14　用冰取火

《哈特拉斯船长历险记》中有这样一段情节，主人公哈特拉斯一群人在零下 48℃ 的严寒中丢了火种却无火取暖，最后这些人步行了很久，找到一块淡水凝结的冰，用斧子把它修平，然后又用刀子加工，最后用手一点一点磨光。做成透明的透镜用其来点火。那块冰做的透镜简直像是用优质水晶做的。

这也许是作者凡尔纳的幻想，然而实际上用冰来做透镜取火早已经被人们证实可行了。早在 1763 年，英国人就用冰制作了一个很大的透镜，然后用其聚集的阳光点燃木头。从那时起，人们用冰当作材料来制作透镜，并且用这样做的透镜取火不止取得了一次成功。

只不过用冰制作的透镜很难用刀、斧子等工具，而是需要用手来制作。后来人们发明了一个制作冰透镜的好方法。就是

图 97　小说中的人物把太阳光聚集到火绒上。

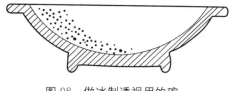

图 98　做冰制透视用的碗。

找来一个形状合适的小碗，在里面注满水，然后把它放在冰箱里或者其他寒冷的环境下让水凝结成冰，再次就是把碗微微加热，让里面的冰能够取出来（图 98）。这样你就得到了一个简易的冰透镜。

8.15　阳光破冰

到了夏天我们总喜欢穿浅颜色的衣服，认为这样子更凉爽，这到底有没有科学依据呢？其实一个小实验就能够证明，在寒冷的冬季，找一片能被阳光晒到的土地，然后在雪地上铺上两块大小相同的布，一块是白色的，一块是黑色的。等过了一两个小时之后你再来看看布的变化，你会发现黑色的那块布已经陷在了雪里，它下面的雪也融化了不少，而白色的布没有发生任何的变化。

这个实验不过是本杰明·富兰克林做的实验的简化版。当年富兰克林找到各色颜色的布块，把它们铺在雪地上，然后观察布下面雪融化的程度。之后他得出了结论：颜色越深吸收的热量越多。颜色浅的布块能够散射大部分阳光。他把这一理论应有在了日常生活中，他写道："在烈日炎炎的夏日，浅色衣服比如白衣服要比深色衣服更合适，因为深色衣服会吸收更多热量，本来就觉得闷热的人，一旦进行一些会使自身发热的动作就变得更热而无法忍耐。到了夏天无论男女最好佩戴白色的帽子，这样更有利于防暑降温，能够有效预防被晒晕。也许，在冬天，应该考虑将房屋墙壁涂成黑色，没准这样一来就能够使屋子里保持一定的温度，能有效防止冻伤。只要你有双善于观察的眼睛，你就能够通过留心观察再找到些类似的大大小小的发现。一切智慧都在于观察与发现。"

他提出来的这些结论，在日常生活中给人们带来极大的方便，甚至在一些特殊领域发挥出出人意料的好效果。

1903 年赴南极科考的德国考察队乘坐的"高斯"号被冻在了冰层中，队员们为了脱困，运用了爆炸物和锯子，不过只是开除了几百立方米的冰，并未能使轮船脱离险境。最后一位科考队员想出了一个办法，求助阳光。在冰面上用煤渣和灰烬铺了一条长 2 千米，宽约 10 米的黑色大道，从轮船边一直铺到距离冰最近的冰缝。这个方法拯救了一船的考察队员，阳光就这样无声无息地融化了冰。

8.16　并不神秘的海市蜃楼

在电视里，我们常常见到烈日炎炎的沙漠突然出现其他地方的幻影，我们把这种情况称之为海市蜃楼。

这是由于被暑气烤得极热的沙漠具有了镜面的特性，又因为紧挨着沙子的空气要比位于上面的空气密度小，使得远处物体斜射的光线达到了这一空气层并发生了折射进入了观察者的眼中，从而产生了奇妙的海市蜃楼现象（图 99）。

这种解释并不确切，因为光线在被烤热的空气层发生的反射同光线与镜面发生的普通反射不同，而是物理学上说的"内反射"。除了海市蜃楼是内反射现象，从水下看水面时光线发生的也是内反射。光线发生内反射就要求光线以极大的倾斜度进入空气层，要比示意图 99 中的倾斜角度要大得多。否则就不会发内反射现象。

下面我们在指出这一理论可能被大家误解的状况，出现海市蜃楼是空气的分布状况应该是较稀薄的空气在下，较稠密的空气位于上方。这一点不符合常识，然而其实这样的分布状况是出于流动的空气中达到，而不是静止的。被地面烤热的一层空气并不是静止不动，而是会不断上升，沉下来的空气也不会保持温度，而是会迅速被烤热。所以无论空气怎样交替，总有一层稀薄的空气紧贴着炽热的沙子。这样就做到了出现海市蜃楼的要求了。

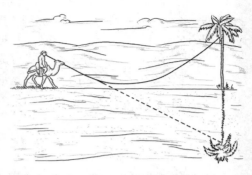

图 99　这是教科书里常用的图，表示沙漠里发生的海市蜃楼。但此图有些过分夸大，把光线的路径画得夸张地陡直。

现代气象学又把海市蜃楼分为"下现蜃景""上现蜃景"和"侧现蜃景"。其中"下现蜃景"就是我们常见的这种，在这种海市蜃楼中，光线的行进路线如图 100 所示，只要你耐心观察就能够在日常生活中发现很多。而"上现蜃景"是由于大气上部稀薄的空气层反射光线形成的。

最为独特的是"侧现蜃景"。由被太阳灼热

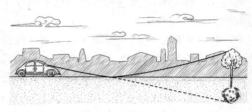

图 100　柏油马路上的海市蜃楼图。

的竖直墙壁反射光线发生的。有一个法国作者运用他美妙的语言描绘了这一现象发生时的样子。"他漫步走近一座炮台，突然发现平时粗糙凹凸不平的墙面像是镜子一样，亮晶晶的甚至还能反射出周围的景物，他有些不确信地再靠近几步，发现地面和天空也清晰可见。渐渐炮台的另一个墙壁也在他眼前发生了变化，仿佛突然灰色的墙面变成了被抛光的镜面一样。"

图 101 拍摄的就是炮台墙壁的真实面貌，左侧和右侧刚好形成了鲜明的对比，一个是墙壁本来的面目，另一个是发生侧现蜃景时的样子。你不难发现，原本凹凸不平的墙面变得像镜子一样，映射出近处士兵的身影。其实反射光线并不是墙面本身，而是贴近墙面

图 101　粗糙不平的灰色墙壁（左）突然变为似乎被抛光的能反射的光滑镜面（右）。

被灼热的空气。

在炎炎夏日无论是沙漠还是城市，只要符合海市蜃楼产生的要求，就能够看到海市蜃楼。这种现象并不罕见，只是人们没有留意而已。

8.17　无法复制的绿光

儒勒·凡尔纳的小说《绿光》中的年轻的女主人公看过一篇英国报纸的报道后，激动不已。因此她展开了寻访绿光的奇妙之旅。然而这个年轻的苏格兰小姐却没能看到这美妙的自然现象，与之无缘。

其实小说中的绿光并不是传奇，只要你有足够大的耐心，就能够看到海上日落时发生的这一奇景。

所说的绿光现象是太阳的上缘与地平线若即若离时发生的一种特殊现象，这时候你会发现那灿烂无比的天体射出的最后一道光芒居然不是红色的，而是一种无论你在调色板还是大自然的植物或者大海的色彩都无法复制的绿色。

这抹绿光究竟是怎样形成的呢？如果你曾用玻璃三棱镜观察过物体，你大概会有些头绪。当你把三棱镜宽面朝下水平地放在眼前，透过它观测钉在墙上的一张白纸时，你会惊讶地发现白纸边缘的颜色发生了变化，而且位置也比实际位置高得多。这种现象是玻璃对不同颜色的光折射率不同造成的。我们看到上面是由蓝色过渡到紫色的边缘，因为紫色和蓝色光线比其他颜色的光线折射程度大；我们看到这张纸的下缘是红色的，红色光线折射程度最小。

再深入分析一下，其实是因为三棱镜把来自纸的白光分解成为光谱上各个颜色的光，然后这些颜色按照玻璃对该颜色光线的折射率大小排列。有些光相互叠加就合成了原来的白色，而纸的上缘和下缘却没有发生这种现象，呈现出了不曾混合的颜色。

著名诗人歌德曾经以此为证据，认为这一现状证明他揭穿了牛顿有关学说的错误，并著有专著《颜色学》来讲述这个事情，然而其实他的著作并没有理解实验深刻的意义，而且完全是建立在错误的概念上的。三棱镜并不能帮你把所有的物体都改变颜色。

绿光的形成与三棱镜的这一特性息息相关，地球的大气层其实就是一个宽面朝下的巨大气体三棱镜。平时地平线上天空中的太阳透过三棱镜时，强烈的光线压过了边缘比较弱的色彩，等到日落的时候，太阳的整体都藏在地平线以下，我们就能够看到它上缘的蓝边。边缘是双色的，上面是蓝色，下面是蓝色和绿色混合而成的蔚蓝色。然而蓝色的光线常常被大气闪射掉，最后只留下绿色大的边缘，也就是我们说的绿光现象。

苏联科学院总天文台的天文学家加·阿·季霍夫写有研究绿光的专著。在这个专著中，他提到了绿光现象发生的一些征兆。"当太阳的颜色如往常一样黄中微微发白，没有发生什么变化，且日落的时候颜色变得耀眼，那么绿光出现的概率就会增大（即大气吸收阳光较少。——本书作者注），那么就有很大的机会看到绿光。"他还提到其中最重要的一点是"绿光出现时，地平线一定是一条泾渭分明的线。"

也就是说，只有在天空十分晴朗的条件下，才能够看到绿光现象。在一些地平线处天空清澈的国家，绿光现象并不罕见。

可是很多人受到了凡尔纳小说的影响，执着地寻觅大自然这一奇景。有两位阿尔萨斯的天文学家用天文望远镜捕捉到了这一现象。他们描写道："……日落前的最后几秒，所以我们能够看到大部分的太阳，这时候太阳的边缘像是有起伏的波浪，有些模糊，然而轮廓清晰可见。在太阳上沿的边缘有一道绿色的窄边儿。这情景用肉眼无法捕捉，只有在太阳要消失的那一瞬才能看见。然而当你拿起高倍数的望远镜，你能看得一清二楚。绿色的边缘在日落前最后十分钟越来越清晰，它就像是镶嵌在那里一样；在太阳的下部边缘你能看到红色的边缘。绿边的宽度随着太阳缓缓下落而变宽，有时候整个视野里竟有一半都是。这边缘并不是光滑的，时不时能看到绿色的凸起。待到太阳完全消失，这些绿色的凸起会顺着太阳的边缘滑到最高的地方，有些甚至会像烟火一样脱离到空中，闪耀数秒才熄灭（图102）。"

这一现象通常只会持续 1 到 2 秒，然而在极其例外的情况下会持续很长时间，据记载曾有一个快步行走的观测者看到了绿光现象，并且这一现象持续了五分钟以上。他看到了太阳像是带上绿色边饰一样缓缓下落（图102）。

日出时，我们看到太阳从地平线露出上缘，这时候看到的绿光是真正的绿光。这时的绿光可以证明一个错误的说法：绿光只是落日时候耀眼的余晖刺激人们的眼睛而产生的一种错觉。太阳是不能发出"绿光"的天体，但有时可以在金星落下时看到绿光。

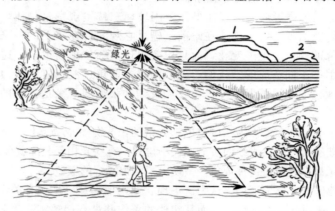

图102　长时间观察绿光：观察者在5分钟内可以始终看见绿光。上图中，通过望眼镜看到的绿光，日轮具有不规则的轮廓。在1的位置上太阳光很刺眼，妨碍肉眼观察，无法看到绿光。在2的位置上，太阳圆面几乎整个消失了，肉眼很难看到了。

第九章

睁开你的眼

9.1　没有照片的时代

这是发生在匹克威克所进的监狱里的一件事。

有人告诉匹克威克，他要坐在那里，一直到画师把他的画像画完为止。

"坐在这里让人帮我画像！"匹克威克大声叫喊。

"帮您画一幅肖像，先生，"肥胖的狱卒回答道，"我们这里的画师技艺都非常高超，这一点您应该非常了解。不要着急，很快就画好了。请坐吧先生，放松一点，不要拘束。"

匹克威克同意了，他坐了下来。这时候，站在他身边的仆人山姆小声对他说，要理解这"画像"的譬喻意义。

"先生，他们所说的'画像'意思就是，狱卒们要仔细观察你的样子，以便把你跟其他犯人区分开来。"

"画像"开始以后，那个肥胖的狱卒随意看了匹克威克一眼。另外一个狱卒则直接走到匹克威克对面，全神贯注地注视着他。第三个狱卒的模样有点绅士，他一直跑到离匹克威克特别近的地方，聚精会神地研究他的相貌特征。

最后，匹克威克的肖像画终于画好了，他接到通知，可以进入监狱了。

这段描述向我们还原了约100年前，英国国家机关记录犯人容貌时的情景。这是小说家狄更斯在他的《匹克威克外传》一书中所作的描述。

照相对于现在的我们来说，是再平常不过的一件事情。但是对于我们的祖先来说，却是不可思议的。

约100年前，英国监狱通过上述的方式记录犯人的容貌，而更早的时候，人们是利用"描述性"的文字来记录各种面部特征的。在普希金的戏剧作品《波里斯·戈都诺夫》中，沙皇在他的文书中提到葛里戈里时说，"他身材非常矮小，胸脯宽阔，两条胳膊不一样长，蓝眼睛红头发，脸上跟额头上各有一个瘤子。"

可见当时要想知道一个没见过的人的容貌，要有一定的想象力。而在照相术十分发达的现在，事情对于我们来说就简单多了，只要在旁边附上一张照片，人们就能直观地看到一个人的容貌。

9.2　神奇的银版照相法

"我的爷爷为了照一张属于自己的无法复制的银版照片，竟然在照相机前坐了整整40分钟!"列宁格勒物理学家鲍·彼·魏恩别尔格说。他所说的是发生在 19 世纪 40 年代的事情。

那时候,照相术刚刚开始出现在我们的生活中。最初,人们是用金属板来拍摄照片的,这就是"银版照相法",利用银版照相法,可以获得一种印在金属片上的照片。但是这种照片有一个很大的缺陷,那就是被拍的人要长时间地在照相机前保持一定的姿势,有时候保持姿势的时间甚至要长达几十分钟。

除了这种缺陷之外,人们对于不用画家动笔就能得到自己的肖像画这件事情本身也不是很理解。1845 年,在俄国一本杂志上,对这方面有一段有趣的记载:

许多人到现在还不能接受银版照相法竟然能照出照片。有一次,一个人穿得西装革履地跑去照相。摄影师让他坐下之后,调了调镜头,在照相机里装了一块版,又抬头看了一眼钟,并嘱咐他坐着别动,然后摄影师就走出去了。摄影师刚一走出房门,这位本来端坐着的先生就站了起来。他嗅了会儿鼻烟,又从各个角度仔细观察了照相机的构造,还凑到镜头前看了一眼,然后摇了摇头,说了句"这东西真奇怪"之后,就开始在房间内走来走去。

可见,银版照相法对于当时的人来说还是非常新奇的一件事情,人们对于银版照相法还不能完全理解和接受。在照相术已经发展得非常成熟的今天,对于拍照,我们自然不会再像 19 世纪时那样幼稚的看法。

但是,许多现代人对于照相,其实也不是十分理解。甚至有很多人对拍好的照片都不知道怎样正确地去欣赏。对于很多人来说,看照片是一件非常简单的事情,拿起来看就可以了,甚至对于很多摄影师和摄影爱好者来说都是这样。但是,事实上这并不是看照片该用的方法。很难想象,在照相术出现 100 多年以后,很多人竟然还不知道如何去正确地看自己的照片。每天跟照片接触,却从来没有意识到其实自己一直在用一种错误的方式对待它,这是多么可怕的一件事情啊。

9.3　怎样正确看照片

如果想通过看照片获得与看实物完全相同的视觉印象,那么我们在看照片时就必须注意以下两方面:首先,看照片的时候只能用一只眼睛;其次,必须要把照片放在离眼睛距离适当的位置。这是从照相机的构造和成像原理两方面来考虑的。

照相机就像人的一只眼睛,它所成的像的大小取决于镜头和被摄物体之间的距离,而显示在底片上的图像跟我们用一只眼睛在镜头的位置看到的东西是一样的。

虽然人们都习惯于用两只眼睛来看照片,但是这种看照片的方法本身却是非常不科学的。因为这样做,相当于给自己一种心理暗示:我所面对的就是一张平面的图画。这样,本来有远近不同的照片,在我们眼中也就变成了一幅平面的图画。

从视觉特性的角度来分析,当我们看一个立体的东西时,由于两只眼睛与这个东西的距离以及所成的角度不同,两眼视网膜所成的像是不一样的,这也是致使左眼和右眼看到的东西并不完全相同的原因。如果你把手放在离脸不远的地方,左眼和右眼看到的同一手指会不一样。而又因为两眼看到同一件物体时的这种差别,让我们能够感觉到物体的立体性。又经过意识的加工,两个不同的像融在一起之后就变成了一个凹凸不平的形象。立体镜就是根据这个原理做成的。

这是我们面对立体的东西时,两只眼睛成像的原理。而当我们面对的是一个像墙面一样的平面时，情况就大不一样了。这时候，两只眼睛的视网膜所成的像是一样的，我们也是通过两眼所获取的相同印象而判断出自己所看到的物体是平面的。

所以，我们用两只眼睛看照片其实破坏了照相机所创造出的透视效果。本来应该用一只眼睛去看图像的却用两只眼睛去看，我们当然无法用这么不科学的方法看到本应看到的东西。

9.4　把照片放在多远的位置看

除了用一只眼睛看照片之外，前面我们还提到了另一个看照片时必须注意的问题，那就是把照片放在与眼睛距离适当的位置上看。

为了能完整地还原拍照时照相机所成的图像，在看照片时，我们必须要注意自己的视角。看照片的视角要与拍照片时，照相机镜头"看"被拍摄物体时的视角相同（图103）。这就是说，我们

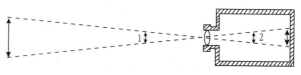

图103　照相机里角1等于角2。

在看照片时，照片与眼睛之间的最佳距离应该是镜头焦距的长度。因为只有从这个距离看的时候，我们看到的才是当时照相机镜头所记录下的映像。从这个距离，我们的眼睛可以对所记录的图像进行最真实的还原。

但是对于大多数人来说，看照片的距离都远远大于照相机的焦距。留心观察，我们会发现，大多数摄影的人都习惯把镜头的焦距调到12厘米到15厘米之间。恐怕只有眼睛近视的人和能够近距离看清物体的孩子们才会把照片放在这么近的距离来看。所以恐怕也只有他们可能在无意间用正确的方法看过照片。当他们闭上一只眼睛，并按照自己的视物习惯把照片拿到距离眼睛12厘米到15厘米的地方时，在大多数眼中是平面的图画，在他们眼中就与从立体镜中所看到的景象一样了。

对于一个视力正常的人来说，最佳的视觉距离却是25厘米，这个距离接近镜头焦距的两倍。我们几乎不会把照片放在与眼睛距离适当的位置上去看，尤其是那些挂在墙上的照片，我们看的时候，距离更是远远大于镜头的焦距。这也就不难理解为什么我们总觉得很多照片都是平面的了。

由于我们在看照片这方面的无知，导致我们经常不能从照片上看出它所提供给我们的全部效果，甚至有时还因此抱怨我们所看到的照片既呆板又平淡。从现在起，抛弃那些习以为常的错误方式，开始用正确的方式去看照片吧。闭上一只眼睛，将照片放在与眼睛距离适当的位置上，享受照片所带给我们的无穷乐趣。

9.5　神奇的放大镜

如我们上面所说，把照片放在距眼睛12厘米到15厘米之间来看，对于近视的人来说是很容易的一件事。但是对于最佳视觉距离为25厘米的视力正常的人来说，这个距离却可能会使他们的眼睛非常不舒服。视力正常的人在看照片时，要想获得完美的视觉效果，就必须要依靠一种工具了，那就是放大镜。

为什么用一只眼睛再结合放大镜来看照片有立体的效果了呢？虽然对立体镜原理的任何

解释都经不起推敲，但是这个问题回答起来其实并不复杂。就像玩具店里出售的"全景画"，玩的时候，我们只需要用一只眼睛通过放大镜去看里面的普通风景画，就能够获得非常好的立体效果。

对于视力正常的人来说，有了放大镜，照片的立体感、层次感、纵深感都能在眼睛不觉吃力的情况下看到。这样，视力正常的人也很容易就获得了近视人群看照片时的良好感受。有了正确的看照片的方法，再结合适当的工具，我们看照片时几乎可以获得与立体镜相当的效果。

由于我们的眼睛对近处物体的立体起伏非常敏感，所以为了增强立体的感觉，人们有时还会把照片前景中的一些物体剪下来，放在照片的前面。这样做了以后，照片的立体效果就更加明显了。

9.6 放大你的照片

对于视力正常的人来说，除了借助放大镜来获得立体效果之外，还有没有一种方式可以让他们不用放大镜也能感受到立体效果呢？答案是有。我们可以通过使用长焦镜头拍照来"扔掉"放大镜。

前面提到过，看照片时，眼睛与照片最适当的距离就是镜头的焦距。所以，要想在普通视觉距离上获得明显的立体感，只需要用焦距为 25 厘米左右的镜头去拍摄照片就可以了。

当镜头的焦距达到 70 厘米时，人用两只眼睛也能看出立体的效果。这是因为两只眼睛看同一立体物体时，视网膜所成的像是不一样的，这是产生立体感的原因，但是随着距离的拉远，两只眼睛的视网膜所成的像之间的差别会越来越小。

使用长焦镜头固然可以让正常的眼睛不用放大镜就能体验到立体的效果，但是长焦镜头携带起来实在是有诸多不方便的地方。那还有没有其他的办法呢？我们其实也可以通过放大照片来获得立体效果。放大后的照片，必然会有些模糊之处，但是这对我们获得理想立体观察效果并没有什么影响。将用普通相机拍摄的照片放大 4 到 5 倍，然后站在约 70 厘米的地方用两只眼睛看，也能感受到很好的视觉效果。

9.7 寻找看电影的最佳位置

看电影时，就座的位置非常重要。如果坐在好的位置上，我们就能获得好的视觉效果，而当选择的位置非常合适时，我们甚至有时会觉得银幕上的人物仿佛从背景上走了出来，突出得让观众忘记了大银幕的存在，仿佛台上就是真实的场景和真实的演员。

那么什么样的位置才算是观看影片的最佳位置呢？

拍摄电影时所用的摄影机焦距一般都非常短。在大银幕上放映的时候，原来的影片被放大了大约 100 倍。这就让观众用两只眼睛从大约距离银幕 10 米左右的位置看也能获得比较好的视觉效果。而所谓的最佳观影位置其实就是，我们看电影时的视角能够与摄影机拍摄影片时"看"演员的视角保持一致的这个位置。处在这个位置上时，我们所看到的画面就与拍摄时摄影师眼里的画面相同了，这是最佳的观影效果。

知道了什么是最佳的观影位置，我们还要学会找到这个位置。在选择座位时，要注意两点：首先，所选的位置要正对画面的中央；其次，所选位置还要与银幕之间有一个合适的距离，只有这个距离跟银幕上画面的阔度比等于镜头焦距跟影片的阔度比时，才能获得最佳观影效果。

另外，由于拍摄对象的不同，拍摄影片时通常使用焦距为 35 毫米、50 毫米、75 毫米或者 100 毫米的镜头。而胶片的宽度是固定的，为 24 毫米。如果拍摄影片时使用的是焦距为 75 毫米的镜头时，我们可以通过下面的公式来计算：

所求的距离/画面的宽度＝焦距/胶片的宽度＝75/24 约等于 3。

利用上面的公式，我们只要将画面的宽度乘以 3 就能计算出座位与银幕之间的最佳距离。假如大银幕上画面的宽度为 6 步，那么，观看电影最理想的位置就应该在距离大银幕约 18 步的地方。

现在，很多人试图找到一些方法，增加观看影片时的立体感，这是很好的。但是无论如何，我们都不能忽视上面所提到的影响影片立体感的因素。因为毕竟最佳座位产生的立体效果肯定与通过其他方式产生的立体效果是有区别的。

9.8　怎样正确看画报

这种用一只眼睛看照片的方法显然不只能突出物体的真实感，通过用这种方法看照片，物体的其他特点也会鲜明而真实地呈现在我们眼前。对于类似于静水这样的拍摄物来说，真实感和鲜活感是最不容易表现的部分。如果我们用两只眼睛去观察静水的影像，会发现，水的表面仿佛结着一层蜡一样，非常浑浊。而如果我们闭上一只眼睛，水的透明性和深度就会立刻呈现出来。另外，用一只眼睛看照片还能帮助我们辨别不同物体的组成和材料。就像青铜或象牙，由于表面所具有的特性不同，它们所反射出来的颜色是不一样的。

这是英国心理学家卡彭特《智慧的生理原理》的俄译本中关于如何看照片这个问题的论述。这本书出版于 1877 年。可见，用一只眼睛看照片是在半个多世纪以前科普读物中就提到的看照片的正确方法。但是令人难以置信的是，时至今日，仍然有很多人不知道这个简单的事实。

我们平时所看的画报上印有很多各式各样的照片，这些复制出来的照片与原版照片有共同的性质。当我们闭上一只眼睛，在适当的距离上看这些照片时，这些照片就会有立体的感觉。但是由于不同照片拍摄时所用的镜头焦距不同，所以，在观赏照片时要想获得最佳的视觉效果，就必须要找到观赏照片的最佳位置。而找最佳观赏位置的方法其实也非常简单：首先，闭上一只眼睛，将拿着画报的手臂伸直，而且让画报所在的平面与视觉垂直让睁开的眼睛正对照片的中心；然后，眼睛注视着照片，并慢慢将照片移近，当移到某个位置时，你会觉得照片的立体感非常强，这个位置就是最佳观赏位置。

许多平时看来模糊不清而且毫无立体感可言的照片用这种方法看的时候都有了较好的清晰度以及一定的纵深感。这才是看照片的正确方法。我们一直用错误的方法看照片，其实错失了照片很多美的部分。

前面说到过，把照片放大以后，人们能更容易地感受到它的立体感。那么以此类推，是不是把照片缩小以后，对于人们来说，就更难获得立体形象的感觉了呢？答案是肯定的。由于照片的透视距离本身就没多大，而随着照片的缩小，透视距离也一直缩小，人们当然更难感受到它的立体感了。所以，虽然照片缩小以后会显得更加清晰，但是，缩小的照片也更像是一个平面。

9.9　观赏绘画的最好方法

我们前面提到的看照片的方法，在一定程度上对于欣赏绘画也同样适用。用一只眼睛看画会比用两只眼睛看画感觉到更强的层次感和纵深感。这是很早之前人们就意识到的事情，但是一开始时，人们对此所做的解释却是完全错误的。

当时人们认为，用一只眼睛欣赏绘画，所感受到的效果之所以比用两只眼睛欣赏的时候要好，是因为当我们用一只眼睛看时，自己的全部注意力都集中在一个点上，因此欣赏能力最强。而当用一只管子来看画时，由于排除了绘画周围一切不相干东西的影响，欣赏时候所获得的视觉效果就更强了。

现在的我们当然知道这样的解释是非常不科学的。我们之所以要用一只眼睛欣赏绘画，是因为对于我们来说，当用一只眼睛欣赏绘画时，我们的大脑更容易感受到绘画中的光影关系、透视关系等细节，这样更容易获得立体感和真实感。

英国心理学家卡彭特在《智慧的生理原理》中对此也有谈论："很早之前，人们就注意到，当我们认真观察一幅在光影、透视等方面的布局都趋于真实的写实性绘画的时候，用一只眼睛会比用两只眼睛所获得的视觉效果好得多。"

至于我们所能感受到的绘画的立体程度和真实程度，则主要取决于画家本身对于真实场景的还原程度。而且由于我们本身是凭借自身的意愿和想象力去解释作品的，所以大部分时候，我们会给自己一个潜意识的暗示，让自己觉得绘画是立体的。在这样的情况之下，即使把大尺寸的绘画拍成小尺寸的照片，绘画在我们眼中仍然不会是一个平面的图像。只不过这个时候，如果还想获得很好的视觉效果，观赏时与绘画的距离就要缩短了。

9.10　立体镜是什么东西

物体虽然都是立体的，但是我们的眼睛看到物体之后，在视网膜上所成的像却都是平面的。那么在这样的情况下，我们为什么能把物体看成立体的呢？物体作为占据三维空间的立体形象呈现在我们眼前，这其中又是什么原理呢？

头部不要动，先闭上左眼，用右眼去看身边的某样东西；然后再闭上右眼，睁开左眼去看相同的东西。两次看到的东西并不完全一样。这就证明，我们的左右眼所看到的物体不是完全相同的。这样，视网膜上所成的像当然也不同。正是这种不同，经过我们意识的解释，给予了我们立体的感觉。这是我们获得立体感很重要的一个原因（图104）。

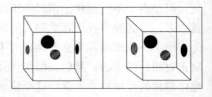

图104　左眼看到的有着同一斑点的玻璃立方块（左）和右眼看到的玻璃立方块（右）。

当然除此之外，还有一些其他原因：首先，是光线的原因，物体表面各部分的明暗程度是不一样的。通过对物体表面各部分明暗的感知，我们能够比较轻易地判断出物体的形状。其次，我们的眼睛要清楚地感知物体上远近不同的各部分，其实主要依靠的是眼睛所感受到的张力的不同：平面图画的每个部分跟我们眼睛的距离都是相同的，而立体物体的各部分与我们眼睛的距离却各不相同。这样要看清立体物体，我们的眼睛就必须做不同程度的调整。就是这种调整，让我们获得纵深感。

设想有这样两幅画有同一件物体的画，第一幅画的是我们左眼所看到的这个物体的形象，第二幅画的是我们右眼所看到的这个物体的形象。假如我们拥有这样一种能力，那就是让每只眼睛都只看见属于它自己的那张画，那么我们所看到的就不是两幅平面的图画了，而变成了一个凹凸有致的立体物体，这种立体的感觉甚至比我们用一只眼睛去看物体时所获得的立体感受更为强烈。

当然，让每只眼睛只看见属于它自己的那幅画对于我们的眼睛来说是做不到的。这时候我们就需要一样工具的帮助了，它就是立体镜。很多人都看到过一些风景类的立体照片，也许还有人曾用立体镜看过一些研究地理时所用的立体模型图。立体镜的应用可谓非常广泛。

以前的立体镜是利用几个反光镜来使两个图像融合在一起的。而在新式的实体镜里，装的是凸面的玻璃三棱镜。这种三棱镜通过使光线发生偏折而使其在观看者的意识中被延长，之后，两个像彼此叠加，我们便能看到立体的效果了。立体镜的原理虽然非常简单，但是所达到的效果却非常好。

9.11　眼睛——天然的立体镜

想看立体图像，而手头又没法找到一个立体镜的时候，你可以自己动手做一个。首先，找两块望远镜片和一张硬纸板。将硬纸板上剪出两个圆孔，把镜片贴在圆孔上，然后再在要看的两张并列的图画中间放一块纸片作为隔板。这样就能保证你每只眼睛看到的是都只有属于它自己的那张画，一个简单的立体镜就完成了。

而除此之外，我们还有其他的办法，不用立体镜就能获得立体的效果。每个人都拥有天然的立体镜，那就是我们的眼睛。如果能够用恰当的方式去看实体图，那么我们就能不借助任何仪器看到立体图像，而且看到的情形跟使用立体镜看到的完全一样。唯一的差别只是用眼睛直接看的时候，图像没有被放大而已。

并不是所有人都能掌握用眼睛直接看立体图的技巧，有些人甚至完全不可能做到这一点。但是很多人经过一些训练之后，是能够利用自己的眼睛直接看到立体图像的。下面我准备了一些立体图给大家做一些简单的训练。这些图是按照从简单到复杂的顺序排列的，希望大家看的时候不要用立体镜，用自己的眼睛直接去看。经历过这些简单的训练，相信大部分人都能够掌握用眼睛直接去看立体图的方法。

请从图 105 开始练习。将这张图放在你的眼前，凝视图上的那对黑点之间的空白部分。在凝视的时候，试图做这样的努力，仿佛想看清这张图后面更远的物体。这样不久之后，你会发现，原本只有两个的黑点仿佛都一分为二了，你眼前的黑点数量变成了四个。接着，外侧的两个黑点渐渐向远处移开，而中间的两个黑点则越来越接近，并最终融为一体，变成了一个点。

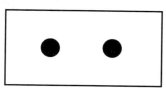

图 105　持续几秒凝视两个黑点，两点会融为一个点。

如果上面的训练做得很成功，那么您就可以用同样的方法来看图 106 和图 107 了。在看图 107 时，当左右两部分融合到一起之后，你会发现呈现在你眼前的是仿佛是一根伸得很远的长管的内壁。

图106 用同样方法看此图，直
到两者融为一体，再看下一张图。

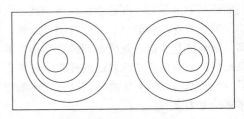

图107 你看得到长管内壁吗?

　　如果能看到这根长管的内壁，你就可以接着做下面的训练了。在图108中，你应该能看到四个悬空的几何体。而图109则应该是一条由石头砌成的长廊或者隧道。图110中向你展示的是一只透明的玻璃鱼缸，在这幅图中，玻璃所造成的视幻觉可能会令你赞叹不已。最后，在图111上，你会看到美丽的海洋景致。

　　这样的训练并不复杂，很多人经过几次训练，很快就掌握了看立体图的技巧。但是在做这些练习时也有一些要注意的事情。首先，不能过于上瘾了，因为这种训练对眼睛非常不好，很容易造成视疲劳。另外，在做这种训练的时候，一定要找一个光线充足的地方，这样更容易成功。

　　近视或者远视的人也可以做这种练习，看立体图的时候就跟看其他任何图画时一样，不用摘掉眼镜，只要多调整立体图与眼睛之间的距离，找到合适的位置即可。

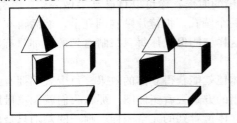

图108 当两张图融为一体时，所看到
悬空的几何体。

图109 通向远方的长廊。

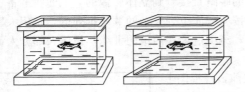

图110 鱼缸里游动的鱼儿。

图111 美丽的海上风光。

9.12　帮你辨别票据真伪

　　令人难以置信的是，立体镜除了能用来看立体图之外，还可以用来识别仿制的存款单和银行票据。方法非常简单，只要把需要辨别的票据和真实的票据放在一起，然后用立体镜看一眼。无论伪造的多么精细的票据，只要在某一个字母，甚至某一条细纹上与真实的票据有一点点的差别，那它马上就会现出原形。而这种识别真伪的方法所依据的原理也非常简单。

当我们用立体镜去看两张各画有一个相同黑色方块的图时，看到的只有一个黑色方块。而且这个黑色方块与原来两张图中的黑色方块完全一样。然后，在每个方块的中心位置画一个相同的白点，再用立体镜看的时候，看到的方块中也有了一个白点。而且，看到的画面跟原来两张图中的画面依然完全一样。但是，只要将其中任何一个方块上的白点略微移动一点，使它偏移中心的位置，那么就会产生意想不到的效果。我们从实体镜中仍然可以看到白点，但白点已经不在方块所在的平面上了，它处在方块的前面或者后面。

两张图之间任何细微的差别都能通过立体镜产生非常明显的深度感。利用这个原理我们很轻易地就能判断出票据的真伪。只要有一丁点的差别，不一样的部分就孤立在其余部分的前面或者后面了。这真是鉴别票据真伪的好方法。

9.13　巨人眼中的世界

我们前面提到过，看同一个物体时，由于左右眼与物体的距离所成的角度等方面可能有细微的差别，所以，左右眼的视网膜所成的像并不是完全一样的。这也是我们获得立体感的一个重要原因。但是，随着我们与物体之间距离的拉大，这种区别会逐渐弱化，左右眼视网膜所成的像会越来越相似。而当这个距离达到 450 米以上时，左右眼视网膜所成的像就基本一样了，两只眼睛之间的距离就不能引起视觉印象的差异了。

而究其原因，是因为把瞳孔之间 6 厘米的有限距离，跟 450 米比起来，实在太微不足道了，以至于左右眼觉得它们都是一样的。由于这个原因，我们看远处的建筑、山林、风景时都感觉不到它们的立体感。这些远处的东西在我们看来都是处在同一个平面上。也是由于同样的原因，尽管月亮实际上比星星离我们近得多，但是我们总是感觉它们都是在同一个平面上，离我们都一样远。

所以，从远距离拍摄到的两张立体照片其实是完全一样的。这样的照片即使放到立体镜下，我们也看不到立体的效果。那么，有没有一种方式可以对这件事情进行补救？答案是有。在拍摄远方的景物时，我们只要从比两只眼睛之间的距离大的两个地方拍摄就可以了。用这种方法拍出的照片，再用立体镜去看，就相当于把两眼之间的距离增加了很多倍，当然能感受到非常明显的立体效果了。立体的风景照片就是这样被拍出来的。看立体风景照的时候，一般要用有凸面的放大棱镜。这样，这种立体照片可以显示出与实物同样的大小，观赏效果非常好。

我们可以用上述方式去拍立体照片，而在观赏远处的景物时，我们也可以用相似的方法来获得立体感。用一个由两只望远镜组成的双筒望远镜，这样看远处的风景时就能直接感受到立体感了。这种双筒望远镜的两只镜筒之间的距离比平常两眼之间的距离大。土地测量工作者、海员、炮兵、旅行家等都经常使用这种望远镜。有时候，这种望远镜上面会装有一个可以用来测定距离的刻度盘，叫作"立体测距仪"。

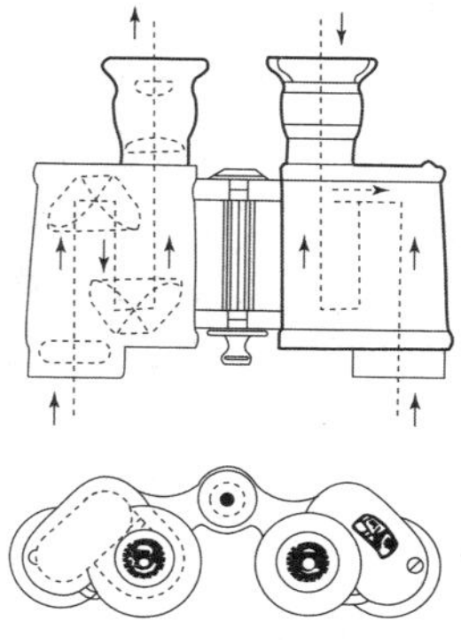

使用这种望远镜时，两只镜筒所成的像通过发射棱镜投射到观看者的眼睛里。用这种望远镜观景时的感受简直妙不可言！整个大自然的面目都变得不一样了。远处的山连绵起伏，凹凸不平，树木、

图 112　棱镜望远镜。

山岩、建筑、海上缓缓前进的船只，一切原本看来是平面布景一样的东西都变得像浮雕一样，凹凸有致，仿佛处在无穷广阔的空间里面。你会看到远处的船只在前进，而这是用普通望远镜所看不到的。这样妙不可言的地上风景，过去恐怕只有神话中的巨人才能看到。

当我们用 10 倍望远镜观赏景物时，即使是远在 25 千米以外的东西，我们仍然能够看出明显的凹凸。这是因为 10 倍望远镜两个镜头间的距离有近 40 厘米，相当于正常人两眼之间距离的 6 倍。用这样的望远镜看物体时，所看到的像会比直接用肉眼看时立体感强 60 倍。

棱镜造成的双筒望远镜也有增强立体感的功能，这是由它的构造决定的（图 112）。考虑到我们观看戏剧时，需要的是让演员和布景尽量地贴合在一起，所以观剧时所用的望远镜一般都会把两个镜筒之间的距离做得比较小，这样可以削弱立体的感觉，让观众感受到更多的真实感。

9.14　立体镜中的美妙星空

虽然立体望远镜能够帮助我们感受到远处风景凹凸有致的美妙，但是，要想看出距离地球数千万千米以外的行星，用它就显然不行了。相对于地球与行星之间的距离，立体望远镜两个镜头之间的距离实在是太微不足道了。即便我们造一个很大的立体望远镜，让它的两个镜头之间的距离达到几十米甚至几百米，这个数字相对于遥远的行星来说依然非常小，所以即使是这样巨大的立体望远镜，对于观察行星来说也是没有用的。用它来观察月亮或者其他天体，我们也得不到立体效果。

怎样才能观察到天体的立体效果呢？用立体望远镜不行，而拍摄立体照片的话要从相隔很远的两个地方来拍摄，难度又非常大。那么我们到底该怎么办呢？正确的做法其实就是拍摄立体照片。我们并不需要跑很远的距离，而只需要在相隔一定时间的两个时刻，各拍摄一次某一个行星就可以了。因为即使我们拍摄两张照片时所处的是地球上的同一个点，地球一昼夜能在轨道上运行数百万千米，从整个太阳系来看，我们拍摄时，所处的两个地点当然也是相距很远的。把这数百万千米的距离想象成一位巨人两只眼睛之间的距离，我们就可以想象出天文学家依靠这种立体照片得到了多么不平常的效果。

这样存在显而易见差别的两张照片，用立体镜去观看时，所得到的立体效果肯定非常明显。天文学家所想到的这种方法实在是绝妙至极。

而除了观察天体的立体效果，这种方法还可以用来寻找新的行星。在火星和木星的轨道之间，围绕着很多的小行星。以前发现它们，都是凭借运气。而现在，只要在不同的时间拍摄同一片天空的两张照片，然后用立体镜去看，如果这部分天空有小行星的话，它就会从大背景中清晰地显现出来。

用立体镜不但可以觉察到某些点在位置上的差别，而且还可以察觉到它们在亮度上的不同。通过立体镜去观察的时候，假如在同一片天空中，某个行星的亮度在两张照片中是不一样的，那么天文学家就会注意到。通过对行星亮度变化的追踪，天文学家可以寻找到所谓的"变星"，而"变星"就是那些周期性改变亮度的行星。

9.15　三只眼睛看物体

下面我们来说一说用三只眼睛看东西的问题。用三只眼睛看东西？听到这里你肯定会怀疑，难道哪个正常人有第三只眼睛？你怀疑得很有道理，目前科学确实还不能再给我们一只眼睛，但是你也不要以为我说错了话，我们将要说的正是这种类似于三只眼睛看东西的视觉。尽管不能赋予人类第三只眼睛，但是科学却有这样一种能力，那就是使人看到仿佛只有用三只眼睛才能看到的东西。

闭上一只眼睛之后去看立体照片，如果方法得当，我们仍然可以从中获得本来只用一只眼睛不能感受到的立体感。把准备给左眼和右眼看的照片在银幕上快速地交替放映，迅速交替放映时我们睁开的那只眼睛所看到的画面也能汇合成一个形象，从而产生立体感。这样，只用一只眼睛我们也能获得与两只眼睛同时看时一样的感受。所以，一个一只眼睛失明的人其实是可以感受到立体照片的立体感的。

既然这样，我们就可以从三个不同的角度去拍摄一个物体，然后让两只眼睛都正常的人用一只眼睛去看其中两张迅速交替的照片，照片在迅速交替时，眼睛对这两张照片的印象就成了一个有立体感的物体。而同时另一只眼睛也别闲着。这时让另一只眼睛去看第三张照片，获得对这个物体的第三个印象，当这些印象都汇集在一起时，人们就会产生是在用三只眼睛看这个物体的感觉。这时候，我们所获得的立体感会达到非常高的程度。

9.16　神奇的光泽

图 113 是两张复制出来的立体照片，这两张照片拍摄的分别是一个白底黑线的多面体和一个白线黑底的多面体。把这两张照片放到立体镜下后，我们能看到一个有光泽的多面体，很不可思议吧。

"当用立体镜去看一个在一张立体图上呈白色，在另一张上呈黑色的平面时，我们能从这两张图融合之后的图像上获得光辉的感觉，即便两张立体图所用的纸都是非常不光滑的纸，也不会影响这种观看的效果，"赫尔姆霍兹说，"用这种方法制作的晶体模型的立体图给人非常强烈的真实感，观看者都觉得这种晶体模型就是用有光泽的石墨做成的。而且用这种方法，水、树叶等的立体图也会在立体镜中显现出更加好看的效果。"

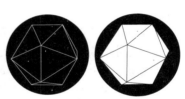

图 113　用立体镜观察时，两张图融合在一起，好像在黑色背景上发着光辉。

而伟大的生理学家谢切诺夫在他 1867 年出版的著作《感觉器官的生理学·视觉》里，也对这个现象做出了非常中肯的解释：

用立体镜去观察明暗不同或者色彩深浅不同的表面，我们将看到物体发出光泽。这种现象的原理是什么呢？粗糙的表面跟有光泽的表面有什么本质上的区别？光线在粗糙的表面所进行的是漫反射，即把光反射到四面八方，因此，无论眼睛从哪个方向去看粗糙的物体，总是会获得相同的明暗感觉。而光线在光滑的物体表面发生的是镜面反射，只能将光线反射到特定的方向。所以有时候会出现这样一种情况，人的一只眼睛看向光滑的物体时得到了非常多的放射光线，而另一只眼睛却几乎连一点光线都没看到。像这样，观察者两只眼睛分配到的反射光线不均衡的情况其实非常多见，而且不可避免。

这就很容易解释我们用立体镜看图 113 时看到的是一个有光泽的多面体的原因了。在两个立体图像融合到一起，形成一个统一印象的过程中，经验起着至关重要的作用。这个有光泽的多面体正是我们的视觉器官看到两张立体图时，结合经验所做出的判断。

9.17　迅速移动时的美妙感受

当我们从正在疾驰的火车或者汽车的车窗口望出去的时候，常常会觉得车外的景物格外生动。所看到的景物都特别有立体感，眼前的景物总是能从后面的背景中突出出来，远近显得特别分明。远方的景物迅速后退，我们从延伸得很远的地平线似乎能感受到大自然的广袤无垠。每一棵树、每一朵花，甚至每一片叶子，都显得分外生动。一切都非常突出，非常清楚。我们的眼睛甚至能够直接看出整个地面的起伏变化。山峰和峡谷也仿佛格外高低分明。这一切不仅视觉正常的人能感觉到，就连只有一只眼睛的人也能感觉到，这是什么原因呢？

我们前面提到过，要想让只有一只眼睛的人看图像时获得立体感，就要把从不同角度拍摄的同一物体的两张照片在银幕上迅速地交替放映。其实在疾驰的火车或者汽车上，一只眼睛的人也能感到明显的立体感也是因为相似的原理。

我们前面所讲的让一只眼睛的人获得立体感的方法是让不动的眼睛接受不断运动的图像，这主要是依靠眼睛和图像之间的相对运动来实现的。而如果我们能让眼睛迅速移动而保持图像不动，从物理学角度来讲一定也能达到相同的效果。在快速行驶的火车上拍摄的电影画面比固定不动时拍摄的电影画面立体感要强得多。这就证明我们的推断是成立的。

这也正验证了我们前面所说的，要获得立体的感觉，不一定非要像人们通常所认为的那样，用两只眼睛同时去看不同的图画。

下次坐火车或者汽车的时候，你可以注意一下，除了能欣赏到立体感特别强的景物之外，可能还会发现另外一个现象。那就是，在离车窗很近的地方很快闪过的物体仿佛变小了似的。这个现象其实一百多年以前人们就已经发现了，但是到现在为止，还有很多人从来没有注意到过。这种现象的产生原因究竟是什么呢？赫姆霍兹认为，从离车窗很近的地方一闪而过的物体之所以看上去会觉得比实际大小要小一些，是因为我们在看到这样迅速移动的物体时，总是会误以为它们离我们很近。所以便想当然地以为，它们的大小应该跟实际大小差不多。而实际上它们离我们的距离并不像我们想象的那么近，而仅仅是因为它们的立体感比较强，所以我们才看得比较清楚而已。

9.18　彩色玻璃后的美丽世界

除了可以用立体镜去看立体图像以外，借助另外一种工具，也可以看到立体图像，它就是彩色眼镜。当然仅仅有彩色眼镜是不行的，还必须有戴上彩色眼镜以后看的对象——立体彩照。立体彩照就是一种用特殊方法印制出来的照片。立体彩照有跟立体照片一样的效果。立体彩照上有两个颜色不同的图像，一个蓝色，一个红色，分别供左眼和右眼观看。两个图像有重叠的部分。

我们都有这样的经验，如果透过红色玻璃去看写在白纸上的红字，那么只能看到一片红色，根本无法把上面的字识别出来。这是因为红色的字迹和红色的底色融合在了一起。但是，如果透过同一块红色玻璃去看写在白纸上的蓝色字迹，那么我们很轻易地就能看到之前的白底变成了红底，而蓝色的字迹也变成了黑色。这其中的原理很好理解。红玻璃之所以显示出红色是因为它吸收了其他颜色的光线。蓝色字迹的地方没有光，所以当然只能看到黑色了。同样原理，在白纸上写其他颜色的字，例如灰色的字得到的也是相同的结果。

我们利用彩色眼镜看立体彩照依据的就是这种原理。戴上彩色眼镜以后，右眼透过红色的玻璃，只看到本来是蓝色的图像，而左眼透过蓝色的玻璃，看到的是本来是红色的图像。这个时候，无论是左眼还是右眼，都只能看到它应该看到的部分，而且都是黑色的。利用这种方式，我们就能看到一个完整的黑色立体图像了。

9.19　神奇的"立体影像"

很多人都在电影院里看过"立体影像"，所谓的"立体影像"就是放映到银幕上的走动的人的影子，会给戴有双色眼镜的观众提供一种立体的形象，就好像演员是突出在银幕之外的一样。这种"立体影像"所依据的也是我们刚才所说的原理。"立体影像"中的视错觉也是通过利用两种颜色进行立体摄影而取得的。

当我们想把某一个物体的影子作为一种立体的形象展示在银幕上时，我们只要把这个物体放在银幕和两个并列的光源之间。但是要注意的是，这两个光源必须一个是红色，一个是绿色。这样，银幕上就会出现一红一绿两个不同颜色的影子，并且这两个影子的某些部分是重叠在一起的。这个时候，当观众戴上用红色和绿色两种颜色的镜片做成的彩色眼镜看向银幕时，就会看到这个物体仿佛从银幕上走出来了一样。

这种"立体影像"是怎样实现的呢？其实它的装置并不复杂，只要看了图 114 就能明白了。图上中间的那条标有"p 绿""q 绿"和"p 红""q 红"的黑线就是银幕。而"p 绿""q 绿"和"p 红""q 红"则表示的是物体在银幕上所投出的彩色影像。左侧的"红"和"绿"表示的则是红灯和绿灯。P 和 Q 表示灯和银幕之间的物体。P_1、Q_1表示的则是透过银幕的颜色，这也是观众所

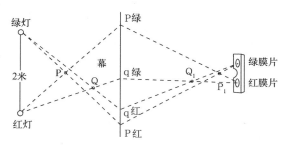

图 114　"银幕奇迹"的秘密所在。

看到的物体所在的位置。右侧的"绿"和"红"则表示观众所在的位置。银幕后面的物体接近光源时，影子在银幕上会变得非常大，这样就会给观众造成物体正在朝自己逼近的错觉。其实观众感觉到向他们逼近的东西其实都是在向相反的方向移动的。也是这个原因，当幕后做道具的大蜘蛛从 Q 点爬到 P 点时，观众就会觉得它仿佛从 Q_1 爬到了 P_1 一样。

"立体影像"看起来非常有意思。有时候观众会因为觉得有东西径直朝他们飞过来，而忍不住转身躲避；或者，看到一只巨大的蜘蛛一步一步朝着自己爬过来，在这种情况下人们常常会因为受到惊吓而忍不住尖叫。

9.20　美妙的色彩变幻

英国物理学家牛顿曾经提出了著名的物体色彩学说。这种学说的本质是，物体所表现出的颜色都是它不吸收的光线的颜色。这些它不吸收的光线会通过反射或者散射进入到人的眼睛里，观察者就是据此对物体的颜色作出判断的。后来，英国物理学家廷德尔又对这个原理进行了一个归纳。

廷德尔认为，当我们用白色的光线照射物体时，由于绿色光线被吸收，一部分物体显现

出红色。同样，由于红色光线被吸收，一部分物体显现出绿色。在这两种情形下，其余颜色则都显示了出来。由此可知，颜色不是添加什么之后形成的结果，而是减去什么之后的结果。物体是通过否定的方法获得自己的颜色的。

在基洛夫群岛上的列宁格勒中央文化休息公园里有一个"趣味科学馆"。在这个"趣味科学馆"里，有一套实验非常受参观者的欢迎。在馆内的一个角落里，有跟大客厅里一般的陈设。我们所说的实验就是在这里进行的。在这里，你可以看到罩有暗橙色套子的家具，书架摆满了书脊上印有各种颜色字的书，桌子覆着绿色桌布，而且还摆着盛有红色果汁和花朵的玻璃瓶。最初，这一切都沐浴在白色的灯光下。

然后实验开始。当我们旋动开关以后，白色的灯光变成了红色。客厅随之也发生了意想不到的变化。绿色的桌布变成了暗紫色，橙黄色的家具变成了玫瑰色，瓶子里的果汁变得像清水一样没有任何颜色，甚至连鲜花也好像被人换了一束一样，变得跟原来的颜色完全不同……这时，如果我们转过头来看一眼书架上的书就会惊奇地发现，书脊上字的颜色变得跟原来不一样了，有些甚至不留痕迹地消失了。继续旋转开关，灯光变为绿色，室内又发生了很大的变化，虽然一直都是相同的陈设，但这其中的差别却让我们简直难以相信。

其实这一切变化都是符合物体色彩学说的。让我们对这个神奇的实验做一个分析。

首先，在白光下，桌布之所以显示绿色，是因为它能够反射绿色以及光谱上与绿色相近颜色的光线，而对其他颜色的光线，它就反射的很少了，大部分其他颜色的光线其实都被桌布吸收了。如果把红紫两色的混合光线投射到这块桌布上，那么它几乎只散射紫色的光线，因此眼睛自然就会获得深紫色的感觉。

客厅中其他物体的色彩变幻，原因大概也是这样。值得我们怀疑和注意的只有一个细节，那就是为什么当灯光变为红色时，红色的果汁居然变为无色了呢？其实果汁并没有变为无色，它依然是红色。只是因为盛放果汁的玻璃瓶下铺着一块白色的小桌布，灯光变为红色以后，白色的小桌布也变为红色。但是我们由于白色的小桌布与深色桌布的对比非常强烈，我们出于习惯，会继续把它当作白色。因此，不知不觉地便把瓶子里果汁的红色也忽略了，觉得它是无色的。这与我们透过彩色的玻璃看周围的物体时所获得的感受其实极为相似。

9.21　书到底有多高

顺着某一个物体的长度方向望过去的时候，这个物体的长度就会显得比它实际的长度短一些。这也是经常发生的一种视错觉。

不信的话，你可以试一试。可以用你手边的任何东西来做这个实验。

下面我们以书为例。试想，你的朋友手里现在拿着一本书站在你面前。你让他用手指在墙上标出来他手里的书立在地上的话会有多高。他标完之后，你把书放在地上比一比，书的实际高度应该只有你朋友所指的一半左右。

而假如你不要求他弯下腰去在墙上做标记，而只要求他口头说明这本书应该高到墙上的什么位置，他给出的结果就不会有这么大的偏差了。

9.22 时钟的大小

顺着物体的长度方向看物体时所产生的视错觉，在我们判断位于很高地方的物体大小的时候也经常发生。比如，当我们判断钟楼上大钟的尺寸时，就经常会犯这样的错误。我们自然都知道这种钟非常大，但是我们对它尺寸所做的估计仍然比它的实际尺寸要小得多。

图 115 中所画的是伦敦威斯敏斯特教堂上的时钟表盘卸下来后放到马路上的情景。与这只钟相比，人小得像一只虫子一样。而再看图中马路对面那座钟楼，我们很难相信，钟楼上的小圆洞看上去那么小居然能装得下如此大的一只时钟。

图 115　伦敦威斯敏斯特教堂上的时钟。

9.23 白与黑

我们的眼睛其实并不是一套非常精密的光学仪器，它们在某些方面不能百分之百地符合光学的严格要求。由于眼睛本身的缺陷所造成的视错觉，我们在看一白一黑两个大小完全一样的东西的时候，经常会觉得黑的比白的小。这种视错觉叫作"光渗"。

由于眼睛里折射光线介质的原因，在视网膜上所成的像并不像在调好照相机的毛玻璃上所成的像那样轮廓清晰。由于"球面相差"的作用，每个浅色物体的轮廓外面都有一圈光亮的镶边围绕着，这个镶边把物体的轮廓在视网膜上放大了，所以即使它们本身大小一样，我们也总觉得浅色物体比深色物体大。

从远处看一下图 116，你就能理解我前面所说的这些了。从远处向图 116 望去，然后试着告诉我，上面两个黑点的任意一个与下面的黑点之间的空隙中，能容纳多少个大小一样的黑点？四个还是五个呢？你可能会很快回答，放四个太少，放五个又可能放不下。

但是，假如我现在告诉你，空白处只能容纳三个黑点，你一定会有点不能相信。如果你拿纸条或者尺子量一下，就会明白你之前的回答确实是错误的。而导致你犯这样的错误的原因正是这种叫作"光渗"的视错觉。

图 116　下面的黑点跟上面任意一点之间的距离，看起来比上面两点外缘之间的距离大，实际上距离相等。

大诗人歌德虽然不能称得上是一位非常严谨的物理学家，但是却是当之无愧的自然现象的敏锐观察者。他曾在《论颜色的科学》中阐释过这样一个观点：

颜色深的物体看起来要比同样大小的颜色鲜明的东西小。如果把画在白色背景上的黑色圆点和画在黑色背景上大小一样的白色圆点放在一起来看的话，通常我们会觉得黑色圆点要比白色圆点小大约 1/5。而如果能把黑色圆点放大 1/5 之后再看，两个圆点看起来好像就一样大了。

有时候我们能看得见月亮的阴影部分。在这个时候，如果我们把它的阴影部分跟明亮部分相比较的话，就会觉得明亮部分的圆的直径好像要比阴影部分的圆的直径要大。人们穿深色衣服会显得瘦一点也是同样的原因。

歌德的这些观察结论大部分都是正确的。只有一点，就是白色圆点并不一定比黑色圆点大 1/5，这个数字是不准确的。因为白色圆点与黑色圆点之间的差数不是固定的。如果近距离观察图 117，由于镶边的阔度不变，视错觉就会变得特别强。如果近距离上它能使浅色部分加阔10%，那么当距离远时，图像缩小，加阔的部分就可能达到 30%，甚至 50% 了。

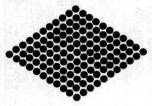

图 118　从远处看，这些圆点像是六边形。

同样的原理，也可以解释我们看图 117 时的奇怪感觉。当你在近处看图 117 时，看到的是黑色背景上布满了白色的圆点。而当你把书放在 2～3 步，甚至 6～8 步以外的地方，图形就完全变了一个样子，你看到的已经不是白色的圆点了，而是像蜂房一样的白色六边形。

图 117　从远点的地方望过去，这些圆点像是六边形。

有人用"光渗"来解释上面的视错觉，但是后来看了图 118 之后，我发现，从远处看白色背景上的黑色圆点，它们也会变成六边形。这就证明用光渗来解释这种视错觉是不成立的。

其实，现在关于视错觉的很多解释都不能认为是非常确定的解释，而且有很多视错觉现象现在甚至还根本无法解释。

9.24　找出最黑的字母

人的眼睛有很多缺陷，但是这些缺陷可以通过技师所制作的光学仪器进行弥补。赫尔姆霍兹对于我们眼睛的缺陷曾经有过这样一段表述："如果有一个光学仪器制造者想把一台带有缺陷的光学仪器卖给我，那么我认为自己有权用最强烈的方式来指出他不负责任的工作态度，把仪器退还给他并提出抗议。"

下面我们来谈一谈散光这一缺陷。我们的眼睛并不像最精良的玻璃透镜一样构造完美，它们对于各个方向上光线的折射程度不是完全一样的。因此，我们总是不能同时看清横线、竖线以及斜线。这种缺陷其实就是散光。

图 119　请用一只眼睛看这四个字母，哪一个更黑？

图 119 能让我们很清楚地了解眼睛的这个不完美的地方。当我们用一只眼睛看图 119 时，会觉得这四个字母并不是一样黑的。现在，请你记住你觉得最黑的那个字母，然后从图的侧面再看一次。你会发现这张图发生了一个让你意外的变化：原来你觉得最黑的那个字母已经

变成灰色的了，而现在最黑的字母是另外一个。

散光是几乎所有人的眼睛都有的缺陷。而有些人的眼睛由于散光的程度比较严重，以至于明显影响了他们的视力，他们视物非常模糊。这种人如果想要看清楚，就必须戴一种特制的眼镜。通过这种特殊的光学仪器，我们就能够很好地避免散光了。

我们能通过各种各样的方式避免眼睛在构造上的缺陷对我们视物的影响。但是这并不能完全避免视错觉，还有一些视错觉是眼睛构造缺陷之外的其他原因产生的。

9.25   令人恐惧的画像

看图120，我们会觉得，无论我们往哪儿走，图中人的视线都跟随着我们，他的手指也一直指着我们。这是一种奇妙的现象。俄国作家果戈理也曾在他的小说《肖像》里描述过这样的一个情形：

> 那双眼睛盯住了他，就好像除他之外，别的什么都不想看……肖像画上的人的视线不顾周围的一切，一直盯着他，仿佛要看透他的一切似的……

其实大家都看到过这样的画像或者照片，上面的人一直盯着我们，而且画像上的眼睛好像时时在监视着我们的行踪，我们往哪儿走，他就望向哪儿。虽然很久之前人们就发现了这个现象，但是它的原理对于很多人来说至今还是个谜。

神经质的人经常会被这样的画像或者照片吓得惊慌失措，关于这种现象，甚至有很多迷信的传说。其实并不是什么鬼神作怪，这种现象的产生也是由一种非常普通的视错觉造成的。

这种双眼盯着我们的画像都有一个共同的特点，那就是画像上的瞳孔都位于眼睛的正中央。这是我们直视他人时的样子。而当我们把

图120　可怕的画像。

视线从一个人的身上移开时，我们的瞳孔就不在眼睛的中央而是偏向它的某一边了。由于画像上的瞳孔不会改变位置，所以不管我们位于画像的哪边，都会觉得画像中人物的整个脸庞都是朝向我们的，这时候，自然就会觉得画像中的人在盯着我们看了。

用同样的原理还可以解释另外一些相似的情景，例如，一匹马从图画上径直向我们奔来，无论我们躲到什么地方都没有用；画中人伸出的手指似乎一直指着我们，等等。其实认真想一想，这种视错觉也没有什么值得惊奇的地方。假如图画没有这些特点，倒是比较令人惊奇了。

9.26   插在纸上的针

我们经常受到视错觉的影响，但是我们不能把它单纯地当作一种缺憾。虽然很多人都忽视了这一点，但是视错觉却是有它非常有利的一面。如果我们的眼睛是精密的光学仪器，不受任何视错觉的影响，那么就不可能有绘画这种艺术形式，我们自然也就不能体验到欣赏这种艺术的一切乐趣了。

18世纪，天才学者欧拉曾经在他的著作《有关各种物理资料书信集》中有过这样一段

论述：

    整个绘画艺术是建立在视错觉的基础之上的。如果我们只根据真实的情况去对物体做出判断，那么，我们就像盲人一样了，美术这种艺术形式也就没有立足之地了。想象一下，面对画家放在调色上的全部用心，我们只是对他的作品做出如此的评价：这块板上是块红斑，这儿是天蓝色，这儿是灰色的，而那边，是一片黑色和一些白色的线条；这一切都在同一个平面之上，看不出什么距离上的差异，而且也看不出像什么东西。无论这幅作品上画的是什么，对我们来说都跟写在纸上的字没什么区别……这种完全地实事求是让我们失去了欣赏美术作品时愉快的心理体验，这难道不是一件让人觉得可惜的事吗？

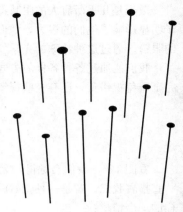

图 121　只用一只眼睛看这些直线相交的地方，就会看到这些大头针仿佛插在纸上。

    图 121 上画着一组大头针，刚开始看时你不会觉得它有什么特别的地方。但是当你把书放平，并且提高到与眼睛相齐的位置，闭上一只眼睛，把睁开的眼睛放在大头针所在直线的延长线的交点上。这时，奇怪的事情发生了，你会觉得这些大头针并不是画在纸上，而是直插在纸上。当你把头略向一边移动时，这些大头针仿佛也向旁边倾斜了一样。这其实也是一种视错觉造成的。画这些直线时其实是有一定诀窍的，通过借助透视的规律，在画图时就考虑到了看它时所产生的效果，画直线时，让这些直线就像插在纸上的大头针的投影一样。

    光学上的"欺骗"现象非常多。如果将视错觉的例子全部收集起来，可以集成整本的图书。对很多视错觉大家都非常熟悉，下面，我们就来向大家列举一些不常见的有趣的视错觉例子。

    图 122、图 123 是画在网格背景上的两张图。这两张图所造成的视错觉效果都非常明显。如果我告诉你图 122 中的字母笔画都是直的，你一定觉得难以置信。而更难以置信的是，图 123 中所展示的并不是螺旋形，而是一些标准的圆。你可以用铅笔来检验一下：将铅笔尖放在弧线的任意一个点上，顺着弧线转，既不靠近也不远离中心，最终铅笔会

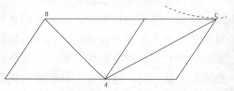

图 124　看起来 AC 比 AB 长一些，实际上两者一般长。

回到原处。同样，你也可以用两脚规来验证，图 124 中，线段 AC 并不比线段 AB 长。而在看图 125、图 126、图 127、图 128 时，所产生的视错觉以及其产生原因，在图下面都有说明。图 127 所产生的视错觉非常强烈。这本书最初一版排印时，一位出版人从制锌板的车间拿到了这张图的锌板，他竟认为锌板没做好，要求退回车间，清除掉白线交叉地方的灰斑。还好我刚好走进屋里，才给他解释明白了。

图 122　字母笔画都是直的。

图 123　这张图看起来呈螺旋状，实际上是圆形，你试着用铅笔画一下就知道了。

图 125　穿过黑白条的曲线看起来是曲折的。

图 126　白方块和黑方块、白圆和黑圆一样大。

图 127　这张图上白线交叉的地方好像有灰色的斑点忽隐忽现，仿佛在闪烁。实际上横条和竖条全是白色的。用东西把黑色挡住就可以证实，这是对比的结果。

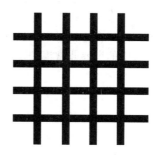

图 128　同理，在黑线交叉的地方有灰色的斑点时隐时现。

9.27　近视者眼中的世界

普希金的朋友诗人杰利维格曾经回忆道："在皇村中学，由于禁止戴眼镜，我看着所有的女人都非常美丽；可毕业以后，禁令解除，我戴上眼镜，却陷入了深深的失望之中。"杰利维格显然是一个近视的人。

对于近视的人来说，别人的面孔在他们眼中会比在正常视力的人眼中显得更年轻，更漂亮。因为别人脸上的皱纹、小斑疤他们都看不见，而粗糙的红色皮肤在他们眼中也是柔和的绯红色。我们会觉得非常奇怪，某人判断别人的年龄居然会相差 20 岁。是他们的审美能力比较奇特还是别的什么原因？他们还经常非常不礼貌地把头伸到我们面前直视着我们的脸，却装作从来都不认识我们……这些其实都是由于近视造成的。

近视者的眼睛构造跟正常人有些不同。他们的眼球比较深，晶状体很厚，这就导致了外界物体的光线经过一系列折射进入他们的眼睛时，不能恰好地聚集在视网膜上，而是在距离视网膜稍微偏前的地方。因此，光线到达眼球底部的视网膜时又分散开了，形成了一个非常模糊的像。近视的人要想看清东西，就必须佩戴近视眼镜。如果不戴眼镜，近视的人眼中的世界是什么样的呢？

当一个近视的人不戴眼镜跟你交谈的时候，他看到的情形跟你想象的完全不一样，或者有时候，他根本看不清你的脸。在他面前只有一个模糊的轮廓，他看不清你面孔上的任何特征。因此，再过一个小时，如果你再碰到他，他可能已经完全认不出你了。这一点也不奇怪。对近视者来说，辨认一个人大多依据的是对方的声音而不是容貌，他们视觉上的缺憾从高度敏感的听觉上得到了补偿。

近视的人由于看不清物体清晰的轮廓，所有的物体对于他们来说都有模糊的外形。一个视力正常的人抬头看一棵大树时，能够很清晰地看到天空背景上的树叶和细枝。但是，对于近视者来说，却只能看到一片没有明显形状，模模糊糊的一片绿色，细微的地方完全看不到。

近视者眼中的夜晚跟正常人眼中的夜晚也非常不同。在夜晚的灯光下，像路灯、被灯光照得很亮的玻璃等一切光亮的物体在近视者眼中都是混沌一片。他们看到的只是一些不规则的光斑和黑影。路灯在近视者眼中只是几个遮蔽了街道别的部分的大光斑，向他们行驶的汽车，在他们眼中只是头灯所形成的两个明亮的光点，后面是漆黑的一片。

而正常人眼中的夜空，近视的人更是完全不能看到。近视的人只能看到前三四等的星星。所以，他们看不到繁星点点，而只能看到稀疏的数百颗星。而且，这为数不多可以看到的行星在他们眼中也是一些很大的光球。月牙儿的形状，近视者如果不戴眼镜就完全体会不到了。不戴眼镜时，月亮在近视者眼中显得非常大而且非常近。

近视者眼中的世界非常模糊，但是现在，通过佩戴近视眼镜就可以解决这一问题了。

第十章

声音与听觉

10.1 回声的秘密

有这样一位收藏家，他心血来潮想要收集回声。为了达到目的，他不辞劳苦地买了许多能产生多次回声或者产生的回声非常有特色的土地。

首先，他在佐治亚州买了可以重复四次的回声，接着又跑去马里兰买了可以响六次的回声，后来又到缅因州去买响十三次的回声。接下来去买的是堪萨斯州响九次的回声，下一次买的是田纳西州一处响十二次的回声。田纳西州的这处回声他买得非常便宜，因为峭岩有一部分崩塌了，需要进行修理。他以为可以恢复成原来的样子，但是由于负责这项工作的建筑师从来没有调整过回声，结果把这件事搞砸了。最终加工完毕之后，这个地方变得只适合聋哑人居住了……

这是美国幽默作家马克·吐温的一篇小说中的情节。当然只是个笑话。但是，很好听的多次回声确实存在于地球上的各个地区。有些地区甚至因此而享誉世界。

涅克拉索夫曾经对回声有过这样一段描述：

没有人看见过它，
听倒是每个人都听见过，
没有形体，可它却活着，
没有舌头，可它却会喊叫。

回声产生的原理其实是发出的声音在遇到障碍物时，声波被反射回来引起的。声音的反射跟光的反射其实非常相似，声波传播过程中遇到障碍物发生反射时，反射角也等于入射角。

试想，你站在山脚下（图129），会把你的声音反射回来的障碍物比你所站的位置高，比如在 AB 的地方。不难看出，沿着 Ca，Cb，Cc 等直线传播的声音经过反射之后，不会进入你的耳朵，而是在空间中沿着 aa，bb，cc 这几条直线的方向散射开去。而当你所站的位置与障碍物处于同一高度，或者甚至高于障碍物的时候（图130），情况就不一样了。沿 Ca，Cb 方向向下传播的声音会沿着 aaaC 或 bbbC 这样的折线，从地面反射一两次后，会重新回到你的耳朵里。由于两点之间地面的凹陷起到了凹面镜的作用，所以回声非常清晰。而相反的，如果两点之间的地面是凸起的，回声就会变得非常弱，甚至有时根本听不到回声。因为这样的地面所起的作用就像凸面镜一样，会将声音散射出去。

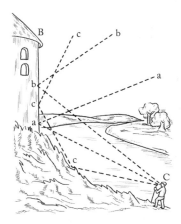

图 129 听不到回声的原因。

在不平坦的地区寻找回声需要一些技巧。甚至即使已经找到了合适的地方，还要知道如何把回声"召唤"出来。首先，你不能站在离障碍物很近的地方寻找回声，因为必须让时间走过足够长的路程才能将回声和你直接发出的声音区别开来。声音的传播速度是每秒钟 340 米，这就不难理解，当我们站在距离障碍物 85 米的地方时，你会在发出声音后再过半秒钟听到回声。

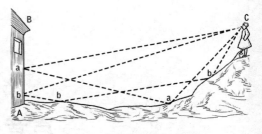

图 130　能听到回声的原因。

现在，让我们来了解几个有名的回声区。英国伍德斯托克城堡的回声，能重复 17 个音节，而且非常清晰。格伯士达附近的德伦堡城的废墟，以前能够得到 27 次的回声，后来一堵墙被炸毁后，回声静默下来。在捷克斯洛伐克的阿代尔斯巴赫附近有一个环状的断岩，在这个断岩的某个地方，回声能够使 7 个音节重复 3 次，但是在离这个地点非常近，即使只有几步之遥的地方，即使步枪的射击也不会引起任何的回声。米兰附近的一个城堡，从侧屋的一个窗子里放出的枪声，回声可以重复 40 到 50 次，就是大声读一个单字，回声也能够重复 30 次。

发出很多次回声的地方非常不多见，但是你也不要以为找到一个仅能听到一次回声的地方是一件容易的事。只发出一次清晰回声的地方并不多见，但在被森林包围的平原比较多，因为其间有很多林间空地。在这种林间空地上大喊一声，就会从树林里反射回来一声相当清晰的回声。山地的回声跟平原非常不同，种类虽然多，但是山地的回声很难听见。在山地听到回声要比在树林包围着的平地听到回声困难。

虽然说在空旷的空间，只要有声音就必然有回声，但是并不是所有的回声都同样清晰。"野兽在森林中嚎叫，或者是嘹亮的号角在吹，或者是雷声轰鸣，或者是一个小女孩儿在小土丘后面唱歌"，引发的回声都是不一样的。发出的声音越尖锐，越断断续续，所得到回声就会越清晰。拍手总是能引起清晰的回声就是这个道理。人的声音所引起的回声总是不太清晰，但是相对于男人浑厚的嗓音来说，妇女和儿童的高音调所得到的回声还是要清晰得多。

10.2　用声音测量距离

"叔叔！"我大声喊道。

"什么事，我的孩子？"一会儿之后，他问。

"我想知道，我们两个之间的距离有多远？"

"这很简单。"

"你的表还能用吗？"

"能用。"

"把它拿在手里，喊我一声并且记住你发声的时间。我一听到你的喊声，就立刻重复一声我的名字。我的声音传过去的时候，你记下它到达的时间。"

"好的。那么从我发出声音到我听到你的声音，这个时间的一半就是声音从我这儿走到你那儿需要的时间。准备好了吗？"

"准备好了。"

"注意！我要开始喊你的名字了！"

"阿克塞尔，"耳朵贴在岩洞上的我一听见自己的名字，立刻就回应了一声，然后开始等待。

叔叔说："40 秒，这就是说，声音从你那儿到我这儿一共走了 20 秒。声音的传播速度是每秒钟 $\frac{1}{3}$ 千米，20 秒钟大概走了 7 千米。"

这是儒勒·凡尔纳的小说《地心游记》里的情节，教授和他的侄子阿克塞尔是两个旅行家，他们在地下旅行的时候走散了。后来，他们发现他们能够听到对方的声音，于是便有了上面的一段对话（这个故事是用侄子的口吻讲述的）。

知道了声音的传播速度，我们就可以借助这个速度来测量与一些不能靠近的物体之间的距离了。如果你能够明白上面对话中所讲的内容，那么你很容易就能解答出相似的问题了。例如，我在看到火车头放出汽笛的白汽之后，过了一秒半钟，听到了汽笛声，试问我离火车的距离有多远？这样的问题回答起来应该就非常简单了。

10.3　神奇的"镜子"

跟平面镜反射光线的原理相似，森林、高高的院墙、大建筑物、高山，总之，能够反射回声的所有障碍物都可以说是声音的"镜子"。而反射声音的"镜子"与反射光线的镜子的不同之处则在于，反射声音的"镜子"是没有平面的。

中世纪的时候，建筑师们经常会把半身像放在反射声音的某个位置上，或者放在巧妙隐藏在墙壁里的传声筒的一端，这样，奇妙的声学建筑就建造成功了。图 131 是从 16 世纪的古书中复制出来的。从这幅图中我们可以看到上面所说的那些奇妙的装置：拱形的屋顶把经由传声筒从外面传进来的声音送到半身像的嘴上，院子里的各种声音通过隐藏在建筑物里的巨大的传声筒传送到一个大厅中的半身人像旁边，等等诸如此类的装置。参观这种建筑物的客人，会觉得用云母石做的半身像仿佛会说话似的。

图 131　会说话的半身像（古堡里声音的怪事），这张图从 1560 年一本古书里描摹出。

凹面的声音的"镜子"所起的作用跟反光镜非常相似，它会把"声线"聚焦在它的焦点上。而其实半身像所处的位置就是反射声音的凹面镜的焦点位置。我们可以通过一个简单的实验来体会一下：

找两只盘子，把其中的一只放在桌子上，另一只则用手拿着，立在头一侧，耳朵的附近。然后用另一只手拿着你的表，把它放在距离桌子上所放的盘子几厘米高的位置，如图 132 所示。一般试几次之后，就能找准表、耳朵和两个盘子的位置，这时候，你就能听到表的指针跳动时发出的滴答声仿佛是从耳

图 132　反射声音的凹面镜。

朵旁边的盘子上发出的一样。如果闭上眼睛，这种错觉会更加明显，这时如果想只凭借听觉来判断表在哪只手里就非常困难，而且基本不可能了。

这是多么奇妙的现象啊。

10.4　剧场中的噪声

在建筑物里发出的任何声音，在声源发声完毕之后，都会继续回响很长时间。这是由于在室内，声音的反射次数比较多，导致它会在建筑物内缭绕萦回很长时间。而同时，如果别的声音又接着发了出来，那么，对声音加以捕捉和分辨对于听众来说，就是很难的一件事情了。我们假定一个声音要持续 3 秒钟，又假定说话者每秒钟发出 3 个音节，那么 9 个音节的声波就会同时在房间里响起，这时房间里基本就是一片嘈杂了。听众当然没办法听懂演讲者在说些什么。

在这种情形之下，演讲者如果一字一顿地说下去，而且不用太大的声音，那么情况会有所好转。但是可能是由于对其中原理的不理解，演讲者面对这种情形的时候，往往会努力提高声音，这样做的结果就是，噪音更大了，听众更没法听清楚了。

这是美国物理学家伍德在他的著作《声波及其应用》对建筑物中噪声的产生所做的一段描述。经常到各种剧院和音乐厅去的人都知道，在有些大厅里，即使坐在离舞台很远的地方，演员的言语和音乐的声音也能听得非常清楚。而在另外一些大厅里，虽然坐在前排，也听得不是很清楚。

甚至在不久以前，修建一个符合声学原理的剧场还被认为是一件侥幸的事情。但是现在，人们已经有办法成功地消灭这种影响声音清晰度的被称为"交混回响"的余音了。我们不谈那些只有建筑师们才感兴趣的细节，只研究消灭交混回响的具体办法。

其实，要想消除这种交混回响，主要就是要建筑能够吸收剩余声音的墙壁。而吸收声音最好的办法就是打开窗户，这其中所蕴含的原理就跟用孔洞吸收光，效果最好类似。因为打开窗户是吸收声音的最好方法，所以，人们甚至把一平方米打开的窗子作为吸收声音的计量单位。虽然吸收能力不及打开的窗户强，但是剧院里的观众也能吸收一部分声音。每个人吸收声音的能力大约相当于半平方米打开的窗户。有一位物理学家曾经这样说过："听众吸收演讲者的话语，这里的'吸收'可以从字面意思来理解。"假设他这种看法是正确的，那么无论从哪个角度来说，空荡荡的大厅对演讲者都是不利的。

剧场中还有一种非常有意思的设施，那就是提词室。所有剧场的提词室形状都是一样的，这是因为提词器也是一种声学仪器。提词器的拱壁相当于一个反射声音的凹面镜，它既可以阻止提词的人发出的声波传向观众，又能把这些声波反射到舞台上去，让演员听得更加清楚。

我们前面提到，不吸收交混回响的话，大量的噪音会影响声音的清晰度，但是，如果对声音的吸收太强的话也会影响声音的清晰度。原因有两个方面。首先，过度的吸收会把声音减弱。其次，如果把交混回响减少得太多，声音听起来会变得断断续续，不连贯，这种声音很容易让人觉得枯燥。因此，对交混回响的吸收必须要适度，这个在对大厅进行设计时就要考虑到。

10.5　回声测深仪

利用回声来测量海洋深度的发明可谓非常偶然。图 133 绘制的就是这种利用回声测量海洋深度的装置的示意图。在船的一侧靠近船底的地方有一个弹药包，点燃弹药包时会发出剧烈的声响。弹药包点燃后，声波经过水层，到达海底，之后发生反射，回声折回到海面上来，由装在舱底的一个灵敏仪器接受，仪器测量出从发出声音到回声达到海面相隔的时间。然后根据已知的声音在水中传播的速度，很容易就能算出海洋的深度。

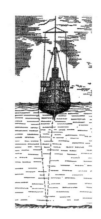

图 133　回声探测仪工作示意图。

1912 年，英国豪华邮轮"泰坦尼克号"因为与冰山相撞而沉没，几乎全部乘客都遭了难，大部分人葬身海底。为了保证航行的安全，让这类悲剧不再发生，人们开始试图制造一种在浓雾或者夜里行船时使用的装置。这种装置主要利用回声来发现轮船前方是否有冰山。后来这种装置的制造计划宣布破产，但是却由此引出了另一个想法：利用声音的反射来测量海洋的深度。由此产生了回声测深仪。现在，回声测深仪已经被证明是行之有效的。

以前的回声测深仪中使用的是弹药爆炸的声音，但是在现代的回声测深仪中，已经不再使用这种声音了。现代的回声测深仪中开始使用一种人耳听不到的"超声波"，这样的声音一般是通过放在很快交变的电磁场中的石英片震动产生的。它的频率可以达到每秒钟几百万次。

回声测深仪在测量海洋深度的工作中扮演着非常重要的角色。以前，人们所用的测深仪只能在船只不动的时候测量，这样非常浪费时间。要把系测锤的绳索以每分钟 150 米的速度慢慢放入海底，测完之后，还要用差不多同样缓慢的速度收回绳索。这样，要测量 3000 米深的海洋，用这种方法的话，差不多就要用 45 分钟。而有了回声测深仪以后，同样的测量工作，只需要几秒钟就能完成了。而且测量的时候不仅轮船可以全速行驶，而且获得的结果也比用测锤的方法精确得多。如果时间间隔的精确度能达到 $\frac{1}{3000}$ 秒之内，那么使用回声测深仪测量的误差不超过 0.25 米。

如果说深海地区的深度测量对于海洋科学的发展具有非常重大的意义的话，那么在浅海地区进行迅速、可靠、精确的深度测定则对航海有着非常大的帮助，因为这可以保证船只航行过程中的安全。有了回声测深仪以后，船只就能高速、大胆地航行了。

10.6　藏在昆虫翅膀间的秘密

很多昆虫并没有发声器官，但是却经常发出嗡嗡的声音，这是什么原因呢？我们知道，当膜片的振动频率达到每秒钟 16 次以上时，就会发出具有一定音高的音调。而昆虫的嗡嗡声是在飞的时候才有的。昆虫飞的时候，它的翅膀就相当于振动频率非常高的膜片，每秒钟要振动几百次。

借助我们本篇第一章提到过的"时间放大镜"可以确定，对于同一种昆虫来说，它们翅膀振动的频率几乎都是不变的。昆虫只是通过改变震动的幅度和翅膀的倾斜程度来调整飞行。

而只有在受到寒冷的影响的时候，翅膀每秒钟振动的次数才会有所增加。正是由于这个原因，昆虫飞行时发出的音调总是不变的。

由于每一种音调都对应一种特定的振动频率，那么根据每种昆虫飞行时所发出的音调就能判断出这种昆虫飞行时翅膀振动的频率。

现在，人们已经利用昆虫飞行时所发出的音调测定出了很多昆虫飞行时翅膀振动的频率。例如，家蝇飞行时发出 F 调的声音，它们的翅膀每秒钟振动 352 次；山蜂的翅膀每秒钟振动 220 次；蜜蜂在空着身子飞的时候发出 A 调的声音，它们的翅膀每秒钟振动 440 次，而带花蜜飞行的时候，蜜蜂发出的声音是 B 调，翅膀每秒钟振动 330 次；金龟子飞行的时候翅膀振动频率较低，发出的音调也比较低；而与之相反的是，蚊子飞行的时候翅膀振动频率非常高，可以达到 500 到 600 次。为了与昆虫做比较，让我来告诉你一个数字：飞机的螺旋桨每秒钟大约能转 25 转。

10.7　可怕的响声

有一天深夜，我正坐着看书，忽然，从楼上传来一阵可怕的响声。接着，声音停止了，但是很快，又响起来了。我非常害怕，跑进客厅，想仔细听一下那声音，但是它又不响了。我又回到自己的房间里，重新坐下开始看书，刚把书拿起来，那个可怕的声音又响起来了，这次声音非常大，就像暴风雨快要来临时那样。那个声音从四面八方传来，我被弄得非常惊恐不安，于是又走到客厅，那可怕的声音又没有了。

当我再次回到自己的房间时，忽然发现，那个声音原来是睡在地板上的小狗打鼾时候发出来的！……

发现了响声的真正原因以后，不管我再怎么努力，原来的幻觉也不会重现了。

这是美国学者威廉·詹姆斯在他的《心理学》一书中描述的一件趣事。我们也都有过类似的经验，有时候由于某种原因，我们会认为一个轻微的声音不是从我们附近而是从很远的地方传来的，这样我们就会觉得声音非常大。这种听错觉经常发生，只是有时候我们没有对它给予关注罢了。

10.8　机敏的蟋蟀

下面让我们来做一个实验。首先，让一个被蒙了眼睛的人坐在屋子的中央，请他安静地坐着不动，不要转头。然后，你站在他的正前方或者正后方，拿两枚硬币互相敲击。现在，请他说出你敲响硬币的地方。他的答案可能让你非常不解，因为他指出的竟然是完全相反的方向。声音本来是从房间的这一角发出的，而他却指出的是完全相反的另一角！

发声的物体到底在什么地方？对于这个问题，我们时常搞错的不是它的距离，而是它的方向。对于枪声是从左面还是从右面发出的（图 134），我们很容易就能判断出来。但是，假如枪声是从我们的正前方或者正后方发出的（图 135），我们就往往不能准确地判断出枪的位置了。对于位于我们正前方或者正后方的声源，耳朵的判断能力往往非常差。这也就不难理解前面被蒙了眼的人所做的完全相反的判断了。

所以，当你离开他的正前方或者正后方，那么他对方位的判断，错误肯定就不会这么严

图 134　枪声从哪里传来的，左面还是右面？

图 135　枪声从哪里发出的？

重了。因为当你不是位于他的正前方或者正后方时，他的两只耳朵与声源的距离就不相等了。这时，就会有一只耳朵会早些听到声音，而且这只耳朵听到的声音也会比较大，因此他就很容易判断出声音是从什么地方发出的了。

我们总是很难发现在草丛中唧唧叫的蟋蟀其实也是这个原因。一开始，你觉得蟋蟀的声音是从离你两步远的右边草丛里发出的，于是，你往那边看去，但是什么也没看见，声音却好像忽然变到左边了。你迅速地转过头看左边，声音却好像又变了一个位置。你的头随着声音方向的变化转得越来越快，蟋蟀也好像跳得越来越机敏。事实上，蟋蟀一直都待在同一个地方，它那让你觉得"捉摸不定"的跳跃能力都是听错觉造成的，是你自己想象的结果。当扭转头部的时候，恰好让蟋蟀处于你正前方或者正后方的位置。这时候更容易弄错声音的方向了，所以你一会儿觉得它在这儿，一会儿又觉得它跳到了那儿。

从这里，我们可以得出一个非常实际的结论：如果你想确定蟋蟀、青蛙的叫声以及诸如此类从比较远的地方发出的声音是从哪里传出来的，一定不要把你的脸正对着声音，这样就更难判断声源的具体位置了。你应该"侧耳倾听"，也就是把脸侧对着声音，这样就能又快又准确地判断出声音是从哪儿来的了。

10.9　被放大的声音

用牙齿咬住怀表上的圆环，然后用双手把耳朵捂紧，这时候，你会听到一种沉重的撞击声，这其实就是表针的滴答声，你一定会惊异它居然被放大到了这样的程度。

与此相似的是，当我们咀嚼烤面包片时，总会听到很大的噪音。但是却从来没有听到坐在我们旁边的朋友吃烤面包片时发出什么明显的声音。他们难道有避免咀嚼时发出声响的有效办法？

显然不是这样的。当我们吃烤面包片时，所有的噪音基本都是只有我们自己的耳朵听得到，旁边的朋友也是听不到的。这是因为人的颅骨就像其他一切坚硬的物体一样，具有传播声音的功效。而且声音在实体的介质中，常常会被放大到非常惊人的程度。咀嚼烤面包片时，我们所发出的声音通过空气传入到别人的耳朵时，听起来非常轻微，但是这种声音经过自己的颅骨传输到自己的听觉神经以后，就变得非常响了。

也是这个原因，许多内耳完好的耳聋的人可以通过地板和骨骼的传导作用听到音乐，并能够跟随音乐的节奏跳舞。贝多芬耳聋之后，据说就是通过将他的手杖一端抵住钢琴，把另一端咬在牙齿中间来听取钢琴演奏的。他所依据的其实也是我们上面所提到的那种原理。

10.10　"腹语者"的骗局

腹语者表演的时候，通常都会用尽各种巧妙的办法。他会借助各种动作和手势转移观众的注意力。有时候，他把身子歪向一边，把手放在耳朵上，好像在听人说话一样。同时，他还会尽可能地挡住自己的嘴唇，要是实在没法遮住脸，他们也会尽力做一些好像不得不动嘴唇的事情。这样，他就能很轻易地发出含混不清的低语声。而由于嘴唇的运动被掩盖的比较好，所以很多人就认为他的声音是从身体内部发出的。正因为这样，他才获得了"腹语者"的称号。

其实让我们觉得非常惊奇的腹语表演其实只是"腹语者"根据人的听觉特性设计的骗局。当一个人从屋顶上走过时，他说话的声音在屋子里听起来就像是说悄悄话一样。他越往屋顶的边缘走，声音越小。如果我们坐在屋子的某个房间里，我们的耳朵就没有办法判断出声音来自哪个方向，声源与我们的距离有多远。但是依据声音的变化，我们能够判断出来声源正在远离我们。如果直接告诉我们说话者正在屋顶上走着，我们很容易就会相信。而假如这个时候，有个人开始跟屋顶上的这个人对话，并且得到了比较合情合理的回答，那么我们很自然地就会相信这个对话的存在。

腹语者就是利用这种原理进行表演的。当轮到类似于在屋顶的这个人说话时，腹语者就低声细语；而当轮到他自己说话时，他就用清晰的声音大声说，以便给观众造成对话的错觉。他跟那个虚拟的对话者之间所谈论的内容会加强观众的错觉。这个骗术中容易被人识破的地方就是声音方向的不合理。由于虚拟对话者的声音也是从舞台上这个表演者口中发出的，所以声音的方向是完全相反的。表演者在表演过程中其实向观众隐瞒了一个事实，对话的两个人的声音都是他自己发出的。所以，"腹语者"这个称呼对于表演这种节目的人来说并不恰当。

这是哈姆森教授对腹语表演的原理所做的一段解释。腹语术之所以让我们觉得惊奇，其实只是因为我们对声音的方向以及与说话人之间距离的错误判断。在一般环境中，我们尚且只能对声源做出大致的判断，更何况是处在一个跟平常感知声音不同的条件下呢？我们判断声源的时候当然更容易犯错误了。这就是为什么尽管我们完全明白腹语表演是怎么回事，但是依然很难克服这种听错觉。

趣味物理学
（续编）

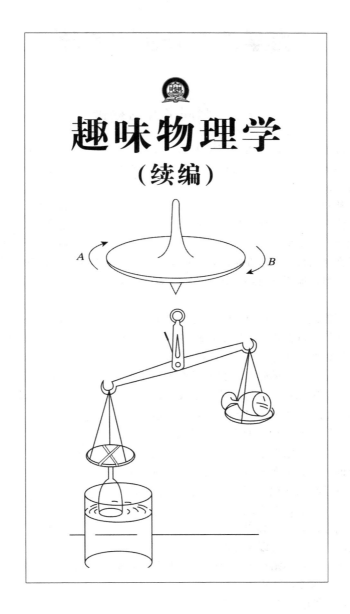

✦ 第一章 ✦
力学的三条基本定律

1.1　瞬间飞升的秘密

讽刺小说《月国史话》的作者西拉诺·德·贝尔热拉克生于法国，他是 17 世纪著名的作家，也是一位风趣幽默的人，他曾说过一件自己亲身经历的事情，至今让人记忆深刻。说起来这件事真的很离奇。

那是极其寻常的一天，贝尔热拉克正在做物理实验，突然他感到自己飘起来了，身边环绕的全是刚刚实验中用到的瓶瓶罐罐，他意识到自己上天了。就这样飞了几个小时后，他突然坠地，可是他这一坠却落到了远离自己国家的北美洲的加拿大境内。开始他感到万分诧异，怎么都不能理解为什么自己会落在别国，冷静下来后，他明白了，当他在飞升上天的过程中，远离了地球表面，但是地球本身还是在自西向东旋转的，因此他才会在几小时后坠落在法国东部的北美大陆上。

这一飞行经历曾让贝尔热拉克惊惧不已，如果以今天的眼光来看，这倒不失为一个既省钱省时又轻松便捷的旅行方式。不用艰难跋涉，只需静静地升上天空，就可以让地球的转动带我们到任何我们想去的地方。

可是这种现象是可实现的吗？当我们悬在大气层中时，我们自身依然受自转而运动的大气层的制约（图 1）。空气（特指那些存在于地球下层、密度较大的空气）和空气中的一切，如云彩、飞机和各种运动着的动物等，都是跟随地球的转动而不停转动的。也许你会说，我们站在地球上就从来没有觉得自己在动啊，可是我们试想一下，地球是在不停运动着的，如果空气不动，那么地球上的我们一定会因为与地球不同步，而感受到强劲的风力，而这种风可不是那些所谓的飓风可以比拟的了①。

图 1　从气球上看地球运转是可能的吗？

众所周知，不论是我们站在流动中的空气中不动，抑或是我们活动在不动的空气中，我们都会感受到强大的风力，这正如在一个风轻云淡的天气里，一个运动员开着摩托车以时速 100 千米行进，那么我相信他仍然能感受到风的威力。

这是我们对于贝尔热拉克现象不可实现的第一种解释。第二，即使我们真的有幸升到了

---

① 一般意义上，飓风的速度为 40 米/秒（144 千米/时），而根据科学家在列宁格勒所在的纬度上测到的地球冲开空气的速度是 230 米/秒（828 千米/时）。

大气层的最高位置（其实到底有没有这个大气层我们都不得而知），上面这种自由飞翔的旅行方式也是不可取的。理由很简单，因为我们虽然飞升上天，离开了地球表面，可是因为惯性的存在，我们仍然会以地球自转的速度运动着。因此当我们再次坠落时，我们自然仍会落在原来的地方。这就好比我们从运动着的火车中跳下，不论我们从哪里跳，都一定会落回开始的地方。也许，有些人会提出质疑，因为当我们升空后，我们是沿着切线在做直线运动的，而地球是在做弧线运动，按理说我们和地球间是有距离的。可是诚如大家都知道的，我们在空中的时间毕竟有限，这短暂的时间对于运动来说是可以忽略不计的，因此我们总会回到最初的地方。

1.2 不想拥有的天赋

曾有一篇关于办事员福铁林格创造奇迹的幻想小说震惊了文坛，这篇小说乃英国著名作家威尔斯所创作。这位闻名世界的办事员天赋异禀，他能让世上的一切都听命于他，很多听过这个故事的人最初都非常羡慕他的这项天赋，可是这项本领不但没给他带来丝毫的益处，反而为他引来了很多烦恼，让他看上去异常愚蠢。尤其是故事的结尾耐人寻味。

这位办事员因为身怀异秉常常被很多人邀请去参加宴会，这一天，他又去赴宴，离开时天已经全黑了，因为被宴会气氛感染，一时间他沉醉于这种全然的沉寂中，于是他就想动用自己的绝技让黑夜再漫长一些，可是他要怎样实现这种愿望呢？

要做到这一点，就要想办法让天体停止转动。办事员在朋友的建议下，想到让月亮静止。可是对于具体操作他感到了茫然，他低语道：

"月亮之于我还是很陌生的，我完全不知该如何进行下去。"

办事员的朋友梅迪格立即回答道："你为什么不试试呢？""即使不能让月亮静止，就算让地球停下来也是一次伟大的进步啊，毕竟这对谁来说都不是什么坏事啊！"

福铁林格（办事员的名字）说："好吧，那我试试看吧。"

随后，他马上两手一伸，严肃地说道："地球，我即刻命令你停下来，不许再动了！"

说时迟那时快，福铁林格的命令刚下，地球不但没有停止，他们这帮人反而立即以每分钟几十公里的速度飞到了空中。此时，办事员脑中瞬间产生了自保的念头，他尖声叫道："我不要死，我不要受伤！"

不得不说，他的这次尖叫太有必要了，语音未落，他就跌落在一块貌似曾发生过大爆炸的废墟之上，虽然落地位置不舒服，可是他终归保住了自己的生命安全。

这时狂风大作，他的眼前一片模糊。"怎么了？为什么风这么大？这是我闯的祸吗？"他惊惧不已。

歇息片刻后，他又看了看周围的环境："还好还好，月亮还在，可是房屋呢，街道呢，怎么都不见了？还有这强劲的风，我并没有召唤它们啊，它们都是从哪儿来的啊？"

此时福铁林格身体极其虚弱，周围又一片破败，他也不知自己此刻该何去何从。他立刻想到："莫非是宇宙间发生了什么大灾难？一定是这样！"狂风之中，除了散落各地的碎片什么都没有，荒凉的景象似乎更验证了办事员的想法。

可是福铁林格却不曾想到，其实他自己才是这场灾难的制造者。福铁林格命令地球静止，却忽略了惯性的存在，地球本来规律地运动着，突然的静止使得地球表面的一切按惯性继续运动，即脱离了本体加速沿切线飞出，很快造成了当下的惨状。

办事员福铁林格虽然没想到自己是灾难的罪魁祸首，但是隐约感觉到自己与此脱不了关系，于是他发誓以后再也不做这种事情了。可是，眼下他首先要抢救这场灾难，呼啸的狂风、暗沉的月亮、逼近的洪水让办事员警戒起来，他呵斥道："洪水快停住！"随后，他又向雷电和狂风下了同样的命令。一时间，周围都安静下来了，他再次对自己强调："我再也不做这种事情了。我现在只有两个愿望：我希望自己可以失去这种召唤一切的本领，我想做个普通人；我也希望一切能恢复原状。"

1.3　特别的问候

你能想到这样一个场景吗？你静静地坐在运动中的飞机里，飞机即将飞到你朋友的房屋上空，此时你突发奇想，想为朋友带去一个问候。于是，你即刻写下一张便条，绑在重物上，希望能在飞机飞到朋友房屋正上空时投下去，这样朋友就能收到你的问候了。可是，科学告诉我们，这样的投掷是不会成功的。

如果你曾做过这样的实验，你恰巧又曾目睹了重物下降的实况的话，你一定会看到这样的画面：物体在下落过程中紧紧地攀附在飞机下方，它似乎是在按着一条无形的线向下滑落，因此物体不会落在你希望的位置，而要比那儿远得多。

这里，对这种现象的解释我们仍然要用到惯性定理，而这我们曾在贝尔热拉克的旅行现象中做过阐释。惯性定理告诉我们，当物体在飞机上时，是和飞机一起运动的；随后被抛下飞机，可是根据惯性，它在下落过程中仍会按照原来的方向进行运动。垂直和水平的两股力互相作用，在不改变飞机飞行速度和方向的前提下，物体就会紧跟在飞机下方，以曲线形式坠落。这就犹如水平方向射出的子弹所走的路线一样。

不过这里有一点需要强调，上面的情况只适用于无空气阻力的前提下。可是真实情况是，阻力是时刻存在的，而这种阻力会同时影响物体垂直和水平两个方向的力，因此物体在被投下飞机后不会攀附在飞机下方，而应该落在它后方。

假定在一个无风的日子里，飞机以 180 千米/小时的速度在 1000 米的高空飞行，此时飞行高度和速度应该都算是大的了，物体坠落的弧线与垂直线的夹角会很醒目，而具体落地位置应在垂直点前方 700 米的地方（图 2）。

以上这些数据的获得是在无空气阻力的情况下得出的，由匀加速运动公式 $s = 1/2gt^2$，得出 $t = \sqrt{\dfrac{2s}{g}}$。故物体由 1000 米高空落地所耗的时间就应是：

$$t = \sqrt{\frac{2 \times 1000}{9.8}} \text{秒} \approx 14 \text{ 秒}$$

而在这 14 秒里，物体水平方向的位移为：

$$\frac{180000}{3600} \times 14 \text{ 秒} = 700 \text{ 米}$$

图 2　重物从正在飞行的飞机上被抛下时沿曲线轨迹落下。

1.4 来自飞机上的炸弹

假设我们要从飞机上投一颗炸弹，根据上一节的情况，我们要考虑飞机飞行的速度，以及风力的影响。图 3 所示的就是在各种不同的条件下投出的炸弹下落的轨迹。具体分析如下：

无风时，炸弹下落的轨迹为 AF 曲线，原因如上一节所言；而在顺风情况下，其下落的轨迹呈 AG 曲线，落地位置应在垂直点以前；而在不大的逆风情况下，若上下气层风向一致时，炸弹下落的轨迹呈 AD 曲线；若上下气层风向相反时，下降轨迹则呈 AE 曲线，而这种 AE 曲线的下降情况是现实中最为常见的。

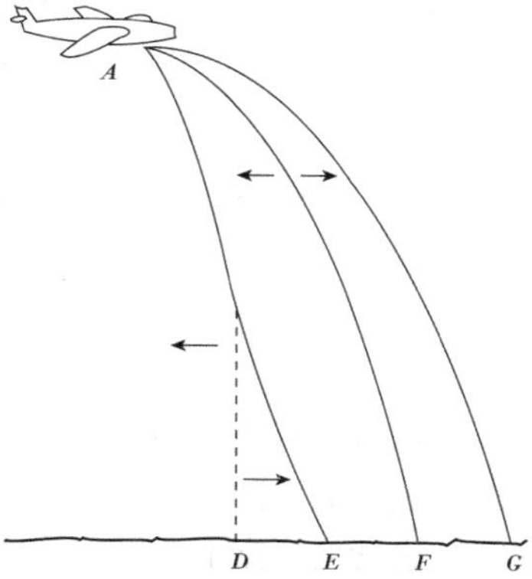

1.5 移动的月台

我们都知道，任何车站的站台都是不会移动的，一个人如果想从静止的站台边跳到运动的火车上，这是相当困难且非常危险的。但是如果我们设想一下这样一种情况，站台是和列车同方向在移动的，那么这时候你再想跳上火车恐怕就不那么困难了吧？

图 3　飞机上投下炸弹时，炸弹在没有风的天气里沿 AF 落下，在顺风天气沿 AG 落下，逆风天气沿 AD 落下，上面逆风、下面顺风的情况下沿 AE 落下。

我想那时你一定能安全地登上火车，而如果你恰好又是与火车同方向、同速度的话，那么虽然火车仍在动，可是它之于你就是相对静止的。这也让我们明白了，其实我们平常所说的静止不动的东西，并非是完全静止的，它们也在地球中随太阳转动，只是因为它们与我们的运动方向和速度相同，故而在我们看来，它们是固定不动的。

因此，根据这个定理，我们何尝不可以建个这样的站台：火车可以永远匀速行进，到站时仍无须静止，乘客就可以轻松地上下车。

而这样的构想早在很多展览会上就得到了实现，会场出入口由道轨相连，俨然一个环形的传送带，列车无须停止，观众即可随意上下车。

图 4 就是这种设备的示意图。列车站台的出入口处各安有一个转盘，由缆索相连，缆索同时连接着各节车厢。当列车车厢与转盘同速时，乘客即可随意出入转盘与车厢之间。而如果乘客想出站，只需走出车厢，踏入转盘中心处，借由转盘到达天桥，即可安全出站了（如图 5 所示）。由于转盘中心的圆很小，因此由转盘登上

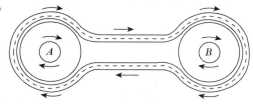

图 4　A、B 两个站之间不用停车的铁道设计图。

天桥是个非常简单的步骤，这样也可以节省车辆停留的时间，从而节约时间和能量[①]。而在

---

① 这个原理很简单：当转盘在转动时，由于同一时间里转盘内缘的半径小于外缘，因此内缘的圆周距自然也比外缘短，相对的速度也就比外缘小。

很多大城市中，电车因为加速离站和减速进站而浪费的时间和能量是非常惊人的①。

根据以上的定理，我们可以想见，以后乘客完全可以在火车正常行驶中上下火车，这样火车站都可以不用设专门的活动站台了。具体设计如下：当行驶中的火车到站时，乘客只需登上与此列火车同速并行的另一列车上，此时两列火车处于相对静止状态，只要在两列火

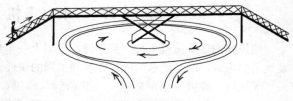

图 5　不需要停车的火车站

车间架设一个踏板，乘客就可安全地走进自己需要乘坐的火车上了，而火车无须停靠。

1.6　变速人行道

你们可曾听过一种设施叫"活动式人行道"，这种设施最初是在 1893 年芝加哥的一个展览会上展出的，随后 1900 年的巴黎世博会上再次亮相，之后各大展览会上它的身影就十分常见了，它就是根据上述原理设计而来的。图 6 上五条并行的环形人行道就是它的示意图，这五条人行道速度各不相同，各自是依靠不同的动力机械来运行的。

而在这五条中，最外圈的那条速度大约为 5 千米/时，与普通人的步行速度无异，是五条中速度最慢的一条，因此也是人们最容易走上去的一条人行道。依次往里是第二条人行道，如果一个人想从街道上直接跳上这条人行道那是相当不容易的，因为这条人行道的速度是第一条的两倍，即 10 千米/时。但是如果是通过第一条而上第二条的话，那么就轻松多了，其

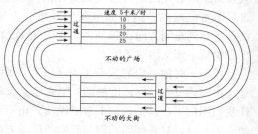

图 6　活动式人行道。

速度等同于人们从街道登上第一条人行道。第三条人行道的运行速度为 15 千米/时，同第二条一样，比起从街道上直接跳，通过第二条过渡的方法要方便得多。同理，我们不难得出第四条人行道的运行速度乃 20 千米/时，从第三条上过比较轻松；第五条 25 千米/时，通过第四条登上比较容易。就这样，人们依次通过五条人行道，由街道到达目的地，再从目的地回到街道上。

1.7　作用力与反作用力定律

牛顿的力学三定律相信大家都不陌生，其中尤以第三定律的作用和反作用定律最让人难理解。虽然这条定律真的了解的人不多，但是日常生活中使用它的人却不胜枚举。一般而言，没有十年的钻研，人们是很难理解这条定律的，当然也不排除有像你这样极其聪明的读者能很快掌握。

曾经，我和很多不同种族的朋友聊到过这条定律，大家对它的态度都是肯定与质疑兼备。

---

① 这个原理的掌握可以帮助我们节省因刹车造成的能量消耗：我们只需将电动机换为发电机，当汽车刹车时，产生的电流就会流回电网，从而节省电车在行驶中所消耗的一半能量。

他们一致认为，这条定律对于静止的事物是肯定适用的，可是对于运动着的事物就不敢保证了。这条定律的精髓就是作用永远等于反作用。如果以马拉车来举例子的话，也就是指，马拉车的力是等同于车拉马的力的，那么这里我们不免就会产生疑问，既然两种力是相等的，那么它们不是应该互相抵消，而使得马和车都静止不动吗？可是现实情况是车总是在不断地向前行驶啊。

针对这条定律，人们最大的疑惑就在这里。可是我们就能因此认定它是一条错误的定律吗？当然不能，我们只能说自己还没有完全理解它。虽然作用力和反作用力是相等的，可是它们并没有相互抵消，而是将这两种力分别作用到了不同的物体上：一个作用到车上，另一个作用到马上。固然两个力大小相同，可是不曾有任何定律告诉我们，同样大的力必会产生同样的作用，从而使得物体有了相同的加速度，因为这样等同于漠视了反作用力的存在。

由此，我们不难明白，虽然车的受力和马的受力大小相等，可是由于车轮是在做自由位移，而马是有目标方向的，因此两种力最终都会作用于马行进的方向，而使得车朝着马拉的方向行驶。车拉马就是为了克服车的反作用力，而如果车对马的拉力不产生反作用，那么任何的力量都可以带动车的行驶了。

而为了方便大家理解，我们可以将"作用等于反作用"的表达改为譬如"作用力等于反作用力"这样的表达方式，我想这样产生的理解障碍就会小得多。因为这里相等的只是力，而非作用，力总是施加在不同的物体上的。

著名的"切留斯金"惨剧就是两种力作用的结果。"切留斯金"号船在行驶过程中曾受到北极冰川的挤压，船舷在受浮冰挤压过程中，又将同样大小的力作用在浮冰上，两种力的相互作用使得硕大的冰块完整地保留了下来，而船舷最终以破碎告终。

这条作用与反作用定律在落体运动中同样适用。我们都知道牛顿是由苹果坠落想到的力学定律，而苹果之所以坠落是地球引力的作用，其实同样的，苹果对地球也有同样大小的引力。因此，就苹果和地球而言，两者互为落体，只是下落的速度有所不同。而物体在下落过程中，加速度起主要作用，同时加速度的大小又与物体的质量有关，毋庸置疑，地球的质量远大于苹果，因此相对的加速度也就远远小于苹果，这就致使地球向苹果方向的位移微乎其微。这就是人们只说苹果落到地上，而不说"苹果和地球彼此相向地落下"的原因。

1.8 撬起地球的代价

"只要给我一个杠杆，我可以撬起整个地球。"这是阿基米德的名言。一直以来，我们都把这句话看成是一种精神的追寻，可是事实上，早有一首民歌中就提及了一位名叫斯维托哥尔的大力士，他真的只用一个杠杆就举起了地球。固然这位大力士力大无比，可是让他如愿举起的地球的最大功臣却不是他的力量，而是他聪明地找到了一个施力点，即地上一个"小褡裢"。

长久以来，这个小褡裢稳稳地固定在地上，不曾有丝毫的移动。斯维雅托哥尔紧紧地抓住了这个小褡裢，并将它举过双膝，瞬间地面似乎真的有了晃动，可是巨大的压力也使得这里成为斯维雅托哥尔的埋葬之地。

今天我们回头想想，如果斯维雅托哥尔那时掌握了作用和反作用定律的话，他就不会愚蠢地将自己拉向死亡，因为当他站立在地面上时，他对地球施加的力同样会受到地球的反作用，而这反作用力足以使他葬身于此。

因此，早在牛顿第一次刊发其不朽著作《自然哲学的数学原理》（即物理学）的几千年前，人们就已经认识到了这种作用力与反作用力，并将其运用到了生活中，而上述的民歌恰好是最直接的证据。

1.9 摩擦的作用

人们行走所依赖的力量来自脚与地面间的摩擦，而在非常光滑的地面上，这种摩擦力接近于无，使得我们在光滑面上总是很难行走。同理，机车的前进也是靠轮胎与轨道的摩擦，而若轨道表面光滑，比如结冰的时候，这种摩擦力就很小，以致无法带动机车的行驶，因此人们才会试图在铁轨上撒沙子来增加这种摩擦力。

铁路初创时期，工程师们将车轮和铁轨都做成齿状的，就是为了能增大摩擦，从而推动列车的顺利运行。而船和飞机的行驶原理同样如此，轮船的螺旋推进器和飞机的螺旋桨就是他们行驶的推动力。因此不论是什么物体，不论它在任何介质中，它的运行都离不开这种介质的支撑。而若离开这种介质，它就无法运动了。

也许空泛地说物体和介质，你还不能理解，那么我就用我们最熟悉的身体来做比方。这里的物体和介质的关系就等同于一个人试图揪着自己的头发把自己提起来，当然我们都知道这是现实中无法实现的，它恐怕只能出现在像《吹牛大王历险记》这样的民间传说中了。虽然我们都知道物体无法让自己运动，可是它却可以让力分解，使得各部分在力的作用下向不同的方向运动。炮仗升空就是这种作用力作用的结果。

1.10 相互作用的结果

很多人对火箭飞行的原理都不甚了解，即使是一些爱好物理，并有着物理学知识的人同样如此，他们常常认为火箭上天是火药燃烧中产生的气体推动空气而成的。但是，这时我们不免要发出疑问，如果没有空气怎么办呢，如果是在真空下火箭就不飞行了吗？可是我们都知道火箭在真空下不但不会停止飞行，反而飞行得更好。由此我们可以推翻曾经的原理，另寻真正的原因。而这个原因其实早已被人记下了，基巴里契奇在临死前曾在自己的笔记中详细记述了有关火箭的构造：

在一个中心空，两头分别一封闭一开放的白铁圆筒中装入火药，火药会先从中心开始燃烧，然后互相引燃，燃烧中产生的气体四处施压，圆筒两侧全封闭，压力可以互相抵消，但是由于圆筒上下是一开一合的，因此底部的压力无法释放，只能向上推进，从而实现了火箭的升空。

同理，大炮的发射也是如此：随着炮弹的前行，炮车会在相同力的作用下向后移动，这种后坐力在很多热兵器中都会存在。如果此时你将炮车悬挂起来，使它失去支撑力，这样它就在后移的过程中有了速度和重量，而这种速度和重量曾被儒勒·凡尔纳的小说《底朝上》中的主人公幻想用来矫正地轴。

火箭和大炮的发射原理一样，其实火箭就是另类的大炮，只是它发射出的是气体而非炮弹罢了。而这种原理在很多物体升空时都同样适用，中国转轮式焰火升空就是一个例子。这种转轮和物理学上常见的仪器"西格纳尔氏轮"有些雷同，都是在转轮上装火药管，然后借助火药燃烧产生的气体推动火药管运动，同时反作用力就会使得转轮向反方向旋转。

其实早在轮船发明之前，人们就根据这种原理设计出了一种机船。在这种机船的尾部装上强劲的压水泵，压水泵会将船内的水压出，从而推动船的前行。虽然这种机船最终没能设计成形，不过它对科学家富尔敦发明轮船确实产生了很大的指导意义。

图 7 所示的是最古老的蒸汽机中的主要设备汽锅，这种蒸汽机是公元前 2 世纪由古希腊的希罗根据此原理发明而成的。它就是让蒸汽通过管道进入球体，蒸汽在球体内部受热喷发，分别向两个不同的方向施力，以此带动球体的运动。不过在当时，由于劳动力富足并廉价，人们在生产生活中用不上机器，因此这款蒸汽机一直只作为闲暇娱乐的道具存在着，但是这个技术被后来出现的喷气涡轮机所沿用。

图 7　公元前 2 世纪时最古老的蒸汽机。

牛顿得出的这个作用和反作用定律对工业发展有着极其重要的作用，而牛顿也据此设计出了一种最早的蒸汽汽车：如图 8 所示，在车轮上方装一个汽锅，通过汽锅和蒸汽的互相作用力来推动车轮的运动。

图 8　蒸汽汽车图样，据说是牛顿发明的。

而曾被公众大为赞许的 1928 年试制的喷气式汽车其实就是牛顿设计的这款汽车的加强版。其实想体验牛顿这款小汽船运行规律非常简单，一些我们日常生活中最常见的材料就可以实现。可照图 9 先用纸做一个小汽船。用一个蛋壳做汽锅，汽锅下面放一个小酒杯状的、顶部有酒精棉团的西式顶针。点燃棉团，水汽蒸发，形成蒸汽，蒸汽释放产生作用力推动小船前进。

图 9　用纸和蛋壳制作的玩具汽船。顶针里的酒精作为燃料，让蛋壳汽锅的小孔里喷出来的蒸汽推着小汽船向相反的方向前移。

1.11　揪着头发把自己提起

虽然对于我们人类而言，自己把自己提起来纯属无稽之谈，可是对于不少水中生物来说，"揪着头发把自己提起"却是很平常的事情。

如图 10 所示，乌贼和大部分头足类软体动物通过身体侧面的小孔和头上一个类似漏斗的特殊装备吸进水，并将水储存在腮里，然后再由这个漏斗将水排出。根据作用力和反作用力的原理，这些动物也会同样得到推动力，从而向前游动。其中乌贼的这个漏斗装备方向多变，可任意调节，也因此它可以向各种方向游动。

　　水母游动的原理也是这样：水母是通过肌肉的收缩来吸进海水，然后再从钟形的身体下方排出，反作用力推动了它的前行。而这种游动的原理同样适用于蜻蜓的幼虫水蚤和其他一些水生物。至此我们对这种运动方式应该没有什么怀疑了吧？

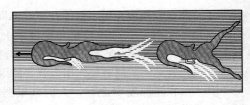

图 10　乌贼往前游动的方法。

1.12　星际旅行

　　我相信很多人都看过关于从一个星球飞到另一个星球这样幻想题材的小说，这些涉及宇宙旅行内容的小说一贯是各大名家的首选，伏尔泰的《小麦加》、儒勒·凡尔纳的《月球旅行记》《赫克托耳·赛尔瓦达克》以及威尔斯的《第一批月球居民》等都是这种题材的代表作。

　　那么我们不禁要问这样的宇宙旅行真的只能是幻想吗？那些令人向往的情节都无法成为现实吗？现在我们且不论它的可实现性与否，我们先来看看世界上第一艘宇宙飞船，这是已故苏联科学家齐奥尔科夫斯基设计完成的。

　　今天我们都知道飞机是无法将我们带上月球的，因为飞机的飞行需要空气的支撑，可是在宇宙空间中是没有可供飞机飞行的支撑物，因此如果我们想上月球就只能另寻一种无须任何介质就能自由行驶的飞行器。

　　其实这种飞行器和我们之前说到的炮仗异曲同工，只是这种"炮仗"更大、里面更宽敞一些而已。这种飞行器要能承载大量燃料，可随意改变运动方向，也就是我们今天熟知的宇宙飞船。人乘坐宇宙飞船可穿越地球，达到其他星球上，不过由于乘客要操纵爆炸装置，以此来加大飞船速度，自由改变飞行方向和频率，因此有着一定的危险性和刺激性。

　　科技的发展真的越来越不可思议，似乎不久前我们才开始冒险试飞，今天我们就可以自由飞翔于天空和海洋之间。难以想象，20 年后的科技会发展到哪里，或许那时星际旅行早就是一件司空见惯的事情了吧。①

────────────────

　　①　1969 年，美国发射了"阿波罗 11 号"，这是星际旅行方向上第一次尝试，也是人类首次登上月球。

❋ 第二章 ❋
力　功　摩擦

2.1　天鹅、虾和梭鱼拉货车

克雷洛夫有一则寓言故事是关于"天鹅、虾和梭鱼拉货车"的，这则寓言故事如果用力学观点来分析，其实是一个有关力学作用力合成的问题。在寓言中，有三种力的存在，它们的方向分别是：

天鹅朝天上拉，虾向后拽，梭鱼则往水里拖。

其实在这个故事中，除了如图11所示的三种力，天鹅向天上拽的力（OA），虾朝后拖的力（OC），以及梭鱼朝水里的拉力（OB）以外，还有一个时刻存在以致被忽略的重力，这股力永远垂直向下，四种力互相作用，互相抵消，最终合力为零，也就使得故事的结果是车子静止不动了。

可是事实真的是这样吗？我们且来细细分析。天鹅向上的拉力和货车的重力恰好是一对相反的力，本来书中就告诉我们货车很轻，也就是重量很小，这样两个反作用力相互作用就会减小甚至抵消，为了计算方便，我们暂且认定这两种力互相抵消了。这样就只剩下虾和梭鱼的两个拉力。通过寓言我们知道，虾的力是向后的，而梭鱼的力是向水里的，毋庸置疑，河水必然是在货车的侧面的，这样

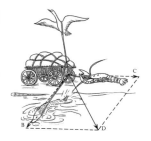

图11　根据力学法则，天鹅、龙虾和梭鱼合力将货车拉下河的示意图。

就会使得虾和梭鱼的力之间并不相对，而是产生了一个夹角，而两个有夹角的力互相作用，是无论如何不会完全抵消的，这也就是说其实这四种力的合力是无法为零的。

现在，我们以OB和OC两个力为边做一个平行四边形，那么对角线就是它们的合力，这个合力最终会导致货车发生位移，至于具体位移的方向那么就要由三个力的最终作用来决定了。

据上，我们了解到四个力的合力不为零，也就是说货车不会静止不动，可是寓言中说"车子至今仍停在那里"，那么唯一的可能就是天鹅向上的拉力和货车重力之间不能相互抵消，那么就默认货车的重力很大，即货车的重量大，可是这又与"对于三种动物来说，货车显得很轻"不符。

因此，我们可以得出结论，这则寓言从力学上分析是失真的，可是其思想意义还是很深刻的。

2.2 蚂蚁的"合作精神"

上面那则克雷洛夫的寓言，我们已经证实从力学上来说是不成立的，可是作者是借此向我们阐释一个道理，即大家只有同心协力才能成就事业。

因此克雷洛夫最为推崇蚂蚁，因为在他看来蚂蚁是最具合作精神的动物，可事实上蚂蚁在合作的外表下，是各行其是的典范。

对此生物学家 E·叶拉契奇在《本能》一书中有详细的阐述：

如果此时地上有一个类似毛虫之类的猎物，几十只蚂蚁会马上同时来拖这个猎物，齐心协力、通力合作。可是如果你据此就认为它们是合作的楷模那么很快你就会失望的。此时假设有一个障碍物，那么你马上就会看见这几十只蚂蚁四散开来，各行其是，左一只、右一个，全然没有合作可言。大家都自顾自地奋力拉拽，希望能绕过障碍物（图 12 和图 13）。甚至当在不同方向上的蚂蚁数量不均时，猎物就会直接向数量多的方向移动。

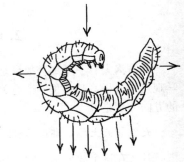

图 12 蚂蚁如何拉动毛虫。

还有一位生物学家也曾为我们提供了一个有关蚂蚁不合作的例子。图 14 为 25 只蚂蚁拖拉一块方形奶酪的示意图。据图我们可以看出奶酪正缓缓地朝着箭头 A 所指方向上移动。按理说蚂蚁们已经互相合作，前面拉、后面推，可是事实上却绝不是这样。我们只需将后排的蚂蚁隔开，我们就能很清楚地看到奶酪移动的速度明显加快了。换句话说，其实后排的蚂蚁一直都在阻挠奶酪的前进，奶酪之所以最终会向前移动，完全是因为前排蚂蚁的数量更多造成的，其实这何尝不是一种资源的浪费呢。

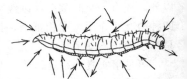

图 13 箭头代表各只蚂蚁用力的方向。

而这种现象马克·吐温也发现到了，他曾叙述过一个关于两只蚂蚁抢蚂蚱腿的故事：

它们分别咬住蚂蚱腿的两端，各自向不同的方向使劲，结果蚂蚱腿纹丝不动，于是它们互相争执，然后又和好，接着继续分别使劲，再争吵……它们周而复始地重复着这样的步骤，最终一只蚂蚁受伤了，于是它索性吊在蚂蚱腿上，而另一只没有受伤的蚂蚁就连着同伴和猎物一起拖走了。

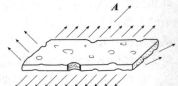

图 14 从不同的方向用力，一群蚂蚁将奶酪沿箭头 A 的方向拖动。

此后，马克·吐温还曾诙谐地说："草率认定蚂蚁是合作者的科学家都是不负责任的。"

2.3 不易碎的蛋壳

果戈理的《死魂灵》相信很多人都不陌生，小说中有一个事事求真的人叫吉法·摩基维支。他曾深思过这样一个问题："大象是非常敦厚结实的，那么假如大象生蛋，那这个蛋一定

也是非常坚实的，这个蛋或许还可以作为一种攻击力很强的
武器呢。"

　　其实蛋壳并不如我们想象中那么脆弱，如果你用两只
手把鸡蛋握住，然后对它施力，那么你想使它碎都不是一
件容易的事情（图15）。蛋壳的结实缘于它表面是凸形的设
计，这正如各种穹窿和拱门建筑物坚固无比一样的道理
（图16）。

　　可是如果你从内部施加压力，那么这种凸形设计就会很
容易破损了，因为楔形石块的特殊形状却不能阻止它的上
升，只能阻止它的下落。

图15　用这样的方法挤压蛋壳，
需使用很大的力气才能让它破
碎。

　　蛋壳也是同样的道理，不过蛋壳胜在它的完整，使它在
外力来袭时不易受损。正如有人曾将一个四角桌的四个角放在
四个生鸡蛋上，结果蛋壳仍然完好无损。由此可见，蛋壳还是
很结实的。

　　这样说你能明白为什么鸡妈妈不担心自己庞大的身躯会压
碎蛋壳，而鸡宝宝只需在蛋壳上轻轻啄开一个小口，就可以破
壳而出了吧。

　　蛋壳的坚固是它保护小生物的天然屏障，可是这并不是说
它就坚不可摧，有时我们只需用手边的任何东西轻轻敲击，就
会发现它破碎不堪。

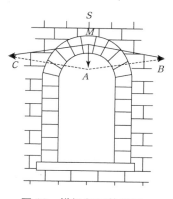

图16　拱门坚固的原因。

　　而我们日常生活中最常用的电灯泡同样如此。因为电灯泡
内部大部分都是没有空气的，因此对于外界的压力它无法施力
进行作用，而事实上外界的压力还是相当大的，如半径为5厘米的电灯泡几乎会受到等同于
一个人重量的力，75千克以上，由此一个真空式灯泡大约能承受2.5倍那么大的压力。

2.4　逆风行驶的帆船

　　你能想象一艘船顶着风前行吗？如果你问轮船方面的工
作人员，他们会告诉你，当风和船的方向是完全相反时，船
是无法行驶的；可是如果两个方向间呈锐角，约22°时船是
可以前进的。

　　那么当帆船的前进方向与风向夹角很小时，船是如何逆
风而行的呢？要解决这个问题，我们首先要弄清楚风是如何
将力量作用到船帆上的。很多人以为船在行驶过程中，帆动
的方向就是风的方向，其实并非如此，船的推动力是风向与
帆面垂直力的合力。

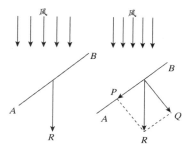

图17　风总是垂直于帆面作用
于帆。

　　我们设定图17中的箭头表示的是风向，线段 AB 表示的
是帆。风力是均匀作用于整个帆面的，因此我们可以将受力点定在帆的正中心，于是这个力
就可以分解为与帆面垂直的力 Q 和与帆面平行的力 P。由于风与帆面间的摩擦力太小，力 P
推动不了帆前进，因此帆船的行驶就来自于力 Q。

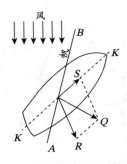

图 18 帆船也能
逆风行驶。

现在我们再来解释当夹角为锐角时，为何帆船仍能前进。我们假定图 18 中的线段 AB 表示帆面，线段 K 为船的龙骨。箭头的方向是风向。我们转动船帆，使帆面恰好处于龙骨与风向夹角的平分线上。根据图 17 的原理，力 Q 来表示风对帆的作用力，这个作用力是垂直帆面向下的。那么我们将这种力可以分解为与龙骨线垂直的力 R，和沿龙骨线向前的力 S。力 R 可忽略不计，因为龙骨吃水深，与船在行驶中遇到的水的阻力可以相互抵消，因此只有力 S 推动船前进，使船呈"之"字形逆风行驶，

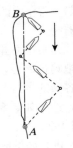

图 19 帆船曲折
行驶。

也就是船员们常说的逆风曲折行驶（图 19）。

2.5 地球真的可以被撬起吗

前面我们就提到过力学家阿基米德的名言"给我一个支点，我就能撬起地球！"，其实当时阿基米德还说了另一句话，他在给叙古拉萨国王希伦的信中证实了这一点。他说道："如果还有另一个地球，我就能踏到它上面把我们这个地球搬动。"

在阿基米德看来，只需将外力施加到长臂上，将短臂作用于物体，就能撬动任何重量的东西，例如他认为用双手去压杠杆就可撬起地球。

可是他却忽略了一个重要的地方，那就是地球的质量，即使我们有能力找到"另一个地球"做支点，又幸运地做成了一根足够长的杠杆，那么以地球的重量来说，我们究竟要用多长时间才能撬起哪怕只有 1 厘米的高度呢？

答案是至少要用三十万亿年！

其实，地球的质量是可测算的，它大约重为 6000000000000000000000 吨。

根据前面的知识我们已经知道要想抬起重物，就必须对长力臂施力，让短力臂施力于物，而这长力臂和短力臂的长度之比应为 1000000000000000000000000 倍！

图 20 "阿基米德设想用杠杆将地球撬起来"。

因此短力臂每抬高 1 厘米，长力臂相应的就会在宇宙间画出长约 1000000000000000000 千米的弧线。

那么我们来算算阿基米德把地球抬高 1 厘米需要耗多少时间？首先我们假设他每将 60 千克的重物抬高 1 米用时为 1 秒，那么他至少得花费 1000000000000000000000 秒，也就是三十万亿年的时间才能把地球抬高 1 厘米。

如此这般，阿基米德穷其一生恐怕也无法将地球抬高出我们肉眼所能看到的高度了。

而如果他想在力上讨巧，"力学黄金律则"告诉我们，最终他一定会使位移增加，也就是将耗费更长的时间。因此，即使阿基米德的手动得像光速（300000 千米/秒）那么快，他也将需要至少十几万年的时间才能实现自己撬动地球的壮语豪言。

2.6　拯救"特拉波科罗"号

"身形高大，四肢健硕，呼吸声如雷震震……"这是作家儒勒·凡尔纳的小说《马蒂斯·桑多尔夫》中对于大力士马蒂夫的描写，不知你还记得吗？这篇小说中曾有这样一幕让很多读者记忆深刻：马蒂夫徒手拯救了即将坠海的"特拉波特罗"号船。

在小说中，故事是这样发生的：

船已接近水面，船体两侧的物体已全部被卸下，只要再放开缆绳，船就会立刻冲进水中。六名船员正在做积极的拯救工作，只有 A 还在那儿悠闲地看着，一无所为。说时迟那时快，一只快艇此刻瞬间向船停靠的方向冲过来，原来，这只快艇必须经过"特拉波科罗"号船的位置才能安全进港。"特拉波科罗"号船在看到快艇行进的情况后，立即停止一切工作，以防两船间发生碰撞，于是，他们果断地决定要让快艇先过去，否则只会造成两败俱伤的结果。工人们停下了手中的工作，静静地看着这只夕阳下金光闪闪的快艇向自己靠近，突然有人尖叫一声，"'特拉波科罗'要下沉了！"人们才反应过来，可是此时"特拉波科罗"号船的船尾已经浸入水中了，眼见两条船即将撞到一起，可怕的灾难即将就此上演。

突然一个高大的身影出现在人们的眼线中，他嗖的一声抓住了"特拉波科罗"号船头的缆绳，止住了船头下沉的势头。随后，他将缆绳一端缠绕到拴船的铁柱子上，将另一端紧紧握在自己的手中。大约 10 秒钟后，缆绳终于不堪重负，崩断了，可是这短短的 10 秒钟已经足以让快艇安全地绕过"特拉波科罗"号船，两船都顺利脱险。

而这位伟大的抢救者就是马蒂夫，他一个人完成了全部的拯救工作，周围人未来得及给予任何帮助。

儒勒·凡尔纳在设计小说故事时，有意将这样的壮举交由力大无比的马蒂夫来完成，因为在他看来，只有有着强大身体素质的人才能完成这么艰巨的任务。可是事实上，任何一个有智谋的人都能做到。

根据力学原理，我们可以知道当缆绳与铁桩接触滑动后，就会产生摩擦，随着接触面积越大，摩擦力也就越大。因此，当缆绳在铁桩上缠绕 3～4 圈后，摩擦力也就相应的增加 3～4 倍，这时即使是小孩子都能借此拉住比自己重无数倍的物体。而河岸边的很多工作者就是依靠这个原理轻松让轮船登陆的。

欧拉公式 $F = fe^{ka}$ 就是著名数学家欧拉对于这种摩擦关系的公式注解，可以帮助我们更好地计算缆绳和铁桩之间的摩擦力大小。

其中公式中的 f 表示外界施加的作用力，F 表示反作用力了，e 值为 2.718……（自然对数的底），k 表示绳与桩之间的摩擦系数，a 表示缆绳缠绕在铁桩上形成的弧长与弧半径之比。

据此，我们可以将其公式运用到上述事件中。根据小说内容，船重 50 吨，假设船的倾斜度是 1/10，那么船作用到缆绳上的力量就只有船整个重量的 1/10，即 5 吨。

现在我们假定缆绳和铁桩之间的摩擦系数 k 为 1/3，因为马蒂夫在铁桩上绕了 3 圈缆绳，因此 $a = \dfrac{3 \times 2\pi r}{r} = 6\pi$

在这个公式中 r 表示的是铁桩的半径。由欧拉公式可知：$5000 = f \times 2.726\pi \times \dfrac{1}{3} = f$

未知 f（即所需的力量）可用对数求出：

log5000＝log f＋2log2.72

由此可得：f＝9.3 千克

综上所知，其实马蒂夫只需用不到 10 千克的力就可以实现这次的拯救之举。

不过此时我们还需注意，10 千克这只是一个理论上的数字，至于现实实践中，由于马蒂夫时代的船是用木桩和麻绳来拴的，因此 k 的实际数字要比我们上面说的大得多，这就导致实际所花费的力量要相对小得多。换言之，想象大力士马蒂夫那样伟大，其实你也可以！

2.7　打结问题

欧拉公式是 18 世纪著名的数学家欧拉在经过无数次实验和计算后得出的公式，它可以广泛运用于各个方面，例如我们生活中经常遇到的打结问题。其实打绳和拴船的原理是一样的，都是拴住绳子的一头，将另一头进行缠绕，然后靠摩擦作用打结成功。其中缠绕的圈数越多，摩擦力越大，结也就越结实。

而缝衣服纽扣的原理同样如此，将线绕到纽扣上，随着线绕的圈数越多，纽扣就会被缝的越结实，越不易掉落。当然这里有一点是核心：绕线的圈数越多，纽扣的牢固度也会等倍数的增加。

摩擦力是很多物体作用的关键，如果没有摩擦，人不能前行，纽扣更是会直接在重力作用下掉落。

2.8　摩擦的意义

正如我们上面所说，摩擦是事物定型的重要因素，是生活中不可或缺的现象。我们很难想象如果有一天摩擦力消失，这个世界将会发生怎样的巨变。

法国的物理学家希洛姆曾对摩擦作用做过如下形象的记叙：

在光滑如镜的冰面上行走，这样的经历我相信大家都曾有过，为了能顺利前行，我们都曾做过各种尝试，为此我们不能不感慨，我们平常行走的地面是如此适合行走，而这些都源自摩擦的作用。虽然摩擦在有些应用力学中是个可恶的障碍，可是在多数情况下，摩擦还是利于我们生活的，我们日常行走、工作，以及物体坠落而不毁坏都是摩擦的结果。

摩擦在我们现实中处处存在，它能增加物体的稳定度，使得桌椅能安稳得放置在地面上，杯盘能稳定地置于前进的轮船中。

因此如果有一天，摩擦在地球上消失，那时世上的一切都将失去支撑，像水一样随意地流动，而地球自己也会像烂泥一样成为一个柔软平滑的球体。

今天，通过科学的研究，我们更加强调摩擦的价值：没有摩擦，墙上的东西会自由滑落，我们将握不住任何东西，一切的声响也会永不停止，那时我们将充斥在回音的世界里躁动不安。

上面我们曾谈到在冰面上摩擦的作用，下面就有多则关于冰面摩擦的报道：

伦敦 21 日讯，由于天寒地滑，伦敦交通严重受阻，海德公园附近，更是发生了重大撞车事故，另有多人因路滑摔倒，被送往医院。

巴黎 21 日讯，巴黎及其附近的街道路面冰层较厚，已经发生了多起重大交通事故……

不过，固然摩擦力在冰面上力量很小，但是我们也可以因此利用这一点节省很多力气。雪橇以及冰路的运输线就是实例。冰路的运输线可以让马车用最小的力将重达 70 吨的木材从一个地方拉到另一个地方（如图 21）。

2.9　"彻留斯金"号因何破裂

虽然我们一直在说摩擦力在冰面上很小，可是我们不能因此就断言说：物体与冰之间的摩擦力在任何情况下都微不足道。因为当温度接近于零时，这种摩擦力是相当大的。曾有破冰船的工作人员专门对北极海冰与船钢壳之间的摩擦力进行了仔细的研究，冰与新船钢壳的摩擦系数为 0.2，在这种情况下冰与船间的摩擦力和铁与铁之间的摩擦力相比，绝对是有过之而无不及。

图 21　两匹马拖动的雪橇在冰路上仍能载重 70 吨。A 车辙；B 滑木；C 压紧了的雪；D 路基。

我们一直在说摩擦系数，可是这个系数对于船在浮冰间的行进而言究竟意味着什么，我们现在来具体研究一下，如图 22。图中船舷 MN 指浮冰承受的压力 P，力 P 又可分解为与船舷垂直的力 R 和与船舷相切的力 F。P 与 R 之间的角等于船舷与垂直线间的夹角 a。浮冰与船舷之间的摩擦力 Q 等于力 R 乘以摩擦系数 0.2，也就是 Q＝0.2R。当摩擦力 Q 小于力 F 时，力 F 就会把冰块向船外侧推移，冰块会在不损坏船体的情况下滑向海中；若力 Q 大于力 F，摩擦就会使得冰块滞留在船上，以致最后破裂。但是在什么情况下 Q 才能小于 F 呢？由欧拉公式可知，当 F＝Rtana 时，Q＜Rtana；又因为 Q＝0.2R，Q＜F 这个不等式就可以变换为：

图 22　浮冰作用于"切留斯金"号上的力的示意图。

0.2R＜Rtana 或 tana＞0.2

从三角函数表中可以查到，正切函数是 0.2 的角为 11 度。这也就是说当船体与垂直线的夹角大于或等于 11 度时，船就能在浮冰间安全地行驶。那么我们现在再来看看"切留斯金"号失事的前因后果。"切留斯金"号曾顺利经过了北部海洋全部航线，却在 1934 年 2 月与浮冰发生剧烈碰撞，最终船体粉碎，船员在两个月的煎熬后才得到救援。下面是关于这件事的相关描述：

施米特是"切留斯金"号船上考察队队长，他发现冰块挤压船舷，使得船舷向外突出，随着突出的程度越高，船舷破碎的程度就越厉害。终于，船舷不堪重压，最终从船头开始脱落，直至船身完全散架……

这样你大概就能从物理学角度明白这次灾难发生的根本原因了。由此我们也能得出结论：只有当船舷的倾斜度大于或等于 11 度时，船才能在冰海中安全地行驶。

2.10　木棒的移动规律

图 23 表现的是一根木棒的移动情况，在两个分开的食指间放上一根木棒，慢慢让两个手

指靠拢，你会发现即使两个手指并到一起，木棒仍然能保持平衡不掉落。而即使你多次改变手指开始的位置，木棒仍然能稳固在那里。如果把木棒换成尺子、手杖等任何能放置的东西，结果都将一样。

不过要想达到那个效果，有一点一定要切记，就是：两个手指一定要放置在木棒的重心下面，只有这样，才能让木棒保持平衡。

图 23　用尺子做实验的情况。

当两个手指分开时，离木棒重心越近，手指感到的压力就会越大，相应的摩擦力也就会越大，移动起来就会很困难，因此只有靠那个离木棒重心远的手指来活动。而当这个最初离重心远的手指慢慢靠近时，它又会离重心更近，那么另一个再移动，这样周而复始的滑动，直至两个手指并在一起，而这时两个手指的合并处一定在木棒的重心下面。

我们再看图 24，是用擦地板的刷子做同样的试验。这次试验我们可以更精确地计算，如果我们在两个手指合拢处把刷子切成两段，那么你们认为哪一段的重量会更大一些呢？是带柄那一段，还是带刷子那一段呢？也许很多人认为一定是相同重量，因为两边平衡了，可是事实上是带刷子的那一段更重一些。理由很简单，当刷子在手指上保持平衡时，刷子两段重力承受的力臂是长短不等的，而若在天平上平衡，那么力臂就变成等长的了。我为列宁格勒文化园的趣味科学馆制作了一组重心位置各不相同的棒。如把这些棒在重心处切成长短不同的两段，你将会发现，短的一段永远比长的一段要更重一些。

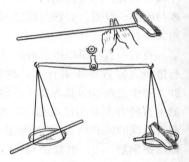

图 24　用两端不一样重的擦地板的刷子做实验的情况。

第三章
圆周运动

3.1 永不倾倒的陀螺

很多人小时候都玩过抽陀螺，可是你可曾想过为什么这些倾斜的陀螺，不论你怎么抽，它们都能保持不倒呢？这究竟是什么力的作用结果，重力又在其间起了作用吗？我想大家肯定都猜到了这里存在一对作用力和反作用力，且它们之间的作用关系非常有意思。现在我们就来具体分析一下究竟是什么力使得陀螺不倒。

见图25，请注意箭头 A 和箭头 B。A 指示的是陀螺转离你的方向，B 指示的是转向你的方向。当陀螺的中心轴向我们靠近时，A 侧会指向上面，而 B 侧将指向下面，这时它们将得到一个与陀螺运动方向成直角的内推力。同时，陀螺在旋转过程中因为速度很快，形成的圆周速度也就会很大，而我们外力施加给它的速度是很小的，这样两个速度一合成就与圆周本来的高速等同，陀螺也就会在这一对可相互抵消的力的作用下不发生变化。在我们玩者看来陀螺就像在抵抗着我们给予它的转动，而随着陀螺质量越大，这种抵抗就会越明显。

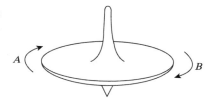

图 25　转动的陀螺不会倒。

其实，转动的陀螺不倒也是惯性作用的结果。如果我们把陀螺看成是无数点的合成，那么我们会看见这里面的每一个点，都在一个跟旋转轴垂直的平面上做圆周运动。惯性使得这些点都在沿与圆周的切线飞离圆周。但由于这些切线与圆周都属一个平面，因此每个点的运动轨迹就都在与这个平面垂直的另一个平面上，而两个平面都在竭力维持自己的位置，也就使得陀螺在转动过程中旋转轴永远不会发生变化（图26）。

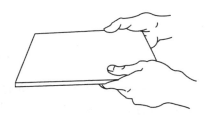

图 26　正在旋转的陀螺被抛起来后，轴旋转的方向仍旧不会改变。

陀螺的这种运行作用同样运用在一些交通工具里的罗盘、稳定仪上等，因此我们不可小看任何一个小小的玩具，它很可能就是我们身边很多伟大设计的根本。

3.2　手技的奥秘

上述的旋转原理还被应用在一个地方，这个地方肯定很多人都想象不到，这就是我们舞台上经常看见的手技表演。约翰·培里，这位英国著名的物理学家就曾在他自己的书《旋转的陀螺》中记述过这样一个情节：

有一次我曾给那些闲坐在伦敦著名的富丽建筑维多利亚音乐厅的人讲述过自己曾做过的几个实验。其中我提到一个让抛出物在抛出后能顺利回来的办法，就是让抛出物旋转起来。因为只有让物体旋转，它才能在运动过程中产生一股反作用力来抵抗外力，而现在的炮弹就是利用了这一原理，在炮膛里刻上螺纹线，使炮弹在发出后仍能做正确的旋转运动。

那次，我只是随便说了说，并没有做任何的表演。可是不久后，就有两位手技演员将这项原理搬上了舞台。他们将很多物体抛出再收回，甚至连刀子都没放过，观众在了解这些现象的本质前感到万分的惊异，随之在了解后恍然大悟，进而兴奋不已。这些现象就是对我说出的旋转原理的最佳阐释。

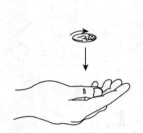

图 27　旋转着的硬币落下时的情形。

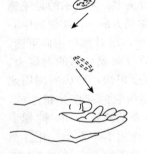

图 28　不再旋转着的硬币落下时的情形。

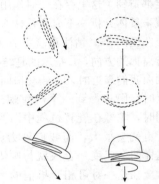

图 29　沿帽子本身的轴旋转，帽子抛起来之后也很容易接住。

3.3　鸡蛋不倒的办法

哥伦布曾就如何将鸡蛋直立起来发出过疑问，他自己的方法是将鸡蛋的底部敲碎，把它竖起来①。

这种方法固然是不正确的，敲碎的鸡蛋已经改变了形状，已经不能再被称之为鸡蛋了，而是其他的事物，因此如果想把鸡蛋直立就必须保持它本来的样子。

根据上面的学习，现在我们完全可以利用陀螺的旋转原理，在不改变鸡蛋形状的基础下，使其竖起来。如图 30，用手指拨动鸡蛋，使鸡蛋绕着它的中轴旋转起来，这样鸡

图 30　旋转的鸡蛋能够立起来。

---

① 其实哥伦布竖蛋的故事是虚构的，这件事实际上是发生在意大利著名建筑师布鲁涅勒斯奇身上的，而这位建筑师就是佛罗伦萨教堂最令人称道的巨大圆顶的设计者。

蛋一定会有一段时间是在旋转而不倒下的。当然这里要强调一点，要完成这一过程，一定要选用煮熟的鸡蛋。因为生鸡蛋里面都是液状，液体会影响旋转，这也成为很多主妇们鉴别鸡蛋生熟最简便的方法。而将熟鸡蛋立起来并不和哥伦布的问题冲突，因为哥伦布在提出这个疑问时，就是随手拿起桌上的鸡蛋，而桌上的鸡蛋一般都是煮熟的。

3.4　离心力的存在

亚里士多德是著名的哲学家，同时也是著名的科学家，早在两千多年前他就发现了旋转作用，他通过旋转作用想到，让盛水容器旋转就可让里面盛的水不会流出来。图 31 反映的就是这种情形。之前人们常常认为这是"离心力"的作用，是一种使物体脱离轴心的力量作用的结果。可事实上这种情形的发生完全是惯性作用的结果。

离心力在物理学上被定义为，专指旋转的物体对系线的拉力或压在其曲线轨道的实际存在的力。这种力是物体做直线运动最主要的阻碍力，因此排除了水桶旋转中离心力的存在，那么水桶究竟是为什么发生旋转的呢？在弄清楚这个问题之前，我们还需要明白这样一种现象：假设我们在水桶壁上凿开一个洞，那么盛在里面的水将会向什么方向流呢？

图 31 显示了在没有重力的情况下，水流会因惯性沿圆周 AB 的切线 AK 涌出，可实际情况是重力必然存在，因此水流将会沿抛物线 AP 流出。当圆周速度足够大时，AP 将会在 AB 的外面。由此我们可以知道，除非旋转方向恰好与水桶开口的方向相反，否则水都不会从桶内流出。

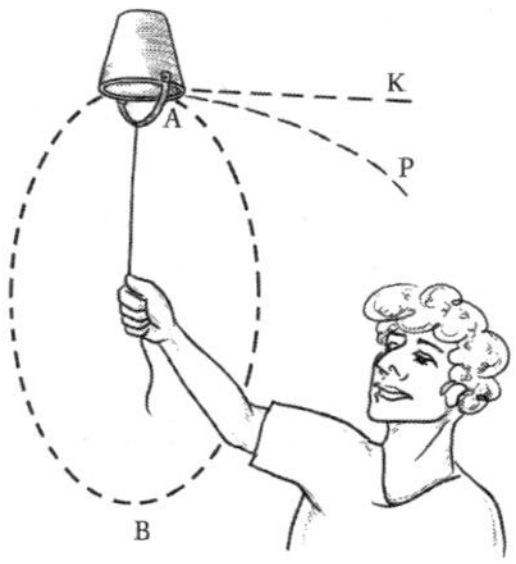

图 31　将水桶倒过来旋转，为什么水不会洒出来？

那么在旋转木桶向心加速度大于或等于重力加速度时，也就是使水流出的轨迹在水桶本身运动轨迹之外时，旋转水桶需要多大的速度才能使水不流出桶外。其中向心加速度 W 的公式是：

$W = V^2 / R$

公式中的 v 为圆周速度，R 为圆形轨迹的半径。根据地球表面的重力加速度 g＝9.8 米/秒^2，我们就很容易得出下列不等式：

$V^2 / R \geqslant 9.8$

假设圆形轨迹的半径 R 是 70 厘米，则

$V \geqslant \sqrt{0.7 \times 9.8}$ 米/秒　$V \geqslant 2.6$ 米/秒

2.6 米差不多相当于水桶周长的 2/3，也就是说只要我们每秒转水桶 2/3 圈，就可以使得水桶里的水不流出来。

在生活中有一种离心浇铸技术就是依据这个原理实现的，即当容器在水平位置旋转时，里面的液体会施力在容壁上。而离心浇铸技术中的液体比重不均匀，会呈现出不同的层次，那些比重大的就远离旋转中心，比重小的则靠近，从而分离出其中的气体，使气体散落到周围的空白处，以此避免形成气泡。离心浇铸技术浇铸的物体既方便耐用，又成本低廉。

3.5　魔法秋千的魔力

列宁格勒有一种娱乐设施叫"魔法秋千"，它是为喜欢刺激的人专门准备的。费多曾写过一本科学游戏方面的书，就曾对这个娱乐设施做过专门的描述（图32）：

这种秋千高高悬挂在房屋的横梁上，当游客坐好后，工作人员会撤掉一切进入这个屋子的器材，然后推动秋千，让旅客开始一场短暂的空中旅行。而工作人员自己要么坐在秋千后的座位上，要么直接离开。

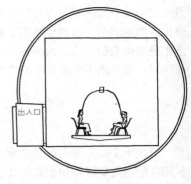

秋千开始震动，开始摆动的幅度很小，乘客尚且安稳，随后荡的越来越高，最高时甚至会绕着房梁转一圈。即使乘客已经做好了心理准备，可是真到那一刻，仍然感到自己有掉出秋千的感觉。慢慢地，秋千又减慢了摆荡的幅度，直至最终停止。

整个过程中其实秋千根本没有移动过，摆动的是这间房屋，它以乘客为旋转轴，做上下旋转运动。房屋里的一切都

图32 "魔法秋千"构造简图。

是死死地钉在墙壁或是地板上的，它要保证在房屋摆动过程中仍然不会滑落，而那些工作人员在临走前的推动动作只是一个象征性的动作，是迷惑旅客用的。这所有的一切都是假象，就是为了让旅客以为是秋千在动，以此增加你晃动的真实感和刺激感，而即使今天你知道了这个秘密，可是当你坐上去时，你仍然会被迷惑的，这就是这个游戏最成功的地方，完美地运用了错觉的价值。

普希金的诗歌《运动》其实就是这种原理的艺术演绎：

"世界上是没有运动的"，一个大胡子哲人这样说，

另一位哲人随即在他面前静静地踱着步子，

这是最让人赞赏的回答。

可是，朋友们，正是这个趣闻

使我想起另外一个例子，

一个关于太阳和伽利略的故事。

因为当年伽利略创造性地提出一切星球都是静止的，只有人在动，而遭到了悲惨的对待；而今天如果你和别人说一切都是静止的，只是房屋在以我们为旋转轴旋转，那么你的下场一定也不会太好。

3.6　房屋在动还是秋千在动

很多时候为了让别人相信你的观点正确是一件很困难的事情。就像我们上面提到的魔法秋千，即使你明白了是自己的错觉，可是想让周围的朋友也相信却很不容易。这时你们可能会争论究竟是秋千在动，还是房屋在动，而此时你们是无法通过任何器材来获得答案的。

你可能会争辩道：一定是房屋在动！因为如果是秋千动的话，那么我们早就从秋千上掉下来，摔个底朝天了，可是现在我们还安全地坐在上面，所以一定是房屋在动，而不是秋千动！

这时我就会据理力争道：那你想想我们之前说过的水桶出水的原理，当水桶在旋转过程中，水是不会洒出来的，同理，魔法秋千中的我们当然不会摔倒啊。

你又争辩道：既然我们不能互相说服，那么我们干脆用数字说话。只要我们能计算出向心加速度，我们就可以依据公式推算出我们的数据是否能使我们安全地坐在秋千上……

我马上抢白道：不用计算。既然这个秋千能存在这么久，那么建造者肯定早就测算过无数遍了，以确保这个数据能保证旅客不会从秋千上跌落，所以这种计算肯定是没有意义的。

你坚持说：没关系，我还有办法让你相信我。你看我现在手上的铝锤，它的重心一直都是指向下面的，这个下面会随着我们的上下翻转而改变，有时是我们头顶，有时是我们的一侧。如果房屋真的一直静止，而只是秋千在动的话，那么这个铝锤的重心应该一直指向地板才对。

我继续坚持己见：这个观点有问题，因为如果我们旋转速度足够大时，铝锤的重心会永远朝向旋转半径的外方向的，在这里也就是我们的脚下。

3.7 旋转中的房屋

现在我教你一招，可以让你在上面的争论中处于不败的地位。当你下次坐"魔法秋千"时，一定要记住带上一个弹簧秤和砝码。将砝码放在弹簧秤上，然后观察数字，你会发现指针指出的数字完全等同于砝码的重量，而与秋千运动完全没有关系，因此这也从侧面证明了秋千是不动的。

而如果我们带着弹簧秤做旋转运动的话，其间除了重力作用，离心力也要发生作用。当我们运动到圆周下半部分时，离心力就发挥了作用，以至于砝码的重量会有所增加；而在上半部分时，砝码重量就减小了。砝码的时重时轻更证明了是房屋在动，而非我们人在动。

3.8 "魔球"的世界

在美国，有一个和圣彼得堡的"魔法秋千"一样让众多游玩者痴迷的娱乐设施，它被称为转盘式球形小屋（下称魔球）。置身这间小屋，会使人有种走入童话的感觉。

你还能回忆起自己站在超速旋转的圆台上的感觉吗？当圆台加速旋转时，人会有一种被抛出去的感觉，而当你离旋转中心越远，这种抛向外的感觉就会越加明显。如果此时你闭上眼睛，你会感觉自己并非站在一个平面上，而是一个难以让人平衡的斜面上。图33就为我们解释了这一原理。当我们在旋转平台上时，我们会同时受到离心力 C 和重力 G 的双重作用，C 的

图 33　人在旋转着的平台外沿上所受到的力。

作用方向朝外，G 朝下，两个力的合力 R 是指向斜下方的。当旋转速度越快时，合力就会越大，也就是倾斜的程度更明显。

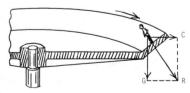

图 34　这样的情况下人就可以安稳地站在旋转平台的外沿上。

如图34，我们假定这个圆台是向上弯曲的，那么当圆台不动时，我们一定会感觉难以平衡，可一旦它旋转起来，我们反而会感到如履平地。因为合力 R 的方向也是倾斜的，正好可以与圆台的弯曲成直角。通过科学的发展，我们现在已经知道，这样弯曲倾斜的平面事实上是抛物线的面，它是一种特殊的几何体。正如我们让一个装有水的杯子做旋转运动，当杯子旋转时，靠近杯壁的水会上升，中间部

位的水会下降，此时形成的倾斜面就是抛物面。

　　而如果把水换成蜡，杯子的旋转会让蜡液慢慢凝固，当蜡液凝成固态蜡后形成的面就是最标准的抛物面。这样的抛物面静止状态看是倾斜的，可是当杯子旋转起来时，这样的平面对于物体来说反而是水平的了，此时抛物面上的任何东西都不会掉落（图35）。现在当大家明白了抛物线原理后，我们再来解释魔球的构造就容易多了。

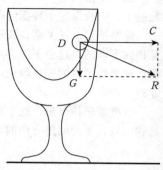

图 35　杯子旋转达到一定速度时，小球会贴在杯壁上不下落。

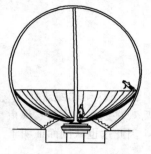

图 36　"魔球"结构图（剖面图）。

　　图 36 画的就是这个魔球，它的底部由可旋转的站台组合成了一个抛物面平台，平台下面装有可使魔球旋转的设备。如果此时旋转魔球，而周围静止不动的话，站在魔球上的人一样会感到眩晕，为此建造者在平台上又安上了一个不透明的玻璃球，这样可使玻璃球和平台同时运动，人也因此不会感到晕眩。

　　这就是转盘式魔球的构造。只要魔球旋转起来，不论你站在平台的什么位置，你都会感觉如同立于平地上一样安稳。不过这里有一点需要提出，那就是在魔球上的人会感到自己看到的和感受到的是不同的。如果此时你从平台一边走到另一边，你一定会感觉自己如同走在气泡上般轻盈，甚至还带点晃动。其实这是一种错觉，而之所以会产生这种错觉，又源自当你站在旋转的魔球上时，你会错以为自己是站在水平地面上的。可是如果你此时睁开眼睛，你所看到的那又是完全不同的画面，你会感觉那些站在魔球上的人像苍蝇一样，是趴在墙上的（图37、38）。若把水泼到魔球内的地板上，水会随着魔球的旋转四处飞溅，均匀地泼洒在地板表面。而对于球内的人而言，这俨然是一堵封闭的斜墙。

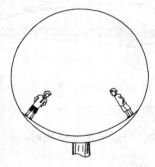

图 37　两人在"魔球"中的实际位子。

图 38　两人在"魔球"中的错觉位子。

　　魔球的全部运作不能用简单的重力原理来解释，因此才会让旅客有一种置身梦境的感觉。而这种感觉飞行员同样会有。当飞行员以 200 千米/时的速度做半径为 500 米的曲线飞行，他会感到地面是倾斜的，倾斜角大约是 16°。

图 39　人在旋转实验室
里的实际情况。

图 40　实验室旋转时人在旋
转实验室里的情况。

而魔球的设施在德国的格丁根市也有，不过这里是仿照魔球做的一个科学实验室。这个实验室是一栋圆柱形的房屋，房屋可以旋转，直径 3 米，转速 50 转/秒（图 39）。这间房屋里的地板和其他房屋一样，都是平整的，只是墙面是倾斜的，因此当房屋旋转起来时，里面的人只有靠在墙上才不会感觉眩晕，因为房屋在向右倾斜，而墙壁本身的倾斜反而会使人平衡（图 40）。

3.9　液体镜头望远镜

我相信很多人都见过反射望远镜，这种望远镜的镜面就是抛物线。为了实现这一结果，设计者们颇费了一番心思。直到美国物理学家罗伯特·伍德解决了这一问题，他将一个装有水银的广口容器旋转，水银刚好形成了一个完美的抛物线，这个抛物线既可以反射光线，又可以制成反射镜，而罗伯特·伍德就是利用了这一平面制成了液体镜面。

不过这种望远镜并不是毫无缺陷的，它所依据的液体镜面会因为细微的波动发生变形，反射出的镜像就会出现扭曲现象，同时使用这种望远镜只能观察到天顶中的天体。

3.10　摩菲斯特圈

我想你应该看过车技表演吧，那些让人眼花缭乱的动作和设计总是能吸引观众的视线。很多时候演员会在圆形跑道中做各种新奇的姿势，而当这些演员将自行车骑到跑道上部时，他的头竟是朝下的。

如图 41 所示，在整条跑道中有一处或几处的地方会呈现圆圈状。当演员骑车从圆圈前面冲下，他在攀上圆圈顶部的过程中，头部会越来越向下倾斜，直至环形中部时头会完全与圆顶呈 180 度夹角，最后顺利走完全程。可能此时有些观众会发出疑问，当这些演员头朝下时，他们不会掉下来吗？他们是靠什么支持着的呢？他们该不会被什么绳子吊着欺骗我们这些观众的吧？但事实上，这一切都是真的，我们完全可以用科学来解释这一切。

力学原理告诉我们，如果把人换成子弹，它也可以完美地绕跑道走完全程，这种现象被取名为"摩菲斯特圈"，曾有人特意用演员和自行车重量和的大球通过这段轨道，只要大球能安全通过，那么演员就能顺利表演完。

现在你能猜到这种现象发生的原理了吗？其实这和水桶旋转不出水的道理是一样的，只

不过水是客观的，演员是主观的，所以演员在表演中可能
出现失误，因此他们出发前常常要精确计算好高度，这样
才能避免灾难的发生。

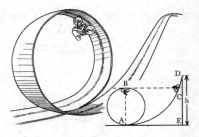

图 41　"摩菲斯特圈"，右下角
为计算用图。

3.11　数学中的趣味

我能想象到在这个世界上，一定有很多人不喜欢数学
和物理，即使有对这些感兴趣的人，其中也会有一部分人
因那么乏味的公式而兴趣大减，不过我要对那些拒绝数学
和物理的人说，你们在拒绝这些无趣的公式时，也不知不觉中拒绝了那些有趣的现象和故事。
就像我们上面一节所讲述的摩菲斯特圈现象，如果你不喜欢数学，你就无法用数学公式趣味
性地测算出演员该在何种情况下顺利完成表演。

现在我们就来趣味性地演算一下吧：

假定 h 为演员出发时距离地面的高度；

t 为 h 中高出魔圈最高点的长度，从图 41 可以看出，t＝h－AB；

r 为圈的半径；

m 为自行车与自行车手的质量和，其重量可用 mg 表示，g 的数值不变，永远是 9.8 米/
秒，也就是重力加速度；

v 为自行车手到达圈最高点的速度。

如图 41，现在我们开始演算，当演员滑行到 C 点位置时，这里 C 点和 B 点的高度相同，
此时 C 点的速度可用公式 $v=\sqrt{2gt}$ 或 $v^2=2gt$ 来表示，因此自行车手到达 B 点的速度
$v=\sqrt{2gt}$。

而演员为了不至于在怪圈的最高点掉落，他的向心加速度就必须大于重力加速度，也就
是保证 $v^2/r>g$ 或 $v^2>gr$，由于前面我们得出 $v^2=2gx$，因此 $2gx>gr$，或 $x>r/2$。

因此，由这些数据，我们可以知道，只有当跑道倾斜部分的最高点大于圆圈部分的最高
点，且大于的值超过圆圈半径的 1/4 时，演员才能安全表演完全程。这里我们假设圆圈的半
径是 8 米，那么演员出发的高度就必须大于或等于 20 米时，他才能如愿完成表演，而不致发
生灾难。

说到这里，我们需要指出一点，到目前为止，我们的计算都是将摩擦力排除在外的，如
果加上摩擦力的影响，自行车在 C 点和 B 点的速度是很难相同的，一般情况下车手到 B 点的
速度都会比到 C 点慢。

此外，这项车技表演中所需的车子都是在重力作用下进行的，因此无需加链子，而全程
中车手也无须改变车速，他只需要稳稳地走在轨道正中心，不发生任何偏移即可，否则车手
的安全就值得担忧了。毕竟在表演中每个车手的速度都是很快的，大约有 60 千米/时，假定
整个圆圈的半径是 8 米，那么他们发生危险（大多数情况下是被甩出轨道）所需的时间仅仅
只要 3 秒钟而已。不过大家也无须过于担心，只要外在设备齐全，车手发生危险的概率还是
很低的，大部分情况下悲剧的发生都来自车手自己的表现。曾有一本有关车技表演的小册子
叫《自行车特技表演》，它是一本车技演员的自传，其中就明确指出："车技表演的危险主要
来自车手本人，如果他在表演中有任何的情绪波动，都可能会影响发挥，甚至发生灾难。"

其实大家在电视上经常看到的飞机特技表演同样如此，在飞机旋转的过程中最重要的就

是飞行员的技术和心态，只有做好这两点，飞机才能更安全、更顺利地完成全部的表演。

3.12　聪明的骗子

过去，曾有一个骗子，他经常去赤道附近的国家买东西，然后拿到两极去卖，通过改变货物的分量来欺骗顾客。因为同样 1 千克的物体在赤道称和在两极称大约相差 5 克，两极附近要略大一些，因此货物拿到两极卖时就会比实际看上去更大一些，不过在这里交易一定不可以用杆秤，而应该用赤道制造的弹簧秤，这样才能达到增加货物的目的。比如我们在秘鲁买黄金，拿到意大利卖，如果没有运费的话，这笔买卖的收入将是很可观的。

虽然我并不赞同这个骗子的欺骗方法，可是我不得不说这个骗子还是非常聪明的，他很好地利用了重力离赤道越远就会越大的原理，而这个原理的根本在于：在运动的地球上，赤道的运动轨迹最长，凸出的程度最明显。

而地球的自转会使得物体重量不断减小，因此当物体在赤道上称时就会比两极轻，大约轻 1/290。

而这种差距会随着物体本身重量的增加而不断增加，因此重量大的物体显示出的差距会更明显一些。例如，一艘重达 60 吨的轮船，若从莫斯科到阿尔汉格尔斯克，它的重量就会增加 60 千克，而若从莫斯科到敖德萨则会减轻 60 千克。就目前的运输情况而言，每年约有 30 万吨的煤会被从斯匹次卑尔根群岛运往南方各港口，如果用我们今天的理论，那么当这些煤到达赤道附近时用弹簧秤称，我们会发现货物将会减轻约有 1200 吨。正如曾有人将一艘重达 2 万吨的军舰，从阿尔汉格尔斯克开往赤道附近，虽然此时军舰已经减轻了 80 吨，可是却没有一个人有所感觉。按理说 80 吨也是个不小的数字了，可是由于军舰和周围的一切都变轻了，所以人们毫无察觉。

地球的自转带来了昼夜交替，如果我们假设一天不是 24 小时，而是 4 小时，那么同样 1 千克的物体在赤道和两极的重量差就会越来越大，约有 875 克。而这种重量差在土星上同样存在，那里的物体在两极和赤道的差额大约是 1/6。

由于向心加速度与速度的平方呈正比例关系，我们很容易推算出，当地球自转速度达到现在速度的 17 倍时，赤道上的向心加速度就会和地球重力加速度等同，而此时赤道的向心加速度将会是现在的 290 倍，造成的结果是赤道上的一切物体彼时都将完全处于失重状态，而若想同样的情况出现在土星上，则只需要将土星的自转速度提高 1.5 倍即可。

第四章
万有引力

4.1　相互吸引的作用

地球上的我们总是默认了地球自身对于地球上的一切都存在着吸引，正如法国著名的天文学家阿拉哥所说的："如果有一天落体现象消失了，那么我们将会被震惊的。"可事实上，不论我们是否相信，物体之间都是互相吸引的。

也许此时你会问，为什么我们在日常生活中看不见物体的相互吸引呢？为什么牛顿著名的万有引力只能出现在科学中，而无法表现在我们生活中呢？其实理由很简单，因为我们日常生活中出现的物体太小，因此引力也就显得太微不足道了。举个简单的例子大家就能明白：两个人相对站立着，看似两个人互不关联，其实他们之间是相互吸引的，只是这种引力太小，估计只有用最灵敏的仪器才能测算出来。因此这种引力无法与我们的脚和地面间的摩擦力相提并论，也就无法使得我们互相前进。而曾有人真的计算过这种引力，对于中等身材的人而言，这股引力大约是1/100毫克，毫克是多小的单位啊，1000克才是1千克，1000毫克才是1克，何况还是1/100毫克，这么小的引力当然不能让我们察觉，这也是很正常的现象。

当然上面的情况都是在有摩擦力的前提下讨论的，如果没有摩擦力，两个相距两米的人会以3的倍数成倍的靠近，第一小时靠近3厘米，接着9厘米、15厘米……直至5小时候完全黏合。

因此在没有摩擦力的情况下，再小的引力都会被察觉，都会起作用的。悬挂的物体会因地球引力而垂直向下，而若这个物体附近还有其他物体的存在，那么两个物体间又会相互吸引，从而使得物体指向地球引力和物体引力的合力方向。这种现实情况最早是在1775年被观测到的，是一位名叫马斯基林的科学家在苏格兰的一座大山边发现的，他发现大山附近的铅锤并不垂直指向下，而是有所偏离，后来再用更精密的仪器进行测算和试验，最终确定了这种相互引力的存在。

诚如我们上面所说，这种引力是非常小的，常常小到肉眼很难察觉的程度，而这种引力大小与物体质量的乘积是呈正比例关系的。曾有一位动物学家，时常说自己能看到两个海船间的万有引力，但事实上这是不可能的。假定两船的重量都是25000吨，如果它们相距100米，那么之间的引力也不会超过100克，100克对于一条25000吨的船而

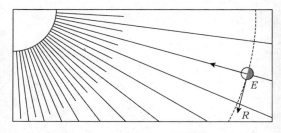

图42　太阳的引力使地球E沿轨道旋转。惯性的作用使地球有沿切线ER飞出去的力。

言是个多么微小的概念，那么我们又怎么可能会看见这种引力的存在呢。

不过你切不可以为这种引力就永远无法被察觉了，在质量很大的物体间这种引力还是相当明显的，比如我们的天体之间，像是离我们最遥远的海王星，它对我们地球都有约 1800 万吨的引力。而太阳对地球的引力更为显著，如果没有太阳引力的存在，地球将会沿太空轨道的切线一路飞向未知的地方（图 42）。

4.2　太阳与地球的联系

正如我们上面所说，如果没有太阳引力的存在，地球将飞向一个未知的空间，那么这将是多么可怕的现象。如果我们假设能用一根巨大的绳索拴住太阳和地球，代替这种引力的话，那么我们需要制造像直径 5 千米，切面约有 2000 万平方米的硕大钢柱 200 万根，才能拉动约 2000 亿吨的拉力，勉强使得太阳和地球不致完全脱离。

这样 200 万根钢柱如果全部插上，那将是一片钢柱的森林。而在这个森林里的每一根钢柱间的间隙只有略大于钢柱的直径，才能相当于太阳和地球间的那个引力。这么大引力却只可以让地球以每秒 3 毫米的速度偏离切线，因此质量大的物体间引力也是很大的，而地球和太阳的这个例子也在引力之外更佐证了地球的质量之大。

4.3　引力真的可以被阻隔吗

上面我们假设的是太阳和地球间的引力消失，地球将飞向外太空，可是如果连重力都消失了，那么地球将会出现什么情况呢？到那时，地球上的一切物体都将在地球自转的结果下向星际外飞去。

科幻小说《月球的第一批造访者》就是以这样的假想为创作思路的，英国作家威尔斯在这本书中提出了一种特别的、能让人去往外星球的新鲜方法。他赋予小说主人公凯伏尔科学家的身份，让他研发出一种能阻隔引力的特殊化合物。只要把这种化合物涂抹在任何你想涂抹的物体上面，那么这个物体就会立即失去地球引力，在与其他物体相互引力的作用下飞往外太空，小说中这种化合物被称为"凯伏尔剂"。

小说中写道：

众所周知，万有引力是作用在一切物体上的，即使我们可以阻隔光线、阻隔物体，我们都无法阻隔太阳引力和地球重力的影响。但是凯伏尔不甘心如此，他不相信这个世上没有万有引力的克星，他认为利用人工合成的方法制成的化合物是可以阻隔这种引力的。

如果真到那时，我们每个人都将力大无比，只要涂有这种化合物，我们就能轻松举起一切重量的物体。

而小说中的主人公在提炼出这种化合物以后，就开始设计能带他实现星际旅行的飞天船，这种飞天船完全是依靠天体的引力来飞行的。

小说中对这个飞行器是这样描述的：

船整体是圆球形的，它的里面可以容纳两个人和他们的行李，非常宽敞明亮。整个机身由两层组合而成，里层的质地是坚硬的玻璃，外层则是钢。船内备有各种能制成压缩产品的设备，船身涂有一层"凯伏尔剂"，整只船的里层是封闭的，只有一个舱门可打开；外层制作简单，由特制弹簧制成的钢板拼装而成，这些钢板可以由船内的乘客通过电流自由控制升降。若将钢板放下，整只船将会完全封闭，任何光线和引力都无法穿透；而若打开任何一块钢板，太空中与它相对位置的引力就会将飞行器吸引过去，如此反复，通过打开不同的钢板，飞行器就能飞向不同的地方，舱内人就能轻松地做一次星际旅行。

4.4　飞向月球

作家威尔斯在小说中对于飞行器出发的那一刻描写得非常引人入胜，主人公自制的"凯伏尔剂"使飞行器完全处于失重状态。但实际上，任何没有重量的物体都是无法存在于大气层底部的。比如，有一个软木塞按正常情况将它抛向湖中，它会立刻沉入湖底，可是如果在没有重量的情况下，它就会马上浮上湖面，然后在地球自转的影响下，被抛向大气层顶部，接着在宇宙间做自由运动。小说主人公就是利用了这一原理实现星际旅行的。

凯伏尔通过打开不同位置的钢板来使飞行器分别接受来自太阳、地球和月球的引力，最终到达月球的表面，接着再运用同样的方法返回地球。

此时我不打算讨论主人公这种飞行方式，更准确地说应该是作者威尔斯这种幻想的可行性和合理性，我们姑且先随着这位主人公一起开始一段星际旅行吧。

4.5　初到月球

《月球的第一批造访者》中的主人公最终到达的是重力比地球小得多的月球上，小说中曾以另一个到达月球的地球人的口吻写了这样一段话，来表明他们到达月球后的感受：

当我到达月球后，我试着把自己的身体伸出飞行器的机舱，我发现在我视线之内全是雪，而这些雪上毫无任何生物存在的痕迹。

凯伏尔迟疑地走出舱内，小心翼翼地走到了月球表面，我隔着玻璃窗看见他先走走停停，后来干脆跳了起来。

虽然我看到的他有些模糊，不过我还是能大致猜出他这一跳足有6~10米。我看见他朝着我的方向用手比划着，也许他是在呼唤我吧，只是我完全听不到声音，可是我很好奇为什么他不用走而用跳呢？

于是我也跟着爬出了机舱，落到月球地面上，当我刚开始迈出脚步后，也开始不由自主地跳起来了。

这种感觉像飞一样，我瞬间来到了凯伏尔身边，凯伏尔在一块岩石顶上等我，我原打算抓住这块岩石，可是当我还没有碰到岩石时，我就被挂在上面了。我顿时惊恐万分，凯伏尔也在我耳边不断强调让我小心，我突然想起了月球上的引力很小，只有地球上的1/6这一事实。

于是，我慢慢地往岩石顶部爬去，终于在艰难的爬行后，我如愿和凯伏尔并肩站立，俯视着这块星球。我看见我们的飞行船在离这里约有30英尺的位置上，它下面的积雪早已经开始融化了。

我回转身，本打算让凯伏尔也看看飞行船那边的情况，结果一回头，发现凯伏尔已经销声匿迹了。

这一下，我感到很震惊。我想看看他在不在岩石后面，于是我急切地向那边跑去，可是我忘记了此时我不是在地球上，而是在月球上，我随便跨出一步就足有 6 米远，此时我已经超过岩石边 5 米的距离了。

我恍如置身梦境，时而在空中，时而在深渊。如果是在地球上，我们正常的下落速度是第一秒 5 米，可是同样的一秒在月球上就只能降落 80 厘米。因此在月球上，想从高空坠下受伤也是很不容易的。这次从岩石上飞下，我花了大约有 3 秒钟，晃悠悠地落在岩石谷底的雪堆里。

我开始到处呼喊："凯伏尔！凯伏尔！"

突然，我在一块离我约有 20 米的峭壁上看见了凯伏尔，他正在笑嘻嘻地朝我坐着各种手势，通过这些手势，我大致能猜出他是希望我到他那边去。

可是此时我离他的距离还是不近的，于是我有些犯难，不过很快我就想到，大家都是从同一个位置来的，那么到同样的位置去又有什么难呢。

于是，我铆足一口气，朝凯伏尔的方向跳去，整个跳跃过程中，我感觉自己像是在飞一样，这种感觉很惬意、很舒服。不过可能是太舒服了，以至于我用力过猛，竟然生生从凯伏尔的头顶飞过去了。

4.6　月球上的子弹运动

如果想弄清楚重力在运动中的作用，那么我们有必要看看苏联科学家齐奥尔科夫斯基的《在月球上》一书。在地球上的任何物体，因为受到大气的干扰，在运动中总是有各种力的综合影响，可是在月球中，因为没有空气，这些问题就相对简单得多。

《在月球上》这本书上的两位主人公主要是研究发射出的子弹的运动状态，下面就是他们对此发生的一段对话：

"火药在这过程中起了作用吗？"

"由于空气对爆炸物扩散的影响，在真空中的爆炸物威力会更大一些，同时因为火药本身含有足够多的氧气，所以它在爆炸中无需氧气的补充了。"

"这次我们射往上面吧，这样弹壳就可以落到附近，我们就不需要跑很远找了……"

话音未落，只听得"砰"的一声，火光瞬间照亮了天空，地面也似乎开始了震动。

"枪塞呢？怎么没在附近呢？"

"枪塞跟子弹一起飞出去了，在地球上物体会受到大气的影响，可是在这里没有空气的影响，不论你投掷出去的是什么东西，最终都会命中目标的。这里的物体重力小，即使是质量相差很大的羽毛和铁球，我们都能毫不费力地投出相同的距离，现在我们就分别将羽毛和铁球一齐朝向那块红色花岗石上投吧……"

结果羽毛投掷的速度甚至超过了铁球，仿佛得到风的帮助一般。

"子弹已经射出去 3 分钟了，怎么还是看不见它的影子呢？"

"再等等，可能过两分钟，它就回来了。"

果然不出所料，两分钟后地面开始震动，枪塞就在不远处出现了。

"这颗子弹飞行了不少时间啊，那它的飞行的起始点究竟有多高啊？"

"70 千米。它飞得相当高，大概与这里没有空气有关，没有空气就没有阻力，物体的重力也小，所以能飞这么高。"

现在我们就把数字带进去计算一下：

我们保守的假定子弹射离枪口的速度是 500 米/秒，那么在没有空气时它的射高就是：

h＝v²/2g＝500²/2×10＝12.5 千米

月球的重力是地球的 1/6，因此公式中的 g 就为 10/6，因此在月球上该枚子弹的射高为：

12.5 千米×6＝75 千米

4.7 钻通地球

到目前为止，人们对于地心的认识还很少。有人认为，地壳下面地心处是炽热的熔浆；有人认为，地壳下面地心处仍然是坚固的实体。至于地心究竟是什么，其实很难得出结论。因为一个正常人能下矿井的深度是 3.3 千米，目前最深的矿井也不过 7.5 千米，可是地球的半径却有 6400 千米，就目前的技术而言，还没有人能够穿透地球看到地心的真实情况。18 世纪曾有两位科学家想过用钻凿的方法钻通地球隧道，他们分别是数学家莫佩尔蒂和哲学家伏尔泰，而法国天文学家费拉马里翁更是以此为题写过一篇文章，他的想法和前两位一样，但是

图 43　如果在地球中沿直径凿穿……

设计和规模却小得多，图 43 就是这篇文章中经过修改的插图。不过遗憾的是，时至今日，这样的设计都未成形，不过为了研究我们暂且假设真的有一个无底的矿井存在。那么我想问你，先强调两点，忽略空气阻力的作用，同时由于这是一口无底的井，你不会被摔得粉身碎骨，那么此时你认为如果你掉落其间，会出现什么情况呢？

会落到地心吗？答案是否定的。由于你在下落过程中速度非常大，大约有 8 千米/秒，因此你会从深井的一端落下，穿过地心继续向另一端坠落。这时如果你不设法攀上井沿，那么你将在井中做一次往返运动，最终又回到出发的地方。如图 44 所示，通过力学知识我们可以看出，这就是物体在井中做周而复始的往返运动，而原因就是抓不住任何东西来终止这种永不停歇的跌落和返回。

那么，也许你会问，做这样一次跌落和返回的往返运动需要多长时间呢？答案是一个半小时，更精确的结果是 84 分 24 秒。

费拉马里翁的书中还有这样的描述：

如果这个竖井是从地球一极贯穿地轴然后连通另一极，那么其间的物体就会发生上述往返运动。而如果把开凿竖井的起始点放在像欧洲、亚洲或非洲等其他纬度上时，情况就不那么简单了，其间将会受到地球自转的影响。众所周知，地球在自转，地球上的一切物体也都随之在运动中，而且运动速度相当快，像赤道附近的速度能达到 466 米/秒，巴黎所在的纬度相对慢一些，但也能有 300 米/秒。因此，在地球上的物体，离地球自转轴相距越远，

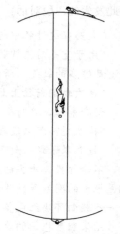

图 44　物体落入地球中凿穿的洞时，会在两端无休止地往返。来回一次的时间是 1 个小时 24 分钟。

其圆周的速度就会越大，故而，当把小铅球抛向井中时，铅球不会直线下落，而是会稍稍向东偏移。由此，如果我们将这深井的开凿点选在赤道上，那么井的宽度和斜度都会得到加大，物体在下落过程中就会越来越远离地心而偏向东边。

而若将开凿点放在南美洲一个海拔 2000 米的高原上，与深海相连，那么如果有人不幸失足落入井中，他就将在天空和海洋间做往返运动，而且速度非常快；而若是井的两端都在海面上，那么当这个人到达另一端时已经没有速度了，我们完全可以轻松地将他接住。

4.8 神奇的俄国隧道

如果你对物理学感兴趣，那么我为你推荐一本在圣彼得堡非常畅销的书，这本书里有一项非常有趣的设计，这是作者罗德内赫的精心构思，这本书还有一个奇怪的名字——《自行滚动运行式铁路（圣彼得堡—莫斯科）——科幻小说（三章，未完）》。

这项巧妙的设计就是："在俄国新旧两个首都间修一条长约 600 千米的笔直的地下隧道，将其贯通起来，这样既可以节省两地间的来往时间，又可以加强两地间的联系。"

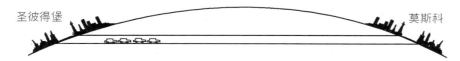

图 45　在莫斯科与圣彼得堡之间挖一条平坦隧道的话，隧道中的车辆便能够自动往返。

如果这项设计能够成行的话，那么任何交通工具和人都可以自由穿梭于两个城市之间，这将是空前的成功之举。其实我们上面讲到的那口深井和这项设计同理，只是隧道是从地球的弦上开挖，而深井是贯穿地心的。如同 45 所示，也许你会以为这条隧道是绝对水平的，可事实上这条隧道是有一定斜度的，这你可以用简单的两条线就得到验证。这两条线是隧道两端的地球半径线，地球半径线肯定是垂直的，那么如果隧道与垂直线的夹角是 90 度°，就说明隧道是水平的，可是结果你会发现隧道与垂直线间的夹角并非是 90°，因此隧道其实是倾斜的。

因此在这样的隧道里，物体总是会在重力的作用下做往返运动。利用这一规律，我们可以在其间架设路轨，这样依靠机车自身的重力（这里的机车是代替火车头来牵引火车用的），火车就可以自由来回了。不过开始的速度一定很小，随之越来越大，直至它快到能感受到空气的阻力。此时我们暂且撇开空气不谈，当火车经过隧道中间时，其速度是非常惊人的，然后一路飞驰，期间如果没有摩擦力的影响，那速度还会更大。当火车从列宁格勒到莫斯科总共只需要 42 分 12 秒，不过令人奇怪的是，火车从莫斯科到符拉迪沃斯托克或墨尔本所耗的时间同样如此，这与隧道的距离无关，其实与交通工具也没有多少关系，如果把火车换成马车或汽车，耗时也相同。这真是一条奇妙的隧道啊！

4.9 隧道的实施措施

那么我们究竟该如何开凿这条隧道呢，图 46 为我们提供了三种方法。

　　其中第二幅图属于水平开挖，因为图中弧线上的所有点都与垂直线垂直，这样开凿出的隧道才能保持水平，而使得其中的水只会积聚在洼处中部，而不会向两边流出，同时人也可以一眼望尽整条隧道。

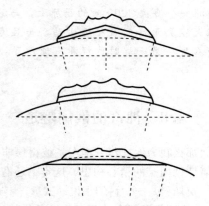

图 46　穿过高山开凿隧道的三种方式。

♠ 第五章 ♠
乘炮弹到月球去

现在我们再回头来看一个问题，就是我们之前说的关于儒勒·凡尔纳的两篇小说《从地球到月球》和《环月旅行》中涉及的星际旅行。如果你看过他的文章，我相信你对巴尔的摩尔大炮俱乐部的会员一定记忆深刻，自从他们从战场回来后，就开始冥思苦想去月球的办法，终于他们想到借用大炮，将坐在空心炮弹中的乘客发射到月球上的方法来实现登上月球的愿望。

那么这个想法有没有可行性呢？这个世界上究竟有没有一种东西能轻松地离开地球而不再回来呢？

5.1 巴尔的摩大炮俱乐部成员的幻想

牛顿在他的著作《自然哲学的数学原理》中曾这样写道（为了便于大家理解，下文为意译）：

> 重力作用会影响石块的落地轨迹，使它在飞出后呈曲线落地，而随着抛出时的速度越大，其飞行的轨迹也会越长，因此石块很可能沿曲线飞 10 英里、100 英里、1000 英里，最后甚至可能永远地飞离地球。

如图 47，AFB 表示的是地球的表面，C 是地心。UD、UE、UF 分别表示从高山顶向水平方向抛出的物体的速度逐次加大时的轨迹曲线。这里我们暂且不论大气的阻力，将最初的起始点看作零，那么随着起始速度的增大，轨迹就分别是 UD、UE、UF 和 UG。而当这个速度达到一定时，石块就会绕着地球转一周，最终又回到它开始的地方，而速度的不断增大，会使得这种循环一直持续下去。

图 47 在高山顶上以极大的速度水平抛出石块，它下落时的轨迹。

那么回到我们上面说的故事，主人公设想的那门虚拟大炮，若大炮发射的炮弹，在达到一定速度时，也会像石块一样围绕地球做周而复始的循环，而这个一定的速度就是 8 千米/秒。因此当速度达到这样时，炮弹就会成为地球的卫星，从此远离地球，而这颗卫星仅需 1 小时 24 分钟即可绕地球一周，因为它的速度是赤道的 17 倍。

而如果再加大炮弹的速度，那么它就会和地球慢慢拉开距离，绕出一个椭圆，直至最后当初始速度达到 11 千米/秒时，物体就会彻底与地球脱离，飞至未知的宇宙中去。当然这一切的发生，都是在真空状态下的，如果有空气的存在，那就复杂得多了。上面我们已经从理论上得到了一些数据，可是事实是至今为止，现实中炮弹的初始速度连 2 千米都无法达到，因此儒勒·凡尔纳小说中巴尔的摩尔大炮俱乐部成员的那个想法是很难实现的。

5.2 这样的炮弹真的可以飞向月球吗

但是在小说中，大炮俱乐部的会员们还是如愿铸造了一门身长 250 米，被垂直埋在地下的巨型火炮，此外还造了一个重达 8 吨、内部空心的炮弹，炮弹里装有 160 吨硝化棉火药。如果按小说中人的想法，那么撇开空气阻力，炮弹的初始速度需要达到 11 千米/秒，这样炮弹才能如愿飞上月球。

可是这样的构想在物理学上能够实现吗？

可能看完小说，你也会认为他们是信口胡言，因为现实根本铸造不出那样的大炮和炮弹。可事实上，最大的问题不在于大炮和炮弹本身，而在于炮弹的初始速度无法达到 3 千米/秒。

此外，还有空气阻力的影响，空气阻力对炮弹飞行轨迹会产生很大的影响，因此想通过乘坐炮弹飞上月球是很不现实的。

同时还有一个因素我们不可忽视，就是旅客是坐在炮弹中，被大炮射出去的，被发射本身就是极具危险性的，如果能被安全射出后，旅客反而没有危险了。这就像是我们这些生活在地球上的人，虽然地球公转速度很大，可是我们依然安之若素。

5.3 瞬时压力的威力

上面我已经提到，当旅客被安全射出后是没有危险的，最危险的时刻就是在大炮射而未射的那百分之几秒里，因为就在这百分之几秒里炮弹的速度会瞬间由 0 增加到 16 千米/秒，旅客当然会感到心惊胆战。这正像巴尔比根所说的，此时的危险等同于让人站在炮弹面前，被炮弹击打是一样的，两股力的大小是相等的。因此小说中的会员们以为最多不过是碰破头的危险，就把危险看得太低了。

而事实要厉害得多。随着炮膛内气压的增加，炮弹在里面的速度会不断加大，只需一秒，速度就会由 0 增加到 16 千米/秒。为了便于阐释，我们假定这种加速的过程是均匀的，那么要实现这种情形，就需要加速度达到 600 千米/秒，而地球表面的重力加速度是 10 米/秒，这是何其鲜明的对比！因此，坐在炮弹中的乘客会在发射前的百分之几秒里感受到超过炮弹本身几万倍的重力，这样的重力会让他们非常痛苦。正如巴尔比根的帽子在一瞬间增加了 15 吨，人戴在头上能不感觉到压力吗？

5.4 不可实现的旅行

力学原理告诉我们，其实我们只要把炮筒加长，就可以缓解上述的压力。

通过计算可以得出，只有把炮身增长到 6000 千米，也就是让大炮通过地心，贯通整个地球，旅客才能保持重力和地球相同，才不至于感到不舒服。而之前的不适感完全是由于加速，使得他们的体重感觉增加了一倍，身上的负担当然相应的也会增加。

虽然重力的增加会让旅客感到不适，不过庆幸的是这还不至于让他们感到危险。正如我们乘坐雪橇，在下滑过程中，若改变方向体重会瞬间增加，只是在滑雪中体重增加的不多，我们才不至于感到难受。如果人在短时间内重力增加 10 倍多，那不适感就明显多了，而当炮身有 600 千米时，人就会有这种感受。

因此现实告诉我们这样的大炮是很难铸造出来的，小说中的星际旅行也就只能是幻想。

5.5　旅行中的数学

上面我们都是通过理论来谈旅行的可行性，现在我们就用数字来具体计算一下这种情况。这里有一点需要强调，实际情况中，炮弹在炮膛做的不是匀加速运动，可是为了计算方便，我们假定炮弹做的是匀加速运动的。

由匀加速公式可知：

在 t 秒末，速度 v 为：

$v=at$（a 表示加速度）

经过 t 秒的运动，所走的距离 s 是：

$s=at^2/2$

结合小说中的数据，炮膛在空中的时候是 210 米，也就是 s 的数据，大炮最后的速度 u＝16000 米/秒，代入公式，先求得炮弹在炮膛的运动时间 t：

$v=at=16000$

那么 $210=s=at \cdot t/2=16000t/2=8000t$

$t=210/8000 \approx 1/40$ 秒

再将 t 代入公式 $v=at$ 中，得出

$16000=1/40a$

所以

$a=640000$ 米/秒^2

也就是说，炮弹在炮膛里运动的加速度是 640000 米/秒^2，换言之，这个加速度是重力加速度的 64000 倍。

那么将炮身增加多长，就能使 a 达到 100 米/秒^2，也就是重力加速度的 10 倍。同样将数据代入公式：

$a=100$ 米/秒^2，$v=11000$ 米/秒。

从公式 $v=at$，得出：

$11000=100t$，由此可以算出：$t=110$ 秒。那么，炮膛的长度应为：

$S=at^2/2=100 \times 110^2/2=605000$ 米，即约 605 千米。

因此由上述这些明确的数据，我们可以正式宣布儒勒·凡尔纳小说主人公们的设计只能成为幻想。

第六章

液体和气体的特性

6.1 死海不死的秘密

死海淹不死人的事实，我想无人不知。而究其原因，是因为炎热天气使得死海里的水分被蒸发，盐分就滞留到了海里，不断堆积，直至今日盐分已经高到阻止了一切生物的存活。现今死海的盐度已经达到了 27％以上，含盐量为 400 万吨，严重超过常规海洋的含盐量，而且随着海水深度的增加，含盐量会更高，因此这样高浓度的盐分，使得死海里的水比普通海水重量要大得多。而人在其间会比这些海水还要轻，因此会浮在海面上，永不下沉。就像阿基米德说的，人会像鸡蛋浮在盐水上一样浮在死海海面上的。

幽默大师马克·吐温曾这样描写他在死海里游泳的感受：

不论我们怎么晃动，居然都沉不下去，这感觉真爽！在这里，我们可以随意摇摆自己的身体和头部，甚至可以抱住自己的双膝，惬意地躺在海面上，不过你也别太随便，不然就会因为头部太重，而翻个筋斗，那也是很不舒服的。不过你倒是可以在水里倒立，倒立时只有你头部和颈部会接触到海水，只是倒立的时间可能不会很长。在死海里有几件事完成起来还是有一定难度的，例如仰泳，你得用脚跟打水；俯泳，你甚至都无法前进，只能后退。因此在死海中，人很多时候更像是一匹马，侧身永远比直立更方便。

如图 48 所示，这是一个惬意地躺在死海海面上的人，他可以轻松地在海面上打着遮阳伞看书。其实能像死海那样，永不下沉的海还有卡拉博加兹戈尔湾，它的含盐量达到了 27％，也远远超过了普通海洋 7‰的含盐量，因此在这里的海水①活动和死海的功效一样。

图 48　躺在死海上的人。

很多身体不适的人都曾试过用盐水来洗澡，当水像旧鲁萨矿物水那样，含盐量很大的时候，在其间洗澡的人是很难到达水底的，需要花相当大的力气。其实这是阿基米德定律的必然结果，可是很多人并不理解，就曾有一位在旧鲁萨疗养的妇女向我抱怨说，疗养院的人管理不善，浴盆的设计都有问题，里面的水总是把她推出去。

船只在海洋中的吞吐量与海水的含盐量有着密不可分的关系，也许你曾在船体上见过一种被称为"劳埃往标记"的符号，这个符号指代的是船只在不同水域中的最大吞吐量，自 1909 年后，这种标记就成了每艘船上必备的符号之一。图 49 表示的就是一艘船的"劳埃往

---

①　卡拉博加兹戈尔湾里海水的密度为 1.18，据科学推算显示，人们可以很轻松地在这样的水里活动。

标记"：

在淡水里（FreshWater）——FW；

在印度洋里，夏季（IndiaSummer）——IS；

在咸水里，夏季（Summer）——S；

在咸水里，冬季（Winter）——W；

在北大西洋里，冬季（WinterNorthAtlan-tic）——WNA；

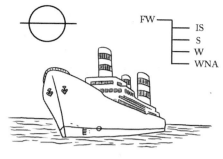

图 49 "劳埃往标记"。

最后还有一点需要向大家强调：在水中，还有一种不含任何杂质的纯净水被叫作重水，这种水的密度是 1.1，换言之它的重量是普通水的 1.1 倍，而在这种水中人也是不会下沉的。重水普遍存在于我们的普通水中，它的化学分子式是 D_2O，大约每一桶普通水中约有 8 克重水。而现在的科技使得我们可以很方便地提取重水，在这种纯净的重水中，最多只会含不足 0.05％的普通水。

6.2 破冰船的工作原理

不知道你可曾做过这样一个实验：当你在出浴盆前，你有没有试过在浴盆里放水躺着，随着盆中的水越来越少，你露在空气中的身体体积越来越大时，你会感到自己的身体在不断增重，那时你一定以为，只要你站起来，彻底离开水面，你因水而减轻的重量一定会瞬间恢复过来。

其实这样的实验鲸鱼就经常做。当海水退潮时，鲸鱼被搁浅，它就会出现上面我们人类那样的感受，不过这时鲸鱼很可能会被自己的重量压死，这也解释了为什么鲸鱼喜欢生活在水里，因为水可以让鲸鱼免受重力的压迫而活的更长久一些。

上面我之所以提到那两个例子是为了说明这一节的主题——破冰船的工作原理。破冰船就是根据上述原理来工作的：船体露出水面的部分，不存在水的浮力，因此那部分的重量等于船体本身在陆地的重量。这里我们需要区别切冰船和破冰船，切冰船是通过船头的压力来切割冰层的，不过也只能切割一些很薄的冰层，而破冰船的工作方法可不是这样。

那些功率强大的破冰船在切割冰层时，由于船头吃水部分的设计是倾斜的，所以它只需要把船头整个推到冰面上，此时由于船完全脱离水，所以它的重量与陆地等同，这样强大的重量就足以将冰层切碎了。而如果在船头部分加上水，学名"液态压舱物"，那么这个重量就会更大了。

一般的破冰船就是通过这种方式将不足半米的冰层切碎的。而若遇到更厚的冰层，破冰船就只能采取强行撞击的方法。破冰船会先后退，然后加速直接用船体去撞击冰层，通过船在后退再前进的过程中产生的力量来撞碎冰层，此时的破冰船更像是一个运动中的炮弹，即使几米高的冰群也会很轻松地被撞碎。

1932 年曾有一只破冰船成功开辟出了极地航线，这只破冰船被称作"西伯利亚人"，而上面有一位叫马尔科夫的船员曾对这只船的工作情况做过详细的记述：

此时破冰船开始在几百座坚冰环绕的区域战斗，驾驶舱的各个指针上前一刻还在显示船在全速后退，马上又跳转为全速前进，这种情况已经持续了 52 个小时。"西伯利亚人"号为了打通极地航线，船员们每 4 小时换一班，总共换了 13 班才终于完成。破冰船有时直接用船头猛烈撞击冰块，有时又让船头在前进和后退间反复碾压冰块，这样终于成功切碎了 0.75 米的冰块。而这样的撞击每撞一下就让破冰船前进了三分之一个身位。最后有一个小常识向大家普及一下，历史上，全世界最大功率的破冰船曾产自苏联。

6.3　沉船沉到哪里

很多人都有这样的认识，甚至长年在海上的工作人员都以为，如果有船只在海上发生事故，那它的最终命运一定是被海水推向海洋的低洼处，浮在水中，而不会沉入海底，因为深海处的海水受到上面水的压力，密度很大，完全可以使得事故船只不下沉。

甚至连作家儒勒·凡尔纳也这样认为。他在小说《海底两万里》里就对相关情况做了这样的描写，甚至还用了"年久破损的事故船只飘荡在水中"这样的语言加以概括。

那么事实真的是这样吗？就表面看来，这种解释似乎是合理的，深海压力之大早已经众所周知了。如果把一个物体放在深达 10 米的海水中，那么这个物体每平方厘米将承受来自水的压力接近 1 千克；如果放在 20 米中，那么压力就会增加到 2 千克，以此类推，100 米 10 千克，1000 米 100 千克。

而像很多海洋，它们的海水深度是很大的，譬如马里亚纳海沟的水深就高达 11 千米，我们不难想象，如果物体落在这样的海水中，将要承受的压力会有多大。

我们可以用一个简单的试验来验证深海的压力之大。一个瓶口被塞得很严实的空瓶子若被放入深海中，过一会你再拿出来，你会发现这时的瓶子早已灌满了水，而瓶塞也已经被水压压进了瓶内。著名的海洋学家约翰·默里在他的代表作《海洋》一书中就曾写下这样一个他亲自完成的试验：取三根粗细不同的玻璃管，密封住玻璃管的两端，然后将三个玻璃管并在一起，在外面包上一块帆布，接着再在帆布外面包上一个铜制的圆筒，圆筒并不封死，筒身留有空隙，方便水在其间的流动。最后把包着圆筒的玻璃管整个放入深 5 千米的海水中，不久将其取出，玻璃管早已经破碎一片。

而如果把玻璃管换成木头，将木头浸在海里一段时间后取出，再放入桶装水里，木头会很快沉入海底，因为早在海洋中，木头就被海水浸泡得很结实了。

木头的这个例子有没有让你有所触动，如果木头会被海洋的压力压得密实，那么海水本身肯定也难逃这个命运，所以物体落在海水中会像铁秤锤落在水银中一样不会下沉。

可真实情况是以上说法都是错误的。水是不可能被压缩的，这是通过无数次实验得出的结果。实验显示，每平方厘米的水在压力 1 千克的情况下，也仅仅缩小两万两千分之一而已，因此如果我们想让铁在海水中不下沉，就需要把海水的密度增加 7 倍。可是水的密度与体积成反比例关系的，水的密度增加一倍，相应的体积就会减少一半，也就是要在每平方厘米的水上增加 11000 千克的压力，而这种压力只有在 100 千米以下的海洋中才能得到。

因此由上可知，深海里的水不会因海洋的压力而密度增大很多，因为即使最深处的水，密度也不过就比之前增加了不足 5% 而已。

这并不会影响物体的悬浮情况，如果物体是固体的，那么影响就更小了。因此，如果有船只落入海中，那么一定难逃沉入海底的结果。约翰·默里在书中也写道："如果物体会在杯中水里下沉，那么在海洋中也会同样如此。"

也许此时你会提出怀疑，如果我们把一只玻璃杯翻转过来置于水中，玻璃杯就不会下沉，而是浮在水面上。可是那是因为玻璃杯倒置就将一部分水排出了杯外，而排出杯外的这部分水的质量恰好与杯子本身的质量相等。而若把玻璃杯换成金属杯，由于金属的质量更大一些，因此它排出的水就会更多一些，相对的，杯子在水里的位置就会更向下一些，但都不会沉入水底。而若是船只这样上下颠倒落入海里，那么它也会因阻塞空气而浮在水中间的。因此如果你注意看，你会发现几乎悬浮在深海里的船只都是翻转的，这样的船只不能经受丝毫的触碰，不然一旦翻正了，那么船就会很快沉入海底。不过庆幸的是，在海洋中的船只基本是安全的，它不会轻易受到碰撞。

以上的理论其实都是根据常识来解释的，真正用在物理学上，这些都是不成立的。如果要让翻转过来的杯子沉入海底，那是需要外力作用的。因此颠倒的船只同样如此，当它落入海中，如果没有外力的施加，就永不会下沉到海底的。

上面我们提到的海洋都是针对陆地而言的，你能想象有一天如果没有陆地，世界会是什么样子吗？英国物理学家泰特通过科学的计算发现，如果地球引力突然消失，水就会变得像空气一样轻，这时海平面会上升，"陆地会被海水彻底淹没，因为陆地存在本身就是通过压缩海水而显现出来的。"

6.4　潜水球与深水球的出现

在儒勒·凡尔纳的小说中有一艘很著名的潜水艇叫"鹦鹉螺"号，"鹦鹉螺"号的速度很快，可以达到50海里/时（1海里大概是1.8千米），而现实生活中潜水艇的时速大约为24海里/时，也就是不到它的一半。在小说中，"鹦鹉螺"号的潜水艇实现了环绕地球两周的计划，而现今的潜水艇最多不过环绕地球一周而已。虽然我上面说了"鹦鹉螺"号诸多的优点，可是你切不可以为现代的潜水艇就无所功用，事实上，当代的潜水艇在很多方面早已超过了"鹦鹉螺"号。譬如"鹦鹉螺"号排水量小，规模小，能在水底工作的时间也不足两天而已，而现实生活中，早在1929年的法国，一艘名为"休尔库夫"号潜水艇，它的排水量就已经接近"鹦鹉螺"的3倍，约3200吨，船员是它的五倍多，水下的停留时间更是高达五天。

"休尔库夫"号潜水艇在法国至马达加斯加岛的旅途中一路前行，不曾有丝毫停歇，船上的条件非常舒适，甚至还有完美的水上侦察设备，可以防止潜水艇在水下工作时漏水。此外，"休尔库夫"号潜水艇有"鹦鹉螺"号上所没有的潜望镜，可以在水底对水面上的情况进行观测。

不过我们也不得不说，在潜水深度这一方面，现代的潜水艇是远远无法和"鹦鹉螺"号相提并论的。儒勒·凡尔纳曾在小说中对"鹦鹉螺"号的潜水情况做如下描述："潜水艇在尼摩船长的指挥下不断下潜，距离海面的高度从3千、4千、5千……一直到10千米。"甚至有一次，"鹦鹉螺"号下潜到了水下16千米。那次的情况小说主人公做了详细的记述：

潜水艇下潜到16千米了，甲板上的拉索似乎在一阵阵地晃动，支撑艇身的钢板弯曲了，甚至窗户都已在海水的压

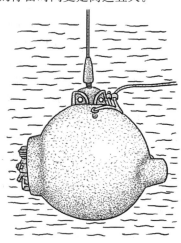

图50　钢制潜水球。

力下发生了变形。不过庆幸的是，我们的船还算坚固，不然它估计也难逃被压成碎片的命运。毕竟在 16 千米的水下，压力可达到：

16000÷10＝1600 千克/平方厘米，即 1600 个大气压。

这样大的压力完全可以将潜水艇的结构损毁。但是现实生活中，并没有这么深的海洋，而"鹦鹉螺"号究竟是不是到达了这么深的海里，当时的仪器又无法给出确切的答案。

小说所处的时代最主要的检测仪器是麻绳，而麻绳有个很大的特点，就是当它入水时，会与水产生很大的摩擦，随着入水的深度越大，摩擦也就越大，这样当摩擦达到一定程度时，即使你往水中放麻绳，麻绳也不会下沉，而只是在水里盘旋成一个圈，因此人们总会感觉麻绳往水中伸得很长，这水的深度很大。

根据"鹦鹉螺"号下沉 16 千米压力为 1600 个大气压，我们可以推算出现代的潜水艇最多只能下沉 250 米，因为通常情况下它们能承受的压力小于 25 个大气压。但是有一种特殊的设备去可以潜入很深的海里，这种设备是专为研究深海里的动物而准备的，它被称为"潜水球"。

不知大家有没有看过威尔斯的小说《海洋深处》，在这本小说里提到了一种装置叫深水球，这种深水球就与潜水球有异曲同工之妙。小说主人公乘坐这种深水球可以到达 9 千米的海洋里。

这个深水球是通过装卸重物来实现船体的下沉和漂浮，当它携带重物时就会沉入海底，之后将重物卸载，就能很快地浮上水面。不过潜水球与此有所不同，它是通过船身的系索下沉到深海里的，曾有科学家已经通过这种方法成功到达了深约 900 米的海洋中，而且当他们入水后仍能顺畅地与船上的人进行交流。

6.5 17 年后重见天日

船只沉没于海洋是一件极其平常的事情，战争时期更是司空见惯。战争时，当船只入海后，每个国家都会派出人力进行积极地救援。而据数据显示，苏联在战争期间共救出了 150 多艘有价值的船只。其中还有一只在白令海沉没了 17 年的破冰船，这只被称为"萨特阔"的破冰船 1916 年沉没，直至 17 年后才被重新找到，再次整修使用。

阿基米德定律不仅适用于飞行技术，同样适用于打捞技术。在打捞"萨特阔"号时，潜水员们是通过在 25 米的海底挖坑，固定钢带一端，然后将另一端拴在船体两侧的空心铁筒上。如图 51 所示，这种空心铁筒完全封闭，重达 50 吨，体积约有 250 立方米，排水量是 250 吨，因此它能承载 200 吨左右的重物，这种空心铁筒学名"浮筒"。打捞工作者就是通过将钢带拴在浮筒上，然后向浮筒中输入像图 51 那样的压缩空气，将浮筒中的水压出，使浮筒的重量减轻，让它在周围水的作用下向水面漂浮，以此来将沉船拉上水面，而这全部的工作都是在水下 25 米完成的。

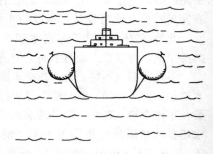

图 51 打捞起沉没海底的"萨特阔"号时的示意图。

虽然打捞前工作人员已经做好了各种准备工作，可是当到实际打捞时，还是困难重重。工程师博布里茨基是这次打捞工作的负责人之一，他就曾对这次的打捞过程做出了这样的阐述：

在打捞成功前，我们等待了很久，第一次我们看见从水里升上来了东西，满心欢喜地以为是沉船，结果不过是一些散碎的浮筒和输气管；后两次，潜水员好不容易将沉船拉到了水面上，结果我们船上的人还没有把钢带拉住，船又沉下去了。

6.6 "永动机"的永不转动

物体在水中悬浮的原理适用于很多地方，如图52、53中，我们经常见到的"永动机"就是依据这个原理设计而成的。还有一个很有特点的塔也是如此，这座塔高达20米，设计师在塔内灌满水，塔顶和塔底部都各自装有一个缠着缆绳的滑轮，缆绳的缠绕使得塔整体看来像是一条环形带，缆绳上被拴有14只体积为1立方米的空方匣，这种正方体的空方匣周身被铁皮包上，密不透水。

图52 设想中的水力"永动机"。

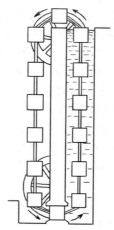

图53 水塔的纵剖面图。

设计师为什么要设计这样的塔，方匣的工作原理又是什么呢？阿基米德原理告诉我们，方匣会由于它们排开水的力而被推向水面，这种力是水重与方匣数的乘积，像图中共有6个方匣，也就是说这种力约有6吨。至于方匣的自重早在塔内外的升降过程中相互抵消了。

因此，缆绳会承受6吨左右的力，这股力方向垂直向上，会促使缆绳围绕滑轮转动起来，而且每转动一圈就会产生12万千克的功，由此我们可以设想，如果整个国家到处都建这样的塔，我们不仅能获得取之不尽的功，同时还能获得用之不竭的电能。

可事实上，缆绳的转动绝不会如此简单。缆绳的转动是需要方匣从塔下进，塔上出的，可是方匣在从塔下进时就会遇到很大的阻碍。当方匣在入塔时，会受到两个力的作用，一个是重达20吨方向向下的压力，一个是重6吨方向向上的拉力，两个力的合力是无论如何不会把方匣拉进塔里的。

图54显示的是一款简单的"永动机"，这种永动机永动的就是底部的鼓型轮。根据阿基米德原理，只要我们将这个

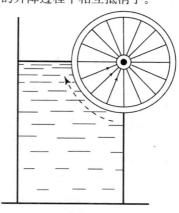

图54 另一种水力"永动机"。

木制鼓型轮放入水中，水强大的浮力就会让鼓型轮永远运动下去。不过我劝你们千万别真去做这样的永动机，因为它注定以失败而告终。因为在我们刚刚提到的作用力中，我们只关注了它的大小，却忽略了它的方向，鼓型轮在水中受到的作用力方向是与轴心成一条直线的，也就是与鼓形轮的运动方向成90°夹角，因此轮子根本不会转动，这是任何一个有常识的人都能知道的结果，所以我们无须花力量制造这种永远不会动的"永动机"。阿基米德原理本身是很科学的，它对于"永动机"的发明既是促进也是阻碍，可是这并不妨碍科学家们不懈地以此为制作原理，希望终有一日能成功地制造出一种"永动机"是通过重量来换取能量的。

6.7 科学术语的推广

科学家们曾创造来了很多与自然科学有关的词语，例如"气体""大气""温度表""电流计"等。其中"气体"一词是荷兰化学家黑尔蒙特受到希腊语"混沌"的启发创造出来的，这位化学家同时还是位医生，他与伽利略是同时期人。黑尔蒙特通过研究发现，有一部分空气是可以自燃和助燃的，而另一部分却不可以，于是他把这种可以燃烧的气态物质叫作气体。

但是，"气体"一词自出现伊始，就被人们长久忽略，直到1789年孟格菲兄弟热气球上天事件才使这个词瞬间被人们广泛使用，不过就在同一年，著名化学家拉瓦锡在热气球事件前，先开始使用了这个词。

同样是气态物质，黑尔蒙特将其取名为"气体"，而俄国自然科学家罗蒙诺索夫则在他的著述中为其命名为"弹性液质"。罗蒙诺索夫对于科学名词的推广起到了重要的作用，他曾将"大气""气压计""空气泵""胶黏性""结晶""物质""压力计""光学""光酯""电酯"等科学术语引入俄语，并慢慢推广，直至今天成为全球最规范的科学术语表达方式。

而在推广科学术语方面，罗蒙诺索夫自言："我是一个科学家，我有义务为仪器和物质命名，只是刚开始大家可能觉得这些名字很奇怪，不过随着使用人群的增加和时间的延长，人们会慢慢习惯并接受的。"

而事实是，罗蒙诺索夫的愿望真的实现了。不过在科学术语的推广上，也不是人人都能这么幸运的，像是《现代俄罗斯语详解词典》的编纂者 B. 达里，就一直希望能将"大气"一词取消，用"宇气"或"地气"加以替代，不过遗憾的是，至今这都只能是一个希望。此外，诸如以"天地"代指"纬线"等的希望最终也都没能获得通过。

6.8 茶炊倒水现象

现在假设你的面前有一个茶炊，这个茶炊有30杯水的容量，我们先往一个茶杯里注水，大约半分钟能注满一杯，那么请问如果我要把这个茶炊里的水全部倒出需要多少时间呢？

我想这个问题只要会简单计算的人都能很快给出答案，没错，就是15分钟。可是事实上，如果你真的去做这个实验，你会发现情况完全不同。倒空这个茶炊所用的时间不是15分钟，而是半小时。

这又是怎么回事？有这么复杂吗？那么这个时间差究竟是如何造成的？

原来我们之前都默认茶炊里的水是匀速流出的，可是实际情况并非如此，当茶炊中的水在减少一杯的量后，炊具中的水平面下移，相对的水压也会减小。这时再倒出第2杯的量自然所耗的时间就比第1杯多，也就是要超过半分钟，以此类推，以后每一杯都比前一杯所耗的时间要长。任何液体只要它被盛在无盖的容器里，当需要它向外流动时，它流出的速度一定是与外面液柱的高度呈 $v = \sqrt{2gh}$ 的关系。这个关系还是伽利略的天才学生托里拆利计算出来的。

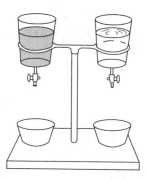

这里 v 表示液体流出的速度；g 为重力加速度，h 为液体流出口与液面间的高度。由此我们发现，其实液体的流出速度与密度无关，因此密度不同的任何两种液体，只要它们在相同的液面上，它们所具有的速度就会完全相同，如图 55 所示的酒精和水银就是如此。但是，如果重力不同时，所耗的时间也就会不同，因此如果把上述倒水的实验放在月球上，那么它所需要的时间将会超过地球上时间的 1.5 倍。

图 55　相同体积的水银和酒精，哪一种流出的速度更快?

如果我们细化上述的实验，当茶炊里倾倒出了 20 杯水时，水位将只剩下原来的 1/6，此时若在倾倒第 21 杯，那么将需要花第一杯 2 倍的时间。而若再倒水，高度就会变成 1/4，届时就是 3 倍的时间。随着茶炊中剩下的水越少，倾倒的速度就会越慢。用数学公式表现即为：当液体向外流出时，流出的越多，液面越矮，那么下面倾倒的就会越慢，因此同样量的液体，如果是按这样液面渐次降低的方式流出所耗的时间，将会是在液面不变时流出所耗的时间的两倍。

6.9　一个被低估的高等数学问题

由上面茶炊倒水的情况我们可以推演到一个大家如雷贯耳的水池问题。这个问题一定曾经纠缠了很多人，简单举个例子：

用两个容量不同的水管向同一个空水池中注水，一根需要 5 小时，另一根需要 10 小时，如果此时将两根水管同时打开，那么注满这个水池需要多长时间?

这个问题其实最初并不是以现在的样式出现的，最初它是由古希腊亚历山大城的希罗提出的，他提出时是这样说的：

假设在一个水池里安装有四个喷泉，这四个喷泉分别向水池里注水：

第一个喷泉只需要 24 小时就可以注满。

第二个喷泉需要第一个的两倍，即 48 小时。

第三个时间更久，需要三个昼夜。

而第四个喷泉流速最慢，共需耗费 4 天的时间。

那么如果我把这四个喷泉同时打开，注满这个水池共需要多少时间?

从希罗提出这个问题至今，已经过去了两千多年，一代又一代的人翻来覆去地研究着这类问题，可是至今都没能给出一个正确答案。

其实前面提到的茶炊倒水问题和这里的水池问题是相通的。根据茶炊问题的解题思路，我们可以将水池问题理解成这样：第一个小时里，第一根管子能往水池里注水 1/5，但是第二根又会把其中 1/10 的水排出，因此当两根管子同时投入使用时，每一小时只能往水池中注入 10% 的水。

以此规律，要想把整个水池注满，需要 10 个小时才能完成。不过情况并不是这么简单的，即使水真的能保证在压力不变时匀速流出，可是随着水量的增加，水位就会上升，此时水就无法再匀速流动了，故而针对第二根水管它是无法保证每小时恰好放出水池中 10％的水的，因此我们才说两千多年来并没有人真正做对过这道题，它绝不是初等数学所能解决的问题。

6.10 马略特容器

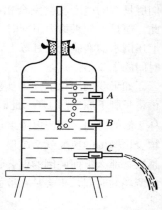

根据前几节的学习，也许你会认为世界上不存在可以让液体能在水面降低时仍能保持匀速流动的容器，可事实上，这样的容器我们是可以制造出来的。

图 56 就是为达到上述目的而制作的容器示意图，示意图显示的是一个颈部很窄，塞子上还插有玻璃管的瓶子，该瓶身上有一个龙头 C 位于玻璃管下端，有一个龙头 B 与瓶塞位置相当。若是你打开龙头 C，水就会从里面匀速流出，直到水位达到 B 的位置。而若是将玻璃管往下插，一直插到 C 位置，那么整个瓶子里的水都会以很慢的速度均匀地流出。

出现这种现象的原因是什么呢？我们来慢慢分析一下这全部的过程。当我们打开 C 龙头时，玻璃管里的水会慢慢流进容器里，这时玻璃管中水位下降，直至到达管的底部。同时容器

图 56　马略特容器的构造。

中的水也开始往外流，空气通过玻璃管流进容器里，在容器的水面上形成大大小小的气泡。此时 B 位置受到的压力等同于大气压，相互抵消掉，那么 C 所承受的压力就等于 BC 那层水的压力，水的厚度几乎不发生变化，所以这种容器中的水能匀速流出。那么我要问：如果我打开 B 位置的龙头，水的流动又该是怎样呢？

答案是水根本不往外流，因为容器内的压力和大气压相等，两种压力互相抵消掉了。

而如果在玻璃管身的位置有一个龙头 A，那么若打开这个龙头，水不但不往外流，空气还会直接从这里流进容器里。正如图 56 所示的马略特容器，该容器就是以物理学家马略特的名字命名的。综上我们就可以明白，之所以 C 口会匀速流水，是因为容器内的压力小于容器外的压力，所以在压力的合力作用下，水就会从容器里均匀地流出。

6.11 空气的作用

17 世纪中叶曾有一场极其精彩的表演吸引了自百姓到皇室所有成员的眼光，这场表演没有一个人，而是由马来完成的。表演场上有 16 匹马，被分成了两组，场中间有一个铜制的铁球，这个铁球是由两部分组合而成的，两组马分别向不同的方向去拉铁球，希望把铁球分开，可是不论马如何使劲，铁球就是牢牢地黏合在一起。这究竟是什么作用的结果？市长奥托·冯·盖里克轻描淡写地说，"这就是空气的力量"。

这场表演发生在 1654 年 5 月 8 日，曾轰动了全球，而这位淡定的市长更是让大家在战争的阴霾外关注到了科学。当时著名的物理学家盖里克将这种半球称为"马德堡半球"，并在自己的书里记下了这个有名的"马德堡半球"实验。他的这本书容量很大，记录了很多他亲自做的或者经历的实验，该书最初出版于 1672 年的阿姆斯特丹，和当时很多书一样有着极其复杂的名字：

奥托·冯·盖里克

在真空状态下进行的所谓新的马德堡实验

维尔茨堡大学教授为最初的策划者

卡斯帕尔·萧特

作者自己出版，此版本为最详尽

版本，并附有各种新实验

其中上面的"马德堡半球"实验就被刊印在该书第 23 章：

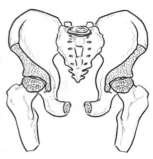

图 57　与马德里半球一样，由于大气的压力，我们人体上的髋部关节上的骨骼才不会脱开。

这个实验为我们显现了空气的巨大压力，为了再次证实这种力量，我特意去定制了两个铜制半球，当时工艺技术不高，我原计划想要的半球直径是 $\frac{3}{4}$ 马德堡肘（1 马德堡肘为 550 毫米），可事实拿到手的只有它的 67% 而已，不过幸运的是，至少两个铜制半球之间完全等同。我在一个半球外做了一个阀门，这个阀门是用来将球内的空气压出，同时防止球外空气漏入的。同时，每个半球上被安有两个拉环，这两个拉环都是固定不动的，将绳子穿过拉环再连到马身上。此外我请人缝制了一个浸润了石蜡和松节油的皮圈，用来拴住两个半球，以防空气进入。当阀门将球内空气全部抽走后，两个半球就真的紧紧地黏合在了一起，短时间内是很难分开的，而分开时就会发出"砰"的一声巨响。

而如果，没能把阀门关紧，或是故意让其打开，以方便球内空气的进入，那么分开两个半球就变得极其简单了。当球内处于真空状态时，何以分开这样两个半球如此困难呢？空气的压力约为 1 千克/平方厘米，半球的直径是 0.67 马德堡肘，因此半球黏合处的圆的面积是 1066 平方厘米。换言之，每个半球承受的压力将超过 1 吨，也就是每组的 8 匹马都要付出 1 吨的力才能让半球移动。虽然 1 吨的重量对于 8 匹马来说不大，可是由于摩擦力的存在，马实际需要付出的力量就大得多了，其力量大约等同于拉一个净重 20 吨的货车，也就像一个静止状态的火车头。

而在现实中，一匹马正常能拉动的力量是 80 千克，因此要拉开这两个半球，1000÷80＝13，也就是说，只有当每组有 13 匹马时，才能够将半球拉开。而我们人体中就有一些关节，如髋部关节就符合这种情况，空气的强大压力使得我们的关节不易脱落，非常结实。

6.12　简易的新式喷泉

喷泉我相信很多人都见过，大部分人见到的喷泉应该都是古代力学家希腊亚历山大城的希罗设计的喷泉，这也是现代最普遍的喷泉，这种喷泉就被称为希罗喷泉。希罗喷泉上面是一个开放的容器（a），下面是两个封闭的像球一样的容器（b 和 c），三个容器间用三根导管串连起来。喷泉是在容器口和 b 球都装有水，而 c 球装满空气时开始工作的，它的工作原理是：导管引导水从口流向 c，将 c 中间的空气排出，使其进入 b 里。随后空气的挤压使得 b 中的水通过导管向上涌动，于是喷泉就在口上形成了。而当 b 中的水流到 c 后，喷泉又结束了涌动。（图 58）

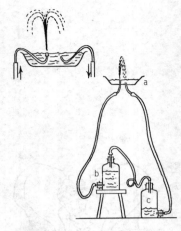

图 59 新式的希罗喷泉。

以上就是希罗喷泉最初的工作原理。后来被意大利的一位中学老师改进了，该老师由于设备所限，一直苦苦寻找能简化的方法，终于功夫不负有心人，最终这位中学教师实现了这个愿望，设计出了一款能用简单设备完成的新式喷泉，如图 59 所示。原来喷泉底部的球状容器现在只需两个药瓶，导管则由橡皮替代，然后将两根橡皮管的上端放入容器中即可。只要将喷泉的喷口接在橡皮管的下端，当 b 中的水经过 d 全部流进 c 时，将 b 和 c 调换一下位置，喷泉就会重新喷发。

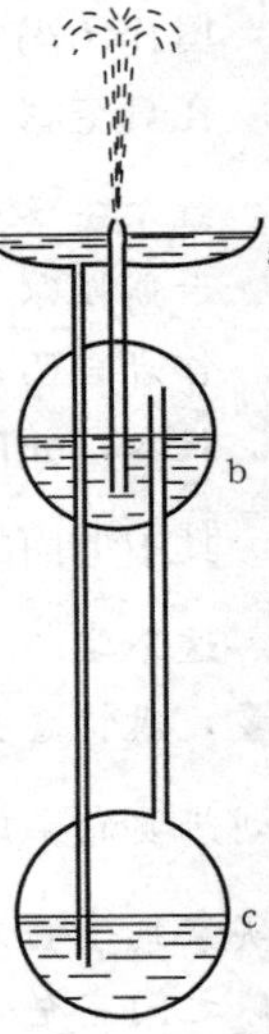

此外这种喷泉，还方便研究容器与喷水的关系，只需改变容器的位置，即可测出容器水面的高度对于喷泉喷水的影响。

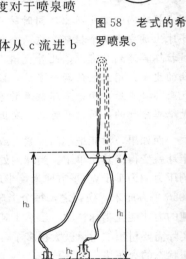

图 58 老式的希罗喷泉。

像图 60 那样，如果把水换成水银，空气换成水，液体从 c 流进 b 处，将 b 处的水推上去就形成了喷泉，而此时喷泉中喷出的液体高度将会增加很多倍。将各数据代入公式，水银重量是水的 13.5 倍，图中的 h_1、h_2、h_3 分别表示各液面之间的高度差。此装置中水银承受来自左右两方面的力，左面是 h_3 水柱的压力，右面是 h_1+h_2（$13.5h_2$）水银柱的压力，因此水银承受的压力为 $13.5h_2+h_1-h_3$。

而 $h_3-h_1=h_2$，所以可用 $-h_2$ 代替 h_1-h_3，于是得出：

$$13.5h_2-h_2=12.5h_2$$

故而，由公式得出，水银对 b 瓶内的重力压是 $12.5h_2$，换言之，喷泉喷射的高度将是两个水银高度差的 12.5 倍。不过这是在不计摩擦的情况下得到的结果，如果加上摩擦，这个结果就要再减小一些。所以由于摩擦力，这个高度会略微减少些。

图 60 水银压力下形成的喷泉，喷射高度能够达到两个容器水银面高度差的 10 倍。

诚然减小一些，可是这个数值本身还是很大的，因此若我们希望喷射高度达到 10 米，只需要让两个水银瓶的高度相差 1 米就可以实现。而且，反复试验，你会发现，喷泉喷射的高度与水银瓶间的高度有密切的关系，却与容器口与水银瓶的高度差毫无关系。

6.13 壶形杯中的机关

17 至 18 世纪，很多上层贵族喜欢在家里准备一个壶状的酒杯，如图 61 所示，这个酒杯一般都要带握把，杯身上还被刻有各种纹理，然后用它装酒拿给穷人喝。看似好像是这些贵族大方，其实他们是在借用科学来取乐这些身份低贱的穷人。那么他们究竟是如何利用科学的呢？

图 62　壶形杯的内部构造。

图 61　18 世纪末的壶形杯。

其实，那些刻在杯身的花纹就是潜在的切口，当穷人用这样的杯子喝酒时，他们只要一倾斜杯沿，酒一定会从切口处流出一滴不剩。这样穷人不仅不能喝到酒，说不定还会被冠上对贵族不敬的罪名。但如果你能了解这个原理，其实很容易就能避免，只要你在喝酒时不要倾斜酒杯，而是用手指按住孔 B，用壶嘴喝即可。图 62 就为我们解释了这一机关，原来，酒在杯中是通过孔 D 到握把与杯口间相通的暗道（BD、C），再流入壶嘴的，因此通过壶嘴喝是最安全的。

而这种巧妙的机关设置现在在很多国家的陶瓷设计中都得到了运用，前不久，我就曾在一个朋友的家里见到这样的杯子。

6.14　倒扣杯中水的重量

你能想象当一个杯子倒扣在桌上，杯里的水会发生什么情况吗？会有重量吗？

你也许会这样回答我："杯子倒扣，杯里的水一定全部流出，杯里没有水了，当然杯中水也就不存在重量啊。"

那如果我再问你："假如把杯子倒扣，里面的水没有流空，那它的重量会是多少呢？"

现实生活中，想让倒扣杯中的水不流掉的方法是存在的，图 63 所示就是其中一种方法。只要我们拿一个天平，天平一端放上一个空的高脚杯，另一端放上一个盛满水的高脚杯，并将它倒置过来，这样由于杯口所在的位置是一个有水的容器，因此杯里的水不会流掉，这时你能想象到天平哪一端会下沉，哪一端会上升吗？

毋庸置疑，答案是倒置的高脚杯那一端更重一些。因为杯口承受的是全部气压的重力，而杯底承受的重力是大气压与杯中水的重力差，因此只有当空高脚杯中也注满水时，两个天平才会平衡。这也从侧面告诉我们，杯子倒扣情况下水的重量就等于杯口向上时整杯水的重量。

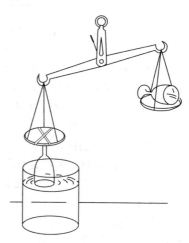

图 63　假如把杯子倒扣，里面的水没有流空，那它的重量会是多少呢？

6.15　轮船间的引力作用

1912 年秋，当时世界上最大的船舶之———"奥林匹克"号远洋轮在海上航行，当它刚开出 100 米时，就遇上了一艘"豪克"号铁甲巡洋舰（图 64），巡洋舰体积比远洋轮小得多，两艘船本是各行其道，可是突然巡洋舰脱离了自己的航线，向远洋轮方向冲来，顷刻间，两船猛烈地撞到了一起，巡洋舰卡进了远洋轮的腹部，一个巨大的空洞就在瞬间形成了。

最终海关法庭经审理认定，本次事故是由于远洋轮的船长没能采取有效措施避开巡洋舰的突发情况，致使事故的发生，因此远洋轮船长承担全部责任。当时这样的判决没有引起任何人的反驳，可是今天再回头想想，这完全是一场科学的必然，是两只船互相吸引的结果。其实像这样两艘船共同行驶的现象在过去是很平常的，只是当时的船体积较小，因此引力也就不会很大，两船间的引力不大，就不会因相互吸引而造成相撞现象。可是像上面的远洋轮体积巨大，引力自然也就加大了很多

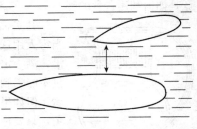

图64 相撞之前"奥林匹克"号与"豪克"号的相对位置。

倍。据海军舰队的指挥官称，他们在演习中就会很注意这方面，以免因为引力造成船只间的灾难，而事实上很多场海难都是这种引力惹的祸。

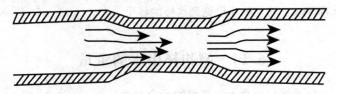

图65 水在管道狭窄的地方流速快，对管壁的压力也小。

可是，这种引力究竟是如何产生的呢？通过前面的学习我们已经了解到，这种引力一定不是简单的万有引力，因为万有引力是非常小的。这种引力可以用"伯努利定理"进行解释（图65）。假设有两个管道，这两个管道的粗细不同，那么当液体分别在两个管道流动时，粗的那个流速会慢，因为管道内空间较大，液体在流动过程中对管壁的压力就会较大，反之细的就会流得更快一些。

空气的流动也同样如此，最早解释这种现象的是两位物理学家克莱芒和德常梅，因此这种理论被称为"克莱芒－德常梅效应"或是"气体静力学中的奇怪现象"。而这种现象最初是受到一位法国矿工的任务的启发而发现出来的，当时这位矿工奉命去关矿井中送风口的挡板，这里是空气的流入口，这位矿工关了很久，都被强大的空气所阻，此时只听砰的一声，挡板自己关上了，而且关闭的力度很大，以至于挡板和这名矿工一起被风力卷进了送风通道中。

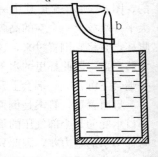

图66 喷雾器原理图。

其实我们日常所用的喷雾器就是利用这种原理制成的。如图66，当我们将空气压进一端缩细的横管道a时，空气压力减小，直管b上部就产生了较小的空气压力，于是空气就会将液体压向直管部位，而当液体到达直管口时，与气流相遇，就会在管口处变成雾状。通过喷雾器的解释，我想对于上面两船的相撞我们就不难理解了。

当两艘船并列行驶时，它们的舷之间就形成一道水沟。由于远洋轮和巡洋舰的速度很大，针对这条水沟而言，沟壁是运动的，而水变成相对静止了。因此当两艘船到水沟狭窄的位置时，海水对它们内壁的压力会比对它们外部压力要小，因此在两种不同压力的作用下，体积小的船只发生的位移会远远大于大船只的位移，同时两船会做相向运动，当大小船只相接近时就会产生巨大的引力，这种引力是水流作用的结果（图67）。而这也就是为什么人不能在

流速很急的水中游泳的原因。即使水流速度只有 1 米/秒，作用到人的身上，都会感到 30 千克的引力，此时人是很难保持平衡的。伯努利定理告诉我们，火车在急速行驶的过程中也会产生如此大的引力。现今，很多人对于伯努利定理知之甚少，下面我就引用一些相关论述来帮助大家理解。

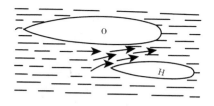

图 67　水流在两艘正在行驶的航船间的流动情况。

6.16　伯努利定理

丹尼尔·伯努利 1726 年第一次提出定理：在水流和气流中，速度与压力成反比例关系，速度大，压力就小。不过这个定理并不是处处通用的。图 68 就是对此的具体分析。

如果向导管 AB 中送气，当气体到达小的切面上（如 a 处）时，压力小，速度大，c 管的液体高度上升，反之大切面（如 b 处），压力大，速度小，D 管的液体高度下降。如图 69，管 T 是一根导管，它被安放在铜制的盘上，当空气从管 T 底

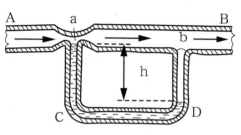

图 68　伯努利定理，a 处比 b 处受到空气的压力小。

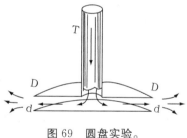

图 69　圆盘实验。

部流出后，将沿圆盘 dd 的外围流动，圆盘 dd 与管 T 不相连，但空气的流动使得两个圆盘间形成一股速度极大的气流，随着这股气流离圆盘越近，速度逐渐减缓。而在圆盘周围空气压力大，气流流动慢，圆盘间压力小，流动反而快。因此，压力大的圆盘周围的空气对于圆盘的靠近起到了更大的作用，故而圆盘 dd 和圆盘 DD 在这种引力的作用下相互靠近。

图 70 将图 69 中的空气换成了水，但两个实验原理完全相同。如图圆盘 DD 向上凸起，水在流动时会自动由低水位上升至与水槽等高，使得圆盘下的水比上面的水压力更大，圆盘就会上升。其中轴 P 是专门为圆盘侧移准备的装置。

如图 71，这是一个轻巧的小球，它在气流中处于悬浮状态，而若让它离开气流，周围空气的压力就会将它很快推回到气流中，因为周围空气压力大，速度小。

图 72 是两条并排的船，这两条船可以是并排行驶在平静的水中，也可以是并排停在流动的水中。两船靠得很近，之间的部位压力小，速度大，因此两船外侧的水流压力就会将其推得更近，相互的引力相应的也就会更大。如果出现像图 73 那样，两船一个在前，一个在后，那么将两船推进的两个力 F 就会促使船的方向发生偏转，船 B 朝向 A 的力量变大，两个船的驾驶员就会很难控制船，如果真出现这种情况，那么两船发生碰撞的概率就会大大增加。

图 74 是对图 73 的再次验证，当向两个吊起的小球中间吹气时，它们会互相靠近甚至发

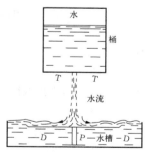

图 70　水桶里的水流到圆盘 DD 里时，轴 P 上的圆盘就会相应升高。

生碰撞。

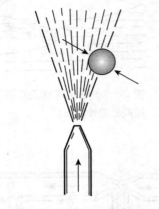

图 71 小球被气流支撑起来。

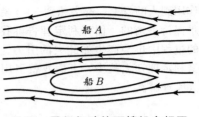

图 72 平行行驶的两艘船会相互
吸引。

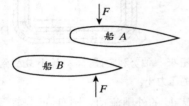

图 73 船 B 会因为吸引力撞
向船 A。

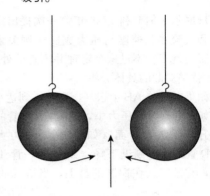

图 74 向两个橡皮球中间吹气,
两个小球就会靠近甚至相撞。

6.17 鱼鳔与鱼沉浮的关系

对于鱼鳔的功用很少有人能给予确切的回答,大部分人认为,鱼鳔是为了让鱼通过收缩
鳔来达到在水里升降的目的。

当鱼鳔鼓起时,鱼的体积增大,庞大的身躯使得它排开更多的水,以此实现从水底升到
水面的目的。反之,收缩鱼鳔,体积减小,排开的水少了,鱼也就自然下沉了。

这种目前最被人熟知的理论是 17 世纪佛罗伦萨科学院的科学家们最早认识,但是直到
1685 年才由博雷里教授正式确立的。不过这个流传了 200 年的定理最终被科学家莫罗和夏博
涅尔推翻了。

实验证明,鱼鳔与鱼的升降确有关系,若鱼鳔被切除,鱼就只能靠鳍来实现沉浮,可是
坚持的时间很短,一旦鱼鳍不动,鱼会马上沉入水底。既然鱼鳔真的能帮助鱼在水中沉浮,
那么莫罗和夏博涅尔为什么又推翻了前人的理论呢?原来鱼鳔虽然与鱼升降有关,但是作用
却很小,它只是通过排开与自己等重的水量,来让鱼在一定深度的水里停上一段时间。当鱼
通过鳍的摆动下沉到深水区时,将会受到水的巨大压力,然后鳍会缩小,排开的水也会相对
减少,鱼就更向下沉。而随着下沉的位置越往下,压力越大,体积越小,如此规律,鱼就直
线往水下沉去。

反之,若是想让鱼浮起来,不过就是将上面的过程倒过来实现一次,即让鳔膨胀,增大
鱼的体积,增大排水量,使鱼上升,然后越上升,体积越大,以致一直朝水面浮起。鱼鳔由

于无法自由控制自己的体积，因此无法通过控制鱼鳔大小来实现鱼的沉浮。

鱼不能用"压缩鱼鳔"的方法来控制沉浮，因为鱼鳔壁上并没有能自主改变自己体积的肌肉纤维。图75更是通过实验证明了鱼鳔的体积是被动升缩的。鱼的确是这样被动的扩大或缩小本身体积的，这可以通过下列实验得到证实（图75）。准备一个盛满水的容器，这个容器是按照天然水池的规格来设计的，并且完全封闭，然后将一条被麻醉的鲤鱼放入该容器中，鱼会肚子朝上浮在水面上，不管你怎么往下按，它总会很快浮上来。而如果你将这条鱼一直压向容器底部，那么它就彻底沉入底部，不再往上浮了。但是如果你什么都不做，仅仅是将鱼放进容器中的话，那么它不会沉底也不会浮起，只是在水中保持平衡。这就是证明鱼鳔被动升缩最有效的例子。

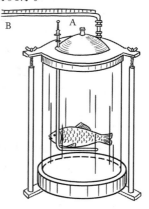

因此我们证明了鱼鳔体积是在外力作用下被动改变的，而这

图 75　鲤鱼实验示意图。

种改变对鱼本身而言，破坏了鱼在水中静止状态的平衡，加速了它的沉浮，以至于对鱼而言是有害而非有益的。

这就是鱼鳔对于鱼的升降起到的真正作用，至于它在其他方面的功用，还有待慢慢研究。

在现实中，上述鱼沉浮的现象也很常见，我相信很多人都曾听过渔夫描述这样的画面："若鱼逃脱，它们会直接往水面游去，而不会朝深海逃去，同时鱼鳔会鼓得很大，甚至有时会鼓到嘴外去。"

6.18　涡流现象和特点

物理知识博大精深，我们中学所学到的都是一些简单的物理原理，而这些原理很多时候甚至无法解释我们日常生活中最常见的一些现象。譬如海洋掀巨浪，旗帜在风中飘舞，烟囱冒烟等等，这些现象都不是简单的初中物理知识就能解决的问题，而要了解这些，就必须懂得涡流现象及其原理。

图 76　在管里平静流动的液体。

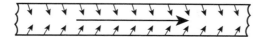

图 77　水管里的湍流。

图76显示的是物理实验上常见的"层流"现象，这是指一根管子里一种液体的所有微粒都在其间做平行运动，那么这种液体整体做的就是平静流动，又称层流。虽然这种现象在物理实验上很常见，可是它却不是液体自身常见的状态。液体在管中流动时，它更经常做的是涡流运动，也叫湍流运动，如图77，就是液体在管中从管壁流向中部，我们日常生活中的自来水管做的就是这种运动。而涡流的产生是在液体的流速达到一定临界数值时出现的。

若我们在液体中掺入一些粉末，就能很清楚地看到这种涡流现象，而我们今天的制冷技术很多就是运用这种原理来实现的。当管子的壁部被冷却后，涡流作用会让液体迅速向管壁方向靠近，以到达制冷的目的，而若没有涡流现象，这种制冷的速度就会慢得多。毕竟液体本身是没有什么传热性能的，在没有外力的影响下，要使它变热或变冷都是一件很困难的事情。而血液同样如此，是涡流使得血液能与身体其他组织进行能量交换，才使得我们的血液不致冰冷。

涡流同样适用于露天沟渠和河床中水的流动。当用仪器去测量江河底部水的流动速度时，由于水流动的方向是在不断改变的，因此仪器在测量时一定会出现震动现象。而在河床中流动的水，中间部位的水会沿着河床向前，两侧的水会由河壁流向中间，因此不论哪里的水都是在不断翻卷的，故而很多人认为河底的水温度更高或更低的说法都是不对的，事实上它与河面的水温一样。

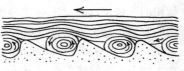

图 78　涡流作用下形成的沙波。

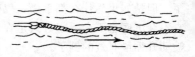

图 79　涡流作用下的绳子做波浪状运动。

图 78 表现的是河底的沙波现象，这种现象在沙滩上很常见，是涡流在河底附近形成的细沙。这种沙波会受到河底水的平缓程度的影响，若河底水平缓，那么沙面也会平缓。如图 79，就是涡流现象最简单的证明方式，只需要我们将一根普通的绳子放入流动的水中，系住绳子的一端，那么另一端一定会形成蛇状，这就是涡流现象的明证。因此这也解释了为什么在风中旗子会飘飞的道理了（图 80）。

刚刚我们一直在说的是液体的涡流，现在我们来说说气体的涡流，例如风卷起尘埃、稻草这样的现象，这就是空气涡流的存在。波浪也是空气在水面运动时，由于中心部位压力小，致使水面隆起形成的。图 81 反映的是沙漠里和沙丘上形成的沙波，这都是涡流的表现形式。而我们常见的烟囱冒出团状的烟雾，也是涡流运动的结果，并且在惯性作用下，这种团状烟雾会延续一段时间（图 82）。

飞行中同样有涡流的存在。图 83 表现的就是空气涡流对飞行的作用。飞机的机翼形状不规则，机翼下方大多是凸起的，这凸起的部分恰好既填补了附近空气的稀薄，又加强了机翼上方的涡流现象，这样机翼就可以得到来自下面的支撑力，和来自上面的吸引力。我们生活中经常遇到的屋顶被风掀走，风把玻璃窗从里向外吹破等现象同样是涡流的作用，完全可以用空气在流动中压力减小来加以解释。

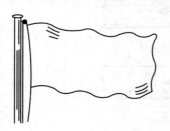

图 80　旗子在风中飘扬起来。

图 81　沙漠里形成的沙波。

图 82　烟刚从烟囱里冒出来里时在空气里呈团状。

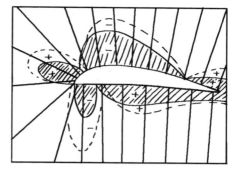

图 83　支撑机翼的力量。（＋）指的是翼面高压区，（－）指的是翼面低压区。在气压差的支撑力和吸引力的合力下，机翼便有了上升的力（实线指的是压力的分布情况。虚线指的是飞机加速时的压力分布情况）。

涡流现象在我们生活中随处可见，天上的云彩之所以能具有千姿百态也是涡流的作用，因为当温度和湿度都不同的气团相遇时，各自都会形成涡流，云彩正是两个不同温度和湿度的气团的生成物。

6.19　地心游记

就目前而言，现实生活中，还没有一个人曾到达过地球的地心，甚至地球表面以下几千米都无人涉足。但是小说中的主人公却可以，儒勒·凡尔纳就将他的主人公送进了地心，他们分别是《地心游记》中的怪教授黎登布洛克和他的侄子阿克赛。他们在地心中经历了各种险境，其中之一就是空气密度的变化。空气与高度是呈反比例关系的，当高度越高时，空气密度就会越小，人就会越发感觉空气稀薄。反之，当人们到达海底底部时，你就会感到空气的压力太大，甚至有负重感。小说中的主人公是教授，对此现象他一定了然于胸。他们曾在地下 48 千米时发生过这样一场对话：

怪教授说："现在的气压是多少？"

"太高了，感觉好难受啊。"

"那当然，越往上空气越稀薄，我们现在减慢下降速度，应该会感觉稍微好一些的。"

"我的耳朵好疼啊。"

"这很正常！"

"好吧，不过这里也挺好的，回声好大，声音好明亮啊。"

"这是一定的，即使是聋子在这里估计都能听见声音。"

"可是如果空气密度再增加，就要接近水的密度了。"

"是啊，当达到 770 个大气压时，空气就会和水一样密实。"

"那如果再往下呢？"

"密度更大。"

"那么我们究竟该如何降下去呢？"

"只要增加我们的重量，我们就会下降的，比如在我们身上装上重物，往口袋里装石头就是一个可行的方法。"

"叔叔，你太聪明了！"我不想多惹叔叔生气，以防发生什么意外，何况在现在的危情下，争论也是于事无补的。

6.20 幻想与数学

上节就是儒勒·凡尔纳想向我们揭示的地心情况，他通过两个主人公的对话让我们清楚感受到地心的特点，不过事实真的是这样吗？其实只需一张纸、一支笔，我们就可以简单而准确地推翻上面的理论。

由上我们知道，气压与深度是呈正比例关系的，深度越深，气压越大，那么如果我们想使气压增大千分之一，我们该下降到什么位置呢？物理常识告诉我们，正常的气压等于760毫米水银柱的重量，因此若我们是在水银中下降，那么就只需要下降0.76毫米即可，而如果是在正常的空气中，这个数值就要大得多了，通过计算，我们可以得出，这个数值应该是水银下降数值的10500倍，即8米。因此不论我们在地球的任何位置，只要我们每下降8米时，气压就增大千分之一。下面我们为了计算方便，将气压与深度的数值关系列出来，具体如下：

深度/米	压力/毫米	水银柱（为正常气压的倍数）
地表	760	正常气压
地面下 8	1.001	
地下面 2×8	$(1.001)^2$	
地下面 3×8	$(1.001)^3$	
地下面 4×8	$(1.001)^4$	

通过波义耳—马略特定律，我们得出当深度达到 n×8 米时，气压将是正常压力的 $(1.001)^n$ 倍，同时如果压力不是很大时，空气的密度与气压同倍数增长。

而小说《地心游记》中明确指出，两位主人公到达的深度是48千米，那么通过计算，我们能够很容易地得到48千米处的气压是正常气压的400倍，这里我们将重力和空气重量视为是不变的。

其中上述计算中，要用到对数，这是法国著名的天文学家拉普拉斯通过无数次的实验得出的理论。可能在学习中很多人会觉得对数很枯燥，不过《宇宙体系论》中拉普拉斯本人的一段话也许会改变你的这种观点，他说："对数的发明节约了我们大量的计算时间，使我们免于脑细胞的大量死亡，让天文工作者能活的更久一些。这项发明是天文事业的重大突破，更是人类的进步。人能在不借助任何外力的情况下发明出对数，这真的是一项伟大的发明啊，人的智慧果然是无穷的！"

因此当主人公到达48千米时，他说自己只有耳朵痛是很值得考究的，因为在那种深度下空气的密度已经增加了315倍了，这是个相当惊人的数字。甚至主人公还说人能到深度达120千米、325千米的地方，这更是无稽之谈，人所能承受的气压不超过3~4个大气压，可是在120千米和325千米的地方，空气的压力早已达到了一个让人无法企及的高度。通过上面的公式计算，我们得出当深度达到53千米时，人已经达到极限了。不过其实这个数据，也不是很准确的，毕竟高压情况下气压与密度间并不是完全的正比例关系，具体情况如下：

压力（单位：大气压）	200	400	600	1500	1800	2100
密度（相对单位）	190	315	387	513	540	564

综上我们可以得出，空气密度增加的值是比不上压力增加的数值的，由此我们可以推翻小说中提到的空气密度在一定深度后比水还大的说法。因为想让空气和水的密度相等，要达到 3000 个大气压，而当达到这个数值时，空气也已经不再压缩了，若想让空气再压缩为固态，就得同时对它进行冷却了。

不过这里我们有一点需要明确，虽然儒勒·凡尔纳的小说中有很多与科学违背的地方。可是在小说出版之际，科学并没有发展到今天的程度，书中的错误还未得到证实。因此我们不能对该小说诟病，甚至该小说从一定程度上增强了人们对于科学的兴趣，从而促进了科学的不断发展。

同样是上面的公式，也可以帮助我们计算出矿工工作的安全深度，因为人所能承受的气压不超过 3 个大气压，那么通过对数公式，我们可以得出矿工的安全极限是 8.9 千米。

因此当人们处于 9 千米左右时，还是安全的，换言之，如果有一天太平洋干涸，人们就可以自由地在它的领域里生活了。

6.21 矿井下的情形

虽然说在这个世界上，没有人曾到过地心，可是有一种人是所有人中离地心最近的。他们就是矿井工作者。南非有一个全球最深的矿井，在里面的工作人员就能到达 3 千米的地方。巴西也有一个这样深的矿井，深度约为 2300 米，法国作家迪坦曾到过那里，并用自己的笔写下来参观后的感受：

距离巴西里约热内卢 400 千米的地方，有一个世界闻名的矿场，叫莫罗·维尔赫金矿。该矿场归属于一家英国公司，它被深埋在一个丛林环绕的山谷中。

矿井是随着矿脉的方向向内倾斜的，竖井和巷道交叉其间，人们为了开采黄金，不顾距离和危险毅然前行，终于开挖出了这样一个如此深度的矿井，这也算得上是一项伟大的突破了。

如果你在其间行走，一定要装备齐全且小心翼翼，帆布工作服和短皮工衣一个不能少，以防井中任何一个石子的侵袭，这都将是无辜的灾难啊。我们当时是在一个工长的陪同下进入巷道的，开始很明亮，越往里越黑暗，温度也越来越低。当我们乘坐金属吊笼到达第三个竖井时，我们已经到达海平面以下了，此时我们感到一股热浪，并看见了很多矿井工人赤裸着上身在里面辛苦地工作。他们为了帮助那些资本家淘到黄金，不仅要付出辛勤的劳动，甚至有时要付出生命的代价。

作家迪坦在他的文章中提到了矿井中恶劣的工作条件，和炎热的温度，却恰恰忽略了空气的高压。通过上面的计算，我们可以得出那里矿工所处位置的空气密度增加了 1.33 倍。

由于矿井中的温度很高，空气的密度就会稍微比 1.33 倍小一些，因此矿工在里面不会感到气压特别大的变化，而只是与盛夏和严冬的差异相当。但是井下的湿度很大，当温度高时，人仍然会感到非常难受。南非的约翰内斯堡矿深达 2553 米，只要矿内的温度达到 50℃湿度就会达到 100%，为了让矿工能更好地工作，矿井里安上了相当于 2000 吨冰块的"人造气候"装置。

6.22　平流层旅行

上面我们在气压与深度的公式中在地下游览了一圈，现在让我们用同样的公式再来天上看看吧，不过这个公式在天上时，就要做一些小小的调整了：

P=0.999$^{h/8}$，

其中，p表示空气的压力，h的计算单位是米，表示的是所在的高度，这里我们用0.999代替1.001，因为每升高8米，气压就相应地降低0.001。现在我们来看看当高度到达多高时，气压会减小一半，即P=0.5，代入公式得出：

0.5=0.999$^{h/8}$，

由对数公式得h=5.6千米。也就是说，当我们到达5.6千米时，气压就会减少到原来的1/2。现在让我们来平流层上旅游看看吧，我们分别乘坐"苏联"号和"航空家协会—1"号平流层气球来到19千米和22千米的高空。这两个平流层气球都是苏联制造的，他们分别在1933年和1934年创造了世界升高纪录。

现在我们上到19千米，气压为：

0.999$^{19000/8}$=0.095大气压=72毫米水银柱

"航空家协会—1"号将我们带上22千米的高度，气压应为

0.999$^{22000/8}$=0.066大气压=50毫米水银柱

此时如果你细心，可能会发现气球驾驶员记录的气压数值和我们不同，他们记录的数值是：19千米高度是50毫米水银柱，22千米高度是45毫米水银柱。

两个数值为什么会不一样呢？究竟是谁错了呢？

结果当然是我们的计算错了。我们忽略了空气的温度，我们将全部空气层中的温度视为不变的，可事实上温度与高度是呈反比的，当高度每增加1千米，温度就会下降6.5℃，只有当高度达到11千米后，温度才会在很长时间内保持-56℃。因此当把温度考虑在内后，我们才能计算出相对符合现实的数值，当然这样的数值和我们之前算出的地下深处的气压值一样，都只能是无限接近现实，而永远不可能得出确切结果。因此我们之前算出的地下深处的气压只是一个近似值。

第七章

热现象

7.1 扇子为什么使我们凉快

夏天，我们扇扇子的时候阵阵凉风袭来，会觉得非常的凉爽。同屋的其他人也会得到丝丝凉意，扇扇子为什么会有这种效果呢？

首先来看看为什么我们会觉得热。夏天温度高，贴附在身上的空气变热之后就好像一层罩子穿在身上，这无形的热空气"炙烤"着我们，还阻碍了身上的热量散发，于是我们觉得很热，像是在"蒸桑拿"。

我们周围的空气流动太慢，这层罩子只能慢慢地被较重的没有变热的空气顶到上边去，可是新的空气又迅速变热了，空气更换的速度慢，就犹如永远穿着热空气的罩子，快让人窒息。

那么扇子是怎么带来凉爽的呢？主要有两个方面。第一，我们用扇子扇走了贴在身上的热空气，身上接触的就总是补充过来的没有变热的空气，我们能不停地把身上的热量传导给不热的空气，身上的热量散失了，也就自然觉得凉爽了。第二，扇扇子能加速空气流动，能把其他人周围的凉气调过来供自己降温，那么整个房间的空气温度就能一致了，我们也能感到凉爽。

简单讲了扇子的作用，后面我们还会谈到扇风在其他情况下的作用。

7.2 为什么冬天刮风的天气会更冷

圣彼德堡和莫斯科都是寒冷的城市，但人们常说无法忍受列宁格勒的寒冷，这是为什么呢？东西伯利亚的寒冷闻名遐迩，但并不像想象的那样难以忍受，这又是为什么呢？原来列宁格勒的平均风速比莫斯科快 1.5 米/秒；东西伯利亚四季，特别是在冬季几乎是不刮风的。这样说来，我们之所以感到冷，不单单由于温度，还应顾及风的因素。

大家都感受过寒风刺骨的感觉，可人在没风的天气里仿佛就不会觉得那么冷，事实上，温度计上显示的刻度不会因为有风而有任何的变化，风不会改变温度，那么改变的是什么呢？答案是空气流动速度。

空气流动的快了，单位时间皮肤接触的空气也越来越多，那么，单位时间内身体散失的热量也随之变多，这与扇扇子的原理是一样的，散失的热量多了，我们就感到冷了。另外，即使是冬季，皮肤也无时不刻在蒸发水分，蒸发需要热量，这个热量从哪里来呢？就是我们周身的空气。如果空气流动得慢，贴近皮肤的空气中的水蒸气很快就会饱和，若是空气中的水蒸气饱和，蒸发便无法进行。可是刮风使空气流动的很快，我们周身的空气总是在不断更换，这样一来不仅随时带走我们散发出来的热量而且无法饱和，蒸发变快，还要从我们身上获取热量，人就觉得更冷了。

由以上两个方面我们可以知道，风的冷却作用不可小觑，是什么决定了它的作用大小呢？我们来举例说明。假设空气的温度是 4℃，无风的时候，我们皮肤的温度是 31℃。如果这时刮起还不足以吹动树叶的风速为 2 米/秒的风，我们的皮肤的温度却可以下降 7℃，如果风力是能使旗子飘扬的 6 米/秒，皮肤的温度竟会下降 22℃，即降到 9℃。由此可见，风的冷却作用大小取决于风的速度和空气的温度。

7.3　为什么沙漠刮热风

我们经常从电视上看到沙漠居民夏天穿长袍、戴皮帽，他们如此全副武装是为了什么呢？我们上节说到，冬天刮风会让人觉得寒冷，那么夏天刮风是不是就应该让人觉得凉快呢？沙漠在夏天经常刮风，为什么沙漠居民还会裹起来呢？

热带气候中，空气的温度常常高于我们的体温，我们都知道热传递，在热带气候中，已经不是我们把热量传给空气，而是空气把热量传给人体，这个时候空气流动越快，单位时间皮肤接触的空气越多，就会吸收越多的热量，也就更热。虽然蒸发在风中会更强，但仍不及热风传给人体的热量多。

这就是沙漠的风是热风的原因。

7.4　女士戴面纱能保暖吗

我们经常看到一些女士在秋冬戴着面纱，这薄薄的东西真的能保暖？想必很多人会提出这样的质疑，也许是心理作用吧。

有一位女士总是喜欢戴面纱，她说虽然面纱很薄，而且上面还有不小的孔洞，但是确实可以保暖，戴上它就不会冻脸。

其实回想一下我们前两节讨论的问题，面纱是否保暖的问题就很容易解决了。我们知道，由于身体的温度大于空气的温度，贴附脸上的空气会变暖，相当于人脸的"面罩"。我们在此基础上再罩一层纱，等于人脸的第二层罩子，又怎么会没有效果呢？热空气的"面罩"由于有了面纱的保护更不容易被吹散了。即使面纱上有孔洞，风也不是那么轻易就可以穿过去的。

所以，在天气不是特别冷的时候，用面纱保暖吧。

7.5　可以冷却水的水罐

"邛可里卡拉察"和"戈乌拉"这两个名字我们可能不太熟悉，这分别是西班牙人和埃及人用来称呼一种神奇的杯子的。我们来看看它究竟神奇在哪儿吧！

这种杯子是用未经焙烧的黏土制成的，它的神奇之处在于能使灌入的水比周围物体更凉，它的冷却原理其实非常简单。

由于黏土未经焙烧，杯子里的水会有一小部分渗透出来，渗透出来的水就会慢慢蒸发，蒸发吸热，容器及其里面的水的一部分热量被消耗，水就会变凉。

我们看到的一些游记里会把这种杯子说得极其神奇，其实它的冷却是有条件的。影响冷却作用的主要有两点：空气温度和湿度。当温度很高的时候，渗出去的水蒸发得就快，消耗的热量多，水也就更凉。而湿度高的时候则相反，空气湿度高蒸发不容易进行，冷却得就慢，水的温度也降低得有限。刮风和高温有异曲同工之妙，也会加速蒸发，促进冷却。

这种水罐的冷却不仅有条件，而且冷却作用也是有限的。我们可以举例来计算一下：假如冷却罐的容量为 5 升，在炎热的夏季，空气温度为 33℃，被蒸发掉的水分是 0.1 升，我们知道蒸发掉 1 升水大约需要 580 大卡的热量，那么现在被蒸发掉的水消耗了 58 大卡。如果这些热量全是由罐子里的水提供，罐子里的水就会较低 58/5，水温大约可降低 12℃。可实际上，消耗的热量大多来自水罐壁和周围的空气，蒸发过程中又会有新的水贴附在水罐的壁上，又会因获取外界的热量而升温，如此算来，罐中的水只能降温大约 6℃。

试想一下，33℃ 的气温减去 6℃，罐子中的水是 27℃，这样的水喝起来也不会太凉爽，所以在西班牙等地，这种神奇罐子主要还是用来保存冷水。

7.6 无需用冰的冷藏柜

通常我们都用冰来冷藏食品，其实有一种冷藏柜是靠蒸发制冷的，它的构造很简单，我们不妨试试。

用白铁皮，或者就用木头制作一个柜子，里面要有放食品的架子。柜子上面放一个盛冷水的容器，挂一块粗布在柜子后面，粗布一头浸湿在柜顶装冷水的容器里，另一头放在柜子下面另一个容器里。粗布上端被冷水浸湿后，水分就会迅速浸满布面，然后慢慢蒸发，蒸发吸热，柜子就有了冷藏的效果。

每晚更换冷水和保持容器、粗布的清洁是必要条件，把这种"冰柜"放在凉快的地方，没有冰的冰柜就可以启动了。

7.7 我们能忍受多高温度的高温

炎热的夏天总让我们觉得痛苦难耐，其实人忍受酷热的能力是极强的，加利福尼亚的"死亡之谷"的温度是 57℃，这是目前地球上自然界的最高温度。显然我们不会生活在死亡之谷，可是每天都有很多人虽然耐着高温仍正常地生活着。

红海的温度可达到 50℃ 以上，夏天在澳大利亚中部温度也常常达到 46℃，那么人体能忍受高温的极限到底是多少呢？

英国物理学家布拉格顿和钦特里曾做过这样的实验，将自己置身于已烤热的面包炉中长达几小时，以测定人能忍受的最高温度。实验表明，在干燥的空气中，人竟然能忍受逐渐增高至沸点的温度（100℃），有时甚至超过沸点。

人怎么能强大到接受 100℃ 的炙烤呢？我们不由产生疑问，其实人体能忍受 100℃ 的高温是需要条件的。首先，人体不能直接接触能源，这样人便可以通过大量排汗来抵御高温，排出来的汗会蒸发，蒸发吸热，紧贴皮肤的空气的热量被大量消耗，这层空气的温度降低后，人就能忍受了。除了不直接接触能源，人周围的空气还必须是干燥的，湿度大的空气中水分不容易蒸发，就像 24℃ 的彼得堡热得让你无法接受，就是因为湿度太高。

还有一个需要注意的问题，我们所说的温度均是在背阴处测定的。如果在阳光下测温度，温度计的水银柱会因为阳光的炙烤而迅速上升，这不是周围空气本来的温度，这样的测量是不准确的。而在背阴处没有了阳光这个影响因素，测出的读数才有意义。

7.8　温度计也可做气压计

我们都见过温度计和气压计，虽然分别用来测量温度和气压，但二者都是通过里面水柱的升降来观察结果的，那它们的原理有没有相同之处呢？可不可以合二为一呢？

古希腊的希罗就发明了一种既可以测温度也可以测气压的测温器。空气温度高的时候，靠阳光把温度计内的球体晒热后，球体上部的空气膨胀给里面的液体压力，液体被压到球外，从曲管的末端滴入漏斗，再从漏斗流进下面的水槽中。温度降低时，球中的压力变小，水槽中的水在空气压力下爬上连结水槽和球体的另一根直管，继而排到球中。那么如何用它来测气压呢？基本原理相同，像是测温度的逆过程。当外界气压升高时，水槽中的水随着直管被压进球中；当外界气压降低时，球中原气压的空气会膨胀，将水沿曲管压进漏斗（图84）。

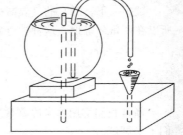

图 84　海伦验温器。

用这个测温器测出的数据显示，温度上升或下降1度，同气压计水银柱升降为760/273，发生变化的空气体积等同于气压改变约2.5毫米。在气压升降幅度可高达20毫米以上的莫斯科，如果用希罗测温器来测气压，还有可能会误以为是温度升高了8℃。

不光古代，现今市场上也有一种水力气压计，同样可以算作是个温度计，这也许是发明者和顾客都未曾料想的吧。

如果用这种气压计来测浴盆中的水，得到的结论不一定就是会不会有大雷雨，还有水温是否适宜。

7.9　油灯为什么要罩玻璃罩

达·芬奇的手稿中有这样一句话："火的周围会形成气流，这种气流对火有助燃和促燃作用。"这是为什么呢？

火周围的空气温度高，热空气较冷空气轻，于是热空气向上走，下方较重的冷空气会向上走，所以形成了气流。

应用这种气流助燃的例子有很多，比如灯罩和烟囱。灯被罩上罩子后，罩内的空气温度上升得更快，进而加快了气流流动，不断带走燃烧的生成物，带来新鲜的空气。灯罩越高会使冷热空气的重量差越大，燃烧进行得越快。随处可见高入云霄的烟囱也是同样的道理。

长达数千年人们使用的油灯都是没有罩子的，是达·芬奇对油灯的改进做出了重大贡献，他为油灯加了金属筒做罩子，促进了油灯的燃烧。后来金属筒被透明的玻璃罩取代，也就形成了现在的样子。

玻璃罩不仅能使油灯通风更好，起到助燃和促燃的作用，还能避免灯被风吹灭，一举两得，真是一个伟大的发明。

7.10　为什么火焰不会自己熄灭

我们熄灭油灯的时候，常常从灯罩上面向罩里吹气，这样灯就被熄灭了。这是什么原理呢？

我们都知道燃烧会产生二氧化碳和水蒸气，这两种物质都是不可燃的。由于火的炙烤，周围空气升温，热空气膨胀变轻会往上走，二氧化碳和水蒸气也被新鲜空气赶到了火焰上方。我们从灯罩上面吹气就把这些不助燃的物质吹到火焰上，灯就被熄灭了。

如果我们不去吹灯，在燃料供应充足的情况下，灯是不会自行熄灭的，这是同样的道理。不可燃的气体不会滞留在火焰周围，会因变热膨胀而上升，油灯也就不会自行熄灭了。

7.11　儒勒·凡尔纳小说遗漏的情节

《月球游记》是由天才作家儒勒·凡尔纳所著，这本著作写了米歇尔·阿尔丹等三位勇士乘炮弹游行月球的故事。天才作家的描写非常有意思，可却遗漏了一点，没有描写在失重厨房是如何做饭的。

书中的米歇尔·阿尔丹是一位厨师，儒勒·凡尔纳可能觉得无需为吃饭此等小事浪费笔墨，而实际上在失重厨房如何做炊事工作绝对是吸引人眼球的好材料，漂浮的食物如何烹调出美味，这是《月球游记》中最大的疏漏。

7.12　在失重的厨房里做饭

我们上节说到作家儒勒·凡尔纳所著《月球游记》有一个很大的疏漏——没有写出在失重条件下是如何烹饪的，下面我来为他补充这个故事。

"朋友们，虽然我们坐上了失重的炮弹，但不能把食欲都丢了啊，我来给你们做顿大餐，你们从没吃过的，没有重量的！"米歇尔·阿尔丹对伙伴们说。

他先拿出一个大瓶子准备往锅里倒水，拔掉塞子后，水瓶好像空了一样，他知道水在里面，自言自语道："快进去吧，我知道你肚子里有水。"

阿尔丹使劲地往锅里倒水，可是水怎么也流不出来，尼柯尔见他这样费劲过来帮忙，他把瓶子倒过来，用手掌拍了一下瓶底，阿尔丹也用双手抖动瓶子。奇怪的现象出现了，瓶口爆起了一个拳头大的水泡。

"这是怎么回事？你们快帮帮我，这饭做不成了。"阿尔丹大惊，另一个朋友赶忙过来观察后告诉他："亲爱的，在没有重力的地方，像这样的奇怪现象会经常出现，液体只有在有重力的情况下才能形成一定的形状来适应盛它的容器，也只有在重力条件下水才会成股，我们这里没有重力，水就会像著名的普拉图实验中的油一样由于分子力形成球体的形状。这个大水泡只是个水滴。"

"原来是这样啊！"阿尔丹恍然大悟，"我不管它，什么分子力原子力，我都得做饭啊！"阿尔丹有点愤懑的开始抖动瓶子向锅里倒水，锅在空中飘着，倒不进水不说，那些大水泡还在锅面滚动了起来，滚着滚着滚到锅的外壁去了，一瓶水把整个锅包裹起来了，还裹得严严实实。

旁边的尼柯尔一直在关注着阿尔丹做饭，他见阿尔丹已经恼羞成怒了，连忙安慰他："你不要着急，这是个很正常的现象，咱们在地球时也会有这种液体润湿固体的现象，不过因为这里没有重力，这种润湿现象太充分了。既然这种现象阻碍了煮饭，那咱们就想个办法来对付它！"

"什么办法？"阿尔丹着急了，"你快说啊！"这时巴尔比根先生不紧不慢地告诉他："平时咱们润湿物体，也常常用油啊，水油不相溶，你往锅上涂点油，水就不会润湿它了，就能到锅里去了。"

"这回我终于可以好好做饭啦！"阿尔丹非常高兴的照做了，果然锅里能存住水了。有了水，阿尔丹打开煤气，"这煤气可真暗淡！"他抱怨道，果然，没有半分钟，煤气就莫名其妙的熄灭了。

"我想，这里的煤气公司应该已经倒闭了。"尼柯尔笑笑说，"我们知道燃烧会产生水蒸气和二氧化碳，这些不可燃的气体自身温度比空气高，温度高就会膨胀变轻，所以不会滞留在火焰旁边，会被新鲜空气顶上去，火焰才得以继续燃烧。可是咱们这里没有重力，那些不可燃的气体不会上升，它们只能停留在火焰周围，火焰就被熄灭了，这就好像灭火的原理一样，这里还不需要消防队呢！"

"灭火，灭火，我是要做饭，你告诉我灭火的原理也没用啊，快说说怎么样火才能不灭吧。"阿尔丹叫道。

"我来帮你。"巴尔比根说，"尼柯尔，咱们用人工助燃法，来，咱们准备向火焰吹气。阿尔丹，你把火再点着。"

阿尔丹又点着了火，尼柯尔和巴尔比根轮流地对着火上方吹气，让废气能往上走，可以有新鲜空气补充来。就这样，一小时过去了，锅中的水还是没有开，"阿尔丹，你不要着急，我们地球上的水开得快是因为它们有重力，可以产生对流，下层的水加热后会变轻，它就跑到上面来了，上面的水被挤到下面，也很快就热了。如果我们从上面烧水呢，那水无法对流，即使上层的水达到了沸点，下层的水还是会冰凉，如果有冰块都很难融化，因为水的导热性很小。我们这个地方没有重力，各层的水无法对流，所以水就热得慢，我们多搅拌一下，就热得快了。"巴尔比根说，"还有，我们的水不能烧到100℃，因为水到了沸点会产生很多水蒸气，失重的情况水蒸气与水的比重都是零，它们会混合到一起的，到时候成了泡沫就不能用了，所以接近100℃的时候就应该及时熄灭。"

阿尔丹照巴尔比根说的做了，水慢慢煮沸了，"这下终于可以做成饭啦！"阿尔丹想，他解开装豌豆的袋子，轻轻一扒，豌豆飞了！它们不停地在舱内撞壁，乱飞，更惨的是，尼柯尔不小心吸进一颗，差点被憋死。阿尔丹吓坏了，巴尔比根忙拿出用来采集"月球蝴蝶标本"的网兜，他们三个人开始捕捉这些飞豆，以防危险再次发生。

本来厨艺很高的阿尔丹在这样的条件下也无能为力了，接下来的烤牛排也很费力，阿尔丹必须把肉时刻叉牢，不然牛排就会被顶出锅外，因为牛排下面会形成油蒸汽，所以没有烤熟的肉随时都会被顶飞的！

几经周折，早饭终于在中午做得差不多了，可是怎么吃呢？朋友们都悬浮在空中，为了不相撞还要改变各种姿势，沙发、椅子这些东西在没有重力的地方形同虚设，怕也是不能在桌边用餐了。

好不容易吃了烤牛排，接下来的肉汤该怎么吃呢？阿尔丹用力敲打翻转的锅底，想把肉汤"打"出来，殊不知打出来的是个大水球，毫无疑问，这就是肉汤的变体了。对着一个大水球该怎么喝呢？阿尔丹先是用汤匙，可肉汤沾满了全部汤匙，液体又发挥它的润湿作用了，这次阿尔丹懂得用油来涂勺子了，可是肉汤在汤匙里变成了小球，而且无论如何也送不到嘴里。

还是尼柯尔最聪明，他想到用蜡纸卷纸筒去吸，因为蜡纸是油性的，和水不相溶。由于气态物质有无限的扩散性，空气没有重量可是会有压力，所以可以吸到肉汤。

这顿没有重量的饭终于结束了。

7.13　水能灭火的奥秘

有火灾的时候，消防人员会用大量的水来灭火，我们在生活中也会自然地想到水能灭火，这里面到底有什么奥秘呢？

首先，我们要知道一个知识，一定量的冷水加热到100℃所需的热量仅为等量的沸水转化为水蒸气所需热量的20%。我们把水浇到炽热的物体上后，水会吸收大量的热量然后转化为水蒸气。

我们知道气体的密度小，所以生成的蒸汽的体积是原来水的体积的几百倍，大量的蒸汽把燃烧着的物体包裹起来，燃烧需要空气，而被包裹的物体接触不到空气，也就无法继续燃烧了。

有时候会有人向来灭火的水里添加火药，这看似不可思议，其实跟用水灭火是一个道理。火药迅速燃烧会生成很多不可燃气体，用这些气体来包裹燃烧的物体，更加大了灭火的力度。

7.14　神奇的以火制火

在这一节的开始，我们先来看看当大草原上起了大火时一位老人灭火救人的精彩故事，来自库柏的小说《大草原》。

风卷着火迅猛地吹来，大火距离他们只有400多米了，年轻人都急了，他们望着老人盼着主意。

"是行动的时候了。"老人不紧不慢地说，"小伙子们，快动手割掉这一片草，咱们得清出这块地面，姑娘们，快把易燃的衣物用被子盖好，然后到远离火场那一头去。"

很快，直径大约3.5米的干草被割掉了，地面清理出来了，老人在一切都安置好后带领小伙子们也到了空地远离火场的一头。老人把游客都聚集了起来，然后"轰"的一声在枪架上点燃了一把干透的草，紧接着扔进了灌木丛中。

老人走到空地内，看点燃的火吞噬了灌木丛又冲向了草地。他胸有成竹地对游客们说："现在咱们可以看两拨火打仗了。"

看这情形，米德里大惊失色，他不禁大叫了起来："这不是引火烧身吗？这太冒险了！"

老人笑笑不语，只见火越来越大地向三个方向烧了过去，游客这边的地没有草所以成了一片空白，火势越来越大，燃烧留下的空地也越来越大。慢慢地，虽然大火还在席卷着草地，但已经离他们越来越远了。

游客们都惊呆了，幸好有这位老者，不然他们今天非常有可能会葬身火海。

用火来灭火像个奇迹一样发生了，另一股火给大火来了个釜底抽薪，两股火彼此被吞没了。那么以火制火需要哪些条件呢？

图85 用火来熄灭火。

最需要掌握好的是时间和方向。我们发现老者在灭火的时候不慌不忙的，其实是在等待一个时机，老者其实在观察大火上的气流。虽然风吹的方向是从燃烧着的草地到游客的方向，而在贴近火的地方则不然，我们前几节提到过热空气会膨胀变轻，火场上空的空气变轻后会在其他空气的压力下上升，所以逼近火场的地方会有涌向火场的气流。当刚开始觉察出这种气流的时候，就是点火的最佳时机。

有了时机，放火还要选对方向。老者是迎着大火点的火，为什么他不选择朝相反方向的烧去呢？我们知道，风是由大火的方向吹来的，如果顺着草地放火，那等于引火烧身，因为还要考虑火场周围气流的问题。

可见，原理简单的以火制火法是非常不好控制的，它需要丰富的经验和良好的心理素质。

7.15 水沸腾还有另一个条件

我们都认为把水加热到100℃水就会沸腾，其实不然。水沸腾还需要另外一个条件，它是什么呢？让我们做个小实验探索一下。

煮一锅水，拿一根铁丝一头拴住锅的手柄，一头系一个小玻璃瓶，小瓶里灌上水，放在锅中，但不能沉底。一直加热锅中的水至沸腾，观察小瓶里水的变化。

我们观察到，小瓶里的水始终没有沸腾。实际瓶里的水已达到100℃沸点，那为什么没有沸腾呢？原来是还有另一个条件没有满足。

这里有一个知识我们要知道，在普通条件下，纯水达到沸点后，无论再加热多久，温度不会再上升。那么锅中的水和瓶中的水都是100℃，这会阻碍什么呢？答案是热传递。锅中的水不会再向瓶中的水传递热量了，而火还可以源源不断地向锅中的水传递热量。

没错，就此我们可以得出结论，瓶中的水之所以不会沸腾，是因为缺少热量。水沸腾的条件不单是加热到100℃，它还需要很大的热量从液态变为气态。根据研究结果，每毫升100℃的水转化为水蒸气需要500卡以上的热量。

我们会好奇，玻璃瓶里的水有没有什么方法能使它沸腾呢？方法是有的，那就是向锅里撒一把盐。因为盐水的沸点会比水的沸点高一些，盐水沸腾后还可以向瓶中进行热传递，瓶中的水达到100℃还有足够的热量，就会被煮沸了。

7.16 雪竟然能使水沸腾

我们的研究要接着上一节的实验，上一节的最后我们将盐放进锅中，瓶中的水沸腾了。这次我们把瓶子从锅里取出，加上塞子。瓶子取出后停止沸腾，我们把瓶子倒过来，用沸水浇瓶底，瓶里的水不会再沸腾，这时我们要想一个什么样的方法呢？

聪明的读者想到了解决这个难题可应用的物理知识，当液体承受的压力减小时，它的沸点就会降低。实际上，由于加热，当初瓶中的部分空气已经被排了出去，压力减小了一些，那怎样才能使压力更小呢？

我在瓶底撒上一些雪或浇一些冷水，奇迹发生了，瓶中的水沸腾了（图86）。其实这个结果也在预料之中，由于雪或冷水冷却了瓶底，瓶里的水蒸气凝结成了水滴，瓶中的水受到的压力进一步被减小了，根据之前说的原理，液体承受的压力减小了，沸点就降低了，所以我们用手摸瓶底，发现温度并不高，即使瓶里呈现的是沸水。

做这个实验时还有一个需要注意的问题，就是瓶子的选材。我们最好选择凸底的烧瓶或者盛油的铁皮桶。因为瓶子内的蒸汽会因雪而凝缩，外面的空气压力无法被瓶内的气压完全抵消，所以壁薄的玻璃瓶很可能会被压力挤破，烧瓶的拱形瓶底就没有问题，如果是铁皮桶则更好，桶中的蒸汽冷却为水后，铁皮桶在外界的大气压力下会被压扁（图87），既不会损坏物品，还有明显的实验现象。

图86 把冷水浇到瓶子底，瓶里的水会沸腾起来。

图87 铁皮桶被突然冷却后变了形。

7.17 沸点与气压

我们以前讲过气压计和温度计合二为一的例子，其实有一个更简便的方法来进行换算，那就是利用沸点。

据测定，纯水在不同的大气压力下的沸点如下表：

沸点/℃	101	100	98	96	94	92	90	88	86
气压/毫米水银柱	787.7	760	707	657.5	611	567	525.5	487	450

知道这个表以后，我们可以通过测出不同地点水沸腾的温度来知道当地的气压，大气压力会随着山的高度增加而减小，而水面承受的压力越小，水的沸点就越低。总结一句话就是，越高的地方大气压越低，水的沸点越低。勃朗峰峰顶的气压是424毫米水银柱，所以水放在敞开容器中的沸点是84.5℃，而在瑞士的伯尔尼，平均气压有713毫米水银柱，水的沸点也比勃朗峰峰顶高很多，为97.5℃。经计算，海上升1千米，水的沸点就下降3℃。

美国著名作家马克·吐温还在《国外漫游记》中写了一段故事，就是他在阿尔卑斯山旅行时，因为不知道把温度计煮到水的沸点后可以查出大气压值而闹出的小笑话。

我想进行一番科学考察，用气压计来测量我们所在地的高度。据我了解，有的测量计想要得到读数得放到开水中去煮，这真有意思，但我不知道它指的是气压计还是温度计，刚才我的测量没有成功，就把这两种都煮了吧，也许有意外发现呢。

我把温度计和气压计都煮了，可悲的是这两件器具都被我煮坏了。温度计盛水银的小球里，只有一滴水银在晃动，气压计也只剩下一根铜指针了。

无奈我又找来一支质量上乘的气压计，这次换个容器煮，我把它放到了厨子煮豆羹的瓦罐里，水烧沸后又煮了半个小时，可当我打开盖子时，惊人的事情发生了，一罐散发着强烈气压计气味的汤煮成了，而我的气压计完全报废了。

图 88 马克·吐温的"气压计汤"。

厨子想了个鬼灵精怪的主意：把豆羹的名字换掉，就卖这气压计汤。谁能料想这道汤竟然大受欢迎，吸引了无数的顾客，我不得不每天让他用气压计来熬汤了。

故事中马克·吐温做的"气压计汤"确实好笑，气压计是不用煮的，它可以直接指示出大气压来，我们再借助上面的表，就可以得出大气压随着海拔高度的增加而减小的规律了。

7.18 沸水是不是烫的呢

我们先来看儒勒·凡尔纳《赫克特尔·雪尔瓦达克》这部小说中的勤务兵宾·茹夫的一个小故事，故事的背景是，彗星撞上了地球，这两个地球人被撞到了彗星上，从此他们开始了在彗星上的生活，这是勤务兵宾·茹夫在彗星上做早饭时发生的故事：

宾·茹夫准备煮几个鸡蛋，他把水倒进锅里，又把锅坐到炉火上，有意思的是，他拿起鸡蛋准备放的时候感觉鸡蛋像是被掏空了，他只是准备煮几个鸡蛋壳。

想着想着，水就煮开了，竟然还不到两分钟。

"天！今天这火是怎么了？"宾·茹夫感叹道。

塞尔瓦达看他疑惑，便告诉他："不是火变旺了，只是水开得快了。"见宾·茹夫还是一脸的疑惑，他取出温度计插进沸水里，温度计显示了 66℃。

"水没到 100℃，只到 66℃ 就开了！"宾·茹夫惊讶地说。

"没错，朋友，把鸡蛋再煮一刻钟吧。"

"那不会变硬吗？"

"你放心，不会的，鸡蛋那时候才刚好煮熟。"

如果不是到彗星上去，宾·茹夫怎么也不会相信各地的沸水温度会不同，假如他用气压计测一下，就可以得知彗星上住处的气压比他们在地球上住处的低。事实上，在地球上 11000 米的高处，沸点也会降低到 66℃。

不过这个 11000 米的数值我们只能通过计算得到，这么高的地方已经进入了平流层，这里的大气压为 190 毫米水银柱，仅仅是正常大气压的 1/4，即使是飞行员在如此空气稀薄的地方飞行也要戴上氧气罩，不然几乎无法呼吸。

我们如果把故事里的主人搬离彗星，搬到火星，那里的大气压还不足 60～70 毫米水银柱，那锅里的水在 45℃时就会开了；如果把他们搬到地球上 300 米的深井里，那里的气压比正常气压高，沸水的温度就是 101℃，如果是 600 米深，沸水就是 102℃。

既然因气压的不同，沸水的温度便不同，那么我们可以利用一些科学手段，得到不同温度的沸水。想得到 200℃的沸水可以在蒸汽机锅炉中加 14 个大气压；想得到 20℃的沸水可以放在空气泵的罩子下面。

7.19　热冰

看了上一节，朋友们可能有疑问了，既然有凉的沸水那么会不会有热的冰呢？答案是，有。

英国的物理学家布里奇曼的研究表明，固态的冰，仍可保持比 0℃高的温度，条件就是在巨大的压力下。被他称为"五号冰"的冰是在 20600 个超强大气压下产生的，我们摸不到它，因为它是在优质钢材制成的原壁容器里制取的，我们只有靠间接的高科技方法观察它的种种特性。

"五号冰"主要有两个特性，即温度和密度。它的温度是 76℃，如此温度的冰足以烫伤我们的手指。热冰的密度是 1.05 克/立方厘米，竟然比水还大。普通的冰在水中会漂浮，而它会下沉。

7.20　干冰

干冰就是固态的二氧化碳，是在低压下的液态二氧化碳迅速冷却而成的。干冰虽然叫冰，其实并不像冰，它有三个特点不同于冰。第一是外形，干冰的外形更像压缩的雪；第二是密度，它比普通的冰重，在水中不是漂浮而是下沉；第三是触觉，虽然干冰有-78℃的低温，但拿在手里并不会觉得冰凉，这是因为干冰一接触皮肤就会升华为二氧化碳，相反会对皮肤有保护作用，只有握紧它时，我们的手指才可能会冻伤。

干冰的作用主要是依靠它的物理特性，干、冷和不可燃。

干冰总是干的，这是因为固态二氧化碳受热后会直接升华为气体，在正常大气压下液态二氧化碳是不存在的，因此二氧化碳可以干燥食物，它不会润湿周围的任何物体。除此以外，干冰的最大特性是温度低，可以用来冷藏食物，加上干的特点，用干冰冷藏可以防止食物发潮和变质，二氧化碳还可以抑制细菌生成。最后，二氧化碳的不可燃可以用作灭火剂，它甚至可以熄灭燃烧着的汽油。

了解了固态二氧化碳——干冰后，朋友们会问，那用作制冷的液态二氧化碳呢？是用什么生产的呢？这可是用了个大家不容易想到的东西——煤。

在工厂里，工人们把煤放进锅炉里，煤燃烧生成很多烟，把这些烟做净化处理，再加以碱性溶液，就提取出了二氧化碳。之后加热，二氧化碳会从溶液中析出，再经过 70 个大气压的高压冷却、压缩、液化后，装入厚壁筒就可以送往汽水厂了。液态二氧化碳的温度很低，还可用于冻结土壤和修筑地铁。

第八章

磁　电

8.1　磁力的吸引

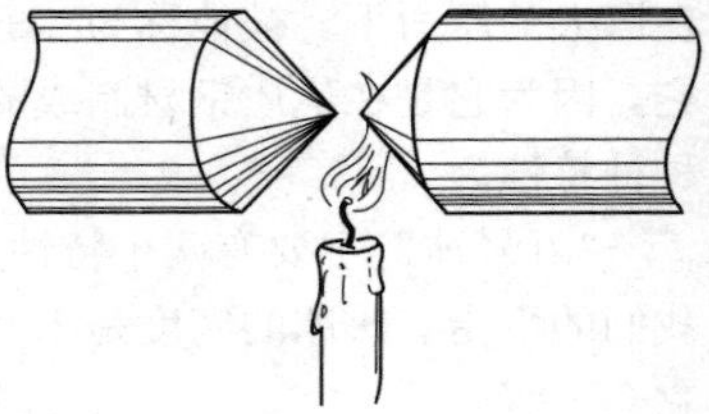

蜡烛火焰放在磁力强的铁两极之间，形状会发生改变；肥皂泡放到磁力强的电磁铁两极之间，也会被拉长（图89），这便是磁力的作用，如此奇妙的吸引力，如同慈母吸引自己的孩子一般，汉语中"磁"字是"慈"的谐音，也就是意在如此，而法国人对磁石的称谓也有异曲同工之妙，磁石译为"aimant"，在法语中也解释为"吸引"和"慈爱"。

赫拉克勒斯是希腊神话中的大力士，有一种石头被古希腊人称为"赫拉克勒斯石"，这种石头具有天然的磁性，而

图89　电磁铁两极间的火焰形状会发生变化。

这种磁石的磁力并不大。现代人运用通电线圈磁化的铁，也就是电磁铁，它的吸引力是天然磁石所无法比拟的，磁力起重机就是运用这个原理，可以吊起几吨重的铁。对天然磁石的吸引力惊诧不已的古希腊人如果看到这样的机器，不知会怎样称呼。

日常生活中，除了我们熟知的铁有很强的磁力作用以外，具有磁力作用的物体还有很多，比如金、银、钴、镍、锰、铂、铝等，不过吸引力与铁相比，就小很多。当然，也有抗磁性的物质，它们对磁力的吸引不为所动，如铅、硫、锌和铋。当然，液体和气体也可以被磁力吸引或排斥，只是作用力表现得十分微弱，只有在磁力特别大时，才会产生比较明显的作用。

8.2　指南针失灵了

地球上有没有这样的一个地方，指南针的指针两头都朝南或者两头都朝北呢？这样的问题其实并不荒唐，虽然按照常识，我们认为指南针的指针永远是一头朝北，一头朝南。但是，地球的两个磁极和地理上的南北极并不重合，这样一提醒，你是否就可以悟出所问的地方在地球上的方位呢？能够使指南针同时指向南或北的地方的确存在。

假如我们将指南针放在地理上的南极，你觉得它会指向哪个方向呢？如果从南极出发，无论朝哪个方向走，都是向北的，地理上南极的四面八方，除北之外没有别的方向。所以，并不是指南针失灵，而是特殊的地理位置导致指南针两个指针都会指向附近的磁极，也就是在此时此刻指南针会永远朝北。反之，如果去到地理上的北极，则它指针的两头便都会朝南。

8.3　整齐排列的铁屑

磁力铁周围存在着磁力，人无法感觉到磁力的存在，但是利用铁屑，就可以间接显示出磁力的分布情况，实验中，我们在一张光滑的硬纸片或玻璃片上均匀地撒上铁屑，在纸片或玻璃片下放一块普通的磁铁，轻轻抖动铁屑，并敲叩纸片或玻璃片。磁力是能够穿透这些障碍物的，所以铁屑在磁力的作用下就发生磁化，磁化了的铁屑在被抖动时就会离开原先位置，并在磁力的作用下转移到磁铁在这一点上应去的位置，也就是沿磁力线排列起来。这样，我们就通过铁屑的排列看到无形的磁力线的分布情况。

设想一下假如我们有了能直接感觉到磁力的器官，会有怎样的体会，那倒很有趣的。

克赖德尔曾用虾做过磁力感应实验。他在小虾的耳朵里发现一种小石子，这种小石子作为感觉纤维作用于小虾的平衡器官。他经过实验发现，如果用一些铁屑代替这些小石子放入小虾的耳朵中，它并不会发生什么反应，不过一旦拿一块磁铁靠近小虾，小虾的身体方向会发生改变，它所在平面会变成磁力和重力的合力的平面。这种作用相同的小石子在人类的耳朵里存在于听觉器官的附近，我们称它为耳石，它的作用力是垂直方向。

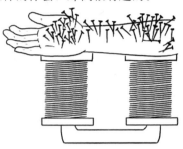

图 90　磁力能够穿透手臂发生作用。

在磁力的作用下，我们得到如图 91 所示的图形，铁屑分别从磁铁的两极辐射开来，在两极中间又连接起来，形成一条条或长或短的弧线，形成一组复杂的曲线图形。离磁极越近，铁屑组成的线越稠密，越清晰；反之，距离越远，线就越稀疏，越模糊。这证明，磁力的强度是与距离成反比的。

这使我们亲眼看到了物理学家在头脑中所描摹的图景，这在每一块磁铁周围是无形的却是客观存在的。而图 90 则利用大头针因为磁力作用而沿磁力线排列的有趣的景象。我们将一簇簇硬发般的大头针竖立在胳膊上，而胳膊则横放在电磁铁两极，人没有感觉磁力的器官，所以我们的胳膊对磁力

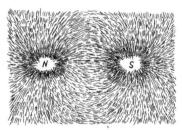

图 91　铁屑在下面置有磁极的纸片上的排列图形。

的作用也没有任何反应，磁力线穿过胳膊也没有留下任何痕迹。但是大头针在磁力的作用下，却按一定的顺序排列开来，向我们指示出磁力的走向。

8.4　条钢如何变磁铁

将磁铁的一极放在条钢的一端，紧紧贴压并顺着条钢擦过，这样利用最简单和最古老的磁化法便可以制作出磁铁，但这只能够制取小块弱磁力磁铁，利用电流作用才能制取强力磁铁。

如果我们将钢中的每一个铁原子当作一块小小的磁体，其中包括磁化了的和没有磁化的。在没有磁化的钢里，每一块小磁体的磁力作用都会被相反方向排列的另外小磁体的磁力作用所抵消掉，所以这些原子磁体的排列是没有次序的，如图 92（a）。而图 92（b）却与之恰恰

相反，在磁铁里，所有同性的磁极都朝着同一方向，所以小磁体都整齐有序地排列着。

为什么用磁铁摩擦一块条钢，会使条钢变成磁铁呢？这是因为由于磁铁的吸引力使得钢中的原子磁体转向，使同性磁极都调到同一方向。如图 92（c）所示：原子磁体最开始是把自己的南极转向北极，后来在磁铁的移动作用下，它们的南极都转向条钢的中部，沿磁铁运动方向排列开来。

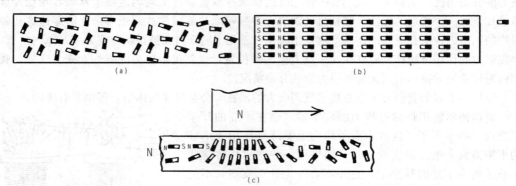

图 92　（a）钢里还没有磁化的原子磁体的排列；（b）已经磁化的原子磁体的排列；（c）磁化过程式中原子磁体的排列。

8.5　电磁起重机的威力

在现代金属加工技术中，电磁铁被广泛使用来固定和移动钢料、铁料和铸件。在冶金厂里，钢铁铸造之类的工厂的笨重铁料的装车和搬动是一项十分头疼的事情，但是自从有了电磁起重机，这便成为小菜一碟。现已制造出几百种各式多样的卡盘、操作台和辅助装置，使用它们可大大简化和加速金属加工作业。几十吨重的铁料或机器零件，铁片、铁丝、铁钉、废铁之类的铁料同样可以不用装箱、打包就可方便地搬运，用这种起重机随意搬动，用其他办法就麻烦的不是一点半点了。

有的读者在看了电磁起重机介绍后可能产生这样一个念头：如果能用电磁起重机搬运高温的铁料，岂不便利很多，可惜铁料的温度是有一定限度的，磁铁加热到800度就会失去磁性，因为温度过高，铁料就不能被磁化。

但是如果因为某种原因线圈里断电，则是致命的。一家杂志就曾报道过这样的事情：

在美国的一家工厂里，电磁吊车正在进行作业，将装在车皮里的铁锭投进冶炼炉里。突然尼亚加拉瀑布发电站因发生事故，瞬间工厂停了电。大块的铁锭由于没有牵引力而脱开了电，电磁起重机的起重重量是很惊人的，如图93和图94所示，电磁盘的直径在1.5米的起重机每次可以吊起的重量有16吨之多，这个重量和一个车皮货物的重

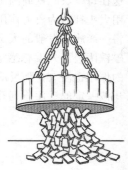

图 93　电磁起重机搬运铁片的情形。

量相当，如果工作一昼夜，它能处理600多吨的货物。还有的起重机一次可起重的重量就有一个火车头那么重，足足有75吨！如此停电后磁铁重重地砸在一个工人头上，简直惨不忍睹。如果仅仅因为停电就造成这样的损失，实在是太不安全了，于是在这种吊车上加装了一

图 94　电磁起重机搬运桶装铁钉的情形。

种特别的装置——扣爪。要起运的铁料被吊车吊起后，这种坚固的钢爪就从旁边落下来，紧紧扣住它们，此间可以中断供电，这样又可节约电能的消耗。此后铁料就由这种钢爪提着运送。

为了能够省力且简化工作的程序，使用这种威力巨大的电磁起重机收拢和搬运零散的铁片简直是一举两得。使用电磁起重机工作的时候，只要保持电磁铁的线圈内一直有电流通过，就不用担心重物掉下来，一块碎片都不会逃过电磁铁的吸引。冶金厂用这种电磁起重机可以减少很多人工的工作量，每台起重机一次搬运的量就相当于 200 多名工人的工作量。图 94 便是这种电磁起重机搬运桶装铁钉的示意图，它竟然能同时搬运五大桶铁钉！

8.6　提不起来的箱子

如果在箱子的铁底下面放着一个托垫，托垫下是放有强力电磁铁的磁极，通上电后，一个本来轻而易举便可提起来的箱子，现在就是找三个人也提不起来。这个箱子真的有那么重吗？在这位法国"殖民者"表演的魔术的玄机很简单。不过是：在不通电时，箱子不难提起；可是只要往电磁铁的线圈通上电，那么就是用三个人的力气也奈何不得。在名著《电的应用》里，作者描述了一位法国魔术师的演出的过程。

魔术师请台下自认为力气很大的观众上台与他一同表演，舞台中央放着一个不算太大带有把手的铁皮箱，一位中等个子的壮汉充满自信地走上台，看到舞台上只有一个铁箱，他满不在乎地问道："就是要提箱子吗？"魔术师将他由上至下地打量一番，笑着问他："你的力气真的很大吗？"男子一脸不在乎的表情说道："那还用说，我这块头，力气绝对没问题。"

"你确信自己的力量不会变小？"

"怎么会啊，我中午还吃了很多的。"

"那如果我说我可以让你瞬间连一个小孩的力气都不如你相信吗？"

男子一撇嘴，不以为然地一笑，显然不相信魔术师的话。

"现在，请你提起这个箱子。"

大力士毫不费力的一下子就把箱子提了起来，他以嘲笑般的语气问："就提这么轻的箱子？"

魔术师不慌不忙，抬手打了一个手势，并且严肃地对大力士说："你的力气已经被我吸走了，你现在再提一下箱子吧。"

大力士重新去提箱子，但是这次箱子好像变得特别特别的沉，不管他怎样使劲儿，箱子都好像黏在地上一样，一动不动。这位男子铆足劲儿往上提却依旧徒劳，他很为难地离开舞台，刚才的神气一下子就没有了。

于是，他相信这是魔术的力量。

其实这个魔术的原理非常简单，因为垫在箱子底下的强力电磁铁的磁极经过通电后，产生了很大的吸引力，电流的强度大小决定了吸引力的大小，所以即使力气再大也奈何不了。

在魔术舞台上，魔术师借助电磁铁无形的磁力表演了很多精彩的戏法，观众很难想到这其中竟是小小的磁铁起的作用。

8.7　运动员和电磁铁

生活中，我们经常能够用到电磁铁，但是运动员在训练中也可以运用电磁铁，你能够想到吗？引力的大小可以通过调整电流强度而改变，教练员就是利用这样的原理锻炼运动员的臂力，练习中引力可以大到将不愿松开铁杠的运动员吊起的程度，这样同伴们协力将他拉住，达到更好的训练效果。训练用的起重器械也可以用电磁铁充当，将电磁铁吊在比运动员身体稍高的地方，运动员为了摆脱电磁器械的引力而抓住它下方的铁杠奋力下拉，在训练中起到了意想不到的效果。

8.8　农耕中的电磁铁

分离作物种子中的杂草种子，一粒一粒的着实很辛苦，而利用电磁铁却轻而易举。在农业技术上，农民利用磁铁清除农作物种子里的杂草种子。具体的方法将铁屑撒在混有杂草种子的作物种子上，这时粗糙的杂草种子上会被铁屑自然粘附上，而光滑的作物种子则不会被附着。这样，我们便可以利用具有相应磁力的电磁铁去吸，自然也就能从作物种子中把粘有铁屑的杂草种子轻松的分离出来了。

农业技术人员还利用这种方法，把杂草较为粗糙的种子从苜蓿、亚麻等光滑的种子中分离出去。依附在杂草种子上的绒毛很容易就被从一旁走过的动物传播到离母本植物很远的地方。杂草的这种特性却被农业技术人员所利用，当作消除杂草种子的方法。

8.9　坐着磁力飞行器能上月球

从小船上向岸边抛重物，在抛东西的同时，小船会向河心退去，这是经典的作用力等于反作用力定律的表现，我们推动所抛物向一个方向运动的力，同时也会把我们自己连同小船一起推向相反的方向。在抛磁球时，也会发生相同的情况，坐在槽车的人，需要用很大的力气抛球，这时他必然会把整个槽车向下推。就算槽车没有一点重量，用抛磁球的方法只能使它在原地跳动，槽车根本飞不起来。但等到后来槽车和磁球重新接近时，它们会由于引力回归原位。

但到底是因为磁球不足以把槽车吸起，还是坐在铁槽车里抛不起磁球呢？

其实这两个理由都不对。在本书中，我们曾提到一本有趣的著作《月国史话》，是由法国作家西拉诺·贝尔热拉克写的。这部书中的主人公就是乘坐一种有趣的飞行器飞往月球的，而这种飞行器就是以磁力为动力的，但是，无论是作者还是读者，谁也不会相信真有这种飞行器。这其中大家也不能正确说出为什么这个设计不切实际。

只要它有足够的磁力，磁球是抛得起来的，而且它也能把槽车吸起来。然而尽管如此，这种飞行器也决然飞不起来。当然在西拉诺·德·贝尔热拉克生活的 17 世纪中叶，那时人们还并不知道作用和反作用定律的存在，所以我们也只能说，这位法国讽刺作家所想象的虽然不切实际，但却是充满了创造力的。

下面我们来看看他在书中是怎样描写的：

我吩咐工匠用铁料打造了一个槽车，我舒舒服服地坐在车的座位上。然后用手将一个磁铁球高高地抛过头顶，槽车便随之腾上空中。我不让槽车接近吸引它的磁球，每当将要接近时，我就再次把磁球抛起。有时我只是手拿着它，向上举起，终于接近月球上的登陆点了。槽车好像粘住了我一样，因为这时我手里还紧握着那颗磁球，它好像舍不得让我离开似的。我控制着抛球的动作，为的是防止着陆时不会跌伤，槽车的下降速度因磁球的引力而逐渐变慢。当我距离月球表面只有两三百俄丈（也就是两三百米）的时候，我就朝着与降落方向成直角的方向抛出磁球，最终，槽车贴近了月球的地面。这时我跳出槽车，软着陆在一片沙地上。

8.10 "悬棺"再现

欧拉在他的《关于各种物质的书信集》中对悬棺的解释是站不住脚的，他写道："因为有些人造磁铁确能吊起 100 磅的重量，所以棺材是靠某种磁力支撑起来的，这似乎是可能的。"

即使用他说的磁铁吸引力使引力和重力在一段时间内保持平衡，但利用很小的外力，甚至空气流动的力量便可打破这种平衡，使得棺材被吸向墓室顶或是跌落到地上。所以就像不能使圆锥体尖顶朝下竖立一样，要让棺材悬着不动实在是不可能的，虽然有时候在理论上是可行的。

但是所说的"悬棺"现象的再现也不是完全没有可能的，磁铁不但具有吸引力，而且还具有排斥力，在这里解释这样的现象利用的是它们之间互相的排斥力，而不是磁铁与物体之间的相互吸引力，磁铁排斥力的性质总是被忽略。大家知道，同性的磁极是互相排斥的，我们将两块被磁化了的铁的同性磁极叠放在一起，也会互相排斥，如果上面那块重量适当，就不难悬在下面一块的上方，两块被磁化的铁就能在不接触的情况下保持稳定的平衡。这时只要有不能磁化的材料，比如玻璃做支撑，还可以阻止其在水平面上转动。

如果把磁铁的吸引力施加到运动着的物体上，也产生这种悬浮现象。有人据此提出了一项没有摩擦力的电磁铁道的巧妙设计（图96）。这项设计对每一个爱好物理学的人都有效益。现实中也有这样的现象，一位工人在使用电磁起重机时发现了有趣的一幕：一个很大很重的铁球用链子固定在地面上，被电磁盘利用吸引力吸起，铁球与磁铁并没有接合，而是直接被吊起，中间大概留有 15 至 20 厘米的空余，这条铁链竟然能够直挺挺地站在地面上！甚至工人攀上铁链也一同被悬挂了起来，可见磁力的力量实在是很大（图95）。

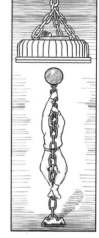

图 95　挂着重物的铁链在磁铁的吸引下竖立起来。

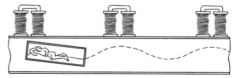

图 96　电磁铁道。

8.11 悬着的列车

在托姆斯科工艺学院时，我花了近两年的时间用于做铜管实验。我选用的铜管直径为 32 厘米，铜管上安装着多块电磁铁，用铁管做一截小车，前后都有轮子，然后将装满磁铁的铜管放在小车上。在小车前方放置一个用沙袋支起的木板，如果小车前头凸起的部位撞到木板就会自动停下来。小车的速度约为 6 千米/时，重 10 千克。由于环形管道长度及房间面积的限制，并没能完成超过这个速度的实验。但在我完成的原设计中，车的速度就很容易达到每小时 800～1000 千米。始发站上的螺线管长度就达到了 3 俄里，约 6 千米。它在行驶时不用消耗任何能量，因为管道中没有空气，而且车与地板和天花板之间没有摩擦。

现在莫斯科的多家邮局改造了上述设计装置后，用来转运较轻的邮寄品。这种电磁邮局的构造说明存于列宁格勒公共图书馆，可供读者借阅。运送路长 120 米，运行速度为 30 米/秒。

制造这套设备，省去了运行的动力、机务、乘务人员等开销，虽然其中铜管道的费用很多，每千米的运营成本不过千分之几到百分之一或百分之二戈比，但双线每昼夜的运输量，仅单向就可达 1.5 万人或 1 万吨货物。车厢在这种电磁铁路上由于重量被电磁铁的吸引所抵消，所以是完全没有重量的，设计者所设计的车厢既不是在轨道上，也不是飞上天空或漂在水面上的。而是悬在强劲的磁力线上奔驰的，在这种没有任何支撑和接触的情况下无形存在的磁力线上飞速前进。

由于它们不受到一丝摩擦，所以一旦运动起来，无须机车牵引就能依靠惯性保持原有的速度来运行。这个原理使得我们能够明白为什么它能够飞速地前进。在一个被抽掉空气的真空环境中，车厢运动在消除了运动阻力的铜制管道中，而车厢因为已被电磁力悬起，由于在运动时并不和管道壁接触，摩擦力在车厢底部自然也无法产生。为此，为了吸住在管道中运动的铁制车厢，在整个铜制管道中，需要安装很多强力电磁铁，每隔一定的距离就要有一块，这样利用强大的吸引力才能保证它们不会跌落。那么车厢是什么样的呢？它就像是雪茄状的大圆筒，每节长 2.5 米，高 90 厘米。因为要在真空中运动，所以车厢是密闭的，像潜水艇一样，里面配有自动清洁空气的装置。

列车类似于炮弹的发射的启动方法也是绝无仅有的，真的可以形容说是"发射"出去的，不过所利用的是电磁炮。在新式磁力铁路线上运行的列车，启动它的车站构造具有螺线管的特性，这种螺线管的导线在有电流通过的时候吸引铁芯。这种异常猛烈的吸引力在线圈足够长、电流足够强的条件下使铁芯获得极高的速度，列车就是靠这种力量发动的。由于管道内没有摩擦力，列车会靠惯性一直前奔，速度不会减小，直到车站的螺线管断电后才会停住。而在管道中行驶的列车厢则是靠管道的"天花板"和"地板"之间强大的磁铁磁力支撑着，车厢被电磁铁向上吸引着，另外因为还有重力在向下拉，从而使车厢不会碰到"天花板"。而当它还未能等到由于重力的作用而碰到"地板"时，便又被电磁铁吸回去……就这样，列车在其空中始终处于电磁力控制之中而做波浪式运动，这种运动就像在宇宙空间运行的行星一样，既不受到摩擦力的阻碍，也不需要提供动力。

8.12　火星人的秘密武器

从天而降一个黑乎乎的东西，在飞船周围盘旋着，像一条展开的布一样把战场上空遮个严严实实。本来勇猛地向前冲的一队队训练有素的骑兵，那种压倒火星人奋不顾身的英勇气势突然变成了惊心动魄的哭号。之前有几只飞船升空了，像是要运走撤退的兵员。他们不是准备撤退了吗？怎么又回来了。

所有的骑兵像是中了魔咒，瞬间乱作一团，那黑乎乎的吸盘竟然具有惊人的力量，只见刀枪腾空而起，向那个巨大的器械飞去，地面上骑兵的武器一下子就全部被吸走了，有些不肯松手的士兵，甚至一同被吸走，几分钟后，骑兵团的枪械全部被缴。那个器械继续向前滑行，没有一个人能抓得住手中的兵器。

空中磁铁又向炮兵逼近。步兵们紧紧地抱住自己的枪，但无济于事，——它们最终还是被那股不可抗拒的力量夺去了，几分钟后，第一步兵团也全部被缴械。那个器械又去追赶逃往城中的另一个团，准备用同样的办法俘获他们。

这种具有不可抗拒的魔力的器械是火星人最近发明的新型武器，它能将一切钢铁制品吸去。火星人在战场上不费吹灰之力缴获敌人手中的武器，自己又毫无伤亡，这全是会飞的磁铁的功劳。

后来，步兵部队也遭受了同样的下场。

这是《在两个星球上》中对这场火星人与地球人大战的描写，这样吓人的武器是科幻小说家库尔特·拉斯维茨虚构出一种具有神威的武器，在他的小说，火星人利用他们拥有的这种电磁武器同地球上的军队作战。地球居民未战先败，盔甲被武器吸走而望风而逃。

同样类似的武器在故事集《一千零一夜》也有记载，这是当时在印度海边流行的一个故事，说的是海边有一座磁岩，所有经过海边的船只都会被巨大的磁力将所有铁器吸走，包括船上用来连接用的钉子、螺丝、夹子等零件，一个不剩地被统统带走。古罗马博物学家普林尼在书中描述了磁力产生的巨大威力。其实，这并不是一个传说，虽然现在我们倒也不用钢铁打造船只，但并不是因为我们害怕磁岩，所谓磁岩也就是富含磁铁矿藏的山，在冶金工业重镇马格尼托哥尔斯克就有著名的磁山——马格尼特山，这种磁山的磁力很小，几乎可以忽略不计，现在不用钢铁打造船只是因为地磁的影响。

8.13　走不准的表

如果你不小心将金表放到磁力很强的蹄形磁铁的磁极上，那可是要破费彻底修理了，表内很多机件也要重新更换，但是如果是带有严实铁盖或钢盖的表却可以完好无损，这是为什么呢？这是因为金表或银表不能防磁，当将其放在磁力很强的磁极上时，摆轮的游丝会被磁化，导致表走得不准，即使离开磁极，钢制机件的磁性依旧存在，所以表仍然无法恢复到正常状态。

但是本身容易被磁化的铁却可以完全阻挡磁力穿透的作用，成为一道坚实的屏障。实验中，我们将指南针放到一个铁环中间，在环外磁铁的吸引下，它的指针并不会发生任何偏转。如带有铁壳的怀表其表内的钢制机件就可以免受磁力的影响（图97）。即使将这种表放到高功率发电机的线圈附近，它的精确度也丝毫不会受到磁力的影响。

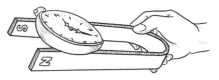

图 97　本身容易被磁化的铁可以完全阻挡磁力穿透。

当然，这个实验如果用金表来做，那代价就很大了。所以电气技工理想的计时工具也是铁盖表，如果事先采取得当的措施，就连虚拟的火星人的器械也不会有用武之地的。

8.14　造不出的磁力"永动机"

早在 1878 年，也就是能量守恒定律问世 30 年之后，一位发明者将磁力"永动机"的荒谬构想乔装打扮了一番，竟在德国获得了专利。这样的发明竟然骗过了专利审查委员会，而这位"发明"了"永动机"而成功侥幸拿到专利的幸运儿却很快就对自己的发明感到失望，两年之后就停止了缴纳专利税，于是这项荒唐的专利也就失去了法律效力，从此这个"发明"也就成了大家眼中一文不值的东西。

17 世纪切斯特城主教、英国人约翰·威尔金斯设计的一种磁力"永动机"如图 98 所示，槽板 M 和 N 叠放在一起，并依靠在一放有磁铁 A 的小柱旁。这个槽板的上面有一个小孔，下面是弯曲的形状。这位发明家认为，如果将一个小铁球 B 放在上面的槽板上，它应该因为磁铁 A 的吸引而向上运动，按照常理然后当它到达小孔的时候就会落到下面的槽板 N 里，继续向槽板的下端滚去，顺着弯曲的槽板回到 M 的地方。然后在这个地方，由于有磁铁的吸引，会导致小球继续进行向上的运动，又会从小孔里落下，继续朝着 N 运动，再回到槽板，周而

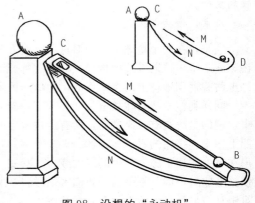

图 98　设想的"永动机"。

复始，一圈又一圈，他理想地认为这样就达到了永动的效果，能够让小球一圈圈地运动在槽板之间。

这种设计的谬误之处在哪里呢？

这位科学家认为小球在经过槽板 N 的时候，到达下面以后会以一种速度沿着 D 弯曲的地方绕到上面，这是为什么呢？这一点很容易知道是科学家凭空想象的，是不可能实现的，因为如果小球只是在重力的作用下进行运动的，这样它的加速度就是在重力作用下产生的，它便可以做到上面的运动，但是这里并不是这样，小球除了受重力的作用，还受到磁力的作用，而且磁力的作用很大，它可以使得小球从 B 位置运动到 C 位置。这样看来，小球在槽板 N 上所做的运动并不是加速运动，而是减速运动，所以它不可能绕过 D 弯道而继续向上运动。即使它能滚动到槽板 N 的下端。虽然发明家曾想尽一切办法试图利用磁力发明出真正能够永远不停歇的机器，但具有巨大能力的磁铁也无法达到永动机这样的高要求，所有实验都以失败告终。

8.15　为何要给古籍充电

我们生活中经常给手机充电，但是你有听说过给古籍书充电的吗？这是苏联科学院设的文献修复实验室的发明，为了能够解决粘连书页难以分离的难题。以前博物馆的工作人员不管如何小心，都会使书页难免出现粘连而导致破损，实验室的方法借助电使古籍分离开来，充电使得相邻各页得到同性电荷，这时他们就会相互排斥，于是便可以将书页毫无损伤地分离开来，这样处理过的书页便可以随意用手翻动，也易于进行裱糊，利用同性互斥的原理可

算是为博物馆藏书的良好保存立了大功。

8.16　"永动机"的荒谬

"永动机"的设计者们所发生的迷误，实际上都如出一辙。当他们试图将永动机付诸实践的时候，却发现两台机器竟都无法运转，这其实是一个必然而唯一的结果，若想使两台机器具有完全的效率，让他们不停运转必备的条件就是这其中完全没有摩擦力。连接在一起的两台机器（联动机组）在没有摩擦的情况下，就如同任何滑轮一样可以实现永动，然而这种永动只要让这种机器去做功，它马上就会停止，结果毫无用处，所以自行运转是不可能的，况且一旦有摩擦，机器便不再运转。这样我们得到的并不是"永动"的动力机器，而只是一种现象。

其实，我们用一个很简单的方法就可以做永动实验，利用两个滑轮按照两台机器的逻辑进行运转，只要将两个滑轮用皮带连接起来，只让其中一个转动起来。另一个滑轮便会随之转动。也可用一个滑轮组实现，通过转动左边的滑轮，从而带动右边的滑轮，而右边的滑轮又反过来带动了左边的滑轮。由此，永动幻想的荒谬性在刚才说的两种情况下变得十分明显。

设计永动机的人们总是热衷于通过结合动力和电力的原理而达到"永动"的效果，类似的还有：如果想让电力由发电机直接传送给电动机，只需要通过滑轮和传动皮带的连接将电动机和发电机组合起来便可达到效果。发明者误以为只要这样就可以给发电机提供了原始的动力，它就能够发电，并且带动电动机，通过皮带传达给发电机，使其继续运转，他们殊不知这样的运转并不能够永恒，理想的状态受到很多客观因素的影响。

8.17　近似永恒的机器

有没有一台机器是可以永远不停歇地运转呢？如果有这样的机器，那定会有人不惜花费很高的代价去买上一台，这也就是很多发明家一直追求的永动机。

斯特列特在1903年设计的所谓的"永动机"，人们通常叫它"镭表"，它是在一个抽掉空气的玻璃瓶内的石英线（不导电）下端，连接一个小玻璃管，管内装有几毫克镭，镭能放射三种射线。在这种装置中，由负粒子（电子）组成的很容易穿过玻璃的B射线起着主要的作用。因为被镭放射到各个方向的粒子可以带走负电荷，这个装有镭的玻璃管就渐渐带上了正电荷。管的下端挂着两个小金片。这些正电荷转移到金质叶片C上，使之张开。我们在瓶壁的相应位置贴附着可以导走电流的金属片，当张开的叶片一触到瓶壁就失去了电荷时就又合住了。其实这是一种结构并不复杂的装置（图99）。这些黄金叶片就像钟摆那样每两分钟张合一次，只要镭还能放射射线，这种表可以使用几年、几十年、几百年，但它只能叫作一台"无成本"的发动机，并不能称为永动机。

镭是异常稀有的元素，价格也是十分昂贵，经科学家测定研究，镭的放射能力会逐渐减小，它的摆动频率也会随着电荷的减少而变小，1600年后反射能力会减半，它的使用年限不超过1000年。所以使用镭得不到什么效果，由于它单位时间内做功很小，无法达到机械所需求的能量，如果想有一定实效，就要用大量的镭。所以像镭表这种没什么价值的玩意儿却有着惊人的价格，所以运用到生活中实在是一种浪费。

既然无法制造永远运行的机器，但如果可以运转上千百年，尽管它不是名副其实的永动机，那么这样一台"近似的永动机"，也能让人心满意足了，毕竟人的一生十分短暂，千百年和"永远"对于人类来说也没什么不一样。但是颇为严谨的数学家对"近似永恒"的提法并不肯定，在数学中，永恒也就是无限的意思，他们认为，运动只有两种状态，永恒和不永恒，并不存在近似永恒这样的状态，这样其实也就是不永恒。而在实际生活中一些注重务实的人认为有了这种近似的机器，研制永动机的难题也即将解决，也就不用再去劳心费力了。

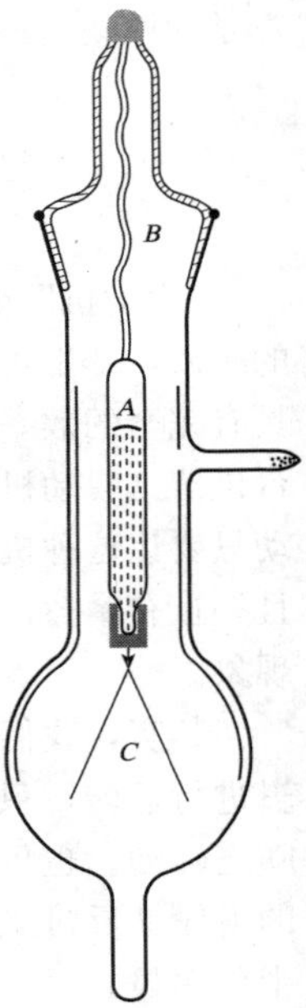

图99 "镭表"

8.18　电线上飞鸟的安全

鸟类停在高空的高压电线上可以安全停落，这种情景在城市里很是寻常。但也会有触电而死的小鸟，同样是站在高压线上，小鸟的命运怎么会有不同呢？停落在电线上，在鸟儿的身体里形成了电路的一个分路，它的电阻，也就是鸟两足之间的那段很短的电线与另一个分路要大很多，因此这个分路的电流小到对鸟不会造成什么伤害。但是，如果鸟的翅膀、尾巴或喙触到电线杆，只要是同地面形成了回路，不管是什么方法，那电流就会即刻进入它的身体然后返回到地面，小鸟也就会触电而死。

因为触到断落的电线被电击而死的的动物很多，这样的事情也屡见不鲜。新闻中经常播出市民由于触到电车电线或高压电线而身亡的新闻。我们要远离这些危险的事物，以保证自身的安全。我们本以为小鸟因为无法形成回路而逃过劫难，但如果停落在高压电线杆的栋梁上时磨喙的小鸟同样也会惨遭不幸。鸟一旦接触到有电流的导线就会被电死，而高压电线杆上的栋梁与地面并不绝缘，小鸟对此却一无所知。所以，为了有利于

图100 高压电线杆上为鸟类安装的绝缘栖架。

林业的发展，采取了特殊的措施，在危险的地方安装特别装置，使鸟类无法靠近导线。另外，在高压电线杆的栋梁上安了绝缘的栖架，鸟儿不但可以停落，还可以在电线上磨喙，充分地给予了小鸟停歇安全。

8.19　闪电下静止的画面

闪电一划而过，车水马龙的街道似乎一下子被定格为一种静止的画面，奔跑着的马戛然而止，扬起的蹄子悬在半空好似一幅油画；车子也定在那里，一根根轮轴也看得一清二楚，是我们的眼睛发生了问题吗？并不是我们眼睛的问题，这种看似静止的景观是短促的电光照耀下形成的。

闪电的光持续的时间极短，用普通的方法难以测量，借助间接的方法测出，闪电只能持续千分之几秒，如同一切电火花一样，在如此短暂的时间内，物体的位移也是难以目测的。

我们在只有千分之几秒的时间里用肉眼目测这样的景象，马车轮辐的位移也只有万分之几毫米，所以看起来就像是静止一样。如此我们在雷雨交加的夜晚看到过电光闪过那个瞬间的城市街景也就不足为奇了。

8.20　闪电值多少钱

利用现代电工技术制造人工闪电，这看起来是不可能达到的，如今在实验室里已造出电压为光长 15 米、1000 万伏的闪电，不过它跟自然界的闪电比较，还是小的，但真正创造出自然的闪电指日可待了。但是，你是否考虑过，如果按照照明用电的比价制作闪电消耗的电能的价钱有多少呢？经过计算，能量比炮弹大一百多倍的闪电竟然只值 56 卢布！

这是如何计算的呢？电功的计算就是用电流乘以电压，电流的测定可以通过打雷时，从避雷针引到线圈的电流对线圈铁芯磁化的程度得到，这个电流最大的强度为 20 万安培，又知道闪电放电的电压为 5000 万伏，所以也就能够算出电功了。在计算时还要注意这里用的电压为平均数，因为放电时电压会逐渐减少，一直变为零，所以也就是用初始电势的一半作为电压，那么算式为：

电功率＝50000000×200000/2＝5000000000000 瓦特，即 5000000000 千瓦。

如此之大的数字，那闪电的价钱也一定很高，这是人们直观的猜想。其实不然，如果折合成千瓦/时这个照明用电的计量单位，这些电能只可折合 5000000000/3600000 约等于 1400 千瓦时，数量一下子就小了很多。

1 千瓦时的价格是 4 戈比。不难算出闪电的价值是：

1400×4＝5600 戈比，即 56 卢布。

这个价钱，简直让人不能接受。一直被古代人奉为天神的闪电，它的价值在现在就只有区区 56 卢布。

8.21　在家制造"雷雨"

如果你找来一把硬橡胶的梳子，然后用它来梳头，梳完头后立刻将梳子拿到水龙头前，放出水，你会发现从水龙头中流出的水会变得紧实，而且形成的轨迹还会成一道弯，如图 101，是向梳子偏斜的弯。这种奇妙的现象可以看出电对水流是有一定作用力的，这同水流在电荷的作用下表面张力的改变有关。其中还有很多更复杂的因素。

如果想要避免摩擦起电产生的不良后果，有一种方法是镀银，这样就能够避免皮带在轮轴上转动的时候起电，也就不会因为电火花引起火灾。这是因为用银包裹的导电体不会因为电荷的急速汇聚而产生电流。

图 101　带电的梳子对水流有引力存在。

利用电对水的作用，我们可以在室内制造出雷雨的效果。首先我们在室内制造一个小小的喷泉，这个喷泉的高度应达到半米，喷头要向上。这并不难，只要将一个橡皮管的一段放在高处的水桶里，或者直接将橡皮管接在水龙头上。若想使水流能够呈细流般涌出，便要用出口较小的导水管。可将一根抽去铅芯的笔杆插在橡皮管喷水的一端，更方便的做法，就是在这一段倒插一个漏斗（图102）。

这时，我们拿一支经过绒布摩擦的火漆棒或硬橡胶梳子靠近喷泉，便会产生奇妙的景象：本来喷出的一股细水在落下时竟合成一大股了，溅落到接水盘时，发出如雷雨大作般的声响。物理学家博伊斯解释这种现象为自然界雷雨的雨滴变大的原因。如果把火漆棒拿开后，喷泉就又会恢复成股股细流，雷雨大作般的声响也会消失，重新变成潺潺的柔音细声了。

图 102　自制"雷雨"。

第九章

光的反射与折射视觉

9.1　五个自己的映像

如果给你两面很大的平面镜，怎样才能用照相机使同一个人在一张照片中被拍出更多的成像呢？图103中一张照片中五种像就是用同一个人拍摄出来的，这是怎样做到的呢？其实看起来很奇妙，这只是一种摄影的技术，可以在同一张照片中显现出一个人不同的形象。这样在这种特殊的照片中，会充分显现照相人的所有特点，这也是很多摄影师所追求的，那就是拍到他们认为模特最完美最好的姿态，利用这种技术自然比普通的拍照优越很多。

图103　利用平面镜，同一人在同一张照片上同时照出五个不同的面相。

我们发现，当两面镜子呈现不同的角度时，能够拍出像的数量也是不同的，所以可以说拍摄出像的多少与两面镜子所成的角度有一定的关系。比如：如果想拍到 4 个像，那么两面镜子成 90°便可达到，如果想拍 6 个像，在 60°的状态下就可以了，当然，在角度为 45°时，还可以呈现出 8 个像，不过越多的成像就会越模糊。

最理想状态下的一般最多成像为 5 个像，图 103 就是将 5 像同时呈现在一张照片上的。图 104 所示的是怎样达到这样的效果，这也是离不开镜子的，我们将两面镜子 C 直立，而照相人背朝照相机 A，将镜子的角度调为 72°，这样的角度就可以照出四种映像，在每一个照相机的镜头中都不相同，与拍下的实像合在一起，也就是能够呈现出

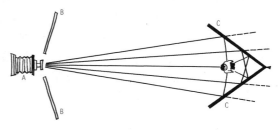

图104　拍摄五像照片的方法。

五个映像。在拍照时要注意选用不带镜框的平面镜，以免拍出的照片会看出道具，还有，也可以在照相机前放置两块幕布，将镜头从幕布的缝隙中探出，这两项措施就可以保证镜子不会出现在照片中了。

五人合在一张照片中，其实并不难，在家也可以试试看。

9.2　巧用太阳的能量

在土库曼斯坦曾经研制出一种工业用的太阳能冷库（图105）。这种冷库在周围背阴处的温度达到42℃时库内的温度将为−3℃，这也是第一座工业太阳能冷库。利用太阳能制造太阳灶的效果也很好，加热的温度可以达到120℃。在食品加工中利用烘干设备生产干果、干鱼也是利用太阳能。沿海地区的太阳能蒸馏装置可以用来提取淡水，在咸海、里海等沿岸地区发挥着功效。

图105　屋顶的太阳能热水器。

这种利用日光来作为能源是人们一直的美好愿景，但是太阳能的利用效能一直都不是很高，因为太阳辐射的做功是有条件的，当太阳直射在地面上时，并且还要全部转化为做功才能够达到理想中的能量。这里我们可以进行一下计算太阳直射所能获得的最大能量，这是可以精确计算的，即单位时间内从大气层单位面积直射的阳光所能给予地球表面的能量，也就是太阳常数，而这个数值是恒定不变的，约为每分钟每平方厘米0.002卡。除掉被大气吸走的约25%的热量，剩下根据太阳常数和地球的表面积计算出地球表面每平方米每秒接受太阳直射获得的能量为1.368焦耳。这些热量便是太阳不断地输送给地球的。

人们想最大效率的利用太阳能，但是用太阳能做机械工作的效率却一直不高，著名物理学家阿巴特研制的高效装置的效能也只达到了15%，而现在已经实现的直接利用太阳能做动力的尝试离理想状态差得更远，效能只有不超过5%或6%的状态。不过，人们利用太阳能加热是很有效果的，比机械工作的效能高出很多倍。图105显示的是塔什干的一户人家房顶上安装的太阳能热水器。这样的热水器早在20世纪30年代初便出现了，它的平均效能可以达到47%，最高甚至有61%之多，这样的热水器有20个阳光釜，可以盛水200桶，完全能够保证全家的热水供应。有人会担心那冬天的时候怎么办呢？其实一年中有7～8个月时间可以利用阳光加热，太阳能利用技术人员称，即使在寒冷的月份里只要天气晴朗热水器仍然可以使用。利用太阳能的能量工作的设备很是环保，也算是低碳设备中重要的一种，给我国国民经济的增长立下不小的功劳。

9.3　无所不能的隐身帽

小时候，神话书中有很多不可思议的法术，那也是很多人的梦想，现在很多都已经变成现实，很多也成为科学中先进的技术手段，当我们坐着飞机翻越群山，飞过大洋的时候，这是古代人的梦想，他们幻想自己能够像神仙一样上天入地。但是怎样才能瞬间消失呢？这样的技术似乎一直都没有人发明出来过，难道真的没有地方可以让人隐身吗？

柳德米拉想起当时的场景，
心里依旧久久不能平静：

她把帽子在头上不断地旋转，

正过来倒过去反复着试戴，

她把黑魔的帽子拿在手中

一会儿把头发放进去，

一会儿又压在眉毛下，

这是多么奇怪的事情！

她压低帽子，突然，

镜子里的她就消失了，柳德米拉又把帽子戴正，

于是她又出现了，

她把帽子反过来戴上，又不见了！

"这实在是太妙了！巫师，

这就是我以后的护身法宝啊。"

被俘的柳德米拉拥有了神奇的隐身帽，

这就是她出行的必备。

在隐身帽的掩护下，她轻而易举地就逃过了看守的士兵。

人们看不到她的踪影，

但是却能感觉到她经过的地方。

本来硕果累累的果树瞬间一个都不剩下了，

草地上有着脚印，桌上丰盛的饭菜不见了……

柳德米拉想来一个痛快的水浴，

她来到瀑布，夜色刚退去，

清晨卡拉尔从宫中走出，看见远处瀑布飞溅的水花，

但是却看不到人影，他知道，那是正在沐浴的柳德米拉。

这幅场景出现在普希金的《鲁斯兰与柳德米拉》长诗中，里面生动地再现隐身帽这个东西奇妙的场景，描写了它神奇的魔力，如果现实中有这样一顶帽子，你会像柳德米拉一样去瀑布淋浴吗？

9.4　你知道怎样才能隐身吗

生活中有没有透明的人存在呢？一位动物学家发现过透明的青蛙，1934年他来到一个儿童村，发现一只白色的青蛙，青蛙的皮肤很薄，它的肌肉和组织都是透亮的，可以清楚地看到它内部的器官和骨骼，甚至可以看到这只青蛙的肠子和心脏，它们的运动也看着一清二楚，这只青蛙是患有白化病的青蛙。有一些患有白化病的动物因为体内组织缺乏色素，身体就显得十分透明。

不过英国作家威尔斯很早以前就写了部题名为《隐身人》的小说，他通过自己的文字使读者相信，这个世界上是存在隐身人的，他创造出一个世界上从未有过的物理学家，也就是小说中天才的主人公，他在小说中发明了隐身术，这种方法能使人体内的组织，甚至色素变得透明。发明者也就是主人公将这种方法用在了自己身上，书中写道他完全隐身了，主人公在书中向一个医生是如此解释自己隐身的构想的：

"假如我们把一片玻璃捣成碎末，这时玻璃变成了不透明的白色粉末。我们将他们抛洒到空中，会显得格外耀眼，这正是因为玻璃在捣碎后其表面积增大了，所以它能够折射和反射的光也就增多了。虽然玻璃片只有两面，但是玻璃粉末却有无数的面，每个颗粒都能折射和反射光，如果我们将玻璃粉末放入水中，由于捣碎后它的折射率与水的折射率近似，也就不会发生折射和反射现象了，也就是所谓的玻璃'隐身'了。

"其实这利用的是连中学生都明白的道理，平时我们是借助光来看到物体的。你也知道，所有物体都是能够吸收、反射、折射光的。否则，物体本身就不能展现原形。假如你面前放着一只红色的不透明的箱子，可是你却看不到它，这是为什么呢？因为红色的涂料吸收了一部分的光，又把剩余的光反射了，也就是遣散了光。但是如果箱子一点光也没有吸收的话，那你看到的箱子将会是一只白花花的箱子，这个时候只有箱子的棱角处能够反射和折射光，因此我们就只能看到一具发光的框架。

"由于玻璃箱发出的光度较小，所以和红色箱子的原理有所不同，因为玻璃反射和折射的光比之要少些，所以看上去也不会像之前一样是一具发光的骨架。如果我们将一片普通的玻璃放入密度比水大的液体中，由于光透过液体会变得人眼几乎看不到它，所以被折射和反射的量也就随之变小了。这时的玻璃片宛如隐存于空气中的一股二氧化碳气体或氢气一样，就成了一个隐形的物体。"

坎普医生对他的解释充满了疑问，但依旧听了下去。

"我们可以做一个类似的实验：如图106所示，用白色硬纸片做一个直径半米的漏斗，把它放在一只25瓦的电灯下方，在漏斗中直插一根尽量垂直的玻璃棒，因为稍微偏斜就会使玻璃中轴部分显得较暗淡，边缘则显得明亮，所以需要反复调整，使得玻璃棒受光达到极为均匀的状态。调整好后从侧面宽度不超过一厘米的小孔中观察，完全看不到这个玻璃棒。

"把带棱的玻璃放入装有彩灯的箱内做实验，也可以看到类似现象。

"如果在一个四壁能充分均匀散射光线的房间内放置一个十分透明的物体，它就会发生隐形现象。从这个物体各点所接受的反射光丝毫不会因这个物体的存在而增多少许，于是没有任何光亮或阴影会显示这个物体存在，把玻璃放入任何一种折射率与它相同的液体中，当透明的物体置于与之折射率相同的介质中时就会隐形。我们略加思考就会认定：玻璃在空气中也能隐形，只消使玻璃的折射率与空气的折

图106 试验中玻璃棒隐形了。

射率相同即可，因为这种情况下光从玻璃穿过进入空气时决不会被反射或折射。"

"但是人和玻璃毕竟不一样啊！"坎普先生打断他说道。

"胡说！人更会透光。"

"人体的一切组织，除血中的血红素和毛发中的黑色素之外，都是无色透明的。在物理中，比方说用透明的纤维造出来的纸，发白但不透光，就像玻璃粉末发白而不透光是一样的。如果在白纸上涂上油，这张纸就会变得像玻璃一样透明，这是因为纸张纤维之间的空隙消失了。生活中还有很多物品和纸是一样的，是用表面折射和反射光，比如布、毛织品、木料的纤维，甚至我们身体中的骨骼、肌肉、毛发、指甲和神经也都同样如此。总之，想要别人看不到我们并不是一件麻烦的事情！"

到底主人公的隐身想法能不能够实现呢，他在小说中的命运又是怎样的呢？请你继续读下去。

9.5　可怕的隐身人

如果你有隐身的能力，你会想做什么事情呢？很多人小时候都幻想着自己有着超能力，但这样的能力只有在小说和电影中才能够出现。科幻小说中经常利用这样的超能力叙述故事。英国作家威尔斯的小说《隐身人》中的主人公就因为自己有着神奇的法力而向居民叫嚣："从现在开始，我就是这个城堡的统治者了，这将是新纪元的第一天，这个新纪元就叫作隐身人，而我将成为隐身人一世，不管你是统帅，还是警察，以及所有的官吏，都要听我的，女王的命令对我来说也是没用的。"

小说的作者利用他巧妙的文笔，将主人公变为隐身人之后的行为逐步展现出来。没有人是隐身人的对手，他因为会隐身而不会受到任何伤害，反而可以随意地欺负没有这种法力的普通人，他靠这种能力随意的潜入城里各户人家，偷走东西也不会有人发现，城内的士兵拿他毫无办法，他可以一下子打败一大群全副武装的警察，他无法无天的作为使全城人都怕了，他们对他唯命是从，不敢有半点违背，生怕被他无声的置于死地。小说中一段文字充分表达了隐身人恶魔般的行径：

现在是我刚登基，我将以宽大的胸怀对待你们。第一天，我就只绞死一人，这是为了给你们点颜色看看。今天就将是受刑犯坎普的最后一日，不管他躲藏到哪里，不管他布置多么森严，不管他穿上多坚实的盔甲，都是没有用的！死神已经向他走去，无声不息的靠近他！今天他死定了！你们都不要妄想去救他，不然你们将和他一同受死！

小说的最后居民经过艰苦的努力终于制服了这个使他们备受威胁妄想称王称霸的隐身的敌人。这样的人如果真的现实存在，那世界岂不是永远没有了太平。

9.6　近似隐身的透明体

隐身的法术到现在都还没有人发明出来，但是德国解剖学家什巴里杰戈里茨在《隐身人》小说发布十年后做成了透明体的标本，尽管是死生物体的标本，但是能够做出透明的标本在当时也是一项伟大的发明。现在的很多博物馆里也存有各种透明的标本，包括部分组织或者整个生物体。

什巴里杰戈里茨是在1911年发明出来透明标本的，他的做法是将动物组织在经过漂白、清洗后，将它们浸泡在一种具有强烈光折射作用的无色液体中，也就是水杨酸甲脂，将制取的标本装入存有同种溶液的容器里保存起来。但是这样的浸泡最后得出的标本并不是隐形的，而是透明的。不过他在制作这个标本时，也不是追求真正的隐形，如果这样，对于医学上的解剖也就没有意义了。那么，有没有可以使标本彻底隐形的方法呢，那就先要找到与生物体组织相同折射率的液体，将其浸泡，而到了空气中还要使它们的折射率与空气的折射率相同，如此不可能发生的情况下才能够隐形，到底能不能达到呢？至少现在还没有人做到过。

在《隐身人》小说中，作者精心安排着所有的情节，使读者跟随着他的想法一步步地对隐身人的存在信以为真，更相信他的法力无比强大，其实这部幻想小说描写的隐身术是符合物理原理的，物理中只要处于透明介质中的任何折射率差小于 0.05 的透明物体，它们就会隐形。

不过不知道威尔斯在写下这部小说的时候有没有想过，如果隐身人自己隐身了的话，那他能看到其他的人吗？这一点估计机智的作者并没有想到，下一节我们就来探讨这个问题。

9.7　你相信隐身人其实是盲人吗

如果我们一直沿着威尔斯指引的道路去寻找这个世界上到底是不是存在着"隐身帽"，不知道最终会有怎样的结果。按照理想状态，威尔斯小说中主人公如果想隐藏自己，这个时候他的折射率必须等于空气的折射率，而这样的隐身是包括眼睛在内身体上所有的部位一起隐藏起来。这样我们在上一节提出的疑问，既然眼睛已经透明，又怎么能看到其他人呢？想必威尔斯仔细思考了这个问题就会怀疑自己隐身人的故事能不能成立，如此精彩的一部小说说不定就不能与读者见面了。

如果我们从眼睛的构造来分析的话，在眼睛中，玻璃体、晶状体等都能折射光线，从而是外界的物体呈现在视网膜上，但是在隐身所必需的折射率相同的条件下，光线从一种介质到另一种介质是不发生方向改变的，那么眼睛上的折射也不可能完成的，也就无法将外界图像聚合在一个点上。另外，隐身人的眼睛里不存在色素，如果想让光线能够停留在眼睛里，就必须在进入眼睛中发生微小的变化，让眼睛产生感觉。虽然有很多深海的生物利用透明的身体来进行自我防卫，但是它们的眼睛或多或少的都会有些颜色，"我们在捕捞出深海的动物时，它们身体血液中由于没有血红素，所以是透明的，我们只能靠他们黑色的小眼睛来进行辨认，"著名的海洋学家默里认为动物如果有眼睛这种器官的话都不会是透明的。

这样看来，隐身人是个彻底的盲人，法力无边的神话一下子就被打破了。如此说来，隐形人其实是什么也看不到的。这个一心称王称霸的人威武的形象也只是妄想，他只能是流荡在街头，想乞求别人的施舍却不可能有人援助他，因为大家根本就看不到他的存在，他叫嚣的时候所有的优越都化为乌有，隐身人注定是一个遭受苦难而无助的废物。不知道这个漏洞是威尔斯有意设置的还是他根本就没有考虑到。不过威尔斯的文学作品中以细节描写来使减少人们对幻想出来的虚拟部分的怀疑，如果非要沿着威尔斯的思路去寻找隐身人是否存在，着实没有任何价值可言，但是小说中充满艺术性的创造力却是他价值的所在。

9.8　找不到的动物

如果你曾经制作过昆虫标本，那么在寻找它们的时候，比如去捉蝈蝈，这种动物会一直不停地叫，你感觉它就在脚边叫，但是脚下一片绿色的草坪，只能听见声音而看不到蝈蝈的身影。这就是因为蝈蝈绿色的身体保护了它，正是因为昆虫天生的保护色，很多时候想要发现它们是一件很困难的事情。

自然界中的许多动物这方面的本领比人类的发明还要高明，它们可以依照周围环境的变化来变换自己身体的颜色以形成保护色。比如银鼠，冬天在雪地里很难被发现，而春天在土地上一样难以被发现，这是因为它在冬天下雪的时候身体会变成雪白色，这样就将自己融入白雪的世界。而当春天来临的时候，它的身体会变成褐色，这样它们的皮毛颜色就与裸露的土地的颜色相近，这样的变幻使银鼠充分得到了保护色的庇护。

如此聪明的小动物还有很多，比如在沙漠里的很多动物，如狮子、鸟类、蜥蜴、蜘蛛、蠕虫等，它们都有着淡黄色的身体，是典型的沙漠物种；而在北方雪原上的动物，都有着白色的身体，在白茫茫一片的雪原上，基本上发现不到北极熊或者潜鸟，聪明的它们早已变得和雪一样白，生活在树皮上的动物简直就和树皮的颜色是一样的，像蝴蝶、毛毛虫以及毒蛾等。在自然界，拥有保护色的动物不下几千种，我们生活中的很多地方都能看到它们的踪影。

在军事应用中，保护色也起到了很好的隐蔽作用，军人们称之为"自卫色"。这样给身体上涂上适当的颜色，与周围环境融为一体，使敌人很难发现，如此的自卫其实和隐身有着相似的效果。

除了陆地上的生物，在海洋里，也有很多生物有着保护色。比如在海里有很多褐色的海藻，于是动物们根据海藻的颜色变装，如果是生活在红色海藻周围的动物，它们一定也是红色的。而鱼类银色的鳞片也是它们免受猛兽攻击的保护措施，银色的鱼鳞如同镜子一般发亮而和背景的海水融为一体。当然，也有一些海洋生物是透明的，就像我们上节提到的一样，在无色透明的海域，它们自由的游走，如水母、水生蠕虫、软体动物、虾类、萨尔帕等。也正是达尔文时代以来的动物学家所发现的"保护色"延长了很多动物的寿命。

9.9　军事中的隐身术

动物们如此聪明的方法如果能够应用在人类身上会有什么样的效果呢？其实这样的幻想已经在生活和军事技术中变为现实了。军事上的应用尤其广泛，比如在空军武器中就充分应用了自卫色和伪装。为了能够使得飞在敌机周围的飞机不会被发现，很多战斗飞机都会被涂成与地面相应的颜色，比如褐色、暗绿色或紫色。为了能够在 750 米的空中难以被发现，飞机的底部是呈现与天空颜色相近的浅蓝色、浅红色或白色，这种色斑也会涂在飞机的外壳上，从地面看上去，这种色彩会同天幕的颜色融为一体，经过如此伪装的飞机如果到了 3000 米的高空就会完全"消失"了。

德军在第一次世界大战期间将齐柏林飞艇表面装上光亮的铝板，铝板上就都是天空和云彩的映像。由于镜面能映出的背景色，它是在一切环境里万能的自卫色，飞艇在飞行中没有发动机的声音，再加上形状和颜色融入背景之中，从远处几乎发现不到飞艇的存在。

人们从充满创造性的自然界那里学到了很多东西，这种"战术性伪装"就是借鉴了动物们保护色而应用在军事中的很好的例子。在夜间飞行的轰炸机会被涂成黑色，军舰在海中行驶会被涂成铁灰色，现在的士兵们虽然都身着单色的军装，但是在战场上，士兵们的穿着却是五彩缤纷，以能够隐身于各种不同的环境中，有的时候还要穿上缀挂着树皮杂草的草绿色伪装服，就连工事、大炮、坦克、军舰也都要用特制的插上草束的网伪装起来。

9.10　我们在水下能看得清楚吗

夏天的时候，游泳池里总是会很多人，他们如小鱼般游来游去，但是我们发现，基本上会游泳的人都会戴着游泳镜，试想一下，如果不戴游泳镜，如果在水下睁开眼睛能够看清水下的东西吗？

在之前一节中，我们曾经提到过，隐身人之所以是个盲人，和他眼睛与空气的折射率相关，那么在清澈透明的水下，人们的视力是否会受到妨碍，如果有变化是否也和折射率有着关系呢？我们查到，水的折射率是1.34。而人眼中各种透明体的折射率各有不同，晶状体1.43，水状液为1.34，角膜和玻璃体也是1.34，从数值就很容易看出来，除了晶状体的折射率不太相同，比水大1/10，其他透明体与水的折射率是一样的。所以人的眼睛在水中光线形成的焦点离视网膜距离很大，成像自然也就十分模糊，不过因为折射率的原因，本来高度近视的人在水中反而变成了正常人。所以，如果你的眼睛没有近视又想亲眼看看水下的景物，只要戴上一副高度数的近视眼镜就可以了。不过，由于视网膜与焦点的距离远，被折射在眼中的光线虽然可以在视网膜后面形成焦点，我们所能看到的景象也只能是比较模糊的。那么如何才能提高在水下的视力呢？

我们平常说的眼镜所用的玻璃折射率只比水大一点点，在1.5左右，用它制作的眼镜自然在水中折射光线的能力就很弱了。所以要想清晰地看清水下，就要用光折射率很高的玻璃，比如重铝玻璃，它的折射率可以达到2，戴上这样的眼镜就好像在海中潜水时的游泳镜一样。

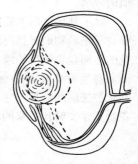

关于水下的眼镜的发明也是和学习动物的本领分不开的，大自然中，鱼类的眼睛是在动物中折射率最大的，它们的晶状体呈现球形，在对光调位时并不会改变形状，如图107所示，这样的构造使得鱼类的眼睛一般都是暴突出来的，但是如果是平平的，它们在水下也就会成为瞎子了。

图107 鱼眼睛的结构示意图。

9.11 潜水员为何能看到海底美景

在很多美丽的海边，都会有潜水这个项目，我们可以通过潜水近距离地接触到海洋生物，不过在下水前，都会穿上潜水服，戴上潜水面具，将身体包括眼睛在内与海水彻底的隔离起来，正是戴上潜水面具这样的保护装置，充分地解决了人们的眼睛在水下无能的问题，就好像儒勒·凡尔纳书中的鹦鹉号潜入海底时，因为玻璃的隔离，乘客们通过船舱的窗户也可以欣赏到水下的美景。

其实解释这样的现象并不难，当水中的光线穿过玻璃的时候，是先遇到空气然后才进入到我们的眼睛中。在这种情况下，其实就如同我们能够在鱼缸旁看到游动小鱼的一举一动一样，所以在海里戴上面具后其实眼睛和在陆地上发挥的作用是一样的。由于我们拿小鱼和人类的眼睛做对比，潜水员戴的面具并不是凸形玻璃而是平板玻璃使我们产生了错误的想法。其实利用光学原理也很容易解释这个问题，水中投射到平板玻璃上的任何方向来的光线经过玻璃后都不会产生方向上的改变，只是再从空气进入眼睛时光线才会发生折射。

9.12 水中失效的放大镜

根据我们所学过的光线折射的原理，因为玻璃的折射率比周围空气的大，而水的折射率与玻璃相近，所以光线从水中进入放在其中的玻璃透镜时，角度上就不会产生很大的偏折，所以双凸透镜虽然在空气中有放大作用，可到了水中就会出现不一样的情况。也就是我们在水中看到，放大镜的放大率比在空气中小了很多，相对应的缩小透镜缩小的幅度也会变小。所以很多人把双凸透镜，也就是放大镜放到水中后，发现放大镜完全不起作用，换了双凹透镜也就是缩小镜也不会有效果，这时候动动脑子，很容易就可以用光学的知识解释，以至于不会闹笑话。

从图 108 中，我们可以通过具体的光学线图来解释，图中是一个空心透镜，也就是潜水员所使用的看水下的眼镜，我们将这种透镜放入水中，光线 MN 被折射后沿轨迹 MNOP 行进，经过透镜中时偏离法线，穿过透镜到外面时又重新靠近法线 OR，因此，这种透镜还有放大的功能。

与玻璃折射率相近的水中放大镜已然没有了放大的效果，那如果放入比玻璃折射率还要大的液体中，会出现怎样的情况呢？比如植物油，它的折射率就比玻璃大，我们将放大镜放入其中，神奇的现象出现了，本来在空气中放大的双凸透镜反而会缩小被看的物体，而双凹透镜则起到了放大的作用，在这种情况下，双凸透镜反而要被称为缩小镜，双凹透镜变为了放大镜。

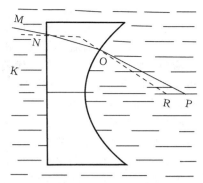

图 108　潜水员的空心平凹透镜。光线 MN 折射后，沿 MNOP 的路线。在透镜里面，它远离法线（OR），在透镜外靠近法线（OR），从而起到会聚透镜的作用。

9.13　看不见的硬币

我们将一个茶碗放在桌子上，在碗底放上一枚硬币，找一个同学坐在桌子旁，他所坐的位置因为碗壁的遮挡而正好无法看到硬币，那么你觉得有什么方法能够让你的同学一动不动却能够看到这枚硬币呢？其实这并不难，你可以像变魔术一样把硬币变到你同学面前。我们找来一杯水，将水一点点的倒进碗里，没想到随着水的增加，硬币竟然出现了。如果把水重新吸走，碗里的硬币就又不见了。你的同学如果不了解光学的原理，一定对这样的现象感到十分吃惊。这时候你就可以给他讲述这其中的奥妙所在（图 110）。其实这个现象很常见，比如在图 109 中，由于勺子放进装有水的杯子里，从杯子外面看，勺子就像被折断了一样，这个现象的解释和硬币上升是同一个光学原理。

图 109　勺子就像被折断了一样。

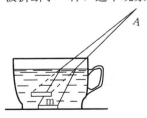

图 110　杯中硬币的光学线图。

生活中也有很多这样现实存在的例子，比如人站在鱼缸前欣赏小鱼的时候，如果小鱼可以看得见的话，在它们看来，我们这些原本笔直排列的看鱼的人会变成一道弧，而且是一道凸出对着鱼的弧线。这就是因为光线在不同折射率的介质中给人的视觉效果不一样，从折射率较小的介质（空气）进入折射率较大的介质（水），就和反过来从水进入到空气完全相反。如果不知道这样的原理有时候还会出现危险。在池塘、河流和蓄水池等地方，如果从底部看上去感觉水很浅的地方其实要比你看到的深度深三倍。如果没有游泳经验的人去这样的河边游泳可就十分危险了，他们忘记光线折射所造成的错觉，以为水深就像他们看到的一样，如果是小朋友或者身高不高的人，当他们跳下去发现水深其实比想象中要深很多，但这时已经陷入困境了。这是由于折射现象导致水中的物品看起来会比实际高度高，所以这时候千万不要相信自己的眼睛所看到的东西。

接下来让我们看看具体的分析，通过光学线图能够让你明白得更清楚，如图110所示，A点代表你的同学眼睛的位置，碗底的m处是放置硬币的地方，根据图示，光线从A点出发，在水里被折射后又从水面进入空气中，然后回到眼睛里，但是眼睛的位置却是在这些线的反向延长部分，于是自然也就会在比m处高一点地方看到碗底和硬币。如果光线进入眼睛的角度越大，那么就会在越近的地方看到硬币，就像我们在船上看池子底部，总觉得离我们越远反倒觉得它们越浅，然后池底在我们的眼睛里就好像一个凹槽一样，还有图111中从池底看池面上的桥，得到的图片中桥变成了凸形，那桥也就变成了凸形，这和碗底硬币的实验也是一样的道理，至于这张照片是如何拍摄的，我们会在后面的章节给大家介绍。

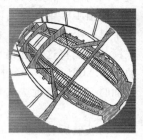

图111　从水底看到的横跨河面的铁路桥的模样。

9.14　全内反射——鱼类的必修知识点

假如鱼类也能够上学学习物理的话，那么光学中的很多知识都是它们的必修课，比如全内反射的知识点将是它们学习的重点，了解了这个知识它们在水下就可以更加自由自在地生活。动物学家认为，多种鱼类的身体呈现银白色是和它们在水下的视觉特点有关的。这种颜色是鱼类对水面上的颜色适应的最终效果，我们知道从水下看水面就好像一面透明的镜子，这就是全内反射的原因，所以银白色的鱼在水里游动不容易被它们上面的水生动物发现而捕食。

全内反射使得水面成为最完美的镜子，我们生活中用抛光的镁和银制成的镜子算是最好的镜子了，但是也只能使部分光线反射后落在上面，其余的都将会被吸收，但是水面却可以将所有射来的光线全部吸收而且反射回去，可谓是完美的象征。

生活中还有类似的全内反射的例子。比如像图112一样，我们将一颗大头针插在一块圆形软木块上，这块木头倒放在水盆里，可是奇怪的是，我们怎么也看不到这枚大头针，这枚针明明也不短，所用的木块也不大，为什么就看不到呢？这就要用光学的原理来解释了。

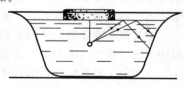

图112　在水中隐形了的别针。

根据光学原理，从图113三幅小图中我们发现，光线从折射率较大的介质进入折射率较小的介质，好比从水进入空气时，会产生不一样的折射效果，这中间有一个临界角度，通过实验发现，这个角度应是48.5°，三幅图中显示了光线所进入水面和出水面的路线。如果是掠过水面的光线，它与

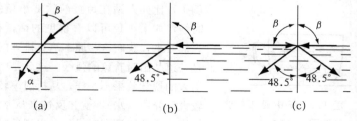

图113　光线从不同角度进入水中发生不同的折射情况。

法线基本上是成直角的状态进入的，这时就会出现临界角度，所以对水来说，到达临界角度光线就不能正常前行了。如果理解了这样的原理，来判断各种现象的原因也就容易了很多。

根据实验的数据，如果临界的角度是48.5°的话，那么光线可以进入水中的角度就有一个范围，这个范围形成一个圆锥体形，为97°。但是那些没有出水面的光线被吸去哪里呢？光线在进入空气后，就会在水面以上的整个180°的空间中依各种不同的角度散开。那些"不见了"的光线原来是水面将它们全部反射回去，水下所有与水面相遇时角度超过48.5°时，这些光线就不会有和空气相遇的机会了，它们将会被直接反射而不会产生折射现象。

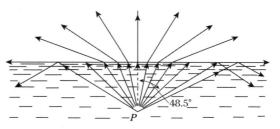

图114 光线从水中以不同的角度进入空气时也会发生不同的折射情况。

9.15 小鱼眼中外面的世界

有一种很简单的方法，可以让我们以从水下观察的视角来看外面的世界，就好像水中的小鱼看到的世界一样，我们可以将一面镜子放入池水中，通过调节镜面的角度，就可以在镜子的映像中观察到水面上的物体。试想一下，当一个游泳的人从小鱼所在水域走开时，当人走得越来越远时，在鱼类看来，人的身体会慢慢消失，最终竟只剩下一颗人头在移动，听起来这个画面有些惊悚，但是经过实验证明，现实就是这样的。从水下看到的世界是许多人想象不出的，世界会变得让你认不出来本来的模样。你一定想自己下水亲自来验证一下，但是之前我们讲过，人的眼睛在进入到水里后，我们的眼睛是很难看清楚的。原因就是之前介绍的水的折射率和我们眼睛是相似的，视网膜上的映像自然也是看不清楚的，即使使用潜水装置比如潜水面具或是直接从潜水艇中观察外面，效果都不甚如意。其次，在水面动荡的状态下，是很难透过水面看外面的世界的。

除了之前介绍的利用镜子的方法，还有一种方式也可以进行水下观察，这需要一台特殊的照相机，它并没有镜头，而是在相机中间放置一个感光金属片用来进光。这样，在感光片和光孔之间就充满了水，利用这种装满水的照相机装置就可以免去我们亲自下水一探究竟了，映像直接通过相机照出的照片可以显示出来。之前的一幅从桥下看大桥的图片（图111）就是美国物理学家利用这样的方法照出的图片，笔直的桥面在影像中变成了弧形。

当然，也有看到形状不发生改变的情况，如果是在水下看头顶正上方的云彩，它的形状并不会像其他的一样有变扁的趋势，因为正上方的物体与水面成直角，这样光线进入水面并不会发生折射现象，如果是以锐角的状态进入水面，就会发生折射现象，从而导致形状的改变。而且锐角角度越小时，所看到物体越扁，直到消失不见，这就和小鱼只看到一个移动的脑袋是一样的。所以很多陆栖动物落入水中后会被水面上走形的世界吓到，所有的原因都是透明的水面的作用。在前面的章节

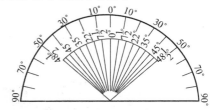

图115 从水里往外面看时，180度的弧压缩在97度的角里。而离天顶越近，压缩得越是严重。

我们也介绍过在水下观察的光学原理，但是透过镜头的玻璃和隔层中的空气看出去是要受到相反方向折射的影响的，由此可见，透过潜水面具或者潜水艇的观察并不能代表真正的水下观察的视角。我们知道，光线进入到水面后，最终经过折射反射回空气的光线呈现一定的角

度，有一个临界的角度就是 48.5°，所以从水下仰望的时候，水面所呈现的形状并不是平面的，而是类似圆锥体的形状，从一条 180° 的弧居然变成一条 97° 的弧，缩小了将近一半，所以就会感觉自己是站在这个圆锥的顶点，面前是一个比直角大一点的视角。假如光线与水面成 10° 左右的角进入时，那从水下就只能看到一道很窄的缝了。不过从水下面往上看的时候，外面的世界会变得五彩缤纷，十分好看。这圈光晕是因为圆锥体上方不同的颜色的折射率不同而产生的，所以就会形成一圈像彩虹一样的彩环，原本白色的阳光被分解开来，很是奇特。

要说看到最奇特的景象，除了小鱼看到一颗人头行走，水面像彩虹般绚烂，还有一种情况，那就是如果物体的一部分在空气中，另一部分在水下，你觉得我们观察到的现象又是怎样的呢？

图 116 用光线图解释了我们看到的奇怪现象，这幅图看起来有些复杂，不过我们分几个不同的视野分别来看一下。如图，河水上有一根测量水深的标杆，在水下的 A 点处向外看，我们将所能看到的整个 360° 区域分成 6 块，它们分别能看到不同的景象。在视野 1 范围内，在一定亮的时候可以看到所有的像，但是比较模糊。在视野 2 范围内，只能模糊地看到标杆的水下部分，虽然不清楚但是标杆的形状并不会发生改变。视野 3 的范围内看到的映像

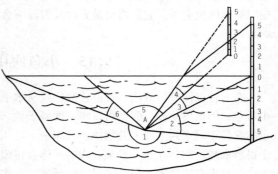

图 116　从水下往上看标杆的示意图。

是在水面上的标杆，这时候产生全内反射，虽然可以看到标杆，但是已经被压缩了。观察者在视野 4 的范围里看到是河底的反映像，虽然可以看到水面上的部分，但好像水面上下的部分完全没有连接，好似标杆悬浮在水面上。如果不是图解来看，很少有人会相信那一段竟然就是标杆的映像，因为实在是被缩短得厉害，所有的刻度线都挤在一起。在视野 5 中可以看到全部的锥形的水面世界，视野 6 则是河底的反映像。所以图 117 中看到的水淹的大树的图像以及图 118 中站着游泳的人在水下小鱼看到的图像都是这样的原理，站着游泳的人尤其夸张，不但身体断成两截，而且竟然有四条腿，上半截没有腿，下半截还没有头。这要是小鱼看到了，一定会觉得是看到了惊世大怪物啊！

图 117　从水底看被水淹没一半的树的情形。

图 118　从水里看齐腰浸在水里的人的情形。

9.16　并不五彩的海底世界

如果我们到达水深 300 米的海底，你能想象是一幅怎样的景象吗？美国生物学家比博有过这样的描述：

当我们抵达 300 米深的时候，本来我想辨别它到底是黑蓝色，还是深灰蓝色，可是奇怪的是，本来蓝色消失之后，应该替代它的是紫色，也就是可视光谱中的后继色，但是我并没有发现紫色，它似乎像是被吞噬了一样。继而出现的竟是一种似蓝非蓝的杂色，杂色过后颜色变得灰蒙蒙的，说不上来的一种暗色出现了，最终所有的杂色都不见了，我的周围一片漆黑，这里没有一丝阳光的照耀，所有的色彩也都消失了，如果不是人类拿着电灯来到这里，这里将继续这亿万年的黑暗。

关于黑暗的描述，他在后面还有一段：

这里黑暗的程度已经是我们难以形容的状态了，超出了我们可以描述的语言，如果黑色也有等级的话，这个水深状态下的黑的程度是刚才的好几倍，现在是在 750 米深的水域里了，我们还在继续下降，马上就要到将近 1000 米深的地方了，周围除了黑色什么都没有，这里的黑与陆地上的黑夜相比，就是没有月亮的漆黑一片，到这里估计也就是黄昏的程度，可见 1000 米的地方已然黑到极致了，除了“黑”，我没有任何词语了。

当然，海底并不是一下子就变黑了，在 300 米深之前，比博也曾看到五颜六色的大海，只是水越深就越有世界末日的感觉罢了。他对色彩的变化描述道：

从一个金黄色的地方一下子降临到碧绿的世界中，我们坐着潜水球向下沉着，一束绿光照过来，旁边的浪花泛着泡沫，我们的四周通通变为了绿色，我们的脸，我们的潜水球周围，一派绿色生机盎然的景象。然而这样的颜色在甲板上看来确是暗青色的，进入到水中的我们，眼睛里已经没有了光谱中的暖色，他们彻底地被阻隔在海面外了，这些暖色光线只占了可视光谱的一小部分，不一会儿，黄色光线也不见了，所以取而代之的便是绿色，这样的颜色只陪伴了我们 30 米左右，在从 30 米向 60 米下沉的时候，水的颜色逐渐变为很深的绿色，继而出现蓝色，直到 60 米的地方，已经变成了蓝绿色。到了 180 米，周围泛着蓝光，我只能用我的大脑来记录颜色的变化了，这个时候的亮度已经看不到纸和笔了。

9.17　眼睛的盲区

有的人不小心将自己的眼镜摔出裂缝又来不及去配新眼镜，起初可能会觉得眼镜上的裂缝会很明显，但是如果长时间戴着的话，慢慢地你可能就看不到这条裂缝了，裂缝成为我们眼中的一个盲点。我们也可以通过给眼镜上贴一个很小的纸片来验证，在眼镜的边缘处贴一块小纸片，和裂缝一样，开始几天你会觉得小纸片很碍事，总觉得有一部分看不到，但是过一两个星期以后，你会发现小纸片并不妨碍我们看东西了，甚至你会忘记眼镜上还有这个东西。这其中除了因为我们戴的时间长了习惯了，还有就是我们每一只眼睛都有一个盲点和盲区，但平时我们同时用两只眼睛合成来看视野里的盲区就会互相抵消不见。

如果现在手边没有眼镜做这个实验的话，我们可以直接看图 119，闭上左眼，将图片放

到右眼前约 20 厘米的地方，用右眼紧盯图左边的
小叉叉，然后将眼睛慢慢地靠近图片，当在缓慢移
动的过程中，我们发现右面图片里两圈中间重叠地
方的黑色小圆圈突然不见了，明明在我们眼睛可以
看到的范围内，却看不到，但是左右的圆圈还能看
得很清楚。如果不是真的实验，你肯定不会相信就

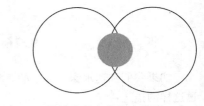

图 119 用以发现盲点的实验图。

在眼前的东西怎么会看不到，做了这个实验你是否
相信了我们的眼睛就连眼前的东西有时候也会看不见呢。
这个验证盲点存在的简单实验最初是在 1668 年由著名物
理学家马略特设计的，形式上有所不同但都是一个意思。
他是让路易十四的两个大臣相隔两米面对面而站，再让他
们分别闭上一只眼睛，用另一只眼睛看着旁边的一个点，
慢慢他们竟发现对方的脑袋竟然被看没有了。

那么，人的盲区到底会有多大呢？你可能会觉得估计
也就如裂缝那么大吧，再大了岂不是我们好像半瞎了吗？
如果我们只用一只眼睛看 10 米以外的建筑物，那么你正
前方区域里会有直径将近一米多的一大块区域变为盲区，
如图 120 所示。如果去看天空，这样的面积会更大，相当
于 120 轮满月的面积大小。可见我们的盲区随着距离的变
化而不断变化着。

人们很早就发现了盲点这个现象，但是直到 17 世纪
才确定是因为人眼的视网膜上存在盲点，这个地方在视神
经进入眼球的时候没有被分成含有感光细胞细枝。人们习

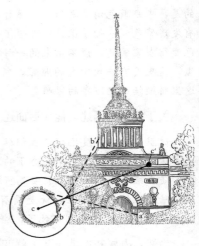

图 120 只用一只眼睛看建筑物，
与盲点 C 相对应的 C′ 区域我们完
全看不见了。

惯于通过自己的想象来填补空白的部分，所以时间一长就会发现不了眼睛是存在盲点的。就
像图 119 中那么大的一个黑点我们却看不到一样。

9.18 月亮看上去有多大

在《庄稼汉》中，格里戈罗维奇有这么一段描述：

周围的景物就像微型模型一样，仿佛可以放在掌上来欣赏，房舍、山丘、小桦树林和村
庄连成了一片，他们像小玩具一样坐落在远处的村庄的小桥边，树木就像纺织玩具中的小绿
茎，而小河的水面就像一片玻璃。

为什么本来正常大小的景观到我们眼里变得如此之小呢。让我们再来看一个例子，如果
让你找几个身边的人，问问在他们心目中月亮有多大呢，得到的答案也许会让你很惊讶，因
为每个人都有可能说出不同大小的比喻。有的人会觉得月亮像盘子一样大，也有人会说月亮
其实也就樱桃那么大，或者说像苹果一样大，有一位小说家觉得月亮的直径有一俄尺，也就
是 0.7 米左右。有个中学生却说月亮好像平时聚餐的大圆桌，可以坐下十几个人呢。这种对
物体大小估计的错觉是因为对距离估量的错觉所造成的。

不少错误的视觉就是由于对距离的错误估量造成的。小时候，生活中的一切对我来说都

十分的新奇，不过也曾犯过类似的视觉上的错误，至今还记忆深刻。小时候，"我对生活中的一切都备感新奇"。有一天，我同小伙伴到郊外游玩，看到在草地上放牧的牛群，这是我第一次看到牛，平时生活在城市里只能看到做好的牛肉，所以看到牛以后我很兴奋地观察它。但是牛的大小完全让我失望了，我平时吃到的牛肉原来是从这么小的生物上出来的，这样的想法你看到了一定会觉得很可笑，由于我对牛与我的距离估计得不准，所以我就想当然地以为牛就是我看到的那么大，不过后来我离近些看到了牛真正的大小，也觉得我之前的想法很可笑。

大多数人都认为月亮像盘子那么大，那么让我们来算一算如果月亮看上去像盘子一样大的话，月亮要离我们多远呢？经过科学家的计算，这个距离只有 30 米，这实在让人难以相信，月亮在我们的计算中离我们竟如此的近。这样看来，当你觉得月亮的目测大小和盘子相似时，那么这只盘子会离你约 30 米的地方。而那些觉得月亮如苹果般大小的人，这样的情况算起来就只需要 6 米就可以了。其实那些认为月亮的大小如同苹果的人所想象的月亮与自己的距离要短一些，而把月亮看成盘子或圆桌面的人所想象的距离相对较长。有些人觉得，月亮怎么会看起来那么小呢，其实用一个硬币就可以帮助你解答。拿起硬币，对着月亮，离开眼睛两米左右，也就是硬币和眼睛的距离是硬币直径的 114 倍左右，这时候我们发现硬币可以把天上的月亮全部挡住。

如果把一个直径 6 厘米的苹果放到 6 厘米×57 厘米的地方，视角的度数为 1°。通过几何学的知识，我们知道当物体与眼睛的距离是物体直径的 57 倍的时候，物体和眼睛形成的角度为 1°。所以这个视角的度数会随着距离的增加而减少，成反比例关系，所以我们看月亮的视角度数也就是半度。如图 121，这种"能见度角"或称"视角"就是从所看物的两端引到眼睛的两条直线所形成的夹角。我们知道，度、分、秒为角的计量单位。在天文学家看来，月面

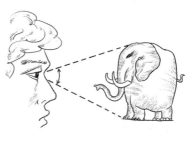

图 121　视角。

大小的目测可不能以一个苹果或一只盘子来说，而是用标准的术语，比如等于 0.5°也就是从月面的两边引到我们眼中来的两条直线形成了一个 0.5°的角，也就是视角。天文学家利用天体与我们眼睛形成的夹角来确定天体的目测大小的，这也是目前确定目测大小唯一正确又没有任何歧义的方法。

9.19　肉眼看天体有多大

如果我们用肉眼观察天空中的行星和恒星，会发现他们都是一样的小，都只能够看到一个个小发光点，这是很容易理解的。因为除了明亮发光期的金星以外，没有任何行星和眼睛形成的视角能超过一分的，也就是我们分辨物体大小的临界视角，一旦小于这个临界视角，每一种物体在我们眼中就变得只有一个点。

每个行星的视角数据都是不一样的，行星名称后有两个数据，前面是该行星离地球最近时的视角，后面则是最远时的视角（单位为秒）：

水星　13～5

金星　64～10

火星　25～3.5

木星　　50～31

土星　　20～15

土星环　48～35

假如你很熟悉星座图，或者很熟悉天体，那么你在看了图122所示按照天然视角的比例画下的大熊星座图后，脑海中一定会浮现你当时用望远镜观测这个星座的情景来。在明视距离内，这个星座在天空中出现的时候和我们在图上看到的情况是一样的。在天文历和有关资料中我们得知所有星座的各个主星之间的角距，这样就可以按"天然比例"绘制出一幅天文全图。制图时把纸面的每4.5毫米设为1度，在一张每小格1毫米见方的方格纸表示星球圆圈面积的大小，按其亮度的比例来画。

我们在看一个物体时，如果自认为它离我们近，那么才会产生它很小的视觉。与此相反，如果由于某种原因，我们估大了物体与我们的距离，那么这个物体就看上去很大。

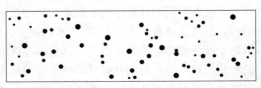

图122　按照天然视角的比例所绘的大熊星座图。（与眼睛保持25厘米远的距离观察）

前面所显示的每个行星的角距，这些数值如果按天然比例直接表示在图纸上是不可能的。他们的视角即使能够达到一分钟也就是60秒，那距离也只有区区0.04毫米，用肉眼完全辨别不出这样小的物体。图123就是用按照放大100倍的天文望远镜看到的情况来画出行星大小的图片。

在图123这幅图中，占有显著位置的是庞大的木星及其卫星。图上画的是木星离地球最近时的大小，它的四个主要卫星排成了一线，其圆面也要比其他行星大许多，除了呈月牙形的金星，它形成的长度几乎是月面的一半。

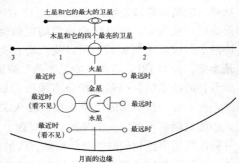

图最上方是土星、土星环及其最大的卫星土卫六，它们运行到离地球最近时可以显示得清清楚楚。

图下方的那条弧线表示的是在放大100倍后在天文望远镜里看到的月面（或日面）的边缘。弧线上面是水星分别离地球最近和最远时的状态，再往上是在各种距离下的金星。当它离我们最近时，我

图123　将此图放在离眼睛25厘米远的地方，你看到的这些行星的大小与放大100倍的天文望远镜下看到的大小相同。

们是看不到它的，因为那时它朝向我们的那一面是没有受到日光照射的。随着它的运转到后来渐渐显示出月牙般的形状。在此后各种位相中，金星变得越来越小。在其变成满圆时，直径也只有它呈月牙形时的1/6。但即使这样，所有行星的圆面也都是小于金星的。

在图123画面上金星的上方是火星。我们发现左边的图还是太小了，但是这已经是我们用天文望远镜放大100倍后看到的它距离地球最近时的大小。但什么都看不清，只是一个黑点，于是我们将它再放大10倍，这样就是在放大1000倍的高度望远镜下的视野。可是在放大这么多倍的圆面上，很多东西都挤在了一起，真的能够觉察出由于火星海底植物引起过的星球色彩的细微变化或者辨别出"运河"之类外星人活动的踪影吗？这也不能怪很多观测者提出的数据与各种道听途说的消息差得很远，甚至有些自称曾经亲眼看到过某些景象也只不过是光学幻觉而产生的。

9.20　爱伦·坡书中的天蛾

　　这是爱伦·坡短篇小说中的一段，它描写的是由于主人公的视错觉而受到惊吓，明白其中的原理后才发现是虚惊一场，虽然故事情节看起来有些荒诞，但内容的叙述绝对是有据可依的。这样的情况在我们的生活中也会经常出现，说不定你也有过一样的经历呢。

　　纽约霍乱流行的时候，城里每天飞散着可怕的消息，于是我就到郊外僻静的别墅里躲避起来。在那里，还是会收到城里传来的各种信息，如果没有这些的干扰，我们本来过得很好，两个星期过去了，每天都会得知自己熟悉的人死亡的消息，这简直如噩梦一般每天扰乱着我。我们惶惶不可终日，有时候觉得就连吹来的风也充满了死亡的气息。别墅的主人反而并不惊慌，他总是安慰我，让我安心地住在别墅里。

　　有一个炎热的下午，太阳就要下山的时候，我拿上了一本书，坐在窗子前。虽然手里拿着书，但我的心早已飞回城里，窗外远处有一座小山，我抬头遥望纽约的时候，看到了它。小山坡光秃秃的，但是突然出现了一个奇怪的东西，它从山顶爬下来，消失在森林里，那个东西像一个丑陋的怪物。当时我以为我是太担心城里的情况而神经错乱，但是我回神一想，我明明看到它爬下山的时候的样子，不可能产生幻觉的。如果你也怀疑我的话，那我就来描述一下那个怪物到底长成什么样子吧。

　　那个怪物体型十分巨大，如果让我找一个对照物的话，那么大的怪物我只能想到雄伟的军舰，它长的也和军舰十分的像，不知道你是否知道装有74门大炮的那种军舰，简直就是放大版，感觉上比那种军舰还要大很多。如此巨型的怪物有着一个像一根长吸管一般的嘴巴，长度约有六七十英尺，粗细就像大象的身体一般，嘴的周围除了长着密密麻麻的绒毛，还生出两根巨大的獠牙，獠牙向下弯曲着，好似一头巨型的野猪，在嘴旁，还有一对长三四十英尺的巨型犄角，在光照下发着光芒。它的翅膀尤其吓人，长约300英尺，上面镶满金属片，而怪物白色的头部被黑色的胸脯映衬得格外明显，脑袋低垂着，对比鲜明。就在它向下跑的时候我仔细观察它的特征，就当我看到它黑色的胸脯时，突然，它张开它那巨型大口，发出一声剧烈的响声，听到这巨响，我的大脑突然像被雷击中一样，轰隆隆的，它消失在森林中，我也被吓得晕倒在地上。

　　过了一会儿，我醒了过来，朋友在旁边焦急地看着我，不知道发生了什么。我急忙向他解释我刚才看到的景象。我站在窗前，对着小山坡指去，形容了我看到的庞然大物，起初他以为我脑子出了问题，还笑我神经兮兮的，但是听到我十分具体的深入描述后，他好像也有些害怕了，我将看到怪物的整个过程仔细地描述了一番，包括出现后，长的样子以及消失在哪里。朋友听过我的叙述后，好像想起了什么，说："还好你记得这个怪物长的样子，不然我也会不知道这是什么奇怪的生物，我们家有本书上也有过这样的记载，你等一下，我去帮你拿来。"于是朋友拿来一本博物史的教科书，这是一本关于昆虫的书，里面介绍了一种动物，名叫天蛾，是鳞翅目天蛾科中的一种。打开书的一页，里面有这样一段话：

　　"这种生物头低垂在胸部，生有两对带有薄膜的翅膀，翅膀上布满有金属光泽的五彩鳞片，腹部尖削，下颚延长，构成其进食器官，触须呈三棱形，两旁覆盖着长毛的退化触角；上下翅翼由坚固的细纤毛连接，因为它经常发出悲鸣般的声音，被民间称作会带来厄运的动物。"书中的描述简直和我看到那只怪物一模一样，突然，朋友尖叫一声，"快看，那不就是吗？它正在往上爬呢！"我看过去，的确，它其实好像并没有想象中那么大，原来以为它是沿着山坡往上爬，其实它只是在我们窗户上的蛛丝上爬呢。

9.21　显微镜是怎样放大物体的

在《话说玻璃的用处》一书中，俄罗斯科学家罗蒙诺索夫写道：

我的眼睛是大自然给予我的，
我用这双明目来看这个世界，
但还是有很多微小的生物，
会被我的眼睛忽略而阻挡。
是我的视力不够好的原因吗？
显微镜让我们看到了那些肉眼永远也看不到的构造，
微生物身体的构造，它们的心脏，它们的肢体，
小小的机体也很复杂，微小而不乏生命力，
它们的神经，它们的血管，
复杂的程度与海洋里的大鲸鱼并无差距，
如果没有显微镜的存在，
我至今还不知道隐藏在经脉背后的秘密。

于是，我们便有了这样的疑问，为什么在显微镜下面可以看到如此微观的世界呢？就像爱伦·坡小说中的主人所说，在显微镜下可以看到"怪蛾"身上细微之处，这用肉眼是看不到的。最寻常的答案莫过于说是因为它以一定的方式改变了光线的行程，但这只是这个问题表层的原因，并没有揭示到显微镜真正作用的本质。其实显微镜并非单纯的将被观察的事物放大，它和望远镜的作用类似，是通过改变被观察物体所反射光线的进路，使我们的视角加大，从而物体在我们视网膜上所呈现出的映像也就更大，这样我们就以更大的视角来观察物体。这种映像作用在我们的神经末梢，视角变大后就会有更多的神经末梢接收到映像，这样原本聚集在一点上的物体也就能够放大来看了。

而我学习到这个原理是我在上中学时有一次受到一种奇特而令我困惑的现象的偶然启发学习到的，并不是从课本上获得的。我弄明白其中的道理后就一直在思考如果用这种视错觉可不可以创造出显微镜。当然，这样的想法在我实验多次后仍然以失败告终，我这才明白出一点，那就是显微镜放大的是我们看物体的视角，而不是把物体真正放大。这样，物体在我们眼睛的视网膜上的映像就会变大，这才是最重要的（图124）。但我仍然很庆幸那天我坐在关着的玻璃窗子前看到的景象给我的启

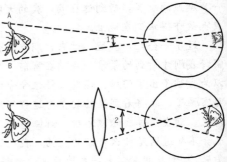

图124　透镜可将视网膜上的映像放大。

发。当时我看着小巷对面一座房子的砖墙，突然我看到有一只直径好几米大的眼睛从对面看过来，就那么盯着我，当我把它当作远处的东西时，它变得更大了。那时我还没有读过爱伦·坡的小说，当然我也没有想到那个眼睛就是自己的眼睛，那个大眼睛只不过是自己的眼睛在玻璃上的映像，傻傻的我当时吓得一下子跑到很远的地方。其实显微镜的作用简单地说就是放大物体在我们视网膜上的映像，那么说"显微镜或望远镜能放大100倍"，也就是视角

上比不使用它时大 100 倍。

另外，我们还要注意眼睛的一个重要的特点，在很小的视角下，我们的神经末梢在接受物体在视网膜上的映像时会比较慢，不能立即接受，只能暂时反映到一个感应元上，这样只有小于 1′ 的视角下，观察某个个体或者局部，都会变成汇聚的一个点，而物体的形状和构造细节都不见了，这便是物体和我们的眼睛距离过小产生的结果。

爱伦·坡的小说十分忠于大自然，他是一位真正的艺术家，在他的书中，他突出描写天蛾的形态有两处，在他的笔下，天蛾的构造与我们用肉眼看到的差别不大，他描写林中怪物时也是忠于自然而没有给怪物多加器官。我们肉眼看不到的细微之处，在小说中的最初的叙述中也都没有体现出来，比如直径为一二十英尺的金属片和有金属光泽的五彩小鳞片，一对直愣愣的巨角和触须，像野猪一样的獠牙和覆盖着长毛的触角等。

在回忆爱伦·坡在《天蛾》中所描写如何将映像放大的场景时，那种方式所呈现的映像无论远在森林里还是近在窗框上，视角的角度都不会发生改变，所以无论我们觉得看到的有多大，实际上也看不到细微之处。

假如这些光学仪器没有这个作用，那么也就失去了固有的放大功能，就像我之前看到的，眼睛在砖墙上的映像看起来放大了，但它与镜子中的映像相比较，我们并看不到更多的细节。如果我们觉得月亮升起来的时候是越来越小的话，可我们依旧不可能在月亮的表面上发现一个小黑点。

所以说显微镜是一个伟大的发明，它不只能够放大映像，更重要的是它开阔了我们的视野，如果只是有放大功能，那它便不能成为科学家研究的帮手，只能算个玩具，微观的世界让我们对世界的认识又增加了不少。

9.22　是视觉欺骗了我们吗

现在举一个大家熟悉的视错觉的例子。图 125 中，左右两边一个是横条纹，一个是竖条纹，那么这两种条纹所形成的正方形哪一个大呢？这是一个大家都十分熟悉的产生视错觉的例子。由于我们在估计左边图形的高度时，会不自觉地将图形中间的间隔变小，所以感觉这个方形的长要比它的高长一些，同理，我们在看右面的时候，就会自然地认为

图 125　这两种条纹形成的正方形哪一个大？

这个方形似乎更宽一些，其实，这两个图形都是等高等宽的正方形，图 126 也是类似的例子。之所以出现这样的错误，原因是一样的，也就是我们常常提到的"视错觉"，当然也存在"听错觉"，真的是我们的听觉和视觉欺骗了我们吗？其实不然，如哲学家康德所说："感官不会欺骗我们的原因并不是它们永远都能正确的判断，而是它们根本就不会进行判断。"所以视错觉这样的表述只是形象的，我们的器官本身并不会产生错觉，而是我们在看的同时会自然地进行一定的判断，正是这种大脑的判断使我们出现错误，而这并不能归咎于我们的感官。所以古罗马诗人卢克莱修早在两千年前也写道：

图 126　这个图形的高与宽哪一个大？

我们的眼睛并不识物之本真。

因此不要把心灵的过错归之于眼睛。

9.23 我们是真的变瘦了吗

在商场购买衣服的时候，常常有人喜欢买有直条纹或者有褶皱的衣服，问他们原因的时候，很多人都说因为这样看起来会显瘦。而矮胖的人都会远离那些有横条纹的衣服，因为那样穿上看起来会显得更臃肿。其实我们的体重和体型并没有因为穿上这样的衣服而发生改变，那么为什么会显得瘦呢？

在上一节中，我们讲到了视觉的失误，但是无法一下都尽收眼底的图案也会有这样的失误吗？就像在服装上一样，我们视野的范围并不能够一下子看完整个衣服的全部，在眼睛看到一小部分时，会不由自主地看一道道的条纹，看的时间长了，有时还会有眩晕的感觉，这是因为我们的眼睛在看的时候肌肉会用力，这样就会在用力的同时不自觉地将条纹向着同方向拉伸，也就是这个原因，在观察无法一下进入视野的物体时，眼睛会产生肌肉疲劳的感觉甚至感到头晕。这样的疲劳在我们看小图的时候就不会产生，因为眼睛可以不转地盯着小图。这种错觉反而会给爱美之人一个创造假象的机会。

9.24 不一样大的椭圆

在平面图形中，很多时候也会产生视觉上的错觉。比如图 128 里 ab 两点间的距离和 mn 两点间的距离，你觉得他们哪两点的距离要大一些呢？由于第三条直线是由同一顶点引出，这便产生了错觉，会让有些人仅从视觉上感觉 ab 之间距离要大一些。

同样的现象还有很多，怎么能让两个完全相同的椭圆看起来不一样大呢？请看图 127 中的两个椭圆，你很可能会认为下面的椭圆大一些，这是为什么呢？这是因为上面的椭圆外围着另一个椭圆，所以会有视觉上的错觉，再加上整个图形看起来有立体的感觉，三个椭圆两条线构成的图形看起来并不在一个平面上，像一个小水桶，这样便更加会让我们坚信下面的大一些。但如果你用尺子量一下它的长轴和短轴，会发现两个椭圆其实是一样大的。

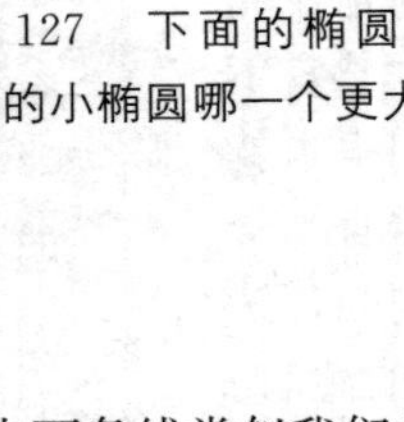

图 127 下面的椭圆与上面的小椭圆哪一个更大些？

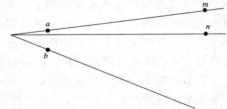

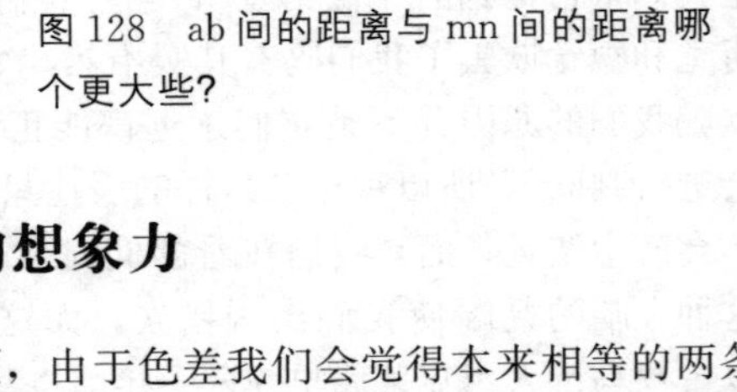

图 128 ab 间的距离与 mn 间的距离哪个更大些？

9.25 丰富的想象力

图 129 中两条线类似我们前一节中产生的问题，由于色差我们会觉得本来相等的两条线段会有长度的差异，由于大脑的判断，我们会觉得线段 AB 比线段 AC 短一些。我们前一节也提到了这一点，由于我们在观察的同时不知不觉地进行着判断，所以产生很多错误的视觉。

生理学家曾说："当我们在观察事物时，是在用脑看，而不是用眼睛。"如果亲自有意识地使自己的想象排除在观察过程中，是否就不会产生这样的错觉了呢？可以试一试下面几幅图。假如拿给别人看我们面前的这样一张图（图130），问他这个图画了什么东西，你能得到的答案绝不仅仅是一种，因为有的人说像楼梯，有的人说像折纸，而且还是放在一张白纸上的类似手风琴一样的折纸，还有人会觉得像是在墙上的壁龛。

图 129　AB 和 AC 哪条线段长？

这些答案都是合理的想象，因为从这张图的不同角度看过去，的确会得到不同的结果，如果你是从图的左半部看过去，那么看到的就是楼梯，如果你从右下角看过去，就能看到折纸了。当然，如果看得时间长了，你便会觉得这张图一会儿像这个，一会儿又像那个，这是因为人的注意力会随着时间变长而放松，想象力也会随之衰退，所以也就会出现这样的效果。那如果你再看图131，你会看出多少种可能性呢？

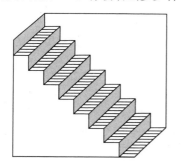

图 130　在这幅图里，你看到了什么？

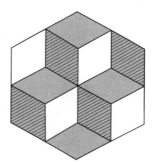

图 131　这些立方体是怎样排列的？

9.26　更多迷惑人的视错觉

对于视觉上的错觉，虽然解释不少但很多都难以使人信服，即使说是因为大脑判断或者肌肉疲劳所致，但是为什么又会因为这个导致错觉呢？在我们的大脑中到底进行怎样的判断和推理，总觉得中间还有很多的奥秘。不过我们可以信服的是这是一种无意识的作为，有时候不自主的卖弄聪明反而让我们自己蒙骗而看不到真实的情况，这种无意识的判断有时候也会闹出不少笑话。

还有一种错觉也是颇为有趣的。请看图133，你说，在左右两组短横线中，哪组的横线比较长些？和之前的问题类似，这里如果聪明的你会说这两组线一定是一样长的，其实也是

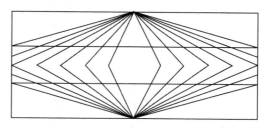

图 132　你是不是也把两条直线看成了弧线？

图 133　截出来的这些线段等长吗？

如此，但仍有人会认为左边的那组看起来更长一些。这种错觉被我们称为烟斗错觉。还有很多的例子，如果用尺子量的话，很多错觉就被自己推翻了，像图 133 中的直线被截成了两段，看起来并不是一样长的，但用尺子一量，立马就推翻了视觉的印象。

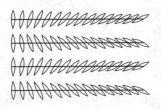

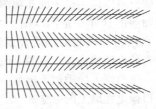

图 134　平行直线看上去不平行了。

图 135　平行直线看上去不平行了。

图 134 和 135 中的横线也是一样的，看的时间越长，越觉得本来平行的直线在向中间靠拢。不过如果在电火花光照下的几幅图，就不会让我们产生错觉，电火花发光的瞬间我们的眼睛来不及移动，可见如果眼睛不移动也许错觉就不会发生了。其实还有两种方法可以消除错觉，比如拿图 132 做示范，第一可以把这张图拿到同眼睛一般高的位置，然后将我们的视线沿着线的方向看过去，还有就是将一根铅笔的一端放在图上的一点，然后盯住这一点，这样就会发现本来两条感觉上相对突起的线其实都是直线罢了。

图 136　是不是圆呢?

图 137　"烟斗"错觉，实际上左右两端的横线等长。

9.27　满是网眼的图片

有一些图案并不是我们在正常的距离的视角下能够看得到的，有时候需要离得远一些才能看出一些门道，有点"退一步海阔天空"的意味。如果以平时读书的距离让你看图 138，你也许会认为他是一位聪明的雕塑家刻意而为，你也有可能以为这是谁不小心弄撒了墨水弄出的效果，其实都不是，这只是一幅再简单不过的图示，只是它被放大了十倍而展现在大家眼前。所以如果换个距离看这幅图，本来以为这只是一个布满了黑点白点的网板，这样的想法就会被打消了。

图 138　远距离看这张图，会发现这是一个女子的侧面头像。

假如你拿着这本书离远了看，或者干脆把书放在书桌上，你站起来离远一点，马上就会发现其实这是一个女子的侧画像，还能看到她的眼睛呢。我们看到书和杂志上的图画看起来很密实，不过如果放在放大镜下来看的话，都会变成和图 138 一样的效果，因为那些书籍也都是用这种网状物做成的，平时只是因为我们看书的距离看不到这些网眼罢了。根据之前我们讲述的视角的问题，这幅网眼相对比较大的图片，离得远了就会恢复原状了。

9.28　倒转的车轮

我们经常说历史的车轮是不能倒转的，但是当我们在看电影电视剧中有汽车奔驰的画面时，却发现这些飞驰的汽车的车轮似乎是不动的，有时甚至是倒转的。这是为什么呢？其实细心的观众可以根据轮辐的数量算出车轮轮子每秒钟的转数，假设汽车的轮辐是 12 根，而一般电影的放映速度通常是 24 个画面每秒，那么车轮每秒的转数也就是用 24 除以 12，每秒转速为 2，也就是转一圈的时间为半秒。不过有时候这个数值会更大，甚至是这个数目的两三倍或者更多。这种失真的视觉对普通电影所要表达的意思并不会造成很大的影响，但是如果需要说明精密的机械原理时，这种错误也许会给观看的人带来不小的误解，甚至会完全违背原理本身的内容。

如果想算出汽车的行驶速度，那就需要估计一下车轮的直径，如果我们将车轮直径设定为 80 厘米，那汽车速度也就是相应的 18 千米/时，如果转速成倍变大的话，汽车速度也会相应地变为 36 千米/时或 54 千米/时。如果我们在轮辐上做上记号，记号好像在轮辐间跳动因为轮辐和记号的转动方向是相反的。但是如果我们做记号在轮缘上，因为所有的轮辐的形状且相同，轮缘和轮辐的转动方向看上去就恰恰相反。

相信这种现象你也在生活中经常碰到，这种奇怪的现象在我们周围很多，只要有运动的轮子就会有这样的现象。不过如果是第一次看到这种情景的人，肯定会感到迷惑不解。我们透过栅栏空当看着旋转的车轮时，栅栏的条板每隔一定的时间就会阻断一次视线，我们是无法连续地看到轮辐的，因而我们也只能每隔一定的时间才看到它们一次。影片中车轮的画也不是连续的，按照每秒 24 张画面，中间也是隔着一定时间。这样就可以解释为什么我们看到车虽然在飞速前行，而轮子转动看起来却很慢或不动或干脆是反方向的。

在这里，如果想要计算出转速很大的轴转数，我们可以运用刚才所谈到的视错觉的知识。我们知道交流电的电灯亮度每隔 1/100 秒就会减弱一次，并不是稳定的状态，但是在一般的条件下我们对这种亮度差并无感觉。如果这个转盘在 1/100 秒内旋转 1/4 周，现在我们将交流电的灯光照射在图 144 所示的转盘上。原本一抹灰色转盘盘面看起来好像不再转动，而且变成了黑白扇形相间的盘面。如果有了关于对车轮发生视错觉的知识，这种现象也就很好解释了，下面让我们看看可能使我们发生不动、变慢甚至反转的误解是怎样产生的：

第一种是我们忽略了整数的转数。意思就是我们看到的只是每次转一周的一小部分，那只是发生了半圈的转动。车轮在每一个转完一个整数转数后又转了小半圈，我们观察这种变换的画面时却忘记了前面还有整数转数，所以在我们看来车轮的转动十分慢，尽管车速依旧很快。

第二种情况，譬如像图 139 第三列所示那样，在拍摄间隔时间段内，车轮只转了 315°，尚未转完一个整圈。所以在我们看来，这时候每一根轮辐都好像是在向相反方向转动。这种错觉在车轮不

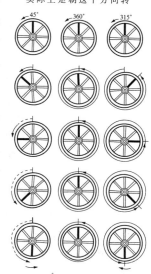

实际上是朝这个方向转

图 139　影片里车轮转动反常的示意图。

改变转速时会一直这样。

还有一种情况，在视线被阻断的时段内，为了叙述的简便，我们设定车轮的转数恰恰是个整数，这个可以是 3、5 或者 18、20，只要车轮的转动使轮辐间隔是整数就好，这一点也同样适用于其他两种情况。这种情况下我们观察到同前一个画面相比，轮辐在画面上的位置没有变化。在下一个时间段，因为时间的间隔和车速是不变的，轮辐的位置不动，车轮的转数也还是整数。如图 139 中间的一列，我们在画面上看到的轮辐就始终都是同一个位置，因此也有了车轮并不转动的现象。

9.29　被放慢的"时间"

如果让你测定子弹的飞行速度，你会采用什么办法呢？有一种利用转盘测定的方法是比较简单的，也是在物理课本中会学习到的。这种方法可以精确地测定子弹的速度。我们在一个类似果盘大小的圆盘上画一个黑色的扇形，如图 140 一样，然后安装上轴，快速地转动起来，这时候找一个人对准圆盘的沿壁开

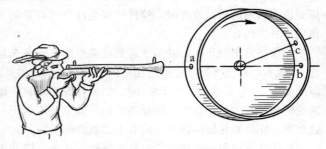

图 140　使用圆盘计算子弹飞行速度。

枪，这样在沿壁上就会留下两个小孔。我们知道，如果圆盘没有被转动的话，两个小孔肯定是在同一直线上的。现在在转盘转动起来，子弹先穿过一边，然后再从另一边飞出，这中间有一段的距离差，这时候子弹将会从点 C 飞出，我们知道圆盘的转速以及直径，这样就能够根据 bc 两点间的弧长计算出子弹的飞行速度了。这个速度只要知道一点几何常识就能够很容易的算出来了。

《趣味物理学》里，我曾经讲过一种"时间放大镜"，是运用电影放映的原理制作的。还有另一种可以达到同样功能的道具，它的原理和上一节中的内容相似。我们已经知道，每秒强弱度变化 100 次的灯光照射在每秒转速为 25 转的转盘上时，盘面会呈现黑白相间的情况，看上去好像没有转动静止了一般（图 141）。如果我们将灯光强弱变化频率增大为每秒 101 次，圆盘就不能在原先变化相同时间段内正好和原来一样转上 10 周了，也就是说，那些黑白扇形就会比原来的位置慢一些。

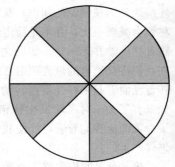

图 141　用来计算发动机转速的圆盘。

这时，圆盘的转动似乎慢了 1/100 周，当光度发生第二次变化时，它又慢了很多，随着光度的改变，转动的速度逐渐变慢，直到后来转速也只有原来的 1/25，我们甚至产生它在以每秒 1 周逆转的错觉。

如果我们不想得到这种逆向慢运动的视错觉效果，只要把加大光度强弱变化的频率改为减小这种频率就行了，这样这种运动就能依旧保持原来的方向。例如，当变化频率为每秒 99 次时，我们就会觉得转盘是在以每秒 1 周的速度正方向转动。于是就有了这种"时间显微镜"，可以放慢 1/25 倍。其实它放慢的倍数可以更大些，如果光变化频率只有每 10 秒

999 次（即每秒 99.9 次），那么我们就会觉得转盘的速度是实际转速的 1/250，也就是 10 秒转一周。

我们可以使用这个方法使任何一种快速的圆周运动减缓到适合我们肉眼观测的程度，比如在时间显微镜下，它们的转速只可能被放慢到原速度的 1/100 乃至 1/1000，用这种方法研究高速运转的机器运动就会方便很多。

9.30 利用视错觉发明的奇妙圆盘

这个奇妙的圆盘就是尼普科夫圆盘，如图 142，当我们转动它时，刚开始慢慢地转动，透过圆盘上的小窗观察每个小孔经过小窗时的情况，我们发现，经过小窗时离小窗上部分最近的是离盘中心最远的那个小孔。如果将圆盘转的速度逐渐加快，我们可以看到图片上第二个小孔低于第一个小孔，透过小孔看到的图像就是图片上接近小窗的上部分。第二个小孔经过小窗的时候显示的却是同前一画面相连的第二个画面，如图 143。当第三个小孔通过时，我们又看到第三个画面，往后依次通过小窗都是这样的。

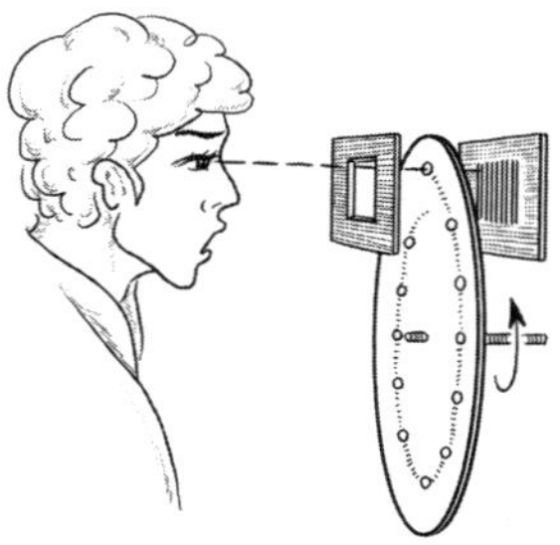

所以，圆的转速不是太快或太慢时，我们就能够看到这种画片整个的画面，就好像从小窗前面另一个观察口看圆盘一样。这种尼普科夫圆盘我们自己制作起来也不难，图 144 就是这种圆盘的示意图。

图 142　当圆盘转动时，画片便显示出来了。

找一块较为结实且比较厚的圆盘，在它的内侧钻一圈小孔，这圈 2mm 直径的小孔均匀地排列在一条螺旋线上，每一个小孔都依次向圆盘中心靠拢。将这个圆盘安装在转轴上，圆盘的前面放置一个用来观察的小窗，如图 142，并在圆盘的后面同时放一个和小窗同样大小的纸片。

当我们转动圆盘的时候，转速不断加快就能看到奇妙的现象，想让圆盘加快最好的办法就是配一个小发动机，连接在转动圆盘的转轴上，从而提高圆盘转速。转速加快时，本来藏在后面的画片，透过小窗可以看得清清楚楚。圆盘逐渐变慢后纸片又会慢慢模糊，直到圆盘停止转动后，画片也随之不见了，就只能看到两毫米的小孔后面一点点的画面了。

尼普科夫圆盘是视错觉在技术上有趣的应用发明，同时也算是最早的电视机了。

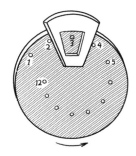

图 143　尼普科夫圆盘发生作用的示意图。

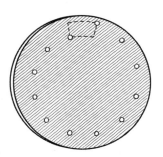

图 144　尼普科夫圆盘。

9.31 兔子可以看到身后的东西吗

　　如果我们靠近一只小兔子，即使从后面靠近时，它也会一溜烟地跑掉。这很是让我们奇怪，难道小兔子后脑勺也长了眼睛吗？其实这是因为兔子左右两眼的视野是可以交汇在一起的，这样它不用转头就能看到 360 度一整圈的东西，就像图 145 所示，图里画出了兔子可以看到的视野，我们看到了重合的两块区域，叠加起来正好是全方位的视力。但是兔子却看不到离它很近的东西，对近物它反而需要歪过脑袋才能看到。

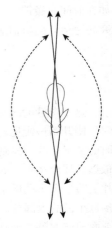

图 145　兔子的两只眼睛的视野。

　　动物界几乎所有的蹄类和反刍类动物的眼睛都是全方位的。图 146 则是人的视野示意图，其实我们每个眼睛水平方向上可以看到的最大视角为 120 度，但是如果我们的双眼不转动的话，两只眼睛的视角基本上是重合的，所以即使我们用两只眼睛看周围的物体，却不能够看到身后的东西。用双眼同时看物体的生物很少，大部分生物都是两只眼睛分开看东西，所以它们能看到的视野不仅比我们宽，看到的东西也是清晰的。马两眼的视野范围也不能在后面交合，如图 147，但是它只要一歪脑袋就能看到整个方位内的东西，再远的地方一点小小的动静也能够看到，不过这样看起来并不大清晰。很多猛兽虽然并不拥有如此全方位的视角，不过它们却也能够精准地看到所要捕获的猎物的距离，捕捉到它们。

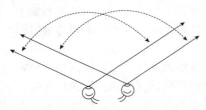

图 146　人的两只眼睛的视野。

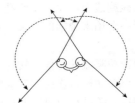

图 147　马的两只眼睛的视野。

9.32 黑暗中的猫都是灰色的吗

　　"在傍晚的时候，阳光差不多已经要消失了，本来鲜艳的那一大束玫瑰花好像变了颜色。"这是在契诃夫的作品《信》中的一句话，许多语言中都有类似的俗语，但是为什么没有阳光的时候物体的颜色会发生变化呢？

　　在太阳光强烈的照耀下，我们的眼睛会觉得所有的颜色都变成了白色而看不到别的颜色，其实日光是有很多颜色的。我们可以通过物理实验来验证这种现象。如果我们用很弱的白光照在本身彩色的物体表面时，我们只能看到灰色，如果加大白光的力度，那么达到一定亮度时，我们才能看到本身物体的颜色，不过如果再加大光照的强度，我们就会只看到白光了。这其中便存在"色感下阈和色彩上阈"。所以契诃夫书中所讲的玫瑰花颜色变了讲的就是在低于色感下阈时，一切物体看上去都会变成灰色的。

　　有一个问题是猫在黑暗的条件下是什么颜色的呢？物理学家会说猫是黑色的，的确，任何物体在没有光照的情况下都是不会被看到的。那么是说昏暗的灯光下不管是什么颜色的东西都会变成灰色吗？夜色很黑并不是没有一点光亮，只是光亮较弱罢了。所以黄昏的时候，一切的东西，包括绿色的草坪，红色的鲜花，蓝色的墙面，都会显得灰蒙蒙的。所以有一句俗语说："所有夜里的猫看起来都是灰色的"，这句话就很容易被证实了，如果你很好奇，下次光线暗的时候也观察一下周围吧。

9.33　为什么只有热光而没有冷光

如果我们将一块很大的凹面镜放在两面相对的墙壁前，在其中一块镜子的焦距处放置一个强热源，在另一面镜子的焦距处放一片颜色较暗的纸，这样的放置，一旦我们启动强热源，那么那张暗色的纸会立刻燃烧起来，这是因为热源辐射出的线会反射到对面的镜子上，并在纸所在的焦距处汇聚，这个实验向我们证明了存在热光。炉火能使周围变热，我们称炉火发出的光是热光，而一块冰也能使周围变得很冷，为什么不可以说冰发出的是冷光呢？于是就有人做出这样的一个实验误导人认为存在所谓的冷光。

如果我们将一块冰放在第一面镜子的焦距处，那么在第二面镜子焦距处的温度经测量就变得很低。这和放热源起到同样的效果，难道这不能说明温度计的小水银球的变化是由冰辐射出的冷光聚集在上面而导致的吗？

很多人都认为既然存在热光，那自然也就会并存着另一种相对的物质，那就是冷光。产生这种想法并不奇怪，但是冰能够使周围变冷并不是由于这种神秘的冷光。这是由于温度计的小水银球从冰那里接受的热量更比通过辐射传导给冰的热量要少很多；因而小球中的水银变冷了。因此这种推论是错误的，世上并没有冷光。自然界中根本就没有什么冷光，各种光只能传导热，而不能消除热。这个实验并不能说明冷光的存在。

再具体的解释就是因为热的物体和冷的冰块都是通过辐射散发热量的，但前者比后者辐射的强度更大，散失的热量比获取的热量更多。接近冰的物体变冷并非由于"冷光"的作用，而是因为这些物体从冰那里得到的热量比本身由于辐射散失的热量要少。所以热量的多出少进就使物体变冷了。

❀ 第十章 ❀
声 波

10.1 无线电波和声音哪个快

假设现在有两个人，一个是坐在音乐厅内距钢琴 10 米远的听众，另一个是在音乐厅 100 千米外用无线电听演奏的听众，你认为他们两个谁能首先听到钢琴声？

其实这个不难计算，我们知道声的传播速度大约只有光的一百万分之一，也就是在 10 米内传播的时间是 1/34 秒，而无线电波的速度与光波的传播速度差不多，那么声的传播速度也就只有无线电信号的一百万分之一。由此就产生了一个有趣的后果，尽管坐在音乐厅里的听众离钢琴的距离只有 10 米，而无线电听众与钢琴的距离有 100 千米，两者之间相差有 1 万倍，可是事实上先听到琴声的却是无线电听众，因为无线电波在 100 千米的距离内传播的时间是 1/3000 秒，无线电传播声所需的时间大约只有空气传播的 1/100，所以无线电的听众要快一些也就不是什么奇怪的事情了。

10.2 子弹和声音哪个快

现实生活中，枪弹和炮弹并不常见，只有在射击场上才会见到，但是在战争年代，枪林弹雨的场面并不少见，现在我们也可以从电视剧电影中还原的场景看到当时的危险的场面。但是要是让你来说，到底是炮弹快还是射击的声音快呢？

其实在战场上，如果你已经听到了射击的声音或者是子弹飞过的声音，那么其实子弹已经从你身边飞过去了，你也就没有生命危险了，因为被击中的人都是在听到枪声之前就被打中倒下的。这就是因为枪弹是在射击声音的前面。这个原理也是很简单的，我们知道声音是匀速传播的，而子弹的飞行速度是匀速递减的，但是子弹在其大部分运行轨迹上都是比声速要快的。现实中的步枪发射出子弹的速度基本上是声音速度的三倍，大约为 900 米/秒，所以自然子弹飞得比较快了。

在凡尔纳的小说中，主人公坐着炮弹飞向月球，他对于自己没有听到大炮发射他们的声音而感到十分不解。其实这是必然的，因为射击声和一切声音一样，在空气里的传播速度都是 340 米/秒，而炮弹的速度将近 11000 米/秒，炮弹远远在声音的前面，乘客听不到声音也是再正常不过的事情了。

10.3 是耳朵的问题，还是眼睛的问题

现实生活中我们听到的声音经常会和我们见到的形迹完全脱节，这个时候，我们就会有疑问，是我们的耳朵或者眼睛出了问题吗？其实都不是，得到这样的结果，其实是速度差而使我们做出错误的结论。比如当流星划过天空时也会发生轰响，但是按照我们的耳朵来判断，我们似乎听到是这颗流星爆裂成了两半而朝着完全相反的方向飞走了。但是我们的听觉却上当了，这样的现象根本就不存在，更有人

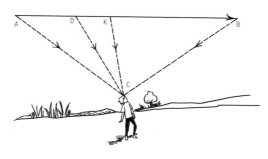

图 148 不存在的流星爆裂。

说自己是亲眼看到流星裂成两半，这其实还是听觉在捣乱。如图 148，假设我们站在点 C 这个位置，有颗流星沿线 AB 在我们上空飞过，我们看到的自然是流星最先出现在点 A 上，继而沿线 AB 一直飞行。

可是听到的声音却让我们很是困惑，按照听到的，流星在点 A 发出的声响，如果想传到我们的耳朵，只能是在它已飞达点 B 时才可能，也就是 C 点。因为从太空进入地球大气层的流星具有很高的速度，虽然大气的阻力使之有所减小，但它比音速仍高几十倍，由此可见流星的速度要比音速快得多，所以当流星到达点 D 时发出的声响传进我们的耳朵也就远早于它在点 A 时发出的声响。因此得到结果是流星首先出现在点 K，也就是正对我们头顶上，然后我们会听到两个声响，一个由 K 到 A，而另一个则是由 K 到 B 传去，它们分别向相反的方向，声音逐渐变弱。这是什么原因呢？

其实我们本来先听到的是从点 D 传来的声响，而点 A 传来的声响是后来才听到的。而从点 B 发出的声响是在点 D 发出的声响之后才到的，所以也就会在我们上空出现一个点 K，也就是最早传到我们这里的声音是从点 K 发出的。如果数学爱好者知道流星速度与音速之比，也就能够计算出这个点的具体位置。

这样的流星或者子弹的例子在我们生活中还有很多，我们也经常会因为飞行物的声音的速度和本身的速度而做出错误的判断，但是只要知道中间的原理，很多奇妙的现象就会被解答。

10.4 声音速度变小后

假设我们声音的速度变为 3.4 米/秒，也就是减小到原来的 1%，这样的速度比人的步行速度还要慢。如果是这样会发生什么情况呢？

当你的朋友向你走来时，你听到他说的话会发生颠倒，你会感觉你的朋友像是在胡言乱语。这是因为他刚发出的声音先传来，而之前发出的声音却传得更晚。还有一种情况，在通常状况下，如果屋子外面的人来回走动并且边走边说话，按照常理这并不会妨碍到你听到他说话，但是如果声音速度减小，他先说的话的声音会和后说的话重叠在一起，这个时候你根本就听不清他说的话，只能是听到一片嘈杂的噪音罢了。所以，如果声音速度变慢，还真是会给我们的生活带来很多的不方便。

10.5　漫长的交流

假设两个相距 650 千米的地方，声音的速度变为每秒 1/6 千米，那么，声音从一个地方到另一个地方需要多少时间呢？这很好算，大约是 55 分钟。照这个速度来看，如此说来，即使两个人从早到晚说上一整天也就只能交谈十几句话，这样的速度不是急死人嘛。

那些以为声音在空气里传播速度已经很快的人可要改变一下看法了啊。我们在电视中经常看到主持人与在当地的记者进行连线通话时，记者总是过了一会儿才回答，这并不是其反应慢，而是声音传过去是需要时间的。在没有电话的时候，都是用旧式的传话筒，这是以前安装在商店各卖场和轮船机器中间的一种通话工具。如果你一句话过去，等了很久都没有答复，那也不用担心，这只是因为他还没有听到你的问候，假设在相距 1000 千米以上的两地之间，半个小时听不到回话也很正常，你不必担心朋友是不是发生不测而焦虑，因为那个时候你的声音他刚刚听到，如果你想听到他的声音，过半个小时再过来听就可以了，这样的通话在我们现在看来很是可笑，但是在那时，一个小时已经比用书信传达要快很多了。

10.6　历史上声音的快递

在过去声音的传播中，有一个类似的光信号的传递法。革命者在沙皇统治时期经常运用这种防护措施来进行集会。他们在从集会地点到警察局门口都埋伏有自己的人，当警报响起的时候，这些人就会拿出口袋里的手电筒，依次传递的信号最终到达集会地。

历史上传递消息的方法还有很多，我们知道，根据声音在空气中传播的知识，如果可能的话，莫斯科的钟声可以直接传到彼得堡，那么声音会晚到半个小时，而彼得堡的士兵听到声音是在两个半小时以后，当然，这种情况是理想状态。

而历史上，俄国皇帝保罗一世在莫斯科登基的消息则是用几千名士兵来做到的。当时在两城之间，每隔 200 米就会在道路旁布设一个士兵。离教堂最近的士兵在听到莫斯科教堂的第一声钟声响起就朝天空鸣枪，邻近他的士兵听到枪声后也会这样，如此就利用依次鸣枪的方式，过了三个小时，这个消息传到了彼得堡。于是在 650 千米之外的彼得堡在新皇帝登基三个小时以后也响起了礼炮声。这样虽然只多了半个小时，却一下子要花费几千人的人力才能达到。当然当时历史上的人并不知道电报电话这些东西的存在，在三个小时就能将信息传到那么远的地方已经算是历史上很快的了。

10.7　快速的传讯鼓

一位住在尼日利亚腹地的伊巴达城的不列颠博物馆考古学家曾经在杂志上撰文提起过一种传讯鼓，它可以不停地敲击，咚咚日夜不停。这种鼓是非洲、中美等地一些民族用来传达信息的方式，它利用声音信号进行传递，原始时期就有了这种特制的鼓，用上节说到的逐段逐人地进行阶段性传递，就可以短时间内将重要的信息传到四面八方。

考古学家记述了一个故事，有一天清晨，他听到一些黑人非常用力地敲鼓传递消息。他十分好奇，于是上前询问发生了什么，一个正在敲鼓的军士告诉他海上发生了沉船事故，有一艘白人的船只沉了，很多白人遇难。科学家很是惊讶，只是敲鼓竟然能传递这么多的信息，他表示怀疑，也就没有在意军士的话。但是三天之后，他收到了"卢西塔尼亚"号失事的消息，这封电报由于通信线路中断而晚了，科学家这才想起三天前黑人告诉他的信息是正确的，他更惊讶了，因为在原始部落之间，他们都用着不同的语言进行交流，而当时部落之间还发生着战争，就是这样都没有妨碍他们用鼓声传送消息，使得住在这个部落每个地区的人们知晓。

图 149　传讯鼓。

用这样的方式进行信息的传递，古代有很多的例子，比如在第二次意阿战争初期，在阿比西亚首都亚的斯亚贝巴，仅仅用几个小时就用传讯鼓的方式向全国颁布了动员令，而这个国家的每个角落都能够知道这条消息。在很多旅行家的记述中，包括列奥·弗罗贝尼乌斯等人，他们认为在电报被发明出来前，欧洲人发明的光通信器都比不上非洲土著人制作的一些音讯器具的性能优良。

传讯鼓应用在战争中起到很重要的作用，在第一次意大利与阿比西尼亚之间，也就是和现在的埃塞俄比亚发生战争时，阿比西尼亚皇帝曼涅里克很快就获悉了意大利军队的动向，这让意大利司令部的人很是不解，他们并不知道这里流行着一种通信工具，那就是传讯鼓。

还有一次在英国对布尔人的侵略战争中，也有着类似的情况，布尔人是居住在南非的荷兰、法国和德国人移民后裔形成的混合民族，他们也会使用传讯鼓。在战争中，他们利用传讯鼓传递的信息比官方传递的战报快了好几天。

10.8　为什么听不到战争的枪响

1871 年普法战争亲历者的回忆录有这样一段话，物理学家廷德尔在他的书里也摘录了这段话：

昨天寒气逼人，大雾蒙蒙，几步之外就什么也看不清了。可 6 日的早晨，一切都变了，和前一天早晨完全不同，仿佛生活在两个世界。6 日的早上天气晴朗，温度宜人，就连昨天还到处都是枪炮声的这里，今天却如远离了战场一般，如此平平静静。我们都很惊讶，眼前的这一切让我们仿佛觉是在梦里，难道战火硝烟都消失了吗？难道巴黎那里的大炮和碉堡也都不见了吗？难道我们重新回到了和平吗？带着这样的疑问，我坐车到蒙莫兰西，这里一片死寂，几名士兵还在讨论着战争的格局，他们都觉得政府已经开始和谈了，不然怎么会有如此安静的清晨呢？我继续向前，来到霍温斯，在这里我得到的消息让我的和平美梦被打碎了，他们说德国人的大炮从早上 8 点开始就没有停过，南部也遭到了猛烈的攻击，而我们在蒙莫西兰竟然什么都不知道，完全没有枪弹的声音。这一切都和空气有关，昨天阴霾的天气就连声音也传得远一些，而今天天气太好了，给我们带来了生活也变得美好的假象。

这是因为不止坚硬的物体能反射声音，像云之类的柔软物，甚至完全透明的空气在一定条件下，也可以反射声音。温度和水蒸气含量不同的气流也能够产生空气回声。由于某种原因空气的导声能力大于其他空气时，也能反射声音。当声音被无形的障碍物反射回来后，我们就会听到一些不知道从何处飘来的声音，这种现象与光学中的全内反射十分相似。

类似现象在第一次世界大战期间（1914～1918）多次发生过。

这是廷德尔在海岸上做声音信号实验时偶然发现了这个有趣的现象。

"我们周围是透明的空气，声音不知道从什么地方反射过来，发出魔幻般的回声。"

空中常有这种能发声的云，它很特殊，与一般的云雾迥然不同。廷德尔在书中所说的能发声的云就是这种云，其实就是将一部分声音反射回来而形成的空气。它能存在于完全透明的空气中，于是就形成了所谓空气回声。与流行的说法相反，这种回声在晴朗的天气里也能发生。观察和实验都证明这种空气回声确实存在。云能反射声音的现象使战争中发生的一些怪异事件之谜得以破解。

10.9 你能听到所有的声音吗

巴甫洛夫做的实验证明，与人类相比，他发现狗却能听到振动频率高达 38000 赫兹的声音，但这种声音已经属于"超声"振动的领域了。

大自然中存在着许多声音，但是并不是每一种声音人类都能听到。人类听不到的声音，是因为附近发生的振动，我们的耳朵并不是都能感觉到它们的。如果物体的振动频率高达 15000～22000 赫兹以上或者小于 16 赫兹，这样的声音就无法被我们耳朵所听到。当然每个人能听到的声音的振动频率是不一样的。有些人在听到高音时异常迟钝，在别人觉得很嘈杂的地方，一些人却全然没有感觉，一般老年人的最大界限可低到 6000 赫兹。许多昆虫（如蚊子和蟋蟀）鸣叫声的振动频率为 20000 赫兹，这种声音也有一些人是听不见的。

英国著名的物理学家廷德尔经过研究证明，有些人听不到蟋蟀、蝙蝠发出的尖尖的鸣叫声，甚至连麻雀的叫声都听不到，但是他们的器官都很正常，可就是听不到如此高的声音。廷德尔曾经举过他朋友的一个例子，他说他跟这位朋友去瑞士游玩，道路两旁的草地里昆虫起劲的鸣叫着奏出一曲曲交响乐般的响声，而他的朋友对于这种尖厉的声音，却无动于衷。

蝙蝠对于一些人来说它们是一种不会鸣叫的动物，就算蝙蝠的吱吱叫声比昆虫刺耳的高音要低八度，也就是它使空气振动的频率小一半，可是有些人听力限度值比这还低，因此他们对这种声音也是充耳不闻。

10.10 超声的多种应用

超声波现在的应用领域非常广泛，有着广阔的发展前景。它已在医学上得到应用，如今听不到的超声和看不到的紫外线一起为医疗事业服务。而在冶金工业中，超声技术也得到成功运用。超声可以"透视"厚度达一米多的金属，也可以发现小到 1 毫米的杂质。人们利用它探查金属的气泡、杂质、裂缝等瑕疵。所谓超声"透视"金属法就是在超声的作用下，在被检的金属上涂上油，这样超声波会因为金属中有杂质处而漫散开来，形成阴影。于是，我们拍摄下来的图片上，在均匀的油面上就会出现一圈轮廓清晰的图像，那就是金属中有杂质处的轮廓。

超声波虽然已经超出了我们人类的听力范围，但是它的作用却能通过物体的振动反映出来。例如，我们把通电后振动的石英片放在盛油的容器里时，由于超声的作用，那部分油会泛起 10 厘米的波峰，有的油滴甚至会飞起 40 厘米。这时如果在容器里放进一根一米长的玻璃管的一端，浸入容器的一端竟然会把木头烧出洞来，而你的手抓着玻璃另一端，这时候会感到非常烫，以致会被烫伤；这就说明超声已经转化为热能了。不仅如此，超声还能对生物的机体产生巨大的作用，比如：藻类的纤丝会被摧断；动物的细胞会被胀裂，小鱼和青蛙会因血球破坏而在短时间内死亡；动物的温度会升高，一只老鼠在超声的作用下体温达到 45℃。

超声波得到人类广泛的应用。针对上一节提到的"听不到的声音"，当代的物理学家和技术专家已经掌握了生成超波的方法，超声的振动频率可以高达 10000000000 赫兹，比振动频率为每秒 3480 次的钢琴的高"拉"音还高 18 个八度。

下面我们就讲述一种利用石英片的性能而得到的超声波，因为从石英晶体上切割下来的石英片会因受到压缩而表面生电。反之，我们给石英片通电，用无线电技术里所用的电子管振荡器，而这种振荡器的频率要同石英片的固有振动周期吻合，那么在电荷的作用下，它会一张一缩交替进行，从而产生了振动，也就是我们想要得到的超声振动。

10.11　电影《新格列佛游记》中的声音艺术

人们利用时间放大镜的方法对声音进行处理，那么就会发生声音变调的现象。如果留声机转动的速度高于或低于当初录音的速度（78 转/分或 33 转/分），也会发生变调现象，这就是用放大镜做出的效果。

我们很惊奇为什么在影片《新格列佛游记》中演员们是可以变声的。影片中扮演小人们的是成年演员，喉头也小，讲起话来声音很高，而扮演巨人比佳的是个孩子而嗓门却很低沉。在这部影片中，小人的声调要比普通成人高八度，而巨人比佳的声调要比普通声调低八度。原来，导演向我们解释说，他们只是根据声的物理特点对他们说话的原声进行了别出心裁的处理，他用慢速转动的录音机为小人演员录音，用快速为比佳的扮演者录音，在放映时仍用普通的速度。拍摄时演员们只要按照本来的嗓音说话就可以，用这种方法就可以在电影放映时达到预期的效果。

原来这是因为传到观众那里小人们的声音的振动频率比正常的高，声调自然就变高了，而比佳的声音正好是相反的，他比正常的声音振动频率低了，声调也就变低了。

10.12　为什么一天可以看到两天的报纸

如果我说一个人可以在一天的时间里买到两份日报，你可能觉得我脑子出了问题，要不就是当日的报纸发了两遍，其实都不是，这种情况在生活中是存在的，下面让我来解释给你听。

从莫斯科开往最东边的符拉迪沃斯托克，每天中午都有一班车，一般全程的时间为 10 天左右，同时，在同一时间，从符拉迪沃斯托克也会开出一列客车驶向莫斯科。先问你一个简单的问题，如果你在驶向符拉迪沃斯托克的火车上的话，你觉得在路上，你会看到多少辆开往莫斯科的火车呢？有的人会不假思索地回答 10 辆，这就掉入了陷阱了，其实仔细想想，你在路上不仅能够看到你的火车开后从符拉迪沃斯托克开出的 10 列火车，还有在这之前就已经开出的 10 列火车，所以一共能看到的应该是 20 列。

明白了这个问题就不难解答为什么一天看两份日报的疑问了。我们知道，在每一列火车上都会出售当日当地的报纸，如果你很喜欢读新闻，到每一个车站都会买上一份报纸，那么 10 天下来，你的手里将会有厚厚一摞的报纸，数数看到底有多少份呢？聪明的人不数也会知道，你手里一定有 20 份报纸。

有些人肯定还是不相信这样的事实，非要亲自去验证一下，那你可以找一趟稍微近一点的车，比如坐车从塞瓦斯托波尔乘车到列宁格勒，只需要两天的时间。你去试试看是不是两天可以看到四天的报纸，因为这四份报纸中有两份是在你上车之前就出版了，两外两份则是在上车之后出版的。

这一节研究的这个问题好像和物理学并没有太多的联系，不过如果你能明白一天之内可以看到莫斯科的两份日报的人就是来这里旅行的火车乘客这个道理，读后面的章节就会容易很多。

10.13 火车汽笛声音调的高低

和上一节中，我们讲到的在开往莫斯科的列车上可以在一天之内读到两份莫斯科报纸的原理类似，两列火车相向行驶互相接近时发出的汽笛音调，听起来要比背向离去渐行渐远时的音调高得多。

我们也可以用画图的方式向你阐述这个道理，说不定你会更加信服火车汽笛声波传播的方式（图150）。首先看火车静止时的情况。汽笛响起时会产生声波，我们假设它只有4个波长，为了能够更好地描述传播的情况，火车静止时在每一个时间段内向任何方向传播的距离都是相同的，汽笛的声波用图上方的波纹线表示，波段O分别到达观察者A和到达观察者B的时间也是相同的。由于两个观察者听觉器官感受到的是同数频率的振动，所以两人听到的音调也是相同的。波段1、2、3等是同时到达两个观察者的。

设想在某一瞬间，汽笛声是在点C上，在它发出4个波头后到达了点D。这种情况下鸣着汽笛的火车是由B驶向A的，如图下方的波纹线所示，情况和之前就不一样了。

波头O从C′出发，它到达观察者所在的A′、B′两点的时间是相同的，而从D点发出的波头分别到达这两个观察者的时间是不一样，这是因为DA′的距离相对于DB′要短，这样也就导致到达A′的时间要比到点B′时间要早。所有中间的波头，都是这样的，先到A′而后到B′，这些波头相差的时间较短。在同一时间里，我们比较这种情况下的传播情况发现，这两个观察者中，B′感受的波头量比观察者A′一定是多的，所以听到的音调也是A′的高一些，也就是我们在图中看到的，两个波长A′到B′以及B′到A′，前者比后者短一些。

图150 火车的汽笛。上面的曲线表示火车停止运行时发出的声波。下面的曲线代表从右向左运行的火车发出的声波。

我们把这种现象同上节的结论做个比照。我们知道，音调的高低取决于振动的频率，这其中的原因其实很好解释。在火车迎面开来的时候，如果你乐感不错便觉察出火车汽笛是有变化，当然，我们这里指的是音调高低的变化。当我们迎着火车走或者是站着不动或是背着声源走，我们的听觉对频率的感受会因为所处的角度不同而发生改变。虽然迎面驶来的火车的汽笛声的振动频率是固定不变的，但如果我们是在向声源靠近时，听觉器官感受到的振动频率要比汽笛声原本的振动频率大，音调有时候会因速度的不同差很多，当速度达到50千米/时，会产生将近一个全音程的高低差。不过这里已不是你对这个感受的判断了，因为你听到的就是高高的音调。而当你背着火车走时，你的听觉器官感受到的振动频率就减少了，于是听到的就是低沉的音调。

10.14 多普勒现象

物理学是一门极其广泛的学科，向我们揭示了很多生活中的奥秘。物理学大到测量宇宙中相对运动的恒星，小到探寻只有万分之几毫米的光波中的秘密，也有几米的声波的规律，林林总总，包罗万象，可见物理知识的应用无处不在。

物理学中的多普勒效应不仅能揭示声音在我们生活中的现象，还可以帮助天文学家发现某些星球离我们的距离是越来越远还是越来越近，同时还能测定它们的速度。由于光也是和声音一样以波的形式进行传播的，我们眼睛看到的颜色的变化可以通过波的次数的增多，也就是音调的升高来判断。上一节所谈到的关于火车汽笛声的现象就是多普勒效应，是由物理学家多普勒发现的。这种不仅是声学现象，同时也是光学现象。天文学家就是采用多普勒效应来研究天体光谱上暗线的移动情况来判断星体的位移和方向。

天狼星是天空中最明亮的行星，天文学家借助多普勒效应发现这颗行星正在远离地球，速度为 75 千米/秒。不过这颗行星再多远离我们几十亿千米也不影响我们看到它的亮度，因为它本身就已经离我们很远了。多普勒效应使天文学家更好地了解天体的运动情况，让我们知道更多地球以外发生的事情。

10.15　物理学家逃罚单的理由

如果一位司机由于疏忽或车速过快而闯了红灯，警察给他开罚单，估计他会乖乖地挨罚交钱，不过著名物理学家罗伯特·伍德这则轶事让我们看到科学家生活中耍的"小聪明"。一次，伍德在回家的路上车速很快，当他看到红灯时一下子来不及刹车而闯了红灯。路口处维持交通的警察走过来，要以闯红灯给予他罚款。这时伍德就用他的知识给警察上了一课，因为我坐在开得很快的车里，所以本来红色的信号灯在我看来明明是绿色的。这样的解释让警察很是不解，不过如果这位警察精通物理学，其实他可以算出，只有汽车的速度达到 13500 万千米/时这位科学家的辩解才能实现，可见揭穿物理学家的小聪明很简单。下面让我们来看看应该怎样具体计算。

假设由光源也就是信号灯发出波长为 l 的光，那么作为车中的观察者也就是伍德可以觉察到的光的波长为 L，这时车速为 v，光速为 c，根据物理学理论，有这样的关系存在于这些数值之间：

$L/l = 1 + v/c$

我们知道，光速为 300000 千米/秒，绿色光线的最长波长为 0.0056 毫米，而红色光线的最短波长为 0.0063 毫米，将把这些数字代入上面的公式中可以得到：

$0.0063/0.0056 = 1 + V/300000$

经过计算得出汽车的速度为：

$v = 300000/8 = 37500$ 千米/秒，即 13500 万千米/时。如果以这种速度开车，伍德从警察身边驶到比太阳还远的地方就只需要一个小时多的时间，显然他的解释是多么的荒谬，也许他只是在调侃警察的智商。后来警察似乎真的被物理学家的理论绕进去了，只按超速行驶对他处以罚款。

其实多普勒在 1842 年提出一个很新颖的见解，不过这个见解被认证是错误的，让我们来看看多普勒犯了怎样的错误：他发现，一个人在接近和远离声源或光源的时候，他的感官应该可以感觉到声波或光波波长的变化的。于是他就提出一个想法，因为可以感到波长，所以我们看到的星球才会是五颜六色的。他觉得星球本身是没有那么多的颜色的，由于星球每时每刻都在运动着，以不同的速度远离或接近我们，所以星球的颜色是我们看出来的，其实它本来是白色的。当星球远离我们时，会发出红色或黄色感觉的光波，当它接近我们的时候，则会发出绿蓝或紫色的光波，看到这样的猜想或许你也觉得有些道理，难道星球的颜色真的是我们眼睛涂上去的吗？

其实这个见解是错误的。白光中的各种成分是不定期存在的，但是这些颜色在光谱上的位置变动合成起来并不会引起我们视觉的变化。我们可以用精密的仪器测量光谱中的暗线位移，我们可以根据观察到的光线来确定与观察者做相对运动的星球的运动速度。性能良好的分光镜可以测出它们 1 千米/秒的速度来。其实我们的眼睛能够察觉颜色的变化首要的条件是因为速度很大，是因为运动而引起我们的察觉。况且在蓝色光线变成紫色的同时绿色光线变成蓝色，这其中紫外线的位置会被紫色光线挤占，红外线也会挤占红色光线的位置。

10.16　人走的速度和音速一样后

在我还是一个中学生的时候，曾与一位天文学家关于如果我们以音速离开时所听到的演奏的音调到底是不是离开的瞬间这个问题发生过争论，他就坚定地认为我们以音速离开的瞬间就应该听到那个瞬间演奏的音调。我在这里摘引他写给我的信中的一段，看看他是怎样向我论证的：假设在某一高度，有一个声音，它一直在响，从过去到将来，它能够一直响下去，那么在这个空间的观测者都能一次听到它的声音，而且音的强度不会减弱，那么为什么我们以声音的速度走到某一个观测的位置就会听不到它呢？

其实这个推论是错误的。对于一个以音速离去的人来说，声波就是相对静止的，所以相对静止没有产生运动声波根本不能引起他耳膜的振动，因此人也听不到任何声音，他就会以为乐队已经停止了演奏。如果按照这个逻辑推理，因为这天的报纸是和乘客一起上路的，而此后的日报就要由后来的邮车运送了，所以乘坐从列宁格勒开出的火车的人，在沿途的车站上会看到卖报人手里拿来的都是他出发那天出版的日报，这是很明白的道理，所以如果我们离开音乐会是以声音传播的速度时，我们离开那一刻乐队演奏的那个音调必然是我们所听到的。

为什么这里的结果和刚才所说的沿途多站都是同一天日报的情形截然不同呢？其实是因为我们在这里用错了类比法。同一天在各站看到日报的乘客如果忘记自己是在坐火车的旅途中，说不定他会以为他离开莫斯科后日报就不卖了呢。这种感觉类似于前面所说的以音速离开音乐会的人以为乐队停止了演奏的误会。这个问题虽然不太复杂，有趣的是有时科学家也会被简单的道理搞得晕头转向。之前和我争论的科学家以之前同样的谬论认定，如果以光速离开闪电的观测者一定可以看到这个闪电。他在给我的信中这样写道：

假如我们设想在空间中有许多只眼睛连排在一起，然后你依次来到每一只眼睛所在的位置上。这样由于每只眼睛都能接收到它前面那只眼睛所接收的光线，而且都能形成同样的视觉效果。这样你在任何位置就都能看到闪电。

毋庸置疑，这个说法和之前的一样都是不对的，在他所说的条件下，我们既不会看到闪电，也不会听到声音。从前面一节列出的式子中也可以得出这个结论：设定式子中的 $v=-c$，那么算出波长的数值是无限的，无限其实就等于没有波。所以可见这个科学家的想法是多么荒谬。

写到这里，《趣味物理学》也就告一段落了。作者只是想让那些对物理学感兴趣的读者能够通过这两册图书对这一领域产生更多的兴趣，使得你们能够有想更进一步探索的愿望，如果可以这样，那我的任务也算是完成了，并且可以满意地在最后一个字后面画上句号。

趣味几何学

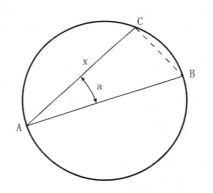

❀ 第一章 ❀
圆的今昔

1.1　古代人的几何学

假如有一个花瓶，它的直径为 100 毫米，那么按道理来说它的周长就应该等于 314 毫米。可如果你用一个绳子实际操作来测量的话，不一定正好测得 314 毫米，有可能会出现 1 毫米的误差，如果这样的话你会怀疑那 π 的值就不是 3.14 而是比它大或者小的数字，不过我们在测量直径的时候也有可能产生误差，这里面也可能会有 1 毫米的误差，那么 π 的值就会在一个范围内，这个范围是：

$$313/101 \sim 315/99$$

算出来如果用小数表示就是 3.09 到 3.18 之间。

当我们用这种方法计算的时候，我们经常得到的不是 3.14 的结果，有时候 3.1，有时候 3.13，有时候 3.18 等等，偶尔会碰到 3.14，但是测得这个值的时候，你不会发现它有什么特别之处，更不会想到它就是 π 值。

古代埃及和罗马的数学家，和后来的数学家相比，他们并没有按照严格的几何学来确定圆周长度和直径的比值，也就是 π 值，这个数值是他们凭经验得出来的，古埃及人认为的 π 值为 3.16 倍，而古罗马人则认定 π 值为 3.12，其实，正确的 π 值却是 3.14159⋯⋯为什么他们的经验会产生如此大的误差呢？我想他们应该就是用真正测量物体的直径和圆周然后直接进行计算的。我们上面实验中那个测量花瓶就能证明为什么中间会有这么大的误差。这样做显然没有得到很好的结果，相反得到的 π 值在一个很大的范围中，所以用埃及人和罗马人的这种方法很难得到精确的 π 值。这也就是古时候的人没有用几何学的方法算出 π 值，而阿基米德没有度量而用推理的方法就知道 π 值等于 $3\frac{1}{7}$ 的原因。

1.2　π 的精确度

关于圆周和直径的比值，最早进行比较精确的计算的是中国的刘徽和祖冲之。刘徽用"割圆术"在公元 3 世纪就算出了圆周和直径之间的比值近似为 3.14，他提出用他的方法还可以算出更为近似的数值 3.1416。而祖冲之在公元 5 世纪的时候，推算出了更为精确的数字，他觉得这个比值应该是在 3.1415926 和 3.1415927 之间。

在古阿拉伯数学家穆罕默德·本·木兹所著的《代数学》书中有这样一句话：

我觉得最好的算圆周长的方法就是用直径乘以 $3\frac{1}{7}$。这个方法简单而方便，没有谁有比这更好的方法了。

现在任何一个学生都知道这个比值的关系，而上一节中我们提到阿基米德算出来的$3\frac{1}{7}$的比值并不是准确的数值关系。经过理论证明，发现这个数值并不能用一个简单而精确的分数来表示，我们只能写出和它类似的比值，这个精确的程度和我们的实际生活已经没有太大关系，严苛的数学家对于这个比值的研究更是非常的热烈。这个比值也就是圆周和直径的比值，从18世纪开始就用希腊字母 π 表示，叫作圆周率。

荷兰数学家鲁道夫，16世纪在荷兰的莱顿市将 π 值仔细计算到了小数点后35位，并要求把他计算出来的 π 值写在他的墓碑上，他计算出来的小数点后有35位的 π 值为：

3.14159265358979323846264338327950288……

再后来，到了1873年，英国的向克斯又计算出了小数点后面707位的数值，π 的近似值竟然有如此之长，但是实际上不管是实用还是理论都没有太大意义。除非你想创造纪录，才会想着要算得比圣克斯更多。当然，的确有这样的人存在，在1946年和1947年两年间，曼彻斯特大学的弗格森和华盛顿的伦奇将 π 值小数点的位数计算到后808位，而且他们还发现了圣克斯原来计算的 π 值中第528位是错误的，这让他们感到十分骄傲。

在数学家格拉韦给我们讲述的一个事实中，我们可以清楚地认识到：我们计算到 π 值小数点后一百位就已经没有任何意义了。按照他的计算，假设有一个球体，它的半径和地球到天狼星的距离相等，也就是132的后面再加10个零的千米数：132×10^{10} 千米。如果在这个星球上充满了微生物，那么每一立方毫米有10亿个微生物，然后把这些微生物排列成一条直线，从天狼星到地球的距离恰好是每两个微生物之间的距离，那么用这个幻想的长度做圆周的直径，将 π 的值取到小数点后100位，就可以算出这个巨大的圆形的周长，可以精确到1/1000000毫米。

对于这个问题，很多科学家发表了自己的看法，法国天文学家阿拉戈说过："如果从精确度上来看，圆周长和直径的比值用一个很精确的数字表示，但是对我们没有什么更好的用处。"假如我们知道地球直径的精确长度，那么我们就可以通过 π 值求出来精确到厘米数的地球赤道的圆周长度，这也就只需要知道小数点后面到第九位，假如我们用了小数点后面18位，那我们能够计算出从地球到太阳之间这么长为半径的圆周的长度，而且精确度可以达到误差不超过0.0001毫米，这比一根头发还要细很多很多。

在我们的日常计算中，只需要知道 π 值的后两位就足够了，如果想要更为精确一些，那也就只需要记住后四位，也就是3.1416（根据四舍五入的原则，最后一位数舍5取6）。

为了能够记住 π 值后面更多位，有的人编诗歌或者儿歌。这些数学诗歌中选了一些和数字谐音的字来代表，比如下面一首：

> 山巅一寺一壶酒，（3.14159）
> 儿乐，苦煞吾，（26535）
> 把酒吃，酒杀儿（897932）
> 杀不死，乐儿乐。（384626）
> ……

1.3　丢弃的田地

很多小说中都有几何学的知识，在杰克·伦敦的小说《大房子的小主妇》中也有这样的描述，下面我们来看看他是怎么运用几何学知识的：

有一根钢杆被深深地插在田地中间，杆的顶端系着一条钢索，而钢索的另一端和田地边缘的拖拉机连在一起。司机按下了启动杆，于是发动机开始工作。

拖拉机向前走着，并以钢杆为中心在他的四周画了一个圆圈。

"你只要做一件事，就能够彻底改良这台拖拉机，"格列汉说道，"这件事就是要把画出来的圆变为正方形。"因为这样的耕作方式会浪费很多的土地，可他算了一下，说每十英亩就会损失三英亩那么多。他觉得没有可能比这个少了。

那么我们来检验一下格列汉的计算结果是不是正确的。

［解］我们来看，如果边长为 a 的正方形地块，那么面积就是 a^2。这样正方形内切圆的直径和正方形边长是相等的，也是 a，所以内切圆的面积就是 $\frac{\pi a^2}{4}$。所以可以算出来正方形和内切圆的面积差为：

$$a - \frac{\pi a^2}{4} = 0.22a^2$$

所以，格列汉的计算就不对了，丢弃的土地是少于 $\frac{3}{10}$ 的，丢弃的面积仅仅是 22% 左右。

1.4　用针测 π 值

我们在计算 π 的近似值的时候，有一种方法十分独特而有趣，这个方法需要先准备一些大约 2 厘米长的缝衣针，为了实验方便，最好将针头去掉，这样可以使得针的粗细是均匀的，然后准备一张纸，在上面画好平行线，各条平行线之间的距离等于针长的两倍。接下来你需要做的就是将这根针从任一高度落下，如图 1 左图，检查这枚针和图上的平行线是否相交。我们可以在纸张底下垫上厚纸或者呢绒类的东西以防止缝衣针掉下后不会反弹起来。实验要进行反复投掷，一百次，一千次，每一次针的一端碰到直线就做一个小标记，这样反复实验之后，如果你用投的次数除以和直线相交的次数也就得到了 π 的近似值。

你一定觉得这很神奇，难道不是巧合吗？下面让我们来解释一下这其中的原因。我们假设缝衣针和直线相交的次数为 K，针长为 20 毫米。当针和直线相交的时候，相交的点肯定是在这 20 毫米中的某一毫米处。这个针中的每一毫米也就是任何一个部分和直线相交的机会都是相等的，不会有哪一段会有优越的机会。也就是说每 1 毫米的相交的次数为 K/20，那么也就是某段长 3 毫米交叉的次数也就是 3K/20，如

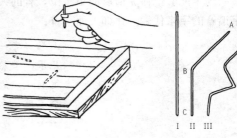

图 1　投针实验。

果是 13 毫米，就是 13K/20，所以最可能相交的次数是和长度成正比的。如果我们把针弯曲为图 1 所示，上面的结论也是适用的，右图Ⅱ中，假设 AB 段的长度为 11 毫米，BC 段的长度为 9 毫米。那么 AB 段纸上平行线最有可能相交的次数 11K/20，BC 段就是 9K/20，对于整个缝衣针来说，最有可能相交的次数依然为 11K/20＋9K/20，也就是 K。如果弯曲成更复杂的情况也是一样的，如右图的图Ⅲ，不管弯曲多少道，它的每一段和平行线相交的机会都是均等的，如果针的两个地方同时和直线相交，当然也要都算进去，不过每一段相交的次数都是单独来计的。

那么，如果我们把针弯曲成一个圆形的话会怎么样呢？这个圆形的直径为两条直线的距离，也就是比刚才用的针要长一倍。这次将小环一次次投下，这样每一次投下小环都应该和某两条直线有相交的地方，如果我们用 N 表示投下的总次数，那么相交的次数就应该是 2N，我们之前用的针，长度要比圆环短，这样针的长度和圆环长度的比值，就和圆环半径和圆环周长的比是相等的，也就是 $\frac{1}{2\pi}$，加上刚才我们得出的结论，和平行线最有可能相交的次数是和针的长度成正比的，所以也就是 K 和 2N 是正比的，并且是成 $\frac{1}{2\pi}$ 的比，所以 K 等于 N/π。我们可以得出 π 的表示：

π＝K/N＝投针次数/相交叉次数

在 19 世纪的中叶，瑞士一位天文学家名叫沃尔夫，他就曾经做过这个实验，他在带有格子的纸上做了 5000 次实验，这样得出的 π 值为 3.159……得到的数值精确度如此之高，仅次于阿基米德推导出的数字，所以投掷的次数越多，求出来的 π 值也就越精确。那么你现在可以看到，通过这个实验，我们既没有计算圆周的周长，也不用量直径，这样看来，即使你是一个从来没有学习过几何学的人，只要你按照我们说的方法进行无数次的实验并做好记录，那么，你也可以计算出 π 的近似值。

1.5　圆周展开的误差

［题］在很多实际的计算中，我们通常取 π 值为 $3\frac{1}{7}$ 或者是 3.14，这样，将一个圆的 $3\frac{1}{7}$ 个直径在一条直线上测量的话，等于是把这个圆周展开，也就是把一条直线平分为七等分。还有另外一种木工、铁匠们常用的做法，在这一节中，我们不一一介绍了，不过我们要向大家介绍的这种方法应该算是简单又精确的一种了。

如图 2，如果将这个半径为 r 的圆周展开的话，我们先做一条它的直径 AB，然后做一条和 AB 垂直的直线 CD 于 B 点，再从圆心 O 出发做一条直线 OC，使得这条直线和 AB 形成的角度为 30°角。然后，在 CD 线上找一点，使得这一段距离等于三个半径的长度，然后将这一点和 A 点连接起来，那么线段 AD 的长度也就是圆周的一半。如果将 AD 加长一倍，这样就能得到圆周展开以后的近似长度。用这种方法计算出来的长度误差不超过 0.0002r。不过这个方法有什么根

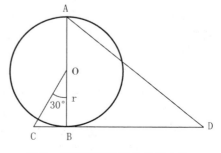

图 2　展开圆周的简单几何方法。

据呢？

[解] 我们都知道勾股定理，所以图中可以得出：

$$CB^2 + OB^2 = OC^2$$

这里半径 OB 用 r 表示，因为角 COB 为 30°角，所以直角边 CB 为 OC 的一半，也就是：CB＝OC/2。所以我们可以代入得出：

$$CB^2 + r^2 = 4CB^2$$

解得

$$CB = \frac{r\sqrt{3}}{3}$$

然后，在三角形 ABD 中我们可以得出：

$$BD = CD - CB = 3r - \frac{r\sqrt{3}}{3}$$

$$AD = \sqrt{BD^2 + 4r^2} = 3.14153r$$

我们所得出的这个数值，如果拿来和 π 值做对比，π＝3.141593，精确程度非常高，我们所计算出的结果相差 0.00006r，误差是很小的，如果用这种方法展开一个直径为 1 米的圆，那么半个圆周的误差只有 0.00006 米，整个圆周相差也只有 0.12 毫米，只相当于三根头发的粗细，可见这种方法计算出来的 π 值还是比较准确的。

1.6　方和圆之间的转化

不知道你有没有听说过几何学上"方圆问题"，大多数读者应该是听说过的。这是一道两千多年以来困惑着很多数学家们的几何学难题，他们不断地思考研究，但是始终都没有结果。可能知道这个难题的读者也曾尝试去计算这道难题，但是只要你开始计算就会发现到处都是疑问，这毕竟是一道长达千年的难题，必然有它难的道理。

法国天文学家阿拉戈曾经对于求解"方圆问题"有一段描述：

他们不断地尝试，想要解开方圆问题的答案，一直坚持着演算。但是它的不解性早有人证实过，也就是说这样的结果可能是存在的，却没有什么意义，所以也就没有什么宣传的价值了，也就没必要传播了，那些一心想要解答的人们，不要被自己的聪明伤害，这并不是理智的做法，因为你已经失去理智，有些病态的反应了。

大家都知道这是个难题，可是到底难在哪里很多人却不了解。当然，在广阔的数学世界中，存在着很多难以解答的难题，很多都比"方圆问题"有趣得多，但是这道题是它们中间最有名的，在长达两千多年的研究中，为什么有这么多爱好者甚至大师都会对这道题情有独钟呢？下面就让我们来看看到底什么是"方圆问题"。

"方圆问题"很好解释，就是需要求出和一个给定的圆的面积相等的正方形。其实这道题目在生活中很多人都进行了求解，不过精确度无法保证，要想做出和圆形面积完全相等的正方形，有两种可以操作的方法：（1）经过两个已知的点做一条直线；（2）围绕一个点，做出一个半径已知的圆。也就是，想要解出这道题需要两样绘图的工具，就是尺子和圆规。

这道难题在数学界的很多人看来，他们都觉得 π 值也就是圆周长与直径之比不是一个有限数，而这种普遍的看法只是在这种意义下是正确的：就是将题目的不可解当作是因为 π 的本质特点。但是我们知道其实想要将矩形变为面积相等的圆形是很容易而又很准确的，如果反过来就变成了世纪难题，就是难在用简单的绘图工具尺子和圆规将圆形的面积转化为一个等面积的正方形。大家都知道圆形面积的计算公式：$S = \pi r^2$，从这个公式中，我们可以得出如果圆的面积等于矩形的面积，那么它的边长分别为 r 和 r 的 π 倍，所以就需要作出一条线段等于已知线段的 π 倍。用前面的知识我们知道如果是 π 的近似值，我们可以将它设定为 $3\frac{1}{7}$，或者是 3.14，甚至可以精确到 3.14159，但是实际上 π 都不是完全等于它们的。因为 π 值表示的是一串没有尽头的数字，这也就是 π 的一个特点，也就是它无理数的性质，无理数也就是由不穷尽的非循环小数表示的数字，它无法用两个整数相除的分数来表示。

这个结论在 18 世纪就被数学家兰贝特和勒让德证实，但是人们并没有因为 π 这个无理数的性质而停止对于这个问题的探索。因为他们觉得，无理数这个特点并不能使得题目解不出来。因为的确有一些无理数也能够用几何学精确的"作"出来的。如果我们想要作一段长度比现有的线段长 $\sqrt{2}$ 倍，而 $\sqrt{2}$ 也是无理数，而这个线段想要做出来就非常容易，因为只要以这个已知线段做一个正方形，这个正方形的对角线就是边长的 $\sqrt{2}$ 倍。$\sqrt{3}$ 倍也是很容易做出来的，中学生都学过圆的内接等边三角形的边长就是 $\sqrt{3}$ 倍的线段。像下面这个非常复杂的无理式，在作图的时候也并非十分困难：

$$\sqrt{2 - \sqrt{2 + \sqrt{2 + \sqrt{2 + \sqrt{2}}}}}$$

这个算式其实就是要做出一个正六十四边形。所以，我们也看出来，并不是所有的无理数都是画不出来的，还是有很多可以用尺子和圆规画出。所以方圆问题不可解的原因也就不是完全因为 π 是无理数，还有其他的原因。科学家们继续研究，他们又找到 π 的另一个特点，那就是它并不是代数上的一个数，它不可能成为某种有理系数的方程的根，也就是说 π 是超越数。看来决定方圆问题的不可解性是因为 π 的这种超越性。这个特点早在 1889 年就由德国数学家林德曼完美地证明了。从某种意义上讲，他也是唯一求解了方圆问题的人，虽然他否定了这个问题的可解性，也就是我们用几何学是无法解出这个问题的。所以也就意味着数学家们几百年的辛苦探索可以终止了，但是，很多对这个难题不太知晓原因的爱好者们还走在去撞南墙的路上，当他们知道这个题目的"南墙"在哪里了，也就该回头了，因为毕竟他们做的计算都是无用的。

很多人觉得，精确地解决方圆问题对我们的生活是有重大意义的，其实这种著名的题目在我们的生活中只要有近似的解法就可以了，完全不用得出理论上精确的解法。只要计算到 π 值的前 7～8 位准确的数字对于满足生活需要就足够了，也就是只要知道 $\pi = 3.1415926$。

所以在上文提到的法国天文学家阿拉戈，在书中他以讽刺的口吻写了结语：

那些反对人们孜孜不倦地求解方圆问题的科学院的人们在这个过程中发现，这种追求问题结果的病症一般在春天的时候会变得更加严重。

所以任何的长度的测量在使用到 π 值的时候都不可能超过小数点后七位的，即使取到第八位也不会对精确度的提高有很大帮助。所以古代那些为了求出 π 值而付出了非常多的时间和劳动的数学家们，这些无用功一点意义也没有。

这种在科学上意义不大的计算却需要非常耐心的计算，假如你闲来无事，可以体验一下这种计算，可以利用莱布尼茨求出的无穷级数，从中找到 π 值的 1000 位数字：

$$\pi / 4 = 1 - 1/3 + 1/5 - 1/7 + 1/9$$

不过这只是用来让你消遣的算式而已，它对解答几何难题没有任何推进作用。

1.7　解决方圆问题的三角板

为了满足我们日常生活的需要，下面我们来向大家介绍一下怎样能够近似解出方圆问题的答案。这个三角板的使用方法是由俄罗斯的工程师发现的，所以就以他的名字命名了这个三角板，叫宾格三角形。

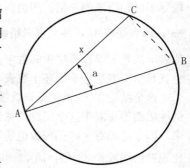

下面就是具体的方法：如图3，找到一个角a，使得和直径 AB 成角 a 的一条弦 AC，设 AC＝x，这条边是所求的正方形的边，想要知道这个角的大小，就要利用三角学的知识：

$$Cosa＝AC/AB＝x/2r$$

其中圆的半径用 r 表示。这也就是说，我们所要求的正方形的边长为 x＝2rcosa，所以正方形的面积等于 $4r^2\cos^2 a$，因为要解决方圆问题，所以这个正方形的面积就应该等于圆的面积，方形的面积等于 $S＝\pi r^2$，即该圆的面积。

图 3　俄国工程师宾格求解方圆问题的方法。

$$4r^2\cos^2 a＝\pi r^2$$

所以得出

$$\cos^2 a＝\pi /4 \qquad \cos a＝1/2\sqrt{\pi} ＝0.886$$

a 的角度就能根据三角函数知道：

$$a＝27°36'$$

如果可以做出一条和直径成角度 27°36′的弦就能够得到面积和圆相等的正方形边长。这样我们可以做出一个三角板来帮助我们在实际生活中的使用，这个三角板的其中一个锐角等于 27°36′，另一个锐角也就是 62°24′，有了这个三角板我们就可以得到和任何圆形面积相等的正方形了。在制作这个三角板的时候，我们注意到，27°36′角的正切值为 0.523，也就是三角形的两个直角边所成的比为 23：44。所以在做这个三角板的时候，一条边为 22 厘米，另一条边为 11.5 厘米，又是直角三角板，所以很简单就做出了这个三角板。

1.8　头比脚走得多一些

有一道十分有趣的几何题曾经被编入很多数学游戏题的书籍，这个题目如下：假如我们将一根铁丝捆在地球的赤道上，如果将这条铁丝加长一米，那么问一只小老鼠能不能从地球与铁丝形成的缝隙中钻过去呢？你可能要说这个缝隙怎么可能会钻过一只老鼠，这个空隙应该会比一根头发还要细，事实上却不是这样的，一米虽然对于地球赤道的长度 40000000 米来说相差甚远，但是我们算出的空隙为：

$$100/2\pi \approx 16 （厘米）$$

原来这个空隙竟然有 16 厘米这么大，不要说一只小老鼠了，就是一只肥大的猫咪也可以爬过去。

在儒勒·凡尔纳的小说中有一位主人公在进行环球旅行的时候曾经统计过一个问题，那就是我们在走路的时候，身上哪一部分走的路程最长呢？假设我们利用这样的情景出一道几何学的题目，比如：

［题］如果你绕着地球的赤道转了一圈，那么你的头比你的脚多走了多少路呢？

［解］我们用 R 表示地球的半径，那么你双脚走的路程为 $2\pi R$，假设这个人的身高为 1.7 米，属于中等身材，那么他的头所走的路程就是 $2\pi(R+1.7)$。那么这两者的路程差等于：

$$2\pi(R+1.7)-2\pi R=2\pi\times1.7\approx10.7 \text{ 米}$$

结果算出来，头和脚相比，多走了 10 米多。

我们注意到，最后的结果中和地球的半径并没有关系，那么也就是说不管你是在哪个星球，是木星还是月亮，或者是小行星上，这个结果都是一样的。所以两个同心圆的周长的差是由这两个圆的间距决定的，并不是因为他们的半径大小不同而变化的，所以在地球半径上增加一定的长度，它的圆周也会有加长的效果，就和增加硬币的半径硬币的周长增加是一个道理。

1.9 捆在赤道上的冷钢丝

［题］假设我们生活的地球被一条钢丝沿着赤道捆绑了起来，如果把这条钢丝的温度冷却一度，那么会发生什么呢？按照热胀冷缩的原理，如果降低温度，那么钢丝应该收缩，可是实际上，在收缩的过程中，钢丝非但没有断，反而被拉伸了，那么钢条会被勒入地面多深呢？

［解］你可能会认为，只是把钢条的温度降低了一度，怎么可能看出明显的陷入地面的深度呢，那么让我们来看看实际的计算，你就会大开眼界。实际上，钢条的温度虽然只降低了一度，但是它的长度却要缩短十万分之一。我们知道赤道的长度为 40000000 米，那么也就是钢条会缩短 400 米，这样，它所形成的圆周的半径减少的并没有 400 米，半径缩小的大小就是用 400 米除以 6.28，也就是除以 2π。这样得到的结果为 64 米左右，这样看来，钢条冷却一度的结果竟然会勒进地面足足有 60 多米，这真是令人惊讶的结果。

1.10 硬币自转了几圈

［题］在图 4 中，我们看到 8 个硬币，它们是完全相等的，其中有 7 个硬币是涂有阴影的，这 7 个是固定不动的，第八个没有阴影的硬币沿着其他 7 个的边缘进行滚动，请问如果这枚硬币想要绕着其他静止的硬币走上一圈儿，它自己要转多少圈呢？

如果你亲自摆好这几枚硬币，那么动动手就能亲自实验出来到底转了几圈。现在就像图中一样在桌上摆好 8 个硬币，固定好其中的 7 个硬币，然后盯着第八个硬币上面的数字，一旦数字回到起始位置，就代表硬币转了一圈。这个实验你可不要凭空想象，那样你会越想越糊涂，如果真正做一遍，你会发现硬币只需要转动四圈就能转完其他 7 个硬币。

如果手头实在没有硬币，我们可以通过在图上计算来得出相同的答案。

想要知道答案，就必须先弄清楚硬币在滚动的时候绕过静止的硬币所走的是怎样的路径。如图 4，我们想象出来的运动轨迹就和虚线所显示的是一样的。从图上，我们可以看出，滚动的圆所走的弧线 AB 中包含 60°角。而滚动的圆会形成两个弧线在每一个静止的圆上，也就是 120°角的弧线，所以可以得出一个结论，就是当绕过一个静止的圆的 $\frac{1}{3}$ 圆周后，滚动的圆相应也自己转了 $\frac{1}{3}$ 圈。我们知道静止在圆周上的圆一共有 6 个，那么滚动的圆也就转了 $\frac{1}{3}\times6=2$ 圈。可是这个结果和我们实验的结果相差一倍，到底是哪里出错了呢，我们亲自实验的结果不应该是错误的，所以肯定是在计算的时候出了错误。让我们来找找看到底是哪里出了错误。

［解］让我们重新来看上面的分析过程，当圆在运动的时候，如果是沿着 $\frac{1}{3}$ 圆周长的直线段进行滚动时，那么它自转的圈数的确是 $\frac{1}{3}$ 。但是如果它是沿着弧线进行滚动的话，那这个结果就不对了，它就不是自转了 $\frac{1}{3}$ 圈，而是自转了 $\frac{2}{3}$ 圈，这个地方是关键，如果没有理解可以再多画几遍它的轨迹来自己琢磨，所以当滚动的圆转过 6 个硬币后，就算出它自转了：

$$\frac{2}{3} \times 6 = 4 \text{ 圈}$$

下面我们再来解释一下其中的原理，图 4 的虚线所示，运动的圆绕着固定的圆走过 AB 弧线，这个弧度为 60°，也就是全圆周的 $\frac{1}{6}$ ，这个时候最高点就不是 A 点，而是移到了 C 点，这就说明了圆周上的每个点转动的度数是 120°，也就是相当于滚动了全圆周的 $\frac{2}{3}$ 。所以滚动的圆按照直线所走的路程和按照曲线走的路程是相差很远的。

现在我们出一道练习题，让你自己来检验一下到底有没有明白上面的原理。如果用一个圆绕着一个正六边形旋转，那么它一共自转多少圈（图 5）？这个转动的总数应该等于它沿着 6 条边直线所转的圈数以及它在 6 个角所转的圈数，6 条边也就是六边形的周长，6 个角的和除以 2π 的商数就是圈数。因为任何一个凸多边形的外角和是恒定的，都是 2π ，所以 $2\pi / 2\pi = 1$ 。那么圆形在六边形外围上滚动一周的转数比它在各个边上转动的转数多出一圈。这样当一个凸角的正多边形无穷增加就会接近圆周了，所以刚才的结论对于圆周也是通用的。所以在刚才的题目中，硬币沿着相等的硬币的弧线滑动的时候，滚动的就是 $\frac{2}{3}$ 周，看来用几何学解释就很清楚了。

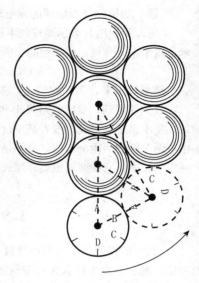

图 4 无阴影的硬币绕其他有阴影的七个硬币一圈，需自转多少圈？

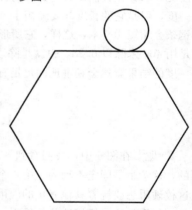

图 5 如果滚动圆形沿着多边形的外边而不是沿其展开的周长滚动，它将会多滚动几周？

1.11 女孩走的是直线吗

在一个平面上，如果有一个圆沿着平面上的直线滚动，这个圆上的每一个点都在这个平面上移动，那么这每一个点都会有它们在这个平面上移动的痕迹。如果将这些点的轨迹描绘下来，你会发现很多条不同的曲线（图 6 和图 7）。

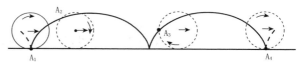

图 6　圆滚线——圆周上点 A 沿直线作无滑动滚动时的轨迹。

这时候，就有一个问题出现了，如图 6，如果在另一个圆的圆周内侧，一个圆沿着这个内侧滚动，那么它其中会不会有一点所形成的轨迹是直线的还是曲线的呢？

这个起初看着不可能的轨迹还真是存在的。不知道你有没有玩过这样一个玩具，我们叫它"钢丝上的女孩"，这个玩具如图 8，这个玩具我们也可以用一些生活中常见的东西自己做出来。找一个厚纸板或者是三合板，在上面画一个圆，直径为 30 厘米，将圆的一条直径向两边延伸，板上留出一定的空白部分。这时候，将两根缝衣针插在延长线上，然后用一根细线穿过针眼连接起来，水平拉直细线并固定在板子两边。接下来将刚才量好的圆形切割下来，然后再找一块三合板或厚纸板，在上面画一个直径为 15 厘米的圆，并切割下来，然后放入刚才的大圆中，在靠近小圆的边上再立好一根针，然后将一个剪好的走钢丝的姑娘的脚黏在针头上。现在你将小圆在大圆洞的边缘滚动起来，带动针头和小女孩儿沿着长直线移动，可以看到，小圆上插着针的一点的运动轨迹是完全沿着大圆的直径的，但是为什么在图 7 滚动圆里却画的不是直线是曲线呢？这其中到底是哪里的问题呢？

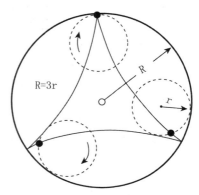

图 7　三角内圆滚线——沿一个大圆周内边滚动的圆在圆周一点所留下的轨迹，其中 R＝3r。

从第一台热力发动机的发明者、俄国热工学家波尔祖诺夫那个时代起，这种设计类的装置吸引了很多机械师的注意力，都是通过直线运动用铰链传送。

这个设计是否能够按照直线运动的主要原因就是大圆和小圆的直径比值。

［题］如果一个小圆在大圆的圆周内侧滚动，请你证明小圆直径是大圆直径的一半时，在移动的时候小圆上的任意一点都是沿着大圆直径的方向进行直线运动的。

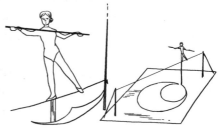

图 8　"钢丝上的女孩"在滚动的圆形上沿直线移动的点。

［解］如图 9，已知小圆 O_1 的直径是大圆 O 的直径的一半，那么，小圆在移动的时候，总会有一点是在大圆的中央重心位置的，假如 A 点在小圆 O_1 上，如果小圆是沿着 AC 弧线滚动，那么在小圆 O_1 的新位置上，A 点会在什么地方呢？

显然这个点将会移动到 B 点上，使弧线 AC 等于 BC 长度，圆进行滚动而不是滑动，假设 OA＝R，角 AOC＝a，也就是 AC＝R×a。所以，BC 是等于 R×a，由于 O_1C＝R/2，那么，角 BO_1C 等于 2a，也就是和 2a/2 相等，所以 B 点是在 OA 线上。

而我们刚才制作的玩具正是一个能够使得旋转运动变为直线运动的最简单的装置。

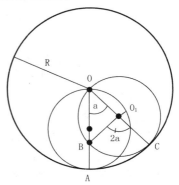

图 9　"钢丝上的女孩"的几何学解析。

1.12　飞机的飞行轨迹是什么样的

苏联人都十分崇拜一位英雄，他的名字叫格洛莫夫，因为他曾经和他的朋友们驾驶飞机从莫斯科飞越北极到达美国的圣贾辛托，这项时间长达 62 小时 17 分钟的飞行壮举创造了两项世界纪录，第一项就是不着陆直线飞行的距离为 10200 千米，以及第二项不着陆折线飞行 11500 千米。那么你可能会有一个问题，这个问题很多人也提到过，但都没有找到正确的答案，就是飞机在飞越极地的时候会不会和地球一样同地轴一同旋转呢？其实这个问题很简单，任何飞机都是随着地球旋转的，包括那些飞向极地的飞机。这个原因很简单，因为即使飞机离开了地面，也会受到大气层的影响，所以仍然会受到地球的吸引而和地轴一同旋转。

那这位英雄的飞机飞行从莫斯科经过北极飞到美国这期间同地球一同旋转的轨迹是什么样子的呢？要想解答这个问题，就先要明白我们说到一个物体的运动是指它相对于另一个物体的相对位移，所以在进行轨迹或运动的问题讨论的时候先要指明一定的参考物，也就是指明一定的数学上的坐标或者说明运动时相对于什么物体运动，不然这样的探讨就是没有意义的。

这位英雄的飞机相对于地球，它是沿着莫斯科子午线飞行的，这条子午线和其他的是一样的，都是绕地球地轴旋转的，不过沿子午线飞行也是随着地球旋转的，但是我们在地面上观测的话看不到这种运动的轨迹，因为这个运动是相对于其他的物体，而不是相对于地球。

我们可以用一个比较简单的实验来简化这道题目，如果我们将地球的北极区域想象为一个大圆盘，它所在的平面和地轴所在的平面是垂直的，如果这个圆盘是那个参考物，那么圆盘就是相对于地轴旋转的。如果一辆玩具车是沿着这个圆盘的直径进行匀速行驶，把这辆玩具车当作那个沿子午线飞行的飞机，那么玩具车在我们这个平面上会走出什么样的轨迹呢？我们知道，从一端行驶到另一端，玩具车的行驶时间是由车速决定的。让我们来看看下面三种情况，分别进行分析，这三种情况中圆盘绕地轴旋转一周都需要 24 个小时：

第一种情况：玩具车行驶完所有距离花费的时间小于 12 个小时。在这种情况下，我们来看图 10 左，也就是说明这辆小车跑完整个圆盘的直径用了 12 个小时。而在这段时间里，圆盘转了 180°，也就是半圈，相当于从 A 位置来到了 A′位置。所以如果我们把圆盘的直径分为八等分，这样每一段都要花费小车一个半小时的时间，如果这个圆盘是不旋转的，那么它一个半小时就会到达 b 点，而圆盘是在动的，一个

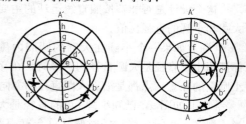

图 10　同时参与两种运动的一个点在静止平面上所画出的曲线图。

半小时圆盘会转动 22.5°，这时候圆盘的位置变动到了 b′点。站在圆盘上的观测者，由于他是和圆盘一同转动的，所以他只能看到玩具车从 A 点来到了 b 点，但是如果你并不在圆盘上，所谓旁观者清，在一旁观看的人却发现玩具车是从 A 点到 C 点，然后在下面的一个半小时里，小车会沿着 c′d′行驶，然后再过一个半小时会到达圆盘的中心点 e。在圆盘外看到的轨迹完全是另一种景象，会发现小车的轨迹画出一条曲线也就是 ef′g′h′A，而让人奇怪的还是玩具车并不是走到了直径的另一端，而是重新回到了起点。

为什么会发生这样的情况呢？其实原因很简单，在玩具车行驶过后半段的 6 个小时中，

这时候圆盘又转动了 180°，也就是回到了直径前半段的位置，玩具车到达圆心的时候是和圆盘一同旋转的，但是也只是小车的重心一点是和圆盘旋转的，只有这个点是这样的，飞机也是一样的情况。所以在不同的观察者眼中，看到的情况也是不同的。就会出现站在圆盘上一起旋转的人看到这条轨迹是一条直线，而站在圆盘外没有一同旋转的人看到的却是曲线运动，如图 10 左所示的如人心脏的图形。如果你在一个十分梦幻的条件下，你站在地球的中心，地球又是透明可见的，而且你所在的平面并不随着地球的旋转而转动，还有飞机穿越北极的飞行时间要是 12 个小时，只有满足以上所有条件才会看到曲线的情况。我们在实际中，如果是这样的飞行，从莫斯科穿越北极后来到一个同纬度上的正好相反的一点，这样的飞行时间并不是 12 个小时，那是怎样的情况呢？让我们来看下一种情况。

第二种情况：玩具车行驶完所有距离花费的时间小于 24 个小时。圆盘上小车的运动轨迹如图 10 右，在 24 小时内，圆盘会旋转 360°，也就是整整一圈，图上所显示的轨迹就是相对于圆盘静止不动的观察者所看到的。

第三种情况：玩具车行驶完所有距离花费的时间小于 48 个小时。这种情况下，小车从一端到另一端用了 48 小时，而圆盘依然是转一圈用 24 小时，也就是圆盘转了两圈。在前 6 个小时内，圆盘转了 90°，如图 11，玩具车 6 小时后应该在 b 点，但是由于圆盘的旋转小车到了 b′ 点，又过了 6 小时候，小车在 g 点，小车继续向前走，如果将圆盘的运动和小车运动合起来看的话，就得到了图 11 中这条复杂的运动轨迹曲线。这时候的轨迹已经非常接近真正的飞行轨迹了，前半段是和真实轨迹一模一样的，而后半部分的飞行距离比前半段多出一半，这部分对于相对静止的观察者来说依然看到的是直线运动的情况，只是距离增加了一半而已。所以也就形成了最终的曲线，也就是图 12 上更为复杂的曲线。这幅图中，我们会发现飞机的起点和终点相隔不远，这是因为飞行起始的两地在时间上已经相差了两个半昼夜，所以自然会有一定的距离。这幅图是假设我们可以站在地心上看到的曲线轨迹情况，这是相对于某一个并不和地球地轴一同旋转的物体而画出的路线，所以这个路径也不是飞机的实际飞行轨迹。如果我们换做到别的星球观察飞机飞行，看到的又会是另外的景象。比如在月球上，月球并不随着地球进行昼夜地转动，而是以月为周期进行运动，所以在飞机飞行的 62 个小时中，月球只经过了 30° 的弧线，这并不影响到观察者看到的轨迹。

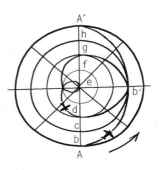

图 11　还有一个将两种运动合并的曲线。

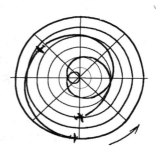

图 12　既没有参与飞行，又没有与地球一起旋转的观测者想象中的莫斯科—圣贾辛托的飞行路线。

就像恩格斯在他的《自然辩证法》中说的，"单个物体的运动是不存在的，只有相对的运动"。研究完这道题目以后，更让我们觉得这句话是正确的。

1.13　简单法算出传动带的长度

一个老技师在离开学校之前，给他的徒弟们出了最后一道题，让他们用最简单的方法解答出来。让我们来看看是怎样的题目。

[题] "我们车间中准备安一台新的传动装置，它和我们之前的装置不一样，这次不是两个皮带轮，而是有三个皮带轮的装置。"老技师拿出图纸给徒弟们看，如图13，这时候难题就来了，怎样才能根据纸上标注的尺寸算出皮带的总长度呢？

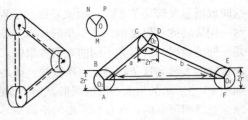

图 13　传动装置示意图。

"图中已经有了三个皮带轮的尺寸以及直径，和两个轮轴之间的距离，如果只是根据这些数据，你们能不能不再进行其他的测量而算出传动皮带有多长呢？"技师将问题抛给了徒弟们。

大家开始思考，有一个人很快就有了想法，他认为既然已经知道轮轴之间的距离，那么只要知道弧线 AB、CD 和 EF 的长度就可以了，但是如果想知道弧线的长度必然要知道角度，但是没有量角器就解不出来了。技师听到这样的答案似乎不太满意，他说："你刚才提到的那几条弧线，能不能不用任何量角器计算出来呢，因为我们没有必要非要知道三段弧线各自的长度，我们要求出的它们的和……"这样的提示给了很多徒弟启发，他们似乎心中都有了题目的解法。于是技师让大家回家做好了明天带着答案过来。看到这里，你心里有没有想法了呢？如果不看下面的解题方法，你能不能先独立地解答这道题呢？

[解] 这个计算经过点拨以后果然很容易，其实传动皮带的总长度就是三个轮轴轴心之间的距离加上一个皮带轮的周长就可以了，用公式表示也就是：

$$L＝a＋b＋c＋2\pi r$$

L 就是皮带的总长。那三段弧线的总和就是一个皮带轮的周长，这一点很多徒弟都想到了，也这样进行了计算，但是想要用这种方法，就需要先用几何的方法证明出来，下面让我们来看一个技师认为最简单的证明方法：

如图13，图中 BC、DE、AF 都是皮带轮圆周的切线。从各个皮带轮的中心作半径到切点。这三个轮子都是一样的，所以他们的半径也都是相等的，所以以 O_1BCO_2、O_2DEO_3 和 O_1O_3FA 是三个长方形，也就是 BC＋DE＋FA＝a＋b＋c。下面就是要证明弧线 AB、CD 和 EF 的和为一个圆周长的长度。

我们在图 13 的上方做一个半径为 r 的圆，作三条直线分别为 $OM//O_1A$，$ON//O_1B$，$OP//O_2D$，因为各个角的边是互相平行的，所以也就可以得出 $\angle MON＝\angle AO_1B$，$\angle NOP＝\angle CO_2D$，$\angle POM＝\angle EO_3F$。

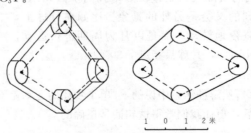

图 14　根据图的比例尺测量出所需尺寸，
并计算传送带的长度。

也就可以得到：

$$AB＋CD＋EF＝MN＋NP＋PM＝2\pi r$$

最后得出皮带长度为：L＝a＋b＋c＋2πr

用同样的方法还可以证明出，不管是多少个皮带轮，只要它们的直径是相同的，传动皮带的长度就是轴心距离和一个皮带轮的周长相加。

［题］请你用图14中标注的比例尺算出安装在四个直径相同的滚轴上的皮带的长度是多少。

1.14 乌鸦真的"聪明"吗

我们都在小学语文中学习过这样一篇故事，名字叫作《聪明的乌鸦》，提到这篇课文的题目，估计你已经想到了故事的内容。这个故事讲的是一只乌鸦，它飞了很久，口渴难耐的它却一直找不到水喝，突然它看到一个盛着水的水罐，可是水罐里的水不多，而水罐的罐口也不大，乌鸦的嘴伸不进去，不过乌鸦想到向水罐中扔小石子，这样，水位不断上升，最终，聪明的乌鸦喝上了水。这里我们并不是要和你来讨论为什么乌鸦会如此聪明，我们要从几何学的角度来探讨一下这个现象。下面我们来看一道题目。

［题］假如这个水罐里的水只有一半，乌鸦依然用扔小石头的方法还能喝到水吗？

［解］我们假设这个水罐为方柱形，而所要扔的小石头都是大小一样的球体，那么只有水量能够将石子之间的缝隙填满才能上升到罐口，所以乌鸦用的这种方法不是在所有水罐里都有效的。下面我们来计算一下，到底至少有多少水，石子扔进去以后水面就会上升到罐口，也就是计算石子之间的空隙有多大。我们将石球排成一条直线，每个石球的中心都在这条直线上，如果用 d 表示石球的直径，那么球的体积为 $\frac{\pi d^3}{6}$，球的外切立方体体积为 d^3。所以算出两个体积的差等于 $d^3 - \frac{\pi d^3}{6}$，这个体积也就是石子排列后的缝隙，这部分占整个立方体的比例为：

$$\frac{d^3 - \frac{\pi d^2}{6}}{d^3} = 0.48$$

这说明没有填满的空隙占整个体积的48％，也就是水罐中空隙的体积之和不到整个水罐容积的1/2。即使水罐不是方柱形，或者石子不是球形的情况下，也不会又太大变化，所以我们得出一条结论，那就是如果水罐内水的容量没有达到1/2的话，那么无论乌鸦往水罐里投多少石子，水面也不会上升到水罐罐口的。就算乌鸦把石头晃动堆得很紧，水面的上升高度也只能提高一倍而不会再高了。不过乌鸦再聪明也不会知道这个的，况且很多水罐都是中间凸出来的，水位提升的高度还会减少，所以也就证明了，如果水位没有水罐的一半高，那么乌鸦是喝不到水的。

第二章
无须测量和计算的几何学

2.1 不用圆规也能作出垂线

在进行几何题解答的时候，我们要用尺子和圆规才能进行，如果不用圆规只用尺子能不能作图呢，你能想到和用圆规做出来是一样效果的方法吗？

［题］在图15左图中，在半圆之外有一点A，从这一点向直径BC做一条垂线，条件是作图不用圆规，半圆的图中并未标明圆心的位置。

［解］有一个重要的知识在这里起到很好的作用，那就是三角形的三条高是相交于一点的。利用这一特点我们就可以不用圆规解出这道题了。先将点A和B、C两点连接起来（图15右），得到在圆周上的交点D和E，而三角形BDC和

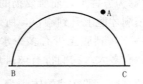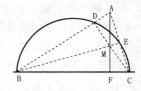

图15 不用圆规作图的习题和解法：第一种情况

三角形BEC都是直角三角形，所以BE和CD两条直线是三角形ABC的两条高。那么第三个高也就是向BC线段做出的垂线，而这条垂线必然会经过另外两条高的交点，也就是M点，只要用直尺做一条同时经过A和M的直线就可以了，所以我们在没有圆规的帮助下也完成了题目。

如果如图16，A点这次的位置在未知垂直线在直径上的延长线上，那么想要解答这道题就需要一个整圆，从图16中，我们可以知道这时候解题的步骤没有太大不同，只是这时候三角形各条高都不是在圆内而是在圆外了。

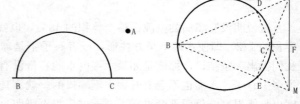

图16 不用圆规作图的习题和解法：第二种情况

2.2 不规则薄铁片的重心

［题］我们知道，一个三角形的铁片的重心是三角形各条边中线的交点上，如果是圆形的，重心也就是圆的中央，如果是长方形或者是菱形，重心就是在对角线的交点上，不过这里铁片的质地必须是均匀的。那么如果是一块不规则的铁片，如图17，两个矩形拼在一起的一个图形，该怎样找到它的重心呢？前提条件是你只能用直尺，只是不能有任何的测量和计算。这听起来的确十分困难，让我们来看看该怎么完成。

[解] 延长 DE 边与 AB 相交于 N 点，然后将 FE 边延长和 BC 边相交于 M 点（图 18）。那么我们就把这个多边形看成是两个矩形组成，分别是 ANEF 和 NBCD。这两个矩形的重心分别都是它们的对角线的交点，也就是点 O_1 和 O_2。所以铁片的重心应该是在 O_1 和 O_2 连接的直线上。让我们来看看另两个矩形，矩形 ABMF 和 EMCD，它们两个的重心同理是在对角线的交点上，分别是 O_3 和 O_4 两点上。由于两个铁片重心必然在 O_1O_2 这条直线上，所以也就是说这个多边形的重心应该是在直线 O_1O_2 和直线 O_3O_4 相交的点上，也就是在 O 点。至此，我们就已经找到了这个多边形的重心，果然只用到了尺子就完成了这道题目。

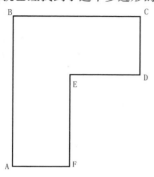

图 17　在只用直尺的条件下，
找出这块薄铁片的重心。

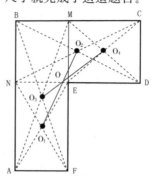

图 18　找到薄铁片重心
的示意图。

2.3　拿破仑感兴趣的题目

在之前的题目中，我们在只用直尺不用圆规的情况下就完成了作图，不过第一节中是已经给出了圆周。下面我们来研究另外几道题，要求正好和之前是相反的，那就是，现在只能用圆规而不能用直尺。这类题目中有一道题是由拿破仑一世出给法国的数学家们的，历史上介绍过拿破仑是一个十分喜欢数学的人，在他阅读了意大利学者马克罗尼介绍的作图方法的论著后，就出了这道题目。

[题] 如果一个圆的圆心是已知的，那么如果不用直尺只用圆规能否将这个圆周平分成四等分呢？

[解] 如图 19，我们假设需要把这个圆 O 分为四等分，先从圆周上的任意一点 A 出发，沿着圆周划出圆的半径，画三次，这样我

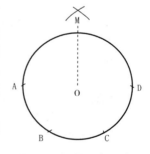

图 19　只用圆规，怎
样将圆四等分？

们就得到 B、C、D 三个点，显然，AC 弧线是三分之一的圆周长，而直线 AC 就是内接等边三角形的一条边，如果用 r 表示圆周半径，那么距离就应该等于 $r\sqrt{3}$，那么 AD 必然就是圆周的直径了，如果以 AD 为半径，从 A 点和 D 点分别做两段弧，相交于 M 点，下面我们来证明直线 MO 的长度和圆形的内切正方形的边长是一样的。因为在三角形 AMO 中，MO 直角边等于：

$$MO=\sqrt{AM^2-AO^2}=\sqrt{3r^2-r^2}=r\sqrt{2}$$

这也就是内切正方形的边长，所以只要圆规的开度等于 MO 的长度就能在圆周上画出四等分的点了，这样下面的工作就很容易完成了。

［题］如果拓展这个题目，在不用尺子只用圆规的情况下，如何能使 AB 之间的距离增加到五倍或者是一定的倍数上呢？

［解］先画一个以 AB 为半径，B 点为圆心的圆。在圆周上从 A 点出发，分三次划出 AB 的距离，这时候我们就得到 C 点，这个点是圆周上和 A 点相对应的一个点，也就是 AC 是 AB 的两倍。那么再以 C 点为圆心，以 BC 为半径画一个圆，这样我们就找到了和 B 点对应的直径的另一端的点，这时候我们已经距离 AB 的三倍这么远了，继续画下去就会得到五倍或者任意指定的倍数了。（图 20）

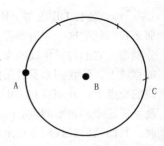

图 20　只用圆规，怎样将 A、B 之间的距离增大到 n 倍（n 为整数）？

2.4　自制简单的三分角器

如果给你一个没有刻度的直尺和一个圆规，你可以完成任意角度的三等分吗？答案是否定的，但是数学上就会创造一些可能性，所以人们才会发明很多东西，比如三分角器就是这么发明的。它是用来进行角度三等分的器具。当然，简易的三分角器你也可以自己制作出，只需要用厚纸板或者是薄铁片就能完成。下面让我们来看一下怎样制作。

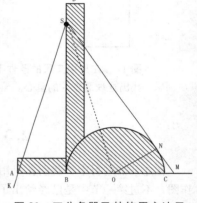

图 21　三分角器及其使用方法示意图。

在图 21 中，显示的三分角器和实际的大小是一样的，三分角器就是图中阴影的部分。AB 的长度是和半圆半径相等的线段，BD 边和 AC 边成直角，而且与半圆相切于 B 点，BD 的长度可以是任意的。在图 21 中，也示意了如何使用三分角器。

下面就看一个实际的例子，比如想要把图中的角 KSM 等分为三个角，那么先要将 S 角的顶点和三分角器的 BD 直线上，然后角的一边经过 A 点，三角形的另一条边和半圆相切。然后只要连接 SB 和 SO 就完成了这个角的三等分。那么怎样证明用三分角器进行的三等分的做法是正确的呢？我们连接半圆的圆心和切点 N，这时候我们发现三角形 ASB、三角形 BSO 和三角形 OSN 这三个是全等关系的三角形，所以这三个角∠ASB、∠BSO 和∠OSN 就肯定是相等的了。

2.5　钟表三分角器

［题］如果你手边只有圆规、直尺和钟表，那么能够进行对已知角的三等分吗？

［解］答案是肯定的。在一张透明的白纸上复制好给定的图形，当钟表的时针和分针重合时，将这张透明的纸放在表盘上。如图 22，使透明纸上的图形的顶点和钟表的轴心重合，角的一边同表针重合。这时候，当钟表的分针开

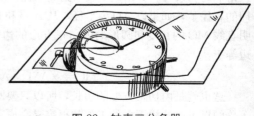

图 22　钟表三分角器。

始移动，移动到另一条边的时候，在透明纸上沿着时针的方向从角的顶点作出一条线，这样得到的角度相当于时针转动的角度，然后用圆规和直尺，将这个角度增加一倍，然后再增加一倍，这种角度的增大在前面我们是介绍过的，这样得出的角度也就是该角度的 $\frac{1}{3}$ 了。因为每当分针走出一个 a 角时，这个时候时针移动的距离就是分针的 $\frac{1}{12}$，也就是 a/12。所以扩大这个角四倍以后得到的角度也就是：（a/12）×4＝a/3。

2.6　等分圆周的方法

有很多人喜欢自己亲手制作一些模型，这些人不是无线电爱好者，就是各种模型设计和制造的爱好者，不过在他们的制作过程中，会遇到很多困难，下面一个就是困难之一。

［题］如何在一块铁片上剪出一个正多边形，多边形的边数是给定的。简单地说，也就是将一个圆周划分为 n 等分，n 是整数。

［解］如果不用量角器解决这道题目，而是用目测的方法，能不能用圆规和直尺的几何方法来解决这道题目呢？

首先我们先要知道这一点，就是理论上如果只用圆规和尺子到底能把圆周准确地分成多少个等份？这个问题已经得到了很多数学家的解答，答案是：并不是所有的等分都是可以做到的，可以分成的等分数比如：2，3，4，5，6，8，10，12，15，16，17，……257，……等分。也有一些等分是无法做到的，比如：7，9，11，13，14，……等分。而且不同的等分在作图方法上还有差别，没有一个共同通用的方法，方法多也导致很难都记住。实际中，有一个方法可以求出等分的近似值，这个方法在几何学课本中并没有讲到，但是如此实用的方法你不能不会，下面就让我们来看看是怎样的分法。

假如我们要将图 23 中的圆周等分为九份，我们先以圆周的任意一条直径为边作一个等边三角形，如图直径 AB 为边作出等边三角形 ACB。然后按照 AD：AB＝2：9 的比例截出两条线段 AD 和 DB。一般情况这个比值都是 AD：AB＝2：n，要就分为几等分，n 就取几。连接 C 和 D，延长直线 CD 且与圆周相交于 E 点。这样，弧线 AE 也就大概为整个圆周的九分之一，也就是直线 AE 就是正九边形的一条边，这个误差大概保持在 0.8% 左右。假如要表示圆心角和划分出的等分分数 n 的关系表示出来可以得出关系式：

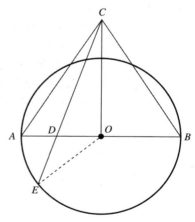

图 23　将圆周划分为 n 等分的几何学近似值求法。

$$\tan\angle AOE = \frac{\sqrt{3}}{2} \times \frac{\sqrt{n^2+16n-32}-n}{n-4}$$

假如 n 的值比较大，也可以将上式改为近似值：

$$\tan\angle AOE \approx 4\sqrt{3}(n^{-1}-2n^{-2})$$

另外，圆心角理论上应该等于 360°/n，那么用这个得数和∠AOE 相比就能知道使用上面的方法会造成多大的误差。

所以，一些无法精确等分的数量，我们可以用上面的方法进行等分，误差也不大，大概

在 0.07% 至 1% 左右，在多数操作中，这样的误差是允许存在的，不过随着 n 的数值不断增加，误差也会变大，精确度会降低，但是这个误差经研究表明不会超过 10%。

2.7　打台球的技巧

很多人都很喜欢打台球，他们享受着将台球打入袋中的成就感，而且有时候台球并不是直线进入洞口，而是经过台球台边的反弹然后入袋。那么在打球之前，你就要在脑海中进行一定的计算，并且用目测的方法在台球桌上找到台球撞边的位置以及所走的路径。如果是弹性很好的球台上，球是会按照反射定律，也就是按照入射角等于反射角这样滚动。

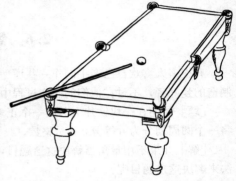

图 24　台球上的几何学题目

［题］如图 24，怎样使图中在球台中央的台球经过三次反弹进入 A 洞，这里需要什么知识才能够解答题目并找到击球的方向呢？

［解］如图 25 会帮助我们理解，假设台球被击打后滚动的路径 OabcA，如果我们把台球桌沿着 CD 线翻转 $180°$，也就是变为图中的位置 I，然后再围绕 AD 旋转，围绕 BC 再旋转，最终到达位置 III。那么原来的 A 点就是在现在 A_1 的位置上。根据三角形的全等关系，我们很容易就能证明 $ab_1 = ab$，$b_1 c_1 = bc$ 和 $c_1 A_1 = cA$，也就是直线 OA_1 和折线段 OabcA 的长度是相等的。那么，如果你脑海中想象的是击向点 A_1 的时候，台球就会按照 OabcA 的轨迹滚动，从而落入袋 A 中。如此，我们还要思考一个问题，就是直角 A_1EO 的两条边 OE 和 A_1E 什么时候才能相等呢？我们不难得出 $OE = 5/2AB$ 和 $A_1E = 3/2BC$。如果 $OE = A_1E$，那么就得出

$$\frac{5}{2}AB = \frac{3}{2}BC \text{ 或 } AB = \frac{3}{5}BC$$

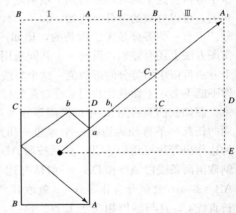

图 25　假设有三张同样的台球桌排在一起，你正向最远的一个洞瞄准。

所以当台球桌短边和长边的比例为 $3:5$ 时，并且在 $OE = EA_1$ 的情况下，我们击打位于球台中央的台球就可以以和台边成 $45°$ 角的方向了。

2.8　台球可以做题

上一节中，我们在解决台球的问题时运用了几何学的知识，解答起来并不复杂，下面这个有趣的问题，我们要利用台球来解答问题，在知道如何计算的方法和程序后就可以利用运算的机器来完成这项工作了。所以人们发明了很多计算的机器，从简单的计算器到可以进行高级复杂运算的电脑，计算得又快又准。

这道题目是人们闲来无事的时候作为消遣的题目，就是如何借助两个已知容量的器皿，从一个装满水的已知大小的容器中倒出一部分。让我们来看一道实际的题目：

这里有三种水桶，水桶容积分别为 12 升、9 升和 5 升，在 12 升的桶里装满了水，另两个为空桶，如果想用这两个空桶将大桶中的水分成两等分需要怎么做呢？想要完成这道题目并不用找来几个真正的木桶来做实验，只要在纸上画一张示意图就能完成。在下表中，一共有九栏，也就是想要完成等分需要倒九次，每栏中都表明了每次倒后木桶中的水量。

第一栏中：把 12 升的水倒入 5 升的桶中，那么 9 升桶是空的，5 升桶就是满的。

第二栏中：把 12 升中剩余的 7 升水倒入 9 升桶中。

九升桶	0	7	7	2	2	0	9	6	6
五升桶	5	5	0	5	0	2	2	5	0
十二升桶	7	0	5	5	10	10	1	1	6

按照图中所显示的顺序依次倒水。这样进行九次后就能完成等分了。当然你还可以想出其他的方法来解答这个问题，那么如果有一个固定的顺序用于倾倒各种容量的液体就会让这些问题变得容易多了。还有一个问题就是，能不能利用两个容器从第三个容器中倒出想要的任何数量的水呢？比如上一题中如果不是要求等分，而是倒出 1 升或者 3 升等水量的水也是可以的吗？这些问题我们要利用到上面提到的台球来解决了，你一定十分惊讶，台球也可以自己解题吗？

其实我们是要给台球造一个特殊的"台球台子"。我们需要找来一张纸，在上面按照图 26 上面的样子画出斜格子 OABCD，这些斜格子都是完全一样的菱形，菱形的锐角为 60 度。在这张特殊的台球台子上，如果击球的方向是沿着 OA 的，那么假如台球会严格按照反射定律滚动，那么它就会在 AD 边反弹，然后按照图中菱形的进行规律运动，先直线 Ac_4 滚动，然后到达 c_4 点后撞到台边 BC，继续沿着直线 c_4a_4 滚动，接着依次沿着直线 a_4b_4，b_4d_4，d_4a_8 等线滚动。

在前面的题目中，我们是有三个不同容量的桶，分别是 9 升桶、5 升桶和 12 升桶。那么我们的图形就应该做成 OA 为九个格，OB 为五个格，AD 边有三个（12－9＝3）格，BC 边含七个（12－5＝7）格。在图上的每一点，和 OB、OA 两边都有一点过的距离。比如：c_4 点距离 OB 边有四格，距离 OA 边有五格；还有 d_4 点距离 OB 边有四格，（因为它本身就处在 OA 边上，所以距离 OA 边有 0 格）；再比如 d_4 点距离 OB 边有八格，距离 OA 边有四格等等。这样在图形的边上每个点都决定两个数字。

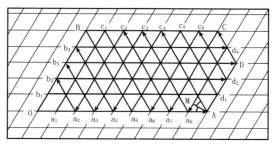

图 26　"聪明"台球的解题法。

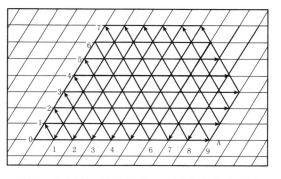

图 27　"台球"解题法说明，用九升和七升空桶是不可能将装满了的十二升桶里的水一分为二的。

这两个数字中，一个点是距离 OA 边的距离，决定了 5 升桶中水的数量，一个点是距离 OB 边的距离，决定了 9 升桶中水的数量，而剩余的水量就是 12 升里面的数量了。

那么，我们现在已经要把用台球来解答这道题目的准备工作完成了，下面就开始真正的解题步骤。将球沿着 OA 撞击出去，它碰到台边就会发生反射，然后碰到另一个台边，最后滚到 a_6 这一点，如图 26，我们可以写出它每次碰撞的时候三个桶中水的变化：

第一次碰撞：撞到边的点的坐标为 A（9；0）：这就代表着，第一次倒水应当按照下列要求分配水量：

9 升桶	9
5 升桶	0
12 升桶	3

这样第一步就完成了，下面按照台球的轨迹继续。

第二次碰撞：撞到边的点的坐标为 c_4（4；5）；这就代表着，台球告诉我们第二次倒水应按照下列要求分配水量：

9 升桶	9	4
5 升桶	0	5
12 升桶	3	3

第三次碰撞：撞到边的点的坐标为 a_4（4；0）；这就代表着，台球告诉我们第三次倒水应按照下列要求分配水量：

9 升桶	9	4	4
5 升桶	0	5	0
12 升桶	3	3	8

第三次倒水的过程也完成了，小球依然向前滚动。

第四次碰撞：撞到边的点的坐标为 b_4（0；4）；这就代表着，台球告诉我们第四次倒水应按照下列要求分配水量：

9 升桶	9	4	4	0
5 升桶	0	5	0	4
12 升桶	3	3	8	8

第五次碰撞：撞到边的点的坐标为 d_4（8；4）；这就代表着，台球告诉我们第五次倒水应按照下列要求分配水量：

9 升桶	9	4	4	0	8
5 升桶	0	5	0	4	4
12 升桶	3	3	8	8	0

这样按照台球的滚动而完成了一系列的倾倒工作，这样两个水桶中也完成了等分的工作，分别有 6 升水，但是这个过程十分的漫长，需要十八步才能完成，远没有我们前面介绍的第一个方法好，只需要九步就能解决问题。

不过如果从不同的点击球，是可以有不同的方法的，如图 26，让球停在 B 点，然后沿着 BC 线击出，这样，台球按照规律滚动就会比刚才简单很多，台球从 BC 边折回然后沿着 Ba_5 滚动，依次沿着 a_5c_5、c_5d_1、d_1b_1、b_1a_1、a_1c_1，直到最后沿着 c_1a_6。总共只需要八个步骤，如果将每一个点翻译出来，如下表所示：

9 升桶	0	5	5	9	0	1	1	6
5 升桶	5	0	5	1	0	5	6
12 升桶	7	7	2	2	11	11	6	6

不过同类的题目可能无法都有答案，因为有一种情形就是返回到 O 点而撞不到要求的点上，这样也就解答不出来。比如如图 27 如果用 9 升、7 升从 12 升的桶中倒水出来，用台球解题法，可以倒出任意水量的水，但是唯独无法将它们平分，也就是得不到 6 升的水，还比如，用 3 升、6 升和 8 升这三种容量的桶解题（图 28），台球撞边四次后会回到 O 点，从下表可以知道不可能从这个八升的水桶中倒出 4 升或者 1 升的水来。

6 升桶	6	3	3	0
3 升桶	0	3	0	3
8 升桶	2	2	5	5

虽然有些特殊的水量会解答不出来，但是用台球和特殊的台球台子作为计算机，对这类问题的解答也算是完成得很不错了。

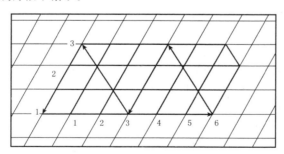

图 28　关于倒水的另一个题目的解法。

2.9　一笔画问题

［题］如图 29，如果让你将图中五个图形用铅笔描画在一张纸上，并且要求每个图形都必须用一笔描出，也就是既不能中断也不能重复地描下来，你可以做到吗？

看到这五幅图，你可能会觉得第四幅看起来线条很少应该不难一笔画出，于是你开始描画这一幅，但是不管你怎样下笔，都无法一笔画出，于是你尝试画第一个和第二个，发现很容易就画出来了，甚至连非常复杂的第三幅图也是可以一笔描画出来的，只有第四幅和第五幅无法用一笔画出，为什么有的图形可以一笔画，有的图形却不能呢？难道是因为我们的创造力不够还是这个图形压根就无法一笔画出。我们下面来解答这个疑问。

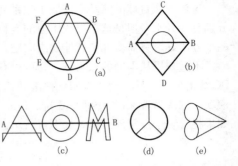

图 29　请你试着将图中每个图形一笔画出。

[解] 图形中线和线之间都会有相交的点，如果汇聚在一点的线条数为偶数，那么这个交点我们就叫它偶交点，如果这个线条数为奇数，那我们就叫它奇交点。在图 a 中，所有的交点都是偶交点，图 b 中，有两个奇交点，也就是 A、B 两点，在图 c 中横穿图形的线段两端是奇交点，而在图形 d 和 e 中都是四个奇交点。

我们先来看看图中全是偶交点的图形，例如图形 a 中我们随意取一点 S，从这一点开始描画，当我们经过 A 点的时候，就会描绘出两条线，一条是远离这一点，一点是通向这一点，但是因为进出这个点的线条数目都是一样的，所以我们每一次经过一个交点移到另一个交点的时候，没有被画到的线条就会少两条，所以在画完后原则上是可以回到出发的点 S 的。

但是，如果我们已经回到起点，没有别的出路，但是图中还剩下一条线，假如它是从 B 交点引出的，而这个点我们已经到过了，那就说明我们需要修改路线，在到 B 点的时候就先要画漏画的线条，然后再按照原路继续画。

比如我们本来打算这样一笔画出图形 a，如图 29，先画出 ACE 三条边，然后回到 A 点，沿着圆周 ABCDEFA 画，这样就只剩下 BDF，所以我们在离开 B 点去画弧线 BC 之前就要先画三角形 BDF，这样才能够一笔画完。所以如果图形中所有的交点都是偶交点，那么这个图形一定可以一笔完成，而且描画的起点和终点是同一个点。

那么让我们来看看有两个奇交点的图形是怎样的。像书中的图形 b，里面就有两个交点也就是 A 和 B，这个图形我们依旧可以一笔画出。只要从一个奇交点出发，然后经过某几条线后到达另一个奇交点，比如沿着 ACB 从 A 点画到 B 点，描过这些线后，每个奇交点的地方都少了一条线，那么这时候相当于也就变成了偶交点，所以接下来的工作就和图中全都是偶交点是一样的了。这样的图形就很容易用一笔画出了。

这里还要补充一点，就是从一个奇交点到另一个奇交点要选择合适的轨迹，不能形成和原有的图形完全断开的情况，比如在图 29 中的 b 图，如果你是沿着 AB 直线到达 B 点的时候，这样圆周和其他的部分就断绝了，这样也就无法一笔完成。在有两个奇交点的图形中，描画的起点和终点将不会重合，成功的描法就是一个奇交点开始，另一个奇交点终止。所以如果图形中包含四个奇交点，如图 29 中的 d 和 e，这样的图形一笔就画

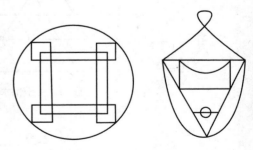

图 30　请将两个图一笔画出

不出来，需要两笔。所以，如果你可以在遇到问题的时候仔细思考，这样你就可以提前知道很多事情，也就不会做很多无用功，而几何学中的很多知识都是教给你思考的正确方法。

学习这一节后，你看到一个图形就可以马上判断出它能不能够一笔画完，而且你还很清楚从哪个点开始画是正确的。你也可以自己随手画出一个图形，考验一下你的朋友，最后请

你用上面的知识把图 30 中的两个图形描画下来。

2.10　一次能走过七座桥吗

如图 31，两百年前，有相连的七座桥梁架在加里宁格勒（当时它叫柯尼斯堡）的普列格尔河上。

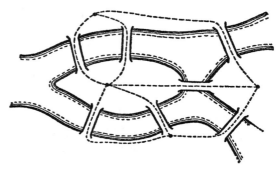

当数学家 1736 年路过这座桥的时候，当时 30 岁的他对这座桥产生了浓厚的兴趣，他在想，如果一个人在这座城市里散步，那么他能不能一次走完这七座桥呢？这很容易让我们联想到上面一节中学习的一笔画内容。如图 31 中的虚线，我们把有可能走的路线先画在图中，于是我们得出这个图形中

图 31　如果每座桥只允许走一次，那么就不可能把七座桥都走完。

是一个有四个奇交点的图形，所以根据上一节中的知识，这个图形是无法一笔画出的，那么如果我们每座桥只走一次，是不可能走完所有的七座桥的。当年欧拉也证明了这一点。

2.11　几何学的"大话"

在学习过前面的一笔画知识后，我们知道了描画这类图形的秘密，大家都知道了有四个奇交点的图形是没有办法一笔完成的，但是你可以和你的朋友们说，你可以描画带有四个奇交点的图形，而且也能够保证笔不离开纸而且一笔完成，如图 32，画出有两个直径的圆形。

按照理论上来讲，这是做不到的，但是既然已经向朋友们保证，那么现在就教你一个小把戏让你能够做到这一点。从 A 点出发画一个圆，当画完四分之一圆周 AB 后，用另一张纸放在 B 点，然后将半圆的下半部分移到 B 点对面的一点 D，现在再将小纸片挪

图 32　几何学"大话"。

走，这时候在纸片上只有画好的 AB 弦，但是铅笔已经到达了 D 点，接下来画完图形就不难了，画出弦 DA，接着画弦 AC、弦 CD 和直径 DB，最后画弦 BC，当然也可以选择其他的路线，从其他的点开始画，请你按照自己的习惯找出你的画法。

有了这个小伎俩，你就可以在同学面前完成这个"吹牛"了。

2.12　如何知道这是正方形

［题］如果一个裁缝，他裁出了一块布料，但是他想要检查一下这块布料是不是正方形的，于是他将布料沿着对角线对折两次，对折后发现四条边是重合的，请问这样的检查方法

是正确的吗?

[解] 其实用裁缝这种方法检验只能证明这块布料的所有边都是相等的,在凸角的四边形中,不只正方形是这样的,还有菱形也可以达到对折两次后是重合的。正方形可以说是特殊的菱形,因为它的四个角都是直角,所以这种检验方法显然不是正确的。我们还要证明布料的四个角是不是直角才可以,这个可以用眼睛目测出来,或者比如你可以将布料沿着中线再对折,看这块布料折在一起的角是不是可以重合。

2.13　谁是下棋的赢家

如果想玩这个下棋的比赛,先要找到一张四方形的纸,然后再找一些形状相同而且对称的小东西,用这些东西当作棋子,比如硬币、围棋棋子或者多米诺骨牌等,这些东西的数量要能够铺满整个纸。游戏是两个人玩,要求两个人依次将棋子放到纸上的某个空白的地方,直到没有地方放下下一个棋子为止,所有已经放过的棋子位置都不能改变,赢家就是最后一个放入棋子的人。

[题] 请问你有没有一种方法可以保证肯定能在游戏中取胜呢?

[解] 第一个下棋的人应当首先抢占纸的中央位置,使这个棋子的对称中心和纸的中心是重合的,然后再放棋子的时候就把你的棋子对应着另一个人的棋子放就好了,只要他放在哪里,你就放在他对称的位置上。这样第一个下棋的人总有地方放棋子,所以他肯定会胜利的。

其实这个游戏中间的几何原理很简单,因为四角形有一个对称中心,也就是它中心的一点,经过这个点的直线都会被分成两段,而且会把整个图形分成两个相等的形状,所以四角形中除了中心一点,其他任何一个点或者线都会有它对称的一点或一条线存在。所以开局的人如果先占领了中心的位置,那么另一个人不管把棋子放到哪里,在四方形中都会找到一个和这枚棋子对称的空白地方。而棋子的位置每次都由后一个人决定,所以先下的人必然能够玩到最后。可见,只要你是开局的人,那你肯定是会赢的。

✤ 第三章 ✤
几何学中的大与小

3.1　27000000000000000000 个什么东西能放进 1 立方厘米里面

看着标题中这么多零，你会觉得眼花缭乱，如果分开来数一数，会发现在 27 后面跟了有 18 个零，那么这个数字应该怎么读呢？一般人会把它读为 27 万亿亿，不过科学上的读法为 27 乘以 10 的 18 次方，也就是 27×10^{18}。究竟在 1 立方厘米的体积中可以容纳得下这样大数目的什么东西呢？

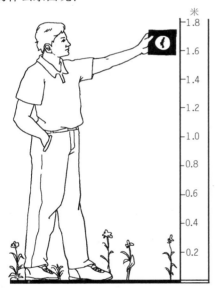

图 33　一位青年正在审视放大 1000 倍后的伤寒杆菌。

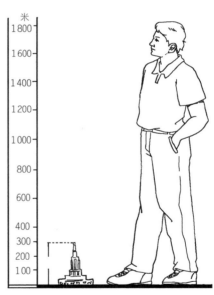

图 34　青年放大一千倍后。

就是在我们周围无时无刻不存在的空气颗粒。空气是由分子构成的，经过科学家研究证明，在环绕我们的空气里，在温度为 0℃ 的条件下，1 立方厘米中含有 27×10^{18} 个空气分子。这个数字简直用大脑难以想象它的数量，世界上的总人口也不过是 50 多亿（现在世界人口已将近 70 亿，编者注），而空气中的分子数量在数量级上就比人口数多出 10^9。又比如你用最高级的望远镜看宇宙中的天体，在宇宙中的所有星体，它们也都像太阳一样，被无数的行星环绕着，假如每个星球上都像地球一样住着这么多的居民，这样的人口总数依然无法和 1 立方厘米中的空气分子数量相比。这样大的数字我们无法有一个明确的印象，不过，即使稍微小一点，这个印象依旧不会很强，比如有个人给你拿来一个可以放大一千倍的显微镜，你会有正确的体会吗？

不是每个人都是有这个概念的，虽然一千不大，但是在显微镜下放大一千倍的意义就完全不一样了。对于在显微镜下看到的物体，它们真实的大小我们很难正确地判断，比如伤寒杆菌放大一千倍，在我们正常的视觉距离 25 厘米看去，如图 33，大小和苍蝇差不多，但是这可是伤寒杆菌放大一千倍以后的样子，实际上它有多小呢，让我们再打个比喻，如果将一个人放大一千倍，那么他就有 1700 米，这个高度完全可以摸到云彩，如图 34，许多高楼大厦连你的膝盖都到不了。这个放大的倍数也就是伤寒杆菌和苍蝇比较而缩小的倍数，可想而知细菌是多么的小。所以很多数字表示我们都无法判断它们真正的意义，进行对比后才能对大小有更为准确的判断。

3.2　怎样压缩气体

很多气体在工业上的用途都很大，比如氧气、二氧化碳、氢气、氮气等。然后为了能够保存这些气体，就需要庞大的容器进行贮藏，比如我们如果要储藏一吨，也就是 1000 千克的氮气，正常的压力下需要 800 立方米体积的容器来储藏，而如果要贮存一吨纯氧气，则需要体积达到 10000 立方米的容器。可见气体所占的空间位置多么的大。有人可能要问，那在上一题中我们提到的 1 立方厘米里面竟然有 27×10^{18} 个空气分子聚集在一起，会不会很挤呢？肯定不会，实际上，一个氮分子或一个氧分子，它的直径只有 3×10^{-7} 毫米，如果根据这个直径算出分子的体积，将直径的立方看作它的体积的话，那么得到体积为：

$$(\frac{3}{10^7} \text{毫米})^3 = \frac{27}{10^{21}} \text{立方毫米}。$$

而在一个立方厘米中的分子数量为 27×10^{18}。也就是说在这样的体积中，分子占有的体积为：

$$\frac{27}{10^{21}} \times 27 \times 10^{18} = \frac{729}{10^3} \text{立方毫米}，$$

这样算出来大约为 1 立方毫米左右，也就是分子只占到这 1 立方厘米空气中的千分之一，可见它们是十分疏松的，这个空隙要比分子的直径大很多。分子在活动的时候，空间是很大的，一般聚合在一起的空气中，分子都是不停地运动的。既然这些气体的分子占的体积如此大，那么能不能将它们密集起来呢？工业上就是采用了压缩技术使得气体变得更密实，分子靠近得更密切。这就需要对气体施以压力，当然，我们施加多少压力，气体也就会对容器的四壁产生多大的压力。所以这就需要容器十分的坚固，而且可以

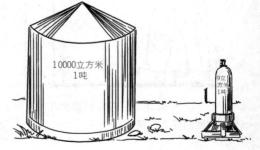

图 35　一吨重的氢气在一个大气压（左图）和 5000 个大气压下（右）的体积对比（图上比例仅供参考）。

避免被气体所腐蚀，现在合成的一种化学容器可以达到这样的效果，这种容器是由合金钢材制造的，它既能够承受很大的压力和很高的温度，也能够免受化学物质的侵蚀。

现在，工程师可以将氮气压缩成原来体积的 $\frac{1}{1163}$，这样在正常气压下一吨重的氢气本需

要占 10000 立方米的体积，如图 35，现在就可以通过压缩把氢气装进仅仅 9 立方米的钢桶里了。

那么用多大的压力才能使得氢气的体积缩小到原来的 $\frac{1}{1163}$ 呢？由物理学的知识可以得知，如果气体体积缩小多少倍，那么压力就要增加多少倍。只看到这里，你肯定会问，那是要给气体施加 1163 倍压力吗？实际上并不是这样的，在钢瓶里氢气所承受的压力为 5000 个大气压力，也就是压力不仅要增加到 1163 倍，要增加 5000 倍之多。这是由于气体的体积变化和压力成反比这个规律并不太适用于很大的压力下。也就是在化工厂里，将一吨重的氮气加上一千个大气压，这样体积就会从正常气压下的 800 立方米变为 1.7 立方米，如果将压力变为 5000 个大气压，氮气就会相应地缩小到 1.1 立方米。

3.3　神奇的织女

在古希腊，有个古老的传说是关于一位织女的，希腊织女奥拉克妮拥有超人的织布技艺。她的织布技艺到达了十分娴熟的境界，她能够织出薄得像蛛丝、透明似玻璃、轻得赛空气的衣物，这样的手艺甚至都超越了智慧女神雅典娜。人们都曾幻想自己有如此的技艺，在生物界，就有着这样的好手，比如蜘蛛和蚕。蜘蛛吐出的丝虽然很细很细，但是它的横截面也是有一定形状的，比较多的就是圆形，而一根蛛丝的横截面的直径为 5 微米，大概为 0.005 毫米，还有东西的丝会比这个更细吗？和蚕相比，蜘蛛可谓是最好的织工，因为蚕丝的直径还要比蛛丝粗大约 3.6 倍，为 18 微米左右。

在现实中，人们已经将古代的传说变为了现实，而这些化学工艺的工程师们就新时代的织女奥拉克妮，他们用普通的木材为原材料制造出非常牢固但又十分细的人造纤维。比如，人造丝只有蜘蛛丝粗细的 2/5，这就是用铜氨法制造的，这种人造丝的强度并不亚于天然的丝线，一般天然丝线的横截面为一平方毫米，可以承受的重量为 30 千克，而这种人造丝可以承受约 25 千克。而这种制造人造丝的方法也是十分有趣，它是把木材先加工为纤维素，然后将纤维素放入装有氧化铜的氨溶液中，使其溶解在其中，将溶液通过小孔流到水里，用水将溶剂冲洗掉，然后再将得到的细丝绕到特殊的装置上，利用这种方法制作出来的人造丝粗细大约有 2 微米左右。还有一种厉害的制丝方法，就是用醋酸纤维素法，这种方法得到的人造丝比铜氨法粗大约 1 微米，但是这种方法造出的人造丝中，有一些可以承受的重量可以达到 126 千克，这样的程度比一般的钢丝还要强大，一般每一平方毫米的钢丝也只能承受 110 千克的重量而已。而一般的粘胶人造丝粗细为 4 微米左右，它横截面 1 平方毫米的强度为 20~60 千克内。

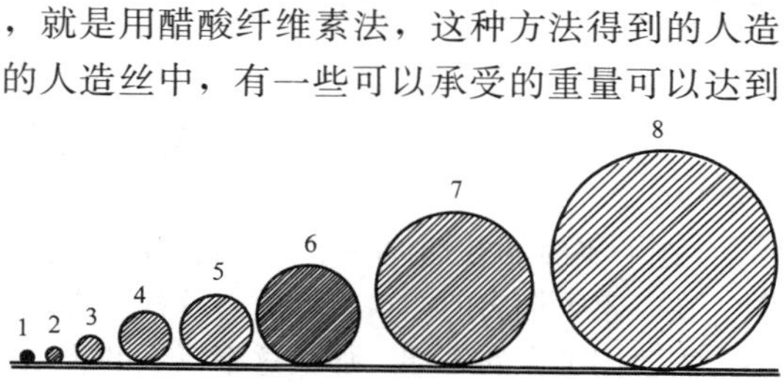

图 36　几种纤维的粗细对比。图中从左到右依次为：铜氨人造丝，蜘蛛丝和醋酸纤维人造丝，粘胶人造丝，耐纶，棉，天然丝，羊毛，人发。

现在化学工艺中由 1 立方米的木材可以得到人造丝数量，是 320000 个蚕丝茧的数量，是 30 只羊一年的剪毛量，是 7~8 亩棉田棉花的平均收获量，这些人造丝的数量足足可以制造出 1500 米的织物或是 4000 双丝袜。棉花长得太慢，还受到天气的影响而收成每年都不定，蚕的制造茧的能力也是有限的，所以天然蚕丝的数量也很有限，蚕一辈子只能产出重量仅为 0.5 克的蚕丝茧。所以人造纤维或叫合成纤维具有很高的经济价值，可谓是现代重大的技术发明之一。这一节中两幅图，分别是几种纤维的粗细比较和几种纤维的坚韧度。图 36 所示的是蜘蛛丝、人发、各种人造纤维以及棉纤维、毛纤维的粗细比照，而图 37 则展示的是这些纤维一平方毫

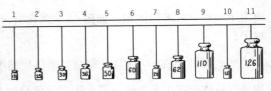

图37　纤维的每 1 平方毫米横截面承载千克数的强度对比。

米横截面承重千克数的强度比照。顺序分别为：1. 羊毛；2. 铜氨人造丝；3. 天然丝；4. 棉；5. 人发；6. 耐纶；7 粘胶人造丝；8 高强度粘胶人造丝；9. 钢丝；10. 醋酸纤维人造丝；11. 高强度醋酸纤维人造丝。

3.4　哪个容量更大呢

在几何学中，我们不会碰到代数中的数目大小的对比题目，但是经常会遇到面积和体积的大小对比。和数量大小相比，几何学上的大小概念并不是非常明了，比如，5 千克牛奶和 3 千克牛奶哪个多一些，连小孩子也可以很快地回答，但是如果我们在桌子上放两个容器，却很难快速的回答哪个的容积大一些。

［题］在图 38 中的两个容器哪个的容量更大一些呢，是右边那个肥大却只有左边高度的 1/3 的，还是左边那个高挑的却要瘦一圈的呢？

［解］答案是宽桶的容量比高桶要大一些，你可能觉得不可思议，不过我们可以用计算来证明这一点。假设宽桶的底面积是窄桶的四倍，但是宽桶的高只有窄桶的 1/3，那

图38　哪一个容器的容量大一些？（左）
图39　把高桶里的水倒入宽桶的结果。（右）

么算出来的体积得出宽桶和窄桶的体积之比为 4∶3，所以如果从高桶中倒水到宽桶里的话，水只占 3/4 的容积（图 39）。

3.5　巨大的香烟

［题］平时的香烟你一定是看到过的，但是你有没有见过是普通香烟 15 倍粗细和长度的呢？在一家香烟店的门口就摆放着这样一支巨大的香烟。如果正常长度和粗细都是正常的大小，需要用半克的香烟，那么这根巨大的香烟需要多少烟丝呢？

［解］这个很容易计算，用 $\frac{1}{2} \times 15 \times 15 \times 15$ 得出约需要烟丝 1700 克左右。

3.6　鸵鸟蛋的体积有多大

［题］在图 40 上画着三颗蛋，它们大小不一，最右边的最小，是我们平时常见的鸡蛋，左边的偏大是鸵鸟蛋，中间一个最大是隆鸟蛋，隆鸟已经灭绝了，这一节我们只讨论两边的

两颗蛋，隆鸟蛋我们放在下一节中讨论。那么请你仔细观察这两颗蛋，你觉得鸵鸟蛋的体积是鸡蛋体积的多少倍呢？从图上看，你可能会说估计是五六倍吧，但是如果用几何学的方法进行解答就会让你觉得不可思议了。

图 40　鸵鸟蛋、隆鸟蛋和鸡蛋的对比。

［解］我们对图上的两颗蛋进行实际的测量，测出鸵鸟蛋的长度是鸡蛋长度的 2.5 倍，那么算出来鸵鸟蛋的体积比鸡蛋大：

$$2\frac{1}{2} \times 2\frac{1}{2} \times 2\frac{1}{2} = 125/8$$

大概为 15 倍。可见这颗鸵鸟蛋是非常大的，一个五口之家每个人早上吃三个煎鸡蛋的话，一个鸵鸟蛋的量就够他们美餐一顿了。

3.7　隆鸟蛋可以让多少人吃饱

［题］在上一节图中最大的一颗蛋就是隆鸟蛋，这是一种非常大型的鸵鸟，生活在马达加斯加，它生下来的蛋长度可以达到 28 厘米，是我们一般鸡蛋 5 厘米直径的 5 倍多，那么请问这个马达加斯加的大鸵鸟的蛋的体积相当于多少个鸡蛋呢？

［解］$\frac{28}{5} \times \frac{28}{5} \times \frac{28}{5} \approx 170$

计算出来竟然需要 170 个左右的鸡蛋，这个隆鸟蛋大概有八九千克，如此大的蛋完全可以让四五个人吃上一顿了。

3.8　鸟蛋大小竟然相差 700 倍

［题］大自然中两种鸟类，它们的鸟蛋大小差别非常大，一种是红嘴天鹅，一种是袖珍黄头鸟，如果对比它们的鸟蛋，你就会发现这中间惊人的倍数关系（图 41）。

［解］我们测量了两个鸟蛋的长度分别是 125 毫米和 13 毫米，宽度分别是 80 毫米和 9 毫米，这两组数据：125/80 和 13/9 几乎是成正比例关系的，由此，如果我们将这两只蛋视为几何学上的相似的形状是不会产生太大误差的。所以两只蛋体积的比例大约是：

$$\frac{80^3}{9^3} = \frac{512000}{729} \approx 700$$

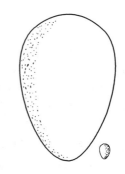

图 41　红嘴天鹅和黄头鸟蛋的大小对比。它们之间的比例是怎样的？

这么算出来，它们之间的体积比竟然有 700 倍，可见红嘴天鹅的蛋多大，袖珍黄头鸟的蛋多小！

3.9　不打破蛋壳你可以称出蛋壳的重量吗

［题］如果有两个大小不一样，形状也不一样的蛋，怎样不把蛋打破就能确定两个蛋蛋壳

的重量呢？我们假设蛋壳的厚度是一样的，那么需要怎样测量和计算才能得出蛋壳的重量呢？

［解］把每一个蛋的长径的长度量出来，分别记为：D 和 d，那么第一个蛋蛋壳的重量我们用 x 表示，第二个蛋蛋壳的重量我们用 y 表示。既然蛋壳的重量是和面积成正比关系，那么蛋壳的重量也就是和它的直线长度的平方成正比的，因为已知两个蛋的蛋壳是一样厚度的，那么就有下面的比例式：$x : y = D^2 : d^2$

我们可以分别称量一下两个蛋的重量，分别记为：P 和 p，如果蛋里的蛋清和蛋黄的重量和蛋的体积也是成正比例关系的，那么就是和蛋长度的立方成正比例关系，也就能够得出：$(P-x) : (p-y) = D^3 : d^3$

于是我们就有了两个二元方程，解这个方程组就能得到答案：

$$x = \frac{p \times D^3 - P \times d^3}{d^2(D-d)} \qquad y = \frac{p \times D^3 - P \times d^3}{d^2(D-d)}$$

3.10 硬币的大小

在俄罗斯，两分的硬币重量是一分的两倍，三分的硬币就是一分的三倍，依此类推，也就是说，硬币的重量和面值是成正比的。而银币也是有这样的比例关系，比如 20 戈比的银币重量也就是 10 戈比的一倍。

因为这样的硬币有着相同的几何形状，所以只要知道一枚硬币的直径大小，也就能够相应地求出其他硬币的直径。那么我们就可以根据这个原理来进行关于硬币的计算。

［题］如果 5 戈比面值的硬币直径是 25 毫米，那你能算出 3 戈比硬币的直径吗？

［解］根据上面知识的介绍，3 戈比硬币重量和它的体积与 5 戈比的比值为 3：5，也就是 0.6 倍，那么 3 戈比的硬币直径就应该是 5 戈比硬币的 $\sqrt[3]{0.6}$ 倍，即 0.84 倍。这样计算出的直径为：0.84×25＝21 毫米。

3.11 一层多楼高的硬币

［题］如果面值为 100 万卢布的银币的形状和面值为 20 戈比的是一样的，只是重量增加，那么这枚 100 万卢布的银币直径大小是多少？如果放在一个小汽车旁边，它会比小汽车高出多少呢？

［解］让我们来计算一下银币是不是无比的巨大，这枚银币的体积是 20 戈比硬币的 5000000 倍，所以它的直径和厚度就是 20 戈比银币 $\sqrt[3]{5000000} = 172$ 倍。20 戈比的硬币直径尺寸在上一节我们算出来过，是 21 毫米，那么用 21 毫米乘以 172，得数大约为 3.6 米，这样的高度也就大概相当于一层半楼高，所以这么大面值的银币的实际大小可能比你想象的要小一些吧。如果旁边有小汽车，估计是三个多小汽车的高度。

图 42　这枚巨大的银币面值是多少？

［题］如图 42，如果像图中一样立着这么一枚约

有四层楼高的银币，那么请你按照上面学习的计算方法算出这枚银币的面值有多少？

3.12 不要被图片所蒙骗

通过前面知识的学习，相信你已经会根据直线的尺寸来比较一些几何形状比较相似的物体的体积大小了，那么这样你就不会再因为这类问题而为难，那么下面图中这些臆造的画面里明显的错误相信你一眼就能够找出来。

［题］图 43 就是一张臆造的插图，一个人平均寿命大约为 70 岁左右，在他一生中，如果每天平均喝水量为 1.5 升，也就是七八杯水，那么他总饮水的量为 40000 升。我们一般的水桶容积为 12 升，也就是说想要画出人一生中喝的水，就要比一般的桶大 3300 倍，那么他画出的图 44 是正确的吗？

图 43　一个人一生中喝多少水（请指出图中的错误）。

［解］按照计算，这个容器的实际高度和宽度就是普通水桶的 $\sqrt[3]{3300}=14.9$ 倍，也就是大约 15 倍，那么如果一个普通的水桶桶高或桶宽是 30 厘米，那么想要装下一生喝的水就要用一个高和宽都是 4.5 米的大桶才行，所以在图 44 中画的图比例是正确的。图 43 上水桶的尺寸被过分夸大了。这个容器的高度和宽度应该是普通水桶的 $\sqrt[3]{3300}=14.9$ 倍，化整数为 15 倍。如果一只普通水桶的高和宽各为 30 厘米，那么，要装下我们整整一生的全部饮用水，就需要一个高和宽都是 4.5 米的大桶才够用。所以图 44 所画的水桶的比例是正确的。

图 44　一个人一生饮水量的正确示意图。

［题］同样的臆造案例还有很多，如图 45 所示，一头大公牛，旁边画着一个人，假设这个人一天吃400 克牛肉，那么我们算他的一生有 60 年，他要吃掉的牛肉就有 9 吨左右，大约折合为 18 头半吨重的牛，那么图 45 画的比例是正确的吗？

［解］这幅画显然是错误的，这与我们的生活实际完全不一样，这幅图上的牛足足比实际大了 18 倍，也就是牛的长、粗和高都大了 18 倍，也就是说它的

图 45　一个人一生的食肉量（请指出图中的错误）。

体积比正常的牛大了 18×18×18＝5832 倍。要想吃掉这么大的一头牛，这个人最起码要活两千年才能吃完，这是多么荒谬的事情。所以，正确的画法应该是，这头牛的长、粗和高是平常的牛的 $\sqrt[3]{18}$ 就是 2.6 倍，这样就不会造成上面如此惊人不切实际的现象了。

所以我们从上面几个例子中可以发现，用容器的形状来进行统计数字是很难判断大小的，还是用柱式的图表方便准确。

3.13　你是标准的体重吗

就平均值来看，我们假设人的体型从几何学角度来看是相似的，也就是按照平均的身高为 1.75 米，平均体重为 65 千克。按照这样的比例来计算身高体重的话，如果你的身高比平均的矮 10 厘米，那么你的体重应该是多少呢？

这样计算出来的结果可能会让你感到很意外。一般我们都是这样的解题过程，那就是从平常的体重中减去一部分体重，和 10 厘米占 175 厘米的比例一样，也就是从 65 千克中减去 65 千克的 10/175，但是实际上这种计算方法是错误的，正确的计算应该按照下面的比例式来计算体重：$65 : x = 1.75^3 : 1.65^3$

答案为 $x \approx 54$ 千克。

这样得到的结果和一般的算法相差还是很大的，足足有 8 千克之多。用同样的算法可以得出比平均身高高 10 厘米的一个人的体重应该是多少，用比例式算出来是：

$$64 : x = 1.75^3 : 1.85^3$$

也就是 $x \approx 78$ 千克，那么就是比平均体重多了 13 千克。这比一般人想象多出来的体重要多很多。这种计算方法在医学上有很大的作用，比如根据不同人的体重计算用药量的大小的时候。

3.14　"大人"和"小人"

世界上的最高的巨人有三个十分有名，一位是奥地利的文克尔迈耶，他的身高达到 278 厘米；另一位巨人是法国阿尔萨斯的克劳，身高为 275 厘米；第三位巨人是英国人奥柏利克，身高是 268 厘米（这是当时的数据，现在的记录在不断更新中）。传说中这位英国的巨人都可以用路灯来点燃自己的烟斗，他们比正常的身高都高出将将近 1 米，而侏儒的身高却比正常的矮 1 米，大概在 75 厘米左右。传说中最小的侏儒是名叫阿吉百的阿拉伯侏儒，他的身高只有 38 厘米，那么可以看出巨人是他身高的 7 倍，也就是体重将是他的 343 倍，所以布丰曾经说过他量得一个人身高只有 43 厘米，这个矮人的体重是巨人的 1/260。

那么按照巨人和侏儒一般的身高来计算的话，很多人连他们相差 50 倍都不会相信，更不要提我们之前说到的 300 多倍这么离奇的数字。巨人和侏儒的体重和体积之间的比例关系为：$275^3 : 75^3$

得到 $11^3 : 3^3 = 49$。那么也就是说体重相差约 50 倍。不过我们对他们同种的关系估计有些夸大，不过这有一个前提就是他们身体比例是一样的，所以如果你看到一个侏儒，你会觉得他看上去身体的每一部分的比例都是不一样的，巨人也是这样的，其实称一下重量就知道真正差多少倍了。

3.15　《格列佛游记》中的几何学

在《格列佛游记》中，有一段描写格列佛吃饭的情节很是有趣：

在离我住的地方不远，有一排小房子，里面的环境还不错，有三百名厨师在里面为我做饭，有的厨师干脆全家都搬到房子中，这三百个厨师每人给我做两道菜。在我的餐桌上，有二十个人在餐桌上，另外两百个站在地上，有的扛着酒桶，有的扛着菜盘，只要我说想要什么，桌上的几个人就会用绳子把他们吊上来……

作者在写这本书的时候，描写的大人国和小人国里的东西，都十分谨慎，避免了几何学关系上的错误。比如小人国中，他们的一英尺就相当于我们的一英寸，而在大人国里的话，我们的一英尺相当于他们的一英寸，在小人国里的所有东西和人都只有 1/12，大人国里的也就是我们现实的 12 倍。虽然比例关系很容易表述出来，但是实际上在书中有很多复杂的问题，比如：

1. 大人国里的一个苹果有多重？
2. 格列佛每餐要比小人国的人多吃多少东西？
3. 格列佛做一套服装，比小人国的人多用多少布料？

作者在处理书中的大多数情节都比较合乎实际，既然他设定小人国的居民身高是格列佛的 1/12，那么他们的体积和格列佛相比，就是相当于 12×12×12，也就是格列佛的 1728 分之一，如果想要让格列佛吃饱，那么就要小人国 1728 个人吃的食物才够，怪不得上文中介绍到需要那么多的厨师。

在书中，格列佛在小人国中穿的衣服尺寸的计算都十分精确。按照 12 倍的比例，格列佛身体的面积也就是小人国人的 12×12＝144 倍，这样看起来他所需要的布料和裁缝都要很多，这些在小说中斯威夫特都考虑到了，他在书中以格列佛的口述提到，给他做衣服的裁缝要三百多个，如图 46，由于任务紧急，就找来多一倍的裁缝替格列佛赶制了整套的衣服。

图 46　小人国的裁缝为格列佛量体裁衣。

如此准确的计算在他的小说中基本上每一页都有，如果说诗人普希金在长诗《叶甫盖尼·奥涅金》中写道，"时间是根据日历算出来的"，那么整个《格列佛游记》提到的尺寸都是符合几何学定律，只有极少数地方有些不妥，尤其发生在大人国中的一些现象。

记得有一天，我和一位宫廷的人来到花园，阿姨把我放到了地上，我们俩离得很近，旁边有十几颗苹果树，于是他抓住这个好机会报复我，摇了一下我头上的树枝，于是，苹果像雹子一样砸向我的身上，一个个如同木桶般大小，有一个苹果正好砸在了我的后背上，把我打倒在地上……

之后，格列佛跌倒之后立即爬了起来，但是如果我们一算，这个苹果应该是比我们正常苹果大 1728 倍，也就是大约 80 千克，而且又是从 12 倍高的树上掉下来，如此巨大的力量比正常苹果掉下来要大 20000 倍，可以拿来和炮弹相比，这样砸在格列佛身上是毁灭性的，可他还可以站起来，显然这里是错误的。

还有在计算大人国人的肌肉力量的时候，斯威夫特也犯了很大的错误，在第一章中，一个动物的个头和他是否具有强大的威力是没有关系的。如果按照第一章的这个原理，也就是说大人国的人肌肉力量是格列佛的 144 倍，体重是他们的 1728 倍，这样看来格列佛可以举起和他体重相当的重物，但是大人国的巨人们却只能躺在地上，没有任何能力进行活动。但是在书中斯威夫特却描写得活灵活现的，这就说明他的计算是不正确的。

3.16 为什么尘埃和云可以浮在空中呢

　　许多人认为，之所以尘埃和云之类的物质能够飘浮在空气中，是因为觉得它们是比空气轻的，这种回答是很平常的，大家也认为这是正确的，甚至觉得没有任何可以怀疑的地方。但是实际上，这种解释存在很大的误区，因为尘埃和空气相比，非但不比它轻，反而还比它重好几百倍，甚至数千倍。不要觉得惊讶，下面我们来解释这其中的原理。尘埃到底是什么呢？尘埃就是类似石头或者玻璃碎末、煤炭、金属粉末、木材等等，这些各种各样的重物的微粒，只要你知道了什么才是尘埃，你应该就不会认为这些东西是比空气轻的了吧。这些东西有的还要比水重，有的是水的 1/2 或 1/3，而水的重量是空气的 800 倍，所以尘埃至少也比空气重数千倍。这些数据表明那些认为尘埃是浮在空气里的说法显然是没有进行仔细思考的。

　　所以说，对于这种现象的认识是错误的，能够飘浮在空气里或者液体中的物体，它们的重量不会超过同体积的空气或液体的重量。其实尘埃在空中不是漂浮着，准确地说它们应该是在飘落着，也就是在做缓慢向下落的运动，由于空气阻力的原因减缓了下降的速度，它们在下落的时候会挤开其他空气分子，或者带着空气分子一同下落，这种下落的过程都是要消耗能量的。

　　能量的消耗是和下落物体的横截面积有关的，如果物体的截面积越大，那么它所消耗的能量也就越大。不过如果重量非常大的重物在下降的时候，空气的阻力对它的作用就不会很大了，因为它的重量和阻力相比要大很多。那么如果一个物体的体积减小会对它的重量和截面积大小有影响吗？显然是有影响的，根据几何学的知识，如果体积减小，那么对重量的影响要比对截面积要大，因为重量是和直线的长度的立方成正比的，而阻力是和面积也就是直线的平方成正比的，所以显然重量的变化更加显著。

　　我们来做个试验，准备一个直径为 10 厘米的小球，然后再找一个同样材质的小球，直径为 1 毫米，那么这两个小球的直径比值就为 100∶1，那么大球的重量就是小球的一百万分之一，这样小球在下落的时候遇到的空气阻力就只有大球的万分之一。所以很容易得到小球下降的速度会比大球慢一些，所以，这样就是为什么尘埃会在空气中停留，因为它们尺寸很小，会受到空气阻力的影响，所以并不是因为它们比空气轻的原因。如果直径为 0.001 毫米的水滴在空气中匀速下落，速度为每秒 0.1 毫米，那么即使空气气流再微弱也会影响到它的运动，使它下降的速度变慢。

　　这样就是在没有人居住的房间内灰尘会比许多人住的房间中要多，而且白天的灰尘要比晚上少，因为空气中产生的气流会干涉灰尘的下降，也就是说空气如果不流动也就不会干扰尘埃的下落，像没有人走动的比较平静的场所。

　　所以将一个 1 立方厘米的石块分成无数个边长是 0.0001 毫米的灰尘，那么这个石块的表面积就增加了 10000 倍，这也就说明阻力也增加了这么多倍，所以对于很小的尘埃，空气阻力的增加就会使得尘埃下降的状态变成了飘浮在空气中，所以认为云彩好像是水蒸气的小水泡形成的谬论已经被推翻了。

　　其实云就是无数非常小的紧实的水微粒聚集在一起构成的。即使它们的重量是空气的800 倍，但它们也不会掉下来，因为它们的面积和重量相比大很多。所以即使是很微弱的气流也不会影响云彩缓慢的降落，如果将云拖在一定的水平面上，还会使云彩上升。不过如果是在真空的状况下，尘埃和云都会像石头一样直接落下来，所以这些现象主要的原因就是空气的存在。

第四章

几何经济学

4.1 托尔斯泰的题目：帕霍姆的买地法

几何和经济学也有关系吗？你可能会觉得这两者没什么关系，其实不然，学习完这章以后你就明白了。下面我们先来看一篇故事，这是托尔斯泰著名的短篇小说，名叫《一个人需要很多的土地吗》。

"这地怎么卖的？"帕霍姆问。

"一天 1000 卢布，我们这儿都是这么算的。"

帕霍姆听后一头雾水，"按天计算？这怎么算啊？时间怎么和面积等价呢？"

那个人说："我们不算账，我们就是按天计算的，价钱是 1000 卢布，你一天能圈出多少地，就都是你的。"

帕霍姆一听，心想一天可以圈很多地方的啊，这样岂不很值。

"一天圈出的地方就都归我了？"

酋长看出了他的想法，说道："是都归你了，不过条件是如果你一天之内没有办法回到出发的地方，那钱就白给了。"

"那我怎么标记我已经走过了的地方呢？"

"我们就站在你出发选择的地方，然后你带着一个耙去转圈，你看中的地方就挖个小坑，放进去一些草，就是沿着你犁出的地方来算，只要你日落之前回到我们站的出发的地方，你画多大的圈，那个圈里的地就都归你。"酋长又给他仔细解释了一下。

于是大家就都散去了，约好明天天不亮在这里集合，等太阳出来就开始。

第二天，他们来到草原上，太阳才刚刚出来，酋长来到帕霍姆面前，指着前面的地方说道："就是前面这一片地方，你随便挑出发的地方吧。"

酋长把自己的狐皮帽子拿下来，放在地上，说："就从这里出发吧，日落之前回到这里，圈多少就都是你的了。"

太阳出来了，帕霍姆拿着耙出发了。走了 1 俄里，他就在地上挖了一个小坑，然后继续往前走，又走了一段，就又挖了一个小坑，他走了有 5 俄里，看到太阳已经升起来不少了，他心想，"一天走四站，这算走了一站了，不用急着拐弯，现在走了 5 俄里了，那再走 5 俄里再拐吧。"于是他歇了一会儿又站起来出发了，又走了一段后，他觉得差不多了，于是挖了个大坑，转弯向左走去。

左转后他又走了不少路，然后又拐弯了，天气很热，土丘上雾气蒙蒙的，隐约还可以看到土丘上的人，他想："这两条边差不多走得够多了，这条边看来要走短一些了。"这时候已经将近中午了，第三个边他只走了 2 俄里，现在到原来的地方还有 15 俄里，"就算地不是方方正正的，能拿多少是多少吧，我沿着直线走好了。"帕霍姆又挖了个大坑，继续向前走去。这个时候，帕霍姆感觉很累，但是眼看着太阳一点点地落下去，他根本就没有休息的时间。他的步子越来越沉重了，他不断加快脚步，后来都跑了起来，衣服早就被汗水湿透了，心脏跳得十分厉害，胸膛里就好像有个风箱在不停地抽动。

帕霍姆努力向前跑着，太阳也慢慢下山了，已经离天边很近了，帕霍姆看到了远处的酋长，他竭尽全力向前跑去，太阳已经马上就看不到了，他用尽最后的力气加速跑到帽子的地方，双手扑向帽子。（图 47）"好样的，你终于有地啦！"酋长大声喊起来。一个佣工跑过去想把帕霍姆扶起来，却看到他满嘴是血，已经死在帽子旁边了……

图 47　帕霍姆用尽全力跑着，而太阳就要落山了。

　　这个故事的结局有些悲惨，不过我们并不想探讨故事，我们来看看故事里涉及的几何学知识。这道托尔斯泰出的题目就是，帕霍姆到底跑出了多少土地呢？仔细读完故事你会看到有几个数据，我们可以将他走过的土地在纸上画出来，然后再根据几何的知识求解。

　　[解] 从故事的情节描写中，我们知道帕霍姆是沿着一个四边形进行圈地的。我们看到第一条边是：

　　"不用急着拐弯，现在走了 5 俄里了，那再走 5 俄里再拐吧。"那么也就是说这条边是长 10 俄里的。这个时候他拐弯了，也就是第二条边和第一条成直角，不过他并没提到第二条边走了多长，之后他提到了，"第三个边他只走了 2 俄里"，显然第三条边和第二条边也是垂直的。第四条边也提到了，现在到原来的地方还有 15 俄里，那么根据这些数据我们就可以绘图了。

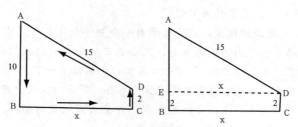

图 48　帕霍姆的圈地路线（左）。
图 49　根据路线计算圈地面积（右）。

　　如图 48，我们画出了帕霍姆圈出的地块的图形，四边形 ABCD 中，AB＝10 俄里，CD＝2 俄里，AD＝15 俄里，其中角 B 和角 C 都是直角。如果从 D 点向 AB 作一垂线垂直于 DE，如图 49，我们不难算出 BC 的边长，直角三角形 AED 中，我们已知 AE＝8 俄里，弦 AD＝15 俄里，那么 ED 约等于 13 俄里。这样就得出了边长为 13 俄里，显然帕霍姆在这个地方出错了，第二条边长实际上比第一条还要长一些。这样图 48 就是准确地绘制出了帕霍姆的平面图。这样我们就能很容易算出梯形 ABCD 的面积了，如图 49 也就是一个矩形 EBCD 和一个直角三角形 AED 组成。面积为：

$2×13+1/2×8×13=78$（平方俄里）

如果根据梯形面积公式也可以算出相同结果：

AB+CD/2×BC=78（平方俄里）

这样我们就知道帕霍姆大概围出的面积为 78 平方俄里，也就大约 8000 俄顷，总共花费 1000 卢布，也就是每俄顷的土地花费了 12.5 戈比。

4.2　怎样的四边形面积最大

［题］帕霍姆在他跑死的那天，他总共走了 10＋13＋2＋15＝40 俄里，也就是沿着一个梯形的四周走了一圈。他最初打算走出一个长方形，但是由于判断失误没有计算好，所以走出了一个梯形，但是这样的形状变化对他的研究是有利还是有弊呢？在走的总长度不变的情况下，如果他想要得到更多面积的土地，应该走什么样的形状呢？

［解］有很多矩形的周长都可以是 40 俄里，它们的面积各不相同。比如：

$12×8=96$（平方俄里），

$11×9=99$（平方俄里），

$13×7=91$（平方俄里），

$14×6=84$（平方俄里），

上面列举出来的周长为 40 俄里的图形面积都比我们之前的梯形面积大，不过也有面积比较小的图形，比如：

$19\frac{1}{2}×\frac{1}{2}=9\frac{3}{4}$（平方俄里），$19×1=19$（平方俄里），$18×2=36$（平方俄里），

那么就无法对第一道题给出明确的答案，因为在周长相等的情况下，有些图形面积比梯形大，有些却比梯形面积小，能否给出一个确切的答案，就是在这个周长下，哪种矩形的面积是最大的呢？

上面各式，我们仔细观察会发现矩形两条边长相差越小，矩形的面积就越大，这样就很容易得出结论，就是如果两边边长之差为零的时候，面积会达到最大值，这个时候矩形就变成了正方形，这个时候面积为 $10×10=100$ 平方俄里。这个面积比之前算出的所有面积都要大，所以正方形是和其他周长相等的矩形相比面积最大的。所以帕霍姆应该沿着正方形的形状走才能走出最大面积的土地，比他走出的梯形多出 22 平方俄里。

4.3　为什么正方形的面积最大

上一题中，我们得出的结论是，正方形有种特性也就是，和它周长相等的矩形相比，正方形的面积最大，那么能不能用几何的方法予以证明呢？下面我来论证一下。

如果矩形的周长我们用 P 表示，假如矩形是正方形，那么它的边长就是 P/4，那么我们需要证明的就是，如果缩短一条边长，那么另一条边长就要增加，这样得到的面积是比正方形面积小的。假设一条边长缩短的长度为 b，那么另一条边增加 b，我们假设正方形面积大于矩形面积，得到的式子为：$(\frac{P}{4})^2 > (\frac{P}{4}-b)(\frac{P}{4}+b)$

式子右边等于 $(\frac{P}{4})^2 - b^2$，所以，算式可以整理为：$0 > -b^2$ 或 $b^2 > 0$。

得出的这个式子是显然成立的，因为任何非零数的平方都是大于零的，也就是说明之前列出的不等式是成立的。那么就证明了周长相等的情况下，正方形的面积是最大的。

也可以得出这样一个结论，就是如果面积相等的情况下，所有矩形中正方形的周长是最短的。这个命题我们可以用反证法来证明，假设这个说法不对，那么就说明存在一个矩形 A，它的面积和正方形 B 是一样的，但是周长却比正方形短，这样的话，假如用和矩形 A 相同的周长作正方形 C 的话，这个正方形 C 就应该比矩形 A 面积更大，也比正方形 B 面积更大，这样会发生什么呢？也就是正方形 C 的周长比正方形 B 短，面积却比它大，这显然是不成立的，既然边长要短，那么面积对应的也会变小，也就是说同面积的矩形中，正方形是周长最短的。

这样，如果帕霍姆知道这几个正方形的特征，他也就会正确地得出最大面积的地块，也会知道自己的力量，如果他不费劲儿地跑 36 俄里，那么就能得到边长为 9 俄里的正方形，也就是能够得到一块面积为 81 平方俄里的土地，这比他跑得累死得到的土地还要多出 3 平方俄里。如果他只想得到 36 平方俄里的土地，那他只要跑出边长为 6 俄里的正方形也就可以了。

4.4　还有面积更大的形状吗

你或许有这样的疑问，帕霍姆为什么一定要走出一个四边形呢？会不会走出其他形状面积更大呢？三角形、四边形、五边形甚至更多条边会不会得到更大的土地呢？

如果再从严格的几何学角度来重新进行证明和计算，可能你看了会感到很无聊，那我们就只向大家介绍一下结果。首先，我们可以证明在所有周长相等的四边形中，正方形的面积是最大的，这个我们在上一节中就解释证明过了。所以如果帕霍姆想得到四边形的土地，那么他一天只能跑 40 俄里的状态下，他能得到的土地一定不会超过 100 平方俄里。其次，我们可以证明，在周长相等的情况下，正方形的面积永远比任何三角形大。简单计算一下，如果周长相等的等边三角形，边长也就是 40/3 俄里，那么它的面积就是：$\frac{1}{4}(\frac{40}{3})^2\sqrt{3} \approx 77$ 平方俄里，这个面积比帕霍姆在小说中围出的面积还要小一点。

周长相等的三角形中等边三角形面积最大，这一点我们会在后面来解释。那么面积最大的三角形都要比正方形小，其他的三角形面积就更不值一比了。不过，如果帕霍姆想到五边形、六边形，那么正方形面积的优势也就没有了，因为正五边形的面积比正方形还要大，正六边形更大，我们拿正六边形做个例子，如果周长还是 40 俄里，那么正六边形边长就是 40/6 俄里。那么它的面积为：$\frac{3}{2}(\frac{40}{6})^2\sqrt{3} \approx 115$ 平方俄里。所以如果帕霍姆选择走出一个正六边形，那么在花费相同的精力和体力的情况下，就可以得到一片更大的土地，比他跑出的土地多出 115−78＝37 平方俄里，比一个正方形的土地多出 15 平方俄里的土地来，不过这种图形想要走出来就要带上测角仪了。

［题］如果给你六根火柴，那么请你拼出一个图形使得它的面积最大。

［解］我们知道，六根火柴可以拼出很多的图形，比如等边三角形、矩形、不等边五边形、不等边六边形、正六边形，如果你将这些图形一个个进行比较，那么你也会得到和几何学家一样的结论，那就是正六边形的面积是最大的。

4.5　谁的面积最大

我们可以证明一个正多边形的地块，它们的边长相等的情况下，边数多的面积也就大，所以在周长一定的情况下，圆形的面积是最大的，所以如果帕霍姆知道这个特性，跑出一个圆形那么他跑完 40 俄里，可以跑出的面积达到 127 平方俄里。

那么是不是再也没有任何一种图形在周长相等的情况下会具有比圆形更大的面积了呢？你可能会觉得这个圆的特性看起来是正确的，但是很想知道如何用几何的理论来证明它，其实，能够证明的证据并不充分。数学家施泰纳在提出圆的特性的时候给出过一些证据，但是并不是很严谨，而且他的证明过程十分烦琐，如果你不是那么感兴趣可以直接看后面的内容，不过我们还是提供给那些对这个问题感兴趣的人他的证明过程。

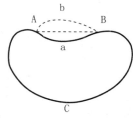

图 50　确定周长相等而具有最大面积的图形应该是凸边形的。

我们要证明在周长一定的情况下，面积最大的图形是圆形。所以我们先要确定这个最大面积的图形应该是凸边的，那么就是说它所有的弦都是在这个图形的内部，如图 50，AaBC，就有一条弦 AB 是在图形外的。那么我们就用 b 弧替代 a 弧线，a 和 b 是对称的，这时候 AbBC 的周长没有改变但是面积增加了。所以像 AaBC 这样的图形不可能成为等周长情况下面积最大的图形。所以就能证明应该是凸边的图形，接下来我们确定另外一个特性，就是将这个图形的周长分成两个相等弦，那么必然将这个图形的面积平分。如图 51，AMBN 是所要求解的图形，MN 弦把图形的周长分成两个相等的部分，那么我们要证明 AMN 的面积和 MEN 的面积是相等的。这里我们可以用反证的方法，假如有一部分大于另一部分，也就是 AMN＞MBN 的话，那么将图形 AMN 沿 MN 线对折，这样我们就得到一个新图形 AMA′N，这个图形的面积比原来的大，但是周长是不变的，这也就是说图形 AMBN 里的弦虽然是将周长等分了，面积却不是等分的情况，所以说图形 AMBN 就不是我们想要的图形，也就是它不是面积最大的。

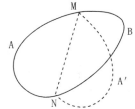

图 51　假如一条弦将面积最大的凸边形的周长分成了二等分，它也就把面积分成二等分。

在进行下面的证明之前，我们来补充一个定理：所有已知两边长的三角形，面积最大的将是这两个已知边的夹角等于直角的三角形。如果想要证明这点，我们一直两边为 a 和 b，那么夹角为 C，那么三角形的面积为：$S = 1/2ab\sin C$。

可以看到，边长已知固定的情况下，只有当 sinC 的值最大的时候也就是等于 1 的时候公式才会有最大值，而 sinC 等于 1，那么 C 角就是直角。下面我们就继续来证明我们的问题，就是周长相等的图形中，圆形的面积最大。如图 52，我们假设有一个非圆的凸边形 MANBM，在周长相等的情况下，它有最大的面积，在这个图形上，我们将它的周长分为两等分的弦 MN，那么我们已知这样的弦同样可以将图形的面积一分为两等分，所以我们将 MKN 沿着 MN 对折，这时候

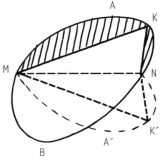

图 52　假设存在这样一个非圆形的凸状图形。

就变为和原来图形对称的位置，也就是 MK′N。这时候，图形 MNKM 和原来的图形 MKNM 的周长和面积都是一样的。因为 MKN 弧不是一个半圆周，所以，与线段 MN 不成直角的弧上的点是存在的。如果我们假设 K 为其中之一，那么 K 就是和它对称的一点，而且角 K 和角 K′都不是直角。我们保持 MK、KN、MK′，和 NK′边的长度不变，然后将它们分开（或移动）时，使得它们之间的夹角 K 和 K′变为直角，也就是两个直角三角形。

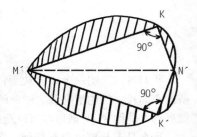

图 53　我们来证明，在周长相等的情形下，最大面积的图形只有圆形。

这时候两个三角形是全等三角形，如图 53，这两个三角形被弦合在一起，用弧线连接它们相应的位置，就得到图形 M′KN′K′，它和原图形的周长是一样的，但是由于直角三角形 M′KN′和 M′K′N′具有的面积要比非直角三角形 MKN 和 MK′N 大一些，所以它的面积也要大一些。那么就说明任何周长相等的非圆形，它们都不可能拥有最大的面积，我们无法做出周长相等却比圆形更大面积的图形来，所以这就是证明这个论题的过程，如果想要证明在面积相等的图形中，圆形的周长最短也是很容易的，可以参见我们讲正方形特性中所讲到的论证方法。

4.6　难拔的钉子

[题] 你觉得钉子是什么形状的会比较难拔呢？是圆形的还是三角形，抑或是正方形的？如果这三枚不同形状的钉子钉进去的深度一样，横截面积也是一样的，那么最难拔出来的是哪一枚？

[解] 当钉子和周围的材料接触面积大，那么摩擦力也会增加，钉子钉得也就比较牢固，所以这里就要求出三个钉子中哪一个的侧面积更大。在面积相同的情况下，我们知道正方形的周长小于三角形，而圆形又比正方形小，所以如果将正方形的边长设为 1，那么这三个钉子的横截面周长分别是：正方形钉子——4.00，圆形钉子——3.55，三角形钉子——4.53。

所以，钉的最牢固的就是三角形的钉子，但是由于这样的钉子比较容易被弯曲弄断，所以在市面上比较少见的。

4.7　最大体积是什么形状

在之前几节中讲到的圆形的特性，在球形中也是适用的，也就是相同表面积下，球形的体积是最大的，反之相同体积的物体中，球形的表面积是最小的，这些特性在我们的生活中有着很重要的意义。如果温度计的水银球不是球形，而是圆柱形，那么，温度计受热或冷却后温度变化的速度会变快一些。与之相反的，餐厅用来烧水的精美茶壶要比圆柱形或者其他形状的茶壶的表面积更小，这样这种茶壶表面散热的速度就会慢一些，达到一定的保温效果。

正是由于同样的原因，地球是由一层硬壳和核心构成的，所以表面积受到影响的时候必然会影响体积；减少体积，就紧缩得更密，所以当它的外部形状受到变化而和原先的球形发生偏差，那么内部就会跟着紧缩。这是几何学上的事实，这也和地壳变化以及地震现象有着内在的联系，不过这一点还是要地质学家具体的解释。

4.8 两数之和不变的乘数的积

在前面我们研究的问题中都包含着经济学的观点，比如在同样的体力下走 40 俄里的路程，怎样才能使这走的 40 俄里得到最有利的结果，也就是圈出的地块最大呢？本章探讨几何里面的经济学是科普读物里的说法，这类问题在数学中一般被称为"最大值和最小值"的问题。这种题目各种各样，难度各异，有的甚至只能用高等数学解答，但有些比如我们前几节讲的题目就用普通的数学知识就能做出来。下面我们就来继续研究两个乘数的和相等，它们的乘积有什么特性。

我们知道当两个和相等的数的乘积的性质，也就是之前我们证明过正方形的面积是同周长矩形中最大的，如果将几何上的语言转化为算术语言也就是，如果想要将一个数一分为二并保证它们的乘积最大，就需要将这个数等分。

比如，在下面所有数字的乘积中，

16×14、13×17、11×19、12×18、15×15、10×20，等等，这两个乘数的和都是等于 30，最大的乘积是 15×15，所以，即使用小数来进行乘法计算，比如 14.5×15.5，这两个数乘积依然没有两个 15 乘积大。

这个特性同样适用于相同和的三个数的乘积，当三个乘数都相等，它们乘积得到最大值。假设有三个乘数 x，y，z，它们的和为 a：x＋y＋z＝a。

又知道 x 和 y 是不相等的。那么如果我们用（x＋y）/2 表示和的一半来取代它们中的每一个数，这样数的和不会有变化：（x＋y）/2＋（x＋y）/2＋z＝x＋y＋z＝a。

但是，根据之前的叙述，因为（x＋y）/2·（x＋y）/2＞xy，所以，这三个数的乘积为：（x＋y）/2·（x＋y）/2·z。

将会大于 xyz 的乘积：（x＋y）/2·（x＋y）/2·z＞xyz。

所以，只要这三个乘数中其中有两个是不相等的，那么就可以挑选出不改变乘数总和而比三个数乘积更大的数，只有在三个数彼此相等的情况下才是可能的。所以，x＋y＋z＝a 的时候，xyz 的乘积达到最大值的条件为：x＝y＝z。

在下面几节中，请你用这个特性来解答一些有趣的题目吧。

4.9 面积最大的三角形是什么

[题] 当三角形的各边之和是固定的时候，它是什么形状的时候，能够有最大的面积？

这个特性我们之前已经发现了，但是怎样用几何的方法来证明这一点呢？

[解] 假如我们已知三角形的三条边为 a，b，c，周长为 2p，那么这个三角形的面积 S 为：$S = \sqrt{p(p-a)(p-b)(p-c)}$，

两边同时平方变形为：$\frac{S^2}{p} = (p-a)(p-b)(p-c)$。

从公式中我们能够看出来，三角形的面积的平方 S^2，或者 $\frac{S^2}{p}$ 的值最大的时候，面积 S 的值才最大。公式中的 p 是周长的一半，按照题目中的意思是一个不变的数值。所以这两个部分在等式中是同时得到最大的值，所以问题就简化为，乘积 $(p-a)(p-b)(p-c)$ 在什么条

件下可以达到最大值。

由于这三个乘数的和是固定的值 p－a＋p－b＋p－c＝3p－(a+b+c) ＝3p－2p＝p，

所以就有：各个乘数相等的时候，能达到最大值，也就是：p－a＝p－b＝p－c。

所以就有：a＝b＝c。也就是说，如果周长是已知固定的，那么三角形在三条边相等的情况下面积最大。

4.10 最重的方木梁怎么锯

［题］如果我们想要把一根圆木锯成一个最重的方木梁，应该怎么做呢？

［解］这个题目的意思就是要在圆中作出最大面积的矩形，如果前面的知识你已经充分掌握了的话，那么你就会知道最大的矩形也就是正方形，我们可以通过下面的严谨证明来解释这一点。如图54，假如这个矩形的一条边用 x 表示，另一条边就用 $\sqrt{4R^2-x^2}$ 表示，这段圆木的截面半径用 R 表示，所以矩形面积就是：$S=x\sqrt{4R^2-x^2}$

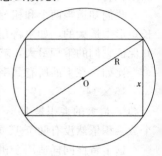

所以开平方得到：$S^2=x^2(4R^2-x^2)$

这样两个乘数也就是 x^2 和 $(4R^2-x^2)$，它们的和是已知固定的数值为 $4R^2(x^2+4R^2-x^2=4R^2)$，那么它们的乘积 S^2 在

图 54 最重的方木梁。

$x^2=4R^2-x^2$，即 $x=R\sqrt{2}$ 的条件下达到最大值。所以这时候的 S 值也就是矩形的面积也会达到最大值。

这样最大面积矩形的一个边长为 $R\sqrt{2}$ 也就是这个内接正方形的边长，这样截取的正方形做成的方木梁就会是体积最大的，也就是最重的。

4.11 三角形中的矩形

［题］如果想要在一块三角形的硬纸板上截取一个面积最大的矩形，而且矩形的边还要和三角形的底和高是平行的，那么怎么截取呢？

［解］假设给定的三角形为 ABC（图55），那么 MNOP 就是切割下来留下的矩形，因为三角形 ABC 和三角形 MBN 是相似关系，那么：BD/BE＝AC/MN，也就得出 MN 为：MN＝BE×AC/BD

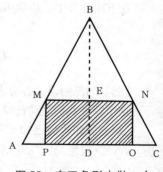

如果矩形的一条边长 MN 我们用 y 来表示，从三角形顶点到 MN 线的距离 BE 用 x 表示，三角形边长 AC 用 a 表示，三角形的高度用 h 表示，这样算式就会改为：y＝ax/h

那么矩形的面积 S 为：S＝MN×NO＝MN×(BD－BE) ＝(h－x) y＝(h－x) ·ax/h

那么 Sh/a＝(h－x) x

图 55 在三角形中做一个最大的内接矩形。

也就是如果想要面积 S 达到最大值的话，也就是要乘数（h－x）和 x 的乘积达到最大值。

因为 h 和 a 已经是定值，那么 h−x＋x＝h 的和也应该是一个定值，所以：h−x＝x 的时候它们的乘积是最大的，也就得出：x＝h/2

这样我们就知道了怎么截取这个矩形，也就是矩形的 MN 边通过三角形高的中点，并且和三角形两条边的中点相连，这样矩形的一条边为 a/2，另一边就是 h/2。

4.12　怎么做出最大的盒子

［题］一位铁匠师傅收到了一个订单，要求他用一张边长为 60 厘米的正方形白铁皮做出一个没有盒盖的盒子，盒子需要有盒底，不过要求是最大的容量。这位铁匠想了好久，每一条边究竟要折进去多宽呢？下面我们就来帮铁匠来解答这道题目。

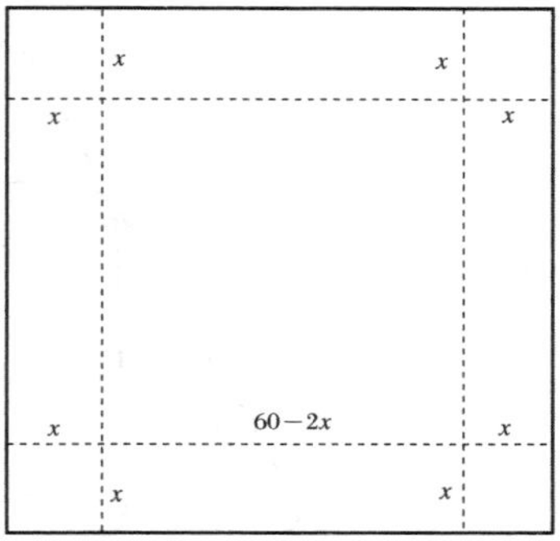

［解］如图 56，假设需要折出的边宽度为 x 厘米，这样正方形的铁盒子盒底的宽度就是（60−2x）厘米，我们就可以算出铁盒的容积 v 的大小，用字母表示为：

v＝（60−2x）（60−2x）x

从这个式子中我们可以得出，当 x 的数值等于多少的时候，这个式子的乘积才是最大的呢？那么三个乘数之和是定值的话，那么就是在这三个数相等的情况下，乘积是最大的，这里这三个乘数的和等于：

60−2x＋60−2x＋x＝120−3x

图 56　解答铁匠师傅的难题。

这个数值会随着 x 的变化而变化，不过要想使三个乘数的和为定值很简单，在等号两边乘以 4 就可以了，式子变成了：4v＝（60−2x）（60−2x）4x。

那么这些乘数的和为：60−2x＋60−2x＋4x＝120

这时候的值就是定值了，也就是达到最大值的情况时，60−2x＝4x，那么就得出最终的结果为：x＝10

所以这个时候 v 也会达到最大值。这样，我们就只需要将每一条边折进去 10 厘米就可以得到容量最大的铁盒。那么这个铁盒的容积为：40×40×10＝16000 立方厘米。一旦多折进去一厘米，盒子容量就会相应的减少，比如：9×42×42＝15876 立方厘米。容积的确减少了。

4.13　圆锥体中的圆柱体

［题］现在有一块圆锥形的材料，如图 57 一名车工手里拿的，如果让他将这块圆锥形的材料变为圆柱体，怎样才能去掉最少的材料而得到呢？车工拿着圆锥形开始思考做出的圆柱体是细高形（图 58 左），还是矮胖形（图 58 右）呢？他想了半天也没有想到怎样形状的圆柱体体积最大而且丢弃的材料最少，你能帮他想想应该怎么做吗？

［解］这道题从几何学的角度就可以解答。如图 59，假设 ABC 代表的是圆锥体的截面形状，那么用 h 表示它的高 BD，地面半径 AD＝DC，半径用 R 表示，假设车出来的圆柱体的截面积为 MNOP，这样，为了使得圆柱体体积最大，就要求出圆柱的上底和圆锥顶点 B 之间的距离 BE，我们用 x 表示。

这样我们就能求出圆柱的底面半径 r，也就是 PD 或者
ME，得出比例式为：

ME：AD＝BE：BD，即 r：R＝x：h

解出比例式得到：r＝Rx/h

因为圆柱的高为 h－x，也就是 ED，所以体积等于：

$$V = \pi(\frac{Rx}{h})^2(h-x) = \pi\frac{R^2x^2}{h^2}(h-x)$$

这样就得到 $\frac{vh^2}{\pi R^2} = x^2(h-x)$

在 $\frac{vh^2}{\pi R^2}$ 式中，h、π 和 R 的数值都是恒定的，其中 v 是变

图 57　车工的难题。

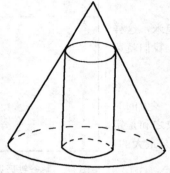
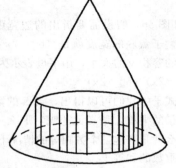

图 58　从一个圆锥形材料可以车出细长的或者粗短的圆柱。车成哪
一种去掉的材料最少？

数，那么就要找到一个 x 的值，使得 v 的值最大即可。我们可以
发现 v 会随着 $\frac{vh^2}{\pi R^2}$ 也就是随着 $x^2(h-x)$ 变化，它们会同时成为
最大值。也就是我们要知道 $x^2(h-x)$ 什么时候才是最大值呢？这
个式子中有三个变量，x、x 和（h－x）。假如它们的和是固定的
值，那么它们的乘积会在它们都相等的情况下最大，如果等式两
边分别乘以 2，那么要想使三个乘数的和是定值，我们就会得到
等式：

$$\frac{2vh^2}{\pi R^2} = x^2(2h-2x)$$

所以右边三个乘数有固定的和 x＋x＋2h－2x＝2h

当这几个数都相等的时候，乘积是最大的，我们得到：x＝2h－2x，x＝2/3・h

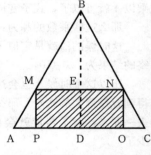
图 59　圆锥体和圆柱体
的轴线截面。

也就是 x＝2/3・h 的时候，$\frac{2vh^2}{\pi R^2}$ 会达到最大值，也就是圆柱的体积 v 这时候也是最大
值。所以计算过后我们知道，应该车出一个怎样的圆柱体了，也就是圆柱的上底面距离现在
圆锥的顶点，自上而下的 $\frac{2}{3}$ 的地方即可。

4.14 拼接长木板的技巧

有没有这样的情况，你想要做什么东西的时候，总会发现本来现有的材料尺寸并不能直接拿来就用，需要凭着几何学的知识来解答。假如你要做一个书架，那么你就需要一块一定尺寸的木板，假如你只有一块长 75 厘米、宽 30 厘米的木板，而你却想要一个 100 厘米长、20 厘米宽的木板，如图 60，怎么才能达到你的目的呢？

图 60 只能锯三次拼一次，怎样把木板接到最长？

如图中虚线所示，可以沿着木纹锯下一个 10 厘米宽的一条边，然后将木条分成三段长 25 厘米的木板，其中两段，接到大木板上，如图 60 下，按照这样的方法锯三次，拼三次，也不是很麻烦，但是整个木板的牢固程度就会降低。有没有一种方法可以提高牢固程度，减少拼接呢？

[题] 请你想出一个方法，锯三次却只需要拼一次就能得到这块木板。

[解] 如图 61，我们沿着木板 ABCD 的对角线锯开，这样就得到两块三角形，将其中一块三角形 ABC 沿着对角线平行的移开一定的距离，这段距离为 C_1E，这段距离等于少的长度，也就是 25 厘米；这样这两个半块长度加在一起就等于一米，然后沿着 AC_1 线重新拼接起来，用胶黏好，这时候就会多出两个小三角形，如图中阴影部分，将这两部分锯掉就可以了。

两个三角形 ADC 和 C_1EC 实际上是相似的关系，所以可以得到比例式：

AD：DC＝C_1E：EC，

那么：EC＝DC/AD·C_1E，

得到　　　EC＝30/75·25＝10（厘米）

最后求出　DE＝DC－EC＝30 厘米－10 厘米＝20 厘米

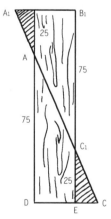

图 61 接长木板的方法。

4.15 哪条路线最短

[题] 如果想在一条河的岸边修建一座水塔，如图 62，使得水塔可以沿着水管的方向给 A、B 两个村庄供水，那么把水塔建在什么地方才能保证从塔到两个村庄的水管长度是最短的呢？

[解] 这是一道研究"极大值和极小值"的问题，只需要用简单的几何作图法就可以得出结果了。其实求水管的长度也就是求从 A 到河岸然后再到 B 的最短距离。如图 63，我们要求的就是 ACB 的最小值。将图沿着 CN 线折起来，然后就会得到点 B'，如果 ACB 是最短的路线，那么 CB'＝CB，也就是 ACB' 应该小于任何一条其他的线路，比如：ADB'。这样，如果

要求最短的线路，只要找出直线短的路线 AB'和岸边相交的点 C 就可以了。然后再把 C 和 B 连接起来，这样就得到了 AB 之间最短的路程了。

当我们从 C 点出发作垂直于 CN 的线段时，可以得出两段最短的线段和这条垂直线段所形成的角度 ACP 和 BCP，两个角是相等的，也就是∠ACP＝∠B'CQ＝∠BCP。

这时候，如果你学习过了物理学中的光学一章，就会觉得这张图非常熟悉，这就是光学的反射定律，入射角等于反射角，也就是光线在反射过程中选择的是最短的路线。这个原理早在古希腊时期，著名物理学家和几何学家希罗就已经发现了。

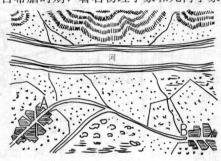

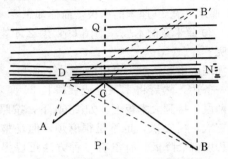

图 62　水塔的问题。　　　　　　图 63　选择最短路线的几何解题法。

趣味力学

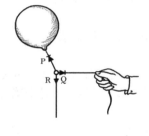

❋ 第一章 ❋
力学的基本定律

1.1 从鸡蛋到宇宙的相对论

一家知名报纸曾转载了美国《科学和发明》杂志这样一个问题：有两个硬度一样的鸡蛋，分别拿在两只手里，用其中一只手里的鸡蛋去撞另一个鸡蛋（图1），注意两个鸡蛋撞击的部位是一样的。那么，这两只鸡蛋中的哪个会破呢？

图 1 哪个鸡蛋会破？

问题一出，立即引起轰动。大家纷纷写信给杂志社，阐述自己认为正确的答案。

有一些人认为是主动撞击的那个鸡蛋会破；也有人不同意这种说法，他们认为去撞的鸡蛋一定不会破。初看这两种说法，似乎都有可能。但是准确的回答让持这两种观点的人都大吃一惊！

通过多次实验得出，两个蛋都有被撞破的可能，只不过主动去撞的那个鸡蛋破的概率更大。

《科学和发明》对实验结果做出了这样的解释："大家都知道拱形物体都很能承受外在压力，鸡蛋壳的曲状面就属于拱形。当撞击发生时，那只承受撞击的蛋只受作用在蛋壳外面的力，而主动撞击的鸡蛋不仅受着外壳的作用力，蛋清和蛋黄这时候也从内部向蛋壳施压。虽说拱形物体很能承受外在压力，但对从拱内来的这种压力承受程度差很多。"

且不说实验结果推翻了大家的两种说法，就是这种讨论方法本身也不正确。大家在讨论的时候说"主动去撞的蛋"是指这个蛋处于运动的状态，而"被撞的蛋"则是静止的状态。其实，要说清楚这两个蛋哪个"动"，哪个"不动"是不可能的。因为动或不动取决于相对的物体。

如果说是相对于地球，那么是对地球的哪一种运动？地球以十种不停的运动存在于宇宙中，这两个蛋也随之做十种运动，至于两个鸡蛋中的哪个在群星中运动的更快些，谁也说不好。

就算是翻阅了所有的天文学著作，找到了固定不动的星球来与这两只蛋比较，还是不会有什么结果。因为，所有的星球在银河系中都相对运动着。其实就连银河系相对于其他星系也是处于不断的运动中。

从这个鸡蛋相撞的问题我们竟一路来到了宇宙，虽然没有用这个方法找出"鸡蛋"的答案，我们却能从中领悟到一个很重要的道理：如果说物体在运动，那就要指出是相对于哪个物体。只要是运动，涉及的至少要有两个物体的相互接近或相互远离。实验中的两个鸡蛋都处于互相接近的运动之中，它们碰撞的结果与大家所说的"动"和"不动"没有关系①。

上面所述其实就是"经典力学里的相对论"。这个相对论与"爱因斯坦的相对论"是不同的，千万不要将二者混为一谈。"经典力学里的相对论"是几百年前由伽利略提出的，而"爱因斯坦的相对论"出现在 20 世纪初。

1.2　在原地飞驰的木马

"经典力学里的相对论"是由伽利略提出来的，但也有很多人虽没读过他的著作却能意识到"相对"这个道理，著名的西班牙作家塞万提斯在《堂吉诃德》这部作品中有一段关于堂吉诃德与随从骑木马之旅，这段文字就隐含着经典力学里的相对论：

"骑到这个马背上吧，在马脖子上有个机关，您只要轻轻按动机关，木马就能飞起来把您送到玛朗布鲁诺。但是这个木马飞得太高了，为了防止头晕，你们要蒙上眼睛才行。"

人们果然骗过了堂吉诃德。

在堂吉诃德与随从的眼睛被蒙上后，堂吉诃德将机关拧开。这主仆二人真的以为自己在空中飞了。

"我想说，我还从没坐过这么稳的坐骑呢，好像身边的东西都在动，我还能感受到吹来的风。"堂吉诃德向侍从说。

"没错!"桑丘回应主人，"向我吹来的风太大了，就像一千只风箱对着我。"

他们俩不知道，实际上就是有好几只大风箱对着他们吹呢。

上面这段文字中，风箱就是起了让堂吉诃德误以为自己在飞的作用。依据的就是在机械效果上匀速运动和静止完全不能分别的原理。我们在游乐场和公园里见到的旋转木马等游戏设施，都是以塞万提斯的木马为蓝本制作的。

1.3　和常识看似相悖的力学

如果你问火车司机："开火车时，是火车向前运动还是周围景物在向后运动?"火车司机凭着常识，一定会这样回答："消耗能量的是火车，当然是火车向前运动。"乘坐火车的人们在运行的车上睡觉、吃饭、聊天，却从没理会过列车正在飞驰。一提到静止和运动，人们自然地将它们放到对立的位置上。如果对他们说可以将疾驰的火车看成是静止的，铁轨和四周的树木可以看成是向与车头相反的方向运动的话，他们一定会竭力反对。

乍看起来，这些人说的似乎没错。不过，当你的思维跟着下面的文字想象一下，就明白这些人的错误了：

火车沿着一条铺在赤道上的铁轨向着与地球自转的相反方向行驶（也就是西面）。这时，火车燃烧燃料可以说成是为了将自己稍微落后于同时向东运动的四周环境。也可以这么说，火车不断地消耗燃料只是为了不被四周向后退的环境携走。由此可见摆脱地球的旋转也不是

---

①　其实这是一个重要的力学知识点，在地面上两个互撞的物体，两个鸡蛋跟外界是有联系的。碰撞的破坏力还没有空气对它的大。主动去撞的蛋，在它停下来时，蛋清和蛋黄也能对蛋壳造成破坏力。这个知识点将在下一节里为读者仔细讲述。

毫无办法，只要司机将火车开到每小时 2 千米就实现了。但是，目前除了喷气式飞机以外，还没有能达到这个速度的交通工具。

人在观察物体运动的时候就已经参与到匀速运动里了，这并不影响被观察的现象和它的定律，所以人们可以研究两个物体的相对匀速运动。但是，谁都没办法在一瞬间就认定存在的是静止还是匀速运动。物质世界的构造规律决定了人们无法确定究竟是货车在运动还是周围环境在运动。

1.4 船上的相对论

如果在一艘匀速运动着的船，有两个人在这艘船甲板底下的大房间里。这两个人能一下子就判断出船是处于运动状态还是静止状态吗？答案是不能。如果在这样的房间里向船头跳也不会比向船尾跳得更远些。虽然这艘船是在高速前行中，跳出的距离还是与在平地上跳出的距离一样。如果这两个人中的一个将手中的东西向另一个掷去，所花的力气也并不因为是从船头向船尾抛掷而比从船尾丢向船头抛掷小……

图 2 谁的子弹先射到对方身上？

上面的这段就是引自伽利略所著的关于经典相对论的书（这本书曾险些将他送上宗教裁判所的火堆）。

我们再来假设一种情况。一艘匀速直线行驶的船上，两个决斗的人在甲板上用枪瞄准对方（图 2）。他们丝毫不用担心"运动"会带来公平问题。面向船尾的人射出的子弹虽然是与船行的方向相反，但子弹的目标是向它迎面驶来，正好弥补了子弹减低的速度。从船头射出的子弹速度虽因与船行方向相同而较快，但子弹的目标正在离开子弹，这就平衡了它的速度。也就是说，这两个人在运行的船上决斗的结果与在地面是一样的。

上面这些在船上模拟的情况其实都因循了经典相对论的原理：无论它是在跟地面相对地做着匀速直线运动还是静止不动，都不会影响在体系里进行的运动的特性。

1.5 被广泛运用的风洞

在实验室里放置一个很大的管子（图 3），管子里能吹出空气流，将这股空气流对着悬挂着不动的飞机或汽车模型，人们利用这个装置来研究空气对飞机或汽车的阻力。这根实验用的管子就叫作风洞。

在实际生活中，本来是汽车或飞机在高速向前运动，而空气不动。而之所以有风洞这个实验方法，是依据了经典相对论原理中"静止与运动的相对关系"将运动的对象颠倒了，即让风运动，而让飞机或汽车保持静止，从而得出的风对汽车或飞机的阻力作用，这种研究结果是准确无误的。

这种风洞实验法已经被广泛应用，而且这种技术还在不断发展。现在风洞吹出的空气速度已经可以达到音速，尺寸也不再是以前那么小。由于风洞实验法的发展，实验室中放置的实验品已经是真实的飞机和汽车，而用缩小模型做实验的时代已经过去了。

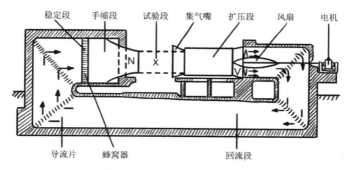

稳定段　手缩段　　试验段　集气嘴　扩压段　风扇　　电机

导流片　蜂窝器　　　　　　回流段

图3　风洞的纵截面。飞机或机翼的模型悬挂在标有 x 标记的工作舱里，空气在风扇 V 作用下，沿箭头方向移动，经过狭窄的 N 吹向工作舱，然后再被吸入风洞。

1.6　运动的水

关于水有这样一个有趣的现象：在流淌的水中直立放入一段下端弯曲的管子，要将弯曲的一头冲着水流来的方向（图4），直立的那段管子就会涌进水，而且水面高于流水的面。这根管子被称为"毕托管"，水流越快，管子里的水面也越高，原理就是经典相对论。

老式的蒸汽机车使用煤燃烧的热量将水变成蒸汽来推动机车前行。这种机车的车头后面挂着一节专门用来装煤和水的车厢，这样的车厢叫作煤水车。铁路工程师利用上面所讲的原理，让机车在疾驰中也能加水。

在车站的两条钢轨中间挖有长形的水槽（图4）。有一条弯管子从煤水车的底部垂下来，管口迎向火车行进的方向。他们用管子的运动来替代流水的运动，用水箱中水的静止来替代管子的静止。这样，火车驶过水槽时，管子立即涌进水（图4的右上图）。根据水力学（力学中专门研究液体运动的分支学科）的定律，物体利用水流速度能达到的竖直高度就是毕托管里水面的高度。利用公式：$H = V^2/2g$

图4　疾驰中的火车怎样加水。在两条铁轨之间修设一个长长的水槽，煤水车下端的管子浸入其中。左上图为毕托管。把这个管子放入流动的水中，管子里的水平面会高过水槽里的水面。右上图为疾驰中的火车运用毕托管为煤水车加水。

V 代表水流速度，g 代表重力加速度，也就是 9.8 米/秒²。火车运行的速度就是毕托管与水的相对速度，假设这个速度是 36 千米/时（在火车的速度中不算大）来计算，排除摩擦力和涡流对速度的影响，V 也不会小于 10 米/秒。将这些数字带入公式：$H = 10^2/2 \times 9.8$，计算出的结果是 5 米，这样的高度给煤水车加满水绰绰有余。

1.7　牛顿三定律中的惯性定律

力是运动发生的原因。"一个物体，无论是静止、在惯性作用下，还是在有其他力的作用下运动，这些都不能影响力对物体所起的作用。"这句话是力的独立作用定律，是由牛顿三定律（经典力学的基石）的第二定律推论出来的。牛顿三定律的第一定律是惯性定律；第三定律是作用和反作用相等定律。在这一节中，我们主要向大家讲解其第一定律——惯性定律。

如果没有学习过物理学，那么你一定会觉得这个惯性定律很奇怪，因为你的习惯思维与它恰恰相反。对于惯性定律，有这样一种普遍的错误认识：没有外来因素的影响，物体的原有状态就会一直持续。

惯性定律的内容是：任何物体在不受任何外力的时候，总保持匀速直线运动状态或静止状态，直到作用在它上面的外力迫使它改变这种状态为止。需要注意的是，惯性定律只针对静止和运动两种状态。从这个定义我们可以得出，物体受到了力的作用有这样三种表现：开始运动；运动加快、变慢、停止；直线运动变成非直线运动或曲线运动。

物体即使运动得再快，只要是匀速，那就没有任何力为其施加作用或者是作用在它上面的力相互平衡。也可以理解成，只要物体的运动状态不属于上段中所说的三种中的任何一种，那就说明在它身上没有力的作用。可见，科学思维与普通思维还是有很大区别的。在伽利略之前的时代（古代和中世纪），科学家们并没有意识到这一点。摩擦因为能够阻碍物体运动，根据上面的说法，它也是力的一种。

从常识来说，物体好像是个"足不出户"的人。其实，它们具有高度活动性。在没有影响运动能力的条件下，只要是加一点点力，它们就可以永远保持运动。物体只是停留在静止状态，而不是趋向于保持静止状态。"物体对作用于它的力是抗拒的"也是错误的说法。

1.8　作用力与反作用力

仔细观察图5，你觉得作用在儿童气球上的有几个作用力？你可能会脱口而出："气球的牵引力、绳子的牵引力和坠子的重量。"别急，看完下面的讲解再来回答，一定不会是现在这个答案了。

不知道大家有没有留意过自己开门时的力：手臂上的肌肉收缩起来，将门的两端拉近和将你与门的距离拉近的是相同的力。这时候存在着两个作用力，一个作用在你的身体上，一个作用在门上。如果是你推开门的话，那就是你的身体和门被力推开。

其实，不管是什么样性质的力，它们的情况都与上面所说的肌肉力量一样"成双成对"。施力的物体受一个力，还有一个是加在受力的物体上的。

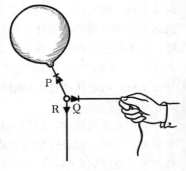

图5　作用在儿童气球下面的坠子上的力是 P、Q、R。请问反作用力在哪？

"作用等于反作用"就是能概括上面那段说明的力学定律。存在于宇宙间的力没有一个是"孤单"的，当表现出力的作用时，在别的地方必定有与之相反且相等的力，它们两个的作用是在两点之间，使之相近或相离。

我们回过头来思考本节开头提出的问题。既然每个力都有正好与之相等相反的力，那么加在系气球的线上的力就是与力 P 相对的力，它是气球的线传导到气球的（图 6 的力 P_1）；手上的力是与力 Q 相对的力（图 6 的力 Q_1）；地球引力吸引坠子，反过来，坠子也吸引着地球，所以地球上的引力与力 R 相对（图 6 的力 R_1）。

还有这样一个问题：将一节绳子的两头分别加上 1 千克的力并向相对方向拉扯，这时有多少张力存在于绳子上？仔细读一遍问题，再回想刚才说的"作用等于反作用"。答案出来了，是 1 千克。这是因为一对相反且相等的力组成了这个绳子上的"1 千克的张力"。说"有两个 1 千克的力将绳子拉向正相反的两头"与"有 1 千克的力作用在绳子上"没有区别。

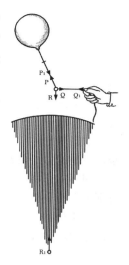

图 6　上图的答案：反作用力是 P_1、Q_1、和 R_1。

1.9　马德堡半球

有这样一个题目：一具弹簧秤，用两匹马向相反的方向拉，这两匹马的拖力都是 100 千克。此时弹簧秤的指针应该指向多少（图 7）？

很多人都会回答：两匹马各施加 100 千克的力，那就是 $100 + 100 = 200$ 千克。但这个受到很多人认可的答案是错误的。根据"作用与反作用"原理，力度相等且方向相反的力属于一对儿，所以拖力是 100 千克，不是 200 千克。

著名的马德堡半球实验与这道题相似。

图 7 两匹马各用 100 千克的力拉弹簧秤，弹簧秤的读数是多少？

实验的两个半球分别由 8 匹马向正相反的方向拉，正是因为相反方向有 8 匹马在拖拽，另外 8 匹马才起了作用，所以这两个半球受的力是 8 匹马的力量而不是 16 匹马。在这个实验中用墙壁来替代一边的 8 匹马也是可以达到同样的实验效果的。

1.10　哪只游艇先靠岸

两只相同的游艇上分别有划手利用绳子将游艇拉向岸边（图 8），其中一只游艇绳子的另一端由码头上的一位水手用力拉着，另一只则将绳子的另一端系在码头铁柱上。如果这三个人用力大小一样，先靠岸的会是哪只游艇？答案是：两只游艇一同靠岸。

有些读者可能会疑惑，有两个人拉的游艇受两倍力量，为什么不是先靠岸呢？

要解释这个问题，还要用到"作用与反作用"原理。有水手在码头拖拽的游艇自己之所以不会先靠岸，这是因为两个人用相同的力向相反的方向用力，这与另一只游艇一样，都只受一个力。受相同的力拉拽，当然是同时靠岸。①

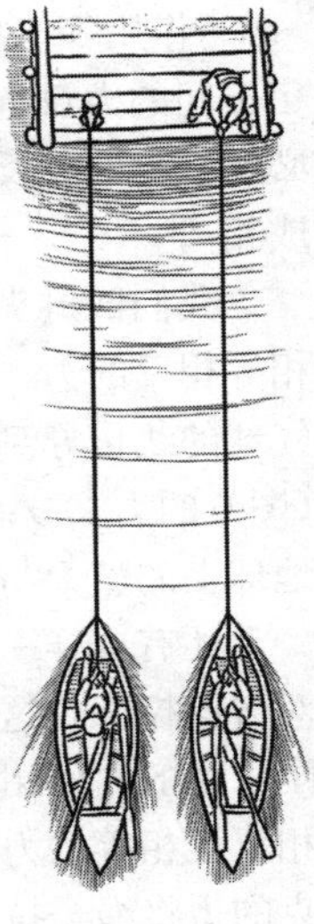

1.11　行走的秘密

行走是人类再熟悉不过的动作，但是你知道支撑我们前进的都有哪些力吗？

射击步枪时，火药气体造成的内力将子弹推向前方，同时又有一个能让步枪后坐的力。在各部分相互连接的条件下依旧能改变物体各部分的相互位置，却不能让物体整体一起运动，也就是在同一个物体上作用力和反作用力分别加在不一样的地方，这是内力的特征。正是因为"内力"的特性，才不会发生步枪和子弹一样飞出去的情况。人类的行走是利用肌肉收缩，也就是肌肉张力，同样属于"内力"范畴。那为什么人类还能像现在这样行走呢？

摩擦力是人类行走时用到的另一个力。摩擦对物体运动具有阻碍作用。既然这样，摩擦力又怎么会是支持我们行走的力呢？

图 8　哪一只游艇先靠岸？

其实，上面讲到的这两个力看似无法完成人类的行走动作，相互配合起来却会产生神奇的效果。摩擦力虽然是阻碍物体运动的力，但适当的摩擦力会起到帮助运动的作用，假使没有它的存在，汽车在马路上会像在冰面上一样打滑，无法前行。

人类身体内部产生的力是力度相等且方向相反的一对儿内力，无法让整个物体运动。在头脑中想象一下，你的身体使用内力 F_1 将右脚移前，与这个内力相对的力 F_2 让左脚向后。但此时这对儿力并没有使身体向前或向后移动。这时候左脚与地面的摩擦力 F_3 就成了能削弱其中一个内力的第三方力。力的一方弱了，身体的重心改变，那另一方自然就会起推动物体前进的作用（图9）。当我们走路时，一只脚向前抬起伸出时，已经减小了地面与这只脚的摩擦力。另外一只脚在地面上，摩擦力大，正好阻止了脚向后滑。

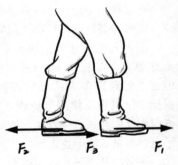

图 9　摩擦力 F_3 使人向前走。

理解了行走的原理，你会发现生活中还有很多可以用这个原理来解释，例如蒸汽机，只不过蒸汽机要比行走复杂一些。

1.12　铅笔的奇怪行动

将一根铅笔放置在水平伸直的两手食指上，让铅笔保持水平状态的同时不断靠近俩食指（图10）。这时出现了奇怪的现象：铅笔在这个食指上滑动一会儿后，又在另外一根食指上继

---

① 　也有持不同意见的人认为岸上有水手拖拽的游艇会先靠岸。对于这个答案，他们的解释是：拉游艇的人只有收绳子游艇才会靠岸，相同的时间，两个人收绳子自然是要比一个人收的绳子多，有两个人收绳子的游艇会先靠岸。

受两人拉拽的游艇如果先靠岸，那么拉拽游艇时两个人就要更大的力量才能将绳子收得比另一只游艇多。但是题目已经设有条件：三个人用力大小一样。所以一只游艇要先靠岸是不可能的。

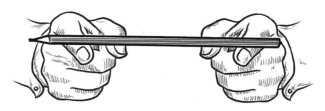

图 10　当两只手指移近时，铅笔交替地向左右两个
方向移动。

续滑动。如果是一根很长的木棒就会重复这种情景。

解答铅笔奇怪的运动需要两个定律——库仑—阿蒙顿定律和摩擦力定律。摩擦力跟作用在摩擦面上的正压力成正比，跟外表的接触面积无关。写成数学式是：$T=f \cdot N$（T 代表摩擦力，f 表示相互摩擦物体特征的数值、N 表示物体加在支点上的压力）。铅笔给两只手指的压不一样，受压力大些的手指会比另一只手指的摩擦力大。这就阻碍了铅笔在压力较大的手指上滑动。铅笔随着两根手指的移动，重心不断滑向摩擦力小的手指。铅笔滑动时，两根手指所受压力程度也不断变化。因为摩擦力在静止时候要比滑动时候大些，手指会继续滑动一段时间。当铅笔滑动到一定程度时，受压力较大的就换成了另一根手指，铅笔开始向原来受较大压力的手指滑动。压力在两根手指上不断变换，这种现象也就能重复下去。

1.13　物体运动为什么要"克服惯性"

我们知道，自由物体绝对不会抗拒使它运动的力的作用。但是总会有这样一种说法：如果一个力量使物体运动，那么这个物体就会花费一点时间来"克服它的惯性"。究竟要克服什么惯性呢？

原来，一个物体要运动起来，是需要一定时间来获得足够的速度的。不论将要获得力的物体质量有多小，也不论这个力有多大，要想让物体获得足够的速度，时间是必要条件。有一个数学公式可以解释这个道理：$Ft=mv$。

t 代表时间，F 代表力，m 代表质量，v 代表速度。时间 t 是零时，等式的另一边 mv 的乘积也是零。由于物体的质量永远不可能是零，等于零的只能是速度。也就是说，如果没有时间让力 F 施加它的作用，物体就不可能产生运动。物体的质量越大，需要的时间就越长。正是这个原因，才让人们产生了误会，以为静止的物体想要运动就得"克服"自身的"惯性"。

1.14　难以启动的火车

你知道吗，启动一辆火车要比维持火车的匀速前进困难得多。如果启动一辆停着的车，至少要施加 60 千克的力量才可以。但如果铁轨的润滑情况很好，只需施加 15 千克的力就能够维持它在匀速前进于水平轨道上。

导致这种现象的原因有两个：

第一，为了使火车得到足以让其前行的速度，在启动的几秒钟需要额外多的力施加在车上，但这个力并不算大。

第二，也是最主要的原因——摩擦力不一样。火车在刚刚启动的时候，轴承上还没有均匀地布上润滑油，这时的摩擦就会比已经行驶的火车大，因此启动火车需要比维持火车匀速运动用更大的力。

只要车轮转了第一转就能改善火车刚启动时润滑不够的状况，所以火车运行起来以后比较容易维持速度。

✤ 第二章 ✤

力和运动

2.1 力学公式知多少

在学习力学之前，你还记得多少力学的公式呢？这些公式将多次出现在我们这本书里，所以让我们先通过下面的表格给大家回忆一下一些力学中常用的重要公式。这个表格的形式类似乘法表，两栏栏头交叉是两个变量相乘所得的积，这些公式在我们的力学课本学习中也都出现过，课本里有它们的详细的推理过程及应用知识。

	速度 v	时间 t	质量 m	加速度 a	力 F
距离 S	——	——	——	$v^2/2$ （匀加速运动）	$A = mv^2/2$
速度 v	2aS （匀加速运动）	距离 S （匀速运动）	冲量 Ft	——	功率 $W = A/t$
时间 t	距离 s （匀速运动）			速度 v （匀加速运动）	动量 mv
质量 m	冲量 Ft		力 F		——

下面详细介绍一下这个表格的使用方法，其中表里表现为空格表示两个相关变量的乘积没有任何意义：公式 S＝vt 即在匀速运动中，速度 v 乘时间 t 得到行进距离 S。公式 A＝FS＝$mv^2/2$ 即用一定不变的力 F 与距离 S 相乘，得到的功 A，这个功又等于质量 m 和末速度 v 的平方的乘积。

我们在计算力学题目的时候，如果要计算加速度，可以先按上表列出包含加速度的所有公式，其中包括公式：$aS＝v^2/2$，v＝at，F＝ma。

从以上式子中还可以推导出：$t^2＝2S/a$ 或 $S＝at^2/2$。

从上面列的各种式子找到与题意相符合的进入计算。

表中也提供了各种用来计算力的公式，包括以下几个：

F＝ma，FS＝A（功），Fv＝W（功率），Ft＝mv（动量）

当然，在使用乘法表的时候，我们利用除法找到其中所存在的另外一些关系，比如下面的关系：

公式 a＝v/t 即加速度 a 用匀加速运动的速度除以时间 t 即可。

公式 A＝F/mm＝F/a 即用力除以质量 m 可以求得加速度 a，相应的如果除以加速度 a 则可以求出质量 m 的大小。

当然，这里也不能忽略重要的重力，其实在列出式子 F＝ma 的同时，就可以类比地得到重力的算法，重力加速度 g 即相当于式子中的加速度 a，质量是不变的，所以得到求重力的式子：P=mg。相同的，通过另个求做功的式子 FS＝A，我们可以类比的得到将重量为 P 的物体提高到离地面 h 时，可以列出式子 Ph＝A。不过在计算做功时，公式 FS＝A 只适用于力的方向和距离方向相同的时候，如果力的方向与距离有一定的夹角，则计算中就要考虑到角度的问题。同样，A=FS=mv²/2 公式中，这里也只适用于物体初速度为零的情况。如果初速度不为零，则要用末速度下做的功减去初速度下所做的功。

2.2　后坐力现象

学习这一节前，先让我们回忆一下作用和反作用相等的定律，从上一节的表中可以看到，动量 mv 等于力 F 和时间 t 的乘积，也就是等于质量 m 和它的速度 v 的乘积，这是物体由静止状态开始运动的情形下动量定律的数学式：Ft＝mv。

在一定时间里，物体动量的改变，等于在这同一时间里面加在这个物体上的力的冲量，这个定律的一般形式为：mv－mv₀＝Ft。

其中式子中 F 是一定不变的力，v₀ 是初速度。

在进行射击的时候，我们知道枪都有后坐现象，枪膛里充满火药气体，火药气体的膨胀而产生的压力将子弹推向一边，与此同时，导致枪向相反的方向推动。根据作用力与反作用力的定律，如图 11，火药气体加在枪上的压力与火药气体加在子弹上的压力应该是相等的，两个力作用的是相同的时间，所以 Ft 的值对于子弹和枪都是相同，由上面的公式可以得出它们的动量也是应该相同的。这里如果我们用 M 代表枪的质量，V 代表枪的速度，用 m 代表子弹的质量，v 代表子弹的速度，那根据前面的公式可以得出：mv=MV 从而得到 V/v=m/M。

火药气体的压力

图 11　枪射击时为什么会后坐？

那么，根据公式，我们能不能知道枪在后坐力的作用下向后运动的速度到底有多大呢？

下面我们将各项已知的数据代入上面求出的比例公式，已知军用步枪的子弹质量为 9.6 克，它射出的速度为 880 米/秒，步枪的质量是 4500 克，这样就可以算出枪的运动速度，V/880＝9.6/4500。因此，步枪的速度 V＝1.9 米/秒。我们可以看出，步枪向后运动的时候力量是子弹的 1/470，这个后坐力的大小如果是不会射击的人会产生很强的冲撞，如果掌握不好力量的运用，有时候还会把人撞伤。可见即使两个物体动量相同，但是质量的差异导致速度成相应变化。

旧式大炮在发射的时候，强大的后坐力会使整座大炮向后退动。现代大炮由于炮尾末端的所谓驻锄固定着的炮架，所以在发射时只有炮筒向后滑退，炮架仍然固定不动。海军炮在发射的时候由于安装一种特别的装置，部分炮会向后坐退，不过坐退以后会自动回到原来的位置。

速射野战炮速度为 600 米/秒，重量为 2000 千克，用它射出重量为 6 千克的炮弹，这种野战炮的后坐力与步枪的大致是一样的，算出来也是 1.9 米/秒。但是由于炮的质量巨大，所以它运动所产生的能量是很大的，能量大概是步枪的 450 倍。在我们上面举的例子里，读者大概已经注意到，虽然动量相等的物体，但是它们的动能却并不一定相等。这是很正常的，我们从式子 mv＝MV 无法推导出 $\frac{mv^2}{2}=\frac{MV^2}{2}$。

后面这个等式只有在 v＝V 的时候才是成立的。曾经有过这样的事情：有些发明家误以为等量的功会有相等的冲量，就根据这一点想发明不需要花费一定能量就可以工作做出一定功的机器。这是一个误区，不是动量相等的时候动能就一定相等。

2.3　科学和生活中的知识和经验

力学的知识告诉我们，匀速运动的时候，物体根本就不在力的作用之下，一个一定不变的力所产生的不是匀速运动，而是加速运动，因为这个力量在原来已经积累起来的速度上不断地增加着新的速度。要不然的话，它就不会进行匀速运动了。然而，力学的意见和我们的日常生活有时候是完全不同的。所以在进行力学研究的时候，有很多极其简单的事情和日常生活中我们的感觉出入很大，有很多例子会让你感觉十分惊奇。有一个很简单的道理在里面，那就是如果一个物体它受到一个恒定不变的作用力，那么它一定进行匀速运动，也就是速度相同的运动，这也就是说，反过来如果一个物体进行匀速运动，就一定证明在这个物体上一直作用着一个相同的力，生活中的大车和机车就证明了这一点。这是一个典型的例子，但是我们平时看到的力学哪里出错了呢？

科学的概括有比较宽阔的基础，而原来我们的论断是从不够完全的材料得出来的。科学的力学定律不只是从大车和机车的运动得出，而且也从行星和彗星的运动得出。

日常生活的观察也不是完全错误的，它们只有在极有限的范围里面才会产生一些现象。从有摩擦和介质阻力的情况下移动的物体是我们日常的观察能得到的。而自由运动的物体事力学定律所说的前提。要在物体上加上一个一定不变的力，才能使在摩擦情况下运动的物体有一定不变的速度。但是这个力是给物体创造自由运动的条件，是用来克服对运动所起的阻力，不是用来使物体运动。因此，如果说一个一定不变的力的作用下，一个在有摩擦的情况下进行匀速运动的物体是可以存在的。

从前面的现象中我们可以充分地体会到牛顿第二定律的精髓，在课堂中的学习中，一般都只有抽象幻想的情景，但是事实证明在生活中的观察是能够把本质看得更清楚的。所以我们也就知道了一个自由物体它的加速度和作用在物体上的力的关系是什么样的。可见扩大观察的眼界，并且把事实跟偶然的情况分别开来才能做出正确的概括。只有这样才能根据知识透过现象看本质，以有效地进行实际应用。

2.4　在月球上发射炮弹

在月球上以 900 米/秒的速度射出竖直向上的炮弹，举例来说，达到的高度可以从式中求出：$aS=\frac{v^2}{2}$。

从 2.1 的表格中我们可以找到上面的公式。由于月球上的重力加速度比地球上小，只有地球上的 $\frac{1}{6}$，就是 $a=\frac{g}{6}$，上式变化成：

写成：$\dfrac{gS}{6}=\dfrac{v^2}{2}$，从而可以得出炮弹上升距离 $S=6\times\dfrac{v^2}{2g}$，在没有大气的条件下，在地球上：$S=\dfrac{v^2}{2g}$。

如果不将空气的阻力计算在内，虽说在这两个情况炮弹具有相同的初速度，但是我们可以看出月球上大炮射出炮弹的高度应该是地球上的 6 倍。

[题] 在地球上，我们可以使炮弹以 900 米/秒的速度从大炮中射出，设想如果我们将这门大炮移动到月球上，我们知道所有物体到月球上以后重量都只是地球的 1/6，那么请问炮弹从大炮中射出的速度会变成多少呢？由于月球上不存在空气，也就没有阻力的存在，所以这里不予以考虑。

[解] 既然在地球上和月球上火药的爆炸力量是相同的，而月球上只有地球 1/6 的力量是作用在炮弹上的，那炮弹得到的速度自然要比地球上的大很多，按理说应该是地球上的 6 倍：900×6＝5400 米/秒。就是说，炮弹在月球上的射出速度为 5.4 千米/秒。许多人对于这个问题的回答看起来仿佛正确，其实有一个地方产生了误区，导致答案是完全错误。

这里我们要注意到的是，力、重量和加速度之间根本就不存在上面表达的关系。有人要说了，这不是利用牛顿第二定律得出的结果吗？那么你也有相同的误区，因为与力和加速度有关的是质量，而并不是重量，这两者有很大的区别，公式中是 F＝ma，而炮弹的质量在地球上和在月球上是没有变化的，所以火药爆炸所产生的加速度也应该和地球上相同，既然加速度和炮弹在炮膛里的运动距离都是相同的，那么由公式得出 $v=\sqrt{2aS}$，它们的速度也是不变的。

所以根据纠正后的结论，大炮射出炮弹的初速度在两个星球上并没有差异，不过如果要计算炮弹在月球上可以射出的距离或者高度，就要和月球上重力的减少有着很大的作用。

2.5　海下射击

[题] 假设有一支上好了子弹的气枪，它的枪膛里有压缩的空气。而世界上海洋的最深处深度大约有 11000 米，也就是在菲律宾群岛棉兰老岛附近。我们将这个气枪放到这个深渊的底部。假定它的子弹的射出速度和七星手枪一样，都是 270 米/秒，如果在这个时候扳动气枪，子弹会被射出来吗？

[解] 我们知道一般的七星手枪的枪膛直径为 0.7 厘米，那么现在这支手枪的枪膛直径也是一样的，那么计算出它的截面积为：

$$\dfrac{1}{4}\times3.14\times0.7^2=0.38\text{ 平方厘米}$$

子弹射出枪膛的时候将受到两个力的作用，这两个力是相反的，一个是水的压力，另一个是压缩空气的压力。子弹如果发射不出来，那么是因为水的压力比空气的压力大，只要小于空气的压力，子弹就肯定可以射出。所以这道题我们只要计算一下两个力分别的大小就能够知道到底子弹能否射出。10 米的水柱压力和一个大气压相当，也就是每平方厘米一千克的压力，那么题目中 11000 米的水柱产生的压力就是每平方厘米 1100 千克，所以作用在子弹上的水的压力也就是在这个面积上作用的水的压力等于：

$$1100\times0.38=418\text{ 千克}$$

算出水的压力后，让我们来看看压缩空气的压力是多少。首先我们要假定子弹在枪膛中的运动为匀加速运动，这是为了演算简化，所以我们就可以先求出子弹的平均加速度，不过实际上这个速度并不是简单的匀加速，不过假定这样的运动并不会产生太大的误差。

从 2.1 一节中的表格里可以找到下面的公式：

$$v^2 = 2aS$$

公式中 v 是子弹即将离开枪口的速度，a 是所要求的加速度，S 是子弹在压缩空气中所产生的位移，也就是枪膛的长度，我们假定是 22 厘米，这样把 v＝270 米/秒＝27000 厘米/秒和 S＝22 厘米代入式子里，得：

$$27000^2 = 2a \times 22$$

从而 a＝16500000 厘米/秒

在一般情况下，子弹跑完枪膛全程所用时间是很少的，所以我们求出的这个子弹的加速度是非常大的。我们知道了子弹的加速度，假定它的质量为 7 克，那么根据公式 F＝ma 就可以算出加速度所产生的力：

$$F = 7 \times 16500000 = 115500000 \text{ 达因} \approx 115 \text{ 千克}$$

这里 100 万达因与 1 千克的力是等量替换的，所以作用在子弹上的空气的压力大约为 115 千克。

经过我们的计算，得出子弹在发射的瞬间受到两个力，一个是水的 115 千克压力的推动，另一个力是这个相反方向的作用为 418 千克的压力。所以这样看来，由于这个反作用力大于水给子弹的压力，所以这个子弹不会被发射出来，相反还会因为反作用力被压进枪膛，所以这种气枪是实现不了的，不过现在的先进技术已经发明了这种能和七星手枪竞争的气枪了。

2.6 我们能使地球移动吗

如果大自然里某个物体能够不受到摩擦和介质阻力的作用而运动的物体，那就是大自然里完全自由的物体。这样的物体数目不多，比如一些天体：太阳、月球、行星，当然也包括我们人类的家园——地球。在力学还没有充分被人们研究的时候，一直流传着一种猜想，那就是人们觉得力量小的永远不可能移动质量大的自由物体。但是这明显是一个常识性的错误，力学向我们证明，即使是再微不足道的力量，也能够使每一个物体，不管是很重的物体还是很轻的物体，只要是自由物体就可产生一定的移动。那么，这是不是证明人可以用自己的肌肉力量来推动地球呢，其实我们自己在运动的同时也就带动了地球的运动。

但是，在我们所生活的状态下，并不是容易看到这个现象的，因为我们生活中到处存在着摩擦，也就是对物体运动的阻力，所以生活中很少有自由物体，我们看到所有运动的物体都不是自由的，如果想要使在摩擦力作用下的物体运动，就需要施加比摩擦力大的力。在牛顿第二定律中，加速度只有在力 P 是零的状态下才能等于零，也就是：

$$F = ma$$

从而得到

$$m = F/a$$

因此如果是自由物体的运动，任何力量都能推动他的运动。

所以假如根本没有摩擦的存在，沉重的柜子只要一个小孩子用手指轻轻一推也能够运动。但如果一个橡木的柜子在地板上，想用手推动柜子的话，因为干燥的橡木跟橡木之间的摩擦力大约相当于物体重量的 34％，所以力量至少要花费柜子重的 1/3 才能推动。

前面讲到如果人运动也会引起地球的移动，我们可以讲一个例子，假如我们的双脚从地球表面跳起来，那么我们使自己的身体产生了速度，这个速度可以根据作用力与反作用力的定律得出来，由此可以得到地球由于这个运动而产生的速度。我们身体向上抛起的力量和我们加在地球表面上的力量是相等的。也就是这两个力的冲量相等，所以我们身体和地球所获得的动量也是一样的，如果用 M 代表地球的质量，用 V 代表地球得到的速度，m 代表人体的质量，v 代表人体的速度，那就可以写成：MV＝mv，从而 V＝mv/M。

这样看来，尽管地球因为这个力的作用下产生的速度非常之小，但是人在很短时间内也是能给予地球一个速度的，不过这个速度并不能引起地球的移动。所以人如果想利用自己肌肉的力量引起地球的移动，是需要条件的，如图 12 幻想的一样，要找到一个和地球没有联系的支点，不过，无论想象力多么丰富的艺术家，他也无法说明两只脚到底应该在什么地方才能推动地球。就好像一句很经典的话："给我一个支点，我就能撬动地球。"

图 12　人能移动地球，只要找到一个跟地球没有联系的点。

所以实际上，人的双脚刚一离开地球，他的运动就在地球引力的作用下开始减低，所以地球由于人脚碰撞所得到的速度，并没有保存下来。而随着人体速度的减低，假如地球用 60 千克的力吸引人体，人体也就用同样的力吸引地球，那么地球所得到的速度也就随着减低，以至于使两个速度最终都变为零。如果代入数据来证明的话，由于地球的质量和人的质量相比，完全不是一个数量级的，当然大到不知道多少，或者大得无法形容也没有实际上量的支持有说服力。由于地球质量和人的质量是已知的，所以我们可以计算出某种情况下的速度。

我们已知地球的质量 M 是 6×10^{27} 克，人假定的质量 m 是 60 千克，那么 m/M 的比值就是 $\frac{1}{10^{23}}$，根据之前的公式我们可以得出，地球的速度只等于人跳起速度的 $\frac{1}{10^{23}}$。那么，如果人能够跳起一米高，那么根据他的初速度就可以通过以下公式求出：

$$v = \sqrt{2gh}\text{ 也就是 } v = \sqrt{2 \times 980 \times 100} \approx 440 \text{ 厘米/秒}$$

而地球的速度是：$V = \dfrac{440}{10^{23}} = \dfrac{404}{10^{21}}$ 厘米/秒

这个数目虽然小得无法想象，但终究还是存在的。如果地球得到这个速度以后一直将这个速度保持很长一段时间，假设能够保持 10 亿年，当然，地球的寿命远大于这个数目，所以在这个时间里，我们可以用公式算出地球移动的位移：S＝vt

取　　　　　　　　　$t = 10^9 \times 365 \times 24 \times 60 \times 60 \approx 31 \times 10^5$ 秒

得到：　　　　　　　$S = \dfrac{4.4}{10^{21}} \times 31 \times 10^{15} = \dfrac{14}{10^5}$ 厘米

用千分之一毫米也就是微米来表示这个距离：S＝14/10 微米

结果是，用我们求出来的极小的速度在 10 亿年中使地球匀速运动所能产生的位移也只有不到 1/6 微米，这个距离小到我们无法辨别。

2.7　发明家错误的设想

在上一节中我们知道，人不可能用自己肌肉的力量使得地球产生移动，这也可以用重心运动的定律来解释。

由于人与地球之间的作用力均为内力，也就是人作用在地球上的力和地球作用在人体上的力，所以它们并不能引起地球和人体的共同重心的移动。当人走到地球表面上的一个位置的时候，地球也会相应地运动到一个位置，所以他们之间是没有相对位移的。

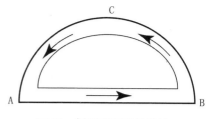

图 13　新型飞行器的设计。

下面是一种完全新型的飞行器的设计，这是一个很有教育意义的例子，这个例子说明之前那个定律的重要性，如果没有这个定律发明家会产生怎样的错误。发明家说，"请设想有一支闭合的管子（图 13），它由水平的直线部 AB 和它上面的弧线部分 ACB 两部分组成。管子里的液体依靠螺旋桨的推动而朝着一个方向不停地流动，在液体流动的时候，沿着 ACB 弧线会对罐子外壁产生力的作用，也就是离心力。同时还会产生一个向上的力 P 的作用，如图 14，但是液体在 AB 一段里并没有产生离心力，自然也不会受到其他方向上的作用。由此，发明家作出结论：当水流速度变得足够大时，力量 P 会牵引整个装置向上运动。

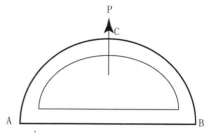

图 14　力 P 应该吸引整个装置向上抬起。

那么，发明家的这个实验的想法和结果是正确的吗？其实不用深入研究他的这个装置，就可以知道由于这其中的作用力均为内力，它是不会懂的，所以整个系统也就是管子连同所有的液体以及使液体运动的机械都会发生重心的移动。所以自然也无法向前运动。

意大利的达·芬奇在 400 年前的就曾经说过一句话，他觉得力学的定律"某种程度上遏制了工程师和发明家的思维，使他们无法把不可能的东西做给自己或别人"。

如果发明家只能陷入无限的空想中，那么他的发明永远将是没有结果的，如果他真的想在技术上发明出什么的话，他必须受到严密的力学学习，他们发明的本质不能够违背能量守恒定律。当然，还有一个定律也是他们无法超越的，那就是重心运动定律，一旦忽视这一点，就很有可能走进死胡同而白白消耗精力。

就像如果忽略空气阻力的话，飞速运动的炮弹如果爆炸，它爆开的碎片在到地面之前，它的重心的移动都应该是和炮弹本身重心移动相同的，这也就解释了一个物体或者一个物体系统，它重心的移动并不是因为内力的作用而发生改变的，所以如果一个物体最初重心是静止的，那么不会因为内力的作用而发生改变。

如果你想知道之前那个发明家的论证里到底是哪里出了问题，这并不难解释，这是因为设计这个实验的人没有注意离心力不但发生在弧线部分 ACB 这段液体运动的路径上，同时在转弯的 A、B 两点也会产生，这一小段的距离不长（图 15）。但转弯的曲率半径很小，产生的离心效应其实是很大的，所以在这两个地方也会产生力的作用，也就是 Q 和 R 两个向外作用的力，而发明家正是忽略了这两个力的作用，不过，即使发明家知道重心定

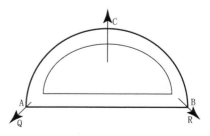

图 15　为什么这个装置飞不起来？

律的存在，即使没有发现这两个离心力也会知道他的实验是无法实现的。

2.8 火箭的重心在哪里

　　火箭在喷发朝天空运动的时候，它喷出的气体在运动的时候会受到一定的阻力，如果我们假设它喷出的气体并不能到达地面，那么火箭奔向月球或其他星球的时候，它的重心是不和它一起上升的，也就是说火箭这个系统的惯性中心仍然停留在原地而没有动，飞到月球上的也只是火箭的一部分，其他的部分都会朝着相反的方向运动，包括一些燃料和其他产物。

　　但正是因为有一定的阻力，也就是气流对于地球大气的冲击，导致它的惯性重心朝着相反的方向运动，也就使地球发生了一些移动。但是这种情况并没有违背惯性的重心定律，但是由于我们把地球放入整个火箭的系统里来讨论问题，所以地球和火箭这个巨大的系统的惯性中心是否发生的偏移成为我们需要探讨的问题。

　　有的人可能认为，因为火箭的喷气发动动力比较强大，导致重心运动定律被破坏，也有航行家幻想过能不能只利用火箭的内力就使他飞上月球，这种想法我们可以来解释一下。和地球的质量相比，火箭的质量小得不能再小，所以地球的移动是完全无法计算的，基本上可以算是不动，这个距离和火箭到月球的距离相比，也是小得不能再小，相差几百万亿倍。

　　所以对于重心运动定律的破坏，火箭的重心在飞出之前是在地球上的，而如今它却跑到月球上了，没有比这再明显的了！

✲ 第三章 ✲

重 力

3.1 用悬锤和摆能做什么

如果你是第一次在海边看到悬锤，那么你会觉得它是偏向大陆的，就像它偏向山脉的情况一样，但是并没有实验能够证明这一点，实验只能够证明在重力的作用下，海洋和海岛上要比海岸边大，这是很显然的，因为海洋下的组成要比大陆下的组成要重，所以地质学家也是通过这样的物理知识向我们展示出他们推测的这个行星外壳的岩石组成。

物理学在许多离它仿佛很远的别的学科里的实际应用有许多例子，这一种研究方法，在查明所谓"地磁异常区"的原因的时候，起到了很重要的作用。

有的时候，利用很简单的仪器可以得到很奇妙的结果，比如我们在科学试验中经常用到的悬锤和摆，这两个仪器虽然看起来简单，但是用它们可以做你意想不到的事情。比如我们可以通过利用悬锤和摆深入到地球的内心，可以知道在我们脚下几千米的地方是怎样的景象。想想现在世界上最深的钻井也只能够到达地下几千米，能够让我们通过悬锤和摆所探测的深度知道几十千米以外的世界是多么可贵的科学结果。

在记录重力异常上，现在科学上还有一种比较精确的方法。人造地球卫星在高空或者地质密度大的地方进行飞行的时候，理论上讲，由于质量比较大产生的吸引力会使得人造地球卫星的飞行高度略微下降，所以这也会增加卫星的运动速度。而地球的不均匀构造以及非标准的球形，这些都会影响到人造地球卫星的运动，所以不可能和理论上的结果相同。所以这个效应只能在卫星在很高的高空飞行不会受到大气阻力的影响进行正常运动的时候才能记录到。

在判断地球内部构造的时候，摆具有更大的功用。由摆的性能我们可以知道，如果摆动的幅度不超过几度，它的周期也就是每一次摆动的时间几乎跟摆幅的大小没有关系；无论大摆动或小摆动，摆的周期都是不变的。摆的周期是跟摆的长度和地球的这个位置上的重力加速度这些因素有关的。在小摆动的时候，每一次摆过来又摆过去算一次全摆动，这一次全摆动所需的时间为周期 T，跟摆长 L 和重力加速度 g 之间的关系有以下的公式：

$$T = 2\pi\sqrt{\frac{L}{g}}$$

这里，摆长和重力加速度应使用相对应的单位计量，如果摆长用米计算，那么重力加速度 g 应该使用每秒米的单位。

研究地层构造的时候，我们使用"秒摆"，也就是向一个方向摆动一次，一来一去算两次，每秒摆动一次的摆，那么就能得出下面这个关系：

$$\pi\sqrt{\frac{L}{g}}=1$$

所以
$$1=\frac{g}{\pi^2}$$

显然，一定要把它的长度增加或缩短，才能准确地一秒钟摆动一次，一切重力的变化都能影响到这种摆的长度，即使是小到原来重力的万分之一的重力变化，也可以用这种方法观测到。

我们可以通过下面的现象来解释如何用悬锤进行地下探测，这中间采用了力学的原理。悬锤在任何一点的方向都可以计算出来，不过这有一个前提就是地球是完全均匀的，但是这个前提是无法实现的，因为在地球的表面或者深处不管哪里质量都不可能是均匀的，所以也就不可能像图16中一样改变方向。举个例子，之前我们的例子说到过，如果在高山的旁边，悬锤的方向会向山的一面偏斜，如果山的质量很大悬锤又离山很近，那么悬锤偏斜的会更加厉害，如图17中显示的。不过相反的是，对悬锤产生的作用还有另一个力那就是排斥力，这个排斥力的大小是因为地层里有空隙，这个排斥力就是这些空隙被填满后产生的力的作用，这是对悬锤的引力，所以悬锤会被四面八方的力吸引，这样看来，悬锤受到很多力的作用，但是吸引力会大于排斥力，这与地球基本地层的密度和蕴藏物质密度不同有关，正是因为这个原理，地质勘查经常用悬锤来进行地球内部结构的判断。

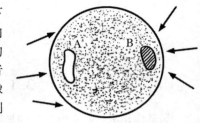

图16 底层里的空隙 A 和密层 B，都能使悬锤偏斜。

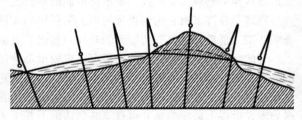

图17 地表剖面和悬锤的方向变化。

以上的例子我们并没有用悬锤和摆做很复杂的技术研究，只是列举了几个有趣现象的结果和相应简单的解释，来让你明白悬锤和摆的作用。

3.2　水中的摆锤

［题］挂钟的摆锤是呈流线型摆动的，如果将它的钟摆放到水中，假想水对摆锤的阻力几乎可以忽略不计，那么摆在水中与空气中相比，是摆得更快还是摆得变慢呢？也就是，摆锤的摆动周期会有怎样的变化呢？

［解］水的阻力是很小的，摆在这样小阻力的介质中摆动，似乎并没有什么力量可以改变它的速度，但是实验证明，摆的摆动在这种条件下，用介质的阻力解释并不可行，因为它摆动的还要慢一些。

如果要解释这样的现象，让我们来看，在水中的物体会受到水一定的排挤作用，这个作用并没有变动摆的质量，虽然看起来好像减少了摆的重量。所以将摆放进水里可以类比为将摆放到重力加速度比较弱的行星上的情况，如果是这样的话，我们就可以用前面的公式来解释这样的情况，根据公式 $T=2\pi\frac{L}{g}$ 可以看出，如果重力加速度变小，摆锤的 L 是不变的，那么摆动周期会变长，也就是摆动会变慢一些。

3.3 在斜面上

在摩擦力的作用下，如果水箱在斜面上用匀速度滑下去，那么它的水面会变成什么样呢？

根据经典的相对论，在机械现象方面，匀速运动不可能产生非静止状态的变化。我们不难看到，水面在这种水箱里是水平的而不是倾斜的。下面让我们看一个实际的题目来解释里面存在的原理。

［题］我们将一只装好水的容器放在斜面 CD 上（图 18），如果斜面和容器都不动，那么 AB 水面也是水平不动的，如果 CD 斜面是光滑的，把容器从上滑到下面，容器里的水 AB 平面是否还会保持水平不动呢？

［解］经过实验我们知道，在没有摩擦的地方运动，水面在容器里的平面是和斜面平行的。这是为什么呢？

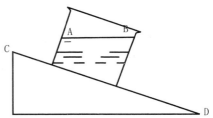

图 18　装着水的容器沿着斜面滑动，水面会变成什么样子？

我们可以利用力的分解来解释这个现象。如图 19，把物体看作一个质点，它的重量 P 可以分解为两个分力，也就是 Q 和 R。我们将容器从上向下滑的时候容器和水的速度是一样的，这样在斜面上移动的时候水对容器内壁的压力和静止的时候也应该是一样的，那也就是说分力 Q 对水的作用和静止的时候作用是不变的，重力也是不变的，所以水面应该是和分力 Q 垂直，也就是说和斜面是平行的方向。由于容器在斜面上进行匀速运动的时候，容器壁质点并不产生什么加速度，所以质点在力 R 的作用下，产生压向容器前壁的力。因此，水的每个质点是在两个压力 R 和 Q 的作用之下，这两个压力的合力 P 正是质点的重量垂直方向的作用。这就是水面在这个情况下所以是水平的道理。

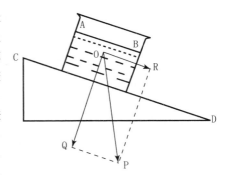

图 19　图 18 的答案。

不过在运动刚开始的时候，水面在短时间内是倾斜的，这时候容器在还未达到不变的速度以前，还在进行加速地运动。

3.4 水平线何时不"水平"

当你走在不是倾斜的道路上，严格来讲是水平的道路上走动的时候，或者只是站在一片完全水平的地板上时，你会觉得好像感觉上并不是水平的，身体会不自觉地倾斜。这种奇异的现象在火车上也会碰到，比如当火车快要进站或出站的时候都会逐渐减速行驶，在火车运动的方向上，我们似乎感觉地板低了下去，当我们沿着火车前进方向行走的时候，好像是走向低处，而往相反的方向走的时候，又好像是走向高处，一般来说，凡是减速运动的车辆里，都会发生这样的情况。

假想在上一节的实验中，在没有摩擦的斜面上的容器里，装的不是水，而是一个拿着木匠工作用的水平器的人，那么他的身体会贴向水平的容器底部，就和他静止的时候状态是一样的。这说明，这个人感觉倾斜的容器底面对于他是水平的。而原本是正常的水平方向上的东西却在他看来变为了倾斜的。这个时候，在他的眼中，会出现不寻常的现象，原本在水平面上的房屋和树木都变成斜着的了，连池塘的水面也是倾斜的，世界上所有的东西在他看来都是斜的。容器里的人一定会觉得自己的眼睛出了问题，如果他把水平器放在容器的底面上，仪器会清楚地告诉他底面是水平的，所以对于容器里的人来说，他所谓的水平和我们站在正常底面上的水平完全不一样。

这种状态下，只要我们自己没有意识到我们的身体和竖直状态有了偏移，那么我就会认为其他的物体是倾斜的，这就好像坐在旋转木马上或是驾驶在飞机里转弯的时候看到周围的环境是倾斜的一样。

伽利略也曾有过类似的经历，他也给出了相应的解释，我们可以从下面摘录里看出：

假设我们之前斜面上放着的盛水的容器现在并不是在做简单的匀速运动，而是一会儿做加速运动，一会儿做减速运动，如此这样的运动后，容器里的水并不能和容器的运动保持一致。当容器的运动减速时，水还保持着之前的速度，向前面流去，所以前面的水高度会高一些。假如容器的运动加速时，水却还保持着之前缓慢的运动，那么后面的水就会显得高一些。

这样的解释在现实中的情况可以表现出来，不过我们也可以从量上进一步证明这样的现象和假设。这才能真正解释这个现象的科学原理。

因此，这里应该对脚底下的地板已经不再是水平的所说的解释，这个解释可以使我们对这个现象从量上来考虑，更加精准了这个结果，如果用一般的解释来研究这种现象，很多细节我们便无从而知。举例来说，假如火车从车站开行时候的加速度是 1^2 米/秒，如图 22，新旧两竖直线间的夹角 QOP，从三角形 QO 不难得出，三角形里 QP：OP＝1：9.8，约等于0.1，由于力跟加速度成正比，那么可以得出：

$$\text{tg}\angle QOP=0.1 \qquad \angle QOP\approx 6°$$

这就是说，悬挂在车厢里的重物，开车的时候应该作 6°的倾倒。因此当我们在车厢里走动的时候，脚底下的地板仿佛也倾斜了 6°，所以我们的感觉就和在 6°的斜坡上行走时候的感觉是一样的。

这里，我们还可以做一个实验，来说明地板平面仿佛跟水平面有了倾斜的原因。做这个实验只要有一个盛着黏滞液体，比如装满甘油的杯子就够了：火车加速进行的时候，液体的表面会显出倾斜的样子。

如果你在下雨天观察火车进站，就会发现车顶上的溜水槽里的水流动方向是朝前的，然后火车开车的途中水却是流向后面的。水这样的运动是和火车加速度的方向有关的，水面在跟火车加速度相反的时候，相反方向的水就会升高。这种类似火车辆溜水槽的例子无疑在我们的生活中会经常出现，这有趣的现象其中的原因让我们来看一下。这里我们选择坐在火车里的人作为研究对象，而不是火车外面静止的人。在火车里的人是与火车一起运动的，所以亲身参与到火车运动里的人他看到的现象相对来说是静止不动的。这时候如果火车加速运动，我们自己是相对静止的状态，我们会感到座

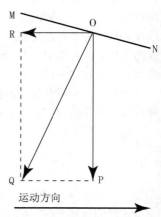

图 20　火车开动时车厢里受到哪些力的作用？

位对身体有带动向前的作用，也就是座椅作用在身体上的压力。这时候就感到一个和火车运动方向相反的力 R，如图 20，我们压向地板的重力 P 和力 R 的合力为 Q，这个时候的合力和水平 MN 的方向是垂直的，所以如图 21，原来水平方向 OR 就好像向运动方向升高了，而相反方向就降低了。

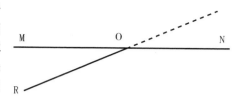

图 21　为什么火车开动时，地面仿佛倾斜了？

这时候我们知道新的"水平"方向和液体的原来水平面并不是一致的，它是沿 MN 的（图 22 上）。这种条件下，原本在碟子里的液体又会怎么样呢？从图 22 里可以清楚地看到，箭头的方向就是车辆行驶的方向，假如车按照新的水平方向倾斜，那么就不难知道为什么水会从碟子的后端流出，同样也会明白为什么乘客们在开车的刹那会同时向后倒，这个现象一般都会被解释为我们的两只脚被车辆的地板带动，而头和身体还保持原来的位置，所以上面的原理从另一个角度解释了这种现象。当然，读者也会发现这两种解释是由不同的观点产生的，一个是参与了运动的人所看到的现象，另一种则是在运动物体外面固定不变的人看到的现象。

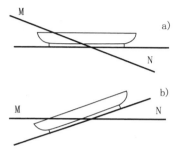

图 22　为什么在启动的火车里液体里的碟子的后缘溢出？

3.5　有吸引力的山

在山地上，有时候会发现山有一种莫名的吸引力，能够把汽车吸引过去，这种视觉的欺骗相当常见，因而时常产生不少传说性的故事。当然也有一些人，他们对于山能够吸引汽车心存怀疑，所以为了进行验证，他们对这一段路进行了平准测量。人们印象中认为是上坡的地方，测量后却发现竟是有 $2°$ 斜度的下坡路，这样的坡度汽车停下发动机后也可以轻松地在公路上行驶。这个结果让人感到十分意外。

图 23　加利福尼亚的所谓磁山。

在加利福尼亚就有这样的一座山，当地人都觉得这座山有着一种魔力，它具有磁性，在这座山脚下的一段路上有着异常的现象，这条路大约长 60 米，而且是倾斜的。如果汽车在这个斜坡上向下行驶的同时将发动机停止，这时候车子就好像在斜坡上向高处退去一样，好像山里有某种吸引力将车子拉去。如图 23 中，也可以看到这样奇怪的现象。山这种惊人的性质被大家所认可，所以在公路的这一段上立了木牌，提醒那些路过的司机这个奇怪的现象，防止他们因为这个现象发生危险。

3.6 流去山里的小河

小河旁的道路下坡微微倾斜着，顺着小河下去，小河的水面坡度比较小，河水几乎是水平流着，我们常常以为河水是顺着斜坡向上流淌（图24），我们习惯将我们站立的平面当作判断的基准，所以这里我们把道路也看成是水平的，也就是用这种基准判断别的平面也是倾斜的。

这一段摘录自一本名叫《外在的感觉》的生理学的书。

在书中有另外一段关于"外部感觉"的描述：

在许多情况下，我们判断某一个方向是不是向上倾斜、向下倾斜或者是不是水平往往会发生错误。譬如，当我们在一条向下倾斜的路上行进的时候，当我们看到另一条不远的地方的一条和这条相交的道路时，我们会觉得那第二条路的上升会有些陡峭，但是走上第二条路上的时候，却惊讶地发现这条路并不像我们想象中那么陡峭。

图24 沿河微微倾斜的道路上，步行者觉得河水在向上流。

在一些旅行家谈到河流的水沿着斜坡向上流动的时候，这种现象也可以用视觉上的错觉解释。解释这个错觉其中的原因，假如我们把正走着的路看成是基本平面，用这个平面做基准去衡量别的方向的斜度。因此如果我们不自觉地把这个平面看成是水平面，就会自然地把别的道路的倾斜程度变大。另一种错觉有时候更有意思，在地面不平的时候，小河看起来好像是往山里流去一样。

之所以会发生这样的现象，因为在走路的时候，仅仅 $2°\sim3°$ 的坡度对于我们在走路时的肌肉是完全发现不了的。

3.7 平衡的铁棒

一般人看到过的情形，大多是中央用线挂起来的铁棒，但它要在水平的位置才能平衡。因此人们就急于做出了结论，认为贯穿在轴上的铁棒也只有在水平的位置上才能平衡。这根铁棒，在正中心钻的空里穿过一根细金属丝，一定要牢固，然后让铁棒转动，让他能够围绕着水平轴线转动，如图25一般。但是为什么人们时常会回答说，水平位置是唯一可能维持平衡的位置，铁棒就是停在这个位置，但是如果让他们相信，如果在铁棒的重心给予一个支持

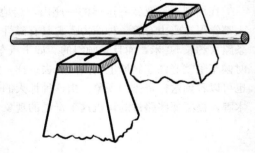

图25 铁棒在轴上保持平衡，如果转动铁棒，它会在什么位置停下来？

的力量，铁棒可以在任何的位置平衡。

不过前面提到用线挂起来的棒和贯穿在轴上的棒，所需的条件并不相同。所谓随遇平衡的状态，要求穿了孔支持在轴上的棒严格地支持在它的重心上。而悬挂在细线上的棒（图26），悬挂点这时并不是正好在重心点上，而是要比重心的地方高出一些。所以可以看到如此悬挂的物体在倾斜的时候，重心就会离开竖直

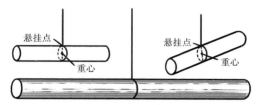

图 26　为什么在中央用绳子吊起来的棒子会保持水平位置？

线，如图 26 右面的一张。当静止的时候，铁棒就会停在水平位置，这个常见的情况却妨碍了很多人判断的结论，使他们觉得铁棒在倾斜位置上平衡是不可能实现的。

❋ 第四章 ❋

抛掷运动

4.1 跳球

童话中有这样一种跳球：一个中等大小的旅行箱中装有一个小气球和一副提供氢气的装置，你可以随时用这个装置把气球充满氢气，变成一个直径 5 米的气球，然后把自己吊在下面，就可以跳得又高又远（图 27），但又不至于飞到空中去，因为人的体重还是略微比气球的上升力要大一点。

现在，这个童话已经变成了事实。我们不妨做个计算，看看人在使用这样一种"跳球靴子"以后，到底可以跳到多高。

我们做个非常态的假设，假如一个人的体重比气球上升之力大 1 千克，或者是人在系吊球的情况下体重大约只有 1 千克，相当于一个正常人体重的 1/60，他是不是还能跳到 60 倍高呢？

地球对这个吊在气球下的人引力约为 1 千克，即 10 牛顿，而跳球重约为 20 千克，因此这 10 牛顿力作用在 20＋60＝80 千克的质量之下，产生的加速度 a 应为：

$$a=\frac{F}{m}=\frac{10}{80}\approx0.12\ 米/秒^2$$

因为一个正常人一般情况下跳高不会超过 1 米，所以我们可以通过 $v^2＝2gh$ 公式求出他的初速度：

$$v^2=2×9.8\ 米^2/秒^2$$

所以　　　　　　　　　　v≈4.4 米/秒

图 27　跳球。

而根据 Ft=mv，我们可以发现无论人是否使用这个气球，F 和 t 都是不变的，因此质量 m 和速度 v 应成反比，也就是说人在使用气球后给自己跳起的初速度小于没有使用的时候，而这两个速度之比应该与人的质量和人球总质量之比相同。因此人在使用气球的时候跳起的初速度为：

$$4.4×\frac{60}{80}=3.3\ 米/秒$$

再根据 $v^2＝2ah$ 的公式，可以求得跳起的高度 h：

$$3.3^2=2×12×h$$

所以　　　　　　　　　　h≈45 米

因此对于一个在正常条件下可以跳高 1 米的人来说，在使用气球的时候却可以跳到 45 米的高度。

由 $h=\dfrac{at^2}{2}$ 公式，在加速度为 0.12 时，跳高到 45 米所需的时间也很有趣：

$$t=\sqrt{\dfrac{2h}{a}}=\sqrt{\dfrac{9000}{12}}\approx 27\ \text{秒}$$

所以整个跳跃过程（包括上升和落地），一共需要 54 秒钟。

而正是这么小的加速度，使得跳跃的过程变得很缓慢自由，假如不使用气球，我们只能在某个重力加速度仅有地球 1/60 的小行星上才能体会到这种感觉。

以上计算是忽略空气阻力的情况下所得的结果，而在空气当中进行跳跃，跳高的高度和所花的时间其实都要比真空状态下所得的值要小。不过通过理论力学的一些公式，我们就可以计算出考虑空气阻力因素时，跳高的最大高度和所花时间。

下面我们再来计算一下使用这个气球后所能跳出的最远距离。假如人在跳远的时候与水平线所成夹角为 α，而跳远的初速度为 v（如图 28）。我们可以对这个 v 进行分速：分别为垂直分速度 v_1 和水平分速度 v_2：

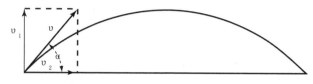

图 28　与水平线成一定角度跳出的人体的飞行路线。

$$v_1=v\times\sin$$
$$v_2=v\times\cos$$

假设人在上升时间为 t 秒钟，此时：

$$vt-at=0\ \text{或}\ v_1=at$$

因此　　　　　　　　　　　　　　$t=v_1/a$

所以人上升和下落的总时间为：

$$2t=\dfrac{2v\sin\alpha}{\alpha}$$

在人上升和下落的整段时间内，水平分速度 v_2 保持不变，因此人在水平方向上匀速运动，在这段时间内人的前进距离（跳远距离）为：

$$S=2v_2t=2v\cos\alpha\cdot\dfrac{v\sin\alpha}{\alpha}=\dfrac{2v^2}{\alpha}\sin\alpha\cos\alpha=\dfrac{v^2\sin2\alpha}{\alpha}$$

由于正弦的最大值为 1，所以当 $\sin2\alpha=1$ 的时候，距离最大，因此求出 $2\alpha=90°$，$\alpha=45°$。这意味着，在没有空气阻力的情况下，人往地面上方 45°角的方向跳出，可以跳到最远距离，即

图 29　系着跳球跳远。

$$S=\frac{v^2 \sin 2\alpha}{a}$$

把 v＝3.3 米/秒，sin2α＝1，a＝0.12代入，得到：

$$S=\frac{330^2}{12}\approx 90 \text{ 米}$$

如图 29，在使用气球以后，人既可以跳到 45 米高，也可以跳到 90 米远，即使跳过几层楼的房子都轻而易举了[①]。

我们也可以动手做一个模拟的跳球，在一个儿童玩具氢气球下挂一个纸做的小人，并且重量略大于气球的上升力。完成以后只要轻轻碰一下纸人，它就会跳得很高，再慢慢落下。虽然这个时候起跳速度比较小，但是空气阻力还是要比真人跳跃的情况下要大一点。

4.2 人肉炮弹

所谓"人肉炮弹"，其实是指在杂技节目中，把演员从一座大炮的炮膛中发射出去，落到距离大炮 30 米的网上（如图 30）。

虽然有点危言耸听，但其实这里所说的"大炮"和"发射"都不算是真的。即使看到在发射那一刻炮口也会冒出浓烟，但其实只是表演的效果，演员才不是被火药的爆炸威力抛射出去的。事实上，演员是通过弹簧来把自己抛掷出炮口，而此时加上浓烟的配合，就有点以假乱真，让人以为演员真的成为一个"人肉炮弹"了。

图 30 杂技表演里的"人肉炮弹"表演。

图 31 就对这个节目做出了图解，而以下是著名"肉弹"演员莱涅特所提供的与表演相关的数据：

炮筒斜度 ·························· 70°

飞行最大高度 ·················· 19 米

炮膛长度 ·························· 6 米

其实在表演的时候，演员身体会有一些特别的感受，如在发射的那一刻，会有一种压力加在他身上，就像超重的感觉；而在空中飞行的时候，会有失重的感觉[②]；当落到网上的那一刻，又会重新体验超重的感受。这些感觉很奇

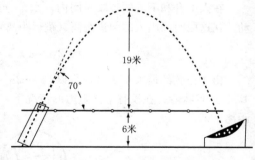

图 31 "人肉炮弹"飞行轨迹示意图。

妙，而且对演员的健康是没有影响的。其实在宇宙空间当中做火箭航行的宇航员，也有同样的体验。

---

① 一个小提示：与竖直线成45°角抛出的物体，其落地点的最大距离一般为以同样初速竖直上抛的最高高度的两倍。而在这里，竖直上升的高度则是 45 米。

② 参见本书作者的另外两本著作：《趣味物理学》续编和《行星际的旅行》。

　　飞船发射不久，发动机开始工作，这时飞船尚未进入轨道，以不断增加的加速度做变速运动，此时飞行员会有超重的感觉，即觉得自己的重量增加。而当飞船进入轨道，发动机关闭，飞行员就会进入失重状态。在苏联的第二颗人造地球卫星上就有一位特殊的乘客也体验了这短暂的超重与好几天的失重状态，那就是著名的小狗——莱卡。

　　而对于"人肉炮弹"节目的演员来说，也分为几个阶段。

　　第一个阶段是他还处在炮膛当中的超重状态，我们要想知道他这个时候的重量到底比原来的体重超出几倍，首先要求出在这过程当中的加速度。而要求得加速度，我们还得知道物体的路程（即炮膛长度），和这个过程的末速度（也是演员离开炮口瞬间的速度）。已知炮膛长6米，而末速度可以转化为求一个上抛物体在19米高时的速度。根据上一节中我们所求出的公式

$$t = \frac{v\sin\alpha}{a}$$

（t为上升时间，v为初速度，为物体抛出的倾斜角度，a是加速度。）

　　又因为

$$h = \frac{gt^2}{2} = \frac{g}{2} \times \frac{v^2 \sin^2\alpha}{2g}$$

　　所以速度v为：

$$v = \frac{\sqrt{2gh}}{\sin\alpha}$$

　　把g＝9.8米/秒²，α＝70，高度h＝19米代入，所求速度为

$$v = \frac{\sqrt{19.6 \times 19}}{0.94} \approx 20.6 \text{米/秒}$$

　　把所求出的速度v代入到公式 $v^2 = 2aS$，我们就可以求出加速度大小：

$$a = \frac{v^2}{2S} = \frac{20.6^2}{12} \approx 35 \text{米/秒}^2$$

　　再根据这个相当于重力加速度 $3\frac{1}{2}$ 倍的加速度，我们就可以通过计算知道，演员此时感觉自己的体重是原来的 $4\frac{1}{2}$ 倍，也增加了 $3\frac{1}{2}$ 倍的"人造重量"的压力。

　　根据公式 $S = \frac{at^2}{2} = \frac{at \times t}{2} = \frac{vt}{2}$，我们可以求出超重过程持续的时间

　　由　　　　　$\frac{20.6 \times t}{2}$

　　得到　　　　$t = \frac{12}{20.6} \approx 0.6$ 秒

　　这对演员来说，就是约有半秒钟的时间里，我会觉得自己有300千克重而不是70千克。

　　这个方法还可以应用到第二个自由飞行的失重阶段中。这一阶段会维持多长时间呢？

　　在上一当中我们曾提到，这个自由飞行的时间为

$$\frac{2v\sin\alpha}{a}$$

　　我们代入各个已知的数值，便能求出这个持续的时间，应为：

$$\frac{2 \times 20.6 \times \sin 70°}{9.8} \approx 3.9 \text{秒}$$

就是说，演员会在大概 4 秒的时间内觉得自己处于没有任何重量的失重状态。

第三个阶段与第一个阶段相同，处于超重状态。而这一阶段的时间又为多久呢？假如网和炮口同高的话，演员落在网上的瞬间就应该跟他飞行的速度相同，但在现实中，网会比放在稍微比炮口低一点的地方，因此实际上演员的下落速度也会稍大，但不会相差太大。方便计算起见，我们暂且就把这一差别因素忽略。所以我们还是假设演员是以 20.6 米/秒的速度落在网上的，而经测量落网的深度为 1.5 米。这意味着，在这 1.5 米距离中，演员的速度从 20.6 米/秒的速度变成了零。假设这个过程当中的加速度不变，

由公式 $v^2 = 2aS$ 得到：

$$20.6^2 = 2a \times 1.5$$

因此，加速度

$$a = \frac{20.6^2}{2 \times 1.5} \approx 141 \text{ 米/秒}^2$$

也就是说，在这阶段中，演员是以约为 14 倍的重力加速度完成落网过程的，而这个使他感觉自己体重增加 14 倍的过程只延续了

$$\frac{2 \times 1.5}{20.6} \approx \frac{1}{7} \text{ 秒}$$

所以幸亏这个时间极为短暂，否则即使是经过训练的演员，也很难承受得住这突然增加的 14 倍重量。你可以想象一个体重 70 千克的人却要承受重达一吨的重量，时间稍长的话，根本负担不起，或者因此受重伤。

4.3　飞速过危桥

在儒勒·凡尔纳的小说《八十天环游世界》中有这么一个惊险的故事：洛矶山上有一座铁路吊桥，由于年久失修，桥架都已损坏，随时都有坍塌的危险。但是勇敢的司机却打算把载着旅客的列车送过吊桥（图 32）。

"这座桥随时都会崩塌啊！""是这样，但假如我们用最大的速度的话也许可以开过去。"

于是就这样，在不可思议的高速下，列车向吊桥飞奔在桥上。活塞以每秒 20 下的速度运转着，车轴已经在冒着滚滚浓烟，列车就如漂浮在铁轨上，仿佛重量已被速度所抵消掉。列车急速地掠过吊桥，成功地从一边开到了另外一边。然而列车刚一着岸，大桥就在他们身后轰然倒塌，落入水中。

图 32　儒勒·凡尔纳小说里的过危桥。

这段故事的真实性如何？"重量"真的可以"被速度抵消"吗？根据常识，火车在疾驶时比慢行时对路基造成的压力更大，因此在路基不稳定的路段列车都要放慢行驶速度。在这个故事中，司机却恰恰反其道而行，用高速来解决问题，这真能做到吗？

其实这样的描写也不是完全没有根据。只要列车能在极短的时间内开过桥面，即使此时车身下的桥梁正在倒塌，列车也可以安然无恙，因为在短暂的片刻，桥还没来得及塌下，车

就已驶过。不相信的话我们可以做这样一个计算来证明：因为列车的主动轮直径为 1.3 米，"活塞以每秒 20 下的速度运转"意味着主动轮每秒钟转 10 周，即火车每秒可以走出$10 \times 3.14 \times 1.3$ 米，就是 41 米。假设桥的长度为 10 米，那么列车在这样的高速下只需要1/4秒就可以开过桥面。即使在列车过桥的瞬间桥梁就开始倒塌，但倒塌的那一端在 1/4 秒钟内之落下了

$$h = \frac{gt^2}{2} = \frac{1}{2} \times 9.8 \times \frac{1}{16} \approx 0.3 \text{ 米}$$

可见，在这么短的瞬间内桥梁才来得及跌落 30 厘米，而待到另一端在稍后也随之断裂跌落的时候，列车早已在这之前驶过危桥。因此，就有了"重量被速度抵消"的情况。

但是这个故事最为可疑的地方就在于"活塞以每秒 20 下的速度运转"，要知道这样产生出的 150 千米/小时的速度，即使是当时的机车也望尘莫及。

有时候溜冰遇到薄冰，溜冰者会选择加速溜过去，这也是因为如果缓慢滑过冰面可能会破裂，这其实是同一个原理。

这个原理也同样适用于过拱桥，在过桥的时候如果加速也会使物体对桥面的压力减小。

4.4 三条路线

[题] 这是一个画在竖直墙面上的圆圈（图 33），直径 1 米。如图，弦 AB 和 AC 分别为两道滑槽，在 A 点同时放下三颗弹丸，一颗自由下落，其他的两颗分别沿滑槽滑下（没有摩擦和滚动），请问哪颗弹丸最先触碰到圆圈。

[解] 很多人都会认为，因为滑槽 AC 路程最短，所以沿它滑下的弹丸最先到达，同理，AB 槽中的应该获第二，而自由下落的弹丸则落后。

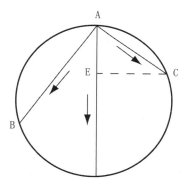

图 33 三颗弹丸的题目。

可是实际情况是：三颗弹丸同时到达。

这是因为，三颗弹丸不但路程不同，他们的速度也各不相同。速度最快的是自由下落的弹丸，而滑槽 AB 由于坡度较陡，所以沿它下滑的弹丸速度次之，而路程最短的 AC 滑槽中的弹丸，反而是速度最慢的。速度与路程相结合，就得出了同时到达的结果。

忽略空气阻力，我们可以算出垂直下落的小球所用的时间：

根据　　　$AD = \frac{gt^2}{2}$

得到　　　　　$t = \sqrt{\frac{2AD}{g}}$

而沿弦 AC 下滑的运动时间 t_1 等于

$$t_1 = \sqrt{\frac{2AC}{a}}$$

其中 a 是在滑槽 AC 中运动的加速度。又因为

$$\frac{a}{g} = \frac{AE}{AC}$$

所以　　　　　$a = \frac{AE \cdot g}{AC}$

从而
$$a=\frac{AC}{AD}\times g$$

得到
$$t_1=\sqrt{\frac{2AC}{a}}=\sqrt{\frac{2AC\cdot AD}{AC\cdot g}}=\sqrt{\frac{2AD}{g}}=t$$

即，$t=t_1$，这意味着，弦 AC 和直径上的运动时间相等。当然这还适用于从 A 点出发的任何一条弦。

这个问题还可以换个说法。如图 34，在竖直的圆上有三个物体分别从 A、B、C 三点，在重力作用下同时沿弦 AB、BD 和 CD 运动。请问何者首先到达点 D？

相信你们都可以用同样的证明出：三者同时到达。

其实这是个经典的题目，首先在伽利略的《关于两个新的科学学科的谈话》一书中被提出并解答，而正是在这本书当中，他首次提出了关于物体下落的定律，表述如下：

如果在一个比地平线高的圆当中，从其最高点引出到达圆周的不同倾斜平面，则物体从这些面上落下的时间相等。

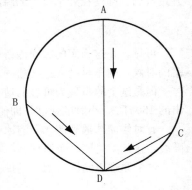

图 34　伽利略提出的问题。

4.5　四块石头的问题

［题］假如在一座塔顶上分别从竖直的上下、水平的左右四个方向，以相同的速度同时掷出四块石头。你知道在落下的过程当中，这四块石头形成的四角形是什么形状？（忽略空气阻力）

［解］很多人都以为石头在空中应该形成了一个像风筝一样的形状，因为上抛的石头初速度要慢于下落的石头，而向两旁掷出的石头速度介于两者之间，并沿曲线飞出。但是这个想法忽略了一点：就是四边形的中心点的下落速度如何。

这时如果我们换一个思路，会豁然开朗。例如我们先假设根本没有重力的存在。

此时毫无疑问，这四个石头在下落过程的每一个瞬间都应该形成正方形的四个顶点。而当我们再重新把重力作用考虑进来的时候，会发现物体在没有阻力的介质当中，下落速度本来一样。所以即使有了重力的作用，这四块石头落下的距离依然相等，即正方形将平行移动，不改变形状。

因此，掷出的石头形成的应该始终是一个正方形的形状。

以下是另外一个类似的题目。

4.6　两块石头的问题

［题］假如在一座塔顶上分别从竖直向上和竖直向下两个方向，以 3 米/秒的速度同时掷出两块石头。你知道它们互相离开的速度是多少吗？（忽略空气阻力）

［解］用上节所说的思路，我们很快就可以找到答案：这两块石头正是用 3＋3＝6 米/秒的速度互相离开的。虽然你可能还是感到惊异，但事实的确如此，落下的速度与所求其实并没有什么关系，而且这不仅在地球上适用，在所有的天体上情况都将是相同的。

4.7 掷球问题

［题］一个球员把球向与他相距 28 米的同伴掷去，球在空中飞行的时间为 4 秒钟，请问球飞行的最大高度是多少？

［解］在球运动的这 4 秒钟内，其实同时包含了一个水平方向以及竖直方向的运动。在竖直方向的运动中，由于上升和下落时间应该相等，所以球上升和下落各用了 2 秒钟。所以可以求出球上升的最大高度为：

$$S=\frac{gt^2}{2}=\frac{9.8\times2^2}{2}=19.6 \text{ 米}$$

可见，我们通过时间就球出了球运动的最大高度，而题中所说的 28 米距离，其实根本不需要。

另外由于速度不是非常快，在这里我们可以暂且忽略空气阻力的影响。

✤ 第五章 ✤
圆周运动

5.1　向心力

为了利于我们后面的介绍，下面不妨用一个例子来帮助我们理清概念。

如图 35，假设有一条足够长的线和绝对光滑的桌面，我们用线把小球系在桌面中央的一颗钉子上，然后弹动小球给他一个初速度 v，在线未被拉直之前，小球将在惯性作用下作直线运动。而一旦线被拉直，小球将开始以大小一定的速度做圆周运动，圆周中心为钉子所在位置。如图 36，如果此时我们把线烧断，在惯性作用下，小球将沿圆周的切线飞出。这个现象不难理解，如果你用一块钢铁去触碰磨刀的砂轮，会看到火星将沿着砂轮的切线方向飞出。根据牛顿第二定律，力的方向与加速度相同，大小成正比。由此，我们可以发现小球是由于线的张力而摆脱惯性，作直线匀速运动的。所以，正是线的张力给小球提供一个加速度，而这个加速度的方向与力的作用方向相同，即指向圆周中心的钉子。因此，在圆周运动的过程当中，使小球背离圆心的惯性作用力和使小球靠近圆心的线的张力相平衡，使得小球以大小不变的加速度做圆周运动，而线的这个张力就是向心力。它的加速度也被称为向心加速度。

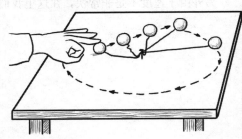

图 35　拉直线之后使小球匀速绕圆周运动。

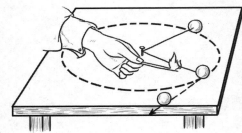

图 36　线被烧断后，小球沿圆周的切线飞出去。

假定圆周运动速度为 v，圆周半径为 R，则向心加速度 a 为：

$$a = v^2/R$$

根据力学第二定律，向心力为：

$$F = m\frac{v^2}{R}$$

假设做圆周运动的小球在某一瞬间处在 A 点，如果这时烧断细线，小球会在惯性作用下沿圆周的切线方向飞出，经过较短的时间 t 后到达 B 点，如图 37。则小球在这段时间内经过的路程 AB＝vt。而在细线没有烧断的情况下，小球在向心力（即线的张力）作用下会继续做圆周运动，在相同的时间间隔 t 后会到达圆周的 C 点。过 C 点作 OA 的垂线于 D，得到的 CD 长度相当于小球在受到与向心力相等的作用力下走过的路程，我们用初速为 0 的匀加速运动公式可以求出：

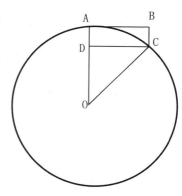

$$AD = at^2/2$$

其中 a 是向心加速度。由勾股定理：

$$OC^2 = OD^2 + DC^2$$

又　　　　　$$CD = AB = vt$$

$$OD = OA - AD = R - \frac{at^2}{2}, \quad OC = R$$

图 37　推导向心速度的公式。

所以　　　　$$R^2 = (R - at^2/2)^2 + (vt)^2$$

或　　　　　$$R^2 = R^2 - Rat^2 + a^2t^4/4 + v^2t^2$$

因此　　　　$$Ra = \frac{a^2t^2}{4} + v^2$$

因为这个时间间隔 t 非常小，所以 $\frac{a^2t^2}{4}$ 也很小，可以忽略不计，整理等式我们就得到：

$$a = \frac{v^2}{R}$$

5.2　第一宇宙速度

我们都知道，在地球的引力作用下，所有离开地面的物体最后还是要跌落回地面上，但是为什么从地面发射的人造卫星却不会跌落回地面上呢？这是因为，把卫星送上轨道的多级火箭为它提供了约为 8 千米/秒的巨大速度。

在如此之大的速度下，物体将成为人造卫星而不再跌落回地面。而地球引力对它的作用在于使它的运行轨道曲率发生变化，从而成为一个围绕地球运转的封闭椭圆形。

但在某些特定情况下，卫星还是可以围绕地球做圆周运动，而使卫星做这种运动的速度可以通过以下这个圆周速度公式推导求出：

人造卫星在圆周轨道上的向心力是地球引力，假定用 m 代表人造卫星的质量，v 代表速度，R 代表轨道半径，则向心力 F 为：

$$F = m\frac{v^2}{R}$$

同时根据万有引力，F 也可以根据下面这个公式得出：

$$F = \gamma\frac{mM}{R^2}$$

m 是地球质量，γ 是引力常数。

合并这两个等式得到，

$$m = \frac{v^2}{R} = \gamma\frac{mM}{R^2}$$

所以圆周速度的大小为：

$$v = \sqrt{\frac{\gamma M}{R}}$$

假如卫星轨道距地球表面的高度是 H，地球半径是 r（图 38），则

$$v=\sqrt{\frac{\gamma M}{\gamma+H}}$$

又因为在地球表面，引力为 mg，根据万有引力定律有

$$mg=\gamma\frac{mM}{r^2}$$

因此 $\gamma M=gr^2$

所以，在地面上高 H 的空中，人造卫星的圆周速度为：

$$v=\sqrt{\frac{gr^2}{r+H}}$$

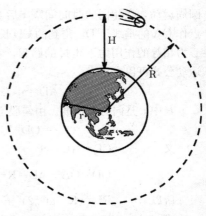

图 38 人造地球卫星的圆周轨道。

或

$$v=r\sqrt{\frac{g}{r+H}}$$

不过在这里，g 是地球表面上的引力加速度。

假如轨道所在的高度 H 远远小于地球半径 r，那可以把它忽略，因此简化的圆周速度公式就变成：

$$v=r\sqrt{\frac{g}{r}} \qquad 或 \qquad v=\sqrt{rg}$$

把 g=9.81 米/秒²，r=6378 千米代入上式，我们就可以求出第一宇宙速度：

$$v=\sqrt{9.81\times10^{-3}\text{千米}/\text{秒}^2\times6378\text{千米}}=7.9\text{千米}/\text{秒}$$

因此在理论上，在地球上空做圆周运动的人造卫星应该具有这个速度。但是事实上，卫星一般是无法在这个轨道上运行的，因为地球表面并不平坦，而且大气阻力有很大的干扰。而假如我们把圆周轨道的高度升高，其速度又会相应减小。

5.3 增加体重的简便方法

当我们的亲友患病的时候，我们常常会祝福他们早日"增加体重"。如果这个增加是从字面意思来理解的话，那么恐怕你并不需要补充营养、注意健康就可以达到目标。实际上，你只需要坐上旋转木马，就可以简单快捷地实现"增加体重"。请看下面的计算。

MN（图 39）是旋转木马车厢的旋转轴，当木马开始旋转的时候，悬空的车厢与坐在上面的人都在惯性作用下有一个沿切线方向运动的趋势，以致车厢会远离旋转轴，形成倾斜的状态。此时我们可以把乘客的体重分解成以下两个力：一个是向心力 R，方向水平指向旋转轴；另一个是乘客对座位的压力 Q，沿吊索方向向下，而这个力 Q 对于乘客来讲，就感觉是他们此时的"重量"。而这个感觉的"重量"等于 $\frac{P}{\cos\alpha}$，其实大于他们真正的正常体重。而要求出 P 和 Q 之间的夹角 α，应首先求出 R 的值，即向心力的大小。而向心加速度为：$\alpha=\frac{v^2}{r}$

其中 v 是车厢重心的速度，r 是圆周运动的半径，即车厢重心与轴 MN 之间的距离。设这个 r 为 6 米，旋转木马每分钟旋转 4 周，那么车厢每秒钟所经过的弧长是整个圆周的1/15。因此圆周速度计算如下：

$$v = \frac{1}{15} \times 2 \times 3.14 \times 6 \approx 2.5 \text{ 米/千米}$$

所以相信加速度的大小：

$$a = \frac{v^2}{r} = \frac{250^2}{600} \approx 104 \text{ 厘米/秒}^2$$

又因为向心力大小与加速度成正比，故

$$\text{tg}\alpha = \frac{104}{980} \approx 0.1 \qquad \alpha \approx 7°$$

则乘客感觉到的重量 $Q = \dfrac{P}{\cos\alpha}$

因此，

$$Q = \frac{P}{\cos 7°} = \frac{P}{0.994} = 1.006P$$

图 39　作用在旋转木马车厢上的力。

这就是说，一个重 60 千克的人，在坐上旋转木马以后体重会增加大约 360 克。

虽然这个增加不算十分显著，不过这是由于旋转木马旋转速度比较慢。假如在半径很小而转速很快的离心机械上，这个增加的重量就会比较大了。一种名为"超离心机"的机器，每分钟旋转装置竟可旋转达到 80000 转，使得物体的重量增加高达 25 万倍！这意味着，即使是最小的重 1 毫克的水滴，在这个机械上都将会成为 1/4 千克的重物。

这种机器主要作用在于可以使被测试的人瞬间得到所需要增加的重量，这对以后的太空航行有很大意义，可以用于考察宇航员对超重程度的耐力。使用这种机器只需要选定一定的半径和旋转速度即可。其实经过试验，人们得出结论：在几分钟内承受自身体重四五倍的超重是可以接受并且对身体无害的，这表明人上太空的行为是安全的。

所以为了避免误解，在祝福患病亲友的时候，你最好还是改口祝"质量增加"而不要再说"体重增加"了。

5.4　无法实现的旋转飞机

某公园拟建造一座旋转飞机，有点类似一种儿童玩具"转绳"，只不过在绳子（或者杆子）的末端都装有模型飞机。当绳子高速旋转的时候，会因为惯性飞离旋转中心，而末端的飞机以及上面的乘客就会因此被抬高。建造者本来想通过提高转塔的转速，使绳子与水平面平行。但是这个设计却无法实现，因为只有当绳子倾斜度显著的时候，乘客的安全才比较有保证。因为人体所能承受的最大安全重量是体重的 3 倍，根据这个原则，我们可以计算出绳子与竖直平面的最大倾斜角应为多少。

就如上节中的图 39，根据上述所说，我们可以得到关于人的感觉"体重"Q 与实际体重 P 的比值：

$$\frac{Q}{P} = 3$$

不过 $\dfrac{Q}{P}=\dfrac{1}{\cos\alpha}$

所以 $\dfrac{1}{\cos\alpha}$，$\cos\alpha=\dfrac{1}{3}\approx0.33$

得到 $\alpha\approx71°$

这就是说，绳子至多偏离竖直线71°，而与水平线应该至少保持19°。

而图40中所画的这种旋转飞机，它的绳子显然还没达到倾斜度的最大值。

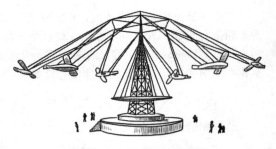

图40　装有飞机模型的转塔。

5.5　铁路的转弯处

坐火车的时候你有没有发现过这样一种奇怪的现象：当快速行驶的火车在转弯的时候，你会突然觉得铁路附近的物体，无论是树木、房屋或者是烟囱等都会变得倾斜呢？

如果你以为这是由转弯处本身的设计造成的，你就错了。因为虽然转弯处的外铁轨高于内铁轨，但假如你把头伸到窗外去观察，这种现象依然并未消失。

其实你只要联系上节所说的内容，很快就可以找到对这种奇怪现象的正确解释：假如在火车里放置一个悬锤，你肯定会发现在火车转弯的时候，这个悬锤会呈倾斜状态，这意味着对火车上的人来讲，对于他们呈竖直状态的平面，其实并不与地平面垂直。也就是说，原本竖直的事物，对于转弯中的火车而言，都变成了倾斜状态。

如图41，我们可以通过下面的计算得到乘客此时认为的竖直线方向：图中P为重力，R为向心力，合力Q是乘客此时感觉的重力，车内物体都受到这个方向的力的作用。我们用下面这个式子求出这个方向与竖直方向的夹角α：

$$\mathrm{tg}\alpha=\dfrac{R}{P}$$

因为向心力R是与$\dfrac{v^2}{2}$成正比，所以式中v表示火车速度，r表示转弯处所在圆周的半径，而力P与重力加速度g成正比，故，

$$\mathrm{tg}\alpha=\dfrac{v^2}{r}\div g=\dfrac{v^2}{rg}$$

假设火车速度为18米/秒（65千米/时），转弯处所在圆周的半径为600米。就有

$$\mathrm{tg}\alpha=\dfrac{18^2}{600\times9.8}\approx0.055$$

$$\alpha\approx3°$$

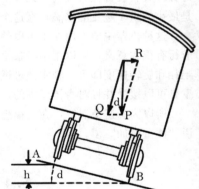

图41　车子在转弯的时候，受到哪些力的作用？此图下方的示意图表示路基截面的倾斜度。

所以在乘客看来，这个实际上偏斜的方向仿佛就是竖直方向，而真正的竖直方向却被认为是有3°倾斜的方向。当火车行驶在弯弯曲曲的盘山公路时，乘客有时甚至会觉得窗外的竖直景物有10°之多的偏斜角。

而至于为什么转弯处的外铁轨要比内铁轨高，是为了使火车在转弯的时候保持平衡，而

这个高度差也跟上述的偏斜角有关系。譬如在上述的例子中，如图 41，外铁轨 A 比内铁轨高出 h，则 h 应该满足以下等式：

$$\frac{h}{AB} = \sin\alpha$$

式子 AB 为两条铁轨的距离，约为 1.5 米；$\sin = \sin 3° = 0.052$。

因此　　　　$h = AB\sin\alpha = 1500 \times 0.052 \approx 80$ 毫米

也即在铺转弯处的铁轨时，外面的铁轨应该比里面的铁轨铺高 80 毫米。但是这个数值是固定的，无法随火车速度的变化更改，而只能适用于特定的行驶速度。所以在铺设铁轨的时候，一般以普通的列车行驶速度为标准。

5.6　站不住的弯道

对于弯道曲率半径较大的铁路而言，我们一般不容易发现外铁轨比内铁轨要高。但对于弯道曲率半径较小的自行车竞赛跑道而言，这个倾斜的设计却十分显著。

例如，速度为 72 千米/时（20 米/秒）的自行车经过曲率半径为 100 米的弯道时，倾斜的角度满足以下式子：

$$\text{tg}\alpha = \frac{v^2}{rg} = \frac{400}{100 \times 9.8} \approx 0.4$$

所以　　　　　　　　　　　$\alpha = 22°$

可以看到，人如果步行在这么倾斜的跑道上，是根本站不住的，但对于高速骑车的自行车运动员来说，这种设计的跑道才是最为平稳的。除了自行车竞赛跑道，汽车竞赛的专用跑道也是根据同样的原理设计的。

杂技表演中还有这么一个神奇的节目：演员骑在自行车上，以速度 10 米/秒的速度，在半径 5 米或更小的"漏斗"中打转。虽然表演的效果很不可思议，但其实这也是完全可以根据力学定律得到解释的。这时候，"漏斗"弯道的倾斜度应该非常陡峭，我们可以计算一下：

$$\text{tg}\alpha = \frac{10^2}{5 \times 9.8} \approx 2.04$$

因此　　　　　　　　　　　$\alpha = 63°$

所以说，不要以为这样一个神奇的杂技节目真的有多么神乎其技，其实对于这个速度而言，这样的状态才是最为平稳正常的。

5.7　倾斜的地面

你见过飞机在天空中猛烈倾斜急转弯吗？你是不是每每会为飞行员捏一把汗，怕他掉下来？实际上，这种担心是多虑的。对于飞行员来说，飞机始终在天空中水平飞行，他甚至感觉不到飞机在倾斜。当然他不是一点感觉都没有，他会觉得体重增加，而且地面变成倾斜状态。

我们不妨做个推算，看看飞行员在急转弯时所看到的地面到底"倾斜"了多少度，而体重又"增加"了多少。

假设飞机以 216 千米/时（60 米/秒）的速度在空中盘旋，旋转直径为 140 米（图 42）。

我们可以通过下面的式子计算出倾斜角 α：

$$\text{tg}\alpha = \frac{v^2}{rg} = \frac{60^2}{70 \times 9.8} \approx 5.2$$

故　　　　　　$\alpha \approx 79°$

可见倾斜角与竖直方向竟然只相差 11°，这就是说理论上这位飞行员所看到的大地，不仅是倾斜这么简单，几乎已经是竖直状态了。

当然，由于生理因素的影响，实际上这个倾斜角度并没有上述所说的那么大，要稍微小一点（图43）。

图 42　飞行员在空中盘旋飞行。

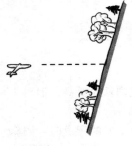

图 43　飞行员看大地是这样的。

而感觉增加了的体重与正常体重之比为它们方向间夹角余弦值的倒数。又因为这个夹角的正切值：$\dfrac{v^2}{r} : g = 5.2$。

查表得它相应的余弦值应为 0.19，其倒数为 5.3。这意味着，飞行员此时将感觉自己的体重变为原来的 5 倍。

图 44 和图 45 中，飞行员所见到的地面是倾斜的。

这种超重状态对飞行员来说并不安全，曾经发生过这样的情况：当一位飞行员沿着半径很小的螺旋线做急转下降的时候，身体突然无法动弹，这是因为此时他已经超重 8 倍。幸而后来得救及时，才能死里逃生。

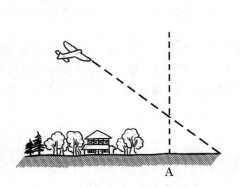

图 44　飞行员以 190 千米/小时的速度做大半径（520 米）的曲线飞行。

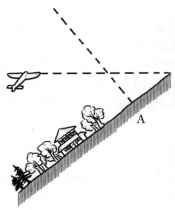

图 45　飞行员看大地是这样的。

5.8　河流弯曲的原因

早在很久以前，人们就发现河流总是曲折蜿蜒，像蛇一样弯曲，但这是为什么呢？如果仅是由于地形因素造成的，那为什么在平坦的地区河流依然没有直线前进，而还是选择了那条弯曲的路线呢？

你会这样想是因为你觉得直线方向才是最稳定的方向，但事实并非如此。只有在不可能实现的理想条件下，河流才会沿直线方向流动。因此在现实中，河流绝对不可能保持直线方向。

图 46　河流极小的弯曲会不停地增大。

如果你还是不能相信的话，我们不妨做这样一个假设。假设一条河在一样的土壤上沿直线笔直流动，突然出于某些原因（例如土壤的改变），使得水流在某处发生偏移，那么它将无法再恢复到直线的流动方向，并且偏移状况将逐渐严重。如图 46，这是因为在偏移的地方，水流沿曲线流动，在离心力的作用下，水流会冲洗凹入的 A 岸，使它不断变凹；与之同时，水流会远离凸出的 B 岸。河流弯曲的曲率因此增大，离心力又随之增大，不断循环往复，使得凹岸更凹，凸岸更凸。也就是说，一旦形成了弯曲，即使它在一开始非常小，也会不断"长大"。相反如果我们想要使河流恢复原来的直线方向，却要求凸出的 B 岸受冲刷，而水流离开凹入的 A 岸，正好与实际情况背道而驰。

另外，水流在凹岸的流速会快于凸岸的流速，所以水流携带的泥沙就会更多的沉积在凸岸，使其变得平坦，于是愈发凸出；而凹岸由于受到了更为强烈的冲刷，所以会因此深度增加，使其变得陡峭，也更易凹入。

可见，最初使河流发生轻微偏移的原因可能是很偶然的，但都无法避免，所以现实中河流也同样无可避免地会发生弯曲，然后逐渐变弯以至于成为现在所见蜿蜒曲折的样子了。

图 47 从 a 到 h 就是河床逐渐发生改变的示意图。图 47a 中小河只有轻微的弯曲；图 47b 中，水流冲洗出明显凹入的一岸，出现了离开凸出一岸的倾向；图 47c 中，河床扩大；图 47d 中，宽广的河谷出现，而河床只是河谷中的其中一部分；图 47e、f 和 g 表现了河谷的进一步发展；图 47g 中，河床弯曲得几乎形成一个环套；而最后的图 47h 中，河流在相接近的河床弯曲位置相连，而河谷的凹入部分成为了所谓的弓形沼或牛轭沼，也就是在河床当中被遗弃了的死水。

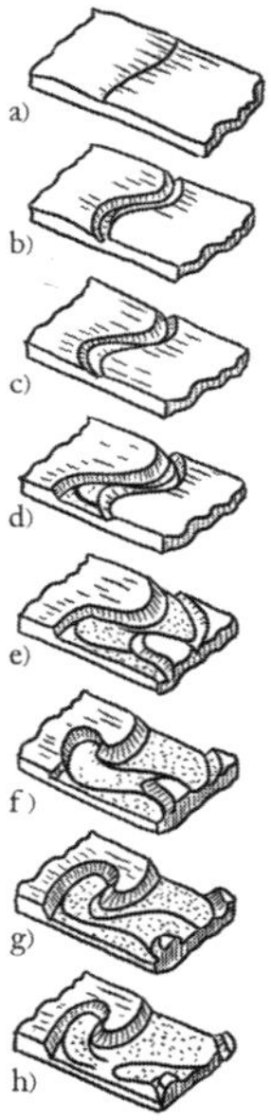

至于为什么河流在河谷当中总是曲折流动，而不是从中间或者两边直线通过，相信根据地球自转作用的常识，你已经明白。

图 47　河床的弯曲是怎样自己逐渐增长的。

实际上，这个现象当然不是在一朝一夕间完成的，整个过程有时长达千年。不过春天融化的雪水在雪地上冲出的小水流，就是一个缩小版的过程。现在，你终于明白力学对于河流地质命运发展的控制了吧。

✤ 第六章 ✤

碰　　撞

6.1　碰撞研究的重要性

力学当中有一章专门研究物体的碰撞现象，但往往不为学生所感兴趣。因为公式太多，理解起来也很费劲。虽然这样，但其实这一章却是非常重要的，因为人们在一段时期当中，曾试图用两个物体的碰撞来解释所有大自然中的现象。

19 世纪自然科学家居维叶曾说过："假如我们不从碰撞入手，就不可能对原因和作用的关系有一个正确的认识。"我们在解释一种现象的时候，只有在分子的互相碰撞层面上才能总结出真正的原因。

当然，并不是说从这里出发就能解决所有的问题。事实上，世界上的许多现象，如电气现象、光学现象、地球引力等都无法通过这个层面得到解释。然而我们今天还是不能否认研究碰撞对解释大自然各种现象，依然发挥着无可替代的作用。以气体分子运动论为例，它就把该领域的现象看成是许多相互碰撞分子所作的无序运动。另外，在机器和建筑工程技术中，所有关于部件强度的计算都是以他们能够承受的撞击负荷为标准，可见在日常生活的每个地方，都有着物体碰撞的身影。所以，对于物体碰撞的研究现在依然有着十分重要的意义。

6.2　碰撞当中的力学

了解物体碰撞当中的力学，就要了解怎样预先计算出相互碰撞的两个物体在碰撞以后的速度为多少，不过这要取决于碰撞物体的弹性与否。

没有弹性的两个物体在碰撞以后速度相等，它的大小可以通过混合法求出，只要知道互撞物体的质量和原来的速度即可。

所谓混合法，下面介绍一个简单的例子你就明白了。

假如你把 3 千克单价 8 元的咖啡和 2 千克单价 10 元的咖啡混合，则这种混合咖啡的单价应该为：

$$\frac{3\times8+2\times10}{3+2}=8.8 \text{元}$$

同样道理，一个质量 3 千克、速度 8 厘米/秒的非弹性物体，与另一个质量 2 千克、速度 10 厘米/秒的非弹性物体互撞，则每个物体在碰撞后得到的速度应为：

$$u=\frac{3\times8+2\times10}{3+2}=8.8 \text{厘米/秒}$$

我们可以总结出一个普遍性的公式：质量分别为 m_1 和 m_2、速度分别为 v_1 和 v_2 的两个非弹性物体相撞，它们碰撞后的速度应为：

$$u=\frac{m_1 v_1+m_2 v_2}{m_1+m_2}$$

如果我们以 v_1 的方向为正，则速度 u 前如果是正号则表示物体在碰撞后的速度方向与 v_1 相同，若是负号则表示向相反方向运动。在没有弹性的物体碰撞情况下，要注意这一点。

而对于有弹性的物体来说，情况会变得复杂一点。因为当弹性物体相撞的时候，碰撞部位会先像非弹性物体一样发生凹陷，接着又会凸起恢复到原来的形状。值得注意的是，相撞的两个物体必然一个是追撞者，另一个是被追撞者。在凹陷的阶段当中，追撞物体速度会减小，而被追撞物体增大；在凸起阶段中，追撞物体速度还会减小一次，而被追撞物体则还会再增加一次，而前后两次减小或增加的速度应该是相等的。这就是说，运动得快的物体会减小两倍的速度，反之运动得慢的物体会增加两倍的速度。记住了这一点，你就基本把弹性碰撞的情况掌握了。

下面我们用实际的运算来检验一下：假设有两个物体，一个运动较快，速度为 v_1；另一个运动较慢，速度为 v_2，它们的质量分别为 m_1 和 m_2。如果两个物体都是非弹性的，则它们碰撞以后应该得到相等的速度，为：

$$u=(m_1 v_1+m_2 v_2)/(m_1+m_2)$$

因此我们知道前者减小的总速度为 v_1-u，而后者增加的总速度为 $u-v_2$。

但如果它们都是弹性物体的话，根据我们上面所说，它们都将会增加或者减小两倍的速度，即 2 (v_1-u) 和 2 $(u-v_2)$。所以，弹性碰撞后物体的速度和应该为：

$$u_1=v_1-2(v_1-u)=2u-v_1$$
$$u_2=v_2+2(u-v_2)=2u-v_2$$

接下来我们只需把具体数值代入即可。

关于弹性的碰撞情况，还有一个简便的规则：物体碰撞之后，均会以原来的速度大小反向运动，这道理并不难明白。又因为

物体碰撞前的相向速度为 v_1-v_2

物体碰撞后的反向速度为 u_1-u_2

代入 u_1 和 u_2，得：

$$u_2-u_1+2u-v_2(2u-v_1)=v_1-v_2$$

这个规则除了为我们运算提供简便以外，更重要的一点在于帮我们从另外一个层面进行理解。我们之前提到过"追撞的物体"和"被追撞的物体"这类表述，其实都是以一个运动系统外部的第三人角度来看的。其实追撞物和被追撞物之间是相对而言的，本质并没有差别。如果把两者互换，也不会对结果产生什么影响。所以当我们回到物体碰撞的问题上时，两者互换是不是同样适用呢？

很显然，答案是肯定的，如果两者互换，计算结果不会因此改变。因为无论如何，物体在碰撞以前速度大小之差都是相同的，因此在碰撞以后物体只是反向运动但大小不变，因此差额也不变（$u_2-u_1=v_1-v_2$）。所以无论我们在哪一个角度上看待这个问题其实都是一样的。

以下是与弹性碰撞相关的一些有趣数据：两个直径都为 7.5 厘米的钢球，以 1 米/秒的速度相互碰撞，将产生 1500 千克的压力；当以 2 米/秒的速度碰撞时，产生的压力是 3500 千克。而关于碰撞部位的曲率半径，前者是 1.2 毫米，后者是 1.6 毫米。这两种情况下的碰撞持续时间都约为 1/50000 秒。而正是由于这么短的碰撞时间，得以使钢球在这 15—20 吨/平方厘米的压力下不被损坏。

当然了，假如钢球大如行星（譬如半径＝10000 千米），在以 1 厘米/秒的速度相撞时，碰撞的持续时间将达到 40 小时，且碰撞部分的曲率半径为 12.5 千米，压力相当于 4 万万吨！

要注意的是，我们上面所讲到的都是碰撞当中的极端情形：要么完全的非弹性物体相撞，要么完全弹性的物体相撞。但在这之间还可能存在第三种情况——碰撞的物体不是完全的弹性，即在凹陷以后不能完全恢复本来形状。这个情况我们在后面还将谈到，现在我们还是把上面所说的两种情况掌握好就行了。

6.3　皮球当中的学问

上一节中我们介绍了几个计算物体碰撞的公式，但在现实情况下其实并不常用。这是因为实际上那种极端的"完全弹性"或者"完全非弹性"的物体是很少见的，更多的情况是物体处于两者之间的第三种情况，即"不完全弹性"。以皮球为例，你知道在力学上它到底是完全弹性的，抑或是完全非弹性的？

其实检验的方法非常简单：我们只需在一定的高度让皮球落到坚硬的地面，如果反弹后能到达原来的高度，那么皮球是完全弹性的；如果它根本无法反弹，则皮球是完全非弹性的。

很明显，一只经过反弹却无法到达原来高度的皮球，就是我们所说的"不完全弹性"了。下面我们来看一下它碰撞过程的情况。皮球落到地面的瞬间，它与地面接触的部分会发生形变（被压扁），而形变产生的压力使皮球减速。在这之前，皮球与非弹性物体碰撞过程都并无二异。这意味着，此时它的速度为 u，而减小的速度为 $v_1 - u$。然而皮球不同于非弹性物体在于，这时被压扁的地方会重新凸起，受到地面对它的作用力，因此球再次减速。假如皮球可以完全恢复形状（及完全弹性的），它减小的速度大小应该与被压扁时一样，为 $v_1 - u$。

所以，对于一个完全弹性的皮球而言，它减小的总速度应该为 2（$v_1 - u$），因此

$$v_1 - 2(v_1 - u) = 2u - v_1$$

但我们这里讨论的皮球并不是完全弹性的，因此再被压扁以后它并不能完全恢复原来的形状。也就是说，使它恢复形状的作用力应该会小于当初使它发生形变的作用力，因此恢复阶段所减小的速度也会小于形变阶段较小的速度。即减小的速度要小于 $v_1 - u$，假设这个值为系数 e（又叫"恢复系数"）。所以不完全弹性物体在碰撞的时候，前一阶段减小的速度为 $v_1 - u$，后一阶段减小的速度为 e（$v_1 - u$）。所以整个过程中一共减小的速度为（1＋e）（$v_1 - u$），在碰撞之后速度只剩下 u_1，等于

$$u_1 = v_1 - (1+e)(v_1 - u) = (1+e)u - ev_1$$

下面我们来求一下"恢复系数"，因为根据反作用定律，地面在皮球的作用下也会以速度 u_2 后退，即

$$u_2 = (1+e)u - ev_2$$

两个速度之差（$u_1 - u_2$）等于 e（$v_1 - v_2$），所以"恢复系数"可以根据下面的式子求出：

$$e = \frac{u_1 - u_2}{v_1 - v_2}$$

而固定不动的地面则没有后退，即

$$v_2 = (1+e)u - ev_2 = 0, \quad v_2 = 0。$$

所以，

$$e = \frac{u_1}{v_1}$$

其实 u_1 为皮球反弹后的速度，应为 $\sqrt{2gh}$，式中 h 为皮球的反弹高度；

在 $v_1 = \sqrt{2gH}$ 中 H 为球落下的高度。因此，

$$e = \sqrt{\frac{2gh}{2gH}} = \sqrt{\frac{h}{H}}$$

可见，通过这个方法我们就可以找到皮球的"恢复系数"，其实这个系数也可以用来表示皮球"不完全弹性"的不完全系数：皮球落下和反弹高度之比的开方即为所求。

一个普通的网球在 250 厘米的高度落下，反弹高度约为 127－152 厘米。由此我们可以算出网球的恢复系数在 $\sqrt{\frac{127}{250}}$ 到 $\sqrt{\frac{152}{256}}$ 之间，即 0.71 到 0.78 之间。

我们不妨取其平均数 0.75，即"75％弹性"的球为例来做几个计算的题目：

一、让球在高度 H 处落下，请问它的第二、第三以及后面各次的反弹高度为多少？

第一次反弹高度可以通过下面这个式子得到：

$$e = \sqrt{\frac{h}{H}}$$

把 $e = 0.75$，$H = 250$ 厘米代入：

$$0.75 = \sqrt{\frac{h}{250}}$$

得到 $h \approx 140$ 厘米。

所以第二次反弹可以看作是从 $h = 140$ 厘米高落下的反弹高度，假设为 h_1，则

$$0.75 = \sqrt{\frac{h_1}{140}}$$

得到 $h_1 \approx 79$ 厘米。

同理第三次反弹的高度 h_2 满足下式：

$$0.75 = \sqrt{\frac{h_2}{79}}$$

得到 $h_2 \approx 44$ 厘米。

如此类推……

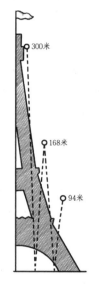

图 48　从埃菲尔铁塔上落下来的球能跳多高？

如果这个球在埃菲尔铁塔上落下（H＝300 米），忽略空气阻力，则第一次反弹高度为 168 米，第二次为 94 米……（图 48）。但由于实际速度很快，所以空气阻力也比较大，因此不能忽略。

二、球从高度 H 落下后的反弹持续时间是多少？

已知

$$H = \frac{gT^2}{2} \qquad h = \frac{gt^2}{2} \qquad h_1 = \frac{gt_1^2}{2}$$

故

$$T = \sqrt{\frac{2H}{g}} \qquad t = \sqrt{\frac{2h}{g}} \qquad t_1 = \sqrt{\frac{2h_1}{g}}$$

所以每次反弹的总时间为

$$T+2t+2t_1+\cdots\cdots$$

即

$$\sqrt{\frac{2H}{g}}+2\sqrt{\frac{2h}{g}}+2\sqrt{\frac{2h_1}{g}}+\cdots\cdots$$

整理上式得到：

$$\sqrt{\frac{2H}{g}}\left(\frac{2}{1-e}-1\right)$$

把 H=2.5 米，g=9.8 米/秒^2，e=0.75 代入，求出反弹的总共持续时间为 5 秒，也即球会在 5 秒钟内继续跳动。

同样如果这个球是在埃菲尔铁塔上落下的，忽略空气阻力，求得反弹时间将会持续达到 54 秒，接近一分钟。

球在不高的高度落下时由于速度较慢，所以能忽略空气阻力。科学家就曾做过实验检测空气阻力的影响，他们让恢复系数为 0.76 的皮球从 250 厘米高处落下，忽略空气阻力的理论反弹高度应为 84 厘米，而实际上为 83 厘米，仅相差 1 厘米。可见，在这种情况下，空气阻力影响确实并不大。

6.4　木槌球的碰撞

力学上有所谓"正碰""对心碰"的说法，其实就是一种碰撞方向与碰撞的施力球体直径方向相同的碰撞，木槌球与一个静止不动的球之间的碰撞就是一个典型的表现。

两个质量相等、完全非弹性的球在相撞以后，速度都等于追撞球的一半速度，也即

$$u=\frac{m_1v_1+m_2v_2}{m_1+m_2}$$

其中 $m_1=m_2$，$v_2=0$。

但是假如相撞的两个球是完全弹性的，通过简单计算我们就会发现在碰撞以后它们将交换速度。也就是说主动去撞的球将停下，而本来静止的球将以前者的速度继续往碰撞方向运动。这有点类似我们玩的象牙球（打弹子），因为象牙球的恢复系数一般较大，$e=\frac{8}{9}$。

但是对于恢复系数小得多的木槌球来说（e=0.5），情况就完全不一样了。在碰撞以后，两个球都将以不同的速度继续运动，而主动去撞的球在被撞球的后面，方向依然是碰撞的方向。

我们假设恢复系数为 e，在上一节中我们已经求出在碰撞以后两个球的速度 u_1 和 u_2 分别为：

$$u_1=(1+e)\ u-ev_1 \qquad u_2=(1+e)\ u-ev_2$$

同样

$$u=\frac{m_1v_1+m_2v_2}{m_1+m_2}$$

代入木槌球的数值：$m_1=m_2$，$v_2=0$。得到

$$u=\frac{v_1}{2} \qquad u_1=\frac{v_1}{2}\ (1-e) \qquad u_2=\frac{v_1}{2}\ (1+e)$$

因此

$$u_1 + u_2 = v_1 \qquad u_2 - u_1 = ev_1$$

所以我们可以得出这样的结论：一个木槌球去撞另一个静止的木槌球，前者的速度 V 在碰撞以后被分配在两个球上，其中后者比前者运动得快，其速度为 V 的 e 倍。

譬如 e=0.5，则碰撞以后，原来静止的球将获得原来速度的 3/4，而去撞的球却在被撞球后运动，其速度只有原来的 1/4。

6.5 "力量来自于速度"

在大文豪托尔斯泰所著的《读本第一册》中有这么一个故事：

一个大汉赶着一匹载着重物的马车正在穿越铁路，但车轮突然脱落，因此马无法把马车拖动。正在这时，一列火车却迎面驶来，而马车既无法立刻从铁路上移开，火车也不可能马上停下，眼见情况十分危急。此时司机却做了个决定，他没有刹车，而是把火车速度提到最大驶向马车。赶马的大汉吓得马上逃开，而火车则把马车和马撞向一旁，但是车身却几乎没有震动地开走了。后来司机告诉乘务员："虽然我们现在撞死了一匹马，撞坏了一辆马车，但假如我们急刹车或者减速撞向马车的话，火车很可能出轨，你我包括列车上的乘客都将遇难。但现在我们急速开过，车身并没有受到多少震动。"

根据力学的观点，我们可以解释这个故事。在这里，火车和马车都是不完全弹性物体，被撞的马车在碰撞前静止不动。下面我们用 m_1 和 v_1 代表火车的质和速度，用 m_2 和 v_2（$v_2 = 0$）代表马车的质量和速度，运用上述公式：

$$u_1 = (1+e) \, u - ev_1 \qquad u_2 = (1+e) \, u - ev_2$$

$$u = \frac{m_1 v_1 + m_2 v_2}{m_1 + m_2}$$

整理上式得到：

$$u = \frac{v_1 + \dfrac{m_2}{m_1} v_2}{1 + \dfrac{m_2}{m_1}}$$

由于马车与火车的质量之比 $\dfrac{m_2}{m_1}$ 极小，因此可以忽略，所以得到：

代入第一个式子， $\qquad u_1 = (1+e) \, v_1 - ev_1 = v_1$

这意味着，碰撞以后火车几乎以原速继续行驶，因此乘客们没有震感。而马车在碰撞后的速度 $u_2 = (1+e) \, u = (1+e) \, v_1$，比火车原来的速度还多出 ev_1，因此火车原来行驶的速度越大，马车突然承受的速度就越大，即摧毁马车的力量也越大。

不过在这里还要注意克服马车的摩擦力，假如碰撞瞬间的力量不够大，不足以使马车冲出铁轨而留在轨道上，将对火车非常危险。

所以我们可以说，火车司机提速这一做法是相当明智的，火车因此得以把马车撞出铁轨，而自身不受震动。当然故事的背景，是当年火车速度本身不太高的时代。

6.6 不怕铁锤砸的人

在杂技表演中有这样一个惊险的节目：平躺在地上的演员胸上搁着一块大铁砧，另外两位演员则用大铁锤，重重砸向铁砧，地上的演员却毫发无损（图49）。

图 49 两个大力士抡起铁锤，向铁砧上用力砸去。

你肯定很惊奇为什么人可以承受得住这样猛烈的震动。但当你知道了弹性物体的碰撞定律后，你就应该明白铁砧比铁锤越重，铁砧在碰撞瞬间得到的速度越小，因此人的震感也越小。

以下就是被撞物体在弹性碰撞时的速度公式：

$$u_2 = 2u - v_2 = \frac{2(m_1 v_1 + m_2 v_2)}{m_1 + m_2} - v_2$$

其中 m_1 为铁锤的质量，m_2 为铁砧的质量，v_1 和 v_2 分别是它们碰撞前的速度。

而由于铁砧在碰撞前是静止的，因此 $v_2 = 0$。所以：

$$u_2 = \frac{2m_1 v_1}{m_1 + m_2} = \frac{2v_1 \times \frac{m_1}{m_2}}{\frac{m_1}{m_2} + 1}$$

如果铁砧的质量 m_2 远大于铁锤的质量，则 $\frac{m_2}{m_1}$ 的值就会很小，因此分母中的 m_2 可以忽略不计。整理上式，得到：

$$u_2 = 2v_1 \times \frac{m_1}{m_2}$$

可见铁砧碰撞以后的速度只是铁锤速度的极小的部分。

譬如，当铁砧的质量为铁锤的 100 倍时，它的速度只有铁锤的 1/50：

$$u_2 = 2v_1 \times \frac{1}{100} = \frac{1}{50} v_1$$

现在你应该明白为什么说铁砧越重，躺在它下面的演员越安全。不过在胸上承受这么重的铁砧也是一个难题，如果改变铁砧底部的形状，增大其与人体接触的表面积，就可以使压在人身上的铁砧重量分散，也就是说人每平方厘米体表上所承受的铁砧重量会减小。另外，还可以在铁砧与人体之间加垫一层柔软的棉垫，减缓压强。

因此在观看表演的时候，你大可不必怀疑铁砧的重量，不过铁锤的重量就值得斟酌了。事实上，表演中的铁锤可能并不如你所想的那么沉重，甚至可能只是空心的，不过这样的改动并不影响表演的效果，但对于铁砧下的演员而言，他所受到的震动却是大大减弱了。

✦ 第七章 ✦

略谈强度

7.1　怎样测量海洋深度

我们都知道，海洋平均深度约为 4 千米，不过在某些地区还要比这个数字多出很多。例如前面曾说过海洋的最大深度达到 11 千米。这就是说，我们要垂下一条起码长过 10 千米的金属丝，才能测量到这个深度。但你有没有想过，这个长度使得金属丝拥有的巨大重量，会不会使得它在重力作用下断掉呢？

这个问题的提出是很有意义的，请看下面这个运算：

以长 11 千米的铜线为例，设 D 为铜线直径（单位是厘米），它的体积应为 1/4ⅡD² × 1100000 立方厘米。而每立方厘米的铜，在水里的重量约为 8 克，所以这条铜线在水中的重量为：

$$\frac{1}{4}\pi D^2 \times 1100000 \times 8 = 6900000 D^2 \text{ 克。}$$

直径 3 毫米的铜线在水中的重量应为 620 千克，也即大约 3/5 吨，这么细的铜线到底能否负载得起这个重量呢？我们不妨暂且离题，讨论一下使金属丝（杆）断裂需要多少力的问题。

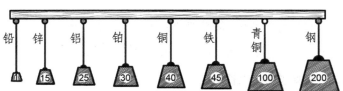

图 50　不同材料的金属丝，要用多大的力量才能把它们拉断?（截面积 1 平方毫米，重量单位为千克）

力学中的分支学科"材料力学"中是这么叙述这个问题的：使金属丝（杆）断裂所需要的力 F 与金属丝（杆）的材料、截面大小和施力方式有关。其中截面积与力 F 成正比，而图 50 就是截面积为 1 平方毫米的各种材料与力 F 的对应图，又被称作抗断强度表，一般在各种工程手册上都可以看到。从图中可知，是一条截面积为 1 平方毫米的铅丝断裂需要 2 千克的力，铜丝需要 40 千克，而青铜丝则需要 100 千克等。

不过在工程的实际操作中，绝不是以这个金属丝（杆）所能承受的最大作用力来设计的，否则会使得工程非常不安全可靠。因为即使材料出现一些微小得肉眼无法发现的缺陷，或者震动温度等条件的席位改变，金属丝（杆）都有可能因此断裂，威胁整个结构。所以在实践中，往往都会采取一个视情况而定的"安全系数"，也就是使作用力只达到最大负载的某个比例。

下面让我们回到原来的问题当中。需要多大的力才能使一条直径为 D 厘米的铜线断裂呢？我们可以算出铜线的截面积为 $\frac{1}{4}\pi D^2$ 平方厘米或 $25\pi D^2$ 平方毫米。根据图 50 中的表，我们知道截面积为 1 平方毫米的铜线，会在 40 千克的作用力下断裂。因此上述铜线将在 $40\times25\pi D^2=1000\pi D^2=3140D^2$ 千克的作用力下断裂。

通过计算我们知道，这条铜线自身就已重达 $6900D^2$ 千克——远大于上面所说的断裂负载力。所以即使我们忽略安全系数，铜线也将在达到 5000 米深度的时候就会因自身重力作用断裂，更勿论用来测量海洋深度。

7.2 最长的悬垂线

对于每一条金属丝而言，都有一个自身的极限长度，超过这个长度便会在自身重力作用下断裂。也许你会以为，是金属丝的直径增加可以使这个极限长度变大，但实际上，金属丝变粗以后它的自身重量也随之增加。因此金属丝的粗细并无法决定极限长度，它只与制成金属丝的材料有关。

而不同金属的极限长度都是不同的，在上一节当中我们已经介绍过这个极限长度的算法。假设长度为 L 千米的金属丝截面积为 s 平方厘米，而该种金属每立方厘米重量为 ρ 克，则整条金属丝的重量就是 100000sLρ 克；它能承受的最大重量便是 $1000Q\times100s=100000$ Qs 克，其中 Q 是 1 平方毫米截面积金属丝的断裂负载（单位是公斤）。所以，在极限的条件下，

$$100000Qs=100000sL\rho$$

所以极限长度为：

$$L=\frac{Q}{\rho}$$

这就是计算不同材料的金属丝极限长度的公式。上一节中我们求出了铜线在水中的极限长度，事实上，在空气当中这个极限长度还要小，为 $\frac{Q}{\rho}=\frac{40}{9}\approx4.4$ 千米。

以下是其他几种金属丝的极限长度：

铅丝··································200 米

锌丝··································2.1 千米

铁丝··································7.5 千米

钢丝··································25 千米

但就如上节所说的一样，在实际的操作当中，我们是不可能采用这个极限长度的，因为这会增加它们的断裂风险，所以会采取一个安全系数，例如对于钢丝和铁丝而言，一般只允许它们承受 1/4 的断裂负荷。

所以实际当中使用的悬垂铁丝都不会长过 2 千米，而钢丝不会长过 6.25 千米。但是在水中，金属丝的极限长度会增加，不过即便如此，我们还是不能用它们来测量海底的深度，除非是特别专用的坚固钢丝。

7.3 最强韧的材料

如果说什么是最强韧的材料，就要数镍铬钢了，要想把横截面积 1 平方毫米的镍铬钢丝拉断可不容易，至少要用 250 千克的力。

要想有更深刻的体会，看一看图 51 便会一目了然。图中显示了一条直径仅比 1 毫米粗些的细钢丝承载了相当于一只肥猪的重量。这种高强度的钢丝广泛使用于测量海洋深度，毕竟镍铬制成的钢丝能够抵御强大的海底压强。这种钢丝每 1 立方厘米在水里重 7 克，因为安全系数是 4，所以每 1 平方毫米的容许负载就是 250 除以 4 等于 62 千克，最后，我们可以得出钢丝的极限长度是 62 除以 7 等于 8.8 千米。

可是，我们知道海洋的深度绝不仅仅只有 8.8 千米。所以我们只好采用更小的安全系数，这就必须保证我们使用这种钢丝测量海底深度时必须非常小心谨慎，才能到达最深的海底。

除了测量海洋深度，我们也时常利用这种钢丝和风筝进行高空探测，但是也遇到同样的困难。例如，当风筝飞到 8.8 千米或者更高的时候，我们就不得不采取与测量海底深度同样的办法，因为这个时候钢丝不但要承受自重的张力，还有风对钢丝和风筝的压力。

图 51 1 平方毫米截面积的镍铬钢能够承受 250 千克的重量。

7.4 比头发更强韧的是什么

人们总以为人的头发大概和蜘蛛丝的强度差不多，但事实上，许多金属都没有头发强韧！

图 52 妇女的发辫能承受多大的重量？

人的头发的粗细虽然只有 0.05 毫米，承重却能达到 100 克。我们可以计算一下截面为 1 平方毫米的头发的承重能力。直径 0.05 毫米的圆，面积是：1/500 平方毫米（$\frac{1}{4} \times 3.14 \times 0.05^2 \approx 0.002$ 平方毫米）。也就是说，1/500 平方毫米面积上可以承受 100 克重；那么 1 平方毫米面积上则可以承受 50000 克（50 千克）的重量。而图 50 也形象地告诉我们，人的头发的强度介于铁和青铜之间。

因此，头发的强度高于铅、锌、铝、铂、铜等金属，仅次于青铜和钢。

所以，小说《萨兰博》中说的古代迦太基人把妇女的发辫当作投掷机的牵引绳的最好材料，也就并不荒谬了。

因此，对图 52 的内容我们也不会感到惊奇了。妇女的发辫承受住了一辆 20 吨重的卡车。这很容易计算：发辫由 20 万根头发组成，所以它能承受 20 吨的重量。

7.5 为什么自行车架由管子构成

如果细心观察，我们就会发现如今的自行车架都是由管子构成的。很多人也许都认为实心杆会比管子更结实耐用，但为什么自行车架还要用管子做呢？其实，在环形截面面积上相等的管子和实心杆相比，两者的抗断和抗压强度几乎没有什么区别。但是如果比较的是抗弯强度的话，弯曲一段实心杆会比弯曲一段环形截面积相等的管子容易得多。因此，自行车架用管子做不仅节省材料，而且提高了抗弯强度，可谓是一举两得。

对于这一点的解释，强度科学的奠基人伽利略早就在他的《关于两个新的科学学科的谈话和数学论证》里作出了重要的著述：

利用这种空心的固体可以使强度大幅度提高而重量维持不变，所以对此的运用在我们的生活乃至大自然当中其实都随处可见。例如，小鸟的骨头以及芦苇的茎虽然都非常轻，但是抗弯力和抗断力都极强。还有麦秆，它能承受的重量远超过自身重量，但试想麦秆如果是实心的它还能做到吗？实验也告诉我们是不可能的。因此人类在发现了这个神奇的性质以后，把它运用到各种工艺技术上，例如把物体制作成空心的，能够使其比等长等重的实心物体更加坚固且轻巧。

其实，只要我们研究一下杆被弯曲时所产生的应力，就一目了然了。现在在支起杆 AB（图 53）两端，放一重物 Q 在中间。在重物 Q 的作用下，杆向下弯曲。我们可以看出，杆的上半部分被压缩，产生了反抗压缩的弹性力，相反的，下半部分则被拉伸了，产生了反抗拉伸的弹性力，而中

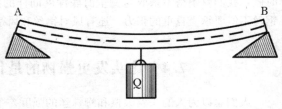

图 53　弯曲的横梁。

间有一层（中立层）既没有受到拉伸，也没有受到压缩。需要说明的是，不管是反抗拉伸的弹性力还是反抗压缩的弹性力，都是想使杆恢复原状。随着杆的弯曲程度不断增大（不超过弹性形变的范围之内），这两股抗弯力也会不断增大，直到由 Q 所产生的拉伸力和压缩力相等为止，弯曲也就停止了。

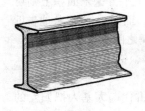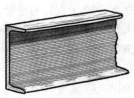

综上所述，杆的最上一层和最下一层是起着对弯曲最大反抗作用的，其余各层离中立层越近，作用就越小。所以，最好的杆是使截面形状大部分材料离中立层最大限度的远，工字梁和槽梁（图 54）的材料分布就是如此。

图 54　"工"字梁（左）和槽梁（右）。

当然了，我们不能因此就让管子的内壁过分单薄，而是要在保证两个管面相互不变动位置和管子的稳定性的前提下，使管子内壁趋向单薄。

桁架（图 55）去除了靠近中立层的全部材料，相比于以往的"工"字梁，节省了材料，也更加轻便。

我们把杆 ab……k 用弦杆 AB 和 CD 连接起来，代替整块材料。根据上文所得出的结论可

知：在 F_1 和 F_2 的作用下，上弦杆被压缩，而下弦杆被拉伸。

通过以上分析，大家都明白了管子比实心杆在抗弯强度方面更有优势的原因。现在，我们再用数学演算一遍。假设两根长短一致、环形截面积相同且重量也一样的圆形梁，一根是实心的，另一根则是空心的。通过计算，我们发现管子的抗弯力竟然比实心梁大一倍以上，达到112%。

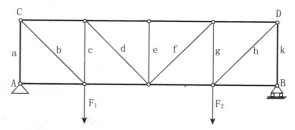

图 55　就强度而言，桁架可代替实体的梁。

7.6　七根树枝的故事

朋友，假如你想把一把扫帚拆散，先把枝条逐一拆散是个好方法，但如果不这么做而是把它整体折断呢？恐怕并没有那么容易如你所愿。

——绥拉菲莫维奇《在夜晚》

从前，有位父亲希望他的七个儿子能够团结协助、和睦地生活在一起，就让他七个儿子每人折一个树枝，结果每个人都把树枝折断了。然后父亲把七根树枝捆成一束，他的七个儿子每个都试了试，都无法折断。这个故事寓意深远，如果从力学上分析，同样非常有趣。

在力学的世界里，是用"挠度"x（图56）来测量一根杆的弯曲大小。当挠度不断增大，则杆折断的时间也就越近了。挠度的大小可以通过下面的式子求出：

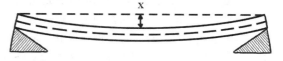

图 56　挠度 x。

$$挠度\ x=\frac{1}{12}\times\frac{Pl^3}{\pi Er^4}$$

P是作用在杆上的力；l是杆的长度；$\pi=3.14\cdots\cdots$；E是表示杆的材料的弹性性质的数值；r是圆杆半径。

我们试一试用这个式子应用到上面那个故事当中。树枝束如图57所示，我们假设树枝束捆得非常紧，这样就可以把树枝束看成是实心杆。从图上所知，树枝束的直径是每一根树枝的三倍。从上面的故事我们可知，弯曲一根树枝与弯曲一束树枝要容易很多，我们假设弯曲一根树枝的力是p，弯曲树枝束的力是P，如果要得出一样的挠度的话，可以得出以下等式：

$$\frac{1}{12}\times\frac{pl^3}{\pi Er^4}=\frac{1}{12}\times\frac{Pl^3}{\pi E\ (3r)^4}$$

所以 p＝P/81，

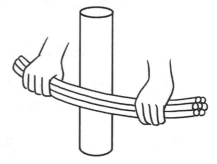

图 57　七根树枝的树枝束。

由此可见，如果想折断七根树枝，一根一根地折，这样要花七次的力量，可是每次花费的力气只等于折断有七根树枝的树枝束所花力量的1/81。

❦ 第八章 ❦

功　功率　能

8.1　千克米

在地球表面将静止的 1 千克重物提升至 1 米高度所做的功，叫作千克米。但就是这样一个简单的定义，却让很多人产生了误解。下面这道关于炮弹的题目就是很好的例子。

"一门炮膛长度为 1 米的大炮，向正上方发射炮弹，已知炮弹重 1 千克，火药产生的气体只在 1 米内对炮弹起作用。那么，炮弹做了多少千克米的功？"有些读者这样认为：既然火药产生的气体只在 1 米内对炮弹起作用，那么这些气体就是将 1 千克势能抬高至 1 米，炮弹只做了 1 千克米的功。

1 千克米的功？难道炮弹所做的功这么小？当然不会。如果只有这么点儿功的话，根本没什么威力可言。很明显，上面的计算是错误的。但是错误出现在计算的哪个环节呢？

原来，这样的计算结果是因为忽略了重要的一点——炮弹在被提升至 1 米后还具有速度。这就导致了我们在计算时只把炮弹提升 1 米高度，而没有将炮弹获得速度继续提升的高度计算在内。考虑到这，我们假设炮弹速度为 600 米/秒（60000 厘米/秒）。已知炮弹质量为 1 千克势能，即 1000 克，结果为：$\dfrac{mv^2}{2}=\dfrac{1000\times60000^2}{2}=18\times10^{11}$ 尔格 $=1.8\times10^5$ 焦耳。

1 焦耳 $=0.10199999998572$ 千克米，也就是 18000 千克米。

两次计算的结果差距如此悬殊，可见要利用千克米的定义来计算功，绝对不能忽略这一点——重物在被提升至多少米后的速度是零。

8.2　如何让 1 千克势能的砝码产生 1 千克米的功

如何让 1 千克势能的砝码产生 1 千克米的功？如果用公式计算，得出的结果是用 1 千克势能的力正好能产生 1 千克米的力。但实际上，如果只用 1 千克势能的力根本无法将砝码提起来。

要想将 1 千克势的砝码提升，就一定要用比 1 千克势能更大的力。可是在提升过程中一直用大于 1 千克势能的力，被提升的重物必定会产生加速度。也就是说，当砝码被提升至 1 米的时候它还有速度，这时所做的功就会超过 1 千克米。

如果使用"先大力后小力"的方法，就可以做到提升 1 千克势能的砝码至 1 米，正好做出 1 千克米的功。"先大力后小力"是指在刚刚提砝码时，使用大于 1 千克势能的力，这时砝码会获得一定的、方向向上的速度。选择适当的时间再将力降至 1 千克势能以下，砝码的运动速度也会随之降下来，在它完成它的 1 米的运动路程的时候速度减为零。

这样我们就可以让 1 千克势能的砝码恰好产生 1 千克米的功。

8.3　功的计算方法

从上一节中千克米的定义来看，是很容易让人产生概念上的误会，想要将 1 千克势能的重物提升至 1 米高又正好做出 1 千克米的功很不容易。但是，如果我们把定义换个方式来阐述，那就好多了：如果力的作用方向和路程方向一致，千克米就可以说成是 1 千克势能的力在 1 米路程上所做的功。在变化后的定义中，有一点是一定不能忽略的：力的作用方向和路程方向一致。不重视这个前提，在对功的计算中将出现大误差。

对于变化后的定义，可能还有人觉得不妥。他们可能认为，在路程快结束时物体依然会有一定的速度。也就是说，1 千克势能的力在 1 米路程上所做的功大于 1 千克米。

这个疑惑看似正确，在路程快到终点时，这个走了一定路程的物体确实是有速度的。但仔细阅读定义，这个速度正是功给物体运动到终点的动能，使它恰好能做 1 千克米的功。这与上一节中提到的将物体直立向上提升是不同的：1 千克势能的重物被提升至 1 米高，这时势能是 1 千克米，但是这个物体仍然具有动能，结果一定不是只有 1 千克米的功。

功率是力学里度量工作能力的名词，是指物体在单位时间内所做的功。比较不同的发动机在相同时间里面所做的功，就能比较出它们的工作能力。我们以 "秒" 作为时间单位，发动机的功率就是在 1 秒的时间里发动机做的功。瓦特和马力是功率的两种单位，735.499 瓦特相当于 1 马力。下面一道题就利用到了这些知识。

一部汽车以每小时 72 千米的速度行驶在平直的路上，这辆车的重量是 850 千克势能，假设汽车在行进时受到它重量的 20% 的阻力。算出这辆汽车的功率是多少。

这是汽车行进的力：$850 \times 0.2 = 170$ 千克势能。

车处于匀速运动时，汽车行进的力与阻力相等。

在 1 秒的时间里汽车所走的路程，也就是速度：$\frac{72 \times 1000}{3600} = 20$ 米/秒。

由于运动方向与产生运动的力的方向一致，汽车每秒钟走的路程与行进的力的乘积就是汽车的功率：170 千克势能×20 米/秒＝3400 千克势能米/秒≈34000 瓦特。

根据 735.499 瓦特相当于 1 马力，就等于：34000÷735≈46 马力。

理解了这一节中的知识，读者就能够轻松地算出功的大小了。

8.4　奇怪的牵引力

物体的速度大小与牵引力大小是什么关系呢？很多人会回答：速度越大牵引力就越大。为了验证这个结论正确与否，我们利用 "拖拉机" 来举例证明。

已知一辆拖拉机 "挂钩上" 的功率为 10 马力。这辆拖拉机有三挡速度，第一挡速度为 2.45 千米/时，第二挡速度为 5.52 千米/时，第三挡速度为 11.32 千米/时。算出在不同档位时挂钩的牵引力。

功率是指物体在单位时间（1 秒钟）内所做的功（以瓦特为单位）。在这道题中，牵引力（以牛顿为单位）乘以每秒所走的路程（以米为单位）列出方程式，x 代表拖拉机的牵引力：

$70 \times 10 = x = \frac{2.45 \times 1000}{3600}$，x≈10000 牛顿。

这是一档时的结果。同理可求出"第二档"时的牵引力为 5400 牛顿,"第三档"时的牵引力为 2200 牛顿。原来,运动的速度与它的牵引力大小是成反比的。

8.5 人、马与发动机

"马力"是一匹马在一秒的时间里产生的功率。正常情况下,工作中的人能产生大约 1/10 马力的功率,约合 70～89 瓦特。那么,人有没有可能在特殊环境下产生 1 马力的功率,也就是在 1 秒的时间产生 735 焦耳的功呢?

其实,在特殊情况下人是有爆发力的。举个例子,快速向楼梯上奔跑时就可以产生 80 焦耳/秒以上的功。如果这个人的体重是 70 千克,每阶楼梯是 17 厘米的高度,他每上 6 个台阶用时 1 秒。这个人做的功就是:$70 \times 6 \times 0.17 \times 9.8 \approx 700$ 焦耳。

这个数字已经接近 1 马力。但这么大的功率,人类只维持短短的几分钟就必须休息。如果将休息的时间也加进上楼梯的过程中,平均算出的功率还不到 0.1 马力。也曾有这样的一个记录:一名运动员在短距离(90 米)赛跑过程中产生了 5520 焦耳的功率,相当于 7.4 马力。

不仅是人可以在特殊情况下将自己做的功率提升至接近 1 马力,马甚至能将功率提升 10 倍或更多。如果一匹马在 1 秒钟里做 1 米高的跳跃,已知这匹马的体重为 500 千克,那么它所做的功就是 5000 焦耳,也就是 6.8 马力。还有一点大家可能不知道,一匹马的平均功率的一倍半与 1 马力功率相等。也就是说,刚才举例的这匹马已经将功率上升了 10 倍之多。

人和马都能够在一定情况下将功率提升很多倍,但是人类制造的发动机就做不到(图 58)。如果拿 10 马力的汽车与两匹马的马车比较,你觉得哪个更好呢?大部分人会不假思索地说:"当然是 10 马力的汽车更好用啊。"其实,这个结论只适用于行驶在路况较好的公路上。如果是在沙地,那这辆 10 马力的汽车可要陷在沙里了。但是马车却可以照常行驶,因为这两匹马可以爆发 15 马力的功率甚至更多。

图 58 活体发动机在这时候比机器更有优势。

一位物理学家就曾这样阐述过:"不得不承认,在特殊情况下马要比带发动机的汽车好用得多。汽车要想爬上高坡,它使用的力相当于至少 12 到 15 匹马所拉的力。而一辆两匹马拉的马车轻而易举就可以爬上去。"

8.6 拖拉机的优势

在法国有这样一句俗语:"一百只兔子也不能变出一头大象。"这句话完全可以套用在拖拉机与马的比较上:一百匹马也无法替代一辆拖拉机。

下面的表显示的是将不同个数的马套在一起产生的功率:

套在一起的马数	每匹马的功率	总功率
1	1	1
2	0.92	1.9
3	0.85	2.6
4	0.77	3.1
5	0.7	3.5
6	0.62	3.7
7	0.55	3.8
8	0.47	3.8

我们从表中可以发现，将 5 匹马拴在一起工作产生的是 3 倍于 1 匹马工作的功率，并不是 5 倍。同样，8 匹马在一起工作只能产生 1 匹马的 3.8 倍的功率。马的数量越多，功率就越不尽如人意。也就是说，并不能用简单的加法来计算几匹马在一起工作产生的功率。产生这种现象是因为套在一起的马不能协调相互的力，于是它们的力一部分变成了妨碍对方的力。

正因为这种现象，即使是一辆有 15 匹马一起工作的马车，也无法取代一辆只有 10 马力的拖拉机。这就是拖拉机的优势。

8.7　小体积产生大功率

在本节的开篇，我们先来看几幅图。

图 59：在马头上有涂黑的地方，表示不同机械发动机中一匹马力平均分到的重量。

图 59

图 60：小马和大马表示，机器的重力虽然很小，却可以与体积很大的牲口"比试"力量。

最后，图 61 展示的是一部小型航空发动机的功率与马的功率的比较：汽缸容量只有 2 升的发动机却可以产生 162 马力的功率。

从这几幅图中我们可以看出，机器与牲口对比，优势就是小体积产生大功率。

在没有机器的时代，马、牛、大象等动物就是最强

图 60

大的工具。如果想提高功率，增加牲口数量是唯一的方法。一百年前人类的蒸汽机能达到 20 马力，重量是 2 吨，平均一马力有 100 千克的机器重量。每匹马的平均重量为 500 千克，也就是说，蒸汽机的功率等于 5 匹马所产生功率的和。随着科技的不断进步，机器越来越小，

图 61

功率却越来越大。重 120 吨的电气机车,功率是 4500 马力。算起来,每马力只平均了不到 27 千克的机器重量。一部航空发动机只重 500 千克,却能产生 550 马力的功率,平均每马力只分到不足 1 千克的重量。

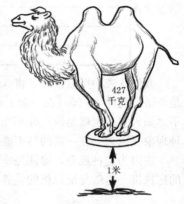

这样高的功率并不是机器的终点①。因为目前人类并没有完全将机器燃料利用在有用的地方。1 大卡热量能使 1 升水的温度提高 1℃。如果 1 大卡热量完全转化为机械能,产生的功就是 4186 焦耳。这些功可以将重 427 千克的物体提升 1 米(图 62)。不过,我们现在只能利用它的 10%—30%,也就是差不多 1000 焦耳的功。

图 62 一卡热量变成机械能以后,能够将 427 千克的重物提高 1 米。

火药是各种机械能源中功率最大的。现代步枪的重量大约是 4 千克,发射时却能够产生 4000 焦耳的功,而实际上起作用部分的重量还不到整支枪的一半。在枪膛里受火药气体作用,枪弹只有 $\frac{1}{800}$ 秒的滑动时间。功率是按秒来计算的:$4000 \times 800 = 3200000$ 焦耳,合 4300 马力。那么,以这支枪起作用的部分为准,每马力只合半克的重量!这半克该是多小的“马”啊,它产生的功率却可以抵得上一匹真马!

如果是从绝对功率来讲,大炮就是威力最大的一个。它能以每秒 500 米的速度将重达 900 千克的炮弹射出,而且这还不是最快的。在百分之一秒炮弹就能产生多达 1.1 亿焦耳的功。这么大的功足以把重量为 75 吨的物体抬至高达 150 米的齐阿普斯金字塔顶(图 63)。合成一秒的功率就是 110 亿瓦特,合 1500 万马力。图 64 展示的是一门巨型海军炮能够发挥出的能量。

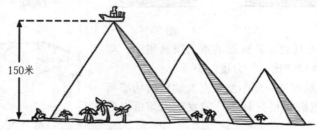

150米

图 63 大炮发射所做的功,足够将 75 吨的重物提高到最高的金字塔顶端。

---

① 到目前为止,绝对功率最大的当属火箭发动机,它产生几十万甚至几百万以上马力的功率只需很短的时间。

图 64 　一门巨型海军炮发射炮弹所发挥出能量的热可以融化 36 吨冰块。

8.8 　狡猾的称货法

一些缺乏职业道德的商人经常会运用一种狡猾的称货方法，使得给顾客的商品缺斤少两，但顾客又很难看出来。那么，他们是用什么样的方法蒙蔽了顾客呢？

原来，这些商人把最后一点平衡秤盘的货物从高处扔下，而不是像放之前那些货物时轻轻地放入秤盘。这时秤上显示的似乎称足了，但如果顾客待到天平停住的时候看，就能发现货物根本没到要称的重量。这是因为，降落的物体给着力点的压力比物体自身的重量大。下面就是这样一道计算题：设一个重量为 10 克的物体从高于秤盘 10 厘米处落下。

0.01 千克×0.1 米＝0.001 千克米≈0.01 焦耳

这个约等于 0.01 焦耳的能量，使秤盘稍稍下沉。假设秤盘下沉了 2 厘米。以 F 代表此时作用在秤盘上的力。　　　　　　　　　　F×0.02＝0.001

F＝0.05 千克＝50 克

最后这块物体对秤盘产生了 50 克的压力，而这块物体本身也不过只有 10 克而已。也就是说，这样狡猾的称法让顾客少拿了 50 克的货物。

8.9 　亚里士多德的疑惑

如果将重物压在一柄斧头上，这柄斧头压一块木头，这样的情况下木头只受到很小的破坏力。但将斧头拎起砍在木头上，即使砍这一下落下来的重量比压在木头上的重量小得多，木头也一定会被劈成两半。出现这两种不同情况的原因是什么呢？

上面的问题是亚里士多德的著作《力学问题》提出的三个问题中的一个。亚里士多德生活在伽利略奠定了力学基础（1630 年）以前两千年。由于缺乏对力学的认识，当时并没有确切的答案来解答这道题。不过，在力学已经被阐释得很全面的今天，我们完全有能力解释这个现象。

斧头被拎起砍向木头时，会产生两种能。一种是斧头被举起时产生的能；另一种是斧头向下运动时产生的能。

假设这把斧头的重量是 2 千克，被拎至 2 米高的空中。那么这把斧头被拎起时的能就是重量与高度的乘积 2×2＝4 千克米。斧头砍下去是有两个力起作用：人的臂力和重力。人的臂力使斧头向下的运动加快，于是斧头拥有了更多的能。如果人的手臂在挥动时力量不变，那么举高时候的能量就等于落下时的能量，即 4 千克米。可以得出斧头砍向木头的能是 8 千克米。假定砍进木头里 1 厘米，斧头的速度等于在 1 厘米的路程减为 0，耗尽了斧头的动能。F 代表压力，得出：

$$F \times 0.01 = 8$$
$$F = 800 \ 千克$$

压力是 800 千克，也就是砍进木头的力量是 800 千克，这可是个不小的力。

解开了亚里士多德的疑窦，但又有新的问题出现了：光凭人的肌肉本身的力量根本不足以劈开木头。既然这样，它又是怎样将力量传导到斧头上的呢？原来，在斧头一上一下的运动中获得的 8 千克米的能量完全消耗于仅仅 1 厘米中，压力与斧头走过的距离差距太过悬殊，所以会像一部锻锤"机器"。在机械中，用 5000 吨的压力机才能代替 150 吨的汽锤，600 吨的压力机只能代替 20 吨的汽锤，也是同样的道理。

用这个道理还可以解释马刀为何能够杀敌。整把刀的能都作用在极其细的刀刃上，刀刃的每平方厘米上聚积了将近几百大气压的强大压力。不过，战士对马刀的挥动幅度也影响着砍进的深度。如果马刀在砍进敌人身体之前挥动了 150 厘米的路程，在砍进敌人身体后深入了 10 厘米，也就是挥动得到的能量消耗在 10 厘米的路程中。战士挥动马刀的手臂就相当于增加到 10 到 15 倍的力量。此外，影响砍进程度的还有砍的方法，战士砍杀敌人时是砍切，因为战士要将刀抽回来。

8.10　易碎物品加衬垫的原理

我们在日常生活中可以见到用稻草、刨花、纸条等材料做衬垫的易碎品包装（图 65）。这样的包装可以有效保护易碎品搬动时的安全。但是，你知道这样做可以减小震荡，防止物品破碎的原理是什么吗？

我们知道，同样大小的力，作用面积越大，单位面积所受的力就越小。包装里的衬垫使易碎物品的接触面积增大，由原来的棱角的接触变成了面的接触。这样，在搬动易碎品时造成物品间的压力分布于大的面积上，各部分相应的压力就变小了。

在物品受到震动时，单个物品会运动起来，撞到相邻的物品时停止。也就是说，物品运动产生的能量通过挤压相邻的物品而耗尽，这就会导致物品破碎。力 F 和距离 S 的乘积（FS）才会等于所消耗的能量，因为距离极短，所以这个挤压力是非

图 65　鸡蛋装箱的时候，为什么要用刨花衬垫？

常大的。被压进几十分之一毫米，玻璃或鸡蛋壳就会破碎。在有柔软衬垫的包装里就不一样了，这些衬垫可以使力要走的路程 S 变长几十倍，挤压在相邻物品上的力 F 也就随之减小几十分之一。

这就是易碎物品加衬垫的原理。

8.11　杀死野兽的能量

有这样一个关于熊和树干的故事。

一只熊发现树上有一个蜂房，于是向树上爬去。在树干的中间，有一根半悬着的木头将熊拦住了（图 66）。这只熊将木头推向别处，可是木头摆开后迅速回到原位，将熊撞了一下；

它又用大一点的力气再次将木头推开，木头也像上次一样回原位时撞了熊一下，这下撞得比上次重。熊被激怒了，它狠狠地一次次推开木头，木头也不客气地一次次狠狠地回撞这只熊。终于，木头"赢得了"这场战斗，这只熊筋疲力尽地从树上掉到了树底下尖锐的木橛上。

那么，是什么力量将这只熊打下的呢？

图 66　熊在和悬挂的木头较量。

原来，正是这只熊自己将自己打了下来。之所以这么说，是因为回撞熊的木头是从熊那里得到的力。当熊向树上爬的时候，它的一部分肌肉转换为向上的身体的势能，这个身体的势能后来转变为让它坠落到尖木橛上的能。同样，在熊将悬着的木头推开的时候，它的肌肉的能已经转变成了举起木头的势能，木头的动能就是势能向下落时转变成的。总之，这只熊是自己害死自己的。爬上树的如果换成别的野兽，它的力量越大，受的伤害就越严重。

图 67　非洲森林里猎象用的机关。

图 67 和 68 展示的是两种非洲人布置捕猎的工具。图 67 所示的工具为，如果有一只大象碰到地面上的绳子，一段带着尖叉的沉重木头就会扎到它的背上。图 68 展示的工具比图 67 还要巧妙：如果有野兽碰到绳子，瞬时就会有满张的弓发射出弓箭射击野兽。

这两种杀死野兽的能量来源与开头讲的熊与树干的故事不同。这个能量来自装置这些工具的人的能量，只不过转换了形式。人把木头举高时所消耗的功转变成了从高处落下的时候所做的功。第二种工具中，猎人拉弓的时候所做的功就是弓箭发射时的功。野兽只是将这些能量释放出来。如果要再次捕猎，就要重新设置这些工具。

图 68　非洲森林里猎兽用的自动发箭器。

8.12　自己工作的机械

有这样一种表，它的外壳是密封的，能很好地防止水分和灰尘对表内机件的伤害，而且你只要将它戴在手上，无须上发条它也能准时准点地走动表针。如果你白天把表戴在手腕上戴几个小时，即使晚上将它放置在桌上不动，它也能正常运行一整夜。有的人可能觉得这样的表只适合有一定体力劳动的人，例如裁缝、钳工、打字员、钢琴家等，完全的脑力劳动者则无法让表上紧发条。其实，这样的看法并不正确。即使像脉动那么小的震动，就足以让这种表上紧发条。几个小动作就可以使表里的重锤将发条带动起来，准确地走三四个小时。

虽然这种表是自动上发条，但它也是消耗一些主人的能才走起来的。带着这样的手表，手臂在做动作的时候要比戴普通手表多消耗能量，因为克服弹簧的弹力要消耗人体一定的能量。有一个聪明的钟表店老板，他想出来一种让顾客帮忙给表"上发条"的好办法。这个老板在钟表店的门上安装了一个弹簧，当顾客推门进来或开门出去的时候，为克服弹簧的力就会多用点能量，这些能量传导到"自动"上发条的表上，表就获得了足以维持表针走动的能量。

还有一种原理与自动上发条的机械表一样的机器——测步仪。这是一种很小巧的仪器，大小和形状与怀表差不多。人们将它装进衣服口袋中可以计算出走了多少步。图 69 展示的就是测步仪的内部构造和字盘。重锤 B 是这种仪器的主要构成零件。重锤 B 固定在可以绕 A 点旋转的杠杆 AB 的一端。有一个软弹簧使它停留在图上所示的位置上，就是仪器的上半部。身上装着这种仪器的人在走路时，身体微微抬起一下紧接着落下来，仪器中的机械也跟着上下弹动。要注意的是，在惯性的作用下，重锤 B 自己仍然处于仪表的下半部，并不是立

图 69　测步仪及其构造。

即跟随人体上升。人体向下时，同样是由于惯性，重锤 B 向上运动。所以，人每活动一步，杠 AB 就一次上一次下地摆动，小齿轮推动字盘上的指针转动以记录杠杆的摆动，实现计步的作用。与上面讲的手表一样，测步仪也是要消耗一些人体的能量的。重力和拉住重锤的弹簧的弹力都会让走路的人花费比平时更多的能量。

这样一看，上面的两种机械都是消耗了人的能量才运转的，并不是完全的自动工作的机械。

8.13　钻木取火

不知道各位读者有没有试过用两块木头相互摩擦来取火。这样的方法在书上说得简单，可实际操作起来就难了，很多人描述过有关于利用摩擦取火失败的片段。

儒勒·凡尔纳所著的小说《神秘岛》中有一段年轻的赫伯特与老水手潘克洛夫关于摩擦生火的对话：

"我们可以试试用两块木块儿摩擦生火，就像原始人那样。"

"我的孩子啊，我敢说，你尝试的结果就是两手磨出血泡，根本生不出火。"

"但是，好多书上都介绍过这个方法啊。"

"除非那些人有超人的能力，否则根本做不到。我曾经多次尝试用这种方法取火，都以失败告终。还是老老实实地用火柴吧。"水手回答。

倔强的潘克洛夫还是决定去尝试一下。他找了两个干木块，用尽全力摩擦它们，如果可以将他用的力气全转化为热，烧沸轮船的锅炉也不在话下。可是，两块木头就是不燃烧，只是稍稍热了一点。

一个小时过去了，大汗淋漓的潘克洛夫把木块摔到地上，郁闷地说道："真是想不明白，原始人是怎么用这个方法取火的，要我说啊，把两手相互搓搓还比这热呢。"

让我们通过计算来解释一下出现这种情况的原因。

看图 70，在木棒 AB 上木棒 CD 每秒钟来回移动一次，单次移动距离是 25 厘米。木头之间的摩擦力是人手给予木棒压力的 40% 左右。假如人手对木棒的压力是 2 千克，那么 2×0.4

×98得出大约8牛顿的力就是实际的作用力。木棒CD每秒钟来回一次的距离是25×2＝50厘米，这段距离上做的功是8×0.5＝4焦耳。由于木头的导热性差，机械摩擦所产生的热量只能到达木头很浅的地方。如果是受热层仅仅为0.5毫米的木头，接触面宽为1厘米，相互摩擦时木棒的接触面积是接触面宽度和50厘米长度的乘积，那么摩擦生出的热就要分给50×1×0.05＝2.5立方厘米大小的体积。2.5立方厘米的木头重量在1.25克左右。木头热容假定为0.6，在不考虑周围空气冷却的情况下每秒被加热到：

图70　书本里介绍的摩擦起火的方法。

$$\frac{4}{1.25\times2.4}\approx1℃$$

实际情况中，摩擦生火的木棒是要被空气冷却的。所以，木棒在摩擦过程中出现非但不热反而变冷的情况是能够出现的。

到底原始人所用的摩擦生火与小说中讲的这段有什么区别，从而导致小说中的取火失败呢？原来例子中的年轻人只是用两块普通的木头，而原始人是用削尖的木头在木板上钻孔（图71）。

设转火的木棒有1厘米长的直径，它钻进木板的深度也是1厘米。拉动25厘米的钻弓来去一次要用一秒的时间，假设拉动力为2千克。每秒钟产生的功就是：

$$8\times0.5＝4焦耳$$

虽然产生的热量和上面那种情况是一样的，但由于受热体积只有3.14×0.05＝0.15立方厘米，这块受热的木头也有0.075克的重量。那么理论上每秒钟所升高的温度就是：

图71　实际上应该这样摩擦起火。

$$\frac{4}{0.075\times2.4}\approx22℃$$

木头的燃点大约是250℃（在钻木取火时木头受热部分的热量不易损失），通过计算：

$$250℃\div22℃\approx11秒$$

只要11秒的时间钻木取火就成功了①。

司机常说车辆的润滑不够就有烧坏的危险，也是这个道理。

---

① "火犁"和"火锯"也是原始人常用的取火方式，这两种方法是使木头里的木屑受热，同样不会损失太多热量。

8.14　弹簧的能哪去了

如果你用力将一个钢板弹簧掰弯，再把它扔进装有硫酸的杯子里。不一会儿，硫酸就将钢板弹簧溶解了。钢板弹簧消失了，那我们掰它时所用的能量也随之消失了吗？

大家都知道能量守恒定律，能量是不会消失的。但如果没有消失，能量又去了哪里呢？

如果你是将这个弹簧用来做提东西或者转动车轮这样的工作，你掰弹簧时付出的能量此时就会分为两种：一种是做有用的工作，另一种被用来克服摩擦阻力。

我们在前面所讲的被丢进硫酸中的能量则转换为了完全不同于这样的形式。

掰钢板时的能可以转化为热能，促使硫酸增高自身的温度，虽然只增很少的温度。我们可以计算一下：

假设钢板弹簧在弯曲后两段的距离比弯曲前少了大约 0.1 米（10 厘米），如果弯曲弹簧的力的平均值大约是 1 千克，也就是说弹簧的应力为 2 千克。那么，弹簧的势能就是

$$1×9.8×0.01≈1 焦耳$$

能量这么小，转化成的温度自然就不高了。

在硫酸腐蚀钢板弹簧的时候，钢板弹簧会弹开，这个动作带动了它附近硫酸的运动，这是能量转化后形式中的一种——动能。

被掰弯的钢板弹簧能量还有一种转变形式，那就是化学能。转化为化学能的部分，会影响硫酸对弹簧的腐蚀速度。如果这个化学能可以对钢板弹簧的溶解产生推动作用，那就会加快腐蚀，反之则是减慢的作用。要想知道腐蚀到底会减慢还是加快，就必须通过实验来检测：

用力将钢板弹簧掰弯，用两根距离为半厘米的玻璃棒夹住，将它们放入玻璃缸中（图 72 左）。将另一个钢板不掰弯，直接放入玻璃缸中（图 72 右）。在玻璃缸中倒入硫酸。没过多久，钢板弹簧崩成两节，这两节很快就被硫酸溶解了。仔细记录这两个钢板溶化的时间，发现被弯曲过的钢板弹簧溶化时间更长。这个实验证

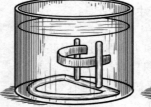

图 72　弯曲弹簧的溶解实验。

明，钢板弯曲所转化成的化学能起到阻止硫酸腐蚀钢板的作用。

看来，被丢进硫酸中的弯曲钢板的能量的确没有消失，而是转化成了热能、动能和化学能。

运用类似的思考方式，我们再看看下面这道题。

当一捆木柴被人从平地拎到四楼的时候，木材的势能随着高度的增加而增加。在燃烧时，木材的这些势能转化成什么了？

原来，经过高温燃烧的产物就是燃烧之前的木材生成的，燃烧后的产物也离地面有一定距离，因此这些产物也有比在地面上更大的势能。

❋ 第九章 ❋
摩擦力和阻力

9.1 雪橇能滑多远

　　［题］从长 12 米、斜度为 30°的雪山滑道上滑下一只雪橇，它滑到坡底以后，沿着水平方向继续前进，那么这只雪橇停下来时，会滑行多远？

　　［解］由题意知，雪橇在滑道上滑动时，受到摩擦力的作用。雪橇下部的铁条与雪之间的摩擦系数是 0.02。因此，当雪橇滑到山脚下时所具有的动能全部消耗在克服摩擦做功上面时，雪橇就会停下来。

　　下面我们就来计算一下雪橇滑到山脚时所具有的动能（图 73）。由于 AC 所对的角为 30°，所以雪橇滑下的高度 AC=0.5AB。也就是 AC=6 米。设雪橇的总重力为 P，那么雪橇在滑动之前所具有的重力势能为 6P 千克米。雪橇滑到山脚下的过程中，重力势能转化为动能和摩擦所产生的热能。对雪橇进行受力分析，把重力 P 分解成跟 AB 垂直的分力 Q 和跟 AB 平行的分力 R。那么，雪橇所受的摩擦就等于力 0.02Q。又因为 Q 等于 Pcos30°，所以 Q=0.87P。因此，雪橇滑到山脚的过程中，克服摩擦力所做的功为

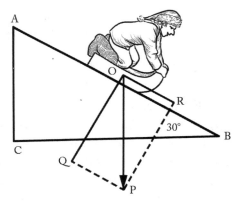

图 73　雪橇可以滑多远？

　　　　0.02×0.87P×12=0.21P 千克·米

　　所以，雪橇到达山脚时所具有的动能为：6P−0.21P=5.79P 千克·米

　　雪橇到达山脚后，由于动能的作用沿着水平方向继续前进。设停止前所走的路程为 x，那么停止前摩擦力所做的功就是 0.02Px 千克·米。由题意可以列出方程

　　　　　　　　　　0.02Px=5.79P

　　解方程，得 x=290 米，

　　也就是说，雪橇从雪山上滑下以后，还可以沿水平方向前进 290 米。

9.2 刹车以后

　　［题］有一辆汽车以每小时 72 千米的速度沿水平方向前进时，司机刹车的时候，假设空气的阻力为汽车所受重力的 2%，那么汽车能在公路上再前进多远？

［解］这道题的解法跟上一题非常相似，都是利用动能来求解的。设汽车的质量为 m，汽车的速度为 v，汽车所受的重力为 P，在水平方向所前进的距离为 x，那么汽车的动能可以表示为 $m\dfrac{v^2}{2}$。由于在前进过程中，汽车的动能全部转化为克服阻力所做的功。而由于阻力的大小为汽车重量的 2％，所以在这一过程中汽车克服阻力所做的功为 0.02Px。由题意可以列出方程：$\dfrac{mv^2}{2}=0.02Px$

P 为汽车的重量，所以，如果 g 为重力加速度，那么 P＝mg。方程式可以转化为：

$$\frac{mv^2}{2}=0.02mgx$$

解得：

$$x=\frac{25v^2}{g}$$

在所得的表达式中，不包含汽车的质量 m。将汽车的速度 v＝20 米/秒，重力加速度 g＝9.8 米/秒² 代入表达式中，可得，约等于 1000 米。也就是说，当空气阻力一直为汽车所受重力的 2％时，司机刹车以后，汽车会向前滑行大约 1000 米。而我们知道，随着汽车速度的增加，空气的阻力会迅速变大，所以，很多时候汽车实际受到的阻力不止它所受重力的 2％，也就是刹车以后，汽车一般不会滑行那么远的距离。

9.3　不一样大的前后轮

很多人都曾经注意到，大部分的马车前轮都比后轮要小一点。但对于其中的原理是什么，人们为什么要这么做，我们都没有认真思考过。

下面我们就来分析一下这个问题。把前轮做的稍微小一些的好处其实非常明显，当前轮较小的时候，前轮的轴线就会比较低，这样，车辕和挽索就会比较倾斜。如图 74 所示，当车辕 AO 倾斜而且 A 处于较高的位置时，我们就可以把马的拉力 OP 分解为向前的作用力 OQ 和向上的作用力 OR，这样，马就可以借助向上的作用力 OR 很容易地把车子从坑洼的地方拖出来。而如果如图 74 右所示的那样，车辕是水平的，那么，我们就无法在拉力中分解出向上作用的力；这时如果要把车子从坑洼的地方拖出来就会比较困难。

图 74　为什么前轮比后轮小一些？

而后轮之所以不做成跟前轮一样大，而要比前轮大一些，是因为滚动体的摩擦力与它的半径成反比例关系，也就是说，大轮子所受的摩擦要比小轮子要小。这样，前轮比后轮小的原因就很明确了。

我们还注意到，汽车和自行车的前后轮都是一样大的。这其实是因为汽车和自行车大都行驶在保养得比较良好的道路上，路面一般不会有坑坑洼洼的现象，在这种情况下，我们就没有必要故意放低前轮轴了。

9.4　大部分能量用在了哪儿

我们都看过划艇比赛，8个健壮的船员全力划动船桨，赛艇才能以大约每小时20千米的速度前行。而对于一个船员来说，让他以每小时6千米的速度划动小艇并不是一件非常困难的事，但是如果让他把速度提高到每小时7千米，那么他就划得很吃力了，基本需要用尽全力。

我们经常误以为在机车跟轮船的运动过程中，它们所消耗的全部能量都是用来维持本身的运动的。而事实上，以机车为例，在它运动的过程中，只在最初的1/4分钟里所消耗的能量是用来维持它的运动，而在它在平路上前行的其余时间里，它所消耗的能量其实是用来克服摩擦和空气阻力的。由于克服摩擦力所做的功都转化成了热能，所以我们甚至可以说电车所耗的电几乎全部用来加热城市的空气了。由于在没有阻力的情况下，匀速运动的过程中是不需要施加什么力的。也就是说，如果没有阻力，火车在最初的一二十秒内完成加速过程之后，就能不再消耗任何能量而只依靠惯性的作用一直跑下去。

就像我们前面所说的那样，在没有阻力的情况下，匀速运动是不需要消耗能量的。但是在现实生活中，没有阻力的情况是不存在的。因此在现实生活中，匀速运动会消耗一些能量，这些能量所起的作用就是克服运动过程中的一切阻力。以轮船为例，轮船前行过程中，机器不停运转其实就是为了克服水的阻力。无论是跟汽车与地面的摩擦相比，还是跟空气的阻力相比，轮船在水中所受的阻力都要大得多。而且，在轮船向前运动的过程中，它所受的水的阻力跟它速度的二次方成正比例关系，也就是说，在行进过程中，轮船所受的阻力会随着速度的增加而迅速增加。这也是轮船速度跟汽车、火车速度相比慢很多的原因。

事实上，在水中运动的物体，不仅受到的阻力随速度增加而迅速增大，受到的水的携带力也是随着速度的增加而迅速增大。在下面这节中我们会具体讨论这个问题。

9.5　流水的力量

我们都知道，当河水冲刷河岸的时候，会将一些冲下的碎块带到别的地方去。平原上流得比较慢的河流通常能带走一些细沙，而在流得比较快的河流中，我们经常能看到，比较大的石块也能被水冲得沿着河道翻滚。水的这种巨大的力量常常让我们感到震惊。水流的速度哪怕只是增加一点点，水流冲击石块的力量就会增大许多。对于原本只能带走细沙的河流，如果把它的流速增大到原来的2倍，那么它就不只能够带走沙粒了，这时带走巨大的鹅卵石对它来说也不是什么难事。如图75所示，如果把山上流速本来就很快的

图 75　山涧急流使石块滚动。

小河的速度增加到原来的 2 倍，那么它就能带走 1 千克，甚至 1 千克以上的大石头。水为什么会具有如此大的力量呢？下面我们就来分析一下。

这是一个关于流体力学的问题。在这里，我们会遇到一个非常有趣的定律，那就是艾里定律。这是流体力学里的一个定律，它是说，当水的流速增加到原来的 n 倍时，水流所能带走的物体的重量就能增加到原来的 n^6 倍。这是自然界中非常少见的六次方比例，它存在的原因是什么呢？

如图 76 所示，我们假设在河底有一块立方体石块，它的边长为 a。那么，石块的侧面 S 上会受到水流压力 F 的作用，而石块整体会受到重力和浮力的作用，用 P 来表示重力和浮力的合力。由图可知，力 F 的作用主要是以 AB 为轴把石块翻转过去，而力 P 的作用则主要是阻碍石块绕 AB 轴翻转。由题意可知，要想使石块保持平衡状态，那么必须使力 F 和力 P 相对于 AB 轴的"力矩"相等。也就是这两个力与它们和轴之间距离的乘积必须相等。由图 76 可知，力 F 的力矩是 Fb，力 P 的力矩是 Pc。由于 $b=c=\dfrac{a}{2}$。所以只有当

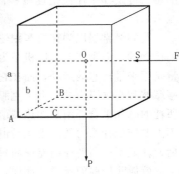

图 76　石块在水流里受到的作用力。

$F×\dfrac{a}{2}≤P×\dfrac{a}{2}$，也就是 F≤P 时，石块才能保持静止。

用 t 表示力的作用时间，用 m 表示在 t 秒内对石块产生作用的水的质量，用 v 表示水的流速，那么由物理学定律知：Ft＝mv。

又因为水在流动过程中，对垂直于水流方向的平板所产生的总压力，与平板的面积和水的流速的平方成正比例关系。由此，我们可以列出如下等式：$F=ka^2v^2$

由于力 P 的大小等于石块所受重力的大小减去石块所受浮力的大小，也就是说，力 P 的大小等于石块的体积 a^3 乘以石块比重 d，减去石块所受的浮力。由阿基米德定理知，石块所受的浮力大小等于与石块同体积的水所受的重力大小，所以：$P=a^3d-a^3=a^3（d-1）$

所以，我们可以把不等式 F≤P 改写为：$ka^2v^2≤a^3（d-1）$

计算之后，得出：$a≥\dfrac{Kv^2}{(d-1)}$

也就是说，在流速为 v 的水流中的方石块如果能不被冲走，那么它的边长 a 与水的流速 v 的二次方成正比。而对于一个立方体石块来说，由于密度一定，所以它所受的重力与它的体积成正比，也就是与它边长的三次方成正比。由于 $（v^2）^3=v^6$，我们很容易就能推断出，对于立方体石块来说，水所能带走的石块的重量与水流速的六次方成正比。

这样，我们就利用立方体石块，证明了艾里定律。利用相似的方法，我们还能证明这个定律对于任何形状的物体都是成立的。为了方便证明，我们通常采用的是一些近似的值，虽然论证不能像现代的流体力学所给出的论证那样精确，但是也可以说明问题。

下面我们举个例子来帮助大家更好地理解艾里定律。假设有这样三条河：第二条河的流速是第一条河的两倍，而第三条河的流速又是第二条河的两倍。也就是说，三条河的流速的比为 1:2:4。根据艾里定律，我们很容易就能计算出，这三条河水所能带走的最大石块的重量之比应该是 $1:2^6:4^6$，也就是 1:64:4096。由此可以推断出，如果第一条河水流非常缓慢，最多只能够带走 0.25 克重的细小沙粒，那么对于水流速度是它的两倍的第二条河流来说，它最多就能带走 16 克重的小石子，而对于水流速度是第二条河的两倍的第三条河来说，

它完全能够冲走质量达数千克的大石块了。

9.6 下落的雨滴

坐火车时，人们常常注意到一个非常有趣的现象，雨水淋在火车的玻璃窗上之后会形成一条条的斜线。这个过程中，两个运动是按照平行四边形的规则进行合成的，而且合成之后的运动是直线运动（图 77）。由于火车是匀速运动的，学过物理学的人都知道，这种情况下合成后的运动如果是直线运动，那么另外一个运动，也就是雨滴的下落也应该是一个匀速运动。如果雨滴下落时不是匀速运动，那么玻璃上的雨水应该形成的是曲线而不是直线。当雨滴匀速下落时，甚至还可以形成抛物线。车窗上的直线只能说明一点，那就是雨滴下落过程中做的是匀速运动。这是个出人意料的结论，乍一看甚至有些荒谬，落下的物体居然是匀速运动。这是怎么回事呢？

图 77　雨水在车窗上形成的路线。

其实在雨滴下落过程中之所以做的是匀速运动，是因为它们所受到的空气的阻力跟它们本身的重力处于一种平衡状态，这时候不能产生加速度。

如果没有空气阻力，雨滴下落过程中就会产生加速度，这样下雨对我们来说就无异于一场灾难。雨云一般聚集在距离地面 1000～2000 米的地方，如果没有空气阻力，当雨滴从 2000 米的高度落到地面上时，它的速度应该是

$$v = \sqrt{2gh} = \sqrt{2 \times 9.8 \times 2000} \approx 200 \ \text{米/秒}$$

这是一个非常大的速度，手枪子弹的速度也不过如此。虽然雨滴的动能不如铅弹，甚至只有铅弹的 1/10，但是下落速度这么快的雨滴砸在我们身上，一定还是会非常不舒服。

下面我们就来研究一下雨滴落在地面上时的速度大概是多少。首先来解释一下雨滴匀速下落的原因。

我们前面说过，物体所受到的空气阻力随物体速度的增大而迅速增大。所以雨滴下落时所受到的空气阻力在整个下落过程中并不相等。在雨滴最初降落的那个瞬间，落下的速度非常小，这个时候，雨滴所受的空气阻力也非常小，可以忽略不计。接着，雨滴下落的速度开始增加，这时空气的阻力也开始迅速增加，但空气的阻力还小于雨滴所受的重力，所以雨滴仍是加速落下的，只是在此时加速度要比自由落体的加速度小。之后，空气阻力越来越大，加速度也就越来越小，直到某一时刻，加速度变成了零。之后，雨滴就变成了匀速运动。匀速运动时，速度不增加，所以空气的阻力也就不再增加，这样雨滴就一直处于受力平衡状态，保持匀速运动。

由此可见，从某一高度下落的物体如果受到空气阻力的作用，那么从一定的时刻起，它一定能开始进行匀速的运动。只是对于水滴而言，达到匀速运动的这个时刻比较早。经过测量我们知道，雨滴落到地面时的速度非常小。0.03 毫克的雨滴是以每秒 1.7 米的速度落到地面的，20 毫克的雨滴落下地面时的速度则增加到每秒 7 米，而对于最大的 200 毫克重的雨滴

落地时的速度却只有每秒 8 米。目前为止，还没有发现过比每秒 8 米更大的速度。

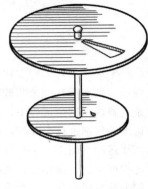

图 78　测量雨滴速度的仪器。

如图 78 所示，就是测量雨滴落地时的速度的仪器。这种仪器有两个紧紧地装在同一根竖直轴上的圆盘。其中，位于上方的圆盘上有一条狭窄的扇形缝，位于下方的圆盘上铺着吸墨纸。当测量雨滴速度时，我们只需要用伞遮着把这个仪器送到水里，并让它以较快的速度转动，然后将伞拿开。这时，通过位于上面的圆盘上的缝隙的雨滴就会落到下面的圆盘上。当雨滴落在第二个圆盘上时，由于两个圆盘已经转过一个角度，所以雨滴的落点会稍微偏移一些，而不在狭缝的正下方。这时，由于我们知道两个圆盘之间的距离以及圆盘转动的速度，所以根据雨滴落在下面圆盘上的位置与狭缝正下方落后的距离很容易就能算出雨滴下落的速度。例如，当转盘转动的速度为每分钟 20 转，两个圆盘之间的距离是 40 厘米，落下的位置与狭缝正下方的位置相比落后了圆周长的 1/20，那么雨滴走过两个圆盘之间的距离所花的时间也就是每分钟能转动 20 转的圆盘转出一周的 1/20 所需要的时间，也就是：

$$\frac{1}{20} \div \frac{20}{60} = 0.15 \text{ 秒}$$

也就是说，雨滴下落 0.4 米所用的时间是 0.15 秒。据此，很容易就能求出它下落的速度：

$$0.4 \div 0.15 = 2.6 \text{ 米/秒}$$

即雨滴下落的速度是每秒钟 2.6 米。利用类似的方法我们还能求出枪弹射出的速度。

这个仪器除了能测量出雨滴的速度之外，还可以测量出雨滴的重量。测量雨滴的重量时，所依据的主要是第二个圆盘的吸墨纸上的湿迹的大小。对于每 1 平方厘米吸墨纸所能吸收的水的量我们需要事先测定。

雨滴下落的速度跟它本身的质量存在下面的关系：

雨滴质量	毫克	0.03	0.05	0.07	0.1	0.25	3	12.4	20
半径	毫米	0.2	0.23	0.26	0.29	0.39	0.9	1.4	1.7
落下速度	米/秒	1.7	2	2.3	2.6	3.3	5.6	6.9	7.1

水的密度要大于冰雹的密度，但是冰雹下落的速度要比雨滴大。这其实就是因为下落的速度与问题本身的密度并没有太大关系。冰雹下落的速度比雨滴大是因为冰雹的颗粒比较大。但是，即便是颗粒大的冰雹，在接近地面的时候也是匀速下落的。

榴霰弹是一种直径大约为 1.5 厘米的小铅球，从飞机上投下的榴霰弹基本上不会伤害到我们，它们甚至连棒球帽都不能击穿。这是因为这些榴霰弹在接近地面的时候也是以非常小的速度匀速下落的。但是从同样高度投下的铁"箭"却有着非常可怕的威力，它甚至能穿透人的身体。这是因为铁箭的"截面负载"要比榴霰弹大得多，也就是说铁箭的每一平方厘米截面积上均得的质量要比榴霰弹大许多，因此铁箭克服空气阻力的能力就要强得多。

9.7 物体的下落问题

如果你玩过从山顶往下扔石块的游戏，那么你一定知道这样一种现象，那就是大石块飞的距离要比小石块远一些。这其中的原理很简单，其实就是大小石块在飞行过程中所受到的阻力差不多，但是由于大石块质量较大，所以它一开始就获得了比较大的动能，所以它克服空气阻力的能力就比小石块要强。

日常的一些看法常常跟科学看法存在巨大的分歧。就像我们常见的物体落下的现象就是很好的一个例子。很多不太懂力学的人都认为重的物体下落的速度比轻的物体要快。这个观点最早是亚里士多德提出的，在后来的很长一段时间里，虽然曾经有过一些不同的意见，但是直到 17 世纪，才被现代物理学的奠基人伽利略彻底推翻。伽利略在证明这个观点时并没有做实验，而只是用了一系列极其简单的推理。他的想法非常聪明，证明也非常巧妙。首先，他假设有两个自然速度不同的下落的物体，把两个物体捆绑到一起之后，下落速度快的物体的运动被阻滞，下落慢的运动被加快。那么捆绑到一起的两个物体的运动速度就比原来运动速度较快的物体的速度要慢一些。而它的质量是比原来运动速度较快的物体的质量大的。假设一种运动单位——"度"。当我们把运动速度为 8 "度"的大石头和运动速度为 4 "度"的小石头绑在一起后，得到物体的运动速度应该比 8 "度"要小，这就相当于较重的物体的下落速度要比较轻的物体小，与原来的假设明显是相互矛盾的，假设明显是不成立的。伽利略证明了这个误导了人们很多年的错误观点，但是他又根据他的证明过程推导出了另外一个错误的结论，那就是：较重物体的运动速度比较轻物体的运动速度要小。

所有物体在真空中下落的速度都是一样的，它们在空气中下落的速度之所以有差异是因为所受到的空气阻力对它们所产生的影响不同。但是空气的阻力对物体速度所产生的影响与什么有关呢？如果说物体的阻力只跟物体的大小和形状有关，那么由于所有物体在真空中的下落速度都相等，所以同样大小和形状的两个物体在空气中下落的速度也应该相等。这就是说直径一样的铁球和木球的下落速度应该是一样的，这显然与实际情况是不相符的。

这种现象中包含着什么样的原理呢？

我们可以借助"风洞"（前面已讲过）来说明一下这个问题。首先，树立一个风洞，然后把尺寸相同的木球和铁球悬挂在风洞里，这个时候，作用在两个球上的风力的大小是相等的，但是木球却以非常快的速度被风吹走。这是因为相同大小的风力作用在它们身上，由于 F＝ma，所以木球得到的加速度要比铁球得到的加速度大。把这个过程倒过来之后，我们不难得出，当物体下落时，木球应该落在铁球的后面。换言之，在空气中，体积相同的铁球和木球，铁球的下落速度要比木球快。我们前面所说的炮弹的"截面负载"其实就是每一平方厘米的面积上所受的空气阻力折合成的质量。

在计算人造地球卫星的寿命时，截面负载是很值得注意的一个因素。人造卫星的截面负载越大，它的寿命也就越长。因为当卫星的截面负载较大时，空气阻力对它的运动所起的作用就比较小，它就能在轨道上维持更长的时间。

卫星进入轨道以后，会与最后一级运载火箭脱离，这时候最后一级运载火箭就会作为独立的一部分绕着地球进行旋转，此时它的轨道与装有各种科学仪器的人造卫星几乎完全相同。但是人造卫星会比最后一级运载火箭绕地球运转的时间更长，这是因为人造卫星的截面负载要比最后一级运载火箭的截面负载大得多。

在人造卫星绕地球运行的过程中，由于它总是在无规则地翻转，所以它的与运动方向垂直的横截面的面积总是在变化，也就是说，它的截面负载一直在发生变化。只有当人造卫星的形状为球形时，截面负载才能一直保持不变。观测球形卫星的运动能够帮助我们研究高空的大气密度。

9.8　顺水漂流的小艇

我们通常认为既没有帆又没有人划动的小艇，会以与水的流速相同的速度顺流而下。这种想法其实是错误的。这种小艇运动的情形其实与物体在空气中落下的情形十分相似。很多有经验的伐木工人都知道，没有帆也没有人划动的小艇顺流而下时的速度要比水流的速度快，而且小艇的重量越大，它运动的速度就越快。许多学物理的人都不知道这些，就连我自己也是刚刚才知道。

让我们来分析一下这种貌似奇怪的现象。首先需要确定的是，小艇顺河水漂流而下的过程与传送带传送东西的过程并不一样，因为河面本身并不是水平的，而是有一些倾斜。小艇在这个倾斜的面上会以一定的加速度下滑，而河水由于与河床之间存在摩擦力，所以河水做的是匀速运动。这样，就不可避免地会出现小艇的速度大于水流速度的情况。这之后，随着小艇速度的增大，小艇所受的水的阻力也迅速增大，加速度迅速减小，直到某个瞬间，小艇的加速度减到零，之后，小艇就会以一定的速度匀速运动了。当小艇较重时，这个最终的速度出现得比较晚，那么小艇匀速运动时的速度也就比较大；而当小艇较轻时，这个最终的速度出现得比较早，小艇最终的速度也就比较小。

有一次，我参加了阿尔泰山区的旅行，一行人要乘木筏从河的发源地捷列茨科耶湖顺流而下到比斯克城去，一共需要五天时间。出发之前，有人提出，乘坐木筏的人数过多。

"没关系，这样能走得更快一点。"当木筏工人的老大爷说。

我们觉得非常奇怪："木筏行走的速度不是跟水的流速一样快吗？"

"不是的，我们的速度要比水的流速快，而且木筏越重，快得越多。"

对于老大爷的这种说法，我们当然都不肯相信。老大爷为了证明自己的观点，让我们在木筏开始走之后丢一些木片到水里，果真，木片很快就落在我们后面了，而且与我们的距离越来越远。老大爷的观点得到了很有效的证明。

在木筏前行了一段时间之后，我们陷入了漩涡。打了很多转以后，我们终于从里面出来了，但是在挣扎的过程中木筏上的一柄木槌却掉到了河里，木槌很快就漂走了。我们都很担心。

老大爷却说："不要担心，我们一会儿就追上它了。"

虽然在漩涡中挣扎了很久，但是最终我们追上了那柄木槌。

而在另外一个地方，我们看到前面有一排没有乘客的木筏，我们很快就追上并超过了它。

这是一位旅行家的一段话，从他的这段话里，我们能很好地理解上面所说的观点了。

这同时也是从小艇上落下来的船桨一般都会落在小艇后面的原因。船桨的重量比较轻，速度没有比它重得多的小艇快。这种情形在水流速度较快的河流中表现得尤为明显。

9.9　神奇的舵

船在向前行进的过程中是由舵手通过对舵的调整来控制行进的方向的。巨大的船只却由那样一只小小的舵来操纵，这是怎么做到的呢？

如图 79 所示，船只在沿着箭头所示的方向运动。我们把船当成静止的，那么根据相对运动，水就是沿着与船只行进方向相反的方向流动的。当水冲击舵 A 时，这个冲击力就会使船绕着它的重心 C 转动。也就是说，水冲击船的力量越大，舵转动起来就越容易。当船跟水相对静止的时候，舵也就无法操控船前行。

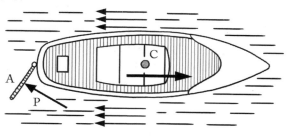

图 79　用发动机开动的船，舵装在船尾。

在伏尔加河上，人们曾用一种非常巧妙的方法来操纵河上的大平底船。由于这种大平底船没有任何动力系统，所以，在河上的时候只能顺水漂流。如图 80 所示，人们在这种船的船头装上了舵，当船要改变航行的方向时，就把用一条很长的绳索绑着的重物从船尾丢到河里，很快重物就沉入了河底，拖住了船尾。这样，大船就

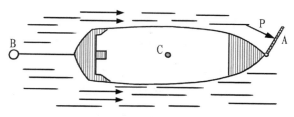

图 80　当船速小于水流速度时，舵要装在船头。

可以改变方向了。平底船由于装满了木材，所以运动速度比水慢，也就是说，水跟船相对运动的方向与船前行的方向一样。所以水对这种船的舵所产生的冲击力与运动速度比水快的船的情形相反，为了控制这种船的航向，聪明的劳动人民就想到了用把舵装在船头的方法来解决这个问题。

9.10　站着还是奔跑

［题］在前面，我们已经谈论了许多和雨滴相关的问题。下面就用最后一道关于雨滴的题来结束本章的学习。

假设雨滴是垂直下落的，那么在雨中待相同的时间，你的帽子是站着不动时淋得更湿，还是在雨中走动时淋得更湿？

我问过很多研究力学的人这个问题，结果得到的答案大相径庭，有的人觉得在雨中站着不动比较不容易被淋湿，而另一些人却持有相反的意见，他们认为在雨中全速奔跑才能避免被淋成落汤鸡。到底哪样做最好呢？

关于这个问题，我们还可以换一种形式来问：

雨垂直下落，对于一辆车来说，是停着的时候每秒钟落在车顶的雨水多，还是行驶的时候每秒钟落在车顶的雨水多？

［解］下面我们就来研究一下这个问题。首先从第二个问题开始分析。

如图 81 所示，当车停着的时候，每秒钟落在车顶上的雨水的总量其实是个以车顶为底，

以雨滴下落速度 V 为高的直棱水柱。

而当车以速度 C 向前运动时，如果我们把车看成静止的，那么根据相对运动的原理，地面就是以速度 C 沿与车本身运动相反的方向运动的。那么雨水相对于车来说进行了两种运动，一种是以速度 V 竖直下落，另一种是以速度 C 沿水平方向运动。如图 82 所示，将这两种运动合成以后，所得的合成速度 V_1 就会跟车顶成一个倾斜的角度。很明显，每秒钟落在车顶的全部雨水的量就是一个以车顶为底的倾斜棱柱（图 83）。由题意知，侧棱的长度为 V_1。设各个侧棱与竖直方向所成的角为 α，那么这个棱柱体的高就可以表示为：

$$V_1 \cos\alpha = V$$

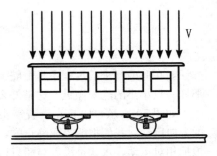

图 81　雨竖直落在车顶上。

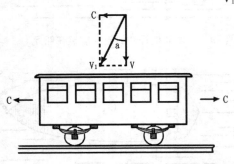

图 82　运动着的车辆的情形。

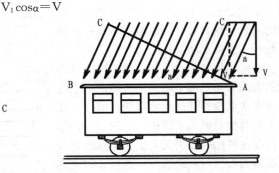

图 83　落在运动着的车辆顶上的雨水。

也就是说，两个棱柱体虽然一个是直棱柱体，另一个是斜棱柱体，但是它们的底和高都是相等的，所以它们的体积也应该相等。也就是说，在雨中，车无论是停着还是向前行驶着，落在车顶的雨水的量是相等的。同理，你无论是在雨中站着还是跑着，你被淋湿的程度都是一样的。

❀ 第十章 ❀
生命环境中的力学

10.1　格列佛和巨人的力量

《格列佛游记》中写到了一个由巨人组成的国家——大人国。大人国的巨人身高是正常人的 12 倍，非常强壮有力。但是，事实上真的是这样吗？身高是正常人 12 倍的巨人真的有正常人 12 倍的力量吗？通过力学分析，我们很容易就能证明出来，这样的说法是不成立的，这些巨人非但没有正常人 12 倍的力量，他们的力量甚至会比常人弱许多。

下面我们就来证明一下我们所提出的这种观点。首先，假设格列佛和巨人站在一起，两人同时举起手臂。设格列佛的手臂的重量为 p，举起的高度为 h；巨人的手臂的重量为 P，举起的高度为 H。那么格列佛在举起手臂的过程中所做的功就是 ph；而巨人在这个过程中所做的功为 PH。由于巨人的手臂的重量与格列佛的手臂的重量之比等于他们的体积之比，而他们的体积之比又等于他们身高的三次方之比，也就是说，巨人手臂的重量是格列佛手臂重量的 12^3，而巨人举起的高度 H 是格列佛举起高度 h 的 12 倍，因此

$$P=12^3 \times p \qquad H=12 \times h$$

所以，巨人举起手臂所做的功 $PH=12^4 ph$。也就是说，巨人举起手臂所做的功是格列佛举起手臂所做功的 12^4 倍。

举重所达到的最大高度与平行纤维肌肉的纤维长度有关，而由于举重时重量是分布在各条纤维上的，所以，所举的最大重量与纤维的数量有关。由于这个原因，所以对于两条长度相同、质地相同的肌肉来说，截面积较大的肌肉能做较大的功，而对于截面积相等的肌肉来说，比较长的能做较大的功。如果我们比较的是两条长度和横截面积都不相同的肌肉，那么，能做比较大的功的就是体积较大，也就是立方单位较多的那一条。

这是生理学教程中关于肌肉力量的一段描述。由于巨人的身高是格列佛的 12 倍，所以他的肌肉的体积应该是格列佛的 12^3 倍。这样我们很容易就能推断出巨人的做功能力与格列佛相比，应该是他的 12^3 倍。设巨人的做功能力为 W，格列佛的做功能力为 w，那么

$$W=12^3 w$$

但是我们前面说了，巨人在举起手臂时所做的功是格列佛举起手臂时所做功的 12^4。由于他的做功能力只有格列佛的 12^3 倍。所以，我们很容易就能看出，巨人要想举起手臂，要比格列佛困难 12 倍。也就是说，身高是格列佛 12 倍的巨人所拥有的力量要比格列佛弱 12 倍。由此可知，只需要 144 个正常人就可以战胜一个巨人了。

如果《格列佛游记》的作者斯威夫特想让他的巨人拥有像常人一样的做功能力，那么，他就要让他笔下的那些巨人的肌肉体积等于之前我们所算出来的肌肉体积的 12 倍。在身高不

变的情况下，巨人的肌肉应该是之前我们所算出来的肌肉粗细的$\sqrt{12}$倍，也就是大约 3.5 倍。

而当巨人们的肌肉更粗了以后，支持肌肉的骨骼自然也会跟着加强。这样巨人的重量就更大了，斯威夫特肯定没想到，要想让他创造出的巨人拥有跟常人一样的力量，巨人们的重量和笨重程度都要跟河马差不多才行。

10.2 笨重的河马

大自然中不可能有身材庞大而不笨重的生物，我们前面所提到的河马就是一个很好的例子。我们可以拿一只身长 4 米的河马和一只身长 15 厘米的小旅鼠来做一个比较。河马和旅鼠的外形相似，从前面一节的结论我们可以知道，河马的做功能力要比旅鼠小许多，也就是说，河马的灵活程度远远比不过旅鼠。

如果它们的肌肉是相似的，那么，我们可以求出，河马的做功能力大约相当于旅鼠的

$$\frac{15}{400} \approx \frac{1}{27}$$

也就是说，河马要想获得跟旅鼠一样的做功能力，那么它的肌肉体积就应该是原本我们假设的 27 倍，也就是它的肌肉粗细要增大到原来的$\sqrt{27}$倍。当肌肉变粗以后，支撑肌肉的骨骼也必然要变粗。这样它的身材就更加庞大了。观察下表之后我们可以得出这样的结论，身材越庞大的动物骨骼占它的重量的百分比就越大。

如图 84 所示，是用相同尺寸画出的两种动物的外形和骨骼。通过这幅图我们很容易就能明白上面所说的原理。

哺乳类动物	骨骼重%	鸟类	骨骼重%
地鼠	8	戴菊鸟	7
家鼠	8.5	家鸡	12
家兔	9	鹅	13.5
猫	11.5		
狗（中等体型）	14		
人	18		

图 84 旅鼠的骨骼（左）与河马的骨骼（右）的比较。

上图中河马的骨骼长度缩小到旅鼠骨骼的尺寸。我们能够一眼看出，河马的骨骼不成比例的粗大。

10.3　陆生动物

关于陆生动物的构造问题，最早是伽利略开始研究的。伽利略曾在他的著作《关于两门新科学的对话》中提到了大尺寸的动植物、"巨人和水生动物的骨骼"、水生动物的可能尺寸等一系列问题。

我们注意到，动物的身材越大，它的四肢就越短。陆生动物的构造具有这样一个特点：动物四肢的做功能力与它们长度的三次方成正比，而动物控制它们四肢时做的功与四肢长度的四次方成正比。很多人都见过盲蜘蛛，盲蜘蛛是一种特别小的动物，它的脚非常长。也只有尺寸小的动物才能有这样的形状，尺寸大一些的，例如像狐狸大小的动物如果有与盲蜘蛛类似的形状，那它的脚就会无法支撑身体的重量，这样的动物一定是没有行动能力的。

仔细观察我们会发现，已经长大的动物的四肢与它们身体的比例会比刚生出来时小，这说明在发育过程中，四肢的发育速度是小于身体的发育速度的。也就是说，上面我们所说的陆生动物的构造特点其实也体现在动物的发育过程之中。只有身体的发育速度快才能保证肌肉和运动所需要的功之间一直存在比较适当的对应关系。

这是陆生动物的特点，在海洋中，动物由于受到水的作用力，所以它们在构造上并不具备陆生动物的这些特点。例如，身体只有半米长的深水螃蟹就是很好的例子，它们由于自身体重与水的作用力处于一种平衡的状态，所以虽然脚有 3 米长，但是行动起来依然非常方便。

10.4　灭绝的巨大动物

随着动物躯体的增大，它们的灵活能力会减小，这时它们所需的食物的量增加了，但是获取食物的能力却降低了。所以，动物的尺寸是有一定的极限的。当动物的尺寸达到某个值的时候，它对食物的需求量超过它获取食物的能力，这时这种动物就不可避免地要走向灭亡。就像我们所熟知的体型极大的恐龙（图85），就是由于体积过大、生存能力不强而灭绝的。远古时代，很多像恐龙这样的巨大动物也是因为这个原因一个接一

图 85　把古代的巨兽移到现代都市的街道上。

个离开了历史舞台。身躯巨大的动物由于骨骼和肌肉不相称的巨大，活动能力不强，捕猎能力也就相应地比较差，这种情况下就自然走向灭绝之路。

说到这里肯定有人要提出质疑了，鲸鱼体积那么大不是也活得好好的吗？鲸鱼不应该包括在我们上面所说的动物里面，因为鲸鱼生存的环境是水中，水的作用力会对它的体重产生一定的抵消作用，所以上面我们所说的那些对鲸鱼来说是不适用的。

还有一个问题也非常值得我们思考，那就是，既然太大的尺寸影响动物的捕猎能力，对于动物的生存来说是不利的，那为什么动物在进化的过程中没有变得越来越小呢？其实原因就在于尺寸较大的动物虽然在活动能力上比尺寸微小的动物要弱，但是它们的力量的绝对值

要比微小的动物大得多。以《格列佛游记》中的巨人为例,他的身高是格列佛的12倍,举起手臂要比格列佛困难12倍,但不能忽视的是,他举起的重量是格列佛的 12^3 倍,也就是1728倍。我们前面说过,要战胜一个巨人,需要144个正常人的力量。这也就是说,虽然尺寸大的动物相对做功能力较差,但是在大小动物的斗争中,却占据着绝对的优势。这也是虽然在获取食物方面存在困难,但是动物在进化过程中没有越变越小的原因。

10.5　谁的跳跃能力强

人们常常为跳蚤的跳跃能力感到震惊,跳蚤能够跳到大约40厘米的高度,这是它身体长度的一百倍以上。人们由此就提出了这样的看法,一个人如果拥有和跳蚤一样的跳跃能力,那么他就能跳到 1.7×100 米,也就是170米(图86)。

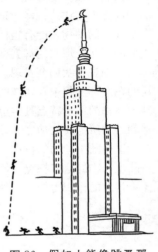

我们真的要跳那么高才能跟跳蚤媲美吗?事实上,力学的计算证明不是这样的。下面我们就来证明一下这个结论。首先,假设人的身体和跳蚤的身体在几何形状方面是相似的。设跳蚤的重量为p千克,跳的高度是h米;人的重量是P千克,跳的高度是H米。那么,跳蚤每跳一次所做的功就是ph千克米;而人每跳一次所做的功是PH千克米。由于人的身体的长度大约是跳蚤的300倍,因此人的体积应该是跳蚤的 300^3 倍,人的重量也就可以看成跳蚤的 300^3 倍,也就是 $P=300^3 p$,据此,我们可以得出

图86　假如人能像跳蚤那样跳……

$$\frac{PH}{ph}=300^3 \frac{H}{h}$$

当人跳起的高度与跳蚤跳起的高度一样时,人跳起时所做的功就是跳蚤的 300^3 ,也就是说,人的做功能力相当于跳蚤的 300^3 倍。而把自己的身体重心上升40厘米对我们来说并不是什么困难的事,甚至也可以说非常简单。同时,另外一点也不容忽视,那就是跳蚤的体重非常小,也就是说,它跳起40厘米的时候,升起的重量微不足道,而人的重量是它的 300^3 倍,也就是27000000倍。这样看来,只有当270万只跳蚤一起跳起时,上升的重量才相当于一个人的体力。而且我们很容易就能跳得超过40厘米高。从各方面来讲,我们的跳跃能力都一点也不比跳蚤差,甚至还比它们强许多。

我们把后肢构造相同的一些动物跳跃的高度跟它们的身体进行比较,可以得到以下的结果:

鼠跳的高度是它身体长度的5倍,

跳鼠跳的高度是它身体长度的15倍,

蚱蜢跳的高度是它身体长度的30倍。

由此可见,动物的尺寸越小,它所跳的距离与它的身体长度的比值就越大,也就是说,随着动物尺寸的减小,它们跳跃的相对值会增大。

10.6 谁的飞行能力强

鸟类之所以能够飞翔是因为当它们扇动翅膀时，空气阻力会对它们的翅膀产生作用力。我们可以据此来比较一下不同动物的飞行本领。当鸟扇动翅膀的速度相同时，空气阻力的大小跟它们翅膀的面积有关，而当动物的身体长度增长时，翅膀的面积也会随着增长，增长的速度是身体长度增长速度的二次方。但是由于它的体重是随身体长度的三次方成比例增长的，所以翅膀的截面负载会随着动物身体尺寸的增长而增长。

下面这组数据是几种飞行动物的翅膀的界面负载：

昆虫类

蜻蜓（0.9 克） ·· 0.04 克

蚕蛾（2 克） ··· 0.1 克

鸟类

岸燕（20 克） ··· 0.14 克

鹰（260 克） ·· 0.38 克

鹫（5000 克） ·· 0.63 克

从这组数字中我们很容易就能看出，飞行动物的尺寸越大，它的翅膀的截面负载也就越大。就像《格列佛游记》中大人国的巨鹰，由于它的体积是普通鹰的 12 倍，所以，它的翅膀的截面负载就应该是普通鹰的 12 倍，也就是说，它的翅膀的每 1 平方厘米所承载的重量是普通鹰的 12 倍之多。这样的巨鹰跟小人国里的鹰相比，只能算是很低等的飞行动物了。

很明显，飞行动物的身体尺寸也是有一个限度的，超过了这个限度，它的翅膀就承受不了身体的重量了，这时它自然就飞不起来了。因为身体尺寸太大而失去飞行能力的鸟并不少见。例如图 87 中这些鸟类中的巨人：一人高的食火鸡、2.5 米高的鸵鸟、曾经生活在马达加斯加的 5 米高的隆鸟，都是不能飞的。这些鸟的远祖身材并不这么庞大，它

图 87 鸡（左）、鸵鸟（中）和已经灭绝的马达加斯隆鸟（右）的骨骼比较。

们是可以飞的，只是后来可能由于缺乏练习再加上身体的增长，所以才最终失去了飞行的能力。

10.7 毫发无伤的昆虫

我们经常看到一些昆虫在树枝上追逐时，从高高的树枝上跳下，落到地上的时候毫发无伤。而我们如果从这样的高度跳下，肯定会受伤的。为什么虫类可以从我们不敢跳的高度跳下，却可以丝毫无损伤呢？

这是因为对于一个体积很小的物体来说，当它碰到障碍物的时候，身体的各部分很快就停止了运动，所以不会发生一部分对另一部分产生巨大压力的情况。而对于一个体积和重量都很大的物体来说情况就大不一样了。巨大物体在落下的过程中遇到障碍物时，下面部分停止运动以后上面部分却还在继续运动，这样上面部分就会对下面部分产生巨大的压力，这个压力就会使动物的机体受到损伤。

或者可以这样解释，我们把一个人的身体重量和体积看作是1000个小人组成的，如果一个身材正常的人从树上跌落下来，那就相当于1000个小人从树上往下跳，先落地的小人必定会受到后落地的小人冲击，所以在下面的小人肯定会受伤；而如果让这些小人单独从树上跳下来，则会大大地减少冲击力和受伤的概率。这就是为什么虫子从高处掉落不会像人从高处掉落那样受到重伤的原因。

再者，本身体积较小的动物其身体各部分的弹性也比较大。就像越薄的杆子或板就越容易弯曲。昆虫的体积只有大的哺乳动物的体积的几百分之一，根据弹性公式我们可以推断出，它们的身体在受到撞击时，弯曲的程度比哺乳动物要大几百倍。受到撞击时，昆虫的身体可以很自如地弯曲，这样能比较有效地避免伤害。所以碰撞对于昆虫来说，当然没有太大的伤害作用。

10.8 树木的高度

我们假设一棵树的高度和直径都增加到了原来的100倍，那么树干的体积就增加了100^3倍，它的重量自然也就增加了100^3倍。由于树干所承受的压力只跟截面积相关，所以当直径增加到原来的100倍时，树干承受压力的能力就增加到了原来的100^2倍。这时，树干所承受的压力是原来的100^3倍，而承受压力的能力只是原来的100^2倍。不难推断，这时树干的截面负载是原来的100倍。

所以，如果树长到这么高，它的几何形状是不可能跟原来相提并论的，因为这时树干很难承受自身的重量。所以对于比较高大的树木来说，如果要保持正常的直立状态，那么它的直径与高度的比值就要比低矮的树木大许多。但是直径增加之后，树木的重量也会随之增加，这样，树根所承受的负载也会随着增加。这个增加当然是有限度的。所以大树的高度是有一个极限的，超越了这个极限，树就会被压坏。"大自然很疼爱树木，不让它们得'巨人症'"，这是的德国的一句俗语，大自然就是通过不让大树得"巨人症"来让它们保持挺立的。

另外，大自然中另一种植物麦秆的强度常常让我们感到震惊。黑麦的麦秆直径只有3毫米左右，但是它的高度却能达到1.5米。而我们平时所看到的烟囱，平均直径有5.5米，高度却只能达到140米，这个高度与直径的比值是26，与黑麦秆的直径与高度的比值500相差巨大。可见，大自然的产物要比我们人类的发明创造要完美得多。

由于计算过程比较复杂，在此我们就不列出了。计算的结果证明，如果我们可以做出跟黑麦秆强度一样的建筑材料，那么用

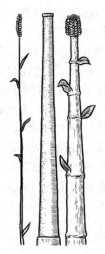

图88　黑麦秆（左）、工厂烟囱（中）和假想的140米高的麦秆（右）。

它来修建一个 140 米高的烟囱，直径只要 3 米左右就可以了（图 88）。

植物的粗细会随着高度的增加而不成比例地增加。例如，高度是 1.5 米的黑麦秆的高度是它粗细的 500 倍；高 30 米的竹竿的高度是它粗细的 130 倍；高 40 米的松树的高度是它粗细的 42 倍；对于高 130 米的桉树来说，它的高度通常只有它粗细的 28 倍。

10.9 伽利略的著作

在这一部分，我们讨论了很多非常有趣的力学现象，现在就让我们用伽利略的著作《关于两门新科学的对话》中的一段话来结束这一部分吧。

萨尔维阿蒂：我们应该能够明白，仅仅凭借技艺，人类不可能创造出无限大的宫殿、船只、庙宇，就连大自然也没有这种能力。由于树干承受压力的能力不是无限的，所以大自然中不可能出现尺寸太过巨大的树，树的尺寸超过一定限度时，它的树干就会因为无法承受枝丫的重量而导致枝丫断裂。同样，无论是人的骨骼还是动物的骨骼，要想保持它的正常功能，都不可能太过巨大。当动物的尺寸特别大的时候，它的骨骼就需要比其他动物的骨骼坚硬得多，如果不能做到这样，那骨骼一定会比其他动物粗，否则骨骼就无法支撑起身体的重量。而骨骼粗细增加以后，动物的外形就会发生相应地改变，会变得比原来肥大笨拙许多。诗人阿利渥斯妥曾在他的作品《狂暴的罗德兰》中描写过这样一个巨人：

高大的身材使他的肢体变得异常粗壮，他的样子看上去就像怪物一样。

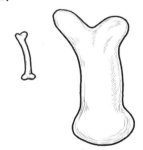

下面我就用一张图来阐释一下上面的观点，如图 89 所示，大骨头的长度是小骨头的 3 倍，只有将大骨头的粗细增加许多，它才能比较稳妥可靠地供体积较大的动物使用。被加大之后的骨头非常巨大。依据相似的原理，如果巨人的身体比例与常人相同，那么他的骨头的材质一定是比正常人的骨头材质坚硬得多，否则他身体的坚强度就会比常人小许多。如果构成巨人骨骼的物质的坚硬程度与普通人的相同，那么当巨人的尺寸过大时，他就没有足够的力量支撑起自身的重量，整个身体也就会被自身重量所压坏。

图 89 大骨头的长度是小骨头的三倍，大骨头必须加到这么粗，才能像小骨头稳定支撑小动物的身躯那样支撑大型动物的身躯。

一只小狗可以比较轻易地背起两三只同样大小的小狗，但是让一匹马背起一匹与自己同样大小的马都是一件非常困难的事。这其实是因为，动物身体的尺寸减小时，它的骨骼的强度并没有随之减小，而且在尺寸较小的动物体内，骨骼的强度甚至还有所增高。

辛普利丘：我怀疑您的观点的正确性，甚至马上就能举出反例，我们经常看到像鲸鱼那样体积巨大的鱼，它的大小甚至相当于十只巨大的象，但是它的身体也没有出现无法支持自身重量的情况。

萨尔维阿蒂：辛普利丘先生，您说得非常好，这恰恰是我刚才没提到的一点。如果我们能让骨头的构造和比例保持不变而减轻骨肉的重量以及骨头所要支撑的身体各部分的重量，那么巨人和巨大的动物就能存在，并且拥有和正常人和动物一样的行动能力。大自然在创造鱼类的时候，就依据了这个原理，他让鱼的骨骼和身体各部分十分轻，甚至完全失去了重量。

辛普利丘：萨尔维阿蒂先生，我明白了，您的意思是鱼类生活在水中，受到水的浮力，由于水的浮力的存在，使鱼类可以不需要依靠骨头来支撑它们身体的重量。但是我觉得仅仅用这一点来解释那些体积巨大的鱼能够存在的原因是不够的。因为即使我们假设鱼类不需要利用它们的骨骼来支撑身体的重量，构成骨骼的物质也有一定的重量。怎么能证明那些身材相当粗胖的鲸鱼肋骨没有相应的重量啊，又怎么能证明这样的重量不会让它沉入水底呢？我认为，按照您前面所阐述的观点，还是不应该存在的鲸鱼这样身体巨大的动物。

萨尔维阿蒂：为了让我对您的反驳更有说服力，首先请回答我这样一个问题：您有没有看见过静止在平静的死水中，漂浮着的鱼？

辛普利丘：这种鱼非常常见，大家都见过。

萨尔维阿蒂：既然这种鱼是存在的，也就是说鱼类是可以静止在水中的，那就说明鱼的平均密度应该是跟水一样的。就像您所说的，鱼的身体中是有一些部分是比水的密度要大的，但是不能忽视的是，鱼的身体中也有一些部分是比水的密度要小的，只有这样，它的平均密度才会与水相等，它才能静止在水中。骨头的密度比水大，但是鱼肉或者鱼的一些器官的密度比水轻，这些部分中和了骨头的密度。我们不能用之前所说的陆生植物的情况来推断鱼的一些情况。因为陆生动物必须用骨骼来支撑身体的全部重量，但是对于水生动物来说，这种支撑的关系却是完全不存在的。所以在水中有像鲸鱼那样体积巨大的动物，而在陆地上却没有，这不是什么稀奇的现象。

沙格列陀：我非常喜欢辛普利丘先生所提出的这些问题和对这些原本在我看来非常奇怪的问题所给出的解释。根据他的观点，我得出这样一个结论：姑且不考虑呼吸的问题，如果把像鲸鱼这样巨大的一条鱼放在陆地上，那么它的身躯很快就会垮下来，因为它的骨骼完全不能支撑它身体的重量。

趣味天文学

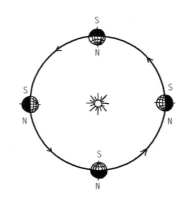

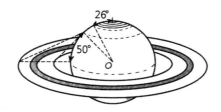

✸ 第一章 ✸
地球的形状和运动

1.1　地球和地图中的最短航线

小学课堂上，教数学的女老师在黑板上用粉笔画了两个点，然后把粉笔递给一位学生："请在两点之间画出一条最短的路线。"

她的学生接过粉笔，小心翼翼地在两点之间画出了一条弯弯曲曲的线（图 1）。

女老师惊讶又生气地说："两点之间直线最短！是谁告诉你最短路线是曲线的！"

图 1　在 A、B 两点间画一条最短的路线。

"老师，是我爸爸说的，他每天都要开公交车。"学生回答。

请你先别急着嘲笑那位小学生，因为如果你知道了图 2 里那条弯曲的虚线正是好望角和澳大利亚南端之间最短的路线的话，你恐怕就笑不出来了。实际上，还有你更想不到的事情，比如：图 3 上从日本到巴拿马运河的两条路线中，那条半圆形路线要比直线短得多！

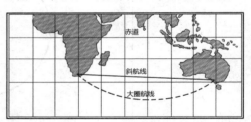

图 2　在航海图上，从好望角到澳大利亚南端的最短航线不是直线（斜航线）而是曲线（大圈航线）。

如果你还是以为我在开玩笑，你就错了。上述都是地图绘测员承认且无法辩驳的真实情况。

要解释清楚这个问题，我们要先从地图，特别是航海图的基本知识谈起。首先你要知道，因为地球是个球体，所以从精确的角度来讲，它的任何一个部分都无法完全展开为一个没有任何重叠或者破裂的平面。所以，即使是我们想要在纸上画出部分大陆，也并非易事。在绘制地图时，人们想破脑袋也无法找到一个可以避免歪曲的方法，所以你也根本找不到一张没有歪曲的地图。

至于航海家所使用的航海图，是以 16 世纪荷

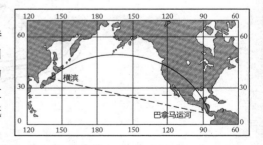

图 3　在航海图上连接横滨和巴拿马运河的曲线航线，比这两点之间的直线航线短。

兰地理学家墨卡托发明的方法制成的，这个方法又被叫作"墨卡托投影法"（图 5）。这种带格子的地图易懂之处在于：所有的经线用平行直线表示，而所有的纬线用垂直于经线的直线表示。

　　请你思考一个问题，同一纬度上两个海港间的最短航线应该如何找到？答案是，我们只要知道最短航线在哪个方向及位置就可以了。你也许会很自然地联想到，那么最短航线必定是在两个海港同处的那条纬线上了，既然地图上纬线是用直线表示的，两点之间直线最短的原理肯定错不了了。但我得告诉你，你确实又错了，处在纬线上的航线的确不是最短的航线。

　　其实球面上两点间的最短路线应该是经过它们的大圈弧线①。这是因为，经过同样两点的大圈弧线要比任何一个小圈弧线的曲率要小，且圆的半径越大，其曲率越小。而纬线都是小圈，因此最短的路线并不在纬线上。做一个实验可以证明这一点，你可以用一条细线在地球仪上经过这两点，并把细线拉直，你就会发现细线肯定不是沿着纬线的（图4）。拉紧的线必然代表最短的航线，如果它不与地球以上的纬线重合，则意味着在航海图上最短距离也必然不是用直线表示的。因为作为曲线，纬线在地图上却是用直线表示的，因此反过来说，在地图上任何一条不与直线相重合的线，都未必是曲线。

图4　在地球仪上的两点之间拉紧一条细线，这是求出两点之间真正最短路线的简便方法。

　　现在，你应该明白为什么航海图上的最短航线是曲线，而并非直线了吧。

　　传说在俄国多年以前，人们对于如何修筑一条从圣彼得堡到莫斯科的十月铁路（当时叫尼古拉铁路）有很大的争议，最后俄皇尼古拉一世出面结束争议：他决定从圣彼得堡到莫斯科之间应该用一条直线的铁路连接起来。假如当时他所用的地图是由墨卡托制图法制成的，恐怕他会对结果感到意外：这样铺设而成的铁道根本不是直线，而是曲线。

　　如果要检验图上所画的曲线是否真的是大圈弧线，你只需用一条线和一个地球仪就可以了。图2中从非洲到澳大利亚的直线航线长度为6020海里，而曲线航线只有5450海里，后者比前者短570海里，即1050千米。在地图上你可以看到，从伦敦到上海画一条直线航空线，它必须要穿过里海，但实际上最短的航空线只要经过圣彼得堡北面就行了。在航行时，弄清楚这些问题对于节省时间和燃料都起着非常重要的作用。

　　而节省时间和燃料在当代有多么重要，相信无须多言，因为我们已经不是处在那个原始的帆船航海时代，对时间非常不重视。轮船的出现，意味着时间变成了金钱，航线变短，就是烧煤的时间变短，也就是花在煤上的钱会少一点。所以在当代，航海家往往不用墨卡托地图，而使用一种大圈弧线以直线表示的所谓"心射"投影地图，这是为了确保轮船始终在沿着最短的航线在航行。

　　但是，为什么以前的航海家在航海时还使用墨卡托地图，并且没有选择最短航线呢？是因为他们那时候还不知道上述所说的知识吗？当然不是。凡事都如双刃剑，这是因为墨卡托地图虽然有某些缺陷，但是在某些情况下对航海家有着很大的帮助。首先，墨卡托地图中所表示的小陆地区域轮廓基本没有歪曲，除非在远离赤道的地方。在那里地图上所表示的陆地轮廓要比实际的稍大，而且纬度越高，轮廓越大。不了解其中特性的人看到这种航海图，也许会产生误解。例如，在墨卡托地图上，格陵兰和非洲看起来好像一样大，阿拉斯加甚至比澳大利亚看起来还要大，但事实上格陵兰不过是非洲的1/15，而阿拉斯加和格陵兰加在一起

---

　　①　"大圈"是指在球面上其圆心与球心重合的圆，球面上其他的圆叫作"小圈"。

还只有澳大利亚的1/2。然而，对于早已熟悉其特点的航海家来说，这些都不是问题，且愿意包容。毕竟在小区域范围内，航海图上的形状轮廓基本上还是能与现实一致的。（图5）

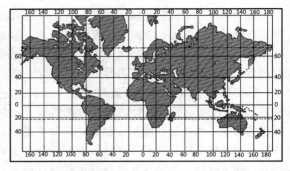

图5 全球航海图，也叫作墨卡托地图。在这种地图上，高纬度地方的轮廓扩大得相当厉害。

其次，墨卡托地图在实际的领航运用中比较方便，因为它是唯一以直线表示轮船定向航线的地图。"定向"航行是指轮船航行时固定在一个方向、"方向角"不变，这意味着轮船的航线与所有经线相交的角度都将相等。"定向"航行中的航线叫作斜航线，只有在以平行直线表示经线的地图上，航线才能通过直线的方式表示出来①。在地球上，所有纬线圈与经线圈相交角都为直角，因此在墨卡托地图上纬线圈都是垂直于经线的直线，所以这种地图上绘满了方格，也成为其一大特色。

你现在明白为什么航海家喜欢使用墨卡托地图了吧，如果船长决定要到某个海港，他就会用尺子在出发地和目的地之间画一条直线，再量出它跟经线的夹角以确定航向。在浩瀚的大海上，轮船只要始终沿着这个方向航行，最后就可以准确地到达目的地。由此可见，"斜航线"虽不是最短最经济的航线，却是最方便的选择。例如，假如我们要从好望角出发去往澳大利亚最南端（图2），只要使轮船一直朝着南87°.50东的方向航行即可。但是如果想要走最短的大圈航线，则不得不一直改变航向。一开始要往南42°.50东的方向，到达时又改为39°.50东的方向（实际上，这条所谓的最短航线并不存在，因为它已经延伸到南极地区了）。

有时候，斜航线和大圈航线也可能重合，那是当沿赤道或者经线航行的时候，因为那时大圈航线在墨卡托方法绘制的航海图上也正好是用直线表示的。但除此以外的任何情况下，这两种航线都各不相同。

1.2 经度和纬度哪个长

［题］大家在学生时代可能都学过关于经纬线的基本知识，但是我下面提出的这个问题恐怕不是每个人都能回答正确：

1°纬度是否总比1°经度长？

［解］很多人都觉得答案是肯定的，因为每一个纬线圈都比经线圈要小，而经度和纬度的计算分别是通过纬线圈和经线圈的长度计算得出，所以1°经度的长度很显然小于1°纬度的长度。说的都没错，但是我们忘记了一个最基本的前提事实：地球并不是一个真正的圆球，而是一个椭圆体，并且在赤道上突出。因此，在这个椭圆体的地球上，赤道比所有的经线圈都长，有时候靠近赤道的纬线圈也会长于经线圈。进行运算就可以知道，在0°～5°的纬线圈上的1°（用经度表示）会比经线圈上的1°（用纬度表示）要长。

---

① 但实际上斜航线是缠绕在地球上的类似螺旋状的曲线。

1.3　阿蒙森飞向哪个方向

罗阿尔德·阿蒙森（1872～1928 年）是挪威南北极探险家。在 1926 年 5 月他与同伴乘坐"挪威"号飞艇飞越北极点，一共花了 72 小时最终到达美国阿拉斯加的巴罗角。

〔解〕当阿蒙森从北极出发飞回时，朝向哪个方向？而当他从南极飞回时，又是朝向哪个方向？

如果不查任何资料，你能回答吗？

〔解〕因为北极是地球最北的一点。在该点，走向哪个方向都是在往南面走。所以阿蒙森飞回来的时候也就只能朝唯一的方向——南面飞了。以下是他当时乘坐"挪威"号飞艇去北极时的一段日记：

"挪威"号在北极上空绕了一圈就继续我们的其他行程……从那时起我们的航行方向始终向南，一直到我们把飞艇降落到了罗马城。

而同理可知，阿蒙森从南极飞回的时候，也只能够往北面飞行。

普鲁特果夫写过一篇滑稽的小说，讲的是一个人误入"最东的国家"。

无论前边、左边、右边都是东边，至于西边呢？你或许会以为终有一天还是会看到的吧，就如在迷雾中察觉到远方轻微摆动的点一样……但是你完全错了！实际上连后边也同样还是东边！总而言之，这个国度从不存在东边以外的任何方向。

地球上并不存在只有东边的国度，但地球上确实存在只有南边或者只有北边的地方。因为如果你有一所房子，坐落北极，那就是面朝四方，都是南方了。

1.4　五种不同的时间

钟表在我们的日常生活中司空见惯，但有没有人想过钟表所指示的时间代表什么意义呢？你又是否能说清楚，当你说着"现在是晚上七点"的时候到底想表达些什么？

难道你只是想表达那个时针正好停在了"七"这个数字上吗？那么这个"七"字又代表了什么呢？是表示在正午后又过去了一昼夜吗？那继续回答我，是怎样的一昼夜？一昼夜又是指什么？

事实上，在常见的"过去了一昼夜"这样的表述中，"一昼夜"通常指的是地球绕地轴自转一周所需要的时间。而在实际的测定中，可假设以连接天空中观测者正上方的一点（天顶）与地平线正南端的一点的直线为准线，测出太阳中心两次经过此准线的时间间隔即为一昼夜的时间。当然，因为一些因素，此时间间隔并不固定，但是都相差不算大。因此我们也不必苛求平日使用的时钟、手表与太阳运行对应得完全精确，而且这也是人们也根本无法做到的。早在一个世纪前，巴黎的钟表匠们就曾挂出过这样的招牌向世人明示——"关于时间，请不要相信太阳这个骗子。"

如果我们不相信太阳，我们又该以什么来作为我们校对钟表的标准呢？其实，我们并不是不相信太阳，只是不以现实中的那个太阳作为参考，而使用一个假想的太阳模型。这个太阳模型不用于发光发热，只用作计算时间的标准，我们假设它的运行速度总是一定，绕地一周的时间也正好与现实相等。在天文学上，这个模型又被称作"平均太阳"，而它在经过准线的一刻称为"平均中午"，两个平均中午间的时间间隔就是"平均太阳日"了。而通过这种方法算出的时间就被称为"平均太阳时间"。这个平均太阳时间并不是当地真正的太阳时间，但所有的钟表都是根据它校对的。想要知道当地的太阳时间，可以利用日晷测定，日晷与钟表的不同之处在于它的指针是由针影来充当的。

有的人可能会以为太阳经过准线的时间间隔之所以会有差异，是由于地球绕轴自转不等速造成的，这绝对是一个误解。真正的原因并不在于地球的自转，而是在于地球绕日公转速度的不均匀。图6中所表示的是地球在绕日公转轨道上连续运行的两个位置，地球右下方的箭头表示的正是地球自转的方向，如果站在北极点上可以看到自转是逆时针方向。对于左边地球的A点来说，此时正对太阳，时间为正午12点。试想象地球自转的同时也在绕日公转，而当自转一周

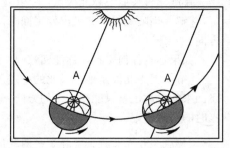

图6 太阳日为什么比恒星日长？

完成时，其在公转轨道上的位置也理应到达轨道中稍右的位置，也即图中右边地球所示。可以看到，此时通过A点的地球半径方向并没有改变，而由于在公转轨道上位置的改变，A点并不正对太阳，而位置稍左，也就是说对于A点来说并不是中午，只有等过了几分钟，太阳越过通过A点的地球半径，A点当地的中午才到来。

从图6我们可以知道，一个真正太阳日的时间要比地球自转一周的时间稍稍长一点。我们再假设地球公转速度不变，且公转轨道是以太阳为圆心的圆，则此假定中的"真正太阳日"与地球自转一周的时间差应该不变且不难求得。所以在此假定下，此固定微小的时间差乘以一年365天应该正好等于一昼夜的时间，也就是说地球在绕日公转一周的一年之内，其自转次数应比1年的天数再多一天。因此我们算出地球绕轴自转一周的实际时间为：

$$365\frac{1}{4}昼夜 \div 366\frac{1}{4} = 23时56分4秒$$

其实这样算出来的一昼夜时间适用于地球以任何恒星为准绕轴自转一周的时间，所以它还被称作一个恒星日。

可见，一个恒星日比一个太阳日平均短3分56秒，四舍五入我们一般记为4分钟。但是要注意，受以下因素影响，这个时间差也不是永远不变：（1）地球绕日公转速度不均匀，且公转轨道是椭圆而非正圆，因此在离太阳近的地方速度较快，而在距离远的地方速度较慢，（2）地球自转轴并不垂直于公转轨道平面，存在交角。因此，真正的太阳时间和平均太阳时间也并非相同，只有在一年中的4月15日、6月14日、9月1日、12月24日这四天里，两种时间才相等。

而在2月11日和11月2日这两天里，恒量日和太阳日的时间差最大，差不多达到15分钟。图7中的曲线表示的正是一年当中各天真正太阳时间与平均太阳时间差的变化情形。

你肯定还听说过北京时间、伦敦时间等表述，这是因为在地球不同经度上的平均太阳时间也各有不同，每个城市都有自己的"地方时间"。在火车站，人们常常特意区分"本地"和"火车站"的时间，因为前者是城中各种钟表显示的时间，是以当地的平均太阳时间为准，而后者是全国统一规定的时间，常常以国家的首都或重要城市的当地时间充当，火车的到达和开行都要依此时间。如在苏联火车站用的就是圣彼得堡的平均太阳时间。

有人按经度把地球平均分成了24个相等的"时区"，同时区的各地采用同一个时间，即

该地区中间经线上的平均太阳时间。所以，地球上只存在 24 个不一样的时间，而不像原来那样有各种各样的地方时间了，这个"时区"的计时法自 1919 年起被苏联采用。

上面我们已经谈到了三种时间，分别是真正太阳时间、平均太阳和事件和地区时间。还有一种只被天文学家采用的时间，那就是第四种恒星时间，是以恒星日计算的一种时间。上面提到过，恒星日比平均太阳时间短大概 4 分钟，且在每年的 3 月 22 日互相重合，但是从其第二天开始，恒星时间就要比平均太阳时间每天早 4 分钟。

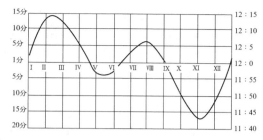

图 7　这个曲线图表示，真正太阳日的中午在平均太阳时间是几点几分，譬如 4 月 1 日的真正中午在准确的钟表上应指在 12 点 5 分。

还有一种叫作"法令规定时间"，属于最后的第五钟时间，比地区时间提前 1 小时，旨在调整每年白天较长季节（从春到秋）的作息时间，减少照明用电和燃料。苏联人民全年使用此时间作息，主要是为了均衡发电厂的负荷。而大部分西欧国家仅在每年春季使用，其实就是在春季半夜 1 点钟的时候把钟表拨到 2 点钟，秋季又重新拨回恢复。

1.5　昼长

要知道每个地方一年中任意日期的精确白昼时长，通过查找天文年历表可以计算出来。不过如果只为了应付日常应用，而只求一个大概的近似值，图 8 中的数据就足够了。图中左侧数字为当天白昼的小时数；图中下端的刻度则是太阳与天球赤道的角距，叫作太阳的"赤纬"，用度数表示；图中斜线为不同观测地点的纬度。

为了方便查表，下面列出一年当中一些特殊日期的"赤纬"（太阳与天球赤道角距），以供参考：

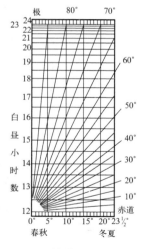

图 8　推算昼长的图形示意图。

太阳赤道	日期
−23.5°	12 月 22 日
−20°	1 月 21 日，11 月 22 日
−15°	2 月 8 日，11 月 3 日
−10°	2 月 23 日，10 月 20 日
−5°	3 月 8 日，10 月 6 日
0°	3 月 21 日，9 月 23 日
+5°	4 月 4 日，9 月 10 日
+10°	4 月 16 日，8 月 28 日
+15°	5 月 1 日，8 月 12 日
+20°	5 月 21 日，7 月 24 日
+23.5°	6 月 22 日

（正号表示在天球赤道之北，负号表示在天球赤道之南。）

根据这两张图，下面我们试着做两道练习题。

[题] 请求出处于纬度 60°的圣彼得堡四月半的昼长时间。

[解] 查上表得知，四月半的太阳赤纬是＋10°。从图下端的 10°一点作一条垂直于下边的直线，与纬度 60°的斜线相交。从这个交点横对过去，得出左侧所求小时数，大概是 14，即所求昼长时数约为 14 小时 30 分。这是一个近似值，因为该图表并没把"大气折光"的影响计算在内。

[题] 请求出位于纬度 46°的阿斯特拉罕在 11 月 10 日的昼长时数。

[解] 与上题求法相同，11 月 10 日太阳在天球的南半球，太阳赤纬为－17°，根据查表得知所求数字也是 14 小时。但这个数字不是昼长的时数，而是夜长的时数，因为赤纬为负数。因此所需昼长时数应为 24～14 小时。

根据这个我们还可以计算出日出的时间，即 9 小时折半，为 4 小时 45 分，从图 7 可以得知，11 月 10 日的真正中午是 11 时 43 分，所以我们要求的日出时间为：

11 时 43 分－4 时 45 分＝6 时 58 分

所以这一天的日落时间是：

11 时 43 分＋4 时 45 分＝16 时 28 分，即下午 4 时 28 分

由此可见，有时候某些天文年历里表格可以用图 7 和图 8 来代替。

除此以外，根据我们上面所介绍的办法，你还可以制作出居住地全年日出、日落的时刻，还有昼长时数的图表，图 9 中如纬度 50°的图线。注意它所指出的并不是法定的时间，而是当地时间。掌握了它的原理，要制作这种类型的图线一点也不困难。只要知道居住地的纬度，你就能制出，而有了这样一张图线，就能非常清晰地看到一年当中任意一天的日出、日落时间了。

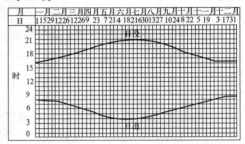

图 9　纬度 50°的全年日出、日落时刻图。

1.6　神奇的影子

请仔细观察图 10，你能发现什么异常的情况吗？有读者可能已经发现了，图中的这个人白天在室外却几乎没有影子，很是诡异。其实这张图是根据某张实地拍摄的照片临摹下来的，也就是说这个画面真实存在，不过图中人所处的地方是赤道附近，而此时太阳正好在他头顶上方，也就是所谓的"天顶"。在离开赤道 23°以外的地方，而太阳是不可能到达天顶的，所以这个画面也只有在小部分地区才能看见。

在每年的 6 月 22 日，太阳正好位于北回归线，即北纬 23°，对于我所在的地方是一年中太阳离我们最高的时候，而处于北回归线上的各地则在天顶。半年以后的 12 月 22 日，太阳到达南回归线，即南纬 23°，同理处于南回归线上的各地可以看到太阳在天顶。而南北回归线之间的地区，属于热带。一年当中太阳将有两次在天顶，而那个时候所有人或者物体的影子都在自己的脚下，因此看起来似乎没有影子，也就出现了图中这样神奇的情景。

图 11 中所画的，是在两极一天当中的影子状况，这并不是开玩笑，如你所看到的，这是人同时拥有 6 个影子的情况。这个图表明了太阳在极地上的特点：在太阳光的照射下，人的影子长度在一昼夜内没有发生改变。这是因为太阳在两极上一昼夜的运行路线几乎平行于

地平线，而在其他地区，太阳会与地平线相交。但是这张图也出现了一个错误，那就是图中的影子比人的身长要短很多，这只有在太阳高度大概为 40°时才会出现的情景，而在太阳不会超过 23.5°的两极上是绝对不可能发生的。通过简单计算就可得知，两极上物体的影子肯定不会短于物体高度的 2.3 倍，对三角学有兴趣的读者不妨对此计算一下进行验证。

1.7 两列火车

［题］两列一样的火车一列从东往西，一列从西往东等速相对开出。请问哪列火车更重？

［解］从东往西那列火车更重一些（就是铁轨上的受压更大），因为它的行驶方向跟地球自转方向相反，由于向心力或离心力的影响，它绕地球自转轴运动的速度更小，所以它减少的重量会比另一列火车更少。

图 10　这是根据赤道附近地区所照的相片绘制的，人在大太阳底下几乎没有影子。

而确切的相差额可以计算如下：

设两列时速 36 千米的火车在沿纬圈 60°行驶，该纬度上的各地均以每秒 230 米的速度绕地球自转轴运动。则与地球自转方向相同的驶向东边的火车，其旋转速度等于每秒 230＋10，即每秒 240 米。同理计算得出，另一列火车的旋转速度为每秒 220 米。

而在纬度 60°的纬圈半径等于 200 千米，所以前一列火车的向心力加速度

图 11　地球两极上的阴影在一昼夜内长度不变。

$$\frac{V_1^2}{R}=\frac{24000^2}{320000000}\text{厘米/秒}^2$$

后一列火车的向心力加速度等于

$$\frac{V_2^2}{R}=\frac{22000^2}{320000000}\text{厘米/秒}^2$$

两列火车向心力加速度的差等于

$$\frac{V_1^2-V_2^2}{R}=\frac{24000^2-22000^2}{320000000}\approx0.3\text{厘米/秒}^2$$

又因为向心力加速度的方向跟重力的方向呈 60°角，所以影响到重力的只是其中的一部分，等于

$$0.3\text{厘米/秒}^2\times\cos60°=0.15\text{厘米/秒}^2$$

与重力加速度相比，为其 0.15/980，即大约 0.00015 或 0.015%。

这表明，往东行驶的火车与往西行驶的火车相比，它本身重量减轻了 0.015%。如果一列包括一辆机车和 15 辆货车的火车共重 400 吨，则它们之间的重量差为

$$400\text{吨}\times0.000015=0.06\text{吨}=60\text{千克}$$

这个重量相当于一个成年人的体重。

如果再运用到排水量为 20000 吨的大轮船上，其差额相当于 3 吨。也就是说，一艘开往

东边、时速 36 千米的轮船，比沿纬度 60° 开往西方的轮船轻 3 吨，意味着吃水线会更浅。

1.8 利用怀表辨别方向

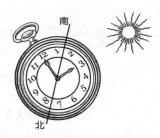

在身边没带指南针的情况下，你该怎么辨别方向呢？如果有太阳的话，你就可以利用随身携带的怀表来达到这个目标。你只需把怀表平放，令时针指向太阳，时针与直线 6～12 的夹角的角平分线所指方向就是正南方。这个方法十分方便，在野外的时候很有用处。

其实利用怀表辨别方向的原理很简单，因为太阳在天上走完一圈需要 24 小时，而时针在表面上走完一圈需要 12 小时，这意味着后者运行的弧是前者的两倍。所以只需把时针走过的弧平分就得到太阳在中午所处的方向，即南方，如图 12。

图 12 用怀表找方向的简单方法，不是很精确。

这个方法固然很简便，但很不准确，误差有时甚至会达到几十度之大，这主要是由于怀表始终与地面平行，而太阳除了在北极运行时，其他时候都会与地平面存在一定角度，而在赤道上空，则是与地平面成直角。所以若非在北极上使用这个方法，否则肯定或多或少无法避免由此造成的误差。

请看图 13，假设 M 点是观测者所处位置，N 点为北极点，圆 HASNBQ（天球子午线）正好同时通过观测者的天顶与天球北极，则通过量角器对天球北极在地平线 HR 的高度 NR 进行测量，不难求出观测者处于哪个纬度。此时若观测者站在 M 点上望向 H，则前方就是南方。在图 13 所示的情况下，如果我们从侧面观察太阳在天空运行的轨迹，会发现那是直线而非弧线。这条线被地平面 HR 分为两部分，在地平面上面的是白天所运行的路线，而地平面下面的是晚上所运行的路线。每年的春分和秋分这两天，太阳白昼和黑夜走过的路等长，如直线 AQ 所示。而平行于 AQ 的直线 SB 是夏季太阳的运行路线，它有大部分都在地平面上面，这意味着在夏天总是昼长夜短。

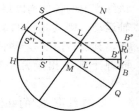

图 13 用怀表当指南针，为什么得不到精确的指示呢？

在其运动路线上，太阳每小时移动全长的 $\frac{1}{24}$，就是 $\frac{360°}{24}=15°$。但奇怪的是，根据计算，午后三点的太阳应该落在地平面的西南方（$15°×3=45°$），但事实却非如此。造成误差是由于太阳运行路线上相等的弧线在投射到地平面以后，其影子并不相等。

我们不如直接用图 14 来对这个问题进一步说明。图中 SWNE 表示从天顶角度看到的地平圈，直线 N 表示天球的子午线，M 点是观测者所处位置。太阳在空中运行的圆形路径中心投影是 L 点，而非 M 点。假如我们把这个圆形的运行路径转移到水平面上（例如图 13 中的 S″B″ 是 SB 转移得到），再把它平均分成 24 分，则每等分就是 15°。当我们把这个圆形路径恢复原来的位置时，把它投射到地平面上，就会得到一个中心点在 L 上的椭圆形（如图 14 所示）。我们在圆 S″B″ 上的 24 个等分点上分别作直线 SN 的平行线，得到椭圆上的 24 个分点，分别与太阳在

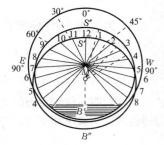

图 14 图 13 的补充。

一昼夜 24 小时的位置相对应。不过显然，这些分点之间的弧线都不相等，这个现象从观测者 M 点看来更加明显，因为 M 点在 L 点的旁边。

所以，通过计算，我们就可以求出夏天在纬度 53°的地方，用怀表辨认方向会造成多少误差了。在图 14 中，下面的阴影部分代表黑夜，所以日出时间大约为早晨 3~4 点钟之间。按照怀表辨认方向的原理，正午应该是在 6 点，但实际上太阳升到距离正南 90°的 E 点时间却是在 7 点半。还有当太阳距离正南 60°时，在 9 点半而非 8 点钟；当距离正南 30°时，在 11 点钟而非 10 点钟；当距离正南偏西 45°时，在 1 点 40 分而非下午 3 点。而太阳日落时是在下午 4 点半而非晚上 6 点钟。

有些怀表指示的是法令规定的时间，与当地真正太阳时间本就不一样，以此来辨认方向，出现的误差就更大了。

所以用怀表来指南虽然确实可行，但不太可靠。使用这个方法而想使得误差最小的话，就只能选在接近春分、秋分和冬季的时候使用了。因为在春秋分时，观测者所处的位置偏心距为 0。

1.9　白夜与黑昼

在俄罗斯的传统文学中，有许多类似"白色的黑暗""空灵的光芒"等意境幽美的描述，其实写的都是关于圣彼得堡的白夜。每年的 4 月伊始，是圣彼得堡的"白夜季"，许多游人都会慕名前来观赏这个著名的观景，领略这奇幻的光芒。但如果我们从一个客观科学的角度看待它，白夜只是一个普遍存在于某些高纬度地区的天文现象。而其实质也与晨曦晚霞无异，普希金就曾在其作品中对此做过描写："天空与霞光交接，抵抗黑夜而留住金光"，这说明了白夜其实是晨曦和晚霞之间的衔接，因为在一些高纬度地区，有时候太阳的昼夜运行在地平线 17°以上，那么当地的晚霞还未消失而晨曦便已来临，所以黑夜就没有存在的时间了。

所以白夜并不是圣彼得堡独有的，在圣彼得堡更南边的一些地方，也一样可以看到这种晚霞和晨曦衔接的景象。例如在莫斯科的 5 月中旬到 7 月底的时期内，也可以看到白夜，只是要比同期的圣彼得堡暗一些。在圣彼得堡 5 月份就欣赏到的白夜要在莫斯科的 6 月和 7 月初才能看到。

当时苏联境内可以看到白夜的最南地区是在北纬 49°（北纬 66°30′—北纬 17°30′）上的波尔塔瓦，该纬度地区上的人们在每年的 6 月 22 日可以看到一次白夜。这一纬度以北的地区，白夜的时间和亮度随着纬度的增加而增加，例如古比雪夫、普斯可夫、基洛夫、嘉桑、叶尼塞斯克等城市。不过上述城市都在圣彼得堡南边，所以可以看到白夜的日子都比圣彼得堡少，而且光也不如圣彼得堡亮。在圣彼得堡北边有一个叫普多殊的城市，那里的白夜就比圣彼得堡更亮。而在离开日不没地区不远的阿尔汉格尔斯克，那里的白夜就更加亮了。而斯德哥尔摩的白夜则跟圣彼得堡差不多。

还有一种情况不只是晚霞和晨曦的交接，而是白天根本没有间断过，因为在有些地方太阳只是沿地平线边缘轻轻擦过，而并没有完全下落到地平线以下。这种现象可以在北纬 65°42′以北的地区观赏到。如果再往北一直到北纬 67°24′，还可以观赏到与"白夜"正好相反的"黑昼"，即晨曦和晚霞在中午而非午夜衔接，所以黑夜并不间断。可以看到"黑昼"的地区就是可以看到"白夜"的地区相同，它们的光亮程度也都一样，只是出现的季节不一样。如果一个地方在 6 月看到不下山的太阳，在 12 月就肯定会有好几天看不到太阳升起。

1.10 光暗交替

小时候大概都以为太阳每天准时上山，又准时下山，而从白夜的例子中我们发现事实远没有那么简单。地球上的昼夜交替情况多样，而且光暗交替也很不一样，有些时候它们也并不相对应。为此，我们可以把地球分成五个地带，分别代表不同的光暗交替方式：

第一个地带是南北纬 49°之间，此地带的每一昼夜分别对应真正的白昼与真正的黑夜。

第二个地带是白夜地带，在纬度 49°和 65°30′之间，包括原苏联境内波尔塔瓦以北的地区，白夜出现在夏至前期。

第三个地带是半夜地带，在纬度 65°30′和 67°30′之间，此地带在 6 月 22 日前后会好几天出现太阳不落入地平线的现象。

第四个地带是黑昼地带，在 67°30′和 83°30′之间，此地带在 6 月有白昼，在 12 月会出现黑夜不间断的情况，白昼被晨曦和黄昏代替。

第五个地带也是光暗交替最为复杂的，在纬度 83°30′以上的地区。圣彼得堡的白夜只是打破了白昼和黑夜的正常交替，而在这个地带则完全不是一回事。此地带在夏至和冬至之间的半年内有五个阶段，或者说五个季节。阶段一为不间断的白昼；阶段二为白昼与为微光的交替，并没有真正的黑夜（与圣彼得堡的夏夜相类似），交替发生在半夜时分；阶段三为不间断的微光，而不存在真正的白昼和黑夜；阶段四基本处于微光状态，但每一天的半夜前后会比较黑暗；阶段五则是不间断的黑夜。而在下一个半年里，这五个阶段以相反的顺序重复。

在赤道另一边的南半球，情形其实也与北半球相同，不同纬度上的现象各不相同。而至于为什么我们似乎从未听说过关于南半球哪个地方有白夜这样的新闻，只是因为在对应纬度的那些地带都是一片汪洋。例如在南半球跟圣彼得堡纬度相等的纬线上，被海洋包围，连一块陆地都没有，所以大概只有那些前往南极冒险的航海家或探险家才有机会领略到南半球的白夜景象了吧。

1.11 北极谜团

［题］北极的探险家曾经发现过一个奇特的现象：在北极，太阳光照射到地面上并不会使地面发热，可是如果太阳光照射到竖立的物体时却热度很大。例如，房屋的墙壁和陡峭的山崖在阳光照射下会发烫，竖直的冰山会快速融化，木船舷上的树胶也会很快溶解，人的皮肤更很容易被晒黑或晒伤。

你能否对以上现象做出解释？

［解］在物理定律上，如果太阳光越接近垂直地照射到物体表面上，其作用会越明显。虽然在北极区的夏天，太阳所在位置都比较低（在北极圈内的地区，其高度不会超过半个直角），但这也意味着，对于那些垂直于地平线的直线来讲，太阳光与它们的角度就必然大于半个直角，因此阳光照射在垂直面上的角度非常陡。

自然，太阳光照射在所有竖立物体表面时，其作用就非常显著了。

1.12　四季始于哪天

到了 3 月 21 日这一天，无论是狂风暴雨，还是冰雪漫天，又或者是早已温暖如春，在天文学上这一天都算作是冬季的结束和春季的开始。但是很多人并不明白，选这一天作为春冬交界的依据是什么？

其实天文学角度上的春季开始，并不取决于变幻莫测的大气气候。就时刻的到来而言，同一时间在北半球只有一个地方迎来了春季的降临，所以很明显，气候特征在这一方面上并不怎么与之相关，而且整个北半球也不可能有相同的气候状况。

而实际上，与气象学当中的各种现象无关，天文学家在选定四季开始的日期时，关注的只是中午太阳高度角、白昼长短等纯天文学上的现象，气候只属于附带的情况。

而 3 月 21 日这天与众不同在于这天的光暗分界线正好通过地球的两极。你可以做这样一个实验，用灯光照向地球仪，使地球仪被照面的分界线正好与经线重合，并垂直于赤道及所有的纬线圈。然后转动地球仪，你就会发现地球表面任意一点转动时的圆周轨迹中正好被黑暗与灯光平分。这说明了每年的这一个时刻，地球表面的每个地方都正好昼夜等长。所以当天的白昼必定是一昼夜的一半，即 12 个小时。全球各地在这一天都在地方时间的早晨 6 点日出，晚上 6 点日落。

因此，全球各地昼夜等长的 3 月 21 日在天文学上又被称作"春分"，而半年以后还将迎来另一次昼夜平分的 9 月 23 日，称作"秋分"。春分是冬春之交，而秋分则是夏秋之交。还要注意，南北半球的季节是正好相反的，当北半球是春分的时候，南半球正好是秋分。反之南半球的春分时节也是北半球的秋分时节。当赤道的一侧正在冬春交接时，它的另一侧正是夏秋的换季。

而一年之中昼夜长短的变化情况如下：从 9 月 23 日到 12 月 22 日为止，北半球的白昼逐渐变短；而从 12 月 22 日到 3 月 21 日，白昼又逐渐变长，期间白昼始终比黑夜要短。而从 3 月 21 日到 6 月 21 日，白昼逐渐变长；从 6 月 21 日到 9 月 23 日，白昼逐渐变短，不过期间白昼始终比黑夜要长。

对北半球的所有地方，以上所说的四个日期是天文学上四季的开始和结束。下面再把它们列出来：

3 月 21 日——昼夜等长——春季的开始，

6 月 22 日——白昼最长——夏季的开始，

9 月 23 日——昼夜等长——秋季的开始，

12 月 22 日——白昼最短——冬季的开始。

南半球情形正好相反，亦可类推。

以下向读者提问几个问题，请仔细思考，有助于对上述所说进行理解。

［题］

1. 地球的哪些地方全年都昼夜等长？

2. 今年 3 月 21 日塔什干的地方时间几点日出？同一天上海的日出时间呢？南美洲阿根廷的首都布宜诺斯艾利斯又是几点日出？

3. 9 月 23 日新西伯利亚地方时间几点日落？纽约呢？好望角呢？

4. 8 月 2 日赤道几点日出？2 月 27 日呢？

5.7 月有没有严寒？1 月有没有酷暑？

[解]

1. 赤道全年昼夜平分，因为光暗分界线总是会把赤道平分。

2 和 3. 在 3 月 21 日和 9 月 23 日，全球各地都是 6 点日出，18 点日落。

4. 赤道全年日出时间为 6 点钟。

5. 在南半球的高纬度地区，可能存在 7 月的严寒和 1 月酷暑。

1.13　三个假设

有时候，当我们要对一些习以为常的现象进行解释的时候，常常会感到难以下手，似乎比解释那些特殊的事物还要困难。例如当我们非得再尝试用七进制或者十二进制的时候，才意识到从小就学会的十进制计数法是多么简便；又或者只有我们在开始接触非欧几里得的几何学时，才察觉到欧几里得几何学的优点。而在天文学中，人们也常常通过对地心引力做一些假定的变化，以更好地了解它在生活中的作用。因此我们不妨也使用"假如"的方法，来对地球绕日运行的情形做一个更好的解释。

我们在课本上学到过，地球运行轨道所在的平面与地轴夹角大约为 3/4 个直角，即黄道夹角 66°34′。下面我们来做个假设，如果这个角度就为 90°，即我们想象地轴垂直于地球运行轨道的平面，会对我们的世界产生怎么样的影响呢？

假设地轴垂直于地球公转轨道所在平面

实际上，这个假设也曾在凡尔纳的幻想小说《底朝天》中被炮兵俱乐部会员提出过。小说中的炮兵军官企图"把地轴竖起来"，使地轴与地球公转所在平面的夹角变为直角，如果这个假设成立，自然界会发生什么不一样的地方呢？

首先产生变化的是小熊座星，也就是如今地球上看见的北极星，将不再是"北极星"了。因为随着上述夹角的改变，整个星空都将会绕空中的另外一个点旋转，这意味着这颗星将不再落在地轴延长线附近了。

第二件改变发生在四季的交替上，或者应该说，四季交替将会消失。解释这件事让我们先从现在季节交替的根据说起。一个最为简单的问题：你知道为什么夏天会比冬天热吗？

以北半球为例，夏季比冬天更热的原因在于以下几点：第一，因为地轴与公转轨道的平面是有角度的，所以地轴的北端会离太阳更近，因此白天比黑夜更长。所以太阳照射在地面上的时间本身就比较长，而且由于夜晚太短，地面没有足够的时间散热，就造成了吸热多，散热少的状况。第二，同样是因为地轴与公转轨道平面有夹角，所以太阳光线与地面所成的角度也更大，这意味着，夏天地面接收太阳的照射不仅时间更长，而且程度更大。而冬天却是恰恰相反，不但时间更短，程度更小，而且夜晚还有更多的时间散热。

在南半球其实也一样，只不过发生在 6 个月以后（或者以前）。而冬夏之间的春秋两季之所以气候相似，是由于南北极与太阳的相对位置一样，地球的光暗分界线与经线几乎重合，所以白天跟黑夜的时间几乎等长。

但是一旦地轴垂直于公转轨道平面，四季变化都将消失。因为此时地球与太阳的相对位置永远固定，也就是说，地球上的所有点永远只处在一个季节当中，相当于我们现在的春季或秋季。全球各地将永远昼夜等长，如同我们现在的 3 月和 9 月下旬，或者在木星上的情况。

这个变化将在如今所说的温带中比较显著，在热带则改变不明显，而在两极上气候将与现在相差甚远。因为由于大气的折光作用，两极上的天体位置都会微微提高（如图15），所以太阳将一直在地平线上浮动而不落下，换句话说，也就是两极上永远都是白昼，说准确点，是永远都将处于早晨。虽然那时太阳会一直处于一个较低位置，斜射无法带来很大的热量，但由于全年持续的照射，现在严寒的极地气候也将变得温暖和煦，这也算是地轴竖直所带来的唯一好处，不过这毕竟无法弥补改变对地球其他地区造成的不良影响。

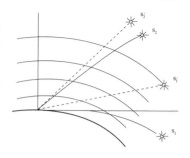

图15　大气折光作用。从天体 S 射出的光线，穿透地球上的大气层，在每层大气中都要受到折射而偏向。所以，观察者 B 所看到的光线，仿佛是从 S′点上射来的。

假设地轴与地球公转平面夹角为 45°

我们不妨再做一个假设：这一次地轴与公转平面的夹角不再是直角，而是直角的一半，即 45°角。在这个改变之下，春秋分日将依然和现在无异，是昼夜平分。但在 6 月，太阳将处于纬度 45°的天顶，而不再是 23°30′，所以那时的纬度 45°将会出现热带的气候。而在圣彼得堡所在的纬度 60°，太阳距离天顶也只有 15°，但在这个太阳高度下，当地的气候也与真正的热带无异了。同时，温带将会消失，热带与寒带直接相连。在整个 6 月，莫斯科、哈尔科夫都将处于极昼。冬季恰恰相反，在整个 12 月，莫斯科、基辅、哈尔科夫、波尔塔瓦等城市都一直是极夜。而热带在冬季会出现温带气候，因为中午太阳将在 45°以下。

所以这个假设将给热带和温带带来不少损失，只有极地地区受到了一些恩惠：在经过比如要更加严寒凛冽的冬季以后，两极会迎来如温带一样的温暖夏季，中午太阳高度也将达到 45°，并历经整整半年。因此，北极圈上的冰块也将在温暖的阳光照射下慢慢融化消失。

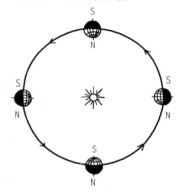

图16　假设地轴就处于地球公转平面上，地球怎样绕着太阳旋转？

假设地轴就处于地球公转平面上

第三个假设更加疯狂，假设如同太阳系遥远的天王星一样，地轴就处在公转的平面上（图16），地球同时"躺着"围绕太阳旋转和绕轴自转，又将带来什么新的变化呢？

那将会出现长达半年的白昼与长达半年的黑夜。在这半年的白昼里，太阳将逐渐沿一条螺旋线从地平线上升到天顶位置，再沿螺旋线降落到地平线之下。昼夜交替之时则会出现连日不断的微明，因为在尚未完全落入地平线的时候，太阳会一连几天起伏于地平线附近，同时围绕天空旋转。在夏季，那些冬天积累的冰雪都将迅速融化消失。

中纬度的各地，白昼将会从春季开始变长，直至出现极昼。

前面提到过，这种运行情况跟天王星很类似，因为它的自转轴与它绕地球公转的轨道平面夹角仅有 8°，你也可以把它看作是"躺着"绕太阳公转的了。

在这三个假设之下，我们大概对地轴倾斜度与气候情况的关系有一个比较清晰的了解了。看来"气候"一词在希腊文中作"倾斜"意，并非偶然。

1.14　再做一个假设

下面我们来看一下关于地球公转的轨道形状。与其他行星一样，地球运行也遵从多普勒第一定律：行星运行在椭圆的公转轨道上，而太阳处于此椭圆的焦点位置。

问题是，地球公转的这个轨道到底是个怎样的椭圆形？与圆形有什么区别？

中学的教科书往往都把地球的公转轨道画成一个两头拉得很长的椭圆形，令许多人造成了误解，以为实际上这个轨道就是这样一个标准意义上的椭圆形。但事实并非如此：地球公转轨道与圆形的区别极为微小，以至于当它被画在纸上的时候，你会看到那就是一个圆形。即使我们把这个椭圆轨道画成直径一米，你也还是无法看出它哪里不像圆形。因此，对于人们来说，即使你有如同艺术家一般的超强判断眼力，也不能把这种椭圆形与圆形做出区分。

如图 17，在几何学上，AB 是图中椭圆的"长径"，CD 是"短径"。除了"中心"O 点以外，在长径上有两点关于中心对称的"焦点"。如图 18，以长径的一半 OB 为半径，以短径一端点 C 为圆心，画一条弧线，与长径 AB 相交于 F 和 F_1，这两点便是椭圆的焦点。OF 和 OF_1 相等，一般记作 C，长径和短径的长度分别用 2a 和 2b 表示。半长径的长度 a 除以长度 c $\frac{c}{a}$，表示椭圆形伸长的程度，称为"偏心率"。椭圆形的偏心率越大，其与圆形的区别越大。

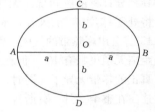

图 17　椭圆形上，AB 为长径，CD 为短径，O 点为椭圆的中心。

因此，只要我们知道地球公转轨道的偏心率，就可以确定它的形状。这个偏心率并不要求我们知道轨道的大小，既然太阳在椭圆轨道的一个焦点上，所以包括地球在内的轨道各点与之距离都不相等，这也是为什么我们在地球上看到的太阳似乎时大时小。但是这个大小的比例与观测时地球与太阳的距离比例有关。假设在 7 月 1 日，太阳正处于图 18 中的焦点 F 上，而地球处于 A 点，那时我们所能看到的太阳最小，视直径为 31′28″。而当地球处于 B 点，大概是 1 月 1 日时，我们所看到的太阳最大，视直径为 32′32″。由此，可得出比例式：

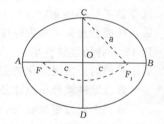

图 18　怎样求出椭圆的焦点（F 和 F_1）α——半径长？

$$\frac{32'32''}{31'28''} = \frac{AF_1}{BF_1} = \frac{a-c}{a+c}$$

由此比例可得：

$$\frac{32'31''-31'28''}{32'32''+31'28''} = \frac{a+c-(a-c)}{a+c+(a-c)}$$

即

$$\frac{64''}{64'} = \frac{c}{a}$$

所以

$$\frac{c}{a} = \frac{1}{60} = 0.017$$

因此所求的地球公转轨道偏心率应为 0.017，我们不难发现，要确定公转轨道的形状其实只需测出太阳圆面的视直径。

我们可以用下面的方法来验证这个椭圆轨道与圆形区别甚微。假设我们把公转轨道画成一个半长直径为 1 米的大椭圆，则其短径为多少？由图 18 的直角三角形 OCF_1 可得：

$$c^2 = a^2 - b^2$$

或

$$\frac{c^2}{a^2} = \frac{a^2 - b^2}{a^2}$$

而 $\frac{c}{a}$ 是地球轨道的偏心率，等于 $\frac{1}{60^2}$。于是将 $a^2 - b^2$ 化成 $(a-b)(a+b)$，再将 $(a+b)$ 用 $2a$ 表示，代入上式，得到：

$$\frac{1}{60^2} = \frac{2a(a-b)}{a^2} = \frac{2(a-b)}{a}$$

因此，

$$a - b = \frac{a}{2 \times 60^2} = \frac{1000}{7200}$$

即小于 $\frac{1}{7}$ 毫米。

可见，即使在如此之大的图上，椭圆轨道半长径与半短径竟然相差不过 $\frac{1}{7}$ 毫米，比最细的铅笔线还要小，所以把它画成一个圆形也并不为过。

那么在这张图上，太阳又到底处于哪里呢？既然是轨道焦点，它离中心有多远呢？其实我们想要知道的，就是图中 OF 或 OF_1 等于多少？通过以下的简单计算可以得到：

$$c = \frac{a}{60} = \frac{100}{60} = 1.7 \text{ 厘米}$$

可见，太阳中心应该画在距离轨道中心 1.7 厘米的地方，但假如我们把太阳画成一个直径 1 厘米的圆，恐怕也只有艺术家能发现它没有处在轨道中心之上。

所以我们在画地球公转轨道的时候，不妨把太阳画成一个在轨道中心的圆圈。

虽然太阳所处的位置有那么细微的偏差，但如果我们还是想探究它会不会因此对地球上的气候造成影响，还是可以采取上述假设的办法。假设地球公转的椭圆轨道偏心率增加到 0.5，这意味着此时椭圆的焦点正好平分它的半长径，此时椭圆明显更扁更长，形状有点像个鸡蛋。这当然只是假设，实际上，太阳系中偏心率最大的行星轨道是水星的，其偏心率也不过 0.2 而已（不过有些小行星和彗星会在更加扁长的椭圆轨道上运行）。

假设地球公转轨道变得更加扁长

假设地球公转的椭圆轨道变得更加长，且其焦点平分其半长径，如图 19。假定地球还是在 1 月 1 日这天位于离太阳最近的 A 点上，7 月 1 日位于离太阳最远的 B 点上。由于 FB 是 FA 的三倍，因此太阳在 7 月与我们的距离将是 1 月的 3 倍，而太阳视直径在 1 月是在 7 月的 3 倍。由于地面受到的热量与距离平方成反比，所以地面在 1 月接受的热量将会是 7 月的 9 倍。这就是说，在北半球的冬季里，太阳高度较低，并且昼短夜长。但由于与太阳的距离变近，得以弥补照射的不利，因此天气不再那么寒冷。

还要注意的是，根据多普勒第二定律，同样的时间里轨道动径所扫过的面积相同。"轨道的动径"是指连接太阳与行星的直线，就我们所探究的问题来讲，即连接太阳与地球的直线。当地球在沿公转轨道运行时，动径会随之移动，移动过程中会扫过一些面积，根据多普勒定律，这些面积在相等的时间内也

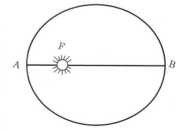

图 19　太阳位于焦点 F 上，如果地球轨道的焦点在半长径的中点上，地球轨道是什么样的形状？

是彼此相等的。根据这个原理，为了保证所扫面积相等，在相等时间内，我们不难推出地球在运行到距离太阳较近的时候要比较远的时候更快，因为前者比后者的动径更短，如图20。

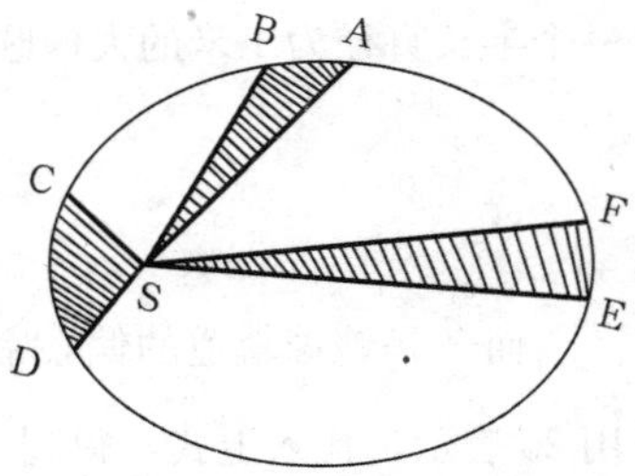

因此，在刚刚我们所假定的情况当中，地球在 12 月到 2 月之间，距离太阳最近，其运行速度也要比 6 月到 8 月的时候更快。这也就是说，北方的冬天过得快，而夏天则被延长，因此地面也会从太阳那里得到更多的热量。

我们根据以上结论可以确定如图21所示的季节长短图例。这个椭圆形就是我们刚刚假设的偏心率为 0.5 的地球公转轨道。轨道上被 1－12 点分割出的 12 段，分别代表地球在相等时间内运行的路程。多普勒定律告诉我们，图中 12 块由这 12 点与太阳连线的动径分割的面积应该彼此相等，即地球上的 1 月 1 日在点 1 上；2 月 1 日在点 2 上；3 月 1 日在点 3 上，如此类推。由此可发现，春分（A）在 2 月上旬，而秋分（B）在 11 月下旬。所以我们也可以说，北半球的冬季是从 12 月底开始，2 月初结束，不超过 2 个月，对于北半球的各地，从春分到秋分，会有长达 9 个半月的昼长太阳高的时节。

而在南半球则是完全不一样的情形了。在白昼较短，太阳位置较低的时候，地球离太阳很远，而且其照射到地面的热力只有往常的 1/9。而在白昼较长，太阳位置较高的时候起热力却有 9 倍。南半球的冬季要比北半球更冷更长，夏天却更热更短。

这个假设还会带来一个后果，由于地球在 1 月运行速度较快，所以真正中午和平均中等相关的时间比较大，可以达到相差 1 小时。所以对于人们来说，作息时间会不太习惯。

由这个假设，我们就可以发现太阳偏心位置带来的影响：会使得北半球的冬季比南半球更短而且更暖和些，夏季则相反。其实我们也可以自己观察到这些现象，因为地球在 1 月比 7 月距离太阳更近，大约近 $2 \times \frac{1}{60}$ 就是近 $\frac{1}{30}$；所以地球在 1

月里的受热量是 7 月里的 $(\frac{61}{59})^2$ 倍，北半球的冬天也就因此相对较温暖。而且，北半球的秋季和冬季天数加起来还要比南半球的少 8 天，而其春季和夏季天数加起来却要比南半球长 8 天，也许这就是南极为什么冰雪比北半球更多的缘故。下表为南北两半球四季的持续天数：

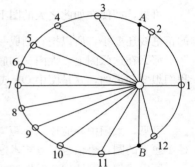

图20 多普勒第二定律：如果弧线 AB、CD 和 EF 是行星在相同时间内所经过的距离，那么图上阴影部分，哪几块应该相等？

图21 假设地球轨道是扁长的椭圆形，它是怎样运动的？其中，连续两个数字之间的距离都是在 1 个月之内所行走的。弧 1－2 是 1 月走的，弧 2－3 是 2 月走的，以此类推。

北半球	持续天数	南半球
春季	92 日 19 时	秋季
夏季	93 日 15 时	冬季
秋季	89 日 19 时	春季
冬季	89 日 0 时	夏季

明显看出，北半球的夏季比冬季多约 4.6 天，而春季则比秋季多了 3 天。

不过北半球的这个优势并不是永久性的，要知道，地球轨道的长径会在空间中逐渐移动，使得椭圆轨道上距离太阳最远和最近的点都发生改变。移动循环一周的周期为 21000 年。通过计算我们知道，只要等到公元 10700 年，上述北半球的这个优势就将转移到南半球中去。

其实地球公转轨道的偏心率也同样在慢慢改变，将从近乎圆形的 0.003 变到类似火星轨道那么扁长的 0.077。目前地球公转轨道的这个偏心率是在逐步持续减少中，直到 24000 年后减少到 0.003 时又增大，再持续 40000 年。不过对于目前的我们而言，这些缓慢变化和移动都只算是理论层面上的意义。

1.15　我们何时离太阳更近：中午还是黄昏

假如地球绕日公转的轨道是个真正的圆形，则上面这个问题很好解决：我们肯定在中午的时候离太阳比较近，因为由于自转，地球上的点正对太阳。例如在赤道上的个点，中午与太阳的距离比黄昏时要少 6400 千米。（地球半径的长度）

问题是，地球的公转轨道是椭圆形的，太阳正好位于它的焦点上（如图 22）。所以，地球与太阳的距离并不固定。在上半年的地球逐渐远离太阳，而下半年又逐渐接近太阳。其中最大距离和最小距离的差达到

$$2\times\frac{1}{60}\times150000000 \text{ 千米，即 } 5000000 \text{ 千米。}$$

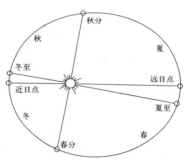

图 22　地球绕太阳公转示意图。

地球与太阳的距离变化，大约为平均每昼夜 30000 千米。所以，从中午到日落的过程中，各地距太阳的距离平均变化大约为 7500 千米，稍大于地球因自转带来的距离变化。

因此，上述问题的答案应为：从 1 月到 7 月，我们在中午离太阳更近；从 7 月到 1 月，我们在黄昏离太阳更近。

1.16　再加一米

［题］地球是在距离太阳 150000000 千米的地方绕其公转，如果我们把这个距离加 1 米的话，假设地球公转速度均匀，公转的路程会增加多少？一年的天数又会增多几天？（图 23）

［解］1 米虽然是个很小的数值，但是公转轨道的全长则是非常庞大的数目，因此我们一般会认为，这 1 米所造成的影响是显著的，会使轨道的全长和天数都增加不少。

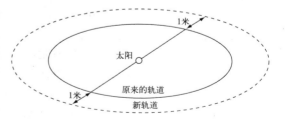

图 23　如果地球与太阳之间的距离增加一米，地球轨道会加长多少？

然而经过计算，却发现情况并不如我们所设想的，实在有点异常。其实，这很正常，影响理应就是那么小。因为两个同心圆的圆周长之差，与其半径差有关，而与半径本身的长度

无关。我们可以在屋中的地板上画出两个半径相差 1 米的圆，则它们的圆周长之差和宇宙中那两个巨大的圆周长之差是一模一样的。

如果你还不明白，下面可以用几何学来为你证明一下。假定地球轨道是个半径为 R 米的圆形，则其圆周长为 $2\pi R$ 米。如果把半径增加 1 米，则新圆周的长度为 $2\pi（R+1）=（2\pi R+2\pi）$ 米。因此增加的长度只是 2π 米，即 6.28 米，可见并不与它的半径长有关。

因此，如果地球与太阳的距离增加 1 米，则地球绕太阳公转的路程增加 6.28 米，而因为地球在轨道运行的速度为每秒钟 30000 千米。因此，在一年当中只增加了 0.0002 秒的时间，这两个小数值对于巨大的公转系统来说，是微不足道的。

1.17　不同角度看运动

你手中的一件物体滑落，你看到它垂直落地，但你有没有想过，会有另一个人，他所看到的版本却是这个物体并没有沿直线下落呢？这种情况可能发生，在任何一个不随着地球一起旋转的人看来，这个落地的轨迹就确实不是一条直线。

一个重物在 500 米的高空做自由落体，在下落过程中，此重物其实也参与了地球上的所有运动，而由于作为观测者的我们自身也同时在参与这些运动，所以我们从来也没有意识到重物下落时所附带的这些运动。假如我们能够撇开这些地球的附带运动，就能清楚看到重物下落并非沿垂直的直线，而是一条不一样的路径了。

例如当我们从月球上来看这件重物下落的时候就是这个情况了，因为月球虽然与地球一起绕日公转，却并不与地球一起绕轴自转。所以假定我们是在月球上观察重物下落的情况，就会明显发现有两种运动的存在：一种是垂直下落，一种则是从未察觉到的与地面向东相切方向的运动。力学的定律可以把这两种同时进行的运动相结合，但由于自由落体的运动速度是不均匀的，而另一个运动是匀速的，所求和运动的轨迹必定会变成一条曲线，如图 24 所示。

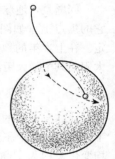

图 24　在月球上观察的人看起来，这条路线却是一条曲线。

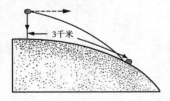

图 25　地球上自由落下的物体，同时沿着与地面相切的方向运动。

我们再做一个假设：假设我们在太阳上以一个极高倍数的望远镜观察地球上一重物自由下落的情况。此时我们不但没有参与地球的绕轴自转，也没有参与它围绕太阳公转的运动，因此我们会看到这个过程中包含的三种运动（图 25）：

1. 往地面垂直下落
2. 往东与地面相切的方向运动
3. 围绕太阳旋转

第一种垂直下落的运动路程为 0.5 千米，由此算出物体下落用时 10 秒钟，所以第二种运动路程依莫斯科纬度计算为 $0.3×10=3$ 千米。第三项运动速度为 30 千米每秒，因此在这短短的 10 秒内，这个重物沿公转轨道运行的路程为 300 千米，明显大于前面两种运动，所以如果我们真的站在太阳上观察，只能察觉到这效果最明显的第三种运动。如图 26 所示（此图比例尺并不标准），因为地心在 10 秒钟之内最多移动 300 千米，但从图中看来，却是已经移动了约有 10000 千米，地球往左边运动了一段距离，而下落重物从右边地球到右边地球位置的改变只是稍稍下降了一点。

如果我们再假设在地球、月球、太阳之外的某个星球上观察这个运动，将发现还有一种运动。这种运动应该是与该星球相对的一种运动，其方向和大小由太阳系和这个星球的相对运动情况决定。图 27 中所假定的星球，也是在太阳系当中运动，并以每秒 100 千米的速度，与地球公转轨道相交成某锐角运动。如果这种运动要在短短 10 秒里使下落的重物沿该方向移动 1000 千米，则其运动的路径会变得很复杂。当然如果我们再换一个星球进行观察，则又会是另外一种路线。

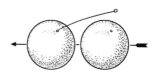

图 26 从太阳上观察从地球上垂直落下的物体（不注意比例尺）。

讨论了这么多种情况，也许你还想提出这个问题：假如观察者是站在银河系之外时情况又会怎样呢？因为在那个时候，观察者并不会参与到银河系与其他岛宇宙的任何相对运动之中了。但其实讨论到这里就足够了，因为相信你早已清楚，从不同角度去观察一个物体下落，所看到的路线都是不一样的。

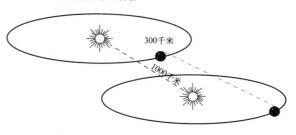

图 27 从遥远的星体上观察从地球落下的路线。

1.18 非地球的时刻

如果你工作一小时，然后休息一小时，是否这两个时间相等呢？相信大家都会回答，在准确的钟表测定下，当然是相等的。那你知道准确的钟表是怎样的呢？最准确的钟表莫过于根据天文观测结果来校对的钟表，因为这与地球完全均匀的旋转运动相一致，这意味着，在相同时间内，地球旋转过的角度也是相等的。

然而，说地球均匀旋转的依据在哪呢？为什么在经过连续的自转以后，时间依然相等呢？要弄明白这个问题，我们就不能继续把地球的自转作为计时的标准。

基于此，近年来也有天文学家提出在一些特定情况下，应该用特殊的标准测量时间，而不再应用传统的以地球均匀自转作基准的测定方法。

因为在我们对其他天体的运动进行研究的时候，发现有些天体在实际中的运动与理论上的结果有偏差，并且这种偏差无法用天体力学规律得到解释。这些无法解释的偏差，它们存在的范围已经包括了月球、木星的第一和第二卫星、水星，甚至是太阳的周年视运动，即地球的公转运动。例如月球与理论路线上的偏差角有时已可以达到 $\frac{1}{4}$ 分，而太阳的偏差角也有 1 秒。通过分析，可以发现它们存在共同的特点：这些所有的运动在某些时期会暂时变快，而在之后的时期，又会突然变慢。可见，引发这类偏差的原因应该是相同的。

那到底这个共因是由于我们钟表的不够准确，还是

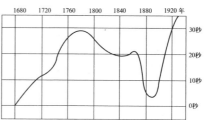

图 28 这条曲线是 1680～1920 年地球上一昼夜持续时间的变化，曲线上升则表示一昼夜的时间加长，也就是说地球自转速度减慢，曲线下降表示地球自转加快。

来源于地球的自转本身并不均匀呢？

　　因此，有人认为要放弃"地球钟"，而采用其他自然钟来测量运动。这里所说的自然钟，是指根据木星某卫星的运动，或者根据月球或水星的运动来校准的钟表。经过实践，采用自然钟以后，上述天体运动又回到了令人满意的正确方向。但是如图28，新的自然钟所测定的地球自转就变得不均匀，在几十年内它转动会变慢，而在后来的几十年内，又会突然加快，而后又变慢。

　　由此可见，假若其他天体，譬如太阳系内的其他各天体的运动是均匀的，则地球的自转运动就是不均匀的运动。其实地球的运动与准确的均匀运动的偏差还是比较小的：在1680年到1780年之间，由于地球自转变慢，日子变长，所以与其他星球运动的时间相差达到30秒；但到了19世纪中期，自转变快，日子又变短，所以差额减少10秒；在20世纪初期，又减少了20秒。不过到了20世纪的前25年里，地球自转又重新变慢，日子再次变长，所以直至今日这个时间差又达到了大约30秒。

　　这种变化的原因还没确定，不过估计可能包括了月球的引潮力以及地球直径的变化等，如果在不久的将来这个奥秘被揭开，将成为一个非常重要的发现。

1.19　年月开始于何时

　　当莫斯科钟声响过十二下宣示元旦来临的时候，莫斯科以西的地区仍然处在前一年的尾巴，而莫斯科以东的地方则开始了全新的一年。是的，既然我们的地球是个球体，则东边和西边总会相接，那有没有这样一个界限，可以帮助我们区分新年和除夕、1月和12月，让我们知道全新的一年从哪开始呢？

　　这条界限当然存在，它通过了白令海峡，又曲折地穿过太平洋，它被称作"国际日期变更线（国际日界线）"，是由国际协定规制的。

　　地球上所有年月日的交替，便是从这样一条穿过太平洋无人地区的日界线上开始的。这是全球最早进入全新一天的地方，我们所有的年月日都从这里生出，仿佛这是一道门供所有的日子进入，它们走出这道门以后，一路向西，环绕一周，而后又重新回到这诞生的地方，落入地平线，然后消失不见。

　　亚洲乃至整个欧亚大陆最东边的杰日尼奥夫角，比世界上所有国家的各地要提前迎接新一天的到来。每一个全新的一天从白令海峡诞生之后，就是从这里进入到有人居住的世界，在环绕地球一周的24小时之后，这一天便也从这里告别世界。

　　日期的更替发生在这条日界线之上，然而当初环游世界的航海家时代却还没有确定这条线，因此日期也变得很混乱。一个名叫安东·皮卡费达的人曾随麦哲伦一起周游世界，他曾记下过这么一些话：

　　今天是7月19日星期三，当绿角岛出现在我们眼前的时候，我们决定下锚上岸，我们都有写航行日记，但是不知日期是否没错，所以要上岸打听。奇怪的是，当我们询问今天星期几的时候，都被告知今天是星期四，但是根据我们日志的记录顺序，今天应该只是星期三啊。我们都认为不可能错一天的时间……

　　之后我弄清楚，原来我们计算日期的方法没有错，不过由于我们在往西方航行，相当于追随着太阳运动，所以又回到了最初的地方，当然就应该比当地人少过了24小时。当我们想到这点的时候，就明白了。

现在的航海家在穿过日界线的时候又是怎么处理这种情况的呢？为了不使日期混乱，如果航海者是自东往西经过这条线的，就应该把日期加一天；反之如果是自西向东经过这条线的，就要把日期减一天。例如某月1日过去以后第二天仍然算是某月的1日。由此我们可以知道，儒勒·凡尔纳在他的小说《八十天环游世界记》里提到的事情是不真实的，因为他说当旅行家环游世界又回到自己故乡时是星期日，但当地却还只是星期六，这样的情况只会发生在麦哲伦还没有确定日界线的年代。还有爱特加·波特所说的"一星期有三个星期天"的笑话在现在看来也是不可能的。这个笑话说的是一个水手自东往西周游世界一圈后回到故乡，碰到一位刚自西向东周游世界回来的老朋友。他们两人一个说昨天是星期天，另一个说明天才是星期天，而一个一直住在原地的朋友则告诉他们，当天就是星期天。

当你周游世界的时候不想像上面两个人一样弄混日期，应该这样做：在往东走的时候把同一日期计算两次，让太阳追上你；而在往西走的时候，则应该跳过一天追上太阳。这些事情说出来都非常简单，但在今天，即使早已不是麦哲伦的时代，却依然有人并不清楚。

1.20　二月有几个星期五

［题］二月最多可能有几个星期五？最少呢？

这个问题想必你从来没想过，但你仔细思考后，再核对正确答案，这个答案很可能在你意料之外。

［解］你很有可能回答二月最多有5个星期五，最少有4个。因为假如闰年的2月1日正好是星期五的话，那29日也是星期五，所以就一共有5个星期五了。

可是如果我告诉你，正确答案比你给出的答案还要多出一倍，你应该会很惊讶吧。请看下面一个例子。

假设有一艘轮船，每个星期五从亚洲海岸出发，航行在西伯利亚东海岸和阿拉斯加之间。如果某年是闰年，且当年的2月1日正好是星期五，在这个月里他一共会遇到10个星期五。因为他从西向东在星期五这天穿过日界线的话，对他来说那一个星期就相当于有两个星期五，同理，整个2月就一共有10个星期五。但是，如果这艘船是每个星期四从阿拉斯加出发，向西伯利亚海岸驶去，则计算时就正好都要把星期五这一天跳过去，因此这位船长在整个2月当中都不会遇到一个星期五。

因此，该题目的正确答案为：最多可能有10个星期五，而最少可能是0个。

❈ 第二章 ❈
月球和它的运动

2.1　新月和残月

仰望夜空，那轮弯弯的月牙似乎始终如一，但它有可能是新月也有可能是残月。如何区分它们，着实难倒了许多人。

区分新月和残月的方法通常是看弯月鼓出的一面是什么方向。这是有规律的：总是向右面凸出是新月，而残月则是向左凸出。由于人们很容易混淆新月和残月的突出方向，聪明的先辈们就发明了一些简明的方法区分它们。

当年，俄罗斯人利用这样两个单词来区分新月和残月—— pacтущий（意为生长）、старый（意为衰老）。pacтущий（意为生长）很容易让人联想到新月，与之相对的старый（意为衰老）则让人想到残月。而且 P 和 C 作为这两个单词的首字母，它们突出部分的方向也分别与新月和残月相同（图 29）。与俄罗斯人不同，法国人是利用拉丁字母 d 和 p 来区分。d 和 p 正如被直线连接两头儿的弯月。dernier（意为最后的）的首字母是 d，可以由词义联想到残月。premier（意为最初的）的首字母是 P，也就是新月的象征了。其他语言中也有利用文字记忆的，例如德文。

生长，新月

衰老，残月

图 29　区别新月、残月的简单方法。

但是，如果你是在大洋洲或者南部非洲，上述办法就不适用了。因为那里人们看到的新月和残月，凸出方向与北半球恰恰相反。还有一个地方也不使用北半球的方法，那就是赤道及其附近纬度带。比如在克里米亚和南高加索，那里的弯月几乎是横着的，像荡漾在海面上的小船或是一道发光的拱形门，在阿拉伯的传说里把它形容为"月亮的梭子"。因此古罗马人称弯月为"luna fallax"，也就是"幻境里的月亮"。如果你想在这样的地方判断天空中是新月还是残月，可以利用一种天文学方法：新月出现于黄昏时的西面天空；残月则出现在清晨的东面天空。

了解了这些方法，你就可以在地球的任何地方准确地区分夜空中悬挂的弯月到底是新月还是残月了。

2.2 难画的月亮

月亮是画家们钟爱的"模特"。在生活中，我们经常看到关于月亮的风景画。画家们能将画面布置美丽，却并不一定能将月亮画正确。

图 30 就是一幅关于月亮的画作，仔细观察，发现哪里存在问题了吗？原来，画家将弯月的两个角朝向太阳了，而实际上朝向太阳的应该是弯月的凸面。月亮是绕地球运转的卫星，本身不能发光，我们看到的月光是月球反射的太阳光，这就是弯月凸面朝向太阳的原因。想画好月亮不只需要注意上面说的问题，月亮的内外弧也很容易被画错。弯月的内弧是月球受太阳光照射部分的边缘阴影，所以它是半椭圆形，外弧则是半圆形的。因为很少有人注意到这个问题，绘画作品中出现内外弧都是半圆形的弯月也就不足为奇了，如图 31 左边的一个所示。

图 30 指出这张风景画上的一点天文学错误。

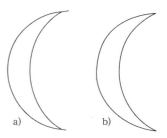

a)   b)

图 31 弯月的形状应该是哪一个？

我们看到天空中的弯月总是挂得不够端正，要画好它的位相很难。按理说，既然月光是来自于太阳的照射，那么太阳的中心点应该是在与弯月两角连接线中点垂直的直线上（图 32）。这样的直线在月球上应当是呈弧形，但是由于弧线中间部分与两端相比距地平线更远，反映到人眼中，这些光线就弯曲了。如图 33 所展示的太阳光线与月亮的相对位置，只有极其狭窄的峨眉月于太阳的位置是"端正的"。当月亮在其他位相时，太阳的光线似乎是弯曲地射在月球上，由这些光线投影而成的月亮自然无法端正地挂在夜空了。

看来，想要将月亮画正确还真得在天文学上下一番功夫。

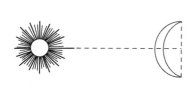

图 32 弯月跟太阳的相对位置。

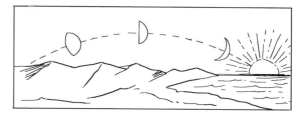

图 33 不同位相，我们所看到的月亮跟太阳的相对位置。

2.3 行星双生儿

与其他行星和卫星的关系相比，地球和月球的关系实在亲密。无论是大小、质量、运行轨道都那么相似，就像一对双胞胎。

除了月球，还没有哪个卫星与它所围绕的行星相对差距如此小。拿大小来说，海王星的卫星特里屯是各卫星中最大的一个，直径也只有海王星的 1/10，而地球的卫星——月球，直径竟有地球的那么大。从质量上看，木星的第三个卫星是太阳系中质量最大的卫星，木星的质量是它的 1000 倍，而我们的地球只比它的卫星月球重 81 倍。下面的这张表是几大行星与各自卫星的质量比。比较之下，更能说明地球与月球的相似性。

行星	卫星	卫星质量和行星质量的比率
地球	月球	0.0123
木星	干尼密德	0.00008
土星	泰坦	0.00021
大土星	泰坦尼亚	0.00003
海王星	特里屯	0.00129

地球与月球这对双生儿"长相"上相似，它们的相对距离也非常近。也许你要说，地球离月球可有将近 400000 千米的距离呢！但是如果我说月球和地球的距离只有木星与其第九个卫星的距离的 $\frac{1}{65}$（图 34），你还会质疑地球与月球的亲密吗？

图 34　月球离地球的距离与卫星离木星距离的比较（天体实际大小并没有按照比例尺表示）。

作为地球的卫星，月球时刻围绕着地球转，地球也时刻围绕着太阳转，它们的运行轨道是很接近的。月球绕地球的轨道长度是 2500000 千米，而它围地球绕行一周的时间就已经被地球带行了 80000000 千米，是它一年的路程的 1/12。月球轨道的长度仅仅是地球绕行一周的 1/30。试想，如果将月球的轨道拉伸 30 倍，圆形也成了线。月球轨道有十二段凸起和十二段凹陷，像一个圆角的十二边形。除了这几个地方之外，月球绕太阳的轨道几乎与地球的轨道重合。图 35 中所画的路线图是 1 个月中地球与月球的运行轨迹，地球轨迹用虚线表示，月球轨迹用实线表示。要想把这两条距离极近的线分离开来，比例尺要特别大才行。图 35 中地球轨道的直径相当于 0.5 米[①]。如果我们将地球轨道的直径用 10 厘米标示，那两条轨道可就完全无法区分了。由于我们也参与地球的轨道运动，自然是看不出两条轨道一同前进。但如果人们从太阳上观察月球的轨道的话，看到的一定是个带些波浪的与地球轨道重合的线。

地球和月球差距那么小，真不愧是双生儿啊！

---

① 注释：仔细观察图 35，你会发现月球的运动并不是绝对的匀速运动。这是因为月球环绕地球的轨道呈椭圆形，这个椭圆形的焦点就是地球所在的位置。月球轨道的偏心率是 0.055，这是相当大的偏心率。依据多普勒第二定律，当月球位于离地球较近的位置时，运动速度明显快于离地球较远时。

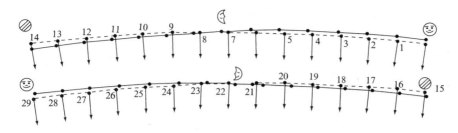

图 35　地球（虚线）和地球（实线）在一个月中绕地球所走的路线。

2.4　为什么太阳不能把月球吸引到自己身边

为什么月亮不会被太阳吸引过去呢？也许你会觉得这个问题很奇怪。不过，请各位读者先看看下面一段关于太阳和地球对月球引力的运算：

引力的大小由两个因素决定：地球、太阳本身的质量，它们与月球的距离。众所周知，太阳的质量非常大，达到了地球质量的 330000 倍，如果单从质量这个角度来说的话，太阳的引力就比地球大了近 330000 倍。地球与月球的距离是太阳与月球的距离的 $\frac{1}{400}$，可以说，在距离方面地球还是很占优势的。接下来将两种因素合并考虑，引力与距离的平方成反比，太阳对月球的引力应该从刚才说的 330000 倍缩小 $\frac{1}{400^2}$，也就是 $\frac{1}{160000}$。由此可以计算出，太阳对于月球的吸引力比地球大了近两倍！这个结论肯定会让很多读者大吃一惊。

现在我们再来想想本节开头提出的问题。为什么太阳的引力那么大，却没有将月球吸引到自己身边呢？其实，产生这个现象与上一节中讲述的"行星双生儿"有直接的关系。原来，太阳的引力同时吸引着月球和地球，正是由于这个引力，地球和月球才由直线前进的路线变成现在绕着太阳的曲线运动（图 35）。但由于月球与地球是亲密的"双生儿"，所以太阳的吸引力并不是作用在地球或月球的本身，而是在地球中心和月球中心的连接线上，也就是地球和月球这两个天体合在一起的整个系统的重心。这个重心远离地球，在相当于地球半径的地方。围绕着这个中心运转的地球和月球，每转一周就是一个月的时间。

这就是月球不会被太阳吸引去的原因，这个原理同时也解释了为什么地球不会被吸引到太阳身上。你理解了吗？

2.5　遮住侧脸的月亮

我们平时看见的满月很像是平面的圆盘，这是因为看远处物体时，两眼得到的图像几乎相同，无法形成立体图像。如果用立体镜来观察月亮那就大不一样了。立体镜是根据双眼视差原理制成的，通过它能够看到立体图像，这时的月亮就成了真正的球形了。

看到立体的月亮容易，但要拍下它的立体影像却是件非常困难的事儿。因为月亮总是遮住侧脸，只有十分明白月球的不规则运动才能得到一张很好的月球立体相片，而且必须使用精巧的方法。一对立体相片，常常要在一张完成以后好几年才能完成另一张。

在这里我为大家说明一下如何能得到立体的月亮图片。月亮离我们太远了，与我们的双

眼对远处物体无法形成立体图一样，要想得到立体的月亮图片，
必须从两个不同点取景。但是这样的困难在于，两点之间的距
离不能比这两点与月球的距离小太多①。用具体数字运算一下，
月球离我们所在的地球有近 380000 千米的距离。在一对照片
中，一张相片月面中心上的一点，在第二张相片中心要偏离开
月球经度 1°的距离，只有这样我们才能得到月亮的立体图（图
36）。这样的话，摄影的两个点之间至少要隔出 6400 千米的距
离，相当于地球的半径了。

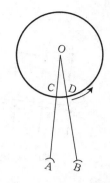

图 36　我们要拍得月球很
好的立体相片，月球要转
多大的角度呢？OA 是月球
中心到地球的距离，它是
地球半径 AB 的 60 倍（图
上大小没有按照比例尺
画），所以角 O 约等于 1°。

　　我们能拍到月亮的立体图，还要归功于月球椭圆形的绕地
轨道。月球的自转和绕地球转是同时进行的，而且月球自转一
周的时间与绕地球运转一周的时间是一致的，月球朝向地球的
一面永远不变。正是由于月球椭圆形的绕地轨道（偏心率等于
0.055 或大约 $\frac{1}{18}$），才让我们有了看到月亮侧脸的机会。如果是
圆形的绕地轨道，那么我们可就永远也见不到立体的月亮图片
了。图 37 所展示的就是月球椭圆形的轨道。由于图片很小，为
了精确地解释月球的椭圆形轨道，只有将它画得比实际更扁，
否则展现在图片上的只能是一个圆。仔细观察图 37，O 点是
地球的所在位置，也是椭圆形的焦点之一。根据多普勒第二
定律，线 AE 应该是月球在走过的 12 个月的路程，整个椭圆
形的面积与 OABCDE 的面积的 4 倍，与 MABCD 相等（在图
37 中，OAE 与 DMA 的面积相等的结论是由 MOQ 和 EDQ
两面积的大约均等得出的）。也就是说，A 到 E 是月球在 $\frac{1}{4}$ 个

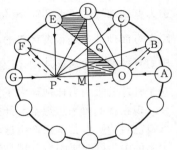

图 37　月球在自己的轨道上
怎样沿着地球转动？

月中的运行路线。月球自转运动是匀速的。它在 $\frac{1}{4}$ 个月的时
间里均匀转了 90°。然而，连接月球中心跟地球中心的动径在
月球运行到 E 点时，扫过的角度是大于 90°的，这个使得它的脸越过 M 点，朝向 M 点左方离
月球轨道另一焦点 P 不远的地方。这时的月球转过它的脸，让身处地球的人们能够从右侧看
到侧面的边缘。月球运动到 F 点，角 OFP 小于角 OEP，那个边缘也就越来越窄了。G 点是月
球轨道的"远地点"，月球运动到这个点时，它与地球的相对位置跟它在"近地点"A 上相
同。月球继续沿轨道运动，当它拐过弯处向反方向走去时，地球上的人们又能看到与之前那
个侧脸边缘相对的另一条边。这条边先是逐渐增大，然后又慢慢变小直至于 A 点消失。
　　由于上述原因，地面观测者能看到月球正面边缘部位的微小变化，好像一架左右摆动的
天平，因此月球的这种摆动在天文学上被称作"天平动"，天平动最大是 7°53′或接近 8°。
　　月球在轨道上的移动带着天平动角的大小不断变化。将 D 点作为圆心，用圆规画一条
通过 O 和 P 两个焦点的弧线，弧线与轨道相交于 B、F 两点。角 OBP 和角 OFP 相等，且两个
角的和等于角 ODP。由此推出，天平动在月球从 A 运动到 D 时是出于不断加大的状态，刚开
始加大十分快，在点时达到顶峰，而后减慢加大的速度。天平动在 D 点到 F 点之间是不断减

___

　　①　参看本书《趣味物理学》相关章节。

小的，起初减小的速度很慢，然后减小速度不断加快。天平动在轨道的下半段时，大小的变化与它在轨道上半段的变化是一样的，只是方向相反（天平动的大小在轨道各点上时与月球离椭圆轨道的长径距离大约成正比）。这也被称作经天平动。有时候，我们能够从南面看到一点儿月亮的侧脸，有时候从北面也可以看到。这是因为月球赤道的平面与月球轨道的平面组成一个 $60°$ 的倾斜角，这是月球的纬天平动，最大的纬天平动能达到 $6\frac{1}{2}°$。也就是说，我们能看到月亮面积的 59％，只有 41％ 是完全看不到的。

利用天平动，天文摄影家能拍出月球的立体图片。在本节的前几段我们提到，在一对照片中，一张相片画面中心上的一点，在第二张相片中心要偏离开月球经度 $1°$ 的距离，只有这样我们才能得到月亮的立体图，例如在 A 点和 B 点，B 点和 C 点，或者 C 点和 D 点等等。如果只是这样，那么在地球上适宜拍出月球立体图片的位置就多了。但这些位置月球的位相差距大到约 1.5～2 昼夜，拍出的照片会有一部分亮得发白。因为一张照片上还处于阴影中的一小部分，在另一张图片上已经走出了阴影。要想拍出完美的立体月亮，摄影者等到月亮再次出现相同位相，并且必须保证前后两次画面的纬天平动上完全相同。

月亮对我们永远是遮着一半面纱，神秘的月球侧面让充满好奇心的人类不断探究。到目前为止我们能推测出的只是月球背面与迎向我们的一面有多大差别①，那些由天文学家用想象从月球正面延伸至背面的山脉无法被证实。但是，我相信，通过人类对宇宙的不断探索，总有一天我们会"看到"月球的背面。

2.6　那些传说中的星球

著名科幻作家凡尔纳在他的长篇小说《环游月球记》中提到月球的第二卫星，也就是第二个月球。在书中，凡尔纳将它描绘成体积极小、速度极快以致地球上的人们看不到它。不只凡尔纳一个人这么说，曾经有个报纸报道了地球的第二卫星被某人发现的新闻。可以说，第二月球存在与否是个很悠久的问题了。

到底存不存在第二卫星，众说纷纭。据凡尔纳说，一位名叫蒲其的法国天文学家不仅猜测过第二卫星的存在，而且推测了它距离地球是 8140 千米，绕地的周期是 3 小时 20 分。然而，英国的《知识》杂志却将凡尔纳的说法全盘推翻，称蒲其是捏造的人物，根本不存在什么第二卫星说。但是，凡尔纳并没有捏造言论。确实有一位名叫蒲其的吐鲁兹天文台台长，他也确实在曾经宣扬过第二卫星说。蒲其认为第二卫星是一颗离地面 5000 千米，绕行地球一周仅用 3 小时 20 分里。但由于当时附和该言论的人极少，没过多久就被人们遗忘了。

我们先假设有这个第二卫星的存在。这类天体离地球很近，每次旋转都要被地球硕大的阴影笼罩，但在每天黎明和黄昏时，还有它每次经过月球和太阳时，人们都应该能够看到这颗明亮的卫星。而且这颗第二卫星的运行速度非常快，过往频率要比月球高得多。那么，人们应该常常会看到这颗卫星。如果有这颗星，在日全食时也是会被天文学家发现。可是，但目前为止，没有一个人发现过它的踪影，也可以说，第二卫星并不存在。但是如果单从理论的角度讲，它的存在是与科学理论不发生冲突的。

① 现代空间探测证实，色调明亮的高地是月球背面的主要结构，这一点完全不同于月球的正面。至于形成这种现象的原因尚未被解开。

传说中的星球不止"第二卫星"一个，围绕月球运转的小卫星存在与否也是人们讨论过的话题。遗憾的是，到目前为止，这个小卫星也没有人发现过它的存在。想要证明月球的卫星是否存在是件极其困难的事。正如天文学家穆尔顿所说：

在月亮满月时，它的反射光和太阳光都让人们无法看清月亮附近是否有小卫星的存在。只有在月球附近的天空不受漫射月光的影响，也就是月食时，太阳的光才可能将传说中的小卫星照亮，这些小天体才有可能被发现。直至现在，人们并未发现这样的星球。

看来，传说也只能是传说了。不过，人们勇于探索和设想的精神继续发扬下去必定会带来意想不到的惊喜。

2.7 为什么大气不能在月球存留呢

地球上有适于生物生存的大气环境，地球的卫星——月球却不存在大气。为什么大气不能在月球上存留呢？如果想弄明白这个问题，我们就要先了解大气存在的条件，也就是我们地球上为什么存在大气。

众所周知，分子是空气的组成部分，它们像一群受惊的野兽，自顾自地向不同方向急速奔跑。在 0℃ 的环境时，它们运动的平均速度大约是每秒 0.5 千米，相当于手枪子弹的飞行速度。因为要抗拒地球引力，空气的分子将自己的运动能完全消耗尽了，所以它们被控制在地面上。有这样一个算术式：$v^2=2gh$，其中 v 是速率，h 是高度，g 是地球重力的加速度。假设有一群分子在以每秒 0.5 千米的速度垂直向上飞，将数字带入算术式就能得出分子能垂直飞多高：

得出上升高度 $\qquad$ h＝12500 米＝12.5 千米

看到这，你可能会疑惑：在 500 千米以上的高空也存在极少量氧气，但氧气大部分是由雨点带到地上来的过氧化氢分解而成的，一小部分是植物的作用由碳酸气经过变成，都是在地球表面。氧气分子是怎么来到 500 千米高空，并且一直维持这个高度的呢？其实，上面说的那些数字是全部空气分子在数学上的平均数。实际上，各个分子的运动速度是不相同的，它们有的极快有的极慢，但这只占一小部分，大部分空气分子的运动速度还是处于中间的位置。我们用具体的数字来说明一下：将一定体积的氧气放置在 0℃ 的环境里，分子的速率在每秒 200～300 米的占 17％；比率最大的部分是速率在每秒 400～500 米和每秒 300～400 的分子，它们各占 20％；9％的分子速率在每秒 600～700 米；8％的分子速率在每秒 700～800 米；能达到每秒 1300～1400 米的分子只有 1％，还有速率能达到极快的每秒 3500 米的分子，但是这样的分子所占比率极小，只占不到 $\frac{1}{1000000}$ 的比例。根据上面提到的运算公式，$3500^2＝20h$ 可以求得 h＝$\frac{12250000}{20}$ 米，大约等于 600 千米。也就是说，速率最快的分子完全能够飞到高度为 600 千米的天空。这就跟人类的平均年龄是 40 岁，却有很多百岁老人是一个道理。

虽然有小部分的分子可以上升到 600 千米的高空，但这样的速率还不足以让它们完全脱离地球的束缚。那些组成地球空气的氧气、二氧化碳、氮气和水蒸气若想离开地球，分子速率小于每秒 11 千米是不可能的。就算是大气层中最轻的氢气，流失一半所用的时间也要无数年，这个数字有 25 位呢！地球大气的成分和质量是不会轻易改变的。这就是地球能够保留住它自己的大气层的原因。

讲完地球能留住大气层的原因，再来探讨为什么大气不能在月球上存留就容易多了。地球能留住空气分子，它本身的重力是非常重要的因素，而月球上的重力只有地球的 $\frac{1}{6}$。也就是说，空气分子只需花费在地球上 $\frac{1}{6}$ 的力气就能够挣脱月球的束缚，根据运算，只要分子的速率达到 2360 米/秒就可以飞散到太空。大气中的氧气和氩气分子在普通温度下的速率就能超过 2360 米/秒。根据气体分子速率分配定律，速率慢的空气分子也会在速率极快的分子飞散后获得临界速率，飞离月球。大气分子平均速率即使小到临界速率的 1/3，在月球上就是 790 米/秒，只需几个星期的时间就可以消散殆尽。只有速率在临界速度的 1/5 以下的空气分子能被留住，然而这样的分子少到几乎可以忽略。这就是大气无法在月球存留的原因。由此也可以推测出像小行星和各行星的大多数卫星这样重力不大的星球，大气也不能留在上面。

天文学家曾设想过将月球改造，生成人工大气，成为适宜人类居住的"第二地球"。但是月球现在的环境是宇宙根据物理法则，经过漫长的时间形成的，"改造说"想要实现是很困难的①。

2.8　月球的大小

想要探讨物体的大小，自然离不开数字。科学家早已测算出月球的各种数据，比如直径是 3500 千米，表面积是地球的 1/14 等等。但是，就算我们了解了这些数据，提到月球的大小浮现在眼前的也只是些抽象的阿拉伯数字。如果想对陌生的事物形成具体的印象，用你熟悉的东西来与之比较是最有效的方法。月球和地球是一对"双生儿"，我们又十分熟悉地球，不妨将月球与它进行一番比较。

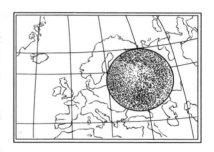

图 38　月球和欧洲大陆的比较，从图中我们不难下结论，月球比欧洲大陆表面积小。

月球是一片连绵的大陆，那么我们就用地球上的大陆和它进行比较（图 38）。从表面积来说，南北两美洲的面积略大于月球一些，月球始终面对我们的那一面的面积差不多和南美洲的面积相等。

月球的面积不大，但它的环形山却大得惊人。地球上的任何一个山脉都无法与之相提并论。就拿格利马尔提山来说，单单是它的环抱的月面面积就要大于贝加尔湖，把瑞士、比利时这样小面积的国家放在里面是完全可以的。

虽然月球的环形山比地球的山峰要雄伟得多，但地球表面的海洋却比月球上的"海"壮观。当然了，这里说的月球上的海是我们虚构的，这也是为了比较起来方便。如图 39，按照比例尺在月面上画出黑海和里海。虽然在地球上黑海和里海没有多大，但拿到月球上就是块极大的海洋了。例如月球上面积占 170000 平方千米的澄海，拿到里海中也只占 2/5 的面积。

地球上海与月球上的"海"的比较。如果把黑海和里海都移

图 39　1. 云海　2. 湿海
3. 汽海　4. 澄海

①　莫斯科天文学家利浦斯基在 1948 年证明月球上还有残存的大气，月球大气的总质量是地球大气的百万分之 0.86。

现代测量显示，月球残存大气密度小于地球大气密度的一百亿分之一。

到月球上，会比月球上所有的"海"都大。

看了这些比较，你的心中对月球的大小一定已经有了较具体的印象。

2.9 超乎想象的月球风景

想要看到月面风景，只要一架装有直径厘米物镜的小型望远镜就可以将月面上的环形山、环形口等尽收眼底（图40）。但是，如果你能在月球上观看，那里的景象一定会超乎你的想象。因为从地球上看月亮，眼见不一定为实。

观察一个物体，从远处纵览全局与在近处观察所体验到的感觉是很不一样的。以月球上的爱拉托斯芬山为例，我们从地球上看到的是一座轮廓清晰、中间有一处凸起的高峰的大山（图41）。如果从侧影来看，这个环形山的直径有大约60千米，它的环形口直径相当于拉多加湖到芬兰湾的距离。这么长的直径让整个山的坡度十分平缓，把本来很高的山显得很平凡了。走在这个环形口中，你甚至感觉不出自己是在山上。还有一个让本来很高的山变得平缓的原因——山体较低的部分也被月面的凸度掩盖了。这是因为月球的直径只有地球直径的1/4，所以"地平线"的范围比地球上的小了一半。可以用数学方法计算出在月球的地平线范围[①]：$D=\sqrt{h\times 2R}$

D代表地平线的距离，h代表眼睛的高度，R代表地球的半径。人站在地球平地上最多可以看见5千米远的东西。将关于这些数据代入公式，得出的就是人在月球平地上的最远视线距离：2.5千米。

图42展示的是一个巨型环形口，这张图片是以一个人站在环形口的角度画的。这个月球环形口被称作阿基米德的风景。在这张图片上，我们看到的是广阔的平原，一些连绵起伏的山峦卧在地平线上。这完全颠覆了我们对环形口的想象。环形口的外部也与我们平时对它的认识不一样。外侧是非常平缓的斜坡（如图41），很难想象这竟然是一座高山。众多小环形口也是组成月球风光的重要部分，它们不同于环形山，没什么

图40　月球表面上的环形山。

图41　环形山的剖面图。

图42　在月球表面上看到的巨型环形山中央所见的景物。

图43　从望远镜里看派克峰，它显得十分险峻。

① 关于"地平线"距离的计算，请参阅本书《趣味几何学》第六章"天与地在何处相接"。

高度。人们也给月球的山脉起了名字，比如高加索、阿尔卑斯、亚平宁等等，它们的高度一般都有七八千米。虽然它们的高度与地球上山脉的高度差不多，但由于月球比地球小很多，这些山脉也被衬托得特别高大。

图44　从月面上看派克峰，它如此平坦。

月球上有一座山峰叫作派克峰，从望远镜看，它轮廓十分清晰，让人觉得它一定很险峻（图43）。可是，在月球上看它，你一定会大失所望。因为你看到的只是一个鼓出地面的小丘地（图44）。这是为什么呢？原来，由于月球上没有空气，阴影也就变得非常清楚。做个实验，将切去一半的豆子放在桌上，凹面朝下，它会拖出比自身长五六倍的阴影。月球上的物体受到日光照射，阴影能达到物体本身高度的20倍，所以月球上那些只有30米高的物体也能被天文学家看清。我们用望远镜里去看月球，月面上的小凹凸会被放大，这种幻象使人误以为月面高低差距非常大。

图45　从望远镜里看到的月面"峭壁"。

和上面所提到的幻象相反，有的时候，月面上的一些很重要的地形会被人们忽视。利用望远镜能看到一些狭窄到可以被忽略的小缝隙，它们总会被我们忽略。其实，在月面上它们可是一条条深不见底的岩壑，延伸到地平线之外（图45）。月球上还有一种被叫作"直壁"的断岩，矗立于月面之上，一直伸展到"地平线"以外，长100千米（图46），非常壮观。再看图45和图46，你会将这两幅图联系到一起吗？实际上，这两幅图描绘的都是直壁。

在望远镜里看到的月面上的裂口，它们事实上是一些巨大的洞穴（图47）。

图46　站在"直壁"脚下所看到的峭壁。

图47　在月面裂口上看到的情景。

2.10　陌生的月球天空

月球的天空与地球的天空有很大差异。如果人类能够自由地在月球表面行走，首先引起其注意的就会是这与众不同的天空。

首先映入眼帘的就会是那漫天黑幕。

有一位名叫佛兰马理翁的法国天文学家曾这样描绘：

　　明净的蔚蓝色天空，艳红的晨曦，壮丽的晚霞，令人迷醉的沙漠景色，遥远的田野和草原，镜子一般的湖水映照着远处的蔚蓝天空。这一切的景色，都要感谢那一层轻轻的大气的包围。假使这层大气消失，那么这些美好的画面都将不复存在。天空的蔚蓝色将变成无边无际的黑暗。日出和日落时的美丽景象也不再有，取而代之的是突然交替的昼夜。有日光的地方将会炙热一片，日光直射不到的地方将被黑暗吞没。

　　上面这段文字说明了地球天空呈蔚蓝色的原因是大气的存在。后面描绘了假如没有大气地球会变成的可怕模样，其实这就是月球天空的真实写照。

　　不论白天黑夜，月球的天一律呈现的是黑色。在这漫天的黑色中点缀着无数的星星。因为月球上没有空气，星星们要比从地球上看到的耀眼多了，也不像从地球看到的不停闪烁。月球的白天太阳光线的照射非常强烈，这也是没有大气造成的。

　　"自卫航空化学工业促进会"号是苏联的平流层飞艇，探险者乘坐这个飞艇曾在 21 千米的高空看到黑色的天空。由此可以预见，如果我们的大气层变薄，天空就不会像现在这么蓝。

　　其次你一定要看的，是月球天空中的食象。

　　有很多人见过地球上的日食和月食，但你知道吗，月球上也有食象。

　　日食和"地食"是月球上的两种食象。当地球上出现月食的时候，地球是处于太阳和月球的连接线上的，这时候地球的阴影将月球笼罩，月球也就出现了日食，而且它要比地球上的日食好看很多。原来，此时月球的天空中挡在太阳前面的那个黑色的圆形地球面，有一圈因大气而形成的紫红色边缘（图 48）。看过月食的人都知道，月食时月亮黑色的圆盘周围有一圈樱红色的光，这圈光就是因地球大气所形成的紫红色光在照射之下出现的。

　　因为地球月食时正是月球的日食，所以月球日食的时间与地球上的月食时间相同，有四小时之久。而地球的日食却只有几分钟的时间，月球的"地食"时间与其相等。月球"地食"的时候，站在月球上可以看到地球这个巨大的银色圆盘中有一个小黑点在不停移动，这个小黑点所到之处就是地球上人们能看到日食的地方。

　　食象在太阳系中只有月球和地球有，因为这里有一个任何行星都不具备的特殊条件：在月球遮蔽太阳时，它距地球的距离与太阳距地球距离的比值约略等于月球直径与太阳直径的比值。

　　第三个月球天空奇观：悬在头顶的地球。

　　站在月球上，悬挂在天空的巨大地球一定会吸引你的注意力：踩在脚下的地球，此时却跑到了头顶。不过，这倒也不用奇怪，宇宙中的上下本来就是相对的。当你站在月球上，相对在上面的就是地球了。

　　想象一下，从月球看到的地球会是什么模样。季霍夫是普尔柯夫天文台的天文学家，他曾专门研究这个问题并写了下面这段话：

图 48　月球上日食的过程：太阳慢慢走进那悬在月球天空的地球后面。

从其他星球观察我们的地球，能看见的只是一个发光的圆盘，地球上的任何细节都将被隐藏。因为，日光投射到地球上，还没有落到地面就被大气和大气中的杂质漫射到空中去了。虽然地面本身反射光线，但经过大气漫射就变得极其微弱了。

这段话说明了从月球看地球的样子。地面总被云半遮半掩，大气层也会把日光漫射开。所以，从月球看到的地球应该是极亮的，至于细节则根本没有。有一些关于从宇宙看地球的绘画作品，描绘出两极区域的冰雪的极冠和大陆的轮廓等细节，实际上是不存在的。

从月球上看，地球十分庞大，完全不同于我们从地球看月球。因为地球的直径要比月球直径大近 3 倍。由于地球的面积比月球大了将近 14 倍，地球反射的太阳光自然就要比月球大得多。而且地球表面的反射能力比月球的反射能力大了近 6 倍①。所以，从月球上看地球的光亮度要比满月时大 90 倍。想象一下，如果夜空有 90 个满月照向地面，并且没有大气层的阻挡，那将是怎样明亮的夜晚啊！有了地球的"照耀"，月球就算在晚上也亮如白昼。也正是月面被地球的反射光照亮，我们能够在地球上看到 400000 千米外的新月凹面，即使没有照射到日光的部分也会有微光闪耀。

还记得我们在上面小节中说过的月球运转特点吗？其中有一点是：月亮从始至终都是一半脸朝向地球。这个运转方式导致了从月球看地球的另一个特征：地球永远挂在月球的上空从不移动，不像其他的星星那样升起落下。在地球圆面后面，是无数星星在慢慢地旋转，每转一周要用 $27\frac{1}{3}$ 天，太阳绕行一周的时间是 $29\frac{1}{2}$ 天；行星也在不停旋转，只有地球一动不动在黑色的天空里俯视月亮。我们在地球的任何地方都可以看到月亮，在月球上看地球可就不是这样了。如果在月球一点站着，看到的地球是在头顶，那么在这个地方看到的地球就永远在头顶，如果在另一个地方看到的地球是在地平线上，那在这点看到的地球就永远在地平线上。

但是，从月球上看到的地球也是有颤抖的时候。月球上"地平线"的地方，地球有时好像就要沉下去，但是马上又升起来，画出的曲线很奇怪（图 49），这是月球的天平动造成的。地球并不完全固定在月球的天空，而是在一个平均位置的南北摆动 14°，东西摆动 16°。这种现象只在"地平线"出现，并不绕过整个天空，因此能够经过很

图 49　地球慢慢地从月球的"地平线"出现而又慢慢消失的情形。虚线表示地球所经的路线。

多天的时间。地球虽然总是停留在一处，却要在 24 小时里很快地自转一周，所以假如我们的大气对于月球上的人是透明的话，地球真可以作为他们的一架很方便的天空的钟。

"月有阴晴圆缺"，这是我们在地球上看到的月球变化。其实，在月球上看地球也是这样

---

①　丁铎尔在所著《讨论光线》一书中写道："就算是从黑色上反射过来的日光，也还是白色的。所以即使月亮上笼罩了一层阴影，它在天空看去仍然会像一面银盘。"月球上的土反射日光的平均能力跟潮湿的黑土一样，而极暗的地方漫射的光线，也只比维苏威火山的岩浆漫射的略微弱一点。虽然月光是白色的，但月球上的土壤颜色是暗黑色，而不是一般人想象的白色，这两个现象并不冲突。

的，因为地球也有月球那样的位相
变化。在月球上看地球，什么时候
是圆盘、什么时候是峨眉，什么时
候宽、什么时候窄，这些都取决于
地球被日光照射的部分有多少面对
月球。还有一个现象是，我们从地
球上看到的月亮是什么形状，那么
此时从月球看地球的形状就是正相
反的。举个例子，我们地球上看不

图 50　月球天空上的"朔地"，这时，地球是全黑的，四
周由发亮的地球大气而形成了一个明亮的圈。

到月亮，也就是朔月时，站在月球上一定会看见一个圆圆的地球，反过来亦如此（图50）。

　　地球有大气漫射太阳光，所以无法看见朔月。这时的
月球一般是位于太阳上下（有时相离5°，也就是它直径的
10倍），它会有一条被太阳照得很亮的狭窄边缘。但是太阳
光的亮度实在太大了，朔月的这条银线会被太阳光掩盖。
所以，地球上的人是看不到月亮的，除了在春天的极少数
情况时朔月一天后就能被看到，一般都是两天后它已远离
太阳时我们才能看见那条狭窄的弯月。从月球看地球则不
是这种状况。但月球上是没有大气的，恒星和行星也就不
会消失。只要不碰到日食（地球正好把太阳挡住），地球就
会出现在月球黑色的天空中。从月球看，"朔地"的两角背
向太阳（图51），并且随着地球本身向太阳的左方移动。人
的眼睛与月球和太阳的中心并不处于同一直线，所以在地

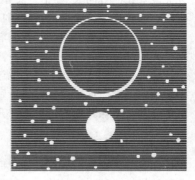

图 51　月球天空中的"新地"，
下面白色的圆表示太阳。

球上用望远镜观察月球也可以看到类似的现象——满月时的月面看起来并不是完整的圆，而
是少了狭窄的一钩。

2.11　研究日月食的意义

　　为了研究日食，天文学家经常要组织远征队去世界上将出现日食的地方，即使这个地方
路途遥远且环境恶劣。例如1936年6月19日的那一次日食只能在苏联境内看见它的全食，
结果全世界有10个国家的70位科学家千里迢迢来到苏联，只为了观察这两分钟的日全食。
还有4个远征队遇到阴天，没有见到日全食，遗憾地返回。苏联在那一次的观测中投入了大
量的人力物力，远征队就有将近30个之多。第二次世界大战期间，苏联在极其紧张的战时环
境下仍然组织远征队赶赴能够看到日食的地方：1941年的日食出现在拉多加湖到阿拉木图一
带，整个全食带都有苏联政府派遣的天文学家；1947年5月20日巴西日食，苏联也派遣了
远征队。

　　天文学家们对日食如此狂热的追逐，是因为两个原因：

　　第一个，也是最重要的一个原因：日食能提供给天文学家们珍贵的数据和研究机会。

　　1．"反变层"的光谱线。平常，太阳的光谱线有许多暗线的明亮的谱带，日食时光谱线
会有几秒钟的时间变成一条带有许多明线的暗的谱带，吸收光谱转变成发射光谱。发射光谱
又名闪光谱，它是科学家判断日球外层的性质的重要的资料来源。虽然在平常也会有这种闪

光谱，但它在日食的情况下可以被更清楚地看到。天文学家当然不会错过这千载难逢的机会。

2. 探究日冕。日冕只有日全食时才能看到，在被日珥（太阳外层上的火一般的突出物）所围绕着的黑色月面附近，整个日冕呈现五角星的形状，中心由黑暗的月面占据。其形状随太阳活动大小而变化。在太阳活动极大年，日冕的形状接近圆形，而在太阳活动极小年则呈椭圆形。日食时能够看到形状不同、大小各异的珠光（图52），最长的比太阳直径还要长好几倍。1936年的日食中日冕超乎寻常的亮，就算是满月也不及它的亮度，日冕的最长的光达到了太阳直径的三倍，有的甚至超过了三倍，但是这属于极少数情况。

图52　日全食时看到的日冕。

直到现在，科学家们仍没有给日冕的性质准确定义。日食的时候，科学家要拍下日冕的照片，研究它的亮度和光谱，一边研究它的构造。

3. 核对一般相对论对于星星位置的推论正确与否。根据相对论，推测出在经过太阳时星光会受到太阳强大引力的吸引而偏离原来的位置，其他星星也应发生位移（图53）。只有在日全食时才能论证这一推论的准确性。直至现在这个推论还没有被证实①。

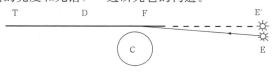

图53　光线在日球的强大引力下偏移。根据相对论，在地球T点上观察的人沿着TDFE′这条直线，会看见星星在E′上，但实际上，它是在E点上。它的光线沿着曲线EFDT投射到地球上来。当日球C不在那里的时候，星光是沿着直线ET射向地球的。

除了以上三点，日全食本身也是极富研究价值的。苏联作家柯罗连柯曾在书中对日全食做了极生动的描写。书中是他1887年8月在伏尔加河岸尤里耶韦茨城所见的日全食。我们从中引用一段（略有删减）：

太阳没进一朵硕大朦胧斑状的云里，当它再次出现时已经有很大一部分亏损了……

这个时候，空中烟似的雾气把刺眼的光芒变得柔和了，甚至可以用肉眼对着它看。

此时，周围出奇的安静，甚至可以听到呼吸声。

已经过去了半个小时。天空的颜色并没有什么异样，悬在高空的弯弯的太阳被浮云遮蔽了。

这很是让年轻人兴奋。

老人们发出叹息声，有人发出像是牙疼一样的哼哼声。

天色逐渐暗淡了。暗色的光照着惊惶的人群，河上轮船的轮廓也模糊了，不像平常那么亮。光线越来越弱，这是个不寻常的、奇怪的黄昏。现在的景色十分模糊，草不再是绿色，山看起来也是飘飘悠悠的。

天空的太阳已经是弯弯的了，但仍然让人们感觉这只是个变得暗淡的白天，此时想到那些关于日食会将天色变得怎样黑暗的说法太夸张了。现在的太阳只有一小条了，难道没了这一小条世界就会陷入黑暗？

突然，那一小条的光熄灭了。瞬间，大地就被浓重的黑暗覆盖了。我看见从南面窜出的

---

①　目前天文学家已经证实了星光偏折，但在量的方面跟与相对论不适完全符合。米哈伊洛夫教授根据自己的观测结果表明，这一理论和现象之间需要进一步修正。

阴影迅速将山冈、河流、田野笼罩，好似一张无边的巨大被单。此时，和我一样站在河岸的人们悄然无声。人群像一个密实的黑影……

这样的黑暗和夜晚不一样，没有月光，没有树影。天空中像有一张极稀薄的网垂下来，似乎还有一些细细的灰尘向大地上撒来。在一侧的天空中，似乎有一些微光在闪烁，这点微光为大地拨开了一点点黑暗。此时的天空中乌云翻腾，似乎还有什么猛烈的争斗在乌云里面进行着……一些变换的光亮从黑暗的幕后露出来，这使得刚才的那些景色活了起来。那个抓住了太阳的东西似乎很憎恶光明，拽着太阳在天空奔驰。胆小的云像是受了惊吓一样四下逃窜。

日食难得一见。

日面被月面遮掩而变暗甚至完全消失的现象就是日食。月球投影到地球上的范围就是能看到日食的"日全食地带"。这个"日全食地带"很小，只有不到 300 千米的范围。要想在地球上同一个地点看到两次日食，那可要二三百年的时间呢。加之日食出现的时间极短，想要见它一面可不容易。

日全食更是稀少。那个经常拖在月球后面的锥形长影之所以能刚好到达地面，是因为月球遮蔽太阳时，月球与地球的距离和太阳与地球距离的比值约略等于月球直径与太阳直径的比值（图 54）。如果单单从月影的平均长度来看，不管怎样我们也不会看见日全食，因为月影的平均长度小于月球与地球的平均距离。幸好月球绕地球的轨道可是一个椭圆形，月球离地球的最近距离是 356900 千米，最远距离是 399100 千米，两者相差了 42200 千米。这就让月影长度有机会超过月球距地球的距离，我们才可以看到日全食。

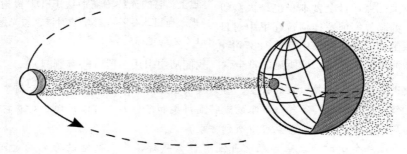

图 54　月影的锥尖划到地球表面的地方就是能够看到日食的地方。

可能有读者听说过人工日食。人工日食就是在望远镜里用一个不透明的圆片遮住太阳，造成日食的效果。有人会问，既然这样可以制造人工日食，那为什么还要耗费那么多人力物力去观测自然形成的日食呢？其实，人工日食是无法替代自然日食的。因为日光到达地面之前要先穿越大气层，这时就会因空气分子而产生漫射，这也是我们能看到蓝色天空而不是月球上那样的黑色天空的原因。人工制造的日食虽然看不到直接射来的阳光，但不等于我们周围的其他地方没有照射，所以漫射光线依旧存在。月球是自然日食的比大气的边界还远几千倍屏障，这个幕先于大气截断太阳光线，所以日食时没有漫射发生。要注意的是，我们说的没有漫射并不是绝对的没有，这时仍然会有少量的漫射的光线进入暗影区，所以即使是日全食，天也不能达到半夜那样黑。

说完研究日食的意义，我们再看看人们对月食的探索。

当月球运行至地球的阴影部分时，在月球和地球之间的地区会因为太阳光被地球所遮蔽，肉眼会看到月球缺了一块，这就是月食。

在很久以前，我们的先辈已经通过对月食的研究发现了地球是圆的。月面上的阴影跟地球形状的关系的图画（图55）在古代天文书籍就有记载。麦哲伦正因为是坚信这个推论才开始了艰辛漫长的环球航行。有一位跟麦哲伦一同进行环球航行的人这样讲述："教会不断告诫我们地球是一被水包围的巨大平面，但麦哲伦依旧坚持自己的看法。他认为：月食的出现证明地球的影子是圆的，既然有这圆形的影子，那么那个物体本身自然也是圆的……"

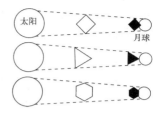

图55 表示从月面上地球阴影的形状推测地的形状的一幅古画。

现代的天文学家狂热地追逐日食，月食的次数虽然只有日食次数的 2/3，却没有谁千里迢迢跑去见月食一面。这是因为月食发生时，只要是在可以看到月亮的那个半球就可以见到它。而且各地能同时看到月食时月面的变化情况，只不过由于各地所处的时区不同，所以说起月食的时间不一样。

由于偏折到锥形阴影以内的太阳光，月食时我们依旧可以看到月亮，天文学家们对于这时月球的亮度和颜色很感兴趣，通过研究，天文学家们获得了重大发现：太阳黑子的数量影响着月食时月球的亮度和颜色。现在，科学家们还可以利用月食来测量没有太阳照射的月面的冷却速度。关于月球的温度，请参看后面的《月球的天气》小节。

通过上面的讲述，相信读者朋友们已经了解了研究日月食的重要性。宇宙中还有很多未解的难题和未知的事物，希望天文学家们通过对日月食的研究会有更多的发现。

2.12 沙罗周期

日月食每隔 18 年零 10 天重复一次的现象早已被古巴比伦人发现了，他们把这种现象称作沙罗周期。古人能够预言日月食的出现就是利用了沙罗周期。虽然人类很早就发现了沙罗周期，但研究出这种周期出现的原因还是在近代。

月球绕地球一周的时间就是我们所说的一个月。在天文学上，一个月的时间有五种。我们在这里只说其中的两种：朔望月和交点月。

1. 朔望月。就是出现两次相同月面位相所用的时间，也是从太阳的角度看月球绕地球一周所用的时间，比如上一次出现朔月到下一次朔月的时间。朔望月是 29.5306 天。

2. 交点月。"交点"是指地球绕日轨道与月球绕地轨道的交点。月球从"交点"开始沿着它的轨道绕地球一周后又回到"交点"的时间就是交点月。交点月的时间是 27.2123 天。

日月食形成的条件之一是朔月或望月刚刚落在交点上，因为在这时月球的中心恰恰跟地球中心和太阳中心成一直线。也就是说，从这一次月食到下一次出现跟这次相同的日食，所用的时间一定包含整数个数的朔望月和整数个数的交点月。

下面的这个方程式就是用来计算上面所述情况要用的时间：

$$29.5306x = 27.2123y$$

因为式中的 x 和 y 都是整数，所以这个方程式可以被改写成：

$$\frac{x}{y} = \frac{272123}{295306}$$

这个比例式中的两个数没有公约数，那么最小的整数答案就是

$$x = 272123, \quad y = 295306$$

如果直接看用两个数的话那就是几万年的时间，对于预测日月食毫无用处。天文学家只用它的近似值：

$$\frac{295306}{272123} = 1\frac{23183}{272123}$$

将剩下的分数中的分子分别除它的分子和分母。

$$\frac{295306}{272123} = 1 + \frac{231832 \div 23183}{72123 \div 23183} = 1 + \cfrac{1}{11 + \cfrac{17110}{23183}}$$

然后再用分数里的分子分别除它的分子和分母，一直这样算，就会得出如下的式子：

$$\frac{295,306}{272,123} = 1 + \cfrac{1}{11 + \cfrac{1}{1 + \cfrac{1}{2 + \cfrac{1}{1 + \cfrac{1}{4 + \cfrac{1}{2 + \cfrac{1}{9 + \cfrac{1}{1 + \cfrac{1}{25 + \cfrac{1}{2}}}}}}}}}}$$

只取这个式子的前面几节，得出以下近似值：

$$\frac{12}{11}, \ \frac{13}{12}, \ \frac{38}{35}, \ \frac{51}{47}, \ \frac{242}{223}, \ \frac{535}{493} \cdots \cdots$$ 近似值到第五个就已经是很精准的数了，当然了，如果能够继续往后算那就更加准确。其实。如果取 $x=223$，$y=242$，算出的日月食重复周期就是 242 个交点月，也是 223 个朔望月。如果换算成以年为单位的话，那就是 1 年又 10.3 天或 11.3[①] 天。

上面所述是沙罗周期的原理。不过从上面的计算就可以看出来，它的准确性并不十分高。人们把沙罗周期弃去了 0.3 天，以 18 年零 10 天为准。实际上第二次出现相同日月食的时间要比沙罗周期晚大约 8 个小时，第三次出现就会与沙罗周期计算的结果相差 1 天。月与地球的距离和地球与太阳的距离是变动的，而且是周期性变动。日食是不是全食是由这两种距离来决定的，沙罗周期并没有考虑到这一点。也就是说，沙罗周期能预言的只是下次日月食会在哪一天发生，却不能预言将出现的是偏食、全食，还是环食，更无法准确预言在地球的哪里能够看到它。也会有这样的情况出现：上一次出现的是面积很小的日偏食，根据沙罗周期的推算，18 年以后应该再次出现时却看不到日食。因为此时的日食面积实在是太小了，以致我们根本发现不了。也有相反的情况：18 年前人们并没有看到日食，而在 18 年后的那天却出现了面积很小的日偏食。

科学发展到今天，天文学家对月球的运动研究得很透彻了，用现在的计算方法推测日食都不会差到 1 秒，沙罗周期也就不再使用了。

2.13 大气层的小把戏

一位天文爱好者说，曾在 1936 年 7 月 4 日的日偏食时同时看到了被食的月亮和处于地平线的太阳。只要对日月食稍微有些了解的人都会说："这绝不可能，发生食相时月、地、日是处于一条直线上的。"但我要告诉大家，这是真的。

---

① 根据这个时期里有 4 个还是 5 个闰年来定。

大家不必惊讶，其实这只是地球的大气层耍的一个小把戏。天空中同时出现太阳和正在"被食"的月亮，是因为地球大气让经过的光线偏折了。这是一种叫作"大气折射"的偏折，由于这种偏折的作用，我们看到的天体位置都比实际的位置高出一些（图55）。在我们看见地平线升出太阳或月亮时，其实它们还在地平线之下。

法国天文学家佛兰马理翁说："这种奇特的天文现象在1666、1668和1750年发生的几次日食中表现得最为明显。"在1877年2月15日的月食中，巴黎的太阳是5点29分落下，月亮也是在5点29分升起，但是开始月全食的时候太阳还没有落下。在1880年12月4日巴黎再次出现这种现象：那天的月食开始时间是3点3分，复圆时间是4点33分，月亮于4点上升，而太阳是在4点2分落下的，此时月球正好进到地球阴影的中间。

这样说来，看到这种现象的概率还是很大的。如果月全食出现在太阳下落以前或上升以后，你只要站在可以看见在地平线的地方就行了。

2.14 你知道这些关于日月食的答案吗

一、有没有这样一种情况：一整年没有日食或者月食？

答：一整年没有日食的情况是不存在的，一年中出现日食的次数不会少于2次。但是经常出现一整年没有月食的情况，大约每隔5年会有一年出现这样的情况。

二、日食和月食分别会持续多长时间？

答：日食在赤道时持续的时间最长，全食时间有7分30秒，从初食到复圆有4小时30分，日食在高纬度的地方出现的时间要短一些。月食从初食到复圆有4小时；月全食的时间不超过1小时50分。

三、人们要用一片烟熏黑了的玻璃看日食，这是为什么？

答：太阳的光照是很强烈的，即使是日食的时候月影已经遮住了一部分，直接用肉眼看它，强烈的光线会将视网膜上最敏感的部分烧坏，导致长久的视力下降，想要恢复十分困难。如果是通过熏黑了的玻璃看日食就不会出现这种糟糕的情况。只要拿一块玻璃，用蜡烛将它熏黑至透过玻璃能看日面的程度就行了。这样的玻璃能让人们看见日食却挡住了光芒或光晕对人眼的伤害。由于不能预知日食时太阳的亮度，想要观看日食最好准备几块熏得黑度不同的玻璃。

还有一种方法，就是把两块颜色不同的玻璃重叠在一起，如果是互补色的玻璃就更好了。如果有黑度合适的照相底片也是可以拿来看日食的。但是不要用普通的护目眼镜看日食，因为这样的眼镜达不到保护眼睛的目的。

四、在日食时，日面上会有一个移动的黑色月影。那么，这个黑色月影是向右移还是向左移动？

答：从北半球看，日面上出现的黑色月影从右向左移，这也是初亏（月影和太阳的第一接触点）总在太阳右侧的原因。从在南

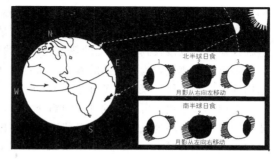

图56 为什么北半球上的人观察到日食时日面上月影的移动是从右到左，而南半球上的人观察到的是从左向右？

半球看则是从左向右移（图56）。

五、一年会有多少次日月食？

答：一年中出现日食和月食的次数加在一起，大于等于2，小于等于7。例如1935年出现了5次是日食，2次是月食。

六、月食是从右边还是从左边开始？

答：在南半球，月球的右边首先进入地球的阴影，也就是说南半球月食从右边开始。在北半球则是从左边开始。

图57 在日食尚未结束时，树影中的光点是月牙形的。

七、太阳在日食时所呈的月牙形与峨眉月的月牙形有区别吗？

答：日食时太阳所呈月牙形的两弧是相同的（参看"难画的月亮"）。峨眉月的月牙形，凸出的一边是半圆形，凹入的一边是半椭圆形。

八、在日食的情况下，树叶影里的光点呈月牙形。这是什么原因呢（图57）？

答：树叶影里的光点是太阳所呈的像，因此光点的形状随太阳形状的变化而变化。太阳在日食时成了月牙形，光点自然也成了月牙形。

2.15 月球的天气

我们居住的地球因为有大气，所以会出现云、雨、风等天气。但月球是没有大气层的，所谓的月球上的天气也就只剩下月面温度了。

科学家已经发明了一种仪器，在地球上就可以测量到月球的温度。这种仪器是一根用两种不同的金属焊接成的导线，利用热电现象的原理，当导线上的两个焊接点其中一点比另一点热时，电流就会通过导线，两个焊接点的温度差异越大，通过导线的电流就越大。天文学家只要测量出电流强度，就可以知道被测量的目标传导到这根导线多少热量。这种仪器的个头儿非常小（仪器中起作用的部分重0.1毫克，长度不超过0.2毫米），但它有着惊人的敏感性，它能感觉到宇宙中13等星向地球传送过来的热量。这些13等星离地球极远，它们为微弱的星光是人类肉眼可见的1/600。人类要想观察到它们，不用望远镜是不行的。感知13等星的热量相当于感知一支远在几千米以外的蜡烛的微小热量，需要多么灵敏的导热性啊。而这种仪器就可以接收到13等星的热量使自己的温度提高（摄氏千万分之一度）。这种神奇的仪器不仅能够测量到远处天体的温度，而且对于个别天体还能精确到天体各个部分的温度。运用这种仪器，科学家测出了月球上不同时间、不同地点的温度。

在望远镜中我们可以看到月球的部分影像，想要测量哪个部分的温度，只要把仪器放在望远镜中图像的那个位置就可以得到相应的热量。根据这个热量，天文学家就可以计算出精确到10℃的月球温度。图58展示的就是测得的月面温度，满月时月面中心的温度竟超过100℃，这个温度已经达到了水在普通气压下的沸点。一位天文学家曾调侃地说："要是我们生活在月球上就不必使用炉子烧熟食物了，因为月面中心的每块岩石都可以发挥炉子的功效。"月面上其他地方的温度与距中心的距离成反比。在中心附近的温度降得比较慢，离月面中心2700千米的地方还有80℃的高温。在距离更远的地方温度急速下降，月面边上的温度已经是－50℃的低温，没有太阳光照射的一面能达到－153℃的超低温。

月球和地球的温度变化差异很大。地球因为有大气层的保护，处在夜晚没有太阳的照射时温度只降低2℃～3℃，而月球就大不一样了。在月食时太阳照射不到月球的表面，月面的温度会急剧下降。其中一次月食时月面温度记录显示，月面温度在大约1.5～2小时内从70℃骤降至－117℃，这可是200℃的落差。月球上温差大，除了没有大气的原因以外，月球上的物质热容量小、传热性差也是原因之一。

看来，要想实现在月球上生活的幻想，不单单要克服没有空气的问题，极冷极热的温度也是大麻烦啊。

图58　月面中央温度达到110℃，越靠近边缘温度越低，到达最边上时已经降到－50℃。

第三章

行　星

3.1　白昼看行星

可曾有人通过望远镜在光明的白天去看行星呢？答案是肯定的，天文学家就经常如此。他们常常用各种形状不同的望远镜在白昼时观察行星，当然，这种观察的效果肯定远不如夜晚来得清晰。对于不同的望远镜，只要它的目镜半径达到 10 厘米，我们就可以通过它看到木星的形状和特征。虽然一般来说白天看宇宙没有夜晚清楚，不过针对水星而言，这恰恰相反。水星在白昼时恰好在地平线以上，方便观察，而到夜晚时，它远低于地平线，甚至会被地球的大气层不断扭曲，以至于我们看到的水星会很模糊，有时可能就完全看不到了。

其实在宇宙中的行星并不总是那么难见的，有时我们用肉眼就能看见几个。其中最常见的就是金星，它被认为是宇宙中最亮的行星，而在它最亮的时候我们人类是可以通过肉眼来观测的。法国天文学家弗朗索瓦·阿拉戈就曾经在一篇关于拿破仑的文章中提到，人们在正午时分看见了天空中的金星，以至于忽略了拿破仑的存在，引起了拿破仑的震怒。

如果想用肉眼去观察金星，可能在都市的街头比在旷野中效果更好，次数更多。因为金星的亮度很大，如果是在旷野，人们可能会由于直射的原因而损伤自己的眼睛，而街道上会因为高大建筑的阻挡，使得日光直射的威力减少，更有利于人们的观察。历史上金星被观测到的情况常常被详细地记录在案，俄国诺夫哥罗就编有这样一部编年史，他在其中指出 1331 年金星出现在白昼。

根据科学考察，平均每 8 年就会在白昼看见一次金星，这时如果你对宇宙感兴趣，你就很可能会看见金星，幸运的时候甚至会看到木星和水星。

一直以来，有很多人都曾提出过这样的疑问：金星、木星和水星，谁的亮度更大一些？那么你知道答案吗？其实三颗星是同时出现在天空中，是同时发光的，可是在我们观察它们时，它们总是分别出现的，因此天文学家在经过无数次的观察和研究后得出了它们亮度上的区别，以下是按照五大行星的亮度由强到弱排列出的次序：

金星火星木星水星土星

至于它们各自的具体情况，我们下面再详细阐释。

3.2　行星符号的价值

图 59 是一些比较古老的符号，这些符号被天文学家沿用至今，他们用这些符号来表示宇宙中的太阳、地球、行星等，具体的符号代表意义，下面来具体解释一下。

图中墨丘利拿拄杖的那个符号指代的是水星，墨丘利是天空中的商业之神，也是水星的保护神；一面手镜是金星的代表，这是爱与美的象征，也是女神维纳斯的形象；火星是热烈的行星，所以在古老的符号中，人们选用了矛和盾来加以诠释，并由战神马尔斯来对其实施保护；木星最为特殊，它不是任何器物的符号，而只是一个草体的字母Z，不过你千万不要小看了这个符号，它可是宇宙之王宙斯的代称；最后一个符号是土星，它是命运之神所具有的"时间大镰"（命运之神的传统属性）被扭曲的再现。

上面五大行星的符号代指早在公元9世纪就开始使用，而宇宙中还有很多的行星并没有那么早就被人们发现，天王星、海王星出现就晚得多，它们是在公元18世纪末才被人们慢慢发现的。天王星的符号是为纪念它的发现者赫歇尔而设计的一个圆圈上面一个H；海王星发现于1846年，它的符号设计是为了象征海神波塞冬的三股叉。冥王星被发现最晚（2006年，冥王星被降级为矮行星。），它的符号是两个字母PL的合成，暗喻地狱之神普路托。

图59　太阳、月球和行星矮行星的符号。

最后我们不能忽略了我们最为熟悉的地球和太阳，它们的符号比较简单，一般人一看就能明白，在这里我们就不再详细解释了。其中太阳的符号出现的最早，它早在几千年前就被古埃及人设计并使用了。

如果你对天文学感兴趣，你一定发现了在西方有一个很有趣的现象，他们那里的天文学家不仅用符号来表示行星，也用这些符号来表示星期。例如：

星期日——太阳的符号

星期一——月球的符号

星期二——火星的符号

星期三——水星的符号

星期四——木星的符号

星期五——金星的符号

星期六——土星的符号

其实这种符号的代称完全是文字相关的结果，如果你会拉丁文或者法文，你就会明白这些星期的名称和行星的名称是有着密切的联系的。例如在法文中，星期一 lindi 指的就是月球日，星期二 mardi，就是火星日的意思等等。而在古代中国日本等国家，也有相关的说法，比如将星期日叫作日曜，星期一叫作月曜，星期二叫作火曜等等，与西方的符号也是相辅相成的。

此外，这些行星的符号还被炼金术士用来代指金属，他们希望借由不同的金属来纪念不同的神灵：

太阳的符号——代表金

月球的符号——代表银

水星的符号——代表水

金星的符号——代表铜

火星的符号——代表铁

木星的蔚号——代表锡

土星的符号——代表铅

行星符号的作用非常广泛，除了我们上面说的星期和金属外，它们还被植物学家和动物学家拿来使用，动物学家用火星和金星的符号分别表示雄性和雌性。植物学家用太阳的符号来表示一年生植物，然后再在太阳符号上稍做修改用来表示其他生命周期不同的植物；其中多年生草是用木星来表示的，而灌木和树则是土星的符号。

3.3　太阳系模型的不可实现性

在这个世界上，有很多东西是我们无法用纸笔加以描绘的。例如我们很好奇的太阳系，它就无法在纸上被很好地再现出来。也许你会反驳说我们现在经常能看见很多有关太阳系的图片，可是我要说那并非是完整的太阳系，而只能称之为被扭曲的行星轨道图，因为行星本身是无法被安放在纸上的。

太阳系本身是一个巨大的天体，在它的里面有几个十分微小的物质微粒，而行星的体积与它们之间的距离相比就更加不值一提，但为了研究的方便，我们姑且将太阳系和行星等比例缩小，放到一张纸上来加以分析（图60）。

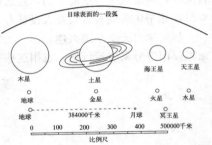

我们按 1∶15000000000 的比例，把地球做成别针头那么大，这样月球的半径就是 0.25 毫米，应该被安放在别针头 3 厘米的地方，而太阳的体积大约就是 10 厘米，与地球的距离就是 10 米。此时若我们将这个画面看成是一个大厅，那么太阳这个网球就占据了大厅的一角，另一边则是一个小小的别针头，由此我们发现，在整个宇宙中空旷的面积远甚于物体占据的面积。虽然网球和别针头之间还有水星和金星的存在，可是以一颗半径约为 0.33 毫米的水星和一颗等同于别针头大小的金星的体积来说，这个大厅的整体布局并没有多少改变。

图60　行星和太阳的大小比较，日球可以容纳月球的整个轨道。

此时我们切不可忽略了另一颗行星的存在，这就是半径 0.5 毫米、离网球 16 米、离别针头 4 米距离的火星。火星与地球的距离是两个世界间最近的距离，它们平均每 15 年就会彼此靠近。在太阳系的这个模型中，火星附近一无所有，可事实上火星是有两个卫星的，只是这两个卫星对于这个被等比例缩小的模型而言，体积太小了，完全无法体现。而像这样只有细菌般微小的行星，其实还有很多，它们环绕在火星和木星之间，与模型太阳间保持了约有 28 米的距离。

木星在实际天体中是非常巨大的行星，可是在这个模型里也只能用半径 0.5 毫米、与网球（太阳模型）相距 54 米的小球来加以表示。而在分别距它 3、4、7、12 厘米处有 4 个相对较大的卫星环绕，而那些细菌大小的卫星中最远离木星有 2 米的距离，因此在整个模型中，木星系统的半径约有 2 米。这比"地球—月球"系统要大得多，可是比起木星轨道，又不值一提了。

至此，我想大家都能感觉到想将太阳系画于纸上是一件多么困难的事情。如果在纸上，木星需要离太阳 100 米；土星半径 4 毫米，周围 9 个卫星分别在半径为 0.5 米之内的圆圈里运动；天王星类似一颗绿豆，距离太阳模型 196 米；海王星与天王星体积相似，但在模型里比天王星距太阳的距离更远，约有 300 米；冥王星半径略小于地球，在模型里距离太阳最远，为 400 米。

此外，在这个模型里还得有很多彗星的存在，它们同样围绕太阳做椭圆形的运动，公元前 372 年、公元 1106 年、1668 年、1680 年、1843 年、1880 年、1882 年（两个彗星）和 1887 年出现的那些彗星，几乎每 400 年绕行太阳一周，其中离太阳最近时不足 12 毫米，但最远时却有 1700 米，因此如果通过这些彗星的位置来确定模型的话，那么这个模型需要直径达到 3.5 千米才行，可是这么大的模型里却只有 1 个网球、2 颗小李子、2 颗绿豆、2 个别针头、3 颗更小的微粒而已。

因此我们现在可以肯定地说，通过等比例缩小的方式将整个太阳系放入一张图上是无法实现的。

3.4　水星上有大气吗

行星上，看似无关的事物间，常常有着某种隐含的密切联系，例如大气的存在和行星自转一周的时间之间，这两个似乎风马牛不相及的事物，其实是紧紧相连的。下面我们以水星，这个离太阳最近的行星为例进行分析。

水星作为一个独立的行星，是有重力的，有重力就有大气的存在，除了大气密度会略小于地球以外，其大气成分应该完全与地球上一样。同时在水星上，要克服重力必须达到 4900 米/秒的速度方可，这是地球上任何大气所无法达到的速度。

可是尽管如此，事实上水星上仍是没有大气存在的。我们都知道月球上没有大气，而水星缺失大气的原因和月球类似，都是因为它们在做公转运动时，只用同一面朝向环绕中心的天体。水星绕太阳，而月球绕地球，因此水星永远朝向太阳的一面就是炎热的白昼，另一边则是寒冷的黑夜。尤其是水星距离的路程是地球距离太阳的 0.4 倍，换言之，水星上所接收到的太阳光照就是地球上的 6.25 倍，想想看我们夏日的阳光是多么毒辣，就可以设想到水星上的白昼该是多么的炎热了。反之背阳的一面，又该是多么的严寒和阴冷，据科学实验所得，这里的寒冷将接近 $-264℃$。而在日夜冷暖交替的中间地带，存在着宽约 $23°$ 的狭长区域，这里时热时冷，时明时暗。

那么在这两个极端的水星上，大气又该出现什么情况呢？黑暗的一边，因为温度很低，气体早已凝固成了固体，大气压力降低，而光明的一边，气体不断膨胀，一定也会慢慢向黑暗的一边流动，而一旦流动到这边时又会被固化，因此长年累月下来，水星上的气体会全部固化到黑暗的一边，而致使整个水星上不再有大气的存在。

同理，月球上也是因为同样的原因而致使大气流向了黑暗的一面，最后固化消失。这里我们联系前面提到的威尔斯所写的小说《月亮里的第一批人》，作者通过主人公之口说出月球上是有空气的，只是这些大气先凝成液体再不断固化，最终在白昼时分才会被感受到。事后，霍尔孙教授曾经据此发表过自己的理论，他认为："月球上并没有空气，至少没有能让人感觉到的空气，因为大气在月球黑暗面时会固化，而光明一面的空气又会不断膨胀到黑暗的一面，继而固化，所以在月球上无论何时何地都是无法感觉到空气的存在的。"

既然科学让我们推断出水星和月球上没有大气，那么科学也同样向我们展示了金星上是肯定有大气存在的，并且金星的平流层上还会有超过地球大气含量 1 万倍的二氧化碳的存在。

3.5 金星位相的发现

相信大家对天才数学家高斯都不陌生，他曾在数学事业上创造了无数的传奇，可是很多人不知道的是，其实他也是一名著名的天文爱好者。他在很早以前就通过望远镜看出了金星的形状和位置，并试图将这项发现展示给自己的母亲。他让母亲在一个星光璀璨的夜晚，用普通望远镜去看星空，本来是希望母亲看到月牙状的金星，可是结果让高斯大为吃惊，因为他的母亲竟然通过望远镜看到了金星的位相，她竟然发现月牙形的金星是朝着相反的方向。而在此之前，高斯从未注意过金星的位相，甚至都没想到过原来金星和月球一样也是有位相的。

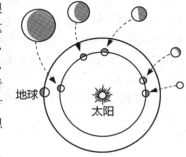

图 61 从望远镜里看到的金星的位相。金星在不同的位相为什么有不同的直径？

而针对金星的位相而言，它有着很独特的地方，如图 61 所示，当金星的直径为月牙形时，它的位相要比直径为满轮形大得多。而这种不同完全是因为行星与我们之间的距离是随着位相一起改变的。我们通过计算可知，金星距离太阳的路程是 10800 万千米，地球距离太阳的路程是 15000 万千米，因此金星与地球间的距离是在 4200 万千米至 25800 万千米之间浮动。

因此当金星离我们最近时，它面向我们的是黑暗的一面，因此它的直径越大时，我们就越看不清，而随着距离越来越远，满轮形慢慢变成了月牙形，直径也就越来越小。不过对我们而言，金星最明亮的时候，其实既不是满轮时，也不是直径最大时，而是在直径最大日开始算起的第 30 天，这天我们看见金星的直径视角是 40″，月牙形宽度视角是 10″，此时它将是天空中最闪亮的一颗星星。

3.6 大冲时间的计算

众所周知，火星和地球每 15 年相遇一次，此时它们之间的距离最近，此时就被天文学称为火星的大冲时期，而最近（作者别莱利曼著本书时）两次火星的大冲的时间分别是 1924 年和 1939 年（图 62）。可是为什么火星和地球相遇的时间是 15 年一个轮回，这个疑问至今迷惑了很多人，而事实上这个原因很容易得到解释。

地球公转一周的周期是 365 日，火星是 687 日，如果让地球和火星从第一次相遇到下一次相遇，之间经历的时间一定是它们各自公转年份的整倍数，用数学公式表示就是：

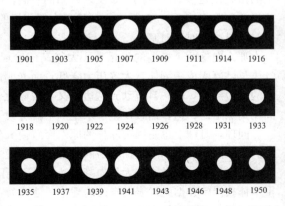

图 62 火星在 20 世纪上半段各次冲期的视直径的变化。可以看出，在 1909 年、1924 年和 1939 年出现了大冲。

$$365\frac{1}{4}x=687y$$

或 $$x=1.88y$$

得出 $$\frac{x}{y}=1.88=\frac{47}{25}$$

把这个分数化成连分数，就可以得到：

$$\frac{47}{25}=1+\cfrac{1}{1+\cfrac{1}{7+\cfrac{1}{3}}}$$

如果取前面三项求得近似值，那么，

$$1+\cfrac{1}{1+\cfrac{1}{7}}=\frac{15}{8}$$

由此我们知道：15 个地球年等于 8 个火星年，因此火星想要与地球相遇，最快也得经过 15 年。同理我们也可以得出木星与地球相遇的时间：

$$11.86=11\frac{43}{50}=11+\cfrac{1}{1+\cfrac{1}{6+\cfrac{1}{7}}}$$

近似值是$\frac{83}{7}$，换言之，83 个地球年等于 7 个木星年，因此它们之间想相遇至少需要 83 年，而那时将是木星最亮的时候。1927 年是最近的一次木星大冲，故此推断 2010 年将是下一次木星大冲的日期，届时木星将与地球的距离最近，约为 58700 万千米。

3.7　不谈火星

我知道说到这里，很多人一定很好奇有过无数传说的火星的故事。但是遗憾的是这本《趣味天文学》却不打算涉及这个话题，因为就目前的科学知识显示，关于火星上的一切都还只是传说，至今无法得到证实。

如果你去询问天文学家，他们可能会告诉你他们对于火星的想象，他们可能认为火星上气候寒冷，空气稀薄，人类很难生存，而一些不善言辞的天文学家更可能直接告诉你，我们什么都不知道。

火星对于我们而言，至今是个谜。它的上面可能有潮湿的平原，有强大的运河，有生物的存在，甚至可能有生命的征兆，可是这一切都只能是也许，谁也无法给出确切的答案，而我们这本想为大家传递的却是一些已经被证实的、科学的知识。

3.8　解密木星

下面我们来说说太阳系最大的行星——木星。木星体积巨大，约有地球的 1300 倍，因此它对周围的卫星具有强大的吸引力。在它的周围有 11 个卫星，其中Ⅰ、Ⅱ、Ⅲ、Ⅳ四颗卫星早在几百年前就被著名的天文学家伽利略所发现，而Ⅲ和Ⅳ这两个卫星，与水星体积相当，下面就是木星周围的卫星与火星和月球的比值关系：

火星	直径 6770 千米
木星的卫星Ⅳ	直径 5180 千米
木星的卫星Ⅲ	直径 5150 千米
水星	直径 4800 千米
木星的卫星Ⅰ	直径 3.730 千米
月球	直径 3480 千米
木星的卫星Ⅱ	直径 3150 千米

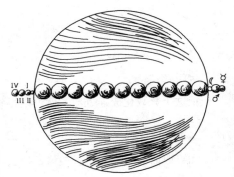

图 63 是上表的图解。大圆代表木星；图上并列的小球代表地球；在右边的是月球。在木星左边的圆是它的四个卫星。在月球右边的是火星和水星。大家在看图时，一定要注意这里画的图是平面图，

图 63　木星和它的卫星（左）同地球、月球、火星、水星（右）大小的比较。

每个圆的面积之比与它们的体积比并不符合。例如，木星的直径是地球的 11 倍，面积就是地球的 113 倍，因此体积比就应该是 1300∶1。由此我们在看图时，一定要通过换算来确定木星的准确大小。下表是木星和其他卫星间的距离：

距离	千米数	比值
从地球到月球	380000	1
从木星到卫星Ⅲ	1070000	3
从木星到卫星Ⅳ	1900000	5
从木星到卫星Ⅸ	25000000	65

由上表的距离我们可以发现，木星不愧为太阳系最大的行星，将其比作一个小型的太阳也不为过，木星的质量是所有行星质量和的两倍。因此如果有一天，太阳消失了，那么木星将会成为宇宙的中心，所有的行星就将围绕木星运动。

其实，除了质量大以外，木星和太阳的相似点还有很多。它们密度相近，只是木星的形状更扁平一些，外面覆盖着厚厚的冰和大气。此外随着科学的发展，科学家发现木星外的气层温度是 -140℃，这样的低温使得木星上的很多物理现象无法得到解释。后来，人们又发现木星和土星上还有氨气和沼气的存在。

3.9　土星上的环真的消失了吗

我们都知道土星的外面是有一层光环的，可是 1921 年地球上广泛流传着一则谣言，说土星外面的环将会破裂，碎片四散各处，还会与地球相撞，引起灾难，谣言说得很具体，甚至连灾难发生的时间都提到了……

今天我们知道这只是场谣言，可是当时确实震动了很多人，其实之所以会被人们传说土星上的环消失，完全不是人们想象中的环破裂，与地球相撞，而只是一种自然的天文现象，就是天文年历上说的土环"消失"。

而造成这种消失的原因也很简单，土星的环相对于它的宽度而言，是很薄的，因此，当环以侧面面对太阳时，太阳是无法照到环的两面的，因此有一面就会看不见环的存在，同样

当环的侧面面对地球时，我们也无法看见环。这就是土环消失的真正原因，而远不是人们所谣传的环要破裂，并且还与地球相撞。

土星的环和地球轨道平面之间是27°的倾斜角，当土星绕太阳做公转的过程中，总会出现一个时间，土星的某条直径上两个端点相对时，土星的环会正对地球，而侧对太阳，如图64所示的情况。那么当出现这种情况时，就会有另两个点与它们呈直角关系，那么这个环就会把最宽的一面对着太阳和地球，这就是天文学上俗称的"展露"。

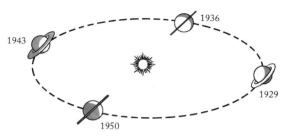

图 64　在土星绕日一周的 29 年里土星的环和太阳的相对位置。

3.10　字谜中的天文发现

土星光环的消失曾经让伽利略备感意外，他曾清楚地看到这个光环，却不明白这个环为什么又会突然消失呢。为此伽利略做了很多的研究，不过遗憾的是，他最终都没能得出结论。而在科学界，有个不成文的规定，如果一个人有了任何独创的发现，即使他还未能做出最后的解释，他也会为了保留自己的发现权，而想到用字谜的方式将自己的发现公布于众。而字谜的具体设计办法，则是将自己的发现改编为一个简单的句子，然后将次序打乱加以发表。这样这位发明者就可以有更多的时间来进行深入研究而不用担心别人会捷足先登。如果最终试验发现自己的发现是正确的，那么他就会自己把字谜破解，然后让世人了解这项发现。

而这种字谜游戏伽利略当时就做过，他将自己对于土星附近环的发现用这样的字谜发表出来：

Smaismermilmepoetalevmibuneunagttaviras

当然，如果想很快从这些凌乱的字母中了解伽利略的发现是很困难的，可是如果有人愿意花大量的时间，找出规律也不是毫无希望的。对于这 39 个字母，总共有

$$\frac{39}{3!\ 5!\ 5!\ 4!\ 5!\ 2!\ 2!\ 3!\ 2!\ 2!\ 2!}$$

这个算式算到后来，等于 $\frac{39!}{2^{19}\times 3^6\times 5^3}$。

也就是说这 36 个字母总共有这么多种组合方式，即使我们把一年的时间换算成秒，也得千万年才能逐一算出，可见伽利略的保密工作做得还是很到位的。

可是居然真的有人花了大量的时间和耐心来破解伽利略的字谜，意大利物理学家多普勒在无数的计算后，最终将这个字谜简化为：

Salve umbestineum geminata Martia proles

这是拉丁文，翻译过来就是：向，双生儿，火星的产生，致敬。

由此多普勒认为伽利略已经发现了火星附近有两个卫星，而对此他自己也曾有所怀疑，但是直到 250 年后，这两颗卫星才被人真正发现。彼时，多普勒猜错了，其实伽利略那段字母正确地排列顺序是：

Altissimam planetam tergeminum observavi

意思是：我曾看见最高行星有三。

原来伽利略在自制望远镜的帮助下，确实看到了土星附近有东西在环绕，连同土星在内是三个，这是当时伽利略还无法确定另两个东西究竟是什么。之后出现土星环消失事件，伽利略就认定之前一定是自己眼花，根本不存在那样的两个东西。

半个世纪后，土星环终于被科学家惠更斯发现，但在发现伊始，他也是用字谜的方式发表的：

Aaaaaaaccccccddddddghiiiiiiilllllmmnnnnnnnnnn

oooppqrrstttttuuuuu

终于在三年的辛苦研究后，他确定了自己的发现，也揭开了字谜的真正次序和含义：

Annulo cingitur tenui, plano, nusquam cohaerenle, ad Eclipticam inclinato

（有环环绕，单薄而平坦，四处不相互接触，与黄道倾斜着相交。）

3.11　小行星的出现

我们常说的八大行星，并不是指太阳系中只有这八个，而只是这八个相对更大一些。事实上，太阳系中还有很多的小行星，它们都围绕太阳运动，其中最大的一个是半径为 770 千米的谷神星，谷神星的体积比月球小得多，它与月球的比例关系等同于月球和地球的关系。

谷神星是于 1801 年 1 月 1 日被发现的，而在这个世纪里共有 400 多颗行星被发现出来，巧合的是，这些被发现的行星还都出现在火星和木星之间，据此，很多人认为这些小行星一定是在这两个大行星之间的轨道中运转。

然而随着时间的推移，小行星的活动范围越来越大，1898 年发现的爱神星就已经突破了火星和木星的中间轨道，而与它们开始有了交叉。1910 年发现的希达尔哥更是与木星相交后，又与土星距离越来越近了。希达尔哥星是为纪念墨西哥战争中牺牲的革命烈士希达尔哥和卡斯第利亚而取得，是目前所有行星中轨道最扁的一个，它与地球轨道的倾斜角大于 49°。

26 年后，科学家发现了比希达尔哥星椭圆轨道更扁的行星，它叫阿多尼斯，它的活动范围更广，一头远离太阳，另一头几乎与水星相接。

而科学家为了能方便记录，他们对于小行星的登记法非常有创意。他们先写出小行星发现的年份，然后将一年 12 个月分成 24 个半月，分别用不同的字母表示，他们会在登记小行星时用字母指代出发现的半月份。

如果同一个半月里发现了多个小行星，那么科学家就会在字母后再排上次序，而若 24 个字母都已经不够用时，他们就会再从 A 开始，只是会为 A 做上标记。例如 1932E 指的就是该行星发现于 1932 年 3 月上半月，排序第 25 个行星。

虽然随着科技的发展，科学家对小行星的发现越来越快，越来越准，不过我们相信宇宙中还有更多的行星等待我们去发现和掌握。

小行星的体积各不相同，但大多比较小，像谷神星或智神星已经算是巨型的行星了；此外有 70 多个半径 50 千米的行星，而更多的小行星半径只有 10～20 千米，当然半径为 1～2 千米的小行星也是存在的。虽然我们前面说，目前发现的行星数量还很有限，不足总数的 1/20，可是即使加上未发现的行星，总质量也不会超过地球质量的 1/1600。

涅维明是苏联人，他也是研究小行星方面的资深专家，他就曾说过：

不仅小行星的体积大小不一，其实它的物理特性也是千差万别的。由于小行星的表层是由不同的物质组成，因此在反射太阳光的能力这一项上都各有不同。像是之前说的谷神星和智神星，它们的反射能力就和地球黑色部分的岩层接近，而婚神星则与浅色部分的岩层一样，灶神星和白雪反射太阳光的能力相当。

而由于小行星的自转作用，它们不仅会发光，甚至还会出现周期性的变化。

3.12　距离地球近的小行星

上一节我们提到了一个小行星，它的轨道非常扁，与彗星的轨道差不多，它叫阿多尼斯，其实阿多尼斯还有一个特点非常著名，那就是它与地球间的距离非常小。在它发现伊始，它与地球间的距离就仅次于月球，可是由于月球只是卫星，因此我们可以说阿多尼斯是离地球最近的行星。

此外就应该算是阿波伦了，阿波伦半径不足 1 千米，是目前已知的最小的行星。它与地球的距离是 300 万千米，比起火星的 5500 万千米，金星的 4000 万千米，这个距离实在是小得多了。不过比起离地球的距离，阿波伦与金星更为密切，它们之间的距离仅只 20 万千米而已。

还有一个行星的距离离地球也很近，大约与月球相当，它的名字叫赫尔麦斯，距离地球大约 50 万千米。

由此可能很多人认为，这样的距离早已无法称之为小了，可是在天文学中，数字的变动是很大的。例如一个小行星，如果它的体积是 520000000 立方米，假设质地为花岗石，那么它的重量将是 1500000000 吨，而这些重量足以造 300 座金字塔了。因此我们不能将天文学上的大小与我们的日常生活进行比较。

3.13　"特洛伊英雄"

在目前已发现的 1500 个小行星中，有一些行星的名字很独特，它们以古希腊特洛伊战争中的英雄来命名，像是阿喀琉斯、巴特罗克尔、赫克托耳、涅斯特利安、阿伽门农等。而且这些行星与木星和太阳形成了一个等边三角形，它们与木星的位置不是前面 60°，就是后面 60°，所以天文学家将它们视为木星的伴星。

我们都知道三角形具有稳定性，因此这些行星和木星、太阳间形成的三角形也是相当稳定的，即使一些行星偶尔会偏离轨道，也会在引力作用下很快被吸引回来。

法国数学家拉格朗日早在这组行星被发现前，就已提出了天体间稳定性问题，不过当时他认为宇宙中并没有这样的三个天体。但是现在我们知道他的结论是错误的，这组"特洛伊英雄"的发现既驳斥了拉格朗日的结论，但同时又证实了他的稳定说。由此可见，天文学的发展与天体的发现密不可分。

3.14　太阳系上的各行星

之前，我们已经到过月球、地球和其他天体上"旅游"了一趟，现在让我们把视线放开，让我们一起飞到太阳系上，去那里领略不同的风景。

先让我们来到离太阳很近的行星——金星上来看看。金星离太阳和地球的距离都不远，如果金星外层的大气是可视的话，那么在金星上我们既可以看见太阳，也可以看见地球，而且这里的太阳要比地球上看大一倍，而看到的地球更是非常明亮。其实地球上也是能看见金星的，只是由于金星的公转轨道在地球之内，因此当金星与地球最近时，我们反而看不到金星，只有当它离开地球，我们才能看见，可是这时看见的金星都只是不完整、不明亮的了。而地球在金星空中时，却像火星大冲一样，是完整且明亮的，这种亮度是地球看金星的 6 倍多。当然这一切都源自金星外层大气是透明可视的。事实上，金星上常会出现灰色光现象，早先科学家误以为这种灰色光是地球照耀的作用，其实金星上所能接收到的地球光是很有限的，大约只相当于一根普通的蜡烛光线，而且还是在 35 米外的蜡烛，由此这种光度我们可想而知，是绝对无法引起金星上的灰色光现象的。

金星天空中所接收到的地球光往往不是单一的，而是与月光相伴出现的，地球和月球同时照耀在金星上的光亮是很清晰的，所以肉眼是无法分辨出金星天空中的究竟是地球还是月球，只能通过距离。而如果借助望远镜，那么情况就远远不同了，我们不仅分辨得出地球和月球，甚至连月球上的小微粒都可以看得清清楚楚。

水星也是金星天空中一颗闪亮的星星，虽然我们在地球上也能看见水星，可是金星天空中的水星亮度是地球的 3 倍多，所以水星又被誉为金星的晨星和昏星。不过火星的情况恰恰相反，金星天空中看到的火星亮度还不足地球上的 40%，甚至都不及木星来得明亮。

虽然各个行星的位置各不相同，不过它们在空中的轮廓却没有什么区别，不论我们是从哪个行星上看，看到的图案都大致相同，毕竟这些星与行星的距离都相距太远了。

接下来我们到一个没有空气、没有昼夜的行星上来，这里是一个奇妙的世界，这就是水星的世界。水星的天空中有像圆盘一样的太阳，有比金星上看上去亮一倍的地球，还有最明亮的一颗星就是美丽的金星。

前面我们说了金星和水星，现在让我们再来说说火星吧。火星上同样可以看见太阳和地球，只是这里的太阳不足地球上看去的一半，看见的地球也只是实际面积的 3/4 而已，况且明亮度也只等同于地球看木星的程度。而月球在火星上的亮点非常大，如果用肉眼看，我们只能将月球看成是一个明亮的星星，可是如果用望远镜，那么连位相的变化都能一览无余。

不过最让火星出名的还是它的卫星，福波斯是卫星中最著名的一个，它的直径不足 15 千米，可是由于与火星的距离近，使得它的光亮仍然让人清晰可见。在福波斯的天空中有一个不断改变位相的庞大圆面，它的光亮超过我们的月光几千倍，它的圆面倾斜角是 45°。这个光亮的圆面就是火星，而这样的奇景此外只有在木星的卫星上有望见到。德莫斯相对福波斯而言要暗沉得多，不过在火星上看来它们的明亮度就远甚于地球。只是这些我们都无法用肉眼看到。

现在让我们来到最大的行星——木星上来。木星接受的光照比较少，以至于木星的天空中只能看到 1/25 的太阳，因此在木星上白昼非常短，大约只有 5 小时左右，其余全是黑夜。为此我们可以慢慢在空中找寻我们熟悉的行星，只是你总会因怀疑自己的判断而无法确定它们。因为木星上各行星的形状发生了很大的变化，水星完全被阳光遮蔽；金星和地球和太阳一起西落，我们只能在黄昏时分隐约可见；唯一能清晰看见的就是火星，它与天狼星交相辉映。

卫星是木星天空中的主流，它们照亮了木星的天空。卫星 I 和 II 的亮度与地球中的金星相当，卫星 III 是金星上望见的地球亮度的两倍，卫星 IV 和 V 更是远甚于天狼星的亮度。而若说到它们的体积，前四个卫星的视半径比太阳的半径还大。而在木星上前三个卫星也不是时时可见的，它们总会在每一次回转过程中都被木星遮蔽一次，因此在木星上看见日全食是非常正常的现象。

木星大气层又厚又密，使得大气有些许浑浊，甚至还会出现特别的光学现象，这种现象是因为折光作用引起的。如图 65 所示，这是地球折光作用的结果，就是我们在地球上看见的天体都只比它们的实际位置高一点点而已。可是木星上的折光现象非常明显，如图 65，木星表面的光线都因为强烈的折光作用，而反射回了木星上，以至于观察者会看见独特的景象。

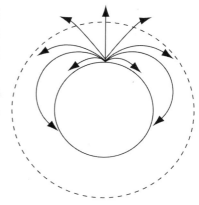

图 65　木星大气所折射的光线。

他们会感觉自己似乎站在碗底，而木星的表面却都在碗内，碗边剧烈收缩，碗口正对整个天空，太阳时刻出现在天空中，不论你站在木星的什么位置，都可以看到夜半的太阳。这真的是一种奇妙的现象，只是它的真实性如何至今无法确定。

图 66 表现的是从木星的卫星上观测到的景象。假设我们现在站在距离木星最近的卫星 V 上，我们将看到一个直径为月球的 100 倍，亮度为 1/42 的行星。当这个行星的一边接触地平线时，另一边还在半空中，而当它下落到一半时，圆面积将是整个地平圈的 1/8。木星的卫星会在木星旋转过程中不断映照在木星上，俨然一个个小黑点，使得巨大的木星看上去暗沉了一些。

图 66　从木星的卫星Ⅲ上看见的木星。

前面我们说到了土星上的光环，那么现在就让我们先来认识一下土星，看看从土星上看到的光环究竟是怎样的。首先，我们需要先明确一点，其实并非土星上任何位置都能看到光环，当人位于土星的极区和纬度分别在两极之间时，也就是光环位于 64°中间时，我们是看不见光环的。而若像图 67 那样，在两极的边缘上，也只能看见光环的外圈而已。只有当纬度在64°～35°时，光环才会看得越来越清楚，当正处于 35°时，光环的清晰度和亮度都将达到最大值，此时光环的视角恰好达到 12°，这是视角的最大值。而当超过

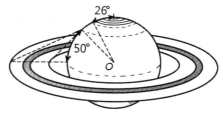

图 67　怎样决定土星表面各点看见环的程度，在土星的极区和纬度 64°中间，看不见一点环。

这个范围之后，光环又会慢慢变模糊，变狭小，当恰处于土星赤道时，人们所能看见的就将是一条狭长的带状光环。

此外，我们需要切记，土星并非是永远明亮的，我们所能看见的光环都只是因为我们面对的是土星被阳光照射到的那一面，另一面则全然黑暗。两面的转换需要半年的时间，因此我们是前半年看到这边，后半年看到另一边，而且都还只有在白昼时才能看见，如果是夜晚，光环往往只能出现几个小时就又将陷入黑暗之中。其中土星最大的特点是，地球上的人是永远看不见土星的赤道的，土星的赤道对于地球而言，永远是深藏在黑暗中的。

而如果我们站在距离土星最近的一个卫星上，我们此时看到的土星将是绚烂且美妙的。

尤其是当土星和光环呈现月牙状时，月牙的中间部位像一个狭长的腰带，这是侧面的光环，环绕周围的也是小小的月牙，这景致怎能不让人流连呢。

上面我们分别介绍了太阳系上几个主要的行星，现在我们根据亮度将它们进行一些归纳排序，从亮到暗分别是：

1. 水星天空的金星   8. 金星天空的水星
2. 金星天空的地球   9. 火星天空的地球
3. 水星天空的地球   10. 地球天空的木星
4. 地球天空的金星   11. 金星天空的木星
5. 火星天空的金星   12. 水星天空的木星
6. 火星天空的木星   13. 木星天空的土星
7. 地球天空的火星

其中 4、7、10 三项（地球天空的行星）我们之所以特别标出，是为了作为其他亮度的参考依据，我们可以根据与它们三个的亮度差距来确定它们各自的情况。此外，我们还可以发现，在整个太阳系的行星中，地球的亮度还是非常靠前的，比金星、木星等都要亮得多。

最后，让我们再提出一些有关太阳系的数字，方便大家进一步研究和学习。

太阳：直径 1390600 千米；体积（地球＝1）1301200；质量（地球＝1）333434；密度（水＝1）1.41。

月球：直径 3473 千米；体积（地球＝1）0.0203；质量（地球＝1）0.0123；密度（水＝1）3.34。离地球平均距离 384400 千米。

✤ 第四章 ✤

恒 星

4.1 谁创造了璀璨的恒星

首先，我们先来讨论一个大家都很感兴趣的问题，是谁创造了宇宙中闪闪发光的星辰，是上帝，还是自然？对于这一问题，有人会说璀璨的星空是自然力的杰作，而有人则会坚持，是上帝一手创造了这美丽的胜景，那么，到底谁是这一现象的功臣？在这儿，我们试着找一下真相。

有很多科学家和科学爱好者都对星星进行过研究，比如，早在 400 年前，达·芬奇指出："如果你用针尖在纸上刺一个小孔，然后把眼睛紧贴在小孔上去看，你就可以看到一颗小到不能再小的星星了，这个时候你可以发现，这颗星星是不发光的。"遗憾的是，达·芬奇只是指出了这一现象，但没有说出它的原因，星星因而变得更加神秘，引发更多人去探寻其中的奥秘。

懂得物理学的人都知道，我们无法看到真正的光线。在地球周围的浩渺的宇宙空间内，无论是白天还是黑夜，太阳都在时时刻刻地照射着，使得这片空间内充满了光线，可是没有人看见过这片空间在发亮（图 68）。事实情况是，并不是光线本身被我们看到，我们所见到的只是空气中被光线照亮的灰尘微粒。但数光年的距离已远远超出了我们肉眼的能力范围，即使是恒星外面的充满尘土的大气层，我们也是无法看到的。那么，为什么我们在夜晚能够看到美丽的恒星？

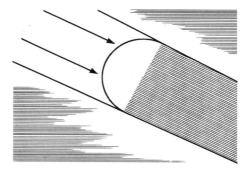

图 68 在地球周围的宇宙空间，除了地球的锥形阴影之外，到处都是太阳光，但我们并没有看见光：从地球上夜间的那个半球看过去，宇宙阴沉沉的。

当外部原因研究不通时，让我们把思考的目标转到自身，来挖掘一下人类自身这一神秘的宝藏。科学证明，我们的眼珠是极巧妙的器官，它并非十分透明，也不像人们想象的那样，像极好的玻璃透镜那样构造均匀，它们其实是一种纤维组织，赫尔姆霍尔兹在"视觉理论的成就"的一篇演说中曾发表过这样的观点：

光点在眼睛上所成的像，常常错误地带上了光芒。它的原因在于构成眼珠的纤维的排列方式，正常情况下，它们是依六个方向排列成辐射状的，那些好像从发光的点——像恒星、远处的灯火——射进眼珠的看得出的一条一条光线，其实不过是眼珠的辐射构造的表现罢了。由于众人的眼睛都具有这一构造缺陷，这使得上述错误成了一个普遍的共识，人们也都一致性地把一切辐射状的图形都叫作了星形。

根据上述理论，我们才恍然大悟：原来，恒星的光芒不是得益于其自身，其中的奥秘存在于我们的眼睛里，是我们自己创造了璀璨的恒星。

赫尔姆霍尔兹的理论正好解释达·芬奇提到的那个神奇的现象：当我们透过一个极小的孔去看星星时，进入眼睛的只能是一条极细的光束，当它来到眼珠的中心部分时，眼珠的辐射构造无法再发挥它原来的作用①，我们接收到的，就只是真实的那一点单一亮光了，因此，恒星原本的星状光芒也就不复存在了。也许，这是人们补救眼珠上述缺点的唯一办法，它使得我们可以在不借助望远镜的情况下，看到不带光芒的群星。

然而，我们可以自豪地说，是我们自己创造了璀璨的恒星，使得我们在夜晚可以拥有绚丽的天幕。并且，我们也要庆幸地承认：如果我们的眼睛在器官构造上变得更完善一点，我们就会彻底失去璀璨耀眼的星空，那时，黑色的夜幕留给我们的，不会再是光芒四射的群星，而仅仅剩下一些发光的小点罢了。

4.2　星星真会眨眼睛吗

对于很多小孩子来说，星星最可爱的特征就是眨眼睛了，很多小朋友会很长时间地仰望天空，就是为了看星星一下一下地眨眼睛。如果我说，许多严肃的科学家们也和孩子们一样长时间地看星星眨眼睛，请你不要惊奇，这样的科学家太多了，比如佛兰马利翁，他在描述星星时说："这种时明时暗，忽白忽绿忽红的光，像晶莹夺目的钻石一般闪烁着，使星空显得生动，人会不由自主地把星星看成会向地球眨眼的眼睛。"

为什么星星会眨眼睛呢？许多孩子只是喜欢而没有搞清楚其中的道理，但被同样喜欢观察星星的科学家搞清楚了。他们同时弄明白的还有如下问题：为什么有的恒星还会改变颜色，为什么不同的星星闪烁的速度不一样。下面，我们来具体解释一下。

其实是不稳定的大气使星星散发出的稳定的光变得闪烁不定。星光在来到我们的眼睛以前必须经过地球的几层大气，各层大气的温度、密度各不相同，星光好像经过了许多个三棱镜、凸透镜和凹透镜，光线在此过程中经过了多次的偏折，时而会聚，时而分散，其明暗也因此随时改变。如果我们来到不稳定的气层上面，我们就会看不见星星的闪烁，而只能看见稳定不变的星光了。星星闪烁的幅度也是不一样的，一般说来，接近地平线的星，比高悬天空的星闪烁得更显著，白星又比黄星、红星闪烁得更厉害。

那么，是不是所有的星星都会眨眼睛呢？答案是否定的，只有恒星才会眨眼睛，而行星的光是稳定的。行星比恒星离我们近得多，在人们看来，它们不是光点，而是由很多光点组成的圆面，在这个圆面上的每一点都在闪烁，闪烁的幅度又各不相同，所以能起到互相补充、相互融合的作用，使整个行星的光度不起变动。

观察细致的人会发现有时候星星还会改变颜色，这又是为什么呢？这是因为光线经过大气时，不仅会发生偏折，还会发生色散现象，所以除了明暗颤动以外，还可以看见星的颜色也在改变。离地平线不远的明亮的恒星会非常明显地改变颜色，在刮风时、雨后等空气质量非常好的时候，恒星会闪烁得特别有力而且颜色变化得特别厉害。

---

① 提到恒星的"光芒"时，这里说的并不是在我们眯缝着眼睛看星星时所看见的那种好像是从星星上伸到我们眼前来的光线。这时所看见的现象是由眼睫毛的光的绕射作用而起。

如今科学家已经有方法计算星光在一定时间里改变颜色的次数了，具体做法是这样的：拿一具双筒望远镜来观察一颗很亮的星，同时使望远镜的物镜很快地旋转，此时，就会看不见星星，而只看见一个由许多颗颜色各异的星所组成的环，在闪烁较慢或望远镜转动极快时，这环能够分裂成许多长短不同、颜色各异的弧，通过计算，我们就可以得到星星改变颜色的大体次数。据科学家们统计，星星变换颜色的次数，随条件不同，从每秒几十次，能够达到一百多次不止。

4.3　白天能看见恒星吗

这是一个非常吸引人的问题，一方面，大家知道白天只能看到太阳，这是常识问题。而另一方面，大家又非常渴望通过自己的探索研究，能够给这个问题得出一个肯定的回答。在历史上，这个问题有很多的人研究过，普遍的说法是，如果站在深的矿坑、深井和高高的烟囱的底上就可以在白天看见星星。这种观点被很多名人说过，但无一例外的是，他们都是说的别人，而不是自己。相信这种观点的人也很多，同样无一例外的是，他们都只是单纯地相信这种方法，而没有人能够在实践中求证。

有一个有趣的例子可以说明上述情形，从前一本杂志上曾经发表过一篇文章，在这篇文章中，作者认真地论证了白天在井底也无法看到星星，并说明这种说法只是一厢情愿的玩笑话。但不久之后，杂志社收到了一封由一位农场主发来的信，在信中，农场主狠狠地驳斥了那篇文章，说他本人就曾在一个约 20 米的深窖里，在白天的时候，亲眼见过两颗星星。再后来，人们又在仔细审查后得知，根据那个农场所在的纬度和信中提到的季节，根本没有任何星星经过农场的上空，农场主的说法只是无稽之谈，或者只是一个错误。但人们对这个问题的争论，却一直没有停止过。

事实上，矿坑或深井可以帮助我们在白天看到星星这一观点，在理论上是说不通的，白天之所以不能看到星星，是因为天空的光亮把它掩盖住了，地球上受太阳光照亮的大气妨碍我们看见它们，空气的微粒所漫射的太阳光比恒星照射过来的光还强。即使人们进入到深的矿坑或井中，这一条件仍然没有得到改变，空气中的微粒，仍然可以漫射光线，使我们看不见星星。

只要做一个很简单的实验，就可以说明上述问题。找一个硬纸匣，在侧壁上用针刺几个小孔，再在壁外贴一张白纸，把这纸匣放在一间黑屋子里，再在匣子里面装一盏灯。这时候，在那刺了孔的壁上就会出现一些明亮的光点，这和夜间天空的星星相似。然后，打开室中的电灯，这时象征着天亮了，尽管匣里的电灯还是亮的，但白纸上的人造星星，会立即消失得无踪无影。

随着科技的发展，人们可以利用望远镜在白天看到星星，许多人依然固执地认为那是由于"从管底"观察的结果，但这实际上也是错误的。真正的原因是，望远镜中玻璃透镜的折光作用和反射镜的反光作用，使被观察的那部分天空变暗，与此同时，光点状的恒星被其加亮，由此，我们得以看到了遥远的恒星。

我们可能会因为这个结果感到沮丧，但它也是有少许例外的，有一些特别明亮的行星，比如金星、木星、大冲时的火星，它们的光比恒星亮得多，如果在太阳比较暗等条件合宜的时候，在白昼也可以看得见。上面的关于在深井中看到星星的理论，也许说的是这种情形，井壁挡住了强烈的太阳光，使我们的眼睛可以看得更清楚些，于是我们能够看到比较近的行星，但这是绝不可能帮助我们看见遥远的恒星的。这一现象，在以后的章节里，我们还会讨论到，但其中的原理，却是另一回事，和我们这一节说的内容不甚相同。

最后，特别说明的是，白天在我们头顶上的那些星座，是半年以前我们曾在夜间见过的，半年之后我们还要在夜间看见。

4.4 什么是星等

璀璨的星空，繁星点点，如此众多的星星，人们在认识它们时怎样分类？依据什么样的标准？在古代的时候，人们就考虑到了这个问题，由于人们观察星星时最直观的依据就是星星的大小和亮度，所以人们就按亮度为星星们划分了等级，这种等级就叫作星等。一些在黄昏时首先在天空出现的最亮的星被列为 1 等星，下面依次排开的还有 2 等星、3 等星等等，直到肉眼刚能看见的算是 6 等星。

随着时代的发展和研究的深入，上述主观的依亮度划分星等的方法不能满足新时代天文学家的要求，他们又完善了规定标准，细分了不同等级星星亮度的刻度划分，他们规定：1 等星是看得见的最亮的星等，6 等星是看得见的最暗的星等，1 等星的平均亮度是 6 等星平均亮度的 100 倍，比 1 等星更亮的星星按刻度排为零等星甚至是负等星。

科学家们推出了恒星亮度的比率，即前一等星的亮度是次一等星亮度的多少倍。假定这个亮度比率是 n，那么：

1 等星的亮度＝n 倍 2 等星的亮度
2 等星的亮度＝n 倍 3 等星的亮度
3 等星的亮度＝n 倍 4 等星的亮度

如果比较 1 等星和其他各等恒星亮度的关系，则有：

1 等星的亮度＝n^2 倍 3 等星亮度
＝n^3 倍 4 等星亮度
＝n^4 倍 5 等星亮度
＝n^5 倍 6 等星亮度

上文规定 1 等星的平均亮度是 6 等星平均亮度的 100 倍，则 $n^5 = 100$。因此，亮度比率便很容易求得（应用对数）：

$$n = \sqrt[5]{100} = 2.5$$

由此可见前一等星的亮度总是后一等星的 2.5 倍[①]。

由于是把在天空出现的最亮的星列为 1 等星，因此它不是一个绝对的"第一"，而只是一个相对的刻度，比 1 等星还亮的恒星，只能被列为零等星甚至负等星，不大懂天文学的人可能都不知道。所以那些天空最亮的天体是负等星，太阳是一个"－27 等星"。在这里提醒大家，不要由此错误理解负数的概念啊！

4.5 恒星的代数学

天文学的实际研究中，天文学家们用一种特别的仪器——光度计来测定星的亮度或星等，

---

① 如果算得更精确一些，这个亮度比率应该是 2.512。

通过这种仪器，他们可以把未知亮度的天体拿来和亮度已知的星相比较，也可以自己设定一些参数，再用真实的星体和这些仪器里的"人工星"相比较，从而通过测量以及测量后得到的数字进行各种计算，由此，人们开始越来越多地接触到这门古老而又新兴的学科——恒星代数学。

在此，让我们再看一下比 1 等星更亮的星如何表示的，亮度相当于 1 等星平均亮度 2.5 倍的星，应当怎样称呼？在数轴线上，"1"以前是什么数呢？是 0，所以这样的星应当称为零等星。以此类推，比 0 等星还要亮的星，它们的亮度便只有用 0 以前的数字来表示，也就是用负数表示更亮的星体，因此天文学界的研究中就有负星等，例如，"－1 等""－2 等"等等。

还有一些星，它们的亮度不是 1 等星的 2.5 倍，而只是它的 1.5 倍或 2 倍，又该怎样称呼呢？它们的位置是在 1 和 0 之间，同样，依循数轴线上的刻度，这种星的星等用小数来表示：例如说"0.9 等星""0.6 等星"等。

因此，在星等的表示法中，不仅有负数，还有小数，这些负数和小数的存在，一是为了标准的合理统一，二是为了计算的方便。在这个基础上，所有的星体的星等都能够用数字精确地表达出来，这为以后的计算、比较提供了基础和条件。

下面我们来看一些比较特殊的星体。整个天空最亮的恒星——天狼星——星等是"－1.6"。老人星（只在南半球可以望见）的星等是"－0.9"。北天最亮的恒星织女星，是 0.1 等。五车二和大角是 0.2 等。参宿七是 0.3 等，南河三是 0.5 等。河鼓二是 0.9 等。现在把天空最亮的星和它们的星等列表如下（括弧内是根据星座来命名的）：

天狼（大犬座 α 星）	－1.6	参宿四（猎户座 α 星）	0.9
老人（南船座 α 星）	－0.9	河鼓二（天鹰座 α 星）	0.9
南门二（半人马座 α 星）	0.1	十字二（南十字座 α 星）	1.1
织女（天琴座 α 星）	0.1	毕宿五（金牛座 α 星）	1.1
五车二（御夫座 α 星）	0.2	北河三（双子座 β 星）	1.2
大角（牧夫座 α 星）	0.2	角宿一（室女座 α 星）	1.2
参宿七（猎户座 β 星）	0.3	心宿二（天蝎座 α 星）	1.2
南河三（小犬座 α 星）	0.5	北落师门（南鱼座 α 星）	1.3
水委一（波江座 α 星）	0.6	天津四（天鹅座 α 星）	1.3
马腹一（半人马座 β 星）	0.9	轩辕十四（狮子座 α 星）	1.3

在此，有必要再强调一下，从表中可以看出，恰好是 1 等星几乎一个也没有：从 0.9 等就跳到 1.1 等，因此天空中实际上不存在这 1 等星，1 等星只是一个公定的亮度标准。它只存在于计算中，是一个人们研究和比较时应用的概念。

在上文的基础上，我们可以进行一些有趣的计算，例如算一算多少颗其他星等的星合在一起可以相当于一颗 1 等星，经过计算我们可以列表如下：

星等	颗数	星等	颗数
2 等	2.5	7 等	250
3 等	6.3	10 等	4000
4 等	16	11 等	10000
5 等	40	16 等	1000000
6 等	100		

然后我们还可以进一步计算"1 等以前"的星。0.5 等星（南河三）是 1 等星亮度的

$2.5^{0.5}$ 倍，也就是 1.6 倍。负 0.9 等星（老人星）是 1 等星亮度的 $2.5^{1.9}$ 倍，也就是 5.7 倍。而负等星（天狼星）是 1 等星亮度的 $2.5^{2.6}$ 倍，也就是 10.8 倍。

还有一个有趣的计算：要多少个 1 等星聚在一起才可以代替肉眼所见的星空的全部光辉呢？半个天球上的 1 等星，数目可以算是 10 个。已经指出过，后 1 等星的数目大约是前一等星的 3 倍，而亮度的比率是 1∶2.5。所以所要求的数目等于下列级数的和：

$$10+（10×3×\frac{1}{2.5}）+（10×3^2×\frac{1}{2.5^2}）+……（10×3^5×\frac{1}{2.5^2}）$$

这样可以算出：

$$\frac{10×（\frac{3}{2.5}）^6-10}{\frac{3}{2.5}-1}=99$$

可见在半个天球上，肉眼所见的全部星的亮度总和大约等于 100 个 1 等星（或一个负四等星）。

上文我们说过我们只能用肉眼看到 6 等星，要想观察到 7 等星，我们就要借助望远镜。依靠现代的科技，我们只能借助最强大的望远镜观测到 16 等星。假设我们获得了像电影中超人那样的超能力，也许我们能够看到一些肉眼看不到的星体，但想用肉眼看到 16 等星的话，我们必须保证我们的天然视力必须增强 1 万倍，只是不可思议的一种情形，超人也不可能达到。假如我们把前面这一个题目中"肉眼所见"改成"现代望远镜所见"，那么半个天球上全部星空的光辉大约相当于 1100 个 1 等星（或一个"－6.6 等"星）。

最后值得指出的是，我们把恒星依星等来分，但星等却不是表示恒星本身的物理特性。事实上，那只是根据我们的视觉产生的，星等的划分标准是根据我们看到的星体的亮度，而并不是星体的实际亮度，有些星体，它们本来很亮，但由于距离我们较远，所以我们看到的只是一个普通的亮度，它也只好被赋予一个比较低的星等，这一点，希望大家记住。

4.6　对望远镜的要求

这一节我们看一下观测远距离恒星时对望远镜的要求。随着科技的发展和人们对宇宙认识的加深，我们研究的深度和广度也在迅速扩展，人们对遥远的宇宙不再感到畏惧，而是努力地加以探索，这时，最基本的工具就是望远镜。一般说来，望远镜观测事物的精准度和其物镜的大小成正比，物镜越大，越能捕捉到细微的东西。

光线进入眼睛和进入望远镜的原理是一致的，所以，为了比较好理解，我们将望远镜和人的眼睛做一下比较。研究表明，人们在晚上看东西时，瞳仁的直径平均是 7 毫米，我们假定望远镜物镜的直径是 10 厘米，那么，在不考虑其他因素的情况下，通过它的光线相当于通过人的瞳仁的 $(\frac{100}{7})^2$ 倍，即约 200 倍。由此我们可以得出，在通过望远镜观察星体时，由于望远镜的物镜比较大，它能把所观察的星体的亮度增强许多倍。

天文学家的研究表明，这种情况只存在于观察恒星的时候，像上文所说，由于恒星发出的光线只是一个单一的亮点，比较简单，而当观测行星时，我们可以看清它们的圆面，这样一来，牵扯的研究方面就比较多，我们还必须把望远镜的光学放大率计算在内，才能比较精确地计算行星的像的亮度。在此，我们在此只研究用望远镜观测恒星的情形。

有上述已知条件做基础，我们可以进行一些有价值的运算，例如，当我们知道一种望远镜物镜的直径，又知道它至多可以看见哪一等的星时，我们就可以计算出，用这台望远镜观察某一等星时，一定得有多大直径的物镜。举例说明一下，如果我们知道，在观察宇宙星体时，为了看清 15 等以内的星，我们需要用到镜筒直径为 64 厘米的望远镜。那么，我们可以算出如果我们想看见 16 等的星体，需要有多大的物镜才可以。我们的具体运算如下：

$$\frac{x^2}{64^2}=2.5$$

表示所求的物镜直径。算出的结果是：

$$x=64\sqrt{2.5}\approx100 \text{ 厘米}$$

如此我们就得出了结果，要想看到 16 等的星，我们需要直径大约 1 米的物镜。这里面也有一般规则的存在，一般而言，要在望远镜的帮助下，要想把人们所能看到的星等限度提高一等，我们就得把物镜的直径增加到原来的 2.5 倍或 1.6 倍。

4.7　太阳和月亮的星等

说完恒星的星等，可能读者比较关心的就是太阳和月亮的星等了，不少人会思考，太阳和月亮的星等会是多少，它们之间会相差多少，这一节我们来解决这个问题。

在前面几个节中我们所使用算法，在此依然用得到，只是稍稍将其应用范围扩大一下，它不仅仅可以适用于恒星，还可以适用于别的天体——行星、太阳、月亮等。行星的亮度问题比较复杂，我们以后会特别提出来，在这里我们先考察一下太阳和月亮的星等，根据天文学家的研究，我们已经得出：太阳的星等是－26.8 等，满月的是－12.6 等。

我们知道，在整个天空中，能够看到的最亮的那颗恒星是天狼星，现在，让我们看一看太阳的亮度比它强多少倍。按照上文所用的算式来推算，我们可以得出它们亮度的比率：

$$\frac{2.5^{7.8}}{2.5^{2.6}}=2.5^{25.2}=10000000000$$

也就是说，太阳要比天狼星亮 100 亿倍。

再看看太阳和月亮亮度之间的关系：太阳的星等是"负 26.8"，也就是说，太阳的亮度是 1 等星的 $2.5^{27.8}$ 倍。满月的星等是负 12.6 等，即满月的亮度是 1 等星的 $2.5^{13.6}$ 倍。由此可知太阳的亮度是满月的亮度的

$$\frac{2.5^{27.8}}{2.5^{13.6}}=2.5^{14.2}$$

此刻需要到对数表中查一下，最终的结果是 447000。即晴天的太阳比无云的满月大约亮 447000 倍。

让我们更深入一些，做一下太阳和月亮所反射的热量的研究，热量是由光线带来的，所以，一般说来，太阳和月球所反射的热量跟它们所反射的光线成正比。月球反射到地球上的热，只相当于太阳所射来的 $\frac{1}{447000}$。地球大气边界上每 1 平方厘米的面积每分钟可以从太阳得到大约 2 小卡的热量。可知月球每分钟射到地面每 1 平方厘米上的热绝不会超过 1 小卡的 $\frac{1}{220000}$。由此可见，月光对于地球上的气候不可能有大的影响。而太阳，则主导了地球上的物候环境和四季变更，在人类的生产生活中发挥了功不可没的作用。

对于月光的作用还有一种说法，就是很多人都认为云层常常会在月光下消散，由此他们得出结论，声称月光也富含着能量，会对地球的气候环境产生不小的影响。其实，这只是一个很大的误会，因为，虽然是夜晚，但是空中的云气一直在发生着各式各样的变化，但由于夜色黑暗，只有在月光下的变化才被我们所捕获，由此，就好像是月光驱散或者改变了这些云层，实际上，它不是一个施动者，只是一个彰显者罢了。

上面的研究也许会使喜欢月亮的人不够满意，但每一个众星捧月的夜晚，月亮永远是人们关注的主角，尤其是在月圆之夜，满月的光比整个星空的光辉都要耀眼，让我们计算一下这样一个问题：满月比其所在的半个天球中全部所见星体的光加在一起强多少倍？在前面我们已经算出，从 1 等星到 6 等星全部加在一起的光辉，相当于 100 个 1 等星。代换之后，我们的问题变成：满月的光比 100 个 1 等星的光强多少倍。这个比率等于

$$\frac{2.5^{13.6}}{100} = 3000$$

所以，我们可以得出：在清朗的夜里，我们从星空所得到的光只是满月的 $\frac{1}{3000}$，如果进一步跟日光相比，我们会惊奇地发现，从星空所得到的光只是晴天的日光的十三亿分之一。

4.8　恒星和太阳的真实亮度

到此，已弄明白了星等的读者可能早已怀疑，星等只是我们的感觉亮度，它不是真实的特征，星等所反映的，只是天体在它们自己位置上使我们的视觉感到的亮度罢了，那么，如何比较众星体的真实亮度呢？

星体的视亮度跟两个因素有关，一是跟它们的真实亮度，一是跟它们的距离。真实亮度一定时，距离越小，视亮度越高，星等越高；距离一定时，真实亮度越高，视亮度越高，星等越高。根本上说，前文给我们的星等，既没告诉我们星体的真实亮度，也没有告诉我们星体的距离，这在真实的比较中，是没有任何意义的。在实践中，我们最想要知道的是，假如各星跟我们的距离相同的话，它们的"发光本领"是怎么样的。

上文中我们人为地为星等划定了刻度，在此，天文学家采取了同样的方法，人为地规定了一个距离，提出了恒星的绝对星等的观念。所谓绝对星等，就是人为限定这个星体离我们 10 秒差距，在这个位置上星体所具有的星等。秒差距是测量恒星间距离的一种特别的长度单位，10 秒差距约等于 300000000000000 千米。只要我们知道了星体的距离，绝对星等的算法非常简易，星体的亮度跟距离的平方成反比[①]。

---

① 这个计算可以用这样一个公式：$2.5^M = 2.5^m \times (\frac{\pi}{0.1})^2$

这个公式怎么得到，读者读到后面对"秒差距"和"视差"知道得更多些时就会明白。式中的 M 代表恒星的绝对星等，m 代表它的视星等，π 代表恒星的视差，单位是秒。把这个公式改变一下：

$2.5^M = 2.5m \times 100\pi^2$

$M\lg 2.5 = m\lg 2.5 + 2 + 2\lg\pi$

$0.4M = 0.4m + 2 + 2\lg\pi$

由这求出 $M = m + 5 + 5\lg\pi$

举天狼星做例，$m = -1.6$；$\pi = 0''.38$。所以它的绝对星等是

$M = -1.6 + 5 + 5\lg 0''.38 = 1.3$

按照恒星统计的数据，在太阳周围 10 秒差距以内的所有恒星中，发光本领平均数相当于绝对星等 9 等星。太阳的绝对星等是 4.7，可见它的绝对亮度大约相当于"邻近"诸星平均亮度的

$$\frac{2.5^8}{2.5^3}=2.5^{4.3}=50 \text{ 倍}$$

由上面的结果可以看出，太阳在太阳系是当之无愧的最亮的星体，但如若我们跳出太阳系，情况又会怎么样呢？下面我们比较一下天狼星和太阳的绝对星等。天狼星的绝对星等是 +1.3，太阳的是 +4.7。这就是说，天狼星如果是在 30000000000000 千米的距离，它在我们眼里就会是一个 1.3 等星，而我们的太阳在相同条件下，就会是一个 4.7 等星。这时候，天狼星的绝对亮度就会相当于太阳绝对亮度的

$$\frac{2.5^{3.7}}{2.5^{0.3}}=2.5^{3.4}=25 \text{ 倍}$$

虽然太阳的视亮度是天狼星的 10000000000 倍。但我们可以看出：太阳远不是天空最亮的那颗星。

4.9　宇宙间最亮的星

这一节我们说一说宇宙中最亮的星星，对于哪一颗星是最亮的，大家可能会禁不住猜测，有些不太懂天文学的人可能要猜测北极星、太阳等，这些显然都是不对的，经过天文学家不断地研究观察，终于得出结论：在现有的观测能力下，剑鱼座 S 星，是发光本领最大的一颗星。

剑鱼座 S 星，位于跟我们相邻的星系——小麦哲伦云内，小麦哲伦云离我们的距离，大约是天狼星距离的 12000 倍。由于剑鱼星座位在南天，在北半球的温带就看不见它，并且它离我们太过遥远，我们用肉眼不容易看到，按照上文的分类，它是一颗 8 等星。

考虑到它离我们的距离，我们不可不惊叹于它的发光能力，我们可以做一下比较：如果把天狼星放在这么远的地方，它就只会是个 17 等星，刚刚能在最强大的望远镜里看得见。如果把剑鱼座 S 星放在天狼星的距离上，它的亮度就会排列在天狼星前 9 等，可见它的发光本领真是强大极了。

这样说，读者是不是已经会对它非常感兴趣了呢？可能有人会问它到底有多大的发光能力了，通过计算，科学家给了我们具体的答案：－8 等。通过上文我们给出的计算方法，可以算出它的亮度和太阳亮度的关系，我们会吃惊地发现，它的绝对亮度大约是我们这太阳的100000 倍！也就是说，如果把它放在天狼星的位置上，它将和上下弦月大略一般光明，这样一来，毫无疑问可以算作整个宇宙中我们所知道的最亮的星了。

4.10　行星的星等

以上章节讲的是在地球上看各个星体的亮度，在这一节里，我们跳出地球，到宇宙中各个星球上看一下其他星体的亮度，这就需要我们做一次想象的星际旅行，像前节"别处的天空"一样，由我带领大家融入无垠的宇宙，对各个行星上所见天体的亮度，做一个更精确的估计。首先，我们要先估算出地球上各行星在最亮时的星等。以此作为基础和参照，下面是

我们估算后得出的表：

地球上观测到的各行星的星等

金星	—4.3	土星	—0.4
火星	—2.8	天王星	+5.7
木星	—2.5	海王星	+7.6
水星	—1.2		

有的行星例如金星、木星，有时在白昼也能用肉眼看见，而恒星却完全无法让我们看到，其中的原因在这张表上可以很清楚地看出。从这张表中，我们可以很容易地看出各个行星的亮度，最亮的是金星，把它和木星相比较的话，可以看出金星是木星的 $2.5^2=6.25$ 倍，上文中我们经常拿天狼星做参照，现在让我们比较一下二者的亮度，天狼星的亮度是—1.6 等，金星的亮度是天狼星的 $2.5^{2.8}=13$ 倍。地球的诸多行星中，即使是排在第五位的土星，也比天狼星和老人星以外的一切恒星更亮。

现在就让我们做一下宇宙旅行，到各个行星上去观测一下皎洁的夜空，以下是我们在金星、火星和木星天空观测到的各种天体亮度的列表：

在火星的天空

太阳	—26	木星	—2.8
卫星福波斯	—8	地球	—2.6
卫星德伊莫斯	—3.7	水星	—0.8
金星	—3.2	土星	—2.8

在金星的天空

太阳	—27.5	木星	—2.4
地球	—6.6	地球的月球	+2.4
水星	—2.7	土星	—0.5

在木星的天空

太阳	—23	卫星Ⅳ	—3.3
卫星Ⅰ	—7.7	卫星Ⅴ	—2.8
卫星Ⅱ	—6.4	土星Ⅳ	—2
卫星Ⅲ	—5.6	金星Ⅳ	—0.3

从各自的卫星上看，在行星中，最亮的是卫星福波斯天空的满轮的火星（—22.5），其次是卫星Ⅴ天空的满轮的木星（—21），和卫星密麻斯天空的满轮的土星（—20）。这里土星的亮度大约是太阳亮度的1/5！

最后我们总结出各行星相互间的亮度表，它们的次序依亮度排列为：

星等		星等	
水星天空的金星	—7.7	金星天空的水星	—2.7
金星天空的地球	—6.6	水星天空的地球	—2.6
水星天空的地球	—5	地球天空的木星	—2.5
地球天空的金星	—4.4	金星天空的木星	—2.4
火星天空的金星	—3.2	水星天空的木星	—2.2
火星天空的木星	—2.8	木星天空的土星	—2

地球天空的火星…………—2.8

从表中我们可以知道，如果我们站在这几个大行星上仰视天空，看到的最亮的天体是：水星上望见的金星，金星上望见的地球和水星上望见的地球。

4.11　观测恒星时的困境

在使用望远镜观测时，行星和恒星是有区别的，望远镜可以相应地放大行星，却不能放大恒星，相反，我们在望远镜中看到的恒星是缩小的，它们变成了没有圆面的明亮光点。这里，让我们思考一下：望远镜为何不能放大恒星？第一批用望远镜去观察恒星的人就对这种现象感到过惊讶和疑惑，伽利略是第一位用望远镜观察天空的人，他就注意过这种情形，他在进行几次早期观察时说：

用望远镜来观察时，有个现象值得注意，那就是行星和恒星的形状有差异。行星是个小圆面，像个小月亮，轮廓十分清楚；恒星却是模糊的，甚至可以说没有看得清的轮廓……望远镜只是增加了它们的亮度，而5等星和6等星在亮度上和最亮的恒星天狼星不一样。

下面，让我们回想一下视网膜成像原理：当一个人逐渐走远时，他在我们的视网膜上的像会越来越小。等到他走得相当远时，他的头部和脚部在视网膜上成的像就会离得非常近，最终会落在同一个神经末梢上，这么一来，这个人的像，由我们看来就会变成一个缺乏轮廓的点。这种成像原理在使用望远镜时也是一样的，由于恒星的距离特别遥远，由此它成的像最终只变成了一个点，由此，望远镜只能加强这个点的亮度，而不能放大这个点的大小。

大多数人，当他看物体的视角缩小到 1′ 时，就要产生上段中说的"面化点"的现象，而当我们凑着一个望远镜看物体时的视角时，我们可以得到一个放大的尺度，所以用望远镜观察物体时，还牵涉一个观察视角的问题。望远镜的功用在于它能放大观察事物的视角，在这个过程中，它能够把物体上每一细节的像，伸展到视网膜上几个毗连的神经末梢上。我们说的望远镜能把物体"放大100倍"，意思就是在使用望远镜时，视角大到我们在同距离用肉眼时视角的100倍。但如果观察的事物比较远，最终可能还是会以失败告终，例如，如果某一物体经过放大后，它的视角还是小于 1′，那么，望远镜还是无法将它放大。

不难算出，如果我们拥有的是一具能够放大1000倍的望远镜，那么所观察物体最小得有110米的直径，才能在月球的距离上，被我们看清细节，只有具有了40千米的直径，才能在太阳的距离上，被我们看清楚。如果我们讨论的是离地球最近的恒星，在使用相同的算法的情况下，它要大到12000000千米。这是一个什么样的概念？可以这么说，太阳的直径只是这个数目的 $\frac{1}{8.5}$。如果我们有能放大1000倍的望远镜，在那个最近的恒星上，我们观测太阳时所得到的，也只是一个小点。

最近的恒星要想被看成一个圆面，除了需要最强大的望远镜外，还要有600倍于太阳的体积。若远在天狼星的距离有一颗恒星，它只有具有了500倍于太阳的体积，我们才能在最强大的望远镜里把它看成一个圆面。可是大多数的恒星，就是在最强大的望远镜里，也只是些光点，因为它们的距离都比天狼星还远，而大小又不比太阳更大。

最后再说一下关于观测行星的问题，大家可能知道，在天文学家观察行星尤其是彗星时，只能利用中等放大率的望远镜。这是为什么？因为，在使用望远镜时，我们还面临着这样一个问题：由于放大的时候，光线被分散到更大的面积上去了，所以，用望远镜来观察太阳系中的大天体时，放大率越大，它们的圆面也显得越大，但是像越放大，亮度越变弱，而亮度一弱，要分清像中的细节就会感到困难。因此，要想看清楚星体上的细节，天文学家不得不在放大率上做一下折中，只选择那种中度的望远镜。

说到这里我们会想：既然望远镜也有这么多的缺点，为什么还要用它来观察恒星呢？对于这个问题有三点原因：

首先，观测到的恒星的数量问题。我们能用肉眼看到的恒星在恒星总数上只占一个很小的比例，如果我们要观察肉眼看不见的恒星时，就势必会用上望远镜，望远镜的作用无法在放大恒星上彰显，但能够增强恒星的亮度，一些我们原先看不见的恒星通过望远镜的作用，能够在夜幕上显露出来，因而我们能够看见的恒星数目增加了很多。

其次，精度问题。在观察的细致度上，望远镜起到了非常大的作用，由于人的眼睛能力有限，可能会被宇宙的假象所迷惑，有时候，用肉眼看天空中的某处是一颗星星，但实际上那里却是一个星团。因此往往在从前肉眼看成一个星的地方，望远镜替我们发现双星、三合星或更复杂的星。其原因在于，望远镜能放大恒星与恒星之间的视距，而不能放大恒星的视直径。有些距我们特别遥远的星团，用肉眼看来什么也没有，或只是远处雾似的一个光点，而当我们用望远镜观察时，这片空间就会原形毕露，呈现出千万颗独立的星。

最后，视角问题。在现代巨型望远镜所摄得的照片上，天文学家测定的视角，可以小到 $0''.01$。这就是在研究恒星世界时，望远镜的第三种功用，它可以帮助我们把视角测量得极其精确，这个视角有多小呢？举个例子说，一根放在 100 米远处的头发，或一枚放在 30 千米远处的铜币，如果能被我们看到，我们才算具有了这么小的视角。

4.12　怎样测量恒星的直径

既然用望远镜观测恒星时只能得到一个又一个的光点，那么怎么才能计算恒星直径的大小和区别呢？讨论这个问题，我们要回顾一下天文学发展的历史，1920 年以前，人们提到恒星的大小时，一切都只凭猜测，大家猜想恒星平均起来应该跟我们的太阳差不多大，但这只是想法，没有谁能够证明它的正确性。对于那时的科学家们说，似乎恒星直径的问题会一直在我们的能力之外，除非科技得到突飞猛进的发展，催生出比望远镜强千百倍的先进仪器。

但是到了 1920 年，问题渐渐出现了转机，天文学的忠实盟友——物理学，运用新的研究方法和工具，替天文学家开辟了测量恒星真正大小的道路，使天文学家在这一研究课题上，取得了新的成绩。

图 69　测量恒星直径的干涉仪器，物镜前的盖子上有两个可以移动的小孔。

我们可以根据光的干涉现象测量恒星的真正大小，我们先来看一个实验，在这个实验中，蕴含了这一测量方法的原理。我们需要的仪器非常简单：一架 30 倍放大率的望远镜，一个离望远镜 10～15 米的明亮的光源，一张把光源遮住的幕布（幕布上割有一条宽十分之几毫米的直缝），一个用以盖住物镜的不透明的盖子（盖上位在物镜中心和沿水平线相对称的地方有两个彼此相隔 15 毫米，直径大约 3 毫米的圆孔，如图 69 所示）。

这个试验是这样的：不盖盖子时，由于幕布的作用，望远镜里看到的图像是一条两侧还有暗弱得多的条纹的狭条形的缝，盖上盖子时，我们可以看到的是许多垂直的黑暗条纹出现在中央那条明亮的狭条上。如果我们把其中一个小孔遮住，这些条纹就会消灭。因为，两条光束经过盖上两个小孔射来时，彼此发生干涉，这些条纹正是干涉的结果。

我们为了得到实验结果，还要做一次假设：物镜前的两个小孔中间的距离可以随意改变，即小孔能够随意移动。我们据此可以得出观察者的视角，当两个小孔之间的距离被我们拉大时，黑色条纹会变得越来越不清晰，直到最后消失，当最终消失的那一刻，让我们计算一下两孔相隔的距离，根据这个距离，我们就可以算出我们想要的结果。在此基础上，根据这道狭缝离观察人的距离，我们又可算出狭缝的实在宽度。

测量恒星的直径时，我们也是采用这种方法，在望远镜前的盖子上做两个能够移动的小孔，由于恒星的直径太小，所以在观测时，要求我们必须使用极大的望远镜才行。

要测定恒星的真实直径，除了上述干涉仪可以为我们利用以外，还有一种方法可以奏效，在这种方法里，我们根据的是它们的光谱。首先，天文学家需要知道三个量：恒星的温度，恒星的距离，恒星的视亮度。恒星的温度可以由天文学家根据恒星的光谱求出，通过这个值，天文学家可以算出1平方厘米的表面会有多大的辐射能量。另一方面，恒星的全部表面的辐射量可以通过其距离和视亮度求出，最后，用恒星表面的辐射量除以恒星每1平方厘米的辐射量，便可求出恒星表面的大小，然后也就可以求出它的直径。如今，天文学家已经算出：五车二的直径是太阳的12倍，参宿四的是太阳的360倍，天狼星的是太阳的2倍，织女星的是太阳的2.5倍，而天狼星的伴星是太阳的2%。

4.13 宇宙中极庞大的恒星

根据上文中的研究方法，天文学家们计算出了宇宙中很多恒星的体积，在观察这些计算结果时，他们不得不对宇宙中的星体感到惊讶，因为他们从来没有想到过宇宙间竟会有这样巨大的星体。1920年，天文学家计算出了第一颗星的真实大小，猎户座星参宿四，人们惊讶地发现，比起火星轨道的直径来，这颗星体的直径竟然更大。不要以为这是巧合和特例，下面还有更令人震惊的：心宿二，天蝎星座中最亮的星，它的直径大约等于地球轨道直径的1.5倍（图70）。还有奇星蒭藁增二，直径是我们太阳的330倍（图71），它属于鲸鱼星座。

还有一点非常的奇妙，虽然这类巨星大得惊人，但当天文学家们分析它们的物理结构时，它们又一次地让天文学家感到惊讶，照某一天文学家的说法，这样的恒星"很像密度比空气还小的庞大的气球"。根据计算，这些巨无霸们里面所含的物质非常的少，与庞大的外表相比，它们内部松软到了极不相称的地步。譬如参宿四，大到太阳的40000000倍，但它的重量只比太阳大几倍，其密度的渺小，可想而知。

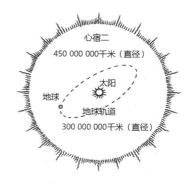

图70 巨星心宿二（天蝎星座）可以包括我们的太阳和地球轨道。

图71 鲸鱼星座蒭藁增二和太阳大小的比较图。

通俗一点说，要是把太阳物质的平均密度形容成水，那么，巨星参宿四的密度就会跟稀薄的大气相仿。

4.14 出人意料的计算

这一节我们来计算这样一个有趣的问题，如果把天空所有恒星的像一个接一个地拼凑在一起，最终的总面积有多大？首先我们公布出结果：全部星的视面积合在一起，它在天空所占的地位，竟跟视角直径 0″.2 的一个小圆面一般大。这个结果有些出人意料，它是这样得到的：

上文已经讲到，望远镜里所见全部恒星的光辉加在一起，亮度和一个 -6.6 等星相等（见前）。和太阳相比，-6.6 等星的光辉暗 20 等，即太阳光的强度是它的 100000000 倍。在此，我们假设太阳表面的温度刚好等于所有恒星的平均数，也就是说，其他恒星的温度跟太阳差不多，根据太阳的年龄和在宇宙中的位置，这个假设是比较确切的。在这个假设下，我们可以算出这个想象中的星的视面积应该是太阳的 $\frac{1}{100000000}$。根据圆的直径跟表面积的平方根成正比，我们可以算出，这个假设的星体视直径一定会小到太阳直径的 $\frac{1}{10000}$，用算术式表示说：它等于 $30' \div 10000 \approx 0''.2$。

换一种说法表达这个数字可能更加形象：在望远镜里可以看见的星，合起来，只占整个天空面积的两百亿分之一。

4.15 宇宙中最重的物质

日常生活中，大家对水银可能很感兴趣，这是因为它的密度很大，我们平时拿到一杯水银，会因为它差不多有 3 千克重而感到意外。但不要忘记，这是在地球上。广阔的宇宙中，会不会有什么物质比水银更令人惊奇？答案是肯定的，下面，我们说一下迄今为止，天文学家们发现的宇宙中最重的星体。

我们要说的是天狼星附近的一颗小星，这个故事要从很久以前说起，在很早的时候，天狼星就进入了天文学家们的研究视野，这是因为天狼星非常特异，它在众星中的运行轨道不是依直线运动的，而是一条非常奇怪的曲线（图 72）。这让天文学家们对其产生了浓厚的兴趣，一直以来都持续不断地进行着研究。1844 年，也就是勒维耶根据计算发现海王星的前两年，有名的天文学家培塞尔推断天狼星一定有一个伴星，在用引力来扰乱天狼星的行动，当时这只是一个猜测或推理，没能得到证明，直到 1862 年，培塞尔去世之后，他的推断才被完全证实，他所猜测的伴星已经在望远镜里被其他天文学家们发现了。

后来，随着天文学家研究的深入，人们对天狼星伴星的了解也逐渐加深。最终，天文学家们得知，这颗星里所含的物质，竟有同体积水重

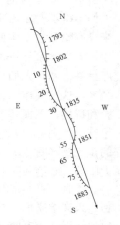

图 72 从 1793 年到 1883 年天狼星在众多星体间所走的弯曲路线。

的 60000 倍，可是，这颗星里的物质一杯便有 12 吨重，得用一节运货的火车才拖得动！这好像有些荒唐，而实际却正是天文学家的一种新发现。大家普遍认为，在宇宙深处发现的稀奇景物中，这个恐怕是最稀奇的现象之一。

下面我们具体说一下它的情况，天狼星的伴星，也被研究者称为天狼 B 星，离主星大约相当于地球离太阳的 20 倍（那就是说，大约相当于海王星离太阳的距离），见图 73。绕主星运转的周转周期是 49 年，它是一个暗星，星等只有 8～9 等，但它的质量极其惊人，几乎重到我们太阳的 4/5[①]。通过和太阳的比较我们可以清楚地看出它的特征，如果太阳在天狼星的距离上，肯定会是一个 3 等星；而如果把天狼 B 星的表面放大之后跟太阳的表面之比，与它们的质量之比相等，那么，按照它原来的温度看，天狼 B 星就不是一个 8～9 等星，而应该是一个 4 等星。

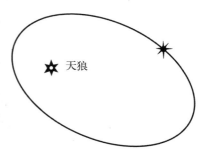

图 73　天狼星伴星绕天狼星的轨道。天狼星伴星是比天狼星小，比天狼星暗的一颗恒星。天狼星的位置不在椭圆的焦点上，因为真正的椭圆形轨道因为投射的关系已经歪曲，我们看到的轨道平面是倾斜的。

天文学家起先并没有向着比较奇异的方向推理，只是认为这星所以那样暗，是因为它的表面温度低，无法像太阳一样放射出足够的光，于是，在很长一段时间内，天文学家们都只是把它看成一个冷却中的太阳，并且以为在它的表面已经有了一层固体的壳。

这种看法一直持续到几十年以前，人们最近才知道，天狼 B 星是一个表面温度极高的星体，根本不像原先所想的那样，是一个将要熄灭的恒星，相反，它是比我们的太阳温度还高得多的恒星。因为它的表面积比较小，所以才显得暗。

经过天文学家的努力，他们已经用计算说明了这一问题，具体的思路如下：已经算出，天狼 B 星所放射的光是太阳的 $\frac{1}{360}$；那么，通过上文中我们提到的光和半径的关系，它的半径应该是太阳半径的 $\frac{1}{\sqrt{360}}$，即大约 $\frac{1}{19}$。由此得出结论，天狼星伴星的体积一定小到太阳体积的 $\frac{1}{6800}$，而它的质量，前面已经说过，几乎是太阳质量的 4/5。可见这个恒星的密度极大。

另外，还有其他天文学家通过更精确的计算指出，天狼 B 星的直径是 40000 千米，因此可以推出，天狼 B 星的密度正像本节开始时所推定的：大到水的密度的 60000 倍（图 74）。

多普勒曾经说过："物理学家们，你们放警惕些吧，因为你们的领地要被侵犯了。"他当时是因为别的缘故说出了这样的话，但在此处，这句话依然是极其适用的。因为，在固体状态，普通原子中间的空间已经小极了，再要把它们里面的物质加以大量压缩，实在不可能。直到现在为止，在普通条件下，这样大的密度是完全不可想象的，还没有一个物理学家能够设想有这样的事。

这里，有一种可能性，就是"残破的"原子在起作用，"残破的"原子，就是失去了绕核转的电子的原子。一个原子核大小跟一个普通原子的比率，正和一只苍蝇跟一所大房子的比率相仿。原子核占有着原子的绝大多数的质量，电子的质量基本上可以忽略不计，原子失去

---

　①　天狼星有可能是个三合星，因为它的伴星自己很可能还有一个伴星，但这个伴星比较暗，旋转周期大约是 1.5 个地球年。

了电子以后，它的直径就会小到原来的 $\frac{1}{1000}$，而重量却几乎不减。当星球核心部分产生极大压力时，原子核会被迫互相靠拢，这种靠拢的幅度会十分惊人，有可能比普通原子之间接近几千倍，这样的结果就是密度迅速变大，从而形成一种罕见的稀有物质。随着研究的深入，越来越多的这种物质被人发现，例如，天文学家在研究一颗 12 等星时发现，它的大小不会超过地球，但所含物质的密度却有水的密度的 40000 倍，跟这个星体相比，在天狼星伴星里所发现的那样的物质的密度显然还不算高。还有，在 1935 年，天文学家发现了仙后座里的一颗 13 等星，体积相当于地球的 1/8，质量却是太阳质量的 2.8 倍，用普通单位来表示，它的平均密度等于 36000000 克/立方厘米，大到前面所说天狼星 B 的 500 倍的，那就是说，1 立方厘米的这种物质，在地面上会重 36 吨！这种物质竟重到黄金的 200 万倍[1]。另外，就理论说，原子核的直径不过是原子直径的 $\frac{1}{10000}$，所以它的体积不过是原子体积的 $\frac{1}{10^{12}}$。如果物质尽剩下原子核，那么，还应有密度比上面所说的星体大得多的物质。举个例子来说，1 立方米的金属，所含的原子核体积大约是 $\frac{1}{10000}$ 立方毫米，照这样说，1 立方厘米的原子核，大约有 1000 万吨重（图75）。

图 74　天狼星伴星是比水的密度大60000 倍的物质组成的。几立方厘米的物质和 20 多人的重量相等。

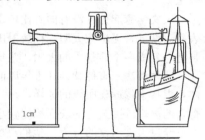

图 75　1 立方厘米的原子核排列比较松的重量和大洋上的一条船的重量相等，当它们排列紧密时可以达到 1000 万吨重。

在宇宙的深处，一直隐藏着一些奇怪的事物，从前，科学家都认为密度比白金大几百万倍的物质是决不会有的，现在，随着视野的扩大，他们要修正这一结果了。

4.16　为什么把星叫作"恒"星

首先我们先区分一组相对的概念，恒星和行星，这两个名词都是人们根据其特点赋予它们的，在很久很久以前的命名中，"恒星"的"恒"字指的是稳定不变，"行星"的"行"字是指不停地改变位置，恒星位于中央静止不动，而行星围绕它们不停地运转，两者正好组成宇宙中的一个个星系。现在，我们需要另外指出的是，恒星当然也参加整个天空环绕地球的昼夜升沉的运动，但这种运动显然并不破坏它们相互间的相对稳定的位置，命名仍然是很正确的。

---

　　① 在这颗星体的中心，物质的密度约是每立方厘米十万万克，这是一个惊人的数字。

我们现在知道，所有恒星①，连我们的太阳在内，都是在彼此做相对运动的，运动速度的增均值是 30 千米/秒，它们一点也不比行星动得少，所以，它们的速度跟地球公转的速度是一致的，原先认为恒星静止不动的说法是不对的。并且，有趣的是，在恒星世界里，有一颗名叫"飞星"的恒星，它对于太阳的相对速度，竟高到 250～300 千米/秒，远远超出了其他行星。

我们这样说，可能会有人感到疑惑，为什么我们会看不到这种疯狂的运动呢？为什么自古以来的星图就和现在一样，好像永远不会改变呢？千百年来，我们看到的恒星都是稳定平静地漂浮在夜幕之上，显得规矩有理，如何让我们相信所有的恒星全都是无秩序地运动着，并且每年要走上几十亿千米，速度大到不可思议？

在解释前让我们先举一个例子，当你站在高处或远处，观察在地平线上飞驰的火车时，你可能会感觉到这辆快车正在乌龟般慢慢爬行，在近处看到的让人害怕、让人头晕的速度完全不复存在，这就是距离的力量。同样，对于人类来说，恒星离我们非常非常的远，远到不可思议，恒星的运动也同远处的火车一样，由于距离，飞驰的速度完全无法被人感知。

据卡普丁称，最亮的恒星，距离我们 800 万亿千米，它在一年里移动了 4 亿千米，我们算一下就会发现，它运动的距离为它离我们的距离的八十万分之一，这是一个极小的比例，如果放置在地球的夜幕上，这个比例会显得愈加的微小，人们观察这个距离时，眼睛移动的视角不到 0.25 秒，就是在极精确的仪器里也只刚能分辨。如果用肉眼去看，是不会观察出什么不同的。天文学家利用仪器

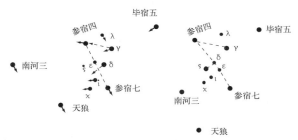

图 76 猎户座现在的形状（左），它按箭头所示的方向运动 5 万年后的形状（右）。

做过了无数次辛勤测量，才得到了星体移动的结果（图 76、77 和 78）我们才知道恒星是在一直运动着的。所以，用人类的肉眼来观察，说恒星永恒不动，是完全正确的，说"恒星"在以不可思议的速度运动着，这只是天文学专业所要研究的问题。

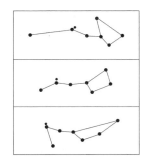

图 77 星座的形状经过几千年才会有变动。上图是大熊星 10 万年前的形状，中图是大熊星现在的形状，下图是大熊星 10 万年后的形状。

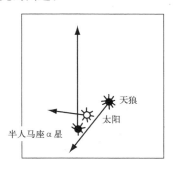

图 78 三颗邻近的恒星太阳、半人马座 α 星和天狼星的运动方向。

---

① 这里指的是银河系里的所有恒星。

4.17　恒星有互撞的可能吗

对宇宙感兴趣的人们，尤其是小孩子，总是对星星的相撞很敏感，总是热衷于沉溺在"彗星撞地球"的幻想中，当然，这与科普书和电视电影的影响分不开。在这里，我们讨论一下两恒星相撞的概率，它们相撞的可能性有多大？

根据上文所说，宇宙非常的广阔，恒星之间的距离非常的遥远，所以恒星虽运动得非常快，但它们互撞的机会却十分渺小。我们不用担心有一天，会发生两颗或多颗恒星相撞，并由此导致气候异常，或人类灭亡，甚至是外星人袭击。

我们可以做一下设想，假设我们位于离太阳不远的一个地方，看太阳系外的一颗恒星在我们旁边运动，速度假定为比特别快车快 1000 倍，根据精确的计算，我们会发现，我们必须等候 100 亿亿年之久，才有一个恒星向我们飞来，这是因为它们要经历的空间是多么的远，而它们的运动速度是这样的慢。恒星在宇宙中运动着，它们彼此相撞的或然率简直微不足道。形象地说，每一个恒星，有可能是在独自运动了 100 亿亿年之后，才能有机会跟另一恒星相撞。比起它们，我们人类所说的"千年等一回"，是多么的微不足道。

4.18　恒星距离的尺度

"工欲善其事，必先利其器"，我们要观测宇宙星空，必须要有十分好用的工具。这些工具可分为两类，一是实际可见的，如望远镜等；一是不可见的，存在于人们的脑海中，如理论和计算单位等。下面，我们就讨论一下，在对宇宙的研究中，我们应该用什么样的计量单位才方便。

在地面测量时，大的长度单位是千米、海里（1 海里＝1852 米），然而，当我们跳出地球，来到无垠的宇宙，这种单位就变得十分渺小。举例来说，从木星到太阳的距离，用千米做单位，是 78000 万，这是一个非常不好使用的数字。可以毫不夸张地形象一点说，用毫米来测量一条铁路的长度有多不方便，用这些单位来测量天体间的距离就有多不方便。

天文学家改用更大的长度单位，把地球离太阳的平均距离 149500000 千米当作一个单位来使用，这样就免去了庞大数字后面一连串的零。例如应用这个单位，测量太阳系里的距离时，木星离太阳的距离等于 5.2，土星等于 9.54，水星等于 0.387，这一单位才是名副其实的天文单位。

再跳将出来看，宇宙不仅仅是太阳系这般大小，如果我们要测量太阳跟别的恒星间的距离，情况会怎么样呢？这一种尺度又嫌太小。例如，离我们最近的一颗恒星是半人马座中的比邻星①，它离地球的距离，如果用这个单位来表示，是 260000，我们可以看出，数字又变得非常大，出现了好多个零，并且还存在着比它远得多的别的恒星。于是，为了方便起见，天文学家又采用光年和秒差距，相对于上面的单位，它们更大更有利于使用。

我们都知道，从地球到太阳的距离，光线不过走 8 分钟，那么，光线走一年，是多远的距离？光年就是光线在太空中一年里经过的路程，一光年的长度比地球轨道半径长的倍数，

---

①　这颗星跟半人马座是并排在一起的。

相等于一年的时间比 8 分钟长的倍数，知道了这个，也许你就能想象出这个尺度有多大，如用千米来表示，这个尺度就等于 9460000000000 千米，那就是说，一光年大约等于 95000 亿千米。

一个更重要的星际距离单位是秒差距，它的来源复杂得多，并且天文学家更喜欢用它。下面我们来解释一下秒差距所代表的距离有多远。首先我们要知道一个概念——周年视差，它是指从星球上看地球轨道半径的视角，视角有多大，周年视差就是多少。而 1 秒差距所代表的距离就是：站在这个距离看地球轨道的半径时，视角恰是 1 秒。秒差距是天文学家把"秒"和"视差"连在一起造就出来的名词。根据几何学，天文学家算出：1 秒差距等于 206265 个天文单位，秒差距和其他长度单位的关系是：1 秒差距 = 3.26 光年 = 30800000000000 千米。举例说明一下，上面所说半人马座 α 星附近的比邻星的视差是 0.76 秒，距离和秒差距成反比，所以这颗最近的星的距离是 $\frac{1}{0.76}$ 或 1.31 秒差距。

下面是几个明亮的恒星的距离用秒差距和光年来表示的数字：

星名	秒差距	光年
半人马座星	1.13	4.3
天狼星	2.67	8.7
南河三	3.39	10.4
河鼓二	4.67	15.2

这都是些离我们很近的恒星。要想换成千米，我们可以先把第一行各数乘以 30，然后再在后面加上 12 个零。另外，还要说明一下，天文学家像从米单位导出千米单位一样，又从"秒差距"导出"千秒差距"，因为，当天文学家打算测量恒星系统的距离和大小时，光年和秒差距都还不够使用，他们需要更大的尺度。1 千秒差距等于 30800 万万万千米。我们的银河系直径用这个尺度来测量的话变得非常简单，仅仅是 30，从我们这里到仙女座星云的距离，大约是 205。

随着研究空间的不断加大，所需的单位也不断变得更大，由此，天文学家不断推导出更大的单位，于是，"百万秒差距"也在需要中出现了。这样，我们就得到了一张暂时的星际长度单位表：

1 百万秒差距 = 1000000 秒差距

1 千秒差距 = 1000 秒差距

1 秒差距 = 206265 天文单位

1 天文单位 = 14950000 千米

最后，让我们想象一下百万秒差距究竟有多长。首先，我们把 1 千米缩成头发般粗，在这种情况下，百万秒差距的长度相当于 15000 万万千米，它大约相当于地球跟太阳的距离的一万倍。这个数字仍旧在人类想象能力之外，依然很不好把握，在此让我们用一个比喻，也许可以帮助读者，大家知道，蛛丝是非常细、非常轻的，但如果蛛丝十分的长，它就会变得很重。假如有一条蛛丝从莫斯科牵到圣彼得堡，大约重 10 克。如果从地球到月亮重 8 千克，从地球牵到太阳会重 3 吨，可是如果是一条一个百万秒差距那么长的蛛丝，就会重到 600000000000 吨！

4.19 最近的恒星

这一节我们看一下离太阳最近的邻居，半人马座星和飞星。首先讲一下飞星，在北天，它可以算是我们最近的恒星，属于蛇夫座，是一个 9.5 等的小星，离我们的距离是半人马座星的距离的 1.5 倍。这颗星之所以被命名为飞星，是由于它自身运动得非常快，它可以在一万年的时间之内，逼近地球两次。它的运动跟太阳的运动成倾斜角，速度超乎寻常地快。在逼近地球时，它甚至比半人马座星离我们更近。

下面重点说一下半人马座星。宇宙中存在着很多的东西，它们比人们想象的复杂得多，我们对它们的认识是一步一步完成的，并且现在依然没有结束。例如，很久以前，我们就观测到了半人马座星，但经过很长时间，人们才知道，它其实不是单单的一颗星，而是一个双星，虽然它是离我们最近的恒星，我们的观察依然出现了非常大的错误。近年来，人们在半人马座星附近又发现了一颗 11 等星，原来它们共同组成了一个三合星，我们关于这个星知道得才更多了。因为这三个星的运动是有一致性的，它们都以同一的速度向同一的方向运动，所以，虽然这第三个星离另外两星很远，我们仍认为它是半人马座星的一员。

值得注意的是，这一组中的第三颗星，又叫比邻星，它应该算是所有距离已知的恒星中离我们最近的一颗，它比半人马座星中的 A 星和 B 星，离我们近 2400 天文单位。它们的视差是：

半人马座星（A 和 B）··············0.775
比邻星··························0.762

整个这一组星就成为一种奇怪的形状，如图 79。这是因为它们之间的距离差异太大，A、B 两星相隔 34 天文单位，比邻星却离它们 13 "光日" 之远。

这三个星慢慢地改变着自己的位置：A、B 二星绕共同重心转一周要 79 年，比邻星却要 10 万年以上，它的位置的改变是非常缓慢的，所以我们丝毫不必担心，半人马座星中的另外一星会抢走离地球 "最近恒星" 的地位，至少在短期间内不会。

下面我们看一下这个三合星中几个星的物理特性。无论是在亮度上、质量上还是直径上，半人马座星中的 A 星都比太阳稍大一点（图 80）。而 B 星质量比太阳小，太阳表面温度是 6000℃，而它表面的温度是 4400℃。比邻星是一颗红色的星，表面温度只有 3000℃，因此还要更冷些，它的直径处于木星和土星之间，质量却是它们的几百倍。事实上，它距离 A、B 两星比冥王星和太阳的距离还要远得多，而它却比土星大不了多少。

图 79 半人马座星中的比邻星是除太阳外离我们最近的恒星。

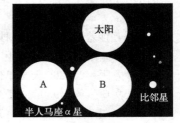

图 80 半人马座星中的三颗星与太阳的大小比较。

4.20 放不下的模型

相信读者都还记得，我们曾造过太阳系的缩小模型，在讲行星的那一章里，我们借用它形象地说明了太阳系的大小。现在，让我们把这一模型的应用范围扩大，看看如果把恒星也放进这一模型中的话，它会是一个什么样子。

在用别针头代表地球的"微缩"模型系统中，太阳被表示为是一个直径10厘米的网球，太阳系被表示为一个直径为800米的圆。在此，我们扩展模型的时候，也依照这个比例尺。首先，我们必须做的是增加一个更大的单位——千千米，应用这个单位，地球的圆周不过是40，从地球到月球的距离是380。然后，我们不难发现，一些最近的恒星，就是在模型里，离我们也有几千千米以外的距离，我们很难再表现出那些星，除非把这个模型系统扩展到地球之外。让我们用一些例子进行说明，从近处说，半人马座的比邻星是最近的恒星，它在模型中的位置是2600千米之外的地方，同理，天狼星应距离我们5400千米，河鼓二的距离为9300千米。远一些的，织女星，22千千米；大角，28千千米；五车二，32千千米；轩辕十四，62千千米；更远的，天鹅座的天津四，它的距离超过320千千米。最后，让我们把这个数字说明一下，计算得出320千千米=320000千米，这已很接近月球和地球之间的距离了。

让我们将这个模型继续向表示更远的距离方向推进。银河系中最远的恒星，在模型上离我们的距离是30000千千米，几乎是月球离我们距离的100倍。继续推进，银河系以外还有别的星系，让我们把它们也放置在这一模型中。下面说一下仙女座星云和麦哲伦云，由于它们比较亮，我们在夜里用肉眼也能看见。在我们的模型里，小麦哲伦云直径4000千千米和大麦哲伦云直径5500千千米，它们应当距离我们的银河系模型70000千千米。至于仙女座星云的模型，它的直径大到60000千千米，应该离我们的银河系模型500000千千米，那就是说，差不多和我们距离木星的真实距离一样大！

到此，大家也许会非常震惊了，但是仍然没有最终结束，目前在现代天文学家研究范围中的，已经包括了银河系之外的那些无数恒星，它们的集合体即所谓的河外星云。它们离太阳的距离据估计是600000000光年。有兴趣的读者们不妨自己算一算，在我们上文所说的模型里，这些河外星云应该处于一个什么位置，应当距离多远。也许，只有这样，读者才可以对宇宙的大小有一个概念，并且，这个宇宙，还不是真正的宇宙，只是现代天文学上光学仪器所达到的部分，这一点，大家应该注意。